科学出版社“十三五”普通高等教育研究生规划

创新型现代农林院校研究生系列教材

全国农业硕士专业学位研究生教材

草类植物种子学

（第二版）

师尚礼　主编

科学出版社

北　京

内容简介

本教材内容包括草类植物种子形态、结构、化学成分和物质组成，休眠和萌发，种子质量检验，原种与良种生产，种子生产的农业技术措施，种子收获、加工与贮藏，种子审定，苜蓿内生根瘤菌种子，种子的经营管理等，既包含草类植物种子科学基础知识的有关内容，也包含新品种原原种生产、原种生产及良种繁育、良种种子生产田建设等实践操作性的内容。本教材总结凝练了草类植物种子科学中的最新研究成果及生产技术，能使学生全面系统地掌握有关草类植物种子科学的新知识、新技术和发展趋势，具有知识与创新相互衔接，科学与技术前后呼应，理论与实践紧密结合，突出种子、良种、种业重点，体现种子科学发生、发展的特色。

本教材可作为草学学科研究生、农业与种业领域研究生的教材，也可作为草业科学、草坪科学与工程专业本科生教材，还可供从事草类植物种子教学、科研、生产、经营与相关知识培训的工作人员参考。

图书在版编目（CIP）数据

草类植物种子学/师尚礼主编. —2 版. —北京：科学出版社，2021.11

科学出版社“十三五”普通高等教育研究生规划教材

创新型现代农林院校研究生系列教材

全国农业硕士专业学位研究生教材

ISBN 978-7-03-070043-8

Ⅰ. ①草…　Ⅱ. ①师…　Ⅲ. ①牧草－种子－研究生－教材

Ⅳ. ①S540.32

中国版本图书馆 CIP 数据核字（2021）第 206629 号

责任编辑：丛　楠　张静秋　马程迪 / 责任校对：严　娜

责任印制：张　伟 / 封面设计：蓝正设计

科学出版社出版

北京东黄城根北街 16 号

邮政编码：100717

http://www.sciencep.com

北京科印技术咨询服务有限公司数码印刷分部印刷

科学出版社发行　各地新华书店经销

*

2011 年 8 月第　一　版　开本：787×1092　1/16

2021 年 11 月第　二　版　印张：22　3/4

2024 年 8 月第四次印刷　字数：600 000

定价：89.00 元

（如有印装质量问题，我社负责调换）

《草类植物种子学》（第二版）

编写委员会

主　编　师尚礼（甘肃农业大学）

副主编　毛培胜（中国农业大学）

鱼小军（甘肃农业大学）

参　编（按姓氏笔画排序）

王文强（中国农业科学院热带作物品种资源研究所）

叶得明（甘肃农业大学）

毕玉芬（云南农业大学）

李卫军（新疆农业大学）

余　玲（兰州大学）

陈本建（甘肃农业大学）

陈宝书（甘肃农业大学）

赵桂琴（甘肃农业大学）

胡小文（兰州大学）

康文娟（甘肃农业大学）

绘　图（按姓氏笔画排序）

王国利（甘肃农业大学）

方强恩（甘肃农业大学）

第二版前言

国以农为本，农以种为先，种子是农业的“芯片”。为贯彻落实教育部《学位与研究生教育发展“十三五”规划》，全面深化研究生教育改革，提高研究生教育水平和培养质量，更好地适应新时代草业发展和种业人才培养的要求，我们修订再版了《草类植物种子学》。

《草类植物种子学》第一版由2009年教育部全国农业推广硕士专业学位教育指导委员会启动的“全国农业推广硕士专业学位研究生教学用书、师资培训、课程建设”项目（编号NTJC0901）和国家农业产业技术体系资助出版。第一版编写小组参考国内外相关草类种子学教材，查阅大量有关草类植物种子科学的研究文献，调研草产业及草类植物种子产业发展现状、趋势，并综合分析产业形势，在注重草类植物种子基础理论知识的基础上，加强实践技能和技术应用部分的内容，尤其通过具体章节内容的讨论和案例应用强化学生动脑与动手能力的结合，形成脑体联动的培养模式。自2011年出版以来，被多所院校选用作为研究生教材，部分高等农业院校草业科学本科专业也选用本书作为教材。

根据以往的教学实践和相关专业师生提出的宝贵意见和建议，加之国内外草类植物种子学研究与技术迅速发展，教材内容亟须更新。我们于2020年3月与科学出版社商议，对本教材进行修订，要求既衔接国际前沿进展，又符合我国种子学发展需要，本着突出重点、保持系统性的原则，对原教材内容进行增删，文字力求简练，以利于学生掌握教材内容。考虑到草学、草业硕士研究生生源的基础知识、能力特点及进一步深造的要求，本次修订以恰当的方式，将有关草类植物种子学的国内外最新研究理论与技术编入教材，种子田建设案例、讨论题等与章节内容呼应，符合现代教学理论联系实际的要求，也体现了种子学基础知识和实践应用与时俱进的特点。同时，借本次修订契机对第一版中的疏漏和不足进行了修正。

本教材内容包括草类植物种子形态、结构、化学成分和物质组成，休眠和萌发，种子质量检验，原种与良种生产，种子生产农业技术措施，种子收获、加工与贮藏，种子审定，苜蓿内生根瘤菌种子，种子经营管理等。本教材由师尚礼主编，毛培胜、鱼小军为副主编。第一章和第七章由师尚礼修订，第二章由陈宝书修订，第三章和第四章由鱼小军修订，第五章由胡小文和余玲修订，第六章由赵桂琴修订，第八章由毛培胜修订，第九章由陈本建修订，第十章由毕玉芬修订，第十一章为增加内容，由康文娟编写，第十二章由叶得明修订，案例Ⅰ由师尚礼修订，案例Ⅱ由李卫军修订，案例Ⅲ由王文强修订，案例Ⅳ为增加内容，由赵桂琴编写。书中插图由王国利、方强恩绘制。

受编者水平所限，书中疏漏在所难免，敬请读者批评指正，并希望各院校在今后的使用过程中进一步提出宝贵意见，不胜感激。

师尚礼

2021年3月31日

第一版前言

为了适应全国农业推广硕士草业领域专业学位研究生培养的需要，2009 年教育部全国农业推广硕士专业学位教育指导委员会启动了“全国农业推广硕士专业学位研究生教学用书、师资培训、课程建设”项目，在该项目（编号 NTJC0901）和国家农业产业技术体系的资助下，我们从 2010 年初开始编写《草类植物种子学》。为了提高教材质量，符合草业领域专业学位研究生培养的要求，编写小组参考国内外有关草类种子学教材、查阅大量有关草类植物种子科学研究文献、调研草产业及草类植物种子产业发展现状和趋势、综合分析产业形势，在注重草类植物种子基础理论知识的基础上，加强实践技能和技术应用部分的内容，尤其通过具体章节内容的讨论和案例应用强化学生动脑与动手能力的结合，形成脑体联动的培养模式。

本教材是在教育部全国农业推广硕士专业学位教育指导委员会审订编写大纲的基础上编写的，是具有宽广性、综合性、实用性和前沿性的教材，内容包括草类植物种子的形成、形态、物质组成，休眠和萌发，种子质量检验，原种与良种生产，种子生产农业技术措施，收获、加工与贮藏，种子审定，种子经营管理等，注意吸收草类植物种子科学中的最新科研成果及生产经验，能使学生全面、系统地掌握草类植物种子科学的知识和方法。

本教材由师尚礼主编，毛培胜、鱼小军副主编，组织全国南北方草业领域从事草业种子学教学、科研、生产、经营的教授、专家编写，体现产学研相结合的特点。第一章、第七章和案例Ⅰ由师尚礼编写，第二章由陈宝书编写，第三章、第四章由鱼小军编写，第五章由余玲、王彦荣编写，第六章由赵桂琴编写，第八章由毛培胜编写，第九章由陈本建编写，第十章由毕玉芬编写，第十一章由刘自学、叶得明编写，案例Ⅱ由李卫军编写，案例Ⅲ由白昌军编写，插图由王国利、方强恩绘制，陈宝书进行了审稿。

草类植物种子学是随着草产业的科学研究、生产和应用而兴起的一门年轻学科，国内有关牧草或草坪草种子学方面的本科教材已有出版，重点强调牧草和草坪草种子的基础知识和一般性应用知识。而研究生层次暂无此类教材，且草类已扩展至牧草、草坪草、能源草、生态草等范畴。本教材的编写基于专业学位研究生使用，在现代草类范畴概念内，重点强调种子学基础知识与实践应用的结合，实践应用特色突出，不仅适宜草业方向专业学位研究生使用，也适用于草业方向学术学位研究生，以及从事草业种子教学、科研、生产与开发工作的专业人员。受编者的学识所限，错误和不足在所难免，敬请读者批评指正，以便再版时修正。

师尚礼

2011 年 3 月 25 日

目　　录

第一章
绪　论

第一节　草类植物种子学及其研究内容

一、种子的含义

种子在植物学上是指由胚珠发育而成的繁殖器官。农业生产中，可直接用作播种材料的植物器官均称为种子，如植物学上的种子、果实、鳞茎、根茎、球茎、块茎、块根等器官。而人工种子，是随着现代农业技术的发展，通过人工加工形成的可用作播种材料的种子，是一类特殊的种子。

种子是最基本的生产资料，草类植物（herbaceous plant）种子属农业种子的范畴，其含义要比植物学上的种子广泛得多。草类植物种子分为如下几种。

1．真种子　为植物学上所指的种子，由胚珠发育成的繁殖器官。例如，豆科植物白三叶（*Trifolium repens* L.）、红三叶（*Trifolium pratense* L.）、百脉根（*Lotus corniculatus* L.）等植物的种子。

2．类似种子的果实　有些植物由整个子房发育成果实，成熟后果皮不开裂，可直接用果实作为播种材料，具有种子的功能。例如，禾本科植物翦股颖（*Agrostis stolonifera* Hudson）、多年生黑麦草（*Lolium perenne* L.）等的颖果，菊科植物菊苣（*Cichorium intybus* L.）、白沙蒿（*Artemisa sphaerocephala* Krasch）的瘦果，豆科植物二色胡枝子（*Lespedeza bicolor* Turcz.）、草木樨属（*Melilotus* Adans）等的荚果，紫草科植物聚合草（*Symphytum pezegrinum* L.）的小坚果等。

3．带有附属物的真种子或果实　有些植物在发育过程中花序或花的其他结构如苞片等紧包在成熟的种子或果实外面，不易脱落，形成了带有附属物的真种子或干果。例如，禾本科植物带稃片或带颖片的颖果，饲用甜菜（*Beta vulgaris* L.）、野牛草（*Buchloe dactyloides* Engelm）、地三叶（*Trifolium subterraneum* L.）的种球等。

4．营养繁殖器官　许多植物的繁殖是通过自身某种营养器官或营养体，如块根、块茎、接穗、根茎、匍匐茎、插枝、根蘖、鳞茎、球根等作为“种物”繁殖后代和扩大其群体的。例如，农业作物马铃薯、甘薯、木薯、菊芋等的块茎，花卉植物郁金香的鳞茎、唐菖蒲的球茎等，草类植物聚合草、无芒雀麦、羊草、偃麦草、白三叶、狗牙根、早熟禾、黑麦草、紫花苜蓿的根茎、根蘖根、分蘖根、根蘖芽等。

综上所述，草类植物种子主要以植物学上所指的种子为主，播种材料包括真种子、类似种子的果实、带有附属物的真种子或果实及营养繁殖器官。

二、草类植物的概念及草类植物种子学的研究范畴

草类植物，简称草类，是指各类单子叶、双子叶草本植物，包含牧草、草坪草、药草、

能源草、观赏草等草本植物及危害家畜的有毒有害植物，乃至饲用灌木、半灌木、藤本植物、小乔木等。

草类植物种子学是研究草类植物种子的特征特性、生命活动规律，以及生产应用和实践的科学。以禾本科、豆科、藜科、菊科等草本植物种子的研究为主，包括饲用灌木、半灌木、藤本植物和小乔木植物种子的研究。其主要任务是为牧草、饲料作物、草坪植物、水土保持植物、地被植物等草类种子的生产、流通和应用提供科学的理论依据和先进的技术措施。

三、草类植物种子学的研究内容

1）草类植物种子的形态结构、解剖结构及其化学成分和物质组成。研究草类植物传粉受精后种子的发育过程及其形态结构、解剖结构变化和物质积累规律；成熟种子外部形态和解剖特征；种子贮藏物质的种类及化学组成。为提高草类植物种子产量和质量提供理论依据，为草类植物种子识别、鉴定和分类提供技术指标。

2）草类植物种子的休眠和萌发。研究草类植物种子的休眠类型、休眠机理及打破休眠的机制和方法；草类植物种子萌发过程、萌发的生理生化基础及萌发的条件等。这对草类植物种子的贮藏和利用具有非常重要的实践指导意义，也是草类植物种子应用中获得高发芽率、高出苗率、高成苗率及苗期合理管理的基础。

3）草类植物种子质量检验。包括草类植物种子扦样原理和扦样方法，净度分析标准和分析方法，发芽检验设备、标准及其程序，促进种子发芽的处理方法，以及种苗评定、种子水分测定、生活力测定的理论、方法和标准。检验结果是草类植物种子生产、调运、贮藏、贸易和使用中衡量种子质量的依据，草类植物种子检验也是生产高质量草类植物种子、繁荣种子市场和推广各种优良草类植物品种的基础。

4）草类植物种子生产及种子审定。主要研究草类植物种子产量形成的原理，原种的标准及其生产程序、生产制度、栽培与管理、收获与贮藏，良种生产条件、生产制度、加速良种繁殖的方法、杂交种种子生产，以及草类植物种子生产的农业技术措施，研究草类植物种子审定内容、审定资格及等级、审定的标准和程序等。包括草类植物种子生产的区域性原理、种子生产中的田间管理实践、种子良种繁育等，为高基因纯度优质草类植物种子快速繁殖、快速利用理论与实践提供依据。

5）草类植物种子的收获、加工与贮藏。主要研究草类植物种子的收获时间和方法、干燥原理和方法、清选与分级原理和方法、贮藏原理和技术。为提高草类植物种子收获产量和质量、保证种子的种用价值和种子安全贮藏提供理论依据与技术手段。

6）草类植物种子的经营管理。包括草类植物种子企业市场调查和决策、包装与运输、经营计划和销售、种子行政管理依据和机构、行政复议等与草类植物种子商品贸易有关的具体操作程序和实施办法。以便掌握草类植物种子生产经营、流通和供应中应遵循的基本原则。

第二节　草类植物种子学的相关学科

草类植物种子学是随着草类植物种子的生产和应用而兴起的一门年轻学科，它是以植物学（植物形态学、植物分类学、植物生理学、植物生态学、植物发生学、植物胚胎学）、遗传学、微生物学、生物统计学、物理学、化学（有机化学、生物化学）、地理学等基础学科，以及草类植物育种学、草类植物栽培学、草地学、农业气象学、草地生态学、土壤学等应用性学科为基础建立的一门新兴学科。因此，为了更好地掌握草类植物种子学的内容，充分发挥草类植物种子学在草地农业生产和国土生态治理中的作用，必须首先掌握基础学科和相关应用学科的知识。另外，草类植物种子学的知识也是其他学科的重要基础，因此草类植物种子学可以在更广阔的范围内为农业、草地畜牧业和生态建设服务。

第三节 草类植物种子在我国经济和生态建设中的作用

草类植物种子是改良退化草地、建植人工草地、提高我国草地畜牧业生产力的物质基础，也是干旱、半干旱地区生态工程建设，水土流失地区水土保持工程建设，运动场、城市绿地工程、护坡绿化工程、道路碎落台绿化建设的基础材料，以及草类植物深加工工业的基础材料和原材料。随着我国畜牧业的迅猛发展和对牧草需求的增加，对国土治理、生态建设规模的扩大及植物资源开发利用程度的加深，草类植物种子的基础作用显得越来越重要。

我国是世界上草类植物种质资源最丰富的国家之一，不仅盛产高寒带、温带、热带、亚热带草类植物，还有一些具有特殊生态价值和经济价值的旱生、超旱生、耐寒、耐盐、耐碱、耐酸等抗逆性强的草类植物，仅已知的草地饲用植物就有6704种，既是天然草地的重要遗传资源，也是重要的经济资源。依靠这些丰富的草类植物种质资源，完全可以寻找到实现各种功能所需要的基因，托起一个草类植物种子产业。

畜牧业的发展离不开草类植物种子产业的支持，草地作为可更新的自然资源，在我国生态环境治理和调整农业产业结构、实现种植业“三元”结构中具有关键性作用。草业的发展直接关系到未来我国人口的食物安全和环境安全问题，高产优质草地是实现畜牧业发展的必要保证，优良草类植物种子的应用是实现高产优质草地和良好生态草地的基础。

我国草原牧区、农牧交错区、黄土高原区、长江和黄河中上游地区正在实施和即将实施的生态建设工程陆续启动，彻底改善这些地区的生态环境、遏制水土流失和沙漠东进，是我国生态建设的主要目标，草坪草、地被植物、水土保持植物在生态环境建设中扮演着重要的角色，种植以二年生和多年生为主的水土保持植物，可固土、固沙、防止水土流失。此外，近年来公路、铁路、大堤、大坝、水渠护坡也多采用多年生水土保持植物和地被植物，起到了非常明显的固土和美化环境的作用，这些生态工程的建设都需要大量的地被植物和水土保持植物种子。

我国草类植物种子的需求量很大，但国内目前的草类植物种子生产量小，生产能力低，远远不能满足我国草业发展和生态环境建设的需求，因而大力生产优质草类植物种子以满足不断发展的草牧业和生态环境建设事业、水土保持事业、城市绿化事业，对草类植物种子的需求有着重要的意义。

第四节 草类植物种子科学研究进展

一、国外草类植物种子科学研究进展

人类祖先在早期的劳动过程中摸索到植物种子的奥秘，积累了有关植物种子的基本知

识。公元前 300 年，希腊学者狄奥弗拉斯塔在种子方面进行了大量细致的探索，指出了不同植物种子寿命和萌发特性存在差异的现象，被以后的学者称为第一位种子生理学家。然而在 2～18 世纪，种子科学的进展长期处于停滞时期。直到 19 世纪初，伴随着欧洲各国自然科学的迅猛发展，在生物学、农学、畜牧学等领域理论与实践不断发展完善的基础上，植物种子科学的知识也不断积累并趋于完善，并有大量相关的著作问世，其中最早关于植物种子的巨型专著是盖脱耐尔父子于 1788～1805 年编写的《植物的果实与种子》一书，对果实和种子的研究做出了历史性的贡献。1869 年，奥地利学者诺布博士在德国德克森州塔兰特镇创办了第一所作物种子实验室，开展种子形态解剖和生理方面的研究，在归纳总结前人研究成果的基础上编写成《种子学手册》一书，于 1876 年问世，被公认为当时种子文献中的权威巨著。自该书出版发行后，植物种子学成为一门新兴的学科，诺布博士也被推崇为种子学创始人。

第二次世界大战后，伴随着农业生产多元化及生态农业的兴起，对草类植物种子的有效保护利用和优良品种的繁育，受到世界发达国家的普遍重视。1924 年在英国剑桥第四次国际种子检验大会上宣布成立了国际种子检验协会（International Seed Testing Association，ISTA），成员包括欧洲全部国家、美洲大部分国家、非洲部分国家、澳大利亚及亚洲部分国家。其主要任务包括：①讨论制定和修改国际种子检验协会章程；②印发国际种子检验证书；③讨论种子检验的科学研究、专题报告和学术问题；④编印协会会刊；⑤进行国际种子贸易检验仲裁。该协会的会刊 *Proceedings of International Seed Testing Association*［现改名为《种子科学与技术》（*Seed Science and Technology*）］，主要刊登世界各国的种子科学研究报告、专题论著及国际种子检验规程。美国于 1908 年创刊的《北美官方种子检验者协会会刊》（*Proceedings of AOSA*）是世界上发行最早的种子专刊。1976 年改名为《种子工艺杂志》（*Journal of Seed Technology*），主要刊登有关种子发育、加工和检验等方面的新技术研究成果，并反映美国和加拿大在种子科学技术领域的进展和动态。

有“草国”之称的新西兰、草地高度集约化经营的荷兰、大量种植白三叶进行“绿化革命”的法国及被誉为世界上最大冷季型草坪草种子生产基地的美国，在发展畜牧业和草地农业的同时，大力开展种子科学理论研究、技术创新和培训工作，与现代化种子生产区建设齐头并进。北美种子生产大国加拿大的种子科学理论和技术研究均面向未来，农业种业（种子产业）经营与管理严格遵守法规制度，生产经营管理制度间相互衔接，这些制度与从业人员能力对接、与工作岗位责任对接、与种子科学理论和技术研究及种业职业技能教育普及对接，田间种子生产与种业认证制度有机衔接。种子田认证实行农户提供土地前茬及肥力等信息，政府组织进行田间认证，种子公司考察掌握，确保田间生长质量及品种种性（基因纯度）。加拿大北美大平原免耕轮作生产油菜、小麦、芸豆、紫花苜蓿、三叶草、早熟禾、黑麦草、雀麦、猫尾草、冰草等，作物生产、种子生产、牧草生产和肉牛生产一体化，以高效育种为基础进行良种推广，法规、农资、技术服务遍布田间，建立种子生产质量追溯体系，提高经营信誉，草类植物种子生产先进理念和先进技术转化快，质量保障机制科学，种子交易程序实行严格的种子订单—加工混合—包装—贴签—发货程序，种子混合前和混合后均抽样检验，不仅在国际种子贸易中广泛采用一致性的标准检验程序，而且采用的种子检验标准高于国际种子检验协会（ISTA）规程，以此保障全球市场，确保了种业发展质量和在全球种子市场中的份额。

二、我国草类植物种子科学研究进展

我国草类植物种子科学研究起步较晚，起初研究仅局限于草类植物种子的形态和发芽率等方面。20 世纪 50 年代末，中国科学院植物研究所曾对草类植物种子贮藏与发芽率的关系、提高结缕草种子发芽率的方法等进行过研究。20 世纪六七十年代，中国科学院植物研究所对各种草类植物的形态进行了全面的研究，在此基础上编写了《草类植物种子分类检索表》，此后对草类植物种子进行了贮藏与活力关系、硬实与贮藏关系、盐溶液处理与发芽率关系等方面的研究。1973 年，甘肃农业大学在甘肃武威黄羊镇建立了 58hm^2 的西北荒漠区牧草试验站，作为草原专业教学实践和科学研究的基地，开展了多项牧草种子科学的研究。1977 年受农林部（现为农业农村部）资助，陈宝书负责在武威黄羊镇建立了 50hm^2 的红豆草种子基地。1979 年受甘肃省农业厅资助，甘肃省草原技术推广总站王素香负责推广红豆草，在通渭中家山建立了 30hm^2 的红豆草种子基地。以上两个红豆草种子基地的建立，对推动牧草产业的发展起到了奠基性作用，使红豆草推广到全国 24 个省（自治区、直辖市），尤其为西藏、青海、新疆等高寒草原区草地改良提供了适宜的豆科植物资源和蛋白质牧草资源，推动了高寒草原区的畜牧业向高质量发展迈进。

进入 20 世纪 80 年代后，草类植物种子科学研究得以快速发展，研究单位逐渐增多，研究范畴进一步扩大，对草类植物种子形态解剖特征、种子发芽标准条件、种子活力、种子休眠机理，以及打破休眠的方法、种子萌发生理、种子贮藏与寿命、种子生产、种子发育生理等进行了全面研究，发表了大量科学研究论文，研究成果应用于实践，取得了丰硕成果，使我国草类植物种子科学研究水平有了很大的提高。从 1983 年开始，全国设有草原专业的 7 所高等农业院校先后为本科生和研究生开设“牧草种子学”和“牧草种子技术”课程；1985 年北京农业大学（现为中国农业大学）李敏教授编写了自编教材《牧草种子学》；1988 年甘肃农业大学聂朝相教授和陈宝书教授编写了自编教材《牧草种子学》；1994 年内蒙古农牧学院（现为内蒙古农业大学）西力布教授和李青丰教授编写了自编教材《牧草种子学》；1997 年中国农业大学韩建国教授等编写了《实用牧草种子学》，并作为全国高等农业院校教材正式出版，成为全国高等农业院校草业科学专业本科生的主要参考书。

1986 年开始，甘肃农业大学、中国农业大学、内蒙古农业大学等高等院校开始招收草类植物种子研究方向的硕士研究生和博士研究生，培养高层次的草类植物种子科学与技术创新人才。农业部（现为农业农村部）自 1982 年开始，先后颁布了《牧草种子检验规程》（1982）、《禾本科主要栽培牧草种子质量分级》（1985）、《草坪草种子生产技术规程》（2003）、《沙打旺种子生产技术规程》（2010）、《农作物种质资源鉴定技术规程 豆科牧草》（2007）、《主要热带草坪草种子种苗》（2009）、《热带牧草品种资源抗性鉴定和柱花草抗炭疽病鉴定技术规程》（2009）、《麻黄属种子质量分级》（2011）、《籽粒苋种子质量分级》（2011）、《草品种区域试验技术规程 禾本科牧草》（2013）、《草品种审定技术规程》（2013）、《植物新品种特异性、一致性和稳定性测试指南 高羊茅 草地羊茅》（2014）、《草品种区域试验技术规程 豆科牧草》（2015）、《豆科牧草种质资源描述规范》（2016）、《进境牧草种子检疫规程》（2016）、《狼尾草种子标准样品》（2017）、《农产品中有毒有害杂草种子检验检疫要求》（2017）等多项标准，规范草类种质资源、品种和种子科学技术的应用。1987 年全国牧草种子检验学术委员会成立，1995 年更名为全国牧草种子科学与技术委员会。1989 年北京农业大学成立了牧草种子中心，1991 年农业部批准筹建农业部牧草与草坪草种子质量监督检验测试中心，1993 年成立了兰州测试中心（在兰州大学），1998 年成立了北京测试中心（在中国农业大学），北京测试中心代表我国的草类植物种子检验机构加入了国际种子检验协会。农业农村部在全国投资建立了 18 个牧草与草坪草种子质量监督检验测试中心，测试中心主要承担牧草与草坪草种子质量的监督检查、仲裁检验和委托检验。

20 世纪 80 年代以来，常规品种选育和种子生产、杂交品种选育与制种、种子加速加代繁殖技术、人工种子研制技术等方面都有许多新成果出现，在种子经营管理、运销、贮藏、市场调查、市场预测、决策等方面不断增添新的内容。1998 年农业部全国畜牧总站设立了牧草种质资源保护项目，在全国成立了 10 个协作组，建立了牧草种质资源基因库北京中心库、热带牧草种质资源基因库海南备份库和寒温带牧草种质资源基因库内蒙古备份库，至今已收集、鉴定、保存牧草种质资源 6 万余份。农业农村部和联合国粮食及农业组织、一些基金会支持建立的品种资源中心，在征集、保存、使用遗传资源，开拓基因导入改良品种技术，培育优质高产抗逆品种，推广优良品种等方面，做出了许多出色的成绩。我国目前将种子科学与育种科学紧密结合，明确了种子科学的发展方向，推动提出了建立全国牧草育种研究中心、建立草类植物良种繁育体系、成立我国草类植物种子协会等建议，通过严格执行《中华人民共和国种子法》和《草种子检验规程》，加强草类种子科研、生产和销售的组织协调。

在种子繁育体系建设方面，我国育成草类新品种主要集中在高校与科研单位，育种领域的科研与商业开发存在脱节现象，缺乏有效的市场参与，育成的品种大部分没有进行成果转化。由于育成品种没有繁育出大量种子供应种植企业大面积种植，因此生产单位大多选用国外进口品种，国内育成品种市场应用率相对较低。近年来，种质资源收集、育种理论与技术创新、分子生物学辅助育种已为加速我国草类育种奠定了良好的基础，在已取得成绩的基础上，我国努力借鉴发达国家的经验并结合自己的特点，使国内的草类植物育种有较大的发展。具体措施如下。

1）加强优良种质资源的收集、保存、研究与利用。中国地域辽阔，由于纬度、海拔、地形等影响，形成了极为复杂的多样性生态环境，蕴藏着十分丰富而独特的草类种质资源，包括古老的地方品种、改良品种、新选育品种、引进品种、突变体、野生种、近缘植物及人工创造的植物类型等，丰富了草类植物育种的物质基础。现代育种工作之所以取得显著的成就，除了育种途径的发展和采用新技术外，关键在于广泛收集和利用优良种质资源，因此借鉴先进国家的育种经验，有计划地对已有种质材料进行深入研究和鉴定，有助于筛选出具有优异性状的材料，继而进行创新研究。

2）积极开展草类植物育种基础理论研究。我国草类育种工作起步晚，育种基础理论研究相对薄弱。为使草类育种有较大突破，近年来我国在加强草类育种理论与育种技术研究的同时，有计划地开展了与草类育种有关的基础理论研究，使育种工作更加扎实和高效。聂静和眭晓蕾（2021）在 *PNAS* 报道黄瓜花器官（果实）的正常生长发育对黄瓜产量和品质形成的内在调控机制的研究，在植物繁殖调控方面取得了突破性进展。他们研究发现植物生长素在花器官起始和发育中发挥了关键作用。一般认为，生长素生物合成和极性运输相互协调，从而在分生组织中建立并维持合适的生长素浓度梯度（gradient），以确保包括花器官在内的多种植物器官的正确起始和发育。针对黄瓜果实发育早期韧皮部组织，通过激光捕获显微切割结合 RNA 测序（RNA-seq）技术，获得了一个未知功能基因 *Csa7G067350*。利用反向遗传学技术，沉默该基因导致黄瓜花瓣、心皮等花器官及其果实中维管束数量显著增加，并伴随着茎尖生长素的明显积累；而过表达该基因植株茎尖生长素积累减少，不仅降低花器官数量，维管分化发生紊乱，甚至出现器官融合现象而导致果实畸形。据此，将该基因命名为 *CsDFB1*（*DEFORMED FLORAL BUD1*）。植物半胱氨酸蛋白酶抑制剂（plant cystatin）已被证明在防御反应中发挥重要作用。研究表明，*CsDFB1* 基因编码一个半胱氨酸蛋白酶抑制剂相关蛋白，但是 CsDFB1 蛋白可以与 HD-ZIP Ⅲ转录因子 CsPHB（PHABULOSA）互作，调控 CsPHB 对生长素生物合成关键基因 *CsYUC2*（*YUCCA2*）的转录激活，以及其对生长素外排载体基因 *CsPIN1*（*PIN-FORMED1*）的转录抑制，从而影响植株顶端分生组织生长素分布和花器官发育。该研究揭示了 CsDFB1-CsPHB 分子模块通过调节黄瓜局部生长素的分布，从而调控黄瓜的花器官发生和维管分化的作用机制。这一发现为植物分生组织中生长素分布调控植株生长发育的相关机制提供了新的认知，也为分子育种提供了新思路。

3）强化草类植物育种新技术的探索。常规育种方法是世界各国选育新品种的基本途径，对我国今后草类植物育种仍将起到重要作用。但随着科学技术的迅猛发展，基因组测序、基因克隆、高通量分子技术检测、转基因、基因编辑技术已经广泛应用于草类植物育种，转基因技术在草类植物抗寒、抗旱、抗盐碱、抗膨胀病、抗除草剂、抗病虫及延缓植株木质化过程中已有很大成效，分子标记技术在草类植物辅助育种和种质渐渗研究、遗传连锁图谱绘制、种质鉴定和遗传多样性等方面应用广泛——从传统育种到分子育种、提升育种技术，从基础资源的深度解析、优异基因的深度挖掘到重大战略品种的设计。国内育种领域多年的理论探索和技术实践表明，常规育种技术与现代育种技术结合可以快速突破新品种创制瓶颈，是我国草类植物新品种创制的重要方向。

4）加强草类植物特色品种和专用品种的培育和推广。我国生态区域广阔，生态条件复杂，生产用途广泛。从南到北，从东到西，有华南热带湿热区、东南亚热带湿热区、华中亚热带湿热区、华东亚热带湿热区、西南亚热带湿热区、西南亚热带高寒区、华北暖温带半湿润区、华北暖温带半干旱区、东北高纬度低海拔长日照区、东北高纬度高海拔长日照区、北方草原区、北方农牧交错区、西北荒漠灌区、西北半干旱区、西北半干旱长日照区、西北半湿润区、青藏高原藏南河谷区、青藏高原东北部边缘亚高山寒冷区、青藏高原高寒草甸区、青藏高原高寒草原区等，各区域立地条件（植物生存需要的土壤、水分、气候、空间组合而成的环境）差异很大，根据地方环境特点和用途，选育出了独特或专用的草类植物品种，特别是西部地区在种质资源收集与利用中，集中力量对旱生、超旱生、沙生、盐生、寒地种质资源和防风固沙、水土保持种质资源进行重点研究，并建立优良短缺种质资源种子繁育基地。对经过种质鉴定评价后确认为优良的种质材料，加速选择和培育，从野生资源中驯化培育防风、固沙、抗旱、抗寒、抗热能力强的草类植物品种，或依据广泛的生产加工用途选育专用品种，如干草品种、青贮品种、低木质素品种、高蛋白品种、抗鼓胀病品种、混播品种、短寿品种、长寿品种等专用草类植物品种，进一步扩大繁殖，进行生产试验和区域试验，建立种子田，为推广与生产奠定基础。

草类植物种子科学在集成多学科研究成果、发展综合性研究的基础上，正在迅速向前推进。

第五节 草类植物种子产业的现状与发展

一、国外草类植物种子产业现状与发展

世界草地畜牧业发达国家，如美国、加拿大、丹麦、荷兰、新西兰、澳大利亚等都形成了发达的草类植物种子产业，成为重要的草类种子生产和输出国。草类植物种子产业发达国家均形成了完善的种子生产与管理体系：①有健全的法律制度和完善的种子质量管理机构，有《种子法》《种子检验规程》《种子审定规程》《植物新品种保护条例》等法律条规及相应的执法或监督机构。②有区域性草类植物种子生产基地。凡草类植物种子产量较高并稳定的国家或地区，都根据草类种子生产对气候条件的特殊要求，划定或自然形成草类种子的集中生产区，集中生产一种或数种草类植物种子，以获得最佳种子产量和质量，提高种子生产的经济效益。③建立全国性或跨国性的草类植物种子生产经营机构，如种子集团、种子公司、种子贸易协会、种子生产者协会等，负责组织和协调草类植物种子的生产和贸易，有些机构已成为全球性的，其草类植物种子在国际市场上占有很重要的地位。④重视科学研究与成果转化。种子科学研究与实践紧密结合，研究课题来源于生产，研究成果直接为生产服务，科研、推广、生产、管理有机协调，形成了完善的科学研究与成果转化体系。

北美洲是目前世界上最大的冷季型草坪草和其他草类植物种子生产区，主要分布在美国西部的俄勒冈州、爱达荷州、华盛顿州和加拿大的西南四省区，其商品种子生产量占世界商品种子的50%左右。加拿大有7万多hm^2草类植物种子生产田。美国的草类植物种子生产在世界上处于领先地位，共有约27万hm^2草类种子生产田，种子年总产量约46万t，其中，草坪草种子约23万t。美国俄勒冈州的威拉米特山谷被誉为“世界草类植物种子之都”，约有16万hm^2草类植物种子生产田，年产草类植物种子约13万t，美国冷季型草坪草种的70%在这个山谷生产。除了威拉米特山谷外，俄勒冈州还有两个主要的草类植物种子生产区域，分别为位于东北部的拉格兰德地区和中部的德拉斯地区，这两个地区以生产草地早熟禾和细羊茅种子为主。爱达荷州和华盛顿州生产的草坪草种子主要是草地早熟禾，据统计，美国约70%的草地早熟禾种子产自这两个州。加利福尼亚州和亚利桑那州则是狗牙根种子的主要生产区。

欧洲是世界第二大草类植物种子生产区，生产区主要分布在欧洲中北部的荷兰和丹麦等国。奥地利、法国和德国也生产草坪草种子，但总产量不是很大，包括草地早熟禾等在内的一些草类植物种子仍需进口。近年来，东欧地区的匈牙利、罗马尼亚和捷克等一些国家，正在积极开辟草类植物种子生产基地。澳大利亚和新西兰由于畜牧业发达，草地面积大，故也成为重要的草类植物种子生产国，主要生产牧草种子。新西兰南岛干旱区有2.5万～4.6万hm^2专业牧草种子生产田，占新西兰牧草种子生产田的80%以上，生产的白三叶种子占世界总产量的2/3。此外，南美洲中部的阿根廷、乌拉圭等国也生产部分冷季型草坪草高羊茅和多年生黑麦草种子，但生产能力有限，尚不能满足本国需要。

欧美等一些技术先进的国家，草类植物种子生产在实现品种选育科学化、品种布局区域化、种子生产专业化、种子加工机械化、种子质量标准化、种子供应商品化生产的同时，进行法制化市场管理，已基本形成从新品种选育到应用的体系，以及包括品种试验扩繁、种子

生产、收购、贮藏、精选、包装、检验、销售和售后服务等环节的产业化经营过程，有着健全的市场网络体系，在国际草类植物种子生产领域具有强大的品牌优势。

当前，种子产业已经进入发达阶段，经济发达国家不断加大资金和技术的投入，正在积极实现着四大转变：①由传统粗放种子生产向集约化生产转变；②由行政区域自给性生产经营的计划经济模式向参与社会化、国际化市场竞争的市场经济模式转变；③由分散的小规模生产经营向专业化大中型企业或企业集团化方向转变；④产学研模式由科研、生产、经营相互脱节向育种、繁育、加工、推广、销售一体化转变。同时，发达国家不断加强优质草类植物种子生产和种子品质管理，依靠其强大的经济和科技实力，积极开拓信息技术和智慧管理在种子科技领域的应用，促进种子生产自动化程度。美国是种子生产自动化程度很高的国家，大部分农业操作、种子收获、清选、干燥、包装、贮藏和运输等作业几乎全部自动化，而且在检验中还有许多自动化仪器（发芽箱、生活力仪等），大大提高了工作效率。其他国家也应用计算机控制清选，大大提高了种子利用效率和纯净度。此外，还大力发展生物和生化技术，加强种子生理方面的研究，利用激素在种子生产中发挥奇妙的功能，如控制种子休眠、解决及时发芽和出苗问题，提早开花结实、免遭霜冻等。另外，相关国家不断加强和深化种子产业化基础的研究，且十分重视种子健康的测定。

二、我国草类植物种子产业现状与发展

1）我国草类植物种子产业处于形成阶段。20 世纪 70 年代初，甘肃农业大学在甘肃武威建立了 50hm^2 的甘肃红豆草种子繁育田。70 年代末，甘肃省草原技术推广总站在通渭中家山建立了 30hm^2 的甘肃红豆草种子繁育基地。80 年代以来，草类植物种子生产发展较快，从事草类植物种子生产和经营的企业数量大幅增加，草类植物种子生产也有了很大的发展，2015 年中央一号文件将海南、甘肃、四川确定为三大国家级育种制种基地。甘肃是我国作物种业最发达的省份，截至 2020 年，全省草类植物种子田达 3.73 万 hm^2，年产优良草类种子 42 700t。但我国生产的草类植物种子绝大多数为牧草种子，草坪草等其他草类植物种子生产较少。草类植物种子生产区主要集中在北方地区，南方部分省区生产多花黑麦草和少量热带牧草种子。由于在草类植物种子生产中对气候条件特殊要求方面的认识不足，草籽繁殖场的地区选择不太合理，加之兼用种子田面积大、管理不规范等原因，产量和质量始终不高，远远不能满足经济发展和生态建设的需要。

90 年代以来，由于我国经济的快速发展和生态环境建设的迫切需要，草类植物种子存在着巨大的市场需求，国际各大草类植物种子公司，如杰克琳种子公司、匹克种子公司、百绿种子公司、丹农种子公司等均在我国设立了业务代表处，草坪草和牧草进口种子分别占据着我国 90%和 80%的草类种子市场，我国主要草类植物种子进口量远大于出口量，见表 1-1。随着我国经济的持续发展和对生态环境治理力度的逐渐加大，我国草类植物种子市场需求将进一步得到释放，我国草类植物种子生产量将会呈现逐年上升趋势，所以迅速提高我国的草类植物种子产量和质量，以及提高种子国产化率是当务之急。

在我国草类种子进出口量排名前十的国家中，从美国进口的草类种子量大于从其他国家进口的总和，我国草类种子出口到其他国家的总和仅有 0.98 万 t（表 1-2）。

表 1-1　我国 1992～2019 年草类植物种子进/出口贸易量

品种	类型	1992 年	1995 年	2000 年	2005 年	2010 年	2015 年	2016 年	2017 年	2018 年	2019 年（截至 8 月）
紫花苜蓿	进口量/t	0.19	0.42	1 866.55	108.50	368. 60	2 305.91	1 364.46	1 236.54	2 470.23	2 474.85
	出口量/t	536.50	436.06	55. 78	4 128. 94	676. 14	135.85	249.03	236.75	80.49	87.50
三叶草	进口量/t	66.50	6.08	720. 39	1 735.19	1 949.30	2 807.33	1 527.08	2 932.49	2 945.26	1 963.92
	出口量/t	1.50	0.00	5.80	1.00	0.20	0.20	0.00	0.81	0.00	0.00
羊茅草	进口量/t	321. 06	70.67	3 026.61	6 759.61	12 677.28	11 024.21	7 741.59	15 202.37	14 129.73	8 844.02
	出口量/t	—	—	—	63. 02	0.36	0.00	0.50	0.00	3.50	0.00
早熟禾	进口量/t	79.27	171.73	2 318.50	1 885.27	4 139.42	5 057.44	2 015.89	5 863.83	6 828.74	5 506.60
	出口量/t	—	—	0.00	0.00	9.31	0.00	2.98	5.50	0.00	0.00
黑麦草	进口量/t	54.52	95.00	2 831.47	2 513.79	14 711.78	24 301.14	20 403.17	31 278.56	29 922.27	23 692.74
	出口量/t	—	—	0.00	0.20	4.45	8.54	0.49	0.27	0.00	2.88
其他	进口量/t	6.67	84.61	1 933.16	1 428.58	176.73	4.07	11.86	—	—	—
	出口量/t	586.08	1 710.82	1 727.79	4 182.77	900.21	511.34	536.76	—	—	—

注："—"表示无数据或数据缺失

表 1-2　我国草类种子进/出口量排名前十的国家

排名	进口国家	进口量/万 t	出口国家	出口量/万 t	排名	进口国家	进口量/万 t	出口国家	出口量/万 t
1	美国	2.81	西班牙	0.35	6	泰国	0.09	墨西哥	0.04
2	加拿大	0.65	韩国	0.26	7	澳大利亚	0.08	意大利	0.02
3	丹麦	0.59	日本	0.12	8	印度尼西亚	0.08	泰国	0.02
4	意大利	0.51	美国	0.07	9	日本	0.06	越南	0.02
5	阿根廷	0.11	荷兰	0.06	10	德国	0.03	伊朗	0.02

2）草类植物种子生产体系尚待健全。我国草类植物种子产业虽然有了一定的发展，但与草地畜牧业发达国家相比还存在着很大的差距。草类植物种子高产品种缺乏，种子生产仍采用放牧或刈割的人工草地留种生产的落后方式，种子仅为牧草或原料生产的副产品，以种子生产为目的的大面积种子田非常少。种子田常规的管理技术和方法未得到有效应用，造成单位面积种子产量低，质量差。没有形成高产优质的草类植物种子商品化生产区，不能像发达国家那样充分利用气候条件生产优质高产的草类植物种子。与草类植物种子生产经营有关的法律条款及执法机构还不完善，植物新品种保护条例未得到很好的落实。国内大多数草类

植物种子公司实行单一买进和卖出的经营方式，缺乏集种子生产、加工、销售于一体的草类植物种子龙头企业，缺乏相应的行业协会等协调草类植物种子产、供、销的组织机构。

3）草类植物品种资源管理问题。我国牧草品种审定委员会成立后，截至2020年已有604个草类植物新品种注册登记，平均每年审定登记17个，不仅新品种数量少，而且受限于种子扩繁体系不健全，无法实现由育种家种子到商品种子的专业化生产，新品种保存在育种家手中，转化率较低。总体来看，草类植物品种资源的前期管理工作，如申请、评审、注册、登记等程序是比较完善的，每一个申请的草类植物品种都要经过严格的评审方能注册登记。但在注册登记后的管理中，却存在着不少漏洞。①我国的草类植物品种注册制度中缺乏品种世代等级的概念，不能有效地控制不同等级种子的生产及繁育。种子田种源及种子生产的混乱致使品种混杂、退化现象严重，品种寿命缩短。②品种注册后的监督措施不力，在已注册登记的草类植物品种中究竟有多少品种得到了大面积的应用，又有多少品种已经消失，很难说清。草类植物新品种的繁育及推广投资大、见效慢，目前国家对育种及引种等方面还有一些资助，但对品种育成后的种子生产资助不够，除少数品种能得到国家的保种费或项目资助外，大多数草类植物品种的种子繁育和生产经费无保障，也无种子认证标准的保障。③同时我们也看到，随着新技术的蓬勃发展，知识产权保护仍然跟不上，伪劣草品种和种子时有贸易流通；新品种和优良种子的知识产权整体质量效益还不够高，高质量高价值知识产权品种和优良种子偏少，市场竞争力弱；新品种和优良种子知识产权领域仍存在侵权易发多发和侵权易、维权难的现象；新品种和优良种子知识产权侵权违法行为呈现新型化、复杂化、高技术化等特点。

4）草类植物种子生产效益低。造成草类植物种子生产效益低的原因：一是种子产量和质量偏低，二是种子价格体系不合理，三是种子市场剧烈波动不稳定，四是大量进口和使用国外种子。草类植物种子生产的周期比较长，往往在种子田建植一年以后达到高产期，四五年后进入衰落期。近年来种子价格虽有所上升，但仍未达到合理的水平。我国草类植物种子试验田的单产一般不比其他发达国家低，但大部分草类植物种子是非种子田生产的，其单位面积产量仅为世界先进水平的50%或更低。造成草类植物种子产量低和质量差的诸多原因中，种子田的生产管理条件差是最主要的原因。我国北方地区很难找到合格的草类植物种子田，许多生产单位无种子生产许可证，不使用合格原种，不懂种子生产的基本原理和技术，田间管理粗放，甚至完全没有田间管理措施，致使种子田中杂草蔓延，病虫害严重，这样生产的种子产量不可能高、质量不可能好。草类植物种子市场的不稳定性直接和间接地影响种子生产，草类植物种子的需求受国家政策、财政投入及从国外大量进口种子的影响波动很大，加上草类植物种子市场的许多不规范操作，进一步加大了草类植物种子生产的风险系数。

5）草类植物种质资源开发、品种培育、种子生产加工、质量监控及管理的有机联系尚待建立。完整的种子产业为包括种质资源开发、品种培育与推广、种子生产及加工、质量监控及管理等方面内容的综合产业。我国目前种子产业中的这些方面已经基本具备，缺少的是这些方面之间的有机联系。例如，我国的种质资源工作如何才能更好地为品种培育工作服务，而品种培育又如何与种子生产联系起来，改变目前国内种子产业链中草类植物品种由科研机构和高等院校提供、推广由政府负责、繁种由良种场负责、销售由种子公司负责，产业链连接松散、利润分流不规范的现状，是今后应认真考虑和解决的迫切问题。就我国种业管理的机构设置来讲，目前存在严重的行业分割现象。农、林（草）、牧三业各有一套独立的种子管理机构和人员。以种子检验为例，农业部门有从事农作物种子检验的各级检验机构，林业与草原部门有从事林木与草种子的检验机构，而牧业部门又有从事牧草种子检验的机构。因行业分隔，这些检验机构的室内检验工作均存在“吃不饱”的问题（送样单位少，工作量不足），但因人力有限，无法深入基层，在抽样、田间检验等方面又存在着任务繁重的问题。因财力分散使用，各系统的检验机构只能在低水平上勉强维持。类似种子检验的问题在种子产业的其他方面，如品种注册登记、种子生产等方面也普遍存在。为有效地利用有限的人力、物力和财力资源，应改变目前这种功能重叠、效率低下、财力浪费的局面，组建类似种子局的专门从事种子产业的管理机构，有关行业部门相互协调，打破横向行业分割，在纵向上设置一套从中央到地方的种子管理系统。

6）草类植物种子产业发展前景广阔。尽管存在上述许多问题，但我国草类植物种子产业仍具有良好的发展前景。首先，从产量上看草类植物种子生产有较大的增产潜力，草类植物种子的大田实际产量与试验小区产量之间相差甚多，一般为一倍，由于目前我国草类植物种子田条件较差，管理措施和技术应用不到位，因而增产的潜力很大，只要加强种子田的管理和先进技术的应用，种子产量就能大幅度提高。其次，近年来草类植物种子价格大幅度提高是我国草类植物种子产业发展的一个契机，草类植物种子生产效益与作物生产效益之间的差距已大大缩小，且因其有生产成本低、耐粗放管理等特点，已开始被人们接受，特别在生产条件较差、地广人稀的草原地区及半农半牧区种植草类植物，既可以收种子，又可以刈割收获饲草，具有较大的灵活性。再次，生态建设的可持续性和草原保护责任的落实使广大农牧民有了建设和保护草原的主动性和积极性，推动了草类植物种子产业的发展，长期的草原保护责任落实使广大农牧民不得不考虑草原建设问题，作为草原建设所需要的种子，自然就有了市场，而市场的兴旺必然会带动草类植物种子产业的发展。我国的种子产业目前已涌现出近 10 家上市公司。作为草地畜牧业最基本的生产资料，牧草种子将在未来的畜牧业发展中起着越来越重要的作用。除草地畜牧业生产方面的需求外，随着国家对生态环境问题的日益重视，营造青山绿水的过程中对草类植物种子的需求也在不断增加。

如果说芯片是半导体领域的灵魂，那么种子就是农业发展的“芯片”。中国只有在种子方面实现自研、自给，才能保障 14 亿人口的粮食安全。2021 年中央一号文件围绕推动农业农村现代化“开好局起好步”的要点，提出解决种子和耕地两个要害问题，强化现代农业科技和物质装备支撑，构建现代乡村产业体系，推进农业绿色发展，推进现代农业经营体系建设。当前，我国作为一个人口大国，仍然面临着粮食危机，所以要重视种业的自给自足，防范国外种业的过度入侵。中国人的饭碗，任何时候都要牢牢端在自己手上。

讨论题

1. 当前形势下我国草类植物种子的地位和作用是什么？对我国粮食安全和食物安全的支撑作用如何？
2. 简述国外草类植物种子产业发展现状。
3. 简述我国草类植物种子生产中存在的问题及改进措施。

第二章 种子形态、结构、化学成分和物质组成

第一节 草类植物种子的形态结构

草类植物种子中，每个草种的种子都以其特有的形态结构而与其他种子相区别，所以，认识种子首先须了解种子的形态结构。草业工作者在进行种子识别和鉴定或从事种子繁殖、生产、加工、贮藏及管理时，都离不开对种子形态结构的详细了解。生产上由于不清楚种子形态结构和特征，而给生产经营造成经济损失的事屡见不鲜。因此，研究和认识种子形态结构及特征特点是种子工作者的基本任务。

一、种子外部形态

种子的形状、大小、颜色及表面特征，在不同的植物种类中差异较大，因此可根据这些特征对种子进行鉴定。

1．种子形状 草类植物种子的形状，主要取决于种子的遗传特性，一般很少受环境条件影响而产生变异，是相对稳定的。例如，紫花苜蓿种子为肾形、山黧豆种子呈斧头形、苏丹草种子呈纺锤形、匍匐翦股颖种子呈卵形、苔草的小坚果呈宽卵形、异穗苔草的小坚果呈倒卵状三棱形。而且，凡是在分类系统上比较接近，即亲缘关系较近的草类植物，其种子形状也较相似，极少受环境条件影响。不同种和品种间籽粒形状也有明显差异。

2．种子大小 草类植物的种子大小，种和品种间相差极其悬殊。有些大粒种子如白花山黧豆单粒重超过 1g，而小粒种子如早熟禾单粒重仅为 1mg 或以上。此外，同一植株甚至同一花序上的种子大小也不一样，如红豆草植株第一花序荚果的千粒重为 25.5g，而第九花序仅为 22.7g；在同一花序上，上部荚果千粒重为 19.1g、中部为 22.3g、下部为 22.6g。

种子大小的表示指标：一是用重量法，即用千粒重（小粒种子）或百粒重（大粒种子）表示；二是用种粒大小指数表示，即用种子平均的长、宽、厚之积表示。

3．种子颜色 种皮或种子外面的保护结构，如果皮、种皮或假种皮、宿萼、苞叶等的细胞中含有各种不同的色素，不仅使不同种的种子颜色差异很大，即使是同一种草类植物的不同品种，种子色泽差异也颇明显。一般禾本科草类植物种子颜色较单纯，而豆科草类植物种子颜色变化较多。例如，箭筈豌豆种子因品种不同，就有黑、白、灰、粉红等颜色；栽培山黧豆种子为白色，春山黧豆种子为深灰色，坦及尔山黧豆种子为淡褐色；燕麦种子根据外表颜色分红皮和白皮两大类，每类又有深、浅的差别。种子颜色在遗传上是较稳定的性状，不同品种间差异较大，可作为鉴别品种的依据。但也受到不同年份的气候条件、成熟度、栽培措施和贮藏期限的影响，其颜色深浅明暗也有不同程度的改变。例如，紫花苜蓿刚收获的种子为淡黄色，贮藏两年后变成紫黄色，特别在高温高湿条件下，种子颜色易发生变化。因此，根据种子颜色进行种子鉴定时，应以新鲜种子为准，基本色调为主。由于种子颜色是反映种子新旧变化的灵敏性状之一，因此可根据种子颜色的变化来判断种子的衰变程度。

4. 种子的表面特征 种子表面有的光滑发亮，有的暗淡或粗糙，表面粗糙及凹凸不平是因为表面有穴、沟、网纹、条纹、核脊等。

种子的表面附属物，如翅、冠毛、刺、芒和毛等特征，都有助于种子的鉴定，有时这些特征较种子形状、大小及颜色特征更为稳定。

二、种子形态结构

1. 禾本科草类植物种子形态结构 禾本科草类植物的“种子”实为颖果，其果皮与种皮相黏着，不易分离。在少数禾本科草类植物中，如鼠尾粟属（*Sporobolus*）、䅟属（*Eleusine*），其果皮薄质脆，易与种皮相分离，为囊果（又称胞果）。胚位于颖果基部对向外稃的一面，呈圆形或卵形的凹陷，容易看到。脐呈圆点或线形，位于与胚相对的一面，即对向内稃的一面。

紧包着颖果（或囊果）的苞片分别称为内稃和外稃：与颖果紧贴的一面为内稃，相对的一面为外稃。外稃顶端和背面可具一芒，为中脉延伸而成。芒通常直或弯曲，有的则膝曲，形成芒柱和芒针两部分。芒柱通常螺旋状扭转，有的并作二次膝曲，如长芒草（*Stipa bungeana*）。在黍类植物中孕花外稃（第二外稃）较颖片坚硬。而在粟类植物中，孕花外稃较颖片薄，且透明，通常具内稃，但在翦股颖属（*Agrostis*）的某些种及看麦娘属（*Alopecurus*）植物中，内稃极为退化或缺，内外稃外面的苞片即为颖片，二颖片通常同质同形，且第一颖片较短小，但也有较长者，为数不多，有的第一颖片退化或不存在，如黑麦草属（*Lolium*）、雀稗属（*Paspalum*）、马唐属（*Digitaria*）等。在野黍属（*Eriochloa*）中，第一颖退化或不存在，而在两颖片之间形成一坚硬的环状体。在大麦属（*Hordeum*）中，颖片退化成芒状（图 2-1～图 2-6）。

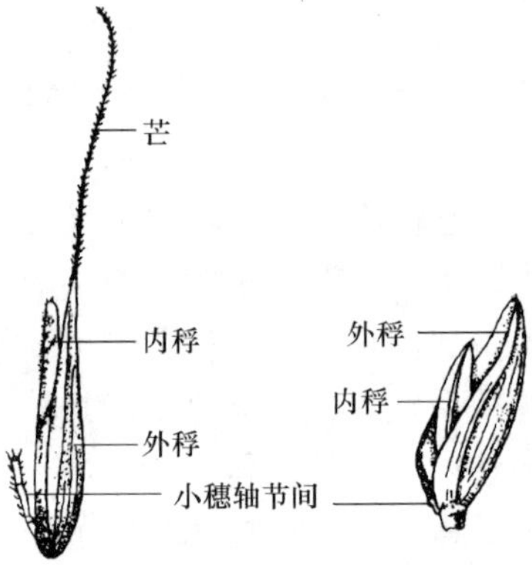

图 2-1 禾本科植物小花的结构

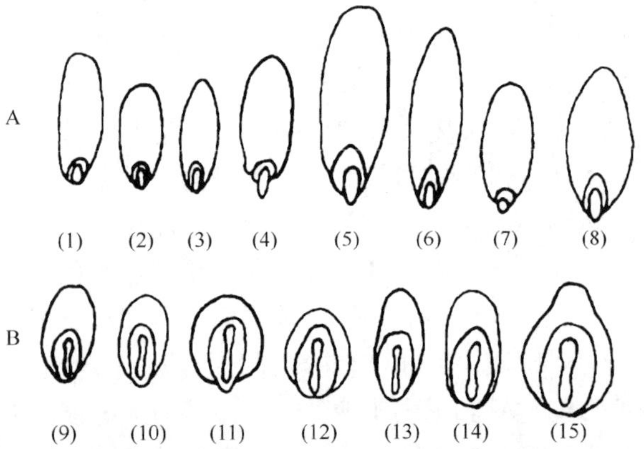

图 2-2 禾本科狐茅亚科和黍亚科草类种子胚占颖果的比例

A. 狐茅亚科：（1）草地早熟禾；（2）羊茅；（3）鸭茅；（4）短穗大麦；（5）弗吉尼亚披碱草；（6）发草；（7）拂子茅；（8）黄花茅。B.黍亚科：（9）毛线稷；（10）纤细野黍；（11）稗；（12）粉绿狗尾草；（13）须芒草；（14）阿拉伯高粱；（15）墨西哥摩擦禾

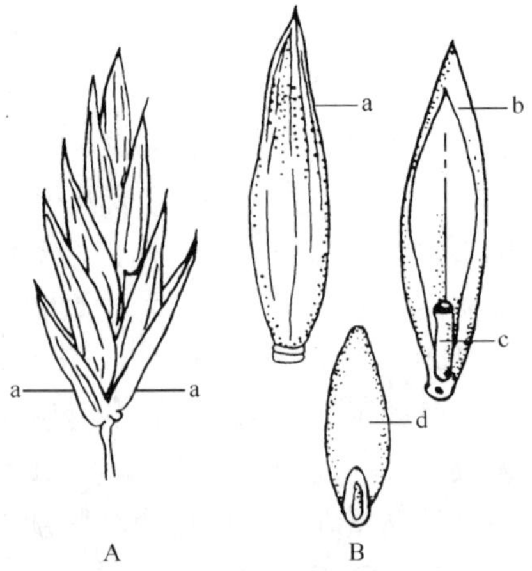

图 2-3 禾本科草类的小穗及种子

A. 小穗（6 个小花，基部 a 为颖片）。B. 小花及种子。a. 外稃；b. 内稃；c. 小穗轴；d. 颖果（基部为胚）

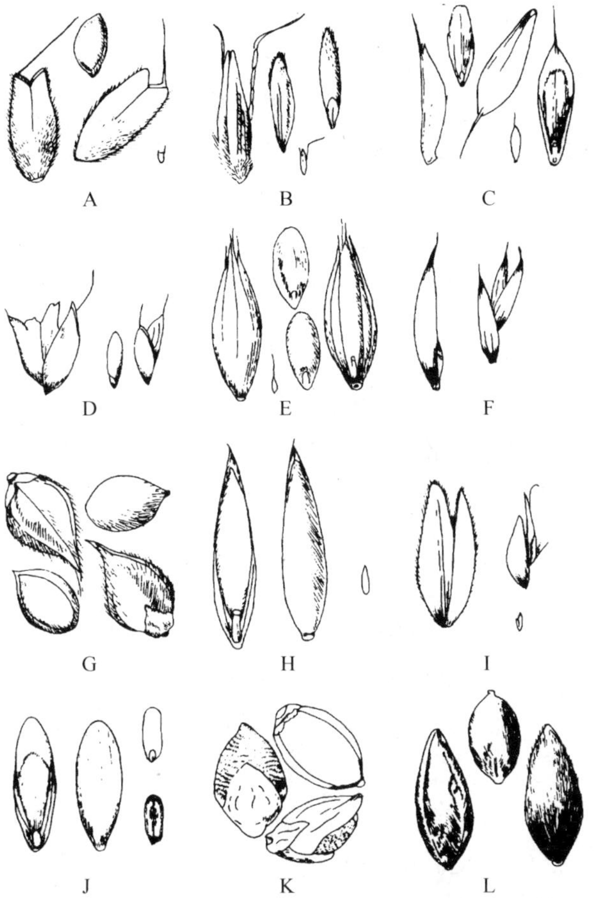

图 2-4　部分禾本科草类种子形态特征

A. 曲节看麦娘；B. 燕麦草；C. 毛雀麦；D. 无芒虎尾草；E. 洋狗尾草；F. 鸭茅；G. 湖南稷子；H. 苇状羊茅；I. 绒毛草；J. 多年生黑麦草；K. 金狗尾草；L. 阿拉伯高粱

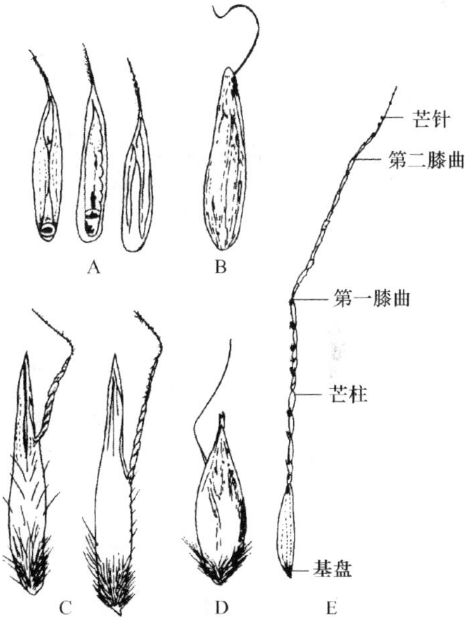

图 2-5　芒着生的位置及其结构

（A～D 图引自 Musil，1978；E 图引自耿以礼，1959）

A. 冰草；B. 埃氏鷊股颖；C. 野燕麦；D. 细弱鷊股颖；E. 长芒草

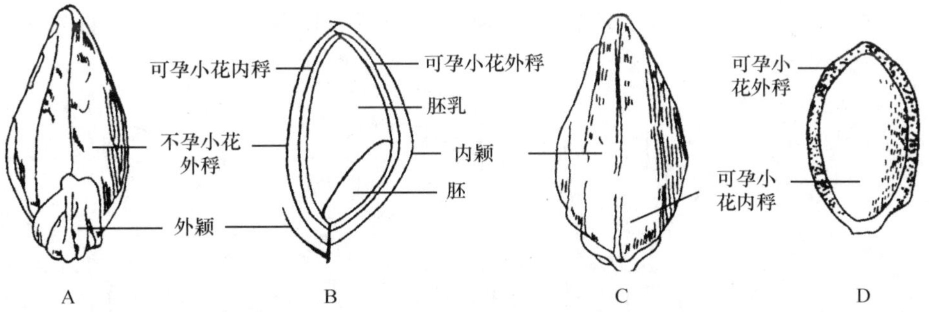

图 2-6　伏生臂形草种子及其附属物形态图

A. 小穗（背面）；B. 小穗沿背腹纵切；C. 小穗（腹面）；D. 小花及内含颖果

2. 豆科草类植物种子形态结构　豆科草类植物的果实是具一粒或几粒种子的荚果。荚果成熟时，通常沿背腹缝线开裂。但有的种类荚果并不开裂，而只是在加工过程中种子易于剥落。另外，还有些种类的荚果，既不开裂，也不易破碎，这类植物的种子单位就是一个完

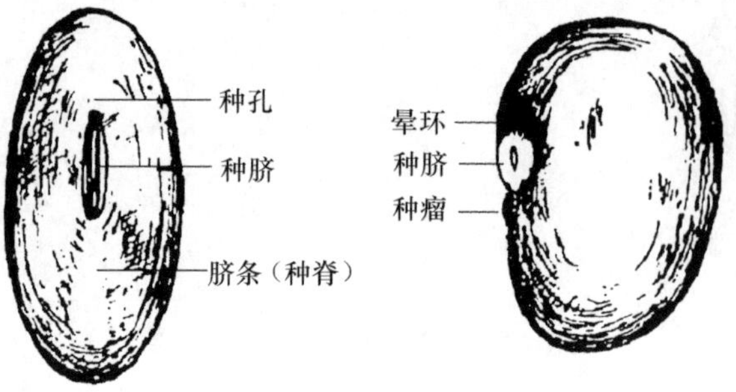

图 2-7 豆科植物的种子形态

整的荚果或荚果的一个节荚片，前者如胡枝子等，后者有百脉根和田皂角等。

豆科不同属中，种子的形状、大小、种皮的颜色，以及种脐与合点的位置等变异很大。典型豆科种子的主要特征如图 2-7 所示。在成熟种子中，包含两枚肥厚子叶的胚，占满整个种子腔，胚乳多已消失。在子叶和胚根端间的种皮表面稍呈一凹陷。种皮一般厚而硬。

一般来说，豆科草类植物种子两片肥大子叶贮藏营养物质，胚乳很少，甚至没有（图 2-8），在研究过的 35 属豆科植物种子中，有胚乳的为 21 属，无胚乳的为 11 属，同一属内既有有胚乳也有无胚乳的为 3 属。

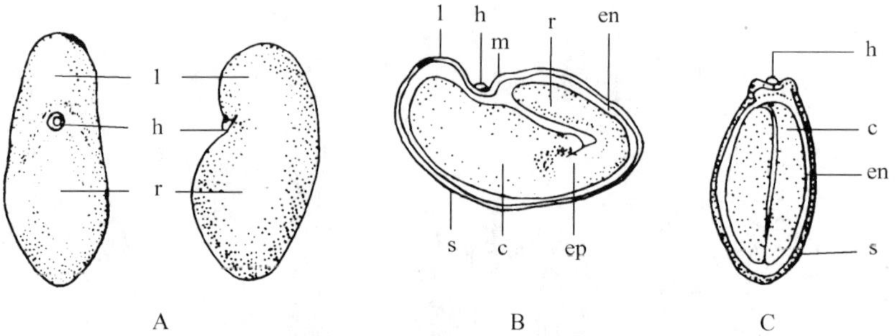

图 2-8 紫花苜蓿种子的结构（Gunn，1971）

A. 外形；B. 去掉一片子叶的内部结构；C. 横切面。

c. 子叶；en. 胚乳；ep. 上胚轴；h. 种脐；l. 合点；m. 珠孔；r. 胚根（下胚轴）；s. 种皮

豆科草类植物种子的鉴定，主要依据那些较稳定的特征，如种脐的位置和形状、脐长与种子圆周长的比例、胚根与子叶的关系（图 2-9）、种瘤与种脐或脐条的相对位置（图 2-10）、脐冠与脐褥的有无、脐沟的有无与颜色等；而较易变化的特征，如种子的形状、大小和表面颜色、晕环或晕轮的有无等，仅作为鉴定时的辅助特征。这些特征的观察及其相对位置的确定是以胚根尖朝下为依据的。

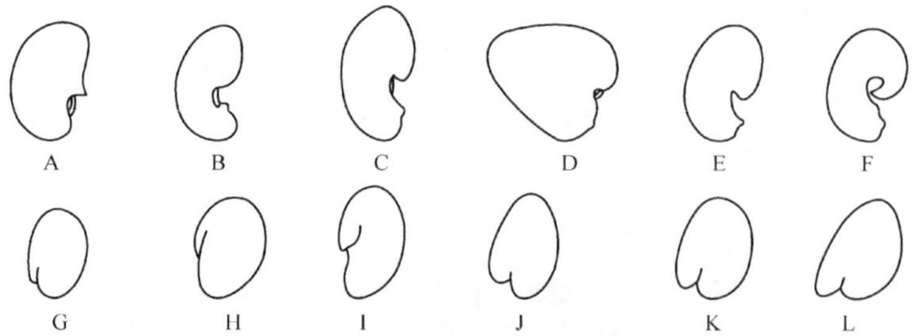

图 2-9 胚根与子叶关系示意图

A～F. 胚根尖与子叶分开；G、H. 胚根尖不与子叶分开；I. 胚根长约为子叶长的 1/2；J. 胚根稍短于子叶；K. 胚根与子叶等长；L. 胚根稍长于子叶

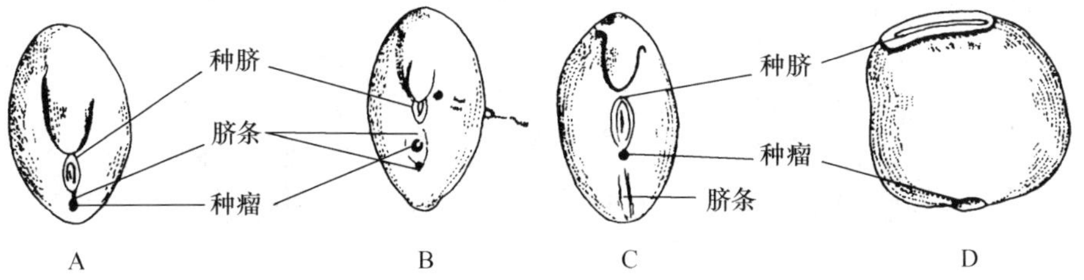

图 2-10　种瘤与种脐或脐条的相对位置

A. 种瘤在脐条的远端或末端；B. 种瘤在脐条的中间；C. 种瘤在脐条的近端；D. 种瘤在脐条相反的一边，即在种子的脊背上

3. 菊科草类植物种子形态结构　菊科为头状花序，大多数花着生于一个共同的花托（花盘）上。有的盘边的花不同于盘心的花，因而边花所产生的种子完全不同于心花的种子，如草地婆罗门参。

菊科的“种子”实际上是一个连萼瘦果，即一个不开裂的单种子果实。瘦果顶端向上变窄，延伸成喙，或平截，另具衣领状环，沿着花柱的基部凹入，在许多种内围着凹陷外边有许多细的刚毛或鳞片形成的冠毛（图 2-11 和图 2-12）。冠毛的特征对种子的鉴定具有重要的价值。

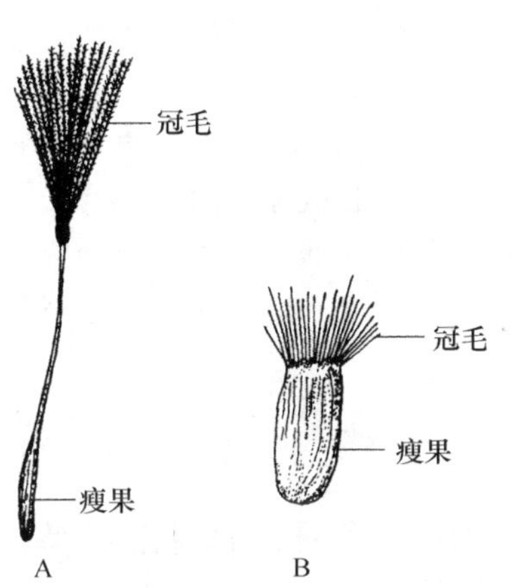

图 2-11　菊科草类植物的瘦果及其冠毛

A. 具喙瘦果；B. 无喙瘦果

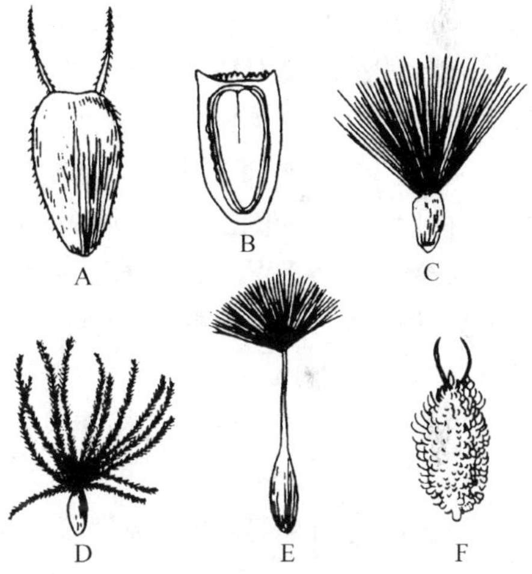

图 2-12　菊科草类植物果实（崔乃然，1980）

A. 鬼针草；B. 菊苣；C. 飞廉；D. 蓟；E. 蒲公英；F. 苍耳

在成熟的种子中，胚直大，两枚子叶发达，并充满整个种子腔，胚根及下胚轴较短，无胚乳。

三、种子解剖结构

通常一粒种子包含种皮、胚（植物的雏形）、储藏营养的组织（胚乳）三部分。在种子内，胚的发育程度因植物种类而异。有的植物成熟后，胚乳占据种子的大部分，如禾本科植物（图 2-13A）；有的植物种子成熟后，种子中不具胚乳或具少量胚乳，储藏营养物质都积累在肥厚的子叶中，如豆科植物（图 2-13B）。

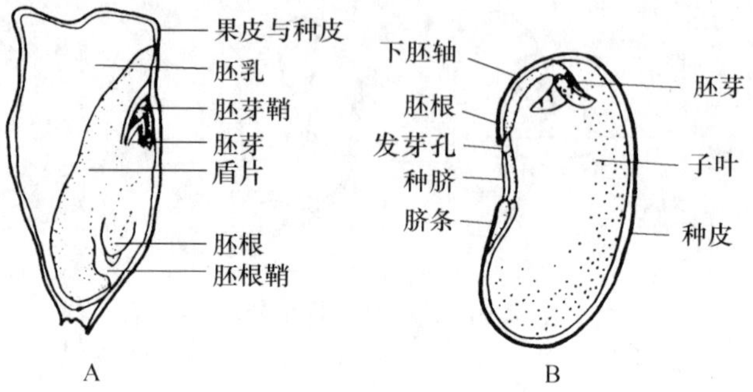

图 2-13　种子纵剖面的结构

A. 禾本科植物种子；B. 豆科植物种子

1. 种皮　种皮由胚珠的珠被发育而成。种皮的质地、厚度、颜色、表面光滑度及其构造均因种或品种而异。种皮的这些性状对种子生命活动有重要作用。种属间种皮的解剖结构特征，常用作种子分类的依据，种皮上尚残留胚珠的痕迹，为种脐、发芽孔、脐条、内脐、脐褥等。

（1）种脐　种脐是胚珠的珠柄脱落后留下的痕迹，是种皮上普遍而明显的特征。草类植物因种或品种不同，种脐的形状、大小也不同，如红三叶种子的种脐在肾形的角上。豆科草类植物种子的种脐是对种子进行真实性和纯度鉴定的主要依据之一。种脐颜色和种子的新陈程度关系较大，贸易上常把种脐色泽作为种子定级的重要标准之一。

（2）发芽孔　发芽孔是胚珠时期的珠孔，多位于种子较大的一端，但也有许多豆类种子，其发芽孔位于种子侧面，如蚕豆、大豆等，它是种子萌发时胚根穿出的部位。

（3）脐条　脐条又叫作种脊、种脉，是由倒生或横生胚珠珠柄的珠被并合而成。维管束从珠柄到达内脐时，不直接进入种子内部，而是先在种皮上通过一段距离，然后至珠心层供给养分。

（4）内脐　内脐是胚珠时期合点的遗迹，即脐条的终点或维管束的末端，通常呈微小的突起。

（5）脐褥　脐褥是珠柄的残片。一般种子无脐褥，但饲用蚕豆带有眉状的脐褥，也叫作脐冠。

田菁种子的种皮上还有种瘤等突状物。

许多草类植物种子的种皮上并无上述结构，这是因为这些种子并非真种子，而是果实，如禾本科草类植物种子，种子的“种皮”实际上是果皮或果种皮。

果皮由子房壁发育而成，分外果皮、中果皮和内果皮三层：外果皮由一层或两层表皮细胞组成，有茸毛及气孔，果皮上茸毛的有无和多少，可用以鉴定种子的真实性；中果皮多为一薄层；内果皮细胞有一层或多层。果皮上分布有明显的输导组织。果皮的颜色是花青素产生的，有的未成熟果实含有大量叶绿素。

2. 胚　胚由胚囊中的受精卵发育而成。不同类型的种子，胚的形状、大小，胚内各器官的分化发育程度及整个胚在种子上的部位均有不同。成熟的胚具有胚根、胚轴、胚芽及子叶等器官。

（1）胚根　胚根位于胚的基部。种子萌发时由胚根伸长而形成的根称为种子根、初生根或不定根。种子内已分化的胚根数目因草类植物种而不同，有胚根一至多条，在胚根中可区分出根的初生组织和根冠。在根尖有分生组织，种子萌发时，这些分生组织迅速生长和分化而产生根部的分生组织。禾本科草类植物种子的胚根外面有一层薄壁组织称为胚根鞘，种子萌发时，胚根突破胚根鞘进入土壤中，对胚根起保护作用。

（2）胚轴　胚轴又叫作胚茎，是连接胚芽和胚根的过渡部分。胚轴分为上胚轴和下胚轴，上、下胚轴以子叶在胚轴上的着生位置为界，子叶节以上为上胚轴，子叶节以下为下胚轴，下胚轴与胚根间无明显界限。双子叶草类植物可明显分出上、下胚轴，单子叶植物的上、下胚轴则难以区分。有些种子萌发伴随着幼根和幼芽的生长，胚轴也迅速伸长，把子叶顶出地面，如苜蓿属、黄芪属、红豆草属、草木樨属植物种子。有些在萌发时胚芽显著伸长，上胚轴伸长迅速，下胚轴仍很短，把子叶留在土壤中，如山黧豆属、野豌豆属种子。

（3）胚芽　胚芽是指胚轴顶端生长锥和已分化的真叶。胚芽在萌发时的分化程度因草类植物种不尽相同，有的在生长的基部已形成一或数片初生叶，有的仅为一团分生组织。禾本科草类胚芽有 3～5 片呈圆筒状的芽鞘。胚芽似一未发育的茎，将来发育成植株的地上部分。

（4）子叶　子叶着生在胚轴上，子叶数目因草类植物种类而异，它在植物分类上具有重要意义。在禾谷类植物中，胚轴仅有的一片子叶转变成吸器即盾片。种子萌发时，盾片可吸收胚乳中的养分并转运给胚，供其萌发利用。在胚轴上着生两片子叶者为双子叶植物，这类草类植物种子子叶发达，如山黧豆、白三叶等。其两片子叶的重量占种子的 90%左右，子叶已成为胚的营养贮藏器官，有幼胚萌发生长所需的丰富养分。双子叶植物中，胚包裹在两片子叶里，所以子叶还有保护胚的作用。

3. 胚乳　真正的胚乳是由胚囊的中央细胞与一个精核结合发育而来的，也叫作内胚乳，如禾本科、莎草科植物种子。由珠心组织发育而成的胚乳叫作外胚乳，如豆科草类植物的胚乳在发育过程中被胚吸收而消失。胚乳是种子贮藏有机养分的特殊器官，当它被胚吸收利用后就不存在了。由于胚利用胚乳的时间不同，因此已成熟的种子有的具有胚乳，有的无胚乳而被视为无胚乳种子，如禾本科草类植物种子就有发达的胚乳，胚乳占种子重量的 90%以上，幼胚萌发所需养分都集中贮备在胚乳里；甜菜、苋菜等种子，胚在发育过程中已将内胚乳吸收，养分贮藏在由胚珠发育成的外胚乳中，其外胚乳就成为其营养贮藏器官。

第二节　种子的分类和识别

一、重要草类植物种子的形态结构

1. 重要禾本科草类植物种子的形态特征　具体见表 2-1。

2. 重要豆科草类植物种子的形态特征　具体见表 2-2。

3. 重要菊科草类植物种子的形态特征　具体见表 2-3。

表 2-1 重要禾本科草类植物种子的形态特征

草类植物名	形状	大小/mm	颜色	颖	稃	脐	胚
多年生黑麦草	矩圆形	(2.8～3.4)×(1.1～1.3)	棕褐色至深棕色	颖短于小穗，第一颖除在顶生小穗外均退化，通常较长于第一花，具5脉，边缘狭膜质	外稃宽披针形，长5～7mm，宽1.2～1.4mm，淡黄色或黄色，无芒或上部小穗具短芒，内稃与外稃等长，脊上具短纤毛；内外稃与颖果紧贴，不易分离	脐不明显；腹面凹陷	胚卵形，长占颖果的1/5～1/4，色同颖果
多花黑麦草	倒卵形或矩圆形	(2.5～3.4)×(1.0～1.2)	褐色至棕色	颖质地较硬，具狭膜质边缘；第一颖退化，第二颖长5～8mm，具5～7脉	外稃宽披针形，长4～6mm，宽1.3～1.8mm，淡黄色或黄色；顶部膜质透明，具5脉，中脉延伸成细弱芒，芒长5mm，内外稃等长，边缘内折，内外稃与颖果易分离	脐不明显；腹面凹陷	胚卵形至圆形，长占颖果的1/5～1/4，色同颖果
紫羊茅	矩圆形	(2.5～3.2)×1.0	深棕色	颖狭披针形，先端尖，第一颖具1脉，第二颖具3脉	外稃披针形，长4.5～5.5mm，宽1.0～1.2mm，淡黄褐色或尖端带紫色，具不明显的5脉，先端具1～2mm细弱芒，内外稃等长	脐不明显，腹面具宽沟	胚近圆形，长占颖果的1/6～1/5，色浅于颖果
苇状羊茅	矩圆形	(3.4～4.2)×(1.2～1.5)	深灰色或棕褐色	颖披针形，无毛，先端断尖，边缘膜质，第一颖具1脉，第二颖具3脉	外稃矩圆状披针形，长6.5～8.0mm，先端渐尖，具短芒，芒长2mm，或稀无芒，内稃具点状粗糙，纸质，具2脉	脐不明显；腹面具沟	胚卵形或广卵形，长约占颖果的1/4，色稍浅于颖果
牛尾草	矩圆形	(2.8～5.2)×(1.1～1.4)	棕褐色	第一颖较小，具1脉，第二颖具3脉	外稃椭圆状披针形，长6.0～6.5mm，褐色或黄褐色，先端成芒状尖头，无芒或在顶端稍下伸出1～1.5mm细芒，内稃具不明显细条纹，纸质	脐不明显；腹面具宽沟	胚卵形，长约占颖果的1/4，色浅于颖果
羊茅	椭圆形或矩圆形	(1.0～1.5)×0.5	深紫色	颖披针形，先端尖，第一颖具1脉，第二颖具3脉	外稃宽披针形，长2.6～3.0mm，黄褐色或稍带紫色，先端无芒或仅具短尖头，上部1/3粗糙，内外稃等长	脐不明显；腹面具宽沟	胚近圆形，长约占颖果的1/4，色浅于颖果
草地早熟禾	纺锤形，具三棱	(1.1～1.5)×0.6	红棕色，无光泽	颖卵状圆形或卵圆状披针形，先端尖，光滑或脊上粗糙，第一颖具1脉，第二颖具3脉	外稃卵圆状披针形，长2.3～3.0mm，宽0.6～0.8mm，草黄色或带紫色，先端膜质；内稃稍短于外稃或等长	脐不明显；腹面具沟，成小舟形	胚椭圆形或近圆形，长约占颖果的1/5，色浅于颖果
普通早熟禾	长椭圆形	1.0×(0.4～0.6)	淡棕色	颖披针形，脉明显而粗糙，第一颖1脉，第二颖具3脉	外稃披针形，长2.5mm，宽0.7mm，灰褐色、草黄色或带紫色，具明显而突起的5脉，先端稍带膜质；内稃等长或稍短于外稃，脊上具短刺毛	脐不明显	胚卵形，长约占颖果的1/5，色同颖果
加拿大早熟禾	纺锤形	1.6×0.8	红棕色，有光泽	颖披针形，近于相等，先端具尖头，具3脉，脊上微粗糙，边缘及顶端具狭膜质	外稃长椭圆形，长2.6～3.2mm，宽约1mm，草黄色、褐色或带紫色，先端钝具狭膜质，具5脉；内稃等长于外稃，脊上粗糙	脐圆形，黑紫色	胚椭圆形，突起，长占颖果的1/5～1/4，色浅于颖果
林地早熟禾	纺锤形	(1.3～1.6)×(0.4～0.6)	棕色	颖披针形，先端尖，具3脉，边缘膜质，脊上稍粗糙	外稃矩圆状披针形，长2.8～3.6mm，宽0.5～0.8mm，褐黄色或灰绿色，先端具较宽的膜质；内稃稍短于外稃，脊上粗糙	脐不明显	胚椭圆，突起，长约占颖果的1/5，色浅于颖果
泽地早熟禾	纺锤形	(1.1～1.5)×(0.4～0.6)	红棕色，有光泽	颖披针形，稍带紫色，具3脉，脊上粗糙	外稃长椭圆形，长2.6～3.0mm，宽0.5～0.8mm，黄褐色、灰绿色或带紫色，内稃稍短于外稃，脊上粗糙或具细纤毛	脐较明显，圆形	胚椭圆形，突起，长约占颖果的1/5，色浅于颖果
早熟禾	纺锤形，具三棱	2.0×(0.6～0.8)	深黄褐色	颖薄，具有宽膜质的边缘，先端钝，稀锐尖，第一颖具1脉，第二颖具3脉	外稃卵圆形，颖薄，具宽膜质边缘，外稃卵圆形，先端钝，长1.8～2.5mm，宽约1mm，深黄褐色，灰绿色或带紫色，内外稃等长，脊上具短纤毛	脐圆形，白色	胚椭圆形，突起，长约占颖果的1/4，色同颖果

续表

草类植物名	形状	大小/mm	颜色	颖	稃	脐	胚
结缕草	近矩圆形，两边扁	（1.0～1.2）×（0.4～0.6）	深黄褐色，稍透明，顶端具宿存花柱	第一颖退化，第二颖为草质	无芒或仅具 1mm 尖头，两侧边缘在基部联合，全部包膜质外稃，具 1 脉成脊，内稃通常退化	脐明显，色深于颖果	胚在一侧的角上，中间突起，长占颖果的 1/2～3/5
冰草	矩圆形	（3.5～4.5）×1.0	灰褐色	颖舟形，两侧压扁，边缘膜质，先端渐尖成芒，芒与颖片等长或稍短	外稃舟形，不具明显 3 脉，长 6～7mm，披短刺毛，先端渐尖成芒，芒长 2～4mm，内稃短于外稃，内外稃与颖果相贴，不易分离	脐具茸毛	胚卵形，长占颖果的 1/5～1/4，色稍浅
西伯利亚冰草	矩圆形	（3.0～4.0）×1.0	褐色至深褐色	颖片卵状披针形，两边不对称，具短尖头和宽膜质边缘，脊上粗糙，长 5～7mm，具 5～7 脉	外稃舟形，长 5～7mm，具 7～9 脉，先端渐尖成 1～2mm 短芒；内稃稍短于外稃，脊上具纤毛，内外稃与颖果相贴，不易分离	脐明显，圆形突起	胚椭圆形，突起，长占颖果的 1/5～1/4，色淡
沙生冰草	短圆形	（3.0～5.5）×1.0	深褐色	颖舟形，边缘膜质，脊上具稀疏纤毛，颖片长 3～4mm，芒长约 2mm	外稃舟形，长 1～7mm，具明显 5 脉，背面具柔毛，基盘钝，圆形，先端尖成 1～2mm 的短芒，内稃等长于外稃，先端 2 裂，脊中上部具刺毛，内外稃与颖果相贴，不易分离	脐圆形	胚椭圆形，长占颖果的 1/5～1/4，色淡
小糠草	长椭圆形	（1.1～1.5）×（0.4～0.6）	褐黄色	颖片先端尖，具 1 脉成脊，脊上部微粗糙	外稃长 1.8～2.0mm，膜质，透明，先端稍呈细齿状，具不明显 5 脉，无芒；内稃短于外稃，极透明，具 2 脉，顶端平截或微凹，内外稃疏松包围颖果	脐圆形稍突起	胚卵形，长占颖果的 1/4～1/3
欧翦股颖	矩圆形	1.0×0.4	褐黄色，质地软，易破裂	颖片先端尖，脊上微粗糙	外稃膜质，透明，具 5 脉，上部边缘明显，芒自稃体中部以上伸出，芒长约 1mm，内稃微小，极透明，长为外稃的 1/3，无脉	脐椭圆形，稍突出	胚卵形，长占颖果的 1/5～1/4
细弱翦股颖	长椭圆形	（1.0～1.3）×（0.4～0.6）	黄褐色	颖片先端尖，脊上微粗糙	外稃膜质，透明，长 1.5mm，中脉稍突出成齿，无芒，内稃长为外稃的 2/3，具 2 脉，透明，顶部凹陷，稃体与颖果易分离	脐椭圆形	胚长椭圆形，长约占颖果的 1/4
膝曲看麦娘	纺锤形，扁	（1.0～1.5）×（0.5～0.8）	深褐色	颖膜质，果长，具 3 脉，下部约 1/3 联合，脊及颖片中下部具纤毛，先端斜截	稃与颖果等长，具不明显 5 脉，先端平截，芒自稃体基部稍上伸出，芒长 4.5～5.2mm，中部以下膝曲，扭转，内稃缺如	脐明显斜截	胚长椭圆形，长约占颖果的 1/3，色稍深
垂穗草	长椭圆形	（2.5～3.0）×1.0	棕褐色	颖尖披针形，不等长，具 1 脉	外稃背部长圆形，与小穗等长，先端尖，具 3 脉，边脉延伸成小尖头；内稃等长或略长于外稃，具 2 脉，中部以上成脊，内外稃疏松包围颖果，易分离	脐圆形，黑色，具白色茸毛	胚长圆形，长占颖果的 1/2～2/3，具沟，色同于颖果
格兰马草	窄长椭圆形，两端尖	2.5×0.4	棕黄色	颖尖披针形，具 1 脉，第二颖长于第一颖，具短芒，脊上疏生疣毛	外稃背面具柔毛，长 5mm，先端 2 裂，3 脉各延伸成短芒，内稃具 2 脊，短于外稃，不孕花外稃退化，顶端具 3 芒，芒长约 5mm	脐不明显	胚不明显
无芒雀麦	宽披针形	（7.0～9.0）×2.0	棕色	颖披针形，边缘膜质，第一颖具 1 脉，第二颖具 3 脉	外稃宽披针形，长 8～10mm，宽 2.5～3.0mm，褐黄色，具 5～7 脉，无芒或具 1～2mm 短芒；内稃短于外稃，脊上具纤毛，内外稃与颖果相贴，不易分离	—	胚椭圆形，长占颖果的 1/8～1/7，具沟，色与颖果同

续表

草类植物名	形状	大小/mm	颜色	颖	稃	脐	胚
高山雀麦	长椭圆形	（7.0～8.0）×1.0	棕褐色	颖披针形，边缘膜质，第一颖狭窄，脊粗糙；质地较薄，先端渐尖，基盘钝圆	外稃披针形，扁，草黄色，长13～15mm，具4～7脉，由脊脉延伸成芒，芒长7～9mm；内稃狭窄，短于外稃，具2脊，颖果贴生于内稃，不易分离	—	胚长椭圆形，长约占颖果的1/4，色深于颖果
加拿大披碱草	矩圆形	7.0×1.3	黄褐色	颖线形或线状披针形，具3或4条明显的脉，先端具芒，长7～18mm	外稃披针形，草绿色或淡黄色，长10～16mm，宽1.5mm，全部密生硬毛或小刺毛，先端尖，2裂，芒自裂处伸出，长20～30mm，向后弯曲；内稃脊上具纤毛，脊间短毛，颖果贴生于内稃，不易分离	—	胚倒卵形，长占颖果的1/7～1/6，色与颖果同
狗牙根	矩圆形	（1.1～1.3）×（0.6～0.8）	淡棕色或褐色	颖具一中脉形成背脊，两侧膜质，长1.2～2.0mm，等长或第二颖稍长	外稃草质，与小穗等长，具3脉，中脉成脊，脊上具短毛，背脊拱起为二面体，侧面为近半圆形，内稃约与外稃等长，具2脊	脐圆形，紫黑色	胚矩圆形，突起，长占颖果的1/3～1/2
洋狗尾草	矩圆形，顶端钝圆，基部平截	（1.0～1.5）×（0.7～0.9）	深黄色或淡棕色	颖披针形，先端尖，边缘近于膜质，背具1脉成脊，脊上粗糙，无毛，第一颖长4mm，第二颖4～4.5mm	外稃背椭圆形，膜质粗糙，具5脉，主脉延伸成1mm短芒；内稃稍短于外稃，具2脊，脊上粗糙；内外稃疏松包围颖果	脐圆形，紫黑色	胚矩圆形，长约占颖果的1/2
鸭茅	长椭圆形或略具三棱	（2.8～3.2）×（0.7～1.1）	米黄色或褐黄色	颖片等长，披针形，先端渐尖，长4～5mm，具1～3脉，脊上粗糙或具纤毛	外稃披针形，长3.8～6.5mm，宽0.8～1.2mm，具5脉，脊上粗糙或具短纤毛，顶端具1mm的短芒；内稃舟形，先端成芒状尖头，约与外稃等长，具2脊	脐圆形，淡紫褐色	胚矩圆形，长占颖果的1/4～1/3
中间偃麦草	矩圆形	6.0×1.5	浅棕色，无毛	颖矩圆形，长5～7mm，无毛，先端钝圆或平截，两侧稍不对称，具5～7脉	外稃宽披针形，长8～10mm，宽2mm，淡黄褐色，无毛，先端钝而有时微凹，具5～7脉；内稃具2脊，脊上粗糙，边缘膜质，颖果与内稃贴生，不好分离	脐不明显	胚椭圆形，呈指纹状，长占颖果的1/5～1/4，色稍深
偃麦草	矩圆形	（3.0～4.0）×1.0	褐色	颖披针形，连同尖头长10～15mm，具5～7脉，光滑，边缘膜质	外稃披针形，长6～10mm，深褐黄色，具5～7脉，无毛，先端锐尖成芒，芒长1～2mm，内稃具2脊，脊上具短刺毛，内外稃与颖果相贴，不易分离	脐圆形，斜截	胚椭圆形，长占颖果的1/4～1/3，色同颖果
猫尾草	卵形	1.5×0.8	褐黄色，稍透明，表面具不规则突起	颖膜质，具3脉，中脉成脊，脊上具硬纤毛；顶端具长0.5～1.0mm的尖头	外稃薄膜质，长2mm，宽1mm，淡灰褐色，先端尖，具小芒尖，7～9脉，内稃略短于外稃，具2脊，易与颖果分离	脐圆形，深褐色	胚长椭圆形，突起，长约占颖果的1/3，色稍深于颖果
毛花雀稗	卵形	（7.0～8.0）×2.0	浅褐色或乳白色及乳黄色	第一颖缺如，第二颖与第一外稃相同，膜质	中性花内稃缺如；孕花外稃背部隆起，硬革质，顶端钝圆，有光泽，边缘狭窄内卷，内稃背部外露	脐明显，矩形，棕色	胚卵形，长占颖果的1/2，色同颖果
史氏偃麦草	矩圆形	（4.0～5.0）×1.5	紫褐色或棕褐色	线状披针形，不对称，连同短芒长8.5～13.5mm，具3～5脉，先端渐尖延伸成短芒，芒长1～4mm	外稃披针形，长10～13mm，宽约1.5mm，深褐黄色，质硬，无毛，具不明显的3～5脉，先端渐失延伸成芒状尖头；内稃具2脊，脊上具刺毛短于外稃；内外稃与颖果贴生，极不易分离	圆形，淡黄色，腹面具沟	矩圆形，长占颖果的1/5～1/4，连同颖果
虉草（草芦）	颖披针形	（4.0～5.0）×（3.0～4.0）	淡黄色或灰褐色，有光泽	草质，具3脉，脊上粗糙，上部具极狭的翼	孕花外稃软骨质，宽披针形，长3～4mm，宽约1mm，具5脉，内稃披针形，具1脊，脊的两边疏生柔毛。不孕花外稃2枚，退化为线形，具柔毛	—	—

续表

草类植物名	形状	大小/mm	颜色	颖	稃	脐	胚
金丝雀虉草	长椭圆形	长 3.5～4.0，宽约 1.0，厚 1.5～2.0	褐黄色、淡灰褐色或稍带紫色，具光泽	颖草质，披针形，等长，具 3 脉，其背常具翼	孕花外稃革质，卵状椭圆形，长约 5mm，由脊内折，两边缘间宽约 1mm，脊至边缘宽 2.0～2.5mm。内稃具 1 脊。不孕花外稃 2 枚退化成鳞片状披针形，长为孕花外稃的 1/2～3/5	脐圆形，淡黄褐色；腹面具一黑色的纵沟	胚椭圆形，突起，长约占颖果的 1/3，色稍深于颖果
纤毛鹅冠草	长倒卵形	长 5.0，宽约 1.4	黄褐色或黄绿色	颖椭圆状披针形，先端具短尖头，两侧或一边常具齿，有明显而突起的 5～7 脉，边缘及边脉上具纤毛	外稃披针形，长 8～9mm，宽约 1.5mm，背面具粗毛，边缘具长而硬的纤毛，具 5 脉，无脊，中脉延伸成芒，向背反曲，长 10～20mm；内稃长倒卵形，先端钝长，为外稃的 2/3	脐不明显	胚倒卵形，长占颖果的 1/7～1/6
苏丹草	倒卵形或矩圆形	长约 4.0，宽约 2.5	褐黄色	颖革质，具光泽，基部及边缘具柔毛，有的中部及顶部具稀疏柔毛，第一颖上部具 2 脊，脊上具短纤毛，第二颖具 1 脊，脊近顶端具短纤毛	稃薄膜质，透明，稍短于小穗，第二外稃先端 2 裂。芒从裂中间伸出，膝曲扭转，芒长 8.5～12.0mm	倒卵形，紫黑色；腹面扁平	胚椭圆形，长占颖果的 1/2～2/3，色浅于颖果
虎尾草	纺锤形或狭椭圆形，具光泽	2.0×（0.5～0.7）	淡棕色，具光泽，透明	颖不等长，膜质，具 1 脉	第一外稃长 3～4mm，具 3 脉，两边脉具长柔毛，毛长者与稃体等长，芒自顶端以下伸出，长 9～15mm；内稃稍短于外稃不孕外稃，顶端平截，长约 2mm，芒长 3.5～11.0mm	脐圆形，紫色或黑紫色	胚椭圆形，长占颖果的 2/3～3/4，色浅于颖果
狼尾草	矩圆形，扁平	(2.0～2.6)×(1.4～1.5)	灰褐色，呈指纹状	第一颖微小，卵形，脉不明显，第二颖具 3～5 脉，长为小穗的 1/3～1/2	第一外稃革质，具 7～11 脉，与小穗等长。孕花外稃硬纸质，不具皱纹，背面不隆起，与小穗等长，内稃薄	脐明显，上部紫褐色	胚卵形，凹陷，长约占颖果的 1/2，色浅于颖果
大看麦娘	两侧扁，颖果纺锤形	(4.5～6.0)×(1.8～2.2)	淡黄色，有时带紫色	颖片等长，膜质，具 3 脉，脊上有纤毛，边脉具短毛，基部 1/3 联合	外稃等长或稍长于颖，具明显的 5 脉，内稃缺如，芒自稃体近基部伸出，芒柱稍扭转，芒长 5.8～7.2mm	脐明显，深褐色	胚近圆形，长约占颖果的 1/3，色深
野燕麦	颖果矩圆形	长 7.0～9.0，宽约 2.0	米黄色	颖草质，几等长，具 9 脉	外稃草质，坚硬，长 15～20mm，宽 2.5～3.0mm，棕色或棕黑色。芒从稃体中部稍下伸出，膝曲扭转，长 20～30mm，芒柱黑棕色，内稃具 2 脊	脐圆形，淡黄色	胚椭圆形，长占颖果的 1/5～1/4
扁穗雀麦	颖果圆形	长约 8.0，宽约 1.0	棕褐色	颖果贴生于内稃，不易分离。第一颖长 10mm，具 7～9 脉，第二颖 12～15mm，具 9～11 脉	外稃长 16～18mm，具 9～11 脉，脉上具刺状粗糙，脊脉较宽，先端 2 裂，自裂处伸出约 2mm 的短芒	脐不明显	胚椭圆形，长约占颖果的 1/8，色深
雀麦	长椭圆形，扁	长 7.0～10.0，宽约 2.0	棕褐色	颖披针形，边缘膜质，颖果与内外稃相贴，不易分离	内稃较窄，短于外稃，脊上疏生短刺毛	—	胚长椭圆形，长占颖果的 1/7～1/6，色浅于颖果
毛雀麦	长椭圆形，扁	长约 7.0，宽 1.5～2.0	棕色	颖披针形，被柔毛，带绿色，第一颖具 3～5 脉，第 2 颖具 5～7 脉	外稃背面长椭圆形，上部较宽，长 8～9mm，宽 2～3mm，灰褐色，背部密生柔毛；先端 2 裂，芒自裂处稍下伸出，长 4～6mm，内稃与颖果紧贴	—	椭圆形，长占颖果的 1/6～1/5
旱雀麦	颖披针形	小穗含 4～7 花，长约 25	淡紫褐色	颖果贴生于内稃，不易分离	外稃背部粗糙，矩圆形，长 15～20mm，直，内稃短于外稃，脊上具纤毛	—	胚矩圆形，基部尖，长占颖果的 1/6～1/5，色浅

注：“—”表示无观察材料

表 2-2　重要豆科草类植物种子的形态特征

草类植物名	形状	颜色	大小/mm	胚根	种脐	种瘤和脐条	胚乳
百脉根	椭圆状肾形，宽椭圆形或近球形	表面暗褐色或橄榄绿色，有的具有褐色斑点，稍粗糙，或近光滑；无光泽	（1.1～1.8）×（0.8～1.6）×（0.7～1.4）	胚根粗，突出，尖不与子叶分开，长为子叶长的 1/3 或以上	种脐在种子长的 1/2 以下，圆形，白色，凹陷，直径约 0.17mm；环状脐冠色浅，晕环由小瘤组成，褐色，有的种脐浅褐色，脐冠由一小圈瘤组成	种瘤在种脐下边突出，深褐色，距种脐约 0.4mm，脐条不明显，与种瘤连生	有胚乳
湿地百脉根	倒卵形，微扁	黄绿色至红褐色，无斑纹或具灰褐色斑纹；近光滑，具微颗粒，无光泽或微具光泽	长和宽相等，（1.0～1.3）×0.8	胚根粗，尖突起，与子叶不分开，长约等于子叶长或稍短	种脐在种子长的 1/2 以下，圆形，直径约 0.1mm，褐色或白色；白色环状脐冠	种瘤突出，黑褐色，距种脐约 0.15mm，脐条明显	有胚乳
天蓝苜蓿	倒卵形或肾状倒卵形，两侧凸圆	黄色，绿黄色或黄褐色，近光滑，具微颗粒，无光泽或微具光泽	（1.2～2.0）×（1.0～1.5）×（1.0～1.2）	胚根紧贴于子叶上，但尖与子叶分开，构成一个小缺口和一个小突尖，两者之间有一条白色线，长为子叶长的 1/2～2/3	种脐在种子长 1/2 以下，圆形，直径约 0.18mm，较明显，黄白色至黄褐色	种瘤接近种子基部，突起褐色，脐条显褐色花斑	有胚乳
紫花苜蓿	肾形或宽椭圆形，两侧扁，不平，有角，正视腹面时两侧呈波浪状，种子稍弯曲或扭曲	黄色到浅黄色近光滑，具微颗粒，有光泽	（2.0～3.0）×（1.2～1.8）×（0.7～1.1）	胚根长为子叶长的 1/2 或略短，两者分开或否，之间有 1 条白色线	种脐靠近种子长的中央或稍偏下，圆形，直径 0.2mm，黄白色，或有一白色环，晕轮浅褐色	种瘤在种子下边，突出，浅褐色，距种脐在 1mm 以内	有胚乳
红豆草	肾形，两侧稍扁	浅绿褐色、红褐色或黑褐色，前两者具黑色斑点，后者具麻点，近光滑	（4.1～4.8）×（2.7～3.2）×（2.0～2.2）	胚根粗且突出，但尖不与子叶分开，长为子叶长的 1/3，两者间有 1 条向内弯曲的白色线	种脐靠近种子长的中央或稍偏上，圆形，直径 0.99mm，褐色，脐边色深，脐沟白色；晕轮褐黄色呈深褐色	种瘤在种脐下边突出，深褐色，距种脐 0.65mm，脐条中间有一条浅色线	无胚乳
白三叶	多为心脏形，少数为近三角形，两侧扁	黄色、黄褐色，近光滑具微颗粒，有光泽	（1.0～1.5）×（0.8～1.3）×（0.4～0.9）	胚根粗，突起，与子叶等长或近等长，两者明显地分开，其之间成明显小沟；也有胚根短于子叶的，约为子叶长的 2/3	种脐在种子基部，圆形，直径 0.12mm，呈小白圈，圈心呈褐色小点；具褐色晕环	种瘤在种子脐的下边，距种脐 0.4mm	胚乳很薄
红三叶	倒三角形、倒卵形或宽椭圆形，两侧扁	多为上部紫色或绿紫色，下部黄色或绿黄色；少数为纯色，即呈黄色、暗紫色或黄褐色，光面光滑，有光泽	（1.5～2.5）×（1.0～2.0×（0.7～1.3）	胚根尖突出呈鼻状，尖与子叶明显地分开，构成 30°～45°角，长为子叶长的 1/2	种脐在种子长的 1/2 以下，圆形，直径 0.23mm，呈白色小环，环心褐色，晕轮浅褐色	种瘤在种子基部，偏向具种脐的一边呈小突起，浅褐色，距种脐 0.5～0.7mm	胚乳很薄
草莓三叶草	宽椭圆状心脏形	黄色或红褐色，具紫色花斑，有的种子条纹不明显	（1.5～2.0）×（1.2～1.7）×（0.6～0.8）	胚根尖与子叶分开，长与子叶等长或超过，两者之间具一小浅沟，沟底具一黄色线	种脐在种子基部，圆形，直径 0.12mm，浅褐色	种瘤在种子基部偏向胚根尖相反的一侧，距种脐 0.1～0.8mm，脐条条状	胚乳很薄

续表

草类植物名	形状	颜色	大小/mm	胚根	种脐	种瘤和脐条	胚乳
鹰嘴紫云英	心状椭圆形，扁，不扭曲	浅黄色、黄褐色或绿黄色，光滑，微有光泽	（2.2～3.0）×（2.0～2.5）×（1.0～1.3）	胚根粗，尖为子叶长的 2/3 或稍短，两者明显地分开，两者之间有一白色近楔形的线	种脐在种子长的中央，圆形，直径为 0.25mm，较种皮深，呈白色小圈，晕轮较种皮色深	种瘤较种皮色深，距种脐约 0.5mm；脐条明显	胚乳很薄
多变小冠花	圆柱形，稍扁	红紫色或深红紫色，稍粗糙，密布细颗粒，两侧有隆起的中间线或中间线不明显，无光泽	宽 3.5～5.0，厚 1.0～15.0	胚根粗，紧贴子叶上，尖不与子叶分开，长为子叶长的 1/2	种脐在种子长的中央，圆形，直径约 0.2mm，白色，具脐沟	种瘤在种脐下，不明显，距种脐约 0.3mm；脐条短	有胚乳
胡枝子	三角状倒卵形，两侧扁	黑紫色或底色为褐色且密布黑紫色花斑。表面近光滑，具微颗粒；无光泽	（3.0～4.0）×（2.0～3.0）×（1.5～2.0）	胚根尖突出，尖不与子叶分开，长约为子叶长的 1/2，两者之间界限不明显	种脐位于种子长的 1/2 以下，圆形，直径约 2.3mm（不包括脐冠），黄色；脐沟与种脐同色；环状脐冠白色	种瘤在种脐下边，距种脐约 0.55mm，脐条呈沟状	无胚乳
直立黄芪	近方形、菱形或肾状倒卵形，两侧扁，有时微凹	褐色或褐绿色，具稀疏的黑色斑点或无；具微颗粒，近光滑	（1.5～2.0）×（1.2～1.6）×（0.6～0.9）	胚根粗，突出呈鼻状，尖与子叶分开，胚根长为子叶长的 1/2～2/3，两者之间界限不明显，或有一浅沟	种脐靠近种子长的中央，圆形，直径 0.1mm，呈白圈，中间有一黑点，晕轮隆起，黄褐色	种瘤在种脐的下面，与脐条连生，色也同，不明显，距种脐 0.4mm；脐条条状；黄褐色	有胚乳，很薄
紫云英	倒卵形	红褐色；具微颗粒，近光滑，无光泽	（2.5～3.3）×（2.0～2.2）×（0.7～0.9）	胚根尖呈钩状，与子叶明显地分开，与子叶构成圆形的凹陷	种脐靠近种子长的中央，矩圆形，长约 0.77mm，宽 0.3mm，随着凹洼而弯曲，白色；具脐沟；晕轮隆起，较种皮色深，距种脐 0.3～0.5mm，脐条不明显	—	有胚乳
山羊豆	长椭圆状肾形	橄榄绿色或黄褐色，近光滑，具细颗粒，无光泽	（4.0～4.5）×（1.5～2.0）×1.5	胚根长为子叶长的 1/2 或更短，尖不与子叶分开，两者之间常有一明显的浅沟，沟底有一条白线	种脐靠近种子长的中央，圆形，直径约 0.33mm，褐色；脐沟与种脐同色，晕轮较种皮色浅	种瘤在脐下边，突出，较种皮色深，距种脐约 0.5mm，脐条常呈灰色圆斑	胚乳很薄
鸡眼草	倒卵形，两侧扁	暗紫色或底色为黄色，具暗紫红色花斑，稍粗糙，密布极小颗粒，无光泽或微具光泽	（2.1～2.5）×（1.5～1.8）×1.0	胚根尖不与子叶分开，长约为子叶长的 2/3	种脐在种子长的 1/2 以下，圆形，直径约 0.15mm（不包括脐冠），凹陷，与种皮同色，环状脐冠黄白色，晕轮不明显	种瘤与种脐连生，稍突出，黑色，脐条不明显	无胚乳
绛三叶	长椭圆形或倒卵形，两侧微扁	红黄色或黄褐色，光滑，具很亮的光泽	（1.8～3.0）×（1.2～2.3）×（0.8～1.8）	胚根紧贴于子叶上，尖不与子叶分开，两者之间界限不明，少数种子胚根微突出，胚根长为子叶长的 1/2～2/3	种脐在种子长的 1/2 以下，圆形，直径约 0.25mm，白色，晕轮隆起，褐色	种瘤在种脐下边，稍隆起，浅褐色，距种脐 0.2～0.4mm，脐条隆起，也呈浅褐色	胚乳很薄
多角胡卢巴	窄椭圆形或矩形，两侧扁，一端或两端平截	黄色或褐色	（1.8～2.2）×1.0×0.5	胚根粗，尖不与子叶分开，长为子叶长的 3/4 或以上，两者之间有 1 沟，沟底有白色线或无	种脐在种子长 1/2 以下，圆形，直径 0.1mm，白色	种瘤在种子基部偏向腹面，微突，褐色，距种脐 0.1mm	胚乳占种子厚度的 1/2
加拿大山蚂蝗	倒卵状肾形，扁	橄榄绿色或黄褐色，光滑，无光泽	（3.0～4.0）×（2.0～2.5）×1.0	胚根紧贴于子叶上，尖不与子叶分开，长为子叶长的 1/3～1/2	种脐靠近种子长的中央，椭圆形，褐色，长约 0.42mm，宽约 0.25mm，长约占种子圆周长的 5%，凹陷在褐色、环状的脐冠里	种瘤紧连种脐，不明显，与种皮同色，距种脐 0.39mm（以脐条远端为准）	胚乳很薄

续表

草类植物名	形状	颜色	大小/mm	胚根	种脐	种瘤和脐条	胚乳
亚历山大三叶草	倒卵形	黄色，光滑，有光泽	（2.5～3.0）×（1.5～2.0）	胚根长为子叶长的2/3，两者明显分开，有一条白色向内弯曲的线	种脐在种子长的1/2以下，稍凹陷，圆形，直径0.2mm，白色，晕轮褐色，隆起	种瘤在种子下部至基部，浅褐色，距种脐0.4～0.6mm，脐条条状	胚乳很薄
杂三叶	椭圆状心脏形或心脏形，略扁	多暗绿色，少数暗褐色，皆具黑色花斑点，也有几呈灰黑色，近光滑，具微颗粒，无光泽或微具光泽	（1.0～1.5）×（0.8～1.3）×（0.5～0.8）	胚根与子叶等长或稍短，尖与子叶分开，两者之间具一与种皮同色的小沟	种脐位于种子基部，圆形，直径0.08mm，呈白色小环，其中心有小黑点	种瘤位于种脐的下边，距种脐0.14mm	胚乳很薄
波斯三叶草	三角状卵形或长心脏形	黄色或橄榄绿色，近光滑，具微颗粒，具很亮的光泽	1.5×1.0	胚根与子叶等长或超过，尖与子叶分开，两者之间有一直的浅沟	种脐在种子基部，圆形，直径0.07mm，呈白色小环，环心呈褐色小环，晕环褐色	种瘤在种子基部子叶一边，褐色，突出，距种脐0.17mm，脐条明显	胚乳极薄
山野豌豆	球形或矩圆形	黄褐色或黄绿色，具黑色或灰绿黑色花斑，近光滑，似天鹅绒，无光泽	（3.3～4.0）×（2.5～3.0）×（2.5～3.0）	—	种脐线形，长3.0～3.8mm，占种子圆周长的30%～40%，黄褐色或色更深，种柄宿存，为银白色，稍突出种子表面	种瘤在种脐相反的背面的中间或稍偏下至种子长度的1/3处，较种皮色深	无胚乳
大巢菜	近球形或近凸透镜状	颜色多变，分两类：一为红褐色；二为绿色和褐色，且具黑色花斑	（3.0～6.0）×（2.5～5.5）×（2.0～5.0）	—	种脐线形，长2～3mm，宽约0.5mm，长占种子圆周长的20%，浅黄色或白色；脐边稍凹陷，脐沟黄白色，有的脐沟隆起	种瘤黑色、褐色或麦秆黄色，均较种皮色深，距种脐0.5～1.0mm	无胚乳
野豌豆	近球形，稍扁	灰绿色、黄褐色或红褐色，皆具不同程度的黑色花斑，似天鹅绒，近光滑，无光泽	（3.0～4.7）×（2.5～3.0）×（2.0～2.5）	—	种脐环状绒形，脐长占种子圆周长的60%～75%，种脐限制在种子边缘上，微突出于种子表面，与种皮底色相同，有光泽，脐边呈平行的凹陷线，脐沟合拢呈隆起状，与种脐同色	种瘤在脊背上，微隆起，极不明显，与种皮同色	无胚乳
草木樨状黄芪	倒卵状肾形，两侧扁或微凹	表面黑色，光滑，有光泽	（2.5～3.0）×（2.0～2.4）×（0.9～1.2）	胚根突出，尖呈鼻形，并与子叶分开，长为子叶长的1/2	种脐在近种子长的中央，圆形，但胚根尖下的脐边常较直，直径约0.12mm，白色，脐沟黑色	种瘤与种皮同色。距种脐0.48mm左右，脐条不明显	胚乳极薄
东方山羊豆	长椭圆状肾形	表面颜色较浅，带黄色	（3.5～4.0）×（1.3～1.5）	—	种脐小，直径约0.22mm	—	胚乳较薄
广叶山黧豆	长椭圆形、近球形或方状球形	红褐色至褐色，有时具紫色花斑，具网状皱纹，稍具光泽	（4.0～5.0）×4.0×（3.5～4.5）	—	若种子呈方状球形，种脐多在一角棱上，线形，与种皮同色，长3～4mm，宽约0.75mm，长约占种子圆周长的25%，或近种子长度，脐沟两侧微隆起，黄白色，晕轮隆起	种瘤在脐条末端，与种皮同色，距种脐约1mm，脐条呈一小沟	无胚乳

续表

草类植物名	形状	颜色	大小/mm	胚根	种脐	种瘤和脐条	胚乳
栽培山黧豆	斧头形	表面黄色、黄白色或褐色，深色者常带灰黑色花斑，光滑，无光泽	（4.0～8.0）×（4.0～5.0）×8.0	—	种脐多在“斧”背上，宽椭圆形，长约 2mm，宽 1mm，与种皮同色，脐沟黄白色，脐边凹陷，晕轮隆起，种孔明显	种瘤褐色，距种脐 1.5～1.8mm，脐条明显	无胚乳
丹吉尔山黧豆	长椭圆形，扁	茶褐色至黑色，有的具黑色花斑	（6.0～7.5）×（5.5～6.0）×（3.5～4.0）	围绕胚根具黑色条纹，近光滑，似天鹅绒，无光泽	种脐长椭圆状线形，与种皮同色或银灰色，脐长 3.5～4.0mm，宽 1.0～1.2mm，长占种子圆周长 15%～20%，脐沟白色，明显，脐边浅黄色，凹陷，晕轮隆起	种瘤黑色，距种脐 0.8～1.2mm	无胚乳
达乌里胡枝子	倒卵形，两侧扁	浅绿色，具红紫色花斑，光滑，有光泽	（2.0～2.5）×（1.3～1.5）×1.0	—	种脐在种子长的 1/2 以下，圆形，直径约 0.09mm（不包括脐冠）；环状脐冠白色，晕轮浅绿白色或黄白色，晕轮两侧较窄，上下端较宽	种瘤在种脐下边，距种脐约 0.26mm，与脐条连生	胚乳极薄
黄花羽扇豆	宽短形、肾状短形或近球形，两侧扁	黄褐色或黄白色，具不同密度的黑色花斑，同时在两面各有 1 条弯月形的黄褐色线，光滑，无光泽	（5.0～7.0）×（5.0～6.0）×（4.0～5.0）	胚根紧贴于子叶上，尖不与子叶分开，长约为子叶长的 2/3	种脐在矩形的一个底角上，倒卵形，长 0.9～1.1mm，宽约 0.5mm，黄色，凹陷	种瘤在基部弯月形线处，距种脐 1.2～1.8mm	无胚乳
褐斑苜蓿	肾形，两侧扁平	浅黄色或褐色，近光滑，具微颗粒；有光泽	（3.0～3.3）×（1.5～1.9）×0.8	胚根尖与子叶分开，长约为子叶长的 1/2，两者之间有 1 条白线	种脐靠近种子长的中央，圆形，直径约 0.2mm，白色，凹陷，无晕轮，胚根尖与种脐之间有红褐色尖头突起	种瘤在种脐下边，突出，深褐色，距种脐约 0.3mm。脐条明显	胚乳极薄
野苜蓿	肾状椭圆形或卵形，两侧扁	黄色、黄褐色或黄绿色，近端具微颗粒；有光泽	（1.7～2.3）×（1.0～1.5）×（0.7～1.0）	胚根尖突出，且钝，与子叶分开，多数长为子叶长的 3/4 或以上，少数为 1/2 或等长，两者之间有 1 条白线	种脐在种子长的 1/2 以下或基部，圆形，直径约 0.2mm，浅黄色，稍凹陷，呈一白圈，中间褐色，晕轮黄褐色，在胚根尖与种脐间常有一褐色尖头	种瘤紧连种脐，突出，浅褐色，距种脐约 0.2mm	—
白花草木樨	倒针形或肾状椭圆形	黄色、红黄色或黄褐色，近光滑，具微颗粒，无光泽	（1.5～2.5）×（1.3～1.7）×（0.8～1.2）	胚根比子叶薄，尖突出，不与子叶分开，为子叶长的 2/3～3/4（或更长），两者间有 1 条白线	种脐在种子长 1/2 以下，圆形，直径 0.13mm，凹陷，白色，脐周围有一圈不明显的褐色小瘤	脐条呈斑状，种瘤突出，褐色，距种脐 0.5mm	胚乳极薄
黄花草木樨	宽椭圆形或倒卵状椭圆形	黄色、黄绿色或浅褐色，具紫色点状花斑或无	2.0×1.5×1.0	胚根紧贴于子叶上，尖不与子叶分开，长为子叶长的 2/3～3/4，两者间有 1 条模糊的白线	种脐在种子长的 1/2 以下，圆形，直径 0.17mm，褐色或白色。脐沟褐色；晕环褐色	种瘤在种子基部，突出，褐色，距种脐 0.5mm，脐条斑状，褐色	有胚乳
乌足豆	椭圆形或卵形，两侧扁	黄色或黄褐色，近光滑，具微颗粒，有光泽	（2.0～2.8）×（1.8～2.0）×（0.8～1.0）	胚根紧贴于子叶上，尖不与子叶分开，长约为子叶长的 1/2，两者之间有 1 条白线	种脐在种子长的 1/2 以下，圆形，直径约 0.64mm，浅褐色。晕环褐色	种瘤在脐下边，突出，黑色，距种脐约 0.57mm	胚乳极薄

续表

草类植物名	形状	颜色	大小/mm	胚根	种脐	种瘤和脐条	胚乳
田菁	圆柱形，两端钝圆，中间略缢缩	红褐色或红褐色具黑褐色斑点，近光滑，具微颗粒，有光泽	（4.0～4.5）×（2.0～2.5）×（2.0～2.5）	胚根紧贴于子叶上，长约为子叶长的 1/2	种脐靠近种子长的中央，直径 0.45～0.52mm（不包括脐冠），凹陷，浅褐色，脐沟浅褐色；环状脐冠白色；晕轮呈深褐色	种瘤在种脐下面，突出，褐色，距种脐约 0.9mm，脐条常呈一纵沟	有很厚的胚乳
狐尾槐（苦豆子）	椭圆形，两侧微扁	黄色至黄褐色，近光滑，微具颗粒，无光泽	（4.0～4.7）×（3.0～3.5）×2.5	胚根紧贴于子叶上，与种子表面平，尖不与子叶分开，长为子叶长的 1/6	种脐在种子长的 1/2 以上，椭圆形或近圆形，直径约 0.5mm，褐色或白色，晕轮褐色、隆起	种瘤在种子基部，微突出，褐色，距种脐 2.5～3.0mm，脐条明显，呈一条隆起的褐色线	胚乳较厚
歪头菜	近球形呈长椭圆形	红褐色，具黑色花斑，似天鹅绒，近光滑，无光泽	（2.8～3.0）×（2.0～2.5）×（2.0～2.5）	—	种脐线形，长 2.57mm，占种子圆周长的 25%～30%，灰色或色深，突出于种子表面	种瘤明显，在脊背上而偏向子叶一端	无胚乳
毛叶苕子（长柔毛野豌豆）	近球形，稍扁	黑色或黄褐色，具褐色花斑。表面似天鹅绒，近光滑	（3.5～5.0）×（3.4～5.0）×（3.2～5.0）	—	种脐长卵形，长 2mm，宽 0.75～1.00mm，长占种子圆周长的 13%～15%，褐色或较种皮色深，脐边凹陷，脐沟白色	种瘤较种皮色深，距种脐 1.0～1.3mm	无胚乳
鸟喙豆（四籽野豌豆）	近球形，稍扁	灰绿色，具不同密度的深紫褐色花斑，似天鹅绒，近光滑	（1.6～2.5）×（1.2～2.0）×（1.2～2.0）	—	种脐椭圆形，长 1～3mm，宽 0.5～0.75mm，长占种子圆周长的 20%～25%，黄褐色，脐边凹陷，晕轮与种脐同色，脐沟黄白色，有的脐沟合拢成隆起状	种瘤褐色，不明显，距种脐 0.3～0.5mm	无胚乳
小巢菜	近球形，稍扁	黄褐色，或黄绿色而具紫色花斑，光滑，具很亮的光泽	(2.2～2.6)×2.5×(6.0～7.5)	—	种脐线形，常被光亮的、巧克力色种柄所覆盖，否则呈深褐色，长 1.68～2.05mm，宽 0.3mm，长占种子圆周长的 20%～25%，脐沟褐色	种瘤在种脐之下，较种皮色深，距种脐 0.40～0.55mm	无胚乳
法国野豌豆	球形，有棱角	深褐色；似天鹅绒，近光滑，无光泽	直径 6.0～7.5	—	种脐倒卵形，长 2.2～2.5mm，宽 1.0～1.2mm，长占种子圆周长的 10%～15%，20%者罕见，凹陷，在脐宽的顶端常有一缺口，脐与种皮同色或白色，脐沟呈白色或浅黄白色	种瘤与种皮同色或稍深，距种脐 3～4mm	无胚乳

注："—"表示无观察材料。本表中圆形或近圆形的种子大小用长×宽×厚表示，扁平或长形的用长×宽或宽×厚表示

表 2-3 重要菊科草类植物种子的形态特征

草类植物名	形状	大小/mm	色泽	表面特征	果脐
矢车菊	瘦果圆柱状或长椭圆形，稍扁，一边平直一边稍突起。横切面椭圆形至卵形	（3.0～4.0）×2.0	表面灰绿色或蓝灰色，两面及两侧中央各具 1 条稍隆起的白色纵脊，散生白色长软毛，在果的基部则成一束，不脱落，有光泽，顶端截形，衣领黄色或黄白色环状	具中央花柱残物。冠毛由几层硬刺毛状鳞片组成，长短不齐，外层最短，次层最长，与果等长或短；内层较短而细，并聚集于花柱残留物之上，冠花边缘有锐锯齿，红褐色或黄褐色，宿存	果脐位于平直一侧边缘基部，为一偏斜形缺口，约为果长的 1/3
蒲公英	瘦果矩圆形至倒卵形，常有弯曲。横切面菱形或椭圆形	（不含喙）（2.5～3.0）×（0.7～0.9）	表面浅黄色或浅黄褐色	具纵棱 12～15 条，棱上有小突起，中部以上为粗短刺。顶端具细长的喙，9～10mm，末端的冠毛长 4.5～5.5mm，白色，喙易折断，仅留基部一段	果脐凹陷
苍耳	瘦果包于总苞内。总苞卵形或长椭圆形，瘦果椭圆形、扁平，皮膜质、易脱落	（10.0～16.0）×（6.0～7.0）	黄褐色、棕褐色或淡绿色	顶端有 2 粗硬刺，长 1.5～2.5mm，表面疏生倒钩刺，刺端倒钩基部直，不向外斜倾，弯曲部分与钩刺基部平行，钩刺间无纵棱，有稀疏细毛	—
牛蒡	瘦果卵形，向下渐狭成楔形，直或弯曲，横切面长椭圆形	（5.5～6.5）×（2.2～3.0）	表面黄色、灰褐色，有时黑色，有褐色或黑色斑	有明显的纵棱 5 条，棱间又有稍不明显的纵棱，多纵皱纹，近顶端有较明显的波状横皱纹。顶端平截，其周边广椭圆形，围以深色衣领状环，中央有不显著的花柱残留物	果脐圆形
苦荬菜	瘦果矩圆形或窄椭圆形，扁，横切面椭圆形	（2.5～3.5）×（0.70～1.25）	表面深褐色至红褐色，无光泽	有隆起的纵沟 5 条，中间一条有时稍突出，棱上有明显的横皱，棱间横皱稍不明显，边缘稍宽，两端均为截形。顶端衣领状浅黄色	—
菊苣	瘦果倒卵形至宽楔形，有时稍弯曲，近顶端最宽。横切面近四角形或五角形	（2.0～3.0）×（0.9～1.5）	浅黄褐色至深棕褐色，有时在浅黄褐色表面上有黑褐色斑	顶端平截，花柱残留物极短。冠毛宿白，1 层，由短而细的鳞片组成，浅灰白色或浅黄白色	果脐约呈五角形，突起，浅黄褐色或浅灰色
水飞蓟	椭圆状倒卵形，略扁，一侧直，一侧中部以上稍凸出，横切面长椭圆形	（6.6～7.5）×（3.0～3.6）	表面浅黄色，多褐色和黑色不连续的纵条纹和条斑，有时全果土灰色，粗糙	两面中央具微隆起的纵脊。顶端渐平，平截，并向直边一侧偏斜，衣领状环向直边一侧渐窄，浅黄色，花柱残留物短粗呈圆头状，白色或浅黄色，冠毛不存。基部略尖	果脐裂缝状或长椭圆形，向凸出一侧偏斜，脐长不足果实的一半
洋艾	倒卵形至椭圆状倒卵形，直或稍弯曲，略扁	（0.9～1.4）×（0.4～0.5）	银灰褐色，多不明显的细纵沟	上部圆头状，顶端中央可见花柱残痕	果脐凹陷，外缘黄白色
大子蒿	倒卵形，向基部渐尖，常于中部稍弯曲。横切面椭圆形	（1.2～1.8）×（0.4～0.8）×（0.4～0.8）	灰褐色、红褐色或黄褐色	通过膜质果皮常透出黑色斑，带有银灰色光泽，果皮膜质，有细纵沟。顶部宽，呈圆头状，常向腹面一侧偏斜，花柱残留物仅为一白色圆点	果脐小，圆形，黄白色，边缘围成小圆筒状
狼巴草	矩圆形至倒卵形，扁片状，两边缘向中央稍弯曲，近顶端最宽，向基部渐窄。横切面长椭圆形至宽三角形	（6.0～8.5）×2.3	浅褐色至深褐色	粗糙，不具瘤状小突起和刺毛，顶端平截，有长刺 2～4 条，具倒钩刺。花柱残留物极短	果脐椭圆形，凹陷
三裂叶豚草	瘦果包在木质总苞内。总苞倒卵形，微扁	（6.0～10.0）×（4.0～7.0）	浅黄色、浅灰褐色、浅黄褐色或褐色，有时有红褐色斑	顶端中央具粗短的锥状喙，周围有 5 或 6 个钝的短喙，向下延伸为较明显的圆形宽棱，棱间又有较不明显的棱和皱纹	—
千叶蓍	倒卵形至矩圆形，扁，近顶端最宽	（1.7～2.5）×（0.6～0.9）	灰白色或淡紫色	果皮膜质，满布不规则细纵条纹。顶端截形或有缺口，中央有钝的花柱残留物。边缘翅状，白色，为果宽的 1/8～1/5	果脐广椭圆形，凹陷外缘围成白小圆筒状
金光菊	矩圆形，顶端稍窄，向基部略变窄，呈四面体。横切面正方形或稍为菱形，夹角隆起，边稍凹入	（4.0～5.0）×（1.1～1.3）	黄褐色至深褐色，粗糙无光泽	具 4 条隆起的棱，棱间有细纵沟，密布颗粒状突起，顶端截形，衣领状环宽，围成方形，边缘波状，浅黄色，花柱残留物短	果脐位于基端相对的两个棱上，长条形，浅黄色

续表

草类植物名	形状	大小/mm	色泽	表面特征	果脐
苦苣菜	瘦果长椭圆状倒卵形，一边常较另一边弯曲，横切面窄椭圆形	（2.7～3.0）×1.0	表面浅红褐色至浅黄色，偶有红褐色，未成熟种子浅黄色	中央纵棱1条较明显，两侧各2条较不明显，且间隔最窄，棱上和棱间有横沟或横皱，但不明显，边缘宽，有明显细锯齿状小刺，冠毛较长，白色，易脱落	果脐椭圆形，凹陷
刺儿菜	瘦果倒长卵形或长卵圆形，基部稍弯曲，稍扁。横切面窄椭圆形	（2.7～3.6）×（1.0～1.2）	表面浅黄褐色至褐色	有波状横皱纹，每面有1条较明显的纵脊，光滑无毛。顶端截形，有时稍倾斜	果脐窄，椭圆形，浅黄色，不凹陷
艾蒿	瘦果长纺锤形或圆柱形，直或稍弯曲	（1.3～1.7）×（0.3～0.5）	表面灰褐色或暗褐色	有细纵棱3或4条，白色，其间有密的细纵沟，无毛，顶端圆形，衣领状环窄，浅黄色，中央花柱残留物短	果脐小，凹陷成圆筒状，偏斜，浅黄色
黄花蒿	瘦果倒卵形或长椭圆形，直或稍弯曲。横切面广椭圆形	（0.5～1.0）×（0.3～0.5）	表面浅黄色，带银白色闪光	半透明状，无毛，有细皱和不明显的细纵沟。顶端有时向一侧倾斜，中央花柱残留物呈小突起状，无衣领状环	果脐明显
豚草	瘦果包在总苞内，总苞倒卵形	（3.0～4.0）×（1.8～2.5）	表面浅灰褐色、浅黄褐色至红褐色，有时带黑褐色斑，有时具丝状白毛，尤以短喙所围绕的果实顶端较密	顶端中央有粗长的锥状喙，周围有5～8个较细的短喙，有时外喙向下延长为不明显的棱	—
大刺儿菜	瘦果矩圆形，基部较细，有时稍弯曲	（2.5～3.0）×（0.9～1.0）	表面浅黄白色或浅棕色	两面中央常有1条浅色纵脊，花柱残留物顶端与衣领状环齐或略高	—
飞廉	瘦果矩圆形或长倒卵形，直或稍弯曲，一面平，另一面突起，扁，横切面椭圆形	（3.0～4.0）×（1.25～1.50）	表面浅黄色或浅灰色	有浅褐色细纵条10～12条，有时全然不见，细纵沟4～6条，波状横皱有时不明显。稍有光泽，顶端截形稍倾斜，有衣领状环，浅黄色	果脐椭圆形或圆形，小，周围没有矩裂沟
猪毛蒿	瘦果长椭圆形、倒卵形至矩圆形，直，扁	（0.6～0.8）×（0.2～0.3）	表面深红褐色	有纵沟，光滑无毛，顶端花柱残留物仅为一白色圆点，冠毛不存，衣领状环不明显。基部收缩	果脐圆形，白色
刺甘菊	瘦果圆锥形，自顶端向基部渐窄。边花果长2～3mm，宽1～2mm	心花果（1.8～2.5）×（0.7～1.2）	表面黄褐色至红褐色	具宽圆形纵棱9条，边花果稍弯曲，心花果较边花果稍小，棱较不明显	—
田蓟	瘦果倒长卵形或矩圆形，稍弯曲，扁，一边直，一边突出	（2.5～3.0）×1.1	表面光滑，黄褐色至褐色	每条中央有一条稍隆起的纵脊，并有不大明显的细纵沟。顶端截形，稍倾斜，凹陷，浅黄色，衣领状环窄，稍收缩	果脐椭圆形稍偏斜、凹陷，浅黄色
阿尔泰紫菀	瘦果倒卵形	（2.0～2.5）×（1.5～1.7）	浅黄褐色，密生长硬刺毛，色浅	近顶端收缩，顶端周边圆形。冠毛宿存，长为果长的2～3倍，污白色或淡红褐色。基部钝尖	果脐圆形，小，边缘围成白色小圆筒状
旋复花	小圆柱形或长椭圆形，直	（0.95～1.15）×（0.38～0.43）	红褐色至黄褐色	纵棱10条，浅黄色，被疏短毛，稍有光泽。顶端平截，周边圆形，衣领状环浅黄色，有花柱残留物，冠毛1层，绵毛状，白色，长4～5mm，宿存	果脐圆形，凹陷，边缘围成白色小圆筒，稍偏斜
苦菜	长椭圆形或纺锤形，横切面长椭圆形	（2.5～3.0）×（0.4～0.5）	表面褐色	纵棱10条，棱上有瘤状小突起，边缘略成小刺毛状。顶端延伸成长喙，约2.5mm，末端呈圆盘状，易折断，花柱残余物短，白色	果脐凹陷成小圆筒状
母菊	圆柱状或倒卵形，稍弯曲，平凸面	（0.80～1.25）×0.25	腹面灰白色	有纵棱5条，棱间浅灰褐色，背面浅褐色，无棱，有细纵纹。顶端向腹面稍倾斜，衣领状环窄，具浅波状齿，冠毛不存	果脐圆形，向腹面偏斜，凹陷，围一具浅齿的窄边
毛连菜	圆柱状或长椭圆形，直或稍弯曲，横切面圆形或广椭圆形	（3.0～5.0）×（0.8～1.1）	红褐色至深黑褐色	纵棱5～10条，棱间有波状横皱，上下部较为一致。近顶端状缩，衣领状环窄，白色，有花柱残留物。冠毛羽状，污白色，常不存在，冠毛脱落后，顶端留一短粗的白色突起	果脐圆形，凹陷，白色
鸦葱	圆柱状，直或弯曲，果顶无喙，横切面圆形	（11.0～13.0）×（1.5～1.7）	心花果白色并带白色短茸毛或边花果黄褐色并密披褐色短茸毛	纵棱约10条，圆钝，顶端平截，花柱残留物短而钝尖，冠毛污白色，常脱落，近基部稍收缩	果脐深陷，呈圆筒状，向背面偏斜
乳香草	宽倒卵形，极扁呈盘状，边缘翅状并向腹面弯曲	（9.0～11.0）×（6.0～10.0）	表面黑褐色或灰褐色，边缘及基部短柄浅黄褐色	顶端中间有缺口，缺口内两侧各有一牙齿状突出物，有时脱落，腹面具若干弧曲的细纵棱，密生短毛	基部圆形，有一细短柄，易折断

注：“—”表示无观察材料

二、重要草类植物种子检索表

1．禾本科草类植物种子分种检索表 具体见表2-4。

表2-4 禾本科草类植物种子分种检索表

1．囊果（又称为胞果）。

2．种子矩圆形，两侧压扁，黄褐色，长约1mm……西印度鼠尾粟（*Sporobolus indicus*）

2．种子球形或卵形。

3．种子球形，淡棕色或棕色，直径约1.5mm，具不太明显的皱纹……穇子（*Eleusine coracana*）

3．种子卵形，黑棕色，长约1.5mm，具明显的波状皱纹……牛筋草（*E. indica*）

1．颖果。

4．颖果顶端具茸毛。

5．颖果具长柔毛。

6．小穗轴节间无毛，基盘密生髯毛……髯毛燕麦（*Avena barbata*）

6．小穗轴节间有毛，基盘有毛或无毛。

7．外稃无毛，基盘无毛。

8．第二外稃无芒……燕麦（*A. sativa*）

8．第二外稃有芒，膝曲扭转，芒柱黑棕色……毛燕麦（*A. strigosa*）

7．外稃有毛，基盘密生髯毛。

9．小穗轴节间披针形，密生淡棕色或白色硬毛；芒长约30mm……野燕麦（*A. fatua*）

9．小穗轴节间矩圆形，具棕黄色长硬毛；芒长达50mm以上……不实野燕麦（*A. sterilis*）

5．颖果不具长柔毛。

10．颖果与内外稃相贴，不易分离。

11．颖退化成芒状，细长或窄披针形。

12．带稃颖果披针形；颖果顶部钝圆……芒麦草（*Hordeum jubatum*）

12．带稃颖果宽披针形；颖果顶部平截……兔耳大麦（*H. leporinum*）

11．颖不为上述情况。

13．第一颖缺，奇数外稃的背对向穗轴。

14．芒长在5mm及以上。

15．芒细弱，长5mm……多花黑麦草（*Lolium multiflorum*）

15．芒扁状，长10mm……毒麦（*L. temulentum*）

14．无芒或具短芒。

16．小穗轴节间近多面形，不与内稃紧贴……黑麦草（*L. perenne*）

16．小穗轴节间矩形或扁平，与内稃紧贴。

17．外稃无芒，内稃中部以上明显内斜……疏花黑麦草（*L. remotum*）

17．外稃具短芒，易折断，内稃不斜截……瑞士黑麦草（*L. rigidum*）

13．不为上述情况。

18．内稃多为膜质。

19．外稃两侧压扁，内稃具窄而深的腹沟，不呈舟形。

20. 外稃 9～11 脉，芒长仅 2mm……………………………………………………扁穗雀麦（*Bromus catharticus*）

20. 外稃 7～9 脉，芒长 7～9mm……………………………………………………………高山雀麦（*B. marginatus*）

19. 外稃不为两侧压扁；颖果具宽而浅的腹沟，呈舟形，乃至背腹压扁。

21. 颖果背腹压扁。

22. 外稃无芒或具 5mm 左右的芒。

23. 外稃无芒或仅具 1～2mm 的芒，背部无毛………………………………………………无芒雀麦（*B. inermis*）

23. 外稃具 4～6mm 的芒，背部具柔毛…………………………………………………………毛雀麦（*B. mollis*）

22. 外稃具 10mm 以上的芒。

24. 小穗轴节间具短毛；外稃背部疏生短刺毛……………………………………………………雀麦（*B. japonicus*）

24. 小穗轴节间及外稃背部具不明显的毛………………………………………………………旱雀麦（*B. tectorum*）

21. 颖果腹面凹陷呈舟形。

25. 外稃芒长 30mm 以上；颖果长 10mm 以上……………………………………………不实雀麦（*B. sterilis*）

25. 外稃芒长 10mm 以下；颖果长 5～6mm。

26. 颖果顶端具黄色茸毛；外稃紫褐色……………………………………………………野雀麦（*B. arvensis*）

26. 颖果顶端具白色茸毛；外稃灰褐色…………………………………………………黑雀麦（*B. secalinus*）

18. 内稃多不为膜质。

27. 外稃无毛。

28. 小穗轴节间圆锥形或喇叭筒形（短），向上逐渐膨大，顶端斜截，中间凹陷。

29. 外稃先端钝圆或有时微凹陷…………………………………………………中间偃麦草（*Elytrigia intermedia*）

29. 外稃先端渐尖或具短芒。

30. 外稃锐尖成芒，1～2mm，颖果紫褐色…………………………………………………………偃麦草（*E. repens*）

30. 外稃渐尖延伸成芒状尖头，颖果紫褐色或棕褐色……………………………………史氏偃麦草（*E. smithii*）

28. 小穗轴节间圆柱形，先端膨大，平截或凹陷。

31. 稃片长在 6mm 以下。

32. 外稃长约 3mm，无芒或仅具芒尖………………………………………………………羊茅（*Festuca ovina*）

32. 外稃长约 5.5mm，具 1～2mm 的芒………………………………………………………………紫羊茅（*F. rubra*）

31. 稃片长在 6mm 以上。

33. 外稃长 6.0～6.5mm，背部两边向上具刺状毛，内稃具不明显的细条纹…………………牛尾草（*F. elatior*）

33. 外稃长 6.5～8mm，背部脉上及两边向基部具刺状粗糙，内稃呈点状粗糙………苇状羊茅（*F. arundinacea*）

27. 外稃有毛。

34. 芒向后弯曲，芒长 20mm 以下；外稃上部具明显的 5 脉。

35. 内稃长为外稃的 2/3，颖果长圆状倒卵形…………………………………纤毛鹅冠草（*Roegneria ciliaris*）

35. 内外稃等长；颖果矩圆形……………………………………………………加拿大披碱草（*Elymus canadenais*）

34. 芒不向后弯曲，芒长在 20mm 以下，外稃 3 脉至多脉。

36. 颖果长在 5mm 以上；小穗 2 至数枚着生于每节。

37. 外稃土红色，芒长仅 2mm，颖果长约 5mm…………………………………灯心草野麦（*Elymus junceus*）

37. 外稃褐黄色，芒长 10～15mm，颖果长约 6mm…………………………………弗吉尼亚野麦（*E. virginicus*）

36. 颖果长在 4.5mm 以下，小穗 1 枚着生于每节。

38. 外稃具 7～9 脉，具 1～2mm 的短芒；小穗轴节间喇叭筒形，极短，且与内稃紧贴……………

……………………………………………………………………………………西伯利亚冰草（*Agropyron fragile*）

38．外稃具 3～5 脉。

39. 外稃具不明显的 3 脉，芒长 3～4mm；小穗轴节间与外稃紧贴…………………………冰草（*A. cristatum*）

39. 外稃具明显的 5 脉，芒长 1～2mm；小穗轴节间稍弯曲……………………………沙生冰草（*A. desertorum*）

10．颖果与内外稃易分离。

40．颖果长在 5mm 以上；颖和外稃具 4～5 芒或 2～3 齿芒。

41．颖具 4～5 芒，外稃具 3 芒，中间芒长 20～25mm……………………………………卵穗山羊草（*Aegilops ovata*）

41．颖具 2～3 齿芒；外稃具 3 齿芒，长者为 4mm。

42. 颖具 2～3 齿芒，芒长 25～40mm；外稃具 3 齿，都成明显的芒……………………………钩刺山羊草（*A. triuncialis*）

42. 颖具 2 齿芒，1 齿成芒，芒长 5～8mm；外稃具 3 齿，中齿成芒，芒长 1～2mm………………具节山羊草（*A. cylindrica*）

40．颖果长在 3mm 以下；颖和外稃具 1 芒或无芒。

43．外稃具芒，膝曲扭转或否。

44．芒从外稃先端裂处伸出，扁状……………………………………………………穗状扁芒草（*Danthonia spicata*）

44．芒从外稃基部 1/4 处伸出，不为扁状。

45. 芒劲直；颖果纺锤形，长约 1.3mm……………………………………………………发草（*Deschampsia caespitosa*）

45. 芒膝曲扭转；颖果长圆形，长约 2.2mm…………………………………………………………曲芒发草（*D. flexuosa*）

43．外稃不具芒。

46．内稃不为外稃所包，外稃具不明显的 5 脉……………………………………………………细洽草（*Koeleria gracilis*）

46．内稃为外稃所包。

47．不具小穗轴节间；小穗含 3 花，顶生花为孕花，两侧为不孕花………………………茅香（*Hierochloe odorata*）

47．具小穗轴节间；小穗含 2～5 花。

48．基盘具绵毛。

49．脐不明显，具腹沟。

50．颖果三棱形，腹面呈明显的小舟形…………………………………………………草地早熟禾（*Poa pratensis*）

50．颖果长椭圆形，腹面稍凹陷…………………………………………………………普通早熟禾（*P. trivialis*）

49．脐明显，腹面略凹陷或平坦…………………………………………………………泽地早熟禾（*P. palustris*）

48．基盘无毛或只具少量绵毛。

51．基盘不具绵毛；小穗轴节间无毛……………………………………………………………早熟禾（*P. annua*）

51．基盘具少量绵毛或无毛。

52. 小穗轴节间无毛；脐明显，黑紫色……………………………………………加拿大早熟禾（*P. compressa*）

52. 小穗轴节间具毛；脐不明显……………………………………………………………林地早熟禾（*P. nemoralia*）

4．颖果顶端不具茸毛。

53．小穗含 1 花（如 2 花则第二花不孕）；颖等长或几等长，具 1～3 脉，具脊，脊上具纤毛。

54．颖下部 1/3 联合，具 3 脉；内稃缺如。

55．颖革质，具短纤毛；颖果腹面不拱起，米黄色……………………………鼠尾看麦娘（*Alopecurus myosuroides*）

55．颖稍膜质，具长纤毛；颖果腹面拱起。

56. 小穗长约 3.5mm；颖果深褐色，长约 1.5mm…………………………………………膝曲看麦娘（*A. geniculatus*）

56. 小穗长约 6.0mm；颖果深黄褐色，长约 2.6mm………………………………………………大看麦娘（*A. pratensis*）

54．颖不联合，具 1～3 脉；内稃发育正常。

57. 颖果三棱形或椭圆形。黄褐色，胚和脐不清晰；第一颖具1脉，第二颖具3脉……………………绒毛草（*Holcus lanatus*）

57. 颖果卵圆形或倒卵状椭圆形。

58. 颖3脉；颖果卵形，褐黄色，腹面不具沟……………………………………………………猫尾草（*Phleum pratense*）

58. 颖1脉；颖果倒卵状椭圆形，米黄色，腹面具沟…………………………长芒棒头草（*Polypogon monspeliensis*）

53. 小穗含1至多花；颖等长或不等长，具1至多脉，具脊或否。

59. 孕花两侧具2个不孕花（个别为1枚或无）。

60. 颖片脊上具狭翼；不孕花退化成线形或鳞片状，短于孕花，孕花小穗两侧压扁（奇异虉草例外，不具不孕花）。

61. 不具不孕花；颖果长约2.5mm……………………………………………………奇异虉草（*Phalaris paradoxa*）

61. 具不孕花。

62. 不孕花为线形，具长柔毛………………………………………………………………虉草（*P. arundinacea*）

62. 不孕花为鳞片状，具短柔毛。

63. 不孕花1枚，较狭窄；颖果长约2.5mm……………………………………………………小子虉草（*P. minor*）

63. 不孕花2枚，较宽；颖果长约4.0mm………………………………………………金丝雀虉草（*P. canariensis*）

60. 颖片脊上不具翼；不孕花正常发育，长超过孕花，孕花小穗卵形。

64. 第一不孕花外稃芒长约6mm，第二不孕花外稃芒长约8mm…………………具芒黄花茅（*Anthoxanthum aristatum*）

64. 第一不孕花外稃芒长约3mm，第二不孕花外稃芒长约7mm………………………………………黄花茅（*A. odoratum*）

59. 不为上述情况。

65. 小穗含1～2花，只1孕花，背腹压扁呈圆筒形，稀为两侧压扁。

66. 内外稃通常质地坚韧，较其颖为厚。

67. 具不孕小穗（枝）所成的刚毛。

68. 刚毛互相联合，以形成刺苞。

69. 刺长2.5～12.0mm；颖果脐为紫黑色……………………………………沙丘蒺藜草（*Cenchrus tribuloides*）

69. 刺长2.0～4.2mm；颖果脐为深灰色……………………………………………少花蒺藜草（*C. pauciflorus*）

68. 刚毛互相分离，不形成刺苞。

70. 孕花外稃具明显的皱纹，背部隆起。

71. 第二颖长为小穗的一半，孕花外稃具明显的横皱纹，背部极隆起……………金色狗尾草（*Setaria glauca*）

71. 第二颖与小穗等长，孕花外稃具点状皱纹，背部隆起。

72. 孕花外稃具粗点状皱纹，平行不均匀………………………………………轮生狗尾草（*S. verticillata*）

72. 孕花外稃具细点状皱纹，平行均匀………………………………………………………狗尾草（*S. viridis*）

70. 孕花外稃不具皱纹，背部不隆起。

73. 总梗长2～3mm；颖果卵圆形，胚长约占颖果的1/2……………………狼尾草（*Pennisetum alopecuroides*）

73. 总梗长约0.5mm；颖果长圆形，胚长约占颖果的2/3………………………………………白草（*P. flaccidum*）

67. 不具不孕小穗（枝）所成的刚毛。

74. 第一颖长为小穗的1/3～1/2，不为膜质，基部包卷小穗。

75. 小穗具芒状尖头；第一颖具1脉；孕花外稃具5脉纹……………………………毛线稷（*Panicum capillare*）

75. 小穗具芒或无芒；第一颖具3脉；孕花外稃脉纹不明显。

76. 小穗长约2.5mm，无芒；孕花外稃淡黄色……………………………………芒稷（*Echinochloa colonum*）

76. 小穗长约3.0mm，具粗壮的芒；孕花外稃淡灰褐色……………………………………………稗（*E. crusgalli*）

74. 第一颖微小或缺如，膜质，基部不包卷小穗。

77. 第一颖微小；孕花外稃具透明膜质的边缘以覆盖其内稃。

78. 第一外稃具 5 脉，脉间及边缘具棒状柔毛；孕花外稃为黑褐色；颖果卵形，乳白色……………………………………………………………………止血马唐（*Digitaria ischaemum*）

78. 第一外稃具 5～7 脉，脉间较宽而无毛，侧脉间贴生柔毛；颖果长圆形，淡黄色。

79. 第一外稃侧脉无毛或于脉间贴生柔毛……………………………………马唐（*D. sanguinalis*）

79. 第二颖及第一外稃两侧具丝状毛……………………………毛马唐（*D. sanguinalis* var.*ciliaris*）

77. 第一颖缺如；孕花外稃边缘内卷。

80. 小穗基部具珠状或环状基盘；孕花外稃背部离轴性，背着穗轴而生………………野黍（*Eriochloa villosa*）

80. 小穗基部无上述基盘；孕花外稃背部为向轴性，即对着穗轴而生。

81. 小穗边缘具丝状柔毛；颖果长约 2mm，脐棕色……………………………毛花雀稗（*Paspalum dilatatum*）

81. 小穗无毛；颖果长约 1.5mm，脐橘黄色……………………………………圆果雀稗（*P. orbiculare*）

66. 内外稃膜质或透明质，较其颖为薄。

82. 第一颖微小或退化而缺如。

83. 第二颖不具肋，只具 1 脉成脊，两侧边缘在基部联合……………………………结缕草（*Zoysia japonica*）

83. 第二颖具 5 肋，肋上生钩状刺。

84. 小穗长 4.0～4.5mm，第二颖顶部具明显伸出刺外的尖头；颖果不透明…………锋芒草（*Tragus racemosus*）

84. 小穗长 2～3mm，第二颖顶部无明显伸出刺外的尖头；颖果透明……………………虱子草（*T. berteronianus*）

82. 颖片俱在，等长或不等长。

85. 第一颖长于第二颖；小穗轴节间及柄等具毛。

86. 成对小穗均可成熟，同形，否则，每对中只有柄小穗成熟、具长芒，无柄小穗不孕而无芒；基部具白色柔毛；具宿存花柱两枚，紫黑色，长约 4.8mm……………………………白茅（*Imperata cylindrica* var. *major*）

86. 成对小穗并非均可成熟，其大小、形状和具芒情况各不相同，无柄小穗成熟，有柄小穗常退化而不孕。

87. 颖果矩圆形，胚长约占颖果的 1/3，脐长圆形……………………………帚状须芒草（*Andropogon scoparius*）

87. 颖果倒卵形或长倒卵形，胚长占颖果的 1/2～2/3，脐圆形。

88. 孕花小穗第二外稃退化成线形，先端延伸成膝曲或有时无芒…………白羊草（*Bothriochloa ischaemum*）

88. 孕花小穗第二外稃发育正常，先端 2 裂，自裂间伸出扭转的芒。

89. 小穗卵状披针形，紫褐色；颖果棕褐色，长约 3.2mm…………………………石茅高粱（*Sorghum halepense*）

89. 小穗矩圆形，紫黑色；颖果黄褐色，长约 4.0mm………………………………………苏丹草（*S. sudanense*）

85. 颖片等长或第一颖短于第二颖，无毛。

90. 颖片等长，具 3 脉，无脊；颖果胚不清晰……………………………………………茵草（*Beckmannia erucaeformis*）

90. 第一颖短于第二颖，具 1 脉成脊；颖果胚明显，脐紫黑色……………………洋狗尾草（*Cynosurus cristatus*）

65. 小穗含 1 至多花，背腹不压扁，稀为两侧压扁。

91. 小穗具 3 脉。

92. 外稃具芒。

93. 芒易落；颖果中上部分不为内外稃所包…………………………………………黍落芒草（*Oryzopsis miliacea*）

93. 芒宿存；颖果全被内外稃所包。

94. 3 脉只中脉成芒，芒长 9～15mm；不孕花包卷成小球状…………………………虎尾草（*Chloris virgata*）

94. 3 脉都成芒状尖头。

95. 外稃仅具短芒尖；颖果胚、脐明显……………………………………………垂穗草（*Bouteloua curtipendula*）

95. 外稃具显著的芒；颖果胚、脐不明显……………………………………………………格兰马草（*B. gracilis*）

92. 外稃不具芒。

96. 外稃背脊拱起为二面体，侧面为近半圆形……………………………………………狗牙根（*Cynodon dactylon*）

96. 外稃卵形，内稃呈拱形弯曲，宿存（即留在穗轴上）。

97. 颖果球形，小穗具腺点…………………………………………………………大画眉草（*Eragrostis cilianensis*）

97. 颖果矩圆形，小穗不具腺点。

98. 第一颖具 1 脉；外稃侧脉明显而突起…………………………………………………秋画眉草（*E. autumnalis*）

98. 第一颖常无脉；外稃侧脉不明显…………………………………………………………………画眉草（*E. pilosa*）

91. 小穗具 5～9 脉。

99. 外稃具 5 脉。

100. 小穗不具小穗轴节间。

101. 内稃自基部全被外稃所包；内外稃不为膜质或透明质，等长；芒自顶端伸出，芒基具明显的关节，关节外围 1 圈短毛……………………………………………………………………………长芒草（*Stipa bungeana*）

101. 内稃不全被外稃所包；内外稃膜质或透明质，不等长。

102. 外稃具芒，芒自外稃背中部以上伸出；内稃微小，无脉……………………普通翦股颖（*Agrostis canina*）

102. 外稃无芒。

103. 小穗长 2.0～2.5mm，基盘两侧具短毛……………………………………………………小糠草（*A. alba*）

103. 小穗长 1.5～1.9mm，基盘无毛…………………………………………………………细弱翦股颖（*A. tenuis*）

100. 小穗具小穗轴节间。

104. 小穗轴节间线形，白色；颖果金黄色，长约 1.5mm，腹面具沟……………………阿披拉草（*Apera spica-venti*）

104. 小穗轴节间不为线形。

105. 内稃不为外稃所包，外稃芒膝曲扭转；颖果淡黄色，胚、脐不明显……………黄三毛草（*Trisetum pratense*）

105. 内稃为外稃边缘所包，外稃仅具芒尖；颖果米黄色或褐黄色，胚明显，脐淡紫褐色……………………………………………………………………………………………………鸭茅（*Dactylis glomerata*）

99. 外稃具 7～9 脉。

106. 外稃具芒，膝曲扭转，芒柱两色…………………………………………………燕麦草（*Arrhenatherum elatius*）

106. 外稃不具芒，脉隆起。

107. 外稃具 7 脉，背部颗粒状粗糙；颖果纺锤形，棕褐色，有光泽…………………………枪草（*Melica scabrosa*）

107. 外稃具 7～9 脉，背部具刺状粗糙，内稃脊上具狭翼；颖果矩圆形，棕色，稍具光亮…………………………………………………………………………………………………漂浮甜茅（*Glyceria fluitans*）

2．豆科草类植物种子分种检索表 具体见表 2-5。

表 2-5 豆科草类植物种子分种检索表

为了便于鉴定，现将豆科种子分成两大组：种脐为圆形组和种脐不为圆形组。

Ⅰ．种脐为圆形组。

1. 种脐靠近种子长的中央。

2. 脐部具白色环状脐冠。

3．种子圆柱形。

4．表面红褐色或红褐色具黑褐色斑点……………………………………………………田菁（*Sesbania cannabina*）

4．表面绿色或浅褐色，密布黑色花斑………………………………………………………大果田菁（*S. exaltata*）

3．种子肾状椭圆形…………………………………………………………………………………野葛（*Pueraria lobata*）

2．不具脐冠。

5．种皮具斑纹或有色斑点。

6．胚根尖与子叶分开，具胚乳。

7．种子长在2.5mm以上。

8．种子肾形；种瘤稍突出，浅褐色，距种脐0.6～0.8mm；脐条与种瘤同色………………华黄芪（*Astragalus chinensis*）

8．种子肾状倒卵形；种瘤常与脐条构成“十”字形的黑斑，距种脐0.8～1.0mm……………骆驼刺（*Alhagi pseudalhagi*）

7．种子长在2.5mm以内。

9．两侧扁而不平。表面深褐色，具黑色斑点；近光滑，具微颗粒……………………………二色棘豆（*Oxytropis bicolor*）

9．两侧扁，微凹。表面深褐色、褐色或褐绿色，具黑色斑点；近光滑，具微颗粒。

10．种子长1.5～2.0mm，种瘤距种脐0.4mm………………………………………………沙打旺（*Astragalus adsurgens*）

10．种子长1.1～1.5mm，种瘤距种脐0.2mm……………………………………………………糙叶黄芪（*A. scaberrimus*）

6．胚根尖不与子叶分开，不具胚乳……………………………………………………………红豆草（*Onobrychis viciaefolia*）

5．种皮不具花斑或斑点。

11．胚根尖与子叶分开。

12．种子长在3mm以上。

13．种子倒卵形；表面橄榄绿色或紫黑色…………………………………………………刺果甘草（*Glycyrrhiza pallidiflora*）

13．种子肾形。表面黄色、黄褐色、褐色或红褐色。

14．种子长4～5mm，种脐具晕轮或晕环。

15．表面浅绿黄色或黄褐色，胚根与子叶间具1浅沟…………………………………………加拿大黄芪（*A. canadensis*）

15．表面橘红色或红褐色，胚根与子叶间没有明显的界线…………………………………小瘤苜蓿（*Medicago tuberculata*）

14．种子长3.0～3.3mm，种脐不具晕轮，胚根与子叶间具1条白线…………………………………褐斑苜蓿（*M. arabica*）

12．种子长在3mm以内。

16．种子表面橄榄绿色、紫黑色或黑色。

17．种子表面黑色，有光泽，光滑，种瘤距种脐0.5mm以内………………………………草木樨状黄芪（*A. melilotoides*）

17．种子表面橄榄绿色或紫黑色，无光泽，稍粗糙，种瘤距种脐0.8～1.0mm。

18．种子表面橄榄绿色，胚根长为子叶长的1/2…………………………………………美洲甘草（*Glycyrrhiza lepidota*）

18．种子表面橄榄绿色至紫黑色，胚根长为子叶长的1/3………………………………………刺果甘草（*G. pallidiflora*）

16．种子表面黄褐色、黄色、褐色或红褐色。

19．种子长2～3mm。

20．种子方形、倒卵状肾形或心状椭圆形，胚根与子叶明显地分开。

21．胚根突出，呈钩状，胚根与子叶间具1鞍形白斑…………………………………………镰荚黄芪（*A. falcatus*）

21．胚根尖不呈钩状，胚根与子叶间具1楔形白斑…………………………………………鹰嘴状黄芪（*A. cicer*）

20．种子肾形或宽椭圆形，胚根与子叶稍分开。

22．正视种子腹面时，两侧呈波浪状…………………………………………………………花苜蓿（*Medicago ruthenica*）

22．正视种子腹面时，两侧鼓出，但不呈上述情况……………………………………………南苜蓿（*M. hispida*）

19．种子长在 2mm 以内（小苜蓿有时达 2mm 以上）。

23．种子近方形、近菱形或肾状倒卵形，种瘤距种脐 0.4mm……………………………直立黄芪（*A. adsurgens*）

23．种子肾形、倒卵状肾形或弯月形，种瘤距种脐 0.2mm。

24．种子长 1.1～1.5mm，表面黄褐色或褐绿色……………………………多枝黄芪（*A. polycladus*）

24．种子长 1.2～2.2mm，表面浅黄色……………………………小苜蓿（*M. minima*）

11．胚根尖不与子叶分开。

25．种子长 2～3mm。

26．种子表面上部为绿色，下部为浅黄色……………………………疗伤绒毛花（*Anthyllis vulneraria*）

26．种子表面不为上下两色……………………………苜蓿（*M. sativa*）

25．种子长 3～6mm。

27．种子圆柱形或弯月状矩圆形，表面红紫色至黑紫色。

28．种子圆柱形，长 3.5～5.0mm……………………………小冠花（*Coronilla varia*）

28．种子弯月状矩圆形，长 5～6mm……………………………蝎子小冠花（*Coronilla scorpioides*）

27．种子为肾形或长椭圆状肾形，表面橄榄绿色或褐色。

29．种子为长椭圆状肾形，具很薄的胚乳。

30．种子较小，长 3.5～4.0mm，宽 1.3～1.5mm，表面颜色较浅……………………………东方山羊豆（*Galega orientalis*）

30．种子较大，长 4.0～4.5mm，宽 1.5～2.0mm，表面颜色较深……………………………山羊豆（*G. officinalis*）

29．种子为肾形，不具胚乳。

31．种子长 4.1～4.8mm，厚 2.0～2.2mm，种脐直径 0.99mm，脐条中间有 1 条浅色线，子叶表面多皱……………………………红豆草（*Onobrychis viciaefolia*）

31．种子长 3.2～4.5mm，厚 1.7～2.0mm，种脐直径 0.36mm，脐条隆起无浅色线，子叶表面平滑……………………………匈牙利红豆草（*O. arenaria*）

1．种脐不靠近种子长的中央。

32．种脐具环状脐冠。

33．胚根长为子叶长的 3/4 或以上。

34．表面紫色或具紫色花斑。

35．种子长 2.2～2.5mm，表面紫色……………………………短萼鸡眼草（*Kummerowia stipulacea*）

35．种子长 1.0～1.3mm，表面浅黄色具紫色斑纹……………………………硬毛百脉根（*Lotus hispidus*）

34．表面为黄色、褐色或橄榄绿色。

36．种子倒卵形，表面黄绿色至红褐色，无斑纹或具灰褐色斑纹，具胚乳……………………………湿地百脉根（*L. uliginosus*）

36．种子宽椭圆形或球形，稍扁，表面黄色、褐色或橄榄绿色，无胚乳……………………………细荚百脉根（*L. angustissimus*）

33．胚根长为子叶长的 3/4 以内。

37．无胚乳。

38．种子长 2.1～2.5mm……………………………鸡眼草（*Kummerowia striata*）

38．种子长 3mm 以上。

39．表面绿色或黄绿色，具紫色花斑……………………………短梗胡枝子（*Lespedeza cyrtobotrya*）

39．表面黑紫色或底色为褐色且密布黑紫色花斑……………………………胡枝子（*L. bicolor*）

37．具极薄的胚乳。

40．种子长 2.0～2.5mm。

41. 种脐的晕轮为白色，晕轮与胚根尖相对外宽大，且微隆起……………………………………毛胡枝子（*L. tomentosa*）

41. 种脐的晕轮为浅绿白色或黄白色，晕轮两侧较窄，上下端较宽……………………………达乌里胡枝子（*L. davurica*）

40. 种子长 1.5～2.0mm（尖叶铁扫帚种子有的长达 2.5mm）。

42. 种子椭圆状肾形、宽椭圆形或近球形，表面暗褐色或橄榄绿色，有的具有褐色斑点……………百脉根（*L. corniculatus*）

42. 种子倒卵形；绿色、黄色或黄褐色，具红紫色斑纹。

43. 种子为绿色或黄褐色或底色为浅绿色，具红紫色花斑，其晕轮为褐色或白色………尖叶铁扫帚（*L. hedysaroides*）

43. 种子为浅绿色或淡黄色，具红紫色花斑，其晕轮为红褐色或红紫色………………………截叶铁扫帚（*L. cuneata*）

32. 种脐不具脐冠。

44. 种子表面粗糙，具小瘤或硬毛。

45. 胚根长为子叶长的 3/4 或以上。

46. 胚根尖与子叶分开。

47. 种子近圆形，直径 2.2～2.7mm，表面红褐色…………………………………………………匍匐芒柄草（*Ononis repens*）

47. 种子心脏形或椭圆状心脏形，长和宽约等，0.5～1.0mm，表面为黄色或者橘黄色………球花三叶草（*Trifolium glomeratum*）

46. 胚根尖不与子叶分开。

48. 种子心状圆形或心状椭圆形，一侧扁，一侧稍圆，种子长 2～3mm……………………蓝花胡卢巴（*Trigonella caerulea*）

48. 种子窄椭圆形或矩形，两侧扁，长 1.8～2.2mm………………………………………………多角胡卢巴（*T. polyceratia*）

45. 胚根长为子叶长的 3/4 以内。

49. 种脐不在基部。

50. 种子长 4.5～6.0mm…………………………………………………………………………………胡卢巴（*T. foenum-graecum*）

50. 种子长 2mm…………………………………………………………………………………………印度草木樨（*Melilotus indicus*）

49. 种脐在基部。

51. 小坚果倒卵状肾形，具小瘤和皱褶…………………………………………………………………补骨脂（*Psoralea corylifolia*）

51. 小坚果倒卵状椭圆形，具硬刚毛…………………………………………………………………阿拉伯补骨脂（*P. bituminosa*）

44. 种子表面光滑或近光滑、具微颗粒。

52. 胚根长为子叶长的 3/4 或以上。

53. 胚根尖与子叶分开。

54. 种子表面具花斑或斑点。

55. 种子长 1.5～2.0mm。

56. 表面黄色或红褐色，具紫色花斑，胚根与子叶间成 1 浅沟……………………………………草莓三叶草（*T. fragiferum*）

56. 表面灰色或褐色，具黑色花斑，胚根与子叶间界限不明……………………………………刺柄豆（*Adesima muricata*）

55. 种子长 1.0～1.5mm……………………………………………………………………………………杂种三叶草（*T. hybridum*）

54. 种子表面不具条纹、花斑或斑点。

57. 种子长 1.7～2.3mm。

58. 种子为三角状倒卵形或近心脏形，晕轮、种瘤和脐条三者构成浅褐色匙状斑…………………曲茎三叶草（*T. medium*）

58. 种子为肾状椭圆形或卵形，胚根尖突出，且钝………………………………………………………野苜蓿（*M. falcate*）

57. 种子长 1.0～1.5mm。

59. 种子心脏形或近三角形，长 1.0～1.5mm；表面黄色或黄褐色，有光泽……………………………白三叶（*T. repens*）

59. 种子三角状卵形或长心脏形，长 1.5mm；表面黄色或橄榄绿色，有很亮的光泽……波斯三叶草（*T. resupinatum*）

53．胚根尖不与子叶分开。

60. 种子长椭圆形至卵形，长 1.1～1.4mm；表面具很亮的光泽……………………………………………细茎三叶草（*T. dublium*）

60. 种子宽椭圆形，长 0.9～1.3mm；表面有光泽………………………………………………………………石三叶草（*T. arvense*）

52．胚根长为子叶长的 3/4 以内。

61．胚根尖与子叶分开。

62．种脐在种子长的 1/2 以上，种瘤在脐条的中间。

63．种子倒卵状肾形或肾形………………………………………………………………野决明（*Thermopsis lupinoides*）

63．种子不为肾形。

64．种子近圆形或宽椭圆形，两侧凸透镜状，有很亮的光泽，胚根与子叶间有 1 条白线………冠状岩黄蓍（*Hedysarum coronarium*）

64．种子椭圆形，两侧扁，不平，有光泽，胚根与子叶间有 1 沟或无……………………蚕豆状岩黄蓍（*H. vicioides*）

62．种脐在种子长的 1/2 以下，种瘤在脐条远端。

65．种子长 1.5～2.5mm，表面多为上下两色，上部黄色（或绿黄色），下部紫色（或绿紫色），一色者罕见………红三叶草（*T. pratense*）

65．种子表面不为上下两色。

66．种子长 1.2～2.0mm……………………………………………………………………………………天蓝苜蓿（*M. lupuliuna*）

66．种子长 2.5～4.0mm。

67. 表面灰绿或浅褐色，种子长 2.5～3.0mm………………………………………………………欧甘草（*Glycyrrhiza glabra*）

67．不为上述情况。

68. 表面黄色，不具花斑……………………………………………………………………………亚历山大三叶草（*T. alexandrinum*）

68. 表面黄绿色或黄褐色，具红紫色花斑………………………………………………………伏尔加草木樨（*Melilotus wolgicus*）

61．胚根尖不与子叶分开。

69．种子长 4mm 以上…………………………………………………………………………………狐尾槐（*Sophra alopecuroides*）

69．种子长在 3mm 以内。

70．表面为上下两种颜色。

71. 上部深紫色，下部浅紫色（也有全为紫色者）……………………………………………………芒刺三叶草（*T. lappaceum*）

71. 上部绿色，下部黄色或黄褐色…………………………………………………………………………熟地三叶草（*T. strepens*）

70．表面不为上下两种颜色。

72．表面具花斑（黄香草木樨种子有的不具花斑）。

73. 种子长 2.5～3.0mm，两侧扁，晕轮隆起、色浅……………………………………………伏尔加草木樨（*M. wolgicus*）

73. 种子长 2mm，常一侧扁，另一侧稍圆，晕环褐色……………………………………………黄香草木樨（*M. officinalis*）

72．表面不具花斑。

74．表面黑色或黑紫色，种子长 2～3mm……………………………………………………………匍匐三叶草（*T. subterraneum*）

74．表面黄色或黄褐色。

75．种子长在 1.5mm 以内……………………………………………………………………………平铺三叶草（*T. campestre*）

75．种子长 1.5～3.0mm。

76．种子一侧扁平，另一侧圆………………………………………………………………………白香草木樨（*M. albus*）

76．种子两侧扁或微凹。

77．表面有很亮的光泽，光滑，种瘤浅褐色，晕轮隆起，褐色，胚根与子叶间界线不明……………

……………………………………………………………………………………绛三叶草（*T. incarnatum*）

77. 表面有光泽，近光滑，具微颗粒，种瘤黑色，晕环褐色，胚根与子叶间有1条白线……………………………………………………………………………………………………鸟足豆（*Ornithopus sativus*）

Ⅱ. 种脐不为圆形组。

1. 具胚乳。

2. 种脐靠近种子长的中央。

3. 种子表面粗糙，具瘤状小突起……………………………………………………菽麻（*Crotalaria juncea*）

3. 种子表面不粗糙。

4. 胚根尖与子叶分开，不具环状脐冠。

5. 种子长2.5mm以上。

6. 种子为肾形……………………………………………………………………田皂角（*Aeschynomene indica*）

6. 种子为倒卵形……………………………………………………………………紫云英（*Astragalus sinicus*）

5. 种子长在2.5mm以内……………………………………………………光萼猪屎豆（*Crotalaria usaramoensis*）

4. 胚根尖不与子叶分开，种子长3～4mm，具环状脐冠……………………加拿大山蚂蝗（*Desmodium canadense*）

2. 种脐在种子突尖上。

7. 种子表面粗糙，具瘤状小突起，两面中央各有1个环。

8. 种子为矩状菱形，长5～6mm…………………………………………………………决明（*Cassia tora*）

8. 种子为倒卵形，长在5mm以内。

9. 种子长4.4mm，腹背宽窄一致…………………………………………………望江南（*C. occidentalis*）

9. 种子长在3.5mm以内，腹窄背宽……………………………………………茳芒决明（*C.sophera*）

7. 种子表面有成排的麻点，稍粗糙，有很亮的光泽。

10. 种子呈鞭形或近方形，长2.5～3mm；子叶浅黄色至橘黄色，胚乳占种子厚度的2/5……………山扁豆（*C. mimosoides*）

10. 种子呈长方形，长2.5～4mm；子叶深橘黄色，胚乳占种子厚度的1/3～1/2……………豆茶决明（*C. nomame*）

1. 无胚乳。

11. 种脐线形。

12. 种瘤在脊背上。

13. 种脐限制在种子的边缘上，长占种子圆周长的60%以上。

14. 种子凸透镜状，沿种脐边缘构成白色平行的缘饰……………………………大花野豌豆（*Vicia grandiflora*）

14. 种子近球形，稍扁，沿种脐没有缘饰……………………………………………野豌豆（*V. sepium*）

13. 种脐不限制在种子的边缘上。

15. 种子表面黄褐色或黄绿色且具黑色花斑，种脐长占种子圆周长的30%～40%……………山野豌豆（*V. amoena*）

15. 种子表面红褐色，具黑色花斑，种脐长占种子圆周长的25%～30%……………………歪头菜（*V. unijuga*）

12. 种瘤不在脊背上。

16. 种子长在3mm以内………………………………………………………………小巢菜（*V. hirsute*）

16. 种子长在3mm以上。

17. 种脐长占种子圆周长的40%～50%，种子长4～5mm，表面具黑色斑点……………林生山黧豆（*Lathyrus aylvestris*）

17. 种脐长占种子圆周长的40%以内。

18. 种子长6mm以上，表面具黑色斑纹或条纹乃至全黑色……………………丹吉尔山黧豆（*L. tingitanus*）

18. 种子长在6mm以内。

19. 种子表面粗糙，多网状皱纹，有的具紫色花斑……广叶山黧豆(*L. latifolius*)

19. 种子表面近光滑。

20. 表面具花斑。

21. 表面似天鹅绒，脐长占种子圆周长的20%～35%(有的种子呈黑色)……广布野豌豆(*V. cracca*)

21. 表面具微颗粒，脐长约占种子圆周长的20%……大巢菜(*V. sativa*)

20. 表面不具花斑。

22. 表面为黑色，脐长占种子圆周长的20%或以上。

23. 种瘤不明显，距种脐0.4～1.0mm，脐沟白色……广布野豌豆(*V. cracca*)

23. 种瘤明显，黑色，距种脐1.0～1.3mm，脐沟不明显或合拢成隆起……深紫色野豌豆(*V. atropurpurea*)

22. 表面为褐色，脐长占种子圆周长的20%以内……美洲野豌豆(*V. Americana*)

11. 种脐不为线形。

24. 种瘤在脊背上。

25. 种脐为长圆形，胚根尖下的晕环边突出呈舌状。

26. 表面为黄白色，具灰紫色花斑(或呈单一的紫黑色)，自种瘤外有1条斜对角线……多叶羽扁豆(*Lupinus polyphyllus*)

26. 表面为黄白色，具灰褐色或黑色花斑，看不到斜对角线……多年生羽扁豆(*L. perennis*)

25. 种脐为椭圆形或卵形，没有晕环，更无舌状突出。

27. 种子长5.0～5.5mm，种脐卵形或短椭圆形，脐长2mm，占种子圆周长的12%～20%……杂种野豌豆(*V. hybrida*)

27. 脐为长椭圆形，脐长占种子圆周长的20%～25%。

28. 种子长4.7～5.5mm，脐长2.9～3.2mm，占种子圆周长的20%～25%……黄花野豌豆(*V. lutea*)

28. 种子长3～5mm，脐长2.0～2.5mm，占种子圆周的20%……匈牙利野豌豆(*V. pannonica*)

24. 种瘤不在脊背上。

29. 种脐为矩圆形。

30. 种子长3～5mm，表面粗糙，种瘤在种脐旁边，脐条的近端……野大豆(*Glycine ussuriensis*)

30. 种子长4.0～6.5mm，表面近光滑，种瘤距种脐1mm……毛荚野豌豆(*V. dasycarpa*)

29. 种脐为椭圆形或卵形。

31. 种子表面粗糙，具小瘤或皱纹。

32. 种子为圆柱形；具纵行排列的波状皱纹；种瘤在种脐与脐条之间，脐条较长；具白色脐褥…山绿豆(*Phaseolus minimus*)

32. 不为上述情况。

33. 种子为长椭圆形、方状球形、球形或近球形，长3～5mm。

34. 种子球形或近球形，表面具黑色斑点……硬毛山黧豆(*L. hirsutus*)

34. 种子为长椭圆形或方状球形，表面不具斑点……块茎香豌豆(*L. tuberosus*)

33. 种子为方形或近球形。

35. 种子为正方形，长1.5～1.7mm……山黧豆状野豌豆(*V. lathyroides*)

35. 种子近球形或近方形，长2～3mm……禾叶山黧豆(*L. missolia*)

31. 种子表面光滑或稍粗糙。

36. 种子近球形。

37. 种子直径(或长)在3mm以上。

38. 种脐卵形或倒卵形。

39. 种脐倒卵形，种子长6～7.5mm……法国野豌豆(*V. narbonensis*)

39. 种脐卵形，种子长 3.5～5mm……………………………………………………长柔毛野豌豆（*V. villosa*）

38. 种脐椭圆形（香豌豆偶尔有倒卵形的种脐）。

40. 种脐长 1.5mm 以上，占种子圆周长的 10%～20%。

41. 种子较小，长 3～4mm，具紫色花斑……………………………………………牧地香豌豆（*Lathyrus pratensis*）

41. 种子较大，直径 4～6mm。

42. 种子表面为灰褐色、红褐色、浅黄色或具深褐色或黄色花斑。种脐长 1.5～2.4mm，占种子圆周长的 17%～20%……………………………………………………………………紫花豌豆（*Pisum arvensis*）

42. 种子表面红褐色或深褐色，不具花斑；种脐长 2～2.4mm，占种子圆周长的 17%～20%……………………………………………………………………………………香豌豆（*L. odoratus*）

40. 种脐长 1.0～1.5mm，占种子圆周长的 10%。

43. 种子长 4.0～4.5mm，表面浅黄色、褐色至油亮的黑色，或具黑色花斑………………叶轴香豌豆（*L. aphaca*）

43. 种子长 3～4mm，表面红褐色、无光泽，常覆有粉状物…………………………球花山黧豆（*L. sphaericus*）

37. 种子直径（或长）在 3mm 以内。

44. 种子直径 2～3mm，表面具黑色花斑，种瘤距种脐 0.5～1.0mm………………………窄叶野豌豆（*V. angustifolia*）

44. 种子长 1.6～2.5mm，表面具深紫褐色花斑，种瘤距种脐 0.3～0.5mm…………………四籽野豌豆（*V. tetrasperma*）

36. 种子不为球形。

45. 种子为斧形、矩形、倒圆锥形或卵形。

46. 种子为斧形或矩形。

47. 种子为斧形，种脐在“斧”背上，为宽椭圆形…………………………………………………扁平豌豆（*L. sativus*）

47. 种子为矩形或肾状矩形，种脐在底角上，为倒卵形…………………………………………黄羽扇豆（*L. luteus*）

46. 种子为倒圆锥形或卵形。

48. 种子为倒圆锥形，种瘤在脐条的中间，脐周围不为黑色……………………………………苦野豌豆（*V. ervilia*）

48. 种子为卵形或椭圆状卵形，种瘤不明显，脐周围为黑色…………………………………相思子（*Abrus precatorius*）

45. 种子为椭圆形或圆状肾形。

49. 种子长 5mm 以上。

50. 种脐在肾形的角上，倒卵形；脐条浅黄褐色，呈“V”形…………窄叶白羽扇豆（*L. angustifolius* var. *leucospermus*）

50. 种脐在种子长的 1/2 以上，长卵形；晕轮隆起并收缩掩盖部分种脐成为凹腔…………苦参（*Sophora flavescens*）

49. 种子长在 5mm 以内。

51. 种子长 4.0～4.5mm，表面具黑色花斑或单一的油亮黑色；脐长 1.0～1.2mm，占种子圆周长的 10%……………………………………………………………………………………叶轴香豌豆（*L. aphaca*）

51. 种子长 3.0～4.0mm，表面具紫色花斑；脐长 2mm，占种子圆周长的 17%～20%……矮山黧豆（*Lathyrus humilis*）

3．菊科草类植物种子分种检索表 具体见表 2-6。

表 2-6 菊科草类植物种子分种检索表

1．顶端冠毛宿存或有圆锥状长喙、刺状长喙。

2．有宿存冠毛。

3．果脐在一侧近基部或基端的缺口内。

4. 瘦果圆柱状，长 8～9mm；冠毛硬刺毛状……………………………………………祝福蓟（*Cnicus benedictus*）

4．瘦果不为圆柱状，长小于 8mm；冠毛不为硬刺毛状。

5. 冠毛不齐，不外展，褐色或黄褐色；缺口为果长的 1/3，宽的 1/3～1/2……………………………矢车菊（*Centaurea cyanus*）

5. 冠毛较整齐，外展。

6. 冠毛白色。

7. 近基部缺口为明显的钩状；表面浅灰色或灰绿色，带浅黄色纵条………………………马耳他矢车菊（*C. melitensis*）

7. 近基部缺口构成明显的角，但不为钩状。

8. 表面橄榄绿色至黑绿色；两面中央各有 1 条明显的浅黄色纵条；内层冠毛鳞片状，白色……………………………………………………………………………多斑矢车菊（*C. maculosa*）

8. 表面浅黄，带棕色纵条斑；内层冠毛鳞片状，粉红色…………………………………………爱百里矢车菊（*C. iberica*）

6. 冠毛黑棕色或紫色。

9. 表面光滑无毛，冠毛黑棕色，内层鳞片状，短而宽，尖端呈喙状……………………………硫黄色矢车菊（*C. sulphurea*）

9. 表面散生白色软毛，冠毛紫色或浅黄褐色，内层冠毛不呈喙状…………………………………粗糙矢车菊（*C. scabiosa*）

3. 果脐在基端。

10. 冠毛鳞片状。

11. 冠毛上部呈长芒状，冠毛下部呈宽卵形翅状；自瘦果基部发出向上的硬刺毛，约与果等长………………………………………………………………………………………………喷嚏草（*Helenium tenuifolium*）

11. 冠毛上部不为长芒状。

12. 冠毛几乎平展，约与果等长；果实表面密被浅黄色短刺毛……………………………………辣子草（*Galinsoga parviflora*）

12. 冠毛斜展，约为果长的 1/4；果实表面有突起，无毛……………………………………………………菊苣（*Cichorium intybus*）

10. 冠毛刺毛状。

13. 果扁，表面无棱。

14. 果长 2.0～2.5mm，宽 1.50～1.75mm；表面密生长硬刺毛……………………………阿尔泰狗娃花（*Heteropappus altaicus*）

14. 果长 1.2～1.4mm，宽 0.37～0.45mm；表面疏生软毛………………………………………小白酒草（*Conyza canadensis*）

13. 果不扁或稍扁，表面有纵棱或纵沟。

15. 表面有横皱褶；黄褐色，有细纵沟 5 条……………………………………………………秋蒲公英（*Leontodon autumnalis*）

15. 表面没有横皱褶。

16. 冠毛 2 层，外层为短鳞片状，内层长………………………………………………………高斑鸠菊（*Vernonia altissima*）

16. 冠毛 1 层，长绵毛状或细刺毛状。

17. 棱上与两棱间颜色不同，棱为浅黄色，棱间红褐色或黄褐色，长 0.95～1.15mm……………旋复花（*Inula japonica*）

17. 棱上与棱间颜色相同。

18. 瘦果深红褐色至黑色；长 1.7～2.0mm…………………………………………………桔黄山柳菊（*Hieracium aurantiacum*）

18. 瘦果棕红色至黑棕色；长 2.5～3.5mm……………………………………………………………山柳菊（*H. umbellatum*）

2. 无宿存冠毛，有圆锥状长喙或刺状长喙。

19. 顶端具有 1 条刺状长喙（呈折断状）。

20. 瘦果扁；果长为宽的 4 倍以下。

21. 表面灰褐色，有明显的深黑褐色斑……………………………………………………………刺莴苣（*Lactuca serriola*）

21. 表面黑色或深红褐色，无黑斑………………………………………………………………………毒莴苣（*L. virosa*）

20. 瘦果不扁或稍扁；果长为宽的 4 倍以上。

22. 果长 10～13mm；黄色、灰褐色（边花果）或浅黄色、浅黄褐色（心花果）……………划地婆罗门参（*Tragopogon pratensis*）

22. 果长在 10mm 以下。

23．果中部以上有粗短刺。

24．表面浅黄色或浅黄褐色……………………………………………………………蒲公英（*Taraxacum mongolicum*）

24．表面浅绿色至黄褐色……………………………………………………………………药蒲公英（*T. officinale*）

23．果中部以上有小刺毛。

25．纵棱约15条；横切面椭圆形或圆形………………………………………………斑猫儿菊（*Hypochoeris radicata*）

25．纵棱少于10条；横切面椭圆形。

26．黄褐色带有深棕色或黑色斑，或黑色带有褐色斑………………………………秋苦荬菜（*Ixeris denticulata*）

26．表面无任何色斑。

27．表面黑色、黑褐色或红棕色…………………………………………………………抱茎苦荬菜（*I. sonchifolia*）

27．表面褐色………………………………………………………………………苦菜（*I. chinensis* ssp. *versicolor*）

19．顶端具2至多条圆锥状或刺状长喙。

28．表面有许多倒钩刺。

29．刺端倒钩基部稍向外倾斜………………………………………………………………刺苍耳（*Xanthium spinosum*）

29．刺端倒钩基部直。

30．总苞长20～25mm，全身密被黑褐色粗刺毛………………………………………宾州苍耳（*X. pennsylvanicum*）

30．总苞长10～16mm，全身密被细短毛……………………………………………………………苍耳（*X. strumarium*）

28．表面无倒钩刺。

31．顶端具1条粗圆锥状长喙，周围5～8个短喙。

32．总苞长6～10mm；圆锥状长喙短而钝………………………………………………三裂叶豚草（*Ambrosia trifida*）

32．总苞长3～4mm；圆锥状长喙细而尖…………………………………………………………豚草（*A. artemisifolia*）

31．顶端有2～4条长刺。

33．瘦果四棱状条形；顶端有3或4条带倒刺的长刺，果表面无刺……………………………鬼针草（*Bidens bipinnata*）

33．瘦果矩圆形至倒卵形，扁片状。

34．果实表面具瘤状突起；顶端有2条长刺，刺上有倒刺毛，果实边缘有向上的刺毛……………蕨叶鬼针草（*B. frondosa*）

34．果实表面无瘤状突起；顶端有2或3条长刺，刺上及果实边缘均有倒刺毛…………………………狼巴草（*B. Tripartita*）

1．顶端冠毛不存，也无圆锥状长喙或刺状长喙。

35．表面有纵棱或横皱褶。

36．表面有横皱褶，但无纵棱；橙色或浅黄褐色…………………………………………刚毛毛连菜（*Picris echioides*）

36．表面有纵棱。

37．瘦果呈圆盘状，极扁………………………………………………………………乳香草（*Silphium terebinthinaceum*）

37．瘦果不呈圆盘状，不扁。

38．横切面正方形，表面黑色或深褐色。

39．瘦果长4～5mm；黄褐色至深褐色……………………………………………………金光菊（*Rudbeckia laciniata*）

39．瘦果长1.5～2.2mm；黑色至深褐色…………………………………………………………黑心菊（*R. serotina*）

38．横切面不为正方形。

40．仅腹面有棱，背面无棱。

41．表面黑褐色或黑色，有颗粒状突起…………………………………………………淡甘菊（*Matricaria inodora*）

41．表面灰白色或褐灰色、浅褐色，无颗粒状突起。

42．腹面有纵棱5条，灰白色…………………………………………………………………母菊（*M. chamomilla*）

42. 腹面有纵棱4条，两侧棱各覆1条美丽的红色长带……………………………………………香甘菊（*M. matricarioides*）

40. 腹背两面均有棱。

43. 表面有皱褶。

44. 皱褶在果实上部明显。

45. 表面黄色、灰褐色，有时为黑色，条斑不呈明显的"Z"形……………………………………牛蒡（*Arctium lappa*）

45. 表面浅绿褐色，常有明显的深褐色或黑色"Z"形条斑……………………………………绒毛牛蒡（*A. tomentosum*）

44. 皱褶在整个果实表面都明显。

46. 纵皱和横皱都有，或皱褶走向不清；有黑色"Z"形条斑……………………………………小牛蒡（*A. minus*）

46. 为明显的横皱。

47. 横皱褶粗，波状；果脐上覆一光亮的黑褐色条……………………………苏格兰刺蓟（*Onopordum acanthium*）

47. 横皱褶细密，不为波状。

48. 瘦果圆柱状，顶端有一明显的白色突起……………………………………………毛连菜（*P. hieracioides*）

48. 瘦果矩圆形或窄椭圆形，扁；顶端无白色突起……………………………………苦荬菜（*Sonchus arvensis*）

43. 表面没有皱褶。

49. 表面无小突起或刺。

50. 果长10mm以上。

51. 长11～13mm，顶端无长喙；棱圆钝，密被褐色或白色短绒毛…………………………鸦葱（*Scorzonera glabra*）

51. 长17～22mm，顶端有长喙；棱锐，无毛……………………………………………………笔管草（*S. albicaulis*）

50. 果长10mm以下。

52. 横切面菱形。

53. 瘦果窄楔形，不弯曲；黄褐色至红褐色……………………………………………春黄菊（*Anthemis tinctoria*）

53. 瘦果楔形，常稍弯曲；黑色至黑灰色。

54. 褐色斑较多……………………………………………………………………腺梗豨莶（*Siegesbeckia pubescens*）

54. 褐色斑较少……………………………………………………………………………………豨莶（*S. orientalis*）

52. 横切面不为菱形。

55. 棱黄白色，棱间墨绿色或红黑色并有白色小点……………………春白菊（*Chrysanthemum leucanthemum*）

55. 不为上述情况。

56. 棱较宽而圆钝。

57. 表面无毛，两端均截形，有纵棱9条…………………………………………………刺甘菊（*Anthemis arvensis*）

57. 表面有毛。

58. 表面具纵棱10条；衣领状环直，经常大于或等于果宽………………欧洲千里光（*Senecio vulgaris*）

58. 表面具宽纵棱7或8条；衣领状环直，经常小于果宽……………………………臭千里光（*S. jacobaea*）

56. 棱较窄而锐。

59. 顶端有短喙，喙端扩大成小圆盘状……………………………………………天名精（*Carpesium abrotanoides*）

59. 顶端无短喙。

60. 纵棱多于10条。

61. 顶端常残存鳞片状冠毛；瘦果浅紫红色至橘黄色，近顶端红色而有光泽，纵棱约15条…………
……………………………………………………………………………………………泥糊菜（*Hemistepta lyrata*）

61. 顶端无残存鳞片状冠毛。

62. 果表面浅黄白色或银灰色，顶端有衣领状环……………………欧洲稻槎菜（*Lapsana communis*）

62. 表面黄褐色至褐色；顶端呈明显扩大的圆盘，无衣领状环…………粗糙还阳参（*Crepis biennis*）

60. 纵棱不多于10条。

63. 瘦果扁。

64. 长椭圆状倒卵形；红褐色；边缘翅状……………………………………续断菊（*Sonchus asper*）

64. 形状多样（矩圆形、宽卵形或短楔形）；浅黄色或浅褐色；边缘不为翅状………………………………………………………………………………………………树胶草（*Grindelia squarrosa*）

63. 瘦果不扁。

65. 纵棱为10条；黄褐色至灰褐色；长2～3mm…………………………光滑还阳参（*C. capillaris*）

65. 纵棱4或5条。

66. 长3～4mm，顶端有残存鳞片……………………………………………款冬（*Tussilago farfara*）

66. 长1.3～1.7mm，衣领状环有齿……………………………………………菊蒿（*Tanacetum vulgare*）

49. 表面或边缘有小突起或刺。

67. 瘦果扁。

67. 瘦果不扁或稍扁。

68. 果实表面无小刺或有不明显的弱刺。

69. 顶端无喙；瘦果圆锥形；有明显的瘤状突起…………………………臭甘菊（*Anthemis cotula*）

69. 顶端有喙。

70. 果长10～13mm；具长喙；黄色、灰褐色（边花果）或浅黄色、浅黄褐色（心花果）………………………………………………………………………………草地婆罗门参（*Tragopogon pratensis*）

70. 果长在10mm以下。

71. 顶端喙长在0.8mm以下。

72. 黄褐色带深棕色或黑色斑，或黑色带褐色斑…………………秋苦荬菜（*Lxeris denticulata*）

72. 黑褐色、深红褐色；无斑……………………………………………窄叶还阳参（*C. tectorum*）

71. 顶端喙长0.8mm以上。

73. 黑色、黑褐色或红棕色；喙长约占果长的1/2…………………抱茎苦荬菜（*L. sonchifolia*）

73. 褐色、喙与果同长。

74. 瘦果长2.5～3.0mm；棱约10条……………………………苦菜（*L. chinensis* ssp.*versicolor*）

74. 瘦果长3.0～4.5mm；棱约15条……………………………斑猫儿菊（*Hypochoeris radicata*）

68. 果实中部以上表面有明显的粗硬刺。

75. 瘦果浅黄色或浅黄褐色…………………………………………………蒲公英（*T. mongolicum*）

75. 瘦果浅绿褐色至黄褐色………………………………………………药蒲公英（*T. officinale*）

35. 表面无纵棱或横皱褶；或仅有细纹沟。

76. 果长5mm以上。

77. 衣领状环在顶端中央，小，不向一侧倾斜…………………………向日葵（*Helianthus annuus*）

77. 衣领状环占满整个顶端，向一侧倾斜。

78. 果宽不足果长的一半…………………………………………………水飞蓟（*Silybum marianum*）

78. 果宽稍多于果长的一半………………………………………………象牙蓟（*S. eburneum*）

76. 果长在5mm以下。

79. 顶端有衣领状环。

80. 长在 2.5mm 以上。

81. 果脐在一侧近基部，含黄色突出物……………………………………………………黑矢车菊（*Centaurea nigra*）

81. 果脐在基端，朝下，内不含突出物。

82. 表面有明显的或模糊的波状皱褶。

83. 表面不具褐色条纹，衣领状环有细齿……………………………………………刺儿菜（*Cephalanoplos segetum*）

83. 表面具褐色条纹。

84. 果脐菱形或为裂缝状，周围有 4 或 5 条裂………………………………………………香飞廉（*Carduus nutans*）

84. 果脐周围无裂。

85. 表面灰褐色或黄褐色；果脐裂缝状……………………………………………………………刺飞廉（*C. acanthoides*）

85. 表面浅黄色或浅灰色；果脐圆形……………………………………………………………………飞廉（*C. crispus*）

82. 表面基本平滑。

86. 表面有黑色、紫色或褐色条斑。

87. 条斑黑色或紫色；衣领状环不具齿…………………………………………………………矛叶（*Cirsium vulgare*）

87. 条斑深褐色或黑色，衣领状环呈波状或齿状……………………………………………………劳德（*C. fiodmani*）

86. 表面无条斑。

88. 表面浅黄白色或浅棕色；花柱残留物顶端与衣领状环齐或略高……………………………大刺儿菜（*C. setosum*）

88. 表面黄褐色至褐色，花柱残留物超出衣领状环 1 倍以上…………………………………丝路蓟（*Cirsium arvense*）

80. 长在 2.5mm 以下。

89. 瘦果边缘翅状。

90. 顶端中央有缺口；果皮薄膜质………………………………………………………………洋草（*Achillea millefolium*）

90. 顶端中央无缺口；常残存短的鳞片状冠毛………………………………………………………一年蓬（*Erigeron annuus*）

89. 瘦果边缘不为翅状。

91. 果长 1.3～1.7mm，有浅色细纹……………………………………………………………………艾蒿（*Artemisia vulgaria*）

91. 果长 0.4～0.6mm，浅灰色或浅黄褐色，似透明状……………………………………沼泽鼠草（*Cnahalium ulignosum*）

79. 顶端无衣领状环或极不明显。

92. 瘦果长 2～3mm；三角状倒卵形；黑色或褐色………………………………………………………假苍耳（*Iva xanthifolia*）

92. 瘦果长 2mm 以下。

93. 表面浅褐色…………………………………………………………………………………………………絮菊（*Filago arvensis*）

93. 表面浅绿色。

94. 瘦果似透明状；长 1mm 以下。

95. 果浅黄色，带银白色闪光；长 0.5～1.0mm………………………………………………………………黄花蒿（*A. annua*）

95. 果深红褐色，无银白色闪光；长 0.6～0.8mm…………………………………………………………猪毛蒿（*A. scoparia*）

94. 瘦果不透明状；长 1mm 以上。

96. 果银灰褐色，无黑斑；长 0.9～1.4mm………………………………………………………………洋艾（*A. absinthium*）

96. 果灰褐色、红褐色或黄褐色，常黑色斑；长 1.2～1.8mm…………………………………………大籽蒿（*A. sieversiana*）

第三节　草类植物种子的化学成分和物质组成

一、草类植物种子的化学成分

1. 草类植物种子的化学成分种类　成熟的种子是由种皮、胚、胚乳或子叶等几部分组成，胚乳或子叶是幼胚的营养“库”，积累了种子萌发所必需的营养物质。这些营养物质，大致可分为碳水化合物（大部分是淀粉）、蛋白质、脂肪、生理活性物质（酶类、维生素、生长素等）及水分。凡种子都含有这五大类物质，但不同类型的种子，其所含各类物质的比例有很大差异，有的种子中含有丰富的碳水化合物，有的种子中含有丰富的蛋白质和脂肪。

禾本科草类植物种子，如无芒雀麦、苏丹草、燕麦、猫尾草、狗尾草等，种子中主要含有以淀粉形式存在的碳水化合物，一般含量为60%～62%。这类种子也含有蛋白质和脂肪，但含量较少，一般含蛋白质10%～14%，脂肪1.7%～5.4%。

豆科草类植物种子，如紫花苜蓿、红豆草、箭筈豌豆、毛苕子、花棒和白花草木樨等，其化学组成特点是蛋白质含量较丰富，一般为25%～30%。但是，豆科草类植物种子除含有丰富的蛋白质外，有的含有较多的脂肪，如花棒、紫花苜蓿，也有的含有较多的淀粉，如箭筈豌豆。

草类植物种子以无氮浸出物、蛋白质、脂肪和灰分在数量上占绝对优势，但是不同科草类植物种子的化学成分各不相同（表2-7），就是同一科草类植物的不同种之间，成分含量也有一定的差异（表2-8），如禾本科草类植物种子中，苏丹草的粗蛋白含量较低（10.64%），无氮浸出物含量最高（64.35%），而狗尾草的粗蛋白含量较高（14.40%）。豆科草类植物和禾本科草类植物相比，蛋白质高出2～3倍，脂肪高出2～10倍，无氮浸出物约少1/3。由此可见，草类植物种子的这些成分的差异并非偶然，而是该种草类植物系统发育中，有机体的生理生化过程中形成的机能，是有机体发展历史途径的证据。

表2-7　不同科草类植物种子的化学成分　单位：%

科	水分	粗蛋白	粗脂肪	无氮浸出物	粗纤维	灰分	备注
豆科	4.95	25.80	6.48	48.71	8.76	5.30	紫花苜蓿、红豆草、箭筈豌豆、白花草木樨、毛苕子、花棒、柠条
禾本科	8.24	11.67	4.40	57.20	12.49	6.00	无芒雀麦、苏丹草、燕麦、狼尾草、狗尾草

表2-8　部分草类植物种子的化学成分　单位：%

名称	水分	粗蛋白	粗脂肪	粗纤维	灰分	无氮浸出物
紫花苜蓿	3.62	27.87	9.83	2.35	6.03	50.30
红豆草	4.54	20.75	4.47	10.00	5.04	55.20
箭筈豌豆	6.51	22.37	0.63	0.93	3.06	66.50
白花草木樨	4.41	31.56	5.37	10.64	8.79	39.23
毛苕子	5.48	28.75	4.87	7.25	3.69	49.96
花棒	4.10	20.75	10.88	18.37	5.47	40.43

续表

名称	水分	粗蛋白	粗脂肪	粗纤维	灰分	无氮浸出物
柠条	4.16	28.59	9.31	9.85	4.99	43.10
无芒雀麦	5.68	10.69	1.76	13.70	7.77	60.40
苏丹草	7.83	10.64	4.48	6.07	6.63	64.35
燕麦	6.77	11.91	5.66	9.50	3.42	62.74
狼尾草	10.20	10.70	4.70	16.00	5.60	52.80
狗尾草	10.70	14.40	5.40	17.20	6.60	45.70

草类植物品种不同，其种子化学成分差异明显（表 2-9）。箭筈豌豆中‘麻豌豆’的无氮浸出物含量最高，达 65.27%，‘西牧 324’‘333/A’分别为 60.65%和 46.89%。‘西牧 333’粗脂肪含量最高，为 1.91%，‘333/A’仅为 1.23%，‘西牧 333’‘西牧 324’‘333/A’三个品种的粗蛋白含量相差无几，均在 30%以上，而‘麻豌豆’粗蛋白含量仅为 22.70%。

表 2-9 箭筈豌豆品种间种子化学成分的比较（占干重的百分比） 单位：%

品种名称	水分	粗脂肪	粗纤维	粗蛋白	粗灰分	无氮浸出物	钙	磷
‘西牧 333’	10.33	1.91	4.70	31.47	3.49	48.10	0.26	0.50
‘西牧 324’	—	1.35	4.96	30.35	2.67	60.65	—	—
‘333/A’	10.71	1.23	5.10	32.40	3.67	46.89	0.31	0.39
‘麻豌豆’	—	1.61	7.03	22.70	3.33	65.27	—	—

注：“—”表示无数据

2．草类植物种子各部位化学组成的特点

（1）禾本科草类植物种子化学组成特点　禾本科草类植物种子的胚占种子重的比例因种不同而异（3.9%～17.0%），而胚乳比例则高达 80.4%（表 2-10），胚乳是种子养分的贮藏库。禾本科草类种子种类不同，其所含可溶性碳水化合物的含量各异，在三种普遍饲用的禾本科草类植物种子中，多年生黑麦草含量最高，鸡脚草最低（表 2-11）。此外，种子大小与幼苗活力间存在着正相关关系，种子胚乳大且碳水化合物含量高者形成的幼苗高大健壮且生长迅速，大胚乳和高含量的碳水化合物可为幼苗生长提供较多的营养贮备。

表 2-10 禾本科草类植物种子各组成部分的比例

植物名称	测定种子粒数	稃		胚		胚乳		千粒重/g
		重量/g	占比/%	重量/g	占比/%	重量/g	占比/%	
多年生禾本科草类植物								
俄滨草	1000	1.1213	33.0	0.2888	8.5	1.9855	58.5	3.3956
无芒雀麦	1000	0.8854	39.0	0.3870	17.0	1.0000	44.0	2.2724
苇状羊茅	1000	0.6726	23.7	0.2638	9.3	1.9024	67.0	2.8388
多年生黑麦草	1000	0.6511	25.2	0.1952	7.6	1.7330	67.2	2.5793
鸡脚草	1000	0.3404	26.6	0.1107	8.7	0.8279	64.7	1.2790
紫羊茅	1000	0.4077	28.9	0.1536	10.9	0.8489	60.2	1.4102

续表

植物名称	测定种子粒数	稃		胚		胚乳		千粒重/g
		重量/g	占比/%	重量/g	占比/%	重量/g	占比/%	
加拿大早熟禾	1000	0.6580	82.4	0.0315	3.9	0.1092	13.7	0.7987
河岸冰草	1000	0.9458	33.2	0.1957	6.9	1.7027	59.9	2.8442
一年生禾本科草类植物								
大麦	1000	4.0000	12.2	2.3897	7.4	26.279	80.4	32.6687
扁穗雀麦	1000	3.4197	30.5	0.4466	4.0	7.3340	65.5	11.1969

表 2-11　三种禾本科草类植物的种子特性

特性指标	扁穗雀麦	多年生黑麦草	鸡脚草
单粒种子重/mg	9.87	2.13	0.92
胚重/mg	0.24	0.06	0.04
胚乳重/mg	7.689	1.538	0.567
胚：胚乳	1∶32.0	1∶25.6	1∶14.2
可溶性碳水化合物含量/%	22.2	35.5	19.6
单株根总长度/m	5.88	2.45	1.48
平均叶面积/cm^2	2.91	0.72	0.36

（2）豆科草类植物种子化学组成特点　种子不同部位的化学组成差异很大，下面以栽培山黧豆为例进行介绍。

1）胚。栽培山黧豆种子，胚仅占种子重量的 1.5%（表 2-12）。但其内含物却极为丰富，如胚内蛋白质含量很高，而且主要是结构蛋白，它是供胚生长和塑造幼苗各组织所必需的。胚的碳水化合物多为易溶于水的糖类，以便幼胚直接利用。胚中脂肪（3.686%）和维生素等生理活性物质也相对较多，胚的营养最为丰富（表 2-13）。

表 2-12　豆科草类植物种子各组成部分的比例

植物名称	测定种子粒数	种皮		胚		子叶		千粒重/g
		重量/g	占比/%	重量/g	占比/%	重量/g	占比/%	
多年生豆科草类植物								
红豆草	1000	0.7808	5.5	2.1905	15.4	11.2276	79.1	14.1989
紫花苜蓿	1000	0.7393	33.6	0.4026	18.3	1.0588	48.1	2.2007
沙打旺	1000	0.5605	37.8	0.2177	14.7	0.7054	47.5	1.4836
红三叶	1000	0.5924	29.7	0.2177	10.9	1.1850	59.4	1.9951
柠条	1000	14.2391	29.6	1.8529	3.9	31.9686	66.5	48.0606
花棒	1000	3.5000	16.8	1.0885	5.2	16.2299	78.0	20.8184
二年生豆科草类植物								
黄花草木樨	1000	0.7558	34.7	0.3132	14.4	1.1083	50.9	2.1773
白花草木樨	1000	0.7398	40.5	0.2503	13.7	0.8375	45.8	1.8276

续表

植物名称	测定种子粒数	种皮		胚		子叶		千粒重/g
		重量/g	占比/%	重量/g	占比/%	重量/g	占比/%	
一年生豆科草类植物								
罗马尼亚毛苕子	1000	5.2871	17.5	3.4904	11.5	21.5420	71.0	30.3195
四川毛苕子	1000	3.7691	22.0	0.6114	3.6	12.7408	74.4	17.1213
箭筈豌豆（白皮）	1000	4.6759	9.5	2.4592	5.0	41.9246	85.5	49.0597
箭筈豌豆（黑皮）	1000	6.1301	10.5	2.4700	4.3	49.4757	85.2	58.0758
兵豆	1000	5.8852	8.4	2.0853	3.0	61.7623	88.6	69.7328
栽培山黧豆	1000	18.7502	9.3	3.1010	1.5	180.1740	89.2	202.0252
圆形苜蓿	1000	1.8034	50.1	0.3850	10.7	1.4137	39.2	3.6021
蜗牛苜蓿	1000	4.8372	26.9	1.7728	9.9	11.3560	63.2	17.9660

2）子叶。子叶是豆类种子的主要组成部分，其中含有多种化学成分，除无氮浸出物以外，粗蛋白、粗脂肪、粗纤维、粗灰分等其他成分含量均低于胚，但它们是胚的重要营养物质（表 2-13）。

3）种皮。种皮是保护种胚和子叶的“围墙”，种皮中含量最高的是粗纤维，达 50%左右，其次为无氮浸出物，其余成分含量均很低（表 2-13）。

表 2-13　豆科草类植物种子各组成部分的化学成分表　　单位：%

植物名称	种子组分	吸附水	粗脂肪	粗纤维	粗灰分	粗蛋白	无氮浸出物	钙	磷
多年生和二年生豆科草类植物									
红豆草	荚	8.619	0.960	44.958	5.010	5.550	41.020	2.502	—
	种皮	9.043	0.431	42.614	2.543	8.075	45.500	0.712	0.026
	子叶	6.378	8.450	3.074	4.018	42.155	42.060	0.201	0.042
	胚	6.272	10.280	3.500	4.280	42.983	38.250	0.217	0.490
紫花苜蓿	种皮	8.245	4.415	18.580	3.148	15.400	57.410	0.660	0.387
	子叶	5.098	12.160	3.199	3.642	26.450	54.170	0.238	0.141
	胚	5.517	12.000	3.554	3.754	49.520	30.100	0.318	0.754
白花草木樨	荚	9.271	2.694	20.260	12.520	14.620	45.526	3.610	0.770
	种皮	10.300	1.316	24.280	4.621	13.410	55.457	0.770	0.146
	子叶	6.761	6.276	3.496	4.816	52.840	31.450	0.296	0.826
	胚	7.869	4.742	4.126	4.372	51.636	34.150	0.234	0.740
一年生豆科草类植物									
栽培山黧豆	种皮	8.016	0.297	49.661	2.652	3.998	42.630	0.718	0.044
	子叶	7.678	0.920	1.138	2.826	30.750	63.736	0.173	0.457
	胚	6.377	3.686	2.979	4.417	49.579	38.500	0.282	0.557

续表

植物名称	种子组分	吸附水	粗脂肪	粗纤维	粗灰分	粗蛋白	无氮浸出物	钙	磷
毛苕子	种皮	8.278	0.542	38.560	3.314	9.328	47.216	0.961	0.079
	子叶	6.802	0.837	1.291	2.739	34.920	59.574	0.164	0.475
	胚	6.905	3.098	0.232	3.402	43.760	48.648	0.200	0.660
箭筈豌豆（白皮）	种皮	7.086	0.293	43.821	3.824	7.470	43.640	0.920	0.032
	子叶	8.108	1.000	1.249	2.698	30.940	63.619	0.082	0.412
	胚	6.731	3.207	1.837	3.294	40.480	50.534	0.146	0.502

注：“—”表示未检出；化学成分值为除去吸附水后的绝干重的百分数

二、草类植物种子的物质组成

（一）糖类

种子中的所有糖类物质又称为碳水化合物，大致分为组成植物组织的纤维素、半纤维素、果胶等；以游离态存在于种子中，成为各种代谢过程的能源及物质合成基础材料的葡萄糖、果糖、蔗糖、淀粉、果浆糖等。前者可称为结构性碳水化合物，后者为非结构性碳水化合物，是种子中重要的三大贮藏营养物质之一，也是最主要的呼吸基质。在种子萌发过程中，糖类供给胚生长发育所必需的养料和能量。种子中糖类的总量占干物质量的比例随种类而异，一般为25%～70%，其存在形式多种多样，包括可溶性糖和不溶性的淀粉、纤维素、半纤维素、果胶质和木质素等多糖类。

1．可溶性糖　种子中可溶性糖的种类和含量，在种子发育、成熟、贮藏及萌发过程中都有很大的变化。成熟的种子中几乎不含还原糖，而主要以蔗糖的状态存在；未成熟、发育中的种子或处于发芽过程中的种子，可溶性糖的含量很高，而且含有大量还原糖；在不良条件下，贮藏种子可溶性糖的含量增加，是种子衰老的象征。

（1）*单糖*　单糖是组成糖类的基本单位，主要有核糖、脱氧核糖、葡萄糖和果糖。核糖和脱氧核糖属五碳糖，是核酸的组成成分。在种子的发育和种子萌发过程中，常出现游离的核糖和脱氧核糖；在成熟种子中，存在于核酸。葡萄糖和果糖是植物的绿色部分通过光合作用而形成的可溶性六碳糖，之后转运到种子中。葡萄糖和果糖在种子的成熟过程中很快被转化为双糖或其他较复杂的形式，在种子的萌发过程中是淀粉水解的最终产物，可进入糖酵解——三羧酸循环或磷酸戊糖途径，为种苗的生命活动提供能量和合成代谢所需的低分子化合物。

（2）*双糖*　双糖主要包括蔗糖和麦芽糖。蔗糖是由一个α-D-葡萄糖和一个β-D-果糖通过1,2-糖苷键聚合而成；麦芽糖是由两个α-D-葡萄糖聚合而成。麦芽糖、葡萄糖和果糖属还原性糖，在成熟的种子中含量极少。正常成熟种子中的可溶性糖主要以蔗糖形式存在，蔗糖是种子发芽时重要的养料，在种子的胚部蔗糖浓度很高，可达10%～23%，其次是种子外围部分，如果皮、种皮、糊粉层及胚乳外层，胚乳中含量最低。大多数禾本科草类植物种子的可溶性糖平均含量为2.0%～2.5%，其中绝大部分是蔗糖。

2．不溶性糖　种子中不溶性糖主要指多糖类，由多分子单糖失水缩合而成，是主要的贮藏形式。多糖类主要包括淀粉、纤维素、半纤维素、果胶等，其完全不溶于水或吸水而成黏性胶溶液。

（1）淀粉　淀粉是各种草类植物种子中分布最广的化学成分，也是禾本科草类植物和饲料作物种子中最主要的贮藏物质。淀粉是以α-葡萄糖为单位聚合成的多糖，主要以淀粉粒的形式贮藏于成熟种子的胚乳中（禾本科）或子叶中（豆科）。种子的其他部位极少或完全不存在。淀粉由两种物理性质和化学性质不同的多糖，即直链淀粉和支链淀粉组成。

1）直链淀粉。直链淀粉为直链的线形聚合体，由α-D-葡萄糖经α-1,4-糖苷键链接而成，螺旋形构型，由200～980个葡萄糖单体构成，相对分子质量为1万～10万，可溶于热水（70～80℃），形成黏稠性较低的胶溶液，遇碘液产生蓝色反应。

2）支链淀粉。支链淀粉为高度分支的淀粉分子，相对分子质量为100万，由600～6000个葡萄糖单体构成，主链和支链都为α-1,4-糖苷键连接，支链和主链间为α-1,6-糖苷键连接，树枝状构成，每一支链有20～25个葡萄糖单位。支链淀粉不溶于热水，只有在加温加压时才能溶解于水，形成黏稠的胶溶液，遇碘液产生红棕色反应。

淀粉的特性主要取决于直链淀粉和支链淀粉的比例，通常淀粉含20%～25%的直链淀粉和75%～80%的支链淀粉。

3）淀粉粒。淀粉以淀粉粒的形式沉积于种子细胞中，淀粉粒有圆形、带棱角或椭圆形的，大小变幅很大，直径可在2～100μm。棱角少而圆形的淀粉粒含直链淀粉多。许多淀粉粒围绕一个中心或偏心形成脐点，多糖的“壳层”围绕着脐点沉积，这些壳层反映了淀粉合成与沉积中的昼夜周期性。淀粉粒的大小、形状、外壳和脐点的位置是由草类植物的遗传因素决定的。Tateoka（1962）曾对禾本科植物244属中766种植物的种子胚乳淀粉粒类型进行了研究，将禾本科植物种子胚乳淀粉粒归为4个类型：①类型Ⅰ（小麦型）。单粒，形状为阔椭圆形、椭圆状球形或肾形，雀麦属（*Bromus*）、冰草属（*Agropyron*）、披碱草属（*Elymus*）属此类型。②类型Ⅱ（黍型）。单粒，六角或五角形，少数圆形或矩形，臂形草属（*Brachiaria*）、类雀稗属（*Paspalidium*）、红毛草属（*Rhynchelytrum*）、稗属（*Echinochloa*）、球米草属（*Oplismenus*）、马唐属（*Digitaria*）、地毯草属（*Axonopus*）、雀稗属（*Paspalum*）、狼尾草属（*Pennisetum*）、假俭草属（*Eremochloa*）、黄茅属（*Heteropogon*）、孔颖草属（*Bothriochloa*）、双花草属（*Dichanthium*）等属此类型。③类型Ⅲ（芒型）。单粒和复粒同时出现，复合淀粉粒由少数亚颗粒构成，菅属（*Themeda*）、金茅属（*Crysopogon*）、香茅属（*Cymbopogon*）等种子的淀粉粒属此类型。④类型Ⅳ（狐茅-画眉草型）。复合淀粉粒，由5个以上的亚颗粒构成，针茅属（*Stipa*）、燕麦草属（*Achnatherum*）、绒毛草属（*Holcus*）、翦股颖属（*Agrostis*）、猫尾草属（*Phleum*）、虉草属（*Phalaris*）、羊茅属（*Festuca*）、鸭茅属（*Dactylis*）、黑麦草属（*Lolium*）、早熟禾属（*Poa*）、三芒草属（*Aristida*）、虎尾草属（*Chloris*）、䅟属（*Eleusine*）、龙爪茅属（*Dactyloctenium*）、鼠尾粟属（*Sporobolus*）、结缕草属（*Zoysia*）、锋芒草属（*Tragus*）、扁芒草属（*Danthonia*）、猫鼠刺属（*Triodia*）等种子胚乳中的淀粉粒属此类型。

（2）纤维素和半纤维素　纤维素（$C_6H_{10}O_5$）$_n$是组成细胞壁的基本成分，它和木质素、矿质盐类及其他物质结合在一起，成为果皮和种皮最重要的组成部分。纤维素是β-D-葡萄糖由1,4-糖苷键连接而成，相对分子质量为100万～200万，由1000～10 000个葡萄糖单体构成，葡萄糖单体交替倒置构成纤维素分子，纤维素在纤维素酶的作用下能水解为中间产物纤维二糖和最终产物葡萄糖。

半纤维素也是构成种子细胞壁的主要成分，它和纤维素一样具有机械支持的功能，与纤维素不同的是可以作为草类种子的后营养物质，在种子发芽时被半纤维素酶水解而被种子吸收利用。半纤维素是戊聚糖和己聚糖，可以水解为葡萄糖、甘露糖、果糖、阿拉伯糖、木糖和半乳糖等，种子中所含的半纤维素主要是由戊聚糖组成，它是种皮和果皮的重要成分之一。

羽扁豆属（*Lupinus*）子叶膨大的细胞壁内、马蔺（*Iris lacteal* var. *chinensis*）胚乳膨大的细胞壁内的主要贮藏物质是半纤维素，这类半纤维素中，大多为甘露聚糖，在甘露糖基的主要直链聚合体上有少量葡萄糖、半乳糖和阿拉伯糖作为侧链存在。用半乳糖取代以增加甘露糖链上的侧链，就产生了半乳甘露糖，半乳甘露糖是豆科草类种子的主要贮藏成分，美国皂荚（*Gleditsia triacanthos*）中半乳甘露糖占种子干重的18.5%，紫花苜蓿（*Medicago sativa*）中半乳甘露糖占种子干重的9%（Mccleary and Matheson，1974）。半乳糖化程度随草类植物种类而异，鸡距皂荚（*G. feroa*）种子中的半乳甘露糖含21%的半乳糖，白三叶（*Trifolium repens*）种子中含49%的半乳糖。

禾本科草类植物未成熟的种子中含有较多的果聚糖，易溶于水，含量达干物质的33%，随成熟度的增加，逐渐转化为淀粉。此外，种子中还有少量果胶（为甲基戊糖，构成细胞的中胶层）和木质素。

（二）脂类

脂类是所有类似脂肪物质的统称，不溶于水，可溶解于乙醚、氯仿或其他有机溶剂中，大多数草类植物的种子中含有油脂，各种固醇类、磷脂及甘油酯都属于此类。脂类物质可分为两大类，即脂肪和磷脂（拟脂），前者以贮藏物质的状态存在于种子细胞中，后者是构成种子原生质的必要成分。

1. 脂肪　种子中贮藏的脂类多数是中性脂肪，或在常温下是液体油类。脂肪是疏水胶体，不溶于水，但溶于乙醚、石油醚、苯、四氯化碳等有机溶剂，可用这些溶剂来测定种子中的脂肪含量。

（1）脂肪的结构　脂肪是由高级脂肪酸和甘油结合形成的甘油三酯（或称三酰甘油），其成分中脂肪酸占90%，甘油占10%，脂肪的物理性质和类别取决于所含脂肪酸的种类。大多数脂肪含14%～20%的碳原子，为直链、偶数。脂肪酸的种类比较复杂，可分为饱和脂肪酸和不饱和脂肪酸。种子脂肪中的饱和脂肪酸分为含有16个碳原子的软脂肪和18个碳原子的硬脂肪。不饱和脂肪酸含有双键，以18碳烯酸为主。含1个双键为油酸，含2个双键为亚油酸，含3个双键为亚麻酸。

一般植物油中饱和脂肪酸含量较低，并主要以软脂肪的形式存在于种子中。不饱和脂肪酸含量高的脂肪，在室温下为液体态。植物油主要由不饱和脂肪酸构成。

（2）脂肪的性质

1）含能量。种子的贮藏物质中，脂肪含能量最高，每克脂肪所贮藏的能量比1g淀粉和1g蛋白质所贮藏的能量几乎要高出1倍。每克脂肪氧化可释放能量38 920J，每克淀粉为17 158J，蛋白质为23 854J，因此脂肪作为种子中的贮藏物质是最经济的形式。在自然界，油质种子植物最占优势（占90%），而且小种子几乎总以脂肪作为主要贮藏物质，以便释放足够的能量，在萌发期间用以建造种苗。

2）碘价。100g脂肪能吸收碘的克数为碘价。脂肪成分中不饱和脂肪酸的双键处，能与碘发生加成反应，因此碘价能指示脂肪中脂肪酸的不饱和程度。碘价越高，脂肪成分中不饱和脂肪酸的含量越高，脂肪越容易氧化。碘价在130g以上为干性油，在80g以下为非干性油，80～130g为半干性油。脂肪的碘价也可指示耐贮藏性，种子中脂肪的碘价高，容易氧化变质，不耐贮藏。

3）酸值。中和每克脂肪中全部游离脂肪酸所需要的氢氧化钾毫克数，称为酸值。在贮藏不合理的情况下，由于脂肪酶的作用，脂类物质水解释放出游离脂肪酸，这种物质的积累能使种子的酸值增加，品质恶化。酸值高的种子，其生活力降低，失去种用价值。酸值增高是种子变质的一个标志。

（3）种子脂肪的酸败　种子在贮藏期间，内部的脂肪受湿、热、光和空气的氧化作用，产生醛、酮、酸等物质，发出不良的气味，使种子生活力丧失，种用品质显著降低，为种子脂肪的酸败现象。脂肪的酸败包括水解和氧化两个过程，但水解和氧化又是两个独立的过程，当种子水分高时，才有可能发生水解酸败。水解是在脂肪酶的作用下，使脂肪分解为脂肪酸和甘油，酸值随之升高。氧化有非酶促作用（氧存在时）和脂肪氧化酶催化的氧化，种子中不饱和脂肪酸的氧化要比饱和脂肪酸的氧化容易。不饱和脂肪酸的氧化可分为两个阶段：第一阶段是不饱和脂肪酸氧化为氢过氧化物；第二阶段是氢过氧化物分解为羰基化合物、醇类、羧酸及其他物质。氧化一经发生，就会连续加速进行，导致脂肪的变质和种子的劣变。

脂肪氧化促使种子中细胞膜结构改变，因为细胞膜的重要组分是脂类物质。经氧化的细胞膜在发芽过程中失去其正常的功能，发生严重的渗漏现象，从而影响种子的萌发。另外，脂肪氧化产生的醛类物质，尤其是丙二醛，对种子有严重的毒害作用，它可以与DNA结合，形成DNA-醛，使染色体发生突变，而且还能抑制蛋白质合成，使发芽过程不能正常进行。

种子本身的情况和贮藏条件，都会影响种子的酸败过程。如果种子的油脂含量高或不饱和脂肪酸含量高，种子含水量也高，且种皮的保护性能差，尤其是种皮破裂的种子，容易在贮藏中发生酸败。禾本科草类种子油脂含量虽然不高（1.5%～2.0%），但集中在胚部和糊粉层内，且脂肪中含有大量不饱和脂肪酸，果皮和种皮中存在脂肪酸酶，一旦果皮和种皮破裂，糊粉层内的脂肪与脂肪酶接触，就会促进脂肪酸败。脂肪酸败使种子品质变劣，脂肪分解后，脂溶性维生素无法存在，导致细胞膜结构的破坏，而且脂肪的分解产物都对种子有毒害作用，使种子丧失种性和饲用价值。种子贮藏时要尽量减少破损种子入库。

2．磷脂　种子除含有脂肪外，还含有物理性质与脂肪相同、化学结构与脂肪相似的磷脂。磷脂与脂肪的构造不同之处，仅在于磷酸代替脂肪酸，而与甘油的一个羟基结合，并且磷酸又与含氮碱基结合。含氮碱基有胆碱和胆胺，由甘油根、磷酸根和胆碱等组成的磷脂称为卵磷脂；由甘油根、磷酸根和胆胺组成的磷脂称为脑磷脂。卵磷脂和脑磷脂是种子中的两种普通磷脂。磷脂分子与蛋白质共同组成细胞膜，脂溶性物质可通过双层分子的磷脂层扩散进出细胞，极性分子或离子可通过镶嵌的蛋白质进出细胞。卵磷脂容易和各种物质化合成复合物，对呼吸时发生的氧化作用及合成作用都有重要意义。

植物中的磷脂在根、叶、种子中均有分布，但以种子中含量较多，一般达1.6%～1.7%，种子内部胚芽的含量较胚乳多。

（三）蛋白质

蛋白质是构成细胞质、细胞核、质体等的基础物质。催化、调节机体代谢活动的酶和某些激素等大多是蛋白质或蛋白质的衍生物。蛋白质在种子的生命活动和遗传机理中起着重要的作用。种子中蛋白质的含量差异很大，豆科草类植物种子的蛋白质一般为干重的 20%～40%，禾本科草类植物的种子一般不超过 15%，但部分野生草类植物种子蛋白质的含量可达 20%以上。

1．种子贮藏蛋白质的种类 蛋白质可分为简单蛋白质和复合蛋白质两大类：简单蛋白质由许多不同的氨基酸组成；复合蛋白质是简单蛋白质与其他物质结合而成。种子中复合蛋白质的种类不多，与核酸结合者属于核蛋白类，与脂类物质结合者属于脂蛋白类。种子中的蛋白质大多数为简单蛋白质，只有极少数复合蛋白质，且主要存在于胚中。简单蛋白质按其在各种溶剂中溶解度的差异，可分为清蛋白、球蛋白、醇溶蛋白和谷蛋白 4 种。

小麦种子中的醇溶蛋白和谷蛋白是面筋的主要成分，二者大体上接近，各占蛋白质总量的 40%～50%，它们占面筋总量的 74.2%。此外，面筋中还含有 20%的淀粉，以及少量球蛋白、纤维素、水分、糖、脂肪和矿物质。某些野生禾本科草类植物种子中也含有面筋。一般种子胚部和糊粉层的蛋白质为清蛋白和球蛋白，不能形成面筋，只有胚乳的蛋白质才能形成面筋。

2．种子贮藏蛋白质的氨基酸组成 种子贮藏蛋白质水解后的最终产物是氨基酸。在种子从胚开始萌发生长并逐渐发育成一株植物的过程中，能够形成所有的氨基酸。在草类植物开花结实和种子逐渐发育的过程中，也是各种氨基酸变化、合成和贮藏的过程。

氨基酸作为蛋白质的结构单位，是以氨基（$—H_2N$）和羧基（—COOH）与 R—CH 结合而成，R 基团在各种氨基酸上是不同的。一般蛋白质由 20 种左右的氨基酸组成，蛋白质是各种氨基酸通过肽键缩合在一起的。

禾本科草类植物及饲料作物种子中谷氨酸含量最高，含量较高的氨基酸还有亮氨酸、脯氨酸、苯丙氨酸、丙氨酸和天冬氨酸，色氨酸含量很低（表 2-14）。豆科草类植物及饲料作物种子中谷氨酸的含量最高，其次有天冬氨酸、亮氨酸、精氨酸、丝氨酸和赖氨酸，色氨酸、甲硫氨酸含量最少（表 2-15）。

3．种子中的核蛋白 核蛋白是种子活细胞中最重要的成分，不仅存在于细胞核中，也存在于细胞质中。核蛋白是种子的生命和遗传物质基础，核蛋白的变性意味着种子的衰老甚至死亡。

核蛋白是蛋白质与核酸组成的一种复合蛋白，主要存在于种子的胚部。核蛋白具有一定的分子结构和特有的理化性质，如果它受到高温、紫外线、射线、酸、碱等外界环境和生理代谢过程所产生的有毒物质的影响，其分子结构就会发生变化，理化性质也会随着改变，这种蛋白质变性的速度和程度受温度、水分等因素的影响，因此在种子清选、干燥、贮藏过程中应防止高温高湿对核蛋白的不良影响。

4．非蛋白含氮物质 种子中所含的非蛋白含氮物质主要是氨基酸类和酰胺类，这两类物质集中于种子的胚部和糊粉层中，它们的含量取决于种子的生理状态，在未成熟或受过冻害的种子及发芽的种子中含量很高，而在正常成熟种子中含量很少。

在贮藏过程中，种子内的一部分蛋白质分解，使氨基酸的含量增高，低温和密闭贮藏会减缓这一过程。

表 2-14 禾本科草类植物种子的氨基酸含量

单位：%

植物名称	天冬氨酸（Asp）	苏氨酸（Thr）	丝氨酸（Ser）	谷氨酸（Glu）	脯氨酸（Pro）	甘氨酸（Gly）	丙氨酸（Ala）	胱氨酸（Cys）	缬氨酸（Val）	甲硫氨酸（Met）	异亮氨酸（Ile）	亮氨酸（Leu）	酪氨酸（Tyr）	苯丙氨酸（Phe）	组氨酸（His）	赖氨酸（Lys）	色氨酸（Trp）	精氨酸（Arg）	总氨基酸（蛋白质）含量
细弱翦股颖（*Agrcstis tenuis*）	4.6	3.6	5.2	30.0	7.3	3.9	4.5	2.4	3.4	2.1	2.5	7.7	3.7	7.7	2.1	2.8	0.3	4.3	17.8
绒毛草（*Holcus lanatus*）	8.3	3.3	5.6	26.1	7.1	3.9	5.6	2.0	3.7	1.3	2.9	7.7	3.8	8.6	2.2	3.6	0.0	4.4	11.0
虉草（*Phalaris arundinacea*）	7.4	3.4	5.7	29.7	6.4	4.1	5.1	2.6	3.8	2.1	3.0	7.9	3.7	5.9	3.4	2.1	0.0	3.0	12.2
鸭茅（*Dactylis glomerata*）	10.1	3.3	6.3	24.2	6.0	4.9	4.9	1.8	4.0	1.5	2.7	7.3	4.1	7.4	2.5	3.7	0.0	5.2	11.4
高羊茅（*Festuca arundinacea*）	7.8	3.7	5.0	25.6	9.3	5.0	4.7	2.2	3.1	1.7	2.7	7.2	4.3	7.1	2.4	4.8	0.0	3.4	11.4
紫羊茅（*F. rubra*）	5.5	3.1	1.4	27.8	1.2	5.3	4.2	2.7	3.6	1.6	2.9	6.8	3.3	8.1	2.2	3.8	0.2	3.2	10.7
草地早熟禾（*Poa pratensis*）	5.5	3.5	1.9	30.6	7.1	3.8	4.0	2.2	3.6	2.0	2.9	7.7	4.1	8.5	2.2	3.1	0.0	4.2	12.4
无芒虎尾草（*Chloris gayana*）	6.9	3.9	5.1	30.5	5.8	3.0	5.9	1.7	4.8	3.6	3.7	8.2	3.7	5.9	2.0	3.1	0.2	2.0	13.9
多年生黑麦草（*Lolium perenne*）	6.6	3.7	1.5	24.0	9.8	5.4	4.6	2.4	4.0	1.6	3.2	7.6	4.3	7.0	2.2	4.6	0.2	4.2	6.0
大画眉草（*Eragrostis cilanensis*）	6.0	3.4	3.5	31.4	6.2	2.6	6.1	1.2	4.0	3.9	3.4	8.6	5.6	6.5	1.9	1.8	0.0	1.7	11.1

续表

植物名称	天冬氨酸（Asp）	苏氨酸（Thr）	丝氨酸（Ser）	谷氨酸（Glu）	脯氨酸（Pro）	甘氨酸（Gly）	丙氨酸（Ala）	胱氨酸（Cys）	缬氨酸（Val）	甲硫氨酸（Met）	异亮氨酸（Ile）	亮氨酸（Leu）	酪氨酸（Tyr）	苯丙氨酸（Phe）	组氨酸（His）	赖氨酸（Lys）	色氨酸（Trp）	精氨酸（Arg）	总氨基酸（蛋白质）含量
地毯草（*Axenopus affinis*）	6.9	3.2	5.4	22.2	7.6	2.3	8.2	5.8	4.2	2.6	2.9	11.6	4.6	6.3	1.8	1.9	0.0	2.2	15.2
稗（*Echinochloa crusgalli*）	6.7	3.6	5.5	22.8	7.2	3.2	9.4	1.7	4.4	2.7	3.7	10.6	4.5	6.4	2.1	2.7	0.1	2.7	7.2
毛花雀稗（*Paspalum dilatatum*）	6.8	3.4	5.6	22.7	7.3	2.2	10.0	1.0	4.8	2.0	3.0	9.3	7.1	8.0	1.8	2.1	0.2	2.7	12.0
狼尾草（*Pennisetum alopecuroides*）	9.5	3.4	5.1	23.9	7.1	2.7	8.9	1.3	4.2	1.9	2.7	13.1	3.3	5.2	1.9	2.7	0.1	3.0	22.0
黄茅（*Heteropogon contortus*）	8.8	2.8	5.3	18.4	5.9	2.9	14.7	1.1	4.0	3.3	3.4	5.8	2.6	5.3	2.2	1.4	0.6	1.6	23.0
玉米（*Zea mays*）	5.9	3.2	5.6	22.9	7.5	2.6	8.1	1.5	3.5	2.3	3.3	7.0	3.0	5.4	2.1	1.9	0.0	1.8	12.4

注：各氨基酸的含量是占总氨基酸的百分比，最后一栏总氨基酸的含量是占鲜重的百分比

表 2-15 豆科草类植物种子各部分的氨基酸含量

单位：%

植物种子组成部分及氨基酸含量基础			天冬氨酸	苏氨酸	丝氨酸	谷氨酸	甘氨酸	丙氨酸	胱氨酸	缬氨酸	甲硫氨酸	异亮氨酸	亮氨酸	酪氨酸	赖氨酸	半胱氨酸	苯丙氨酸	组氨酸	精氨酸	脯氨酸	色氨酸
红豆草	胚	风干重为基础	4.31	1.73	2.00	7.45	2.05	1.86	0.83	1.97	0.52	1.55	2.74	1.28	2.73	0.86	1.62	1.76	2.00	1.73	2.00
		绝干重为基础	4.60	1.85	2.13	7.95	2.19	1.62	0.89	2.10	0.55	1.65	2.92	1.37	1.91	0.92	1.73	1.88	2.13	1.85	2.13
		总蛋白为基础	10.30	4.13	4.78	17.80	4.90	4.44	1.98	4.71	1.24	3.70	6.55	3.06	6.52	2.06	3.87	4.21	4.78	4.13	4.78
	子叶	风干重为基础	4.16	1.47	1.95	7.99	1.78	1.52	0.78	1.72	0.52	0.73	2.65	1.08	2.27	0.87	1.58	1.59	1.95	1.74	1.95
		绝干重为基础	4.44	1.57	2.08	8.53	1.90	1.62	0.83	1.84	0.56	0.78	2.83	1.15	2.42	0.93	1.68	1.70	2.08	1.86	2.08
		总蛋白为基础	10.48	3.70	4.91	20.13	4.48	3.83	1.97	4.33	1.31	1.84	6.68	2.72	5.72	2.19	3.98	4.01	4.91	4.38	4.91
	种皮	风干重为基础	0.60	0.29	0.50	0.71	0.99	0.31	0.18	0.37	0.09	0.28	0.45	0.25	0.42	0.33	0.31	0.20	0.50	0.27	0.50
		绝干重为基础	0.60	0.32	0.55	0.78	1.09	0.34	0.20	0.41	0.10	0.31	0.49	0.27	0.46	0.36	0.35	0.22	0.55	0.30	0.55
		总蛋白为基础	8.17	3.95	6.81	9.68	13.47	4.22	2.45	5.04	1.23	3.81	3.81	3.40	5.72	4.49	4.36	2.72	6.81	3.68	6.81
紫苜蓿	胚	风干重为基础	4.93	1.93	1.15	4.13	2.26	2.01	0.82	2.18	0.53	1.81	1.74	1.57	2.73	1.01	2.16	1.37	1.15	2.08	1.15
		绝干重为基础	5.19	2.03	1.21	4.35	2.38	2.12	0.86	2.30	0.56	1.91	1.83	1.65	2.88	1.06	2.28	1.44	1.21	2.19	1.21
		总蛋白为基础	19.63	7.69	4.58	16.45	9.00	8.00	3.27	8.68	2.11	7.21	6.93	6.25	10.87	4.02	8.60	5.46	4.58	8.28	4.58
	子叶	风干重为基础	5.21	1.85	2.32	8.85	2.09	2.05	0.97	2.20	0.41	1.83	3.66	1.50	2.43	1.05	2.20	1.43	2.32	2.17	2.32
		绝干重为基础	5.51	1.96	2.46	9.37	2.21	2.17	1.03	2.33	0.43	1.94	3.87	1.59	2.57	1.11	2.33	1.51	2.46	2.30	2.46

续表

植物种子组成部分及氨基酸含量基础			天冬氨酸	苏氨酸	丝氨酸	谷氨酸	甘氨酸	丙氨酸	胱氨酸	缬氨酸	甲硫氨酸	异亮氨酸	亮氨酸	酪氨酸	赖氨酸	半胱氨酸	苯丙氨酸	组氨酸	精氨酸	脯氨酸	色氨酸
紫苜蓿	子叶	总蛋白为基础	10.76	3.82	4.79	18.27	4.31	4.23	2.00	4.54	0.85	3.78	7.56	3.10	5.02	2.17	4.54	2.95	4.79	4.48	4.79
	种皮	风干重为基础	1.56	0.55	0.93	1.78	1.75	0.59	0.33	0.70	0.19	0.57	0.89	0.57	0.79	0.46	0.84	0.36	0.93	0.54	0.93
		绝干重为基础	1.70	0.60	1.01	1.94	1.91	0.64	0.36	0.76	0.21	0.62	0.97	0.62	0.86	0.50	0.92	0.39	1.01	0.59	1.01
		总蛋白为基础	11.04	3.89	6.58	12.60	12.39	4.18	2.34	4.95	1.35	4.03	6.30	4.03	5.59	3.26	5.95	2.55	6.58	3.82	6.58
栽培山黧豆	胚	风干重为基础	5.10	2.03	2.26	7.55	2.00	2.36	1.03	2.27	0.32	1.86	3.11	1.37	3.33	0.95	1.99	1.18	2.26	1.82	2.26
		绝干重为基础	5.45	2.17	2.41	7.55	2.14	2.52	1.10	2.42	0.34	1.99	3.32	1.46	3.56	1.01	2.13	1.26	2.41	1.94	2.41
		总蛋白为基础	10.78	4.26	4.77	8.06	4.22	4.98	2.17	4.79	0.68	3.93	6.57	2.89	7.03	0.01	4.20	2.49	4.77	3.84	4.77
	子叶	风干重为基础	3.50	1.17	1.46	15.94	1.23	1.31	0.64	1.45	0.25	1.26	2.04	0.95	2.00	0.70	1.40	0.48	1.46	1.22	1.46
		绝干重为基础	3.79	1.27	2.58	5.90	1.33	1.42	0.69	1.57	0.27	1.36	2.21	1.03	2.17	0.75	1.52	0.84	1.58	1.32	1.58
		总蛋白为基础	12.33	4.12	5.14	19.20	4.33	4.61	2.25	5.11	0.88	4.44	7.19	3.35	7.05	2.47	4.93	2.75	5.14	4.30	5.14
	种皮	风干重为基础	0.54	0.23	0.27	0.53	0.25	0.24	0.10	0.31	0.12	0.23	0.33	0.19	0.33	0.34	0.29	0.10	0.27	0.22	0.27
		绝干重为基础	0.59	0.25	0.29	0.58	0.27	0.26	0.13	0.34	0.13	0.25	0.36	0.21	0.36	0.27	0.32	0.16	0.29	0.24	0.29
		总蛋白为基础	14.68	6.25	7.34	14.41	6.80	6.53	3.26	8.43	3.26	0..25	8.79	5.17	8.97	9.25	7.89	2.72	7.34	5.98	7.34
箭筈豌豆	胚	风干重为基础	3.94	1.10	1.41	6.11	1.26	1.28	0.43	1.43	0.20	1.23	0.20	0.92	1.92	0.84	1.30	2.51	1.41	—	1.41

续表

植物种子组成部分及氨基酸含量基础			天冬氨酸	苏氨酸	丝氨酸	谷氨酸	甘氨酸	丙氨酸	胱氨酸	缬氨酸	甲硫氨酸	异亮氨酸	亮氨酸	酪氨酸	赖氨酸	半胱氨酸	苯丙氨酸	组氨酸	精氨酸	脯氨酸	色氨酸
箭筈豌豆	胚	绝干重为基础	4.29	1.20	4.50	6.65	1.37	1.39	0.47	1.56	0.22	1.34	0.22	1.00	2.09	0.91	1.41	2.73	1.53	—	1.53
		总蛋白为基础	13.86	3.87	4.96	21.49	4.43	4.50	1.51	5.03	0.70	4.33	0.70	3.24	6.75	2.95	4.57	8.85	4.96	—	4.96
	子叶	风干重为基础	4.76	1.55	1.83	7.75	1.72	1.73	0.54	1.87	0.36	1.58	2.75	1.19	2.67	1.09	1.64	0.98	3.09	1.55	1.83
		绝干重为基础	5.10	1.66	1.96	7.88	1.84	1.85	0.58	2.00	0.39	1.68	2.50	1.28	2.86	1.17	1.48	1.05	3.31	1.66	1.96
		总蛋白为基础	12.61	4.11	4.84	19.47	4.56	4.88	1.43	4.95	0.95	4.19	7.28	3.15	7.07	2.89	4.34	2.60	8.18	4.11	4.85
	种皮	风干重为基础	0.65	0.22	0.28	0.78	0.30	0.27	0.10	0.34	0.07	0.24	0.37	0.18	0.30	0.45	0.27	0.11	0.27	0.21	0.28
		绝干重为基础	0.70	0.25	0.30	0.84	0.32	0.29	0.11	0.37	0.08	0.26	0.40	0.19	0.32	0.48	0.29	0.10	0.29	0.23	0.30
		总蛋白为基础	9.37	3.31	4.03	11.24	4.32	3.89	1.44	4.90	1.01	3.46	5.33	2.59	4.32	6.48	3.89	1.19	3.89	3.03	4.03
白花草木樨	胚	风干重为基础	5.25	1.94	2.42	9.17	2.21	2.15	1.17	2.25	0.60	1.90	3.67	1.59	3.26	1.01	2.34	1.47	4.96	21.12	2.42
		绝干重为基础	5.70	2.11	2.63	9.95	2.40	2.33	1.27	2.44	0.65	2.06	3.98	1.73	3.54	1.10	2.50	1.60	5.38	2.30	2.63
		总蛋白为基础	10.83	4.00	4.99	18.92	4.56	4.44	2.41	4.64	1.24	3.92	7.57	3.28	6.76	2.08	4.85	3.03	10.24	4.38	4.99
	子叶	风干重为基础	5.38	1.70	2.48	9.65	1.95	1.87	1.40	2.07	0.50	1.87	3.80	1.45	3.07	0.98	2.26	1.52	5.43	2.19	2.48
		绝干重为基础	5.77	1.82	2.66	10.35	2.09	2.01	1.50	2.22	0.61	2.01	4.08	1.56	3.29	1.05	2.42	1.63	5.82	2.35	2.66
		总蛋白为基础	10.69	3.38	4.93	19.18	3.88	3.72	2.78	4.11	1.13	3.72	7.55	2.88	6.10	1.95	4.49	3.02	10.79	4.35	4.93

续表

植物种子组成部分及氨基酸含量基础			天冬氨酸	苏氨酸	丝氨酸	谷氨酸	甘氨酸	丙氨酸	胱氨酸	缬氨酸	甲硫氨酸	异亮氨酸	亮氨酸	酪氨酸	赖氨酸	半胱氨酸	苯丙氨酸	组氨酸	精氨酸	脯氨酸	色氨酸
白花草木樨	种皮	风干重为基础	1.30	0.40	0.68	1.43	0.91	0.43	0.38	0.54	0.15	0.54	0.07	0.42	0.72	0.44	0.61	0.22	0.78	0.40	0.68
		绝干重为基础	1.45	0.45	0.76	1.59	1.01	0.48	0.42	0.60	0.17	0.60	0.75	0.47	0.80	0.49	0.68	0.55	0.87	0.45	0.76
		总蛋白为基础	10.81	3.33	5.65	11.89	7.57	3.58	3.16	4.49	1.25	0.49	5.57	3.49	5.99	3.66	5.07	1.83	6.48	3.32	5.65
毛苕子	胚	风干重为基础	3.77	1.47	1.71	6.71	1.51	1.53	0.78	1.75	0.26	1.48	2.62	1.14	2.54	0.94	1.62	0.90	2.73	1.34	1.71
		绝干重为基础	4.05	1.58	1.84	7.21	1.62	1.64	0.84	1.88	0.13	1.59	2.81	1.22	2.73	1.01	1.74	0.97	2.93	1.44	1.84
		总蛋白为基础	9.25	3.61	4.19	16.47	3.71	3.76	1.92	4.30	0.64	3.63	6.43	2.79	6.24	2.31	3.98	2.21	6.70	3.29	4.19
	子叶	风干重为基础	3.14	1.10	1.38	5.90	1.11	1.20	0.56	1.34	0.20	1.18	2.12	0.91	1.88	0.68	1.30	0.74	2.31	1.10	1.38
		绝干重为基础	3.37	1.18	1.48	6.33	1.19	1.21	0.60	1.44	0.21	1.27	2.27	0.98	2.02	0.73	1.69	0.79	2.48	1.18	1.48
		总蛋白为基础	9.65	3.38	4.24	18.13	3.41	3.69	1.72	4.12	0.62	3.63	6.51	2.80	5.78	2.09	3.99	2.27	7.10	3.38	4.24
	种皮	风干重为基础	0.67	0.32	0.38	0.76	0.46	0.33	0.13	0.44	0.08	0.32	0.52	0.30	0.45	0.32	0.36	0.19	0.33	0.30	0.38
		绝干重为基础	0.73	0.35	0.41	0.83	0.50	0.36	0.14	0.48	0.09	0.35	0.57	0.33	0.49	0.35	0.37	0.21	0.36	0.33	0.41
		总蛋白为基础	7.83	3.74	4.44	8.77	5.38	3.86	1.52	5.14	0.94	3.74	6.08	3.51	5.26	3.74	4.21	2.22	0.36	3.51	4.44

（四）矿物质

矿物质元素对生物体内的新陈代谢起着很大的作用。种子中含有 30 多种矿物质元素，但在种子中的含量要比在营养体内低得多。种子中的这些无机物质多数是与有机物质结合存在的，随着种子的发芽转化成无机状态。通常用“灰分率”来表示种子的矿物质含量，它是指种子样品在高温下灼烧而残留的灰分占样品总重量的百分率，灼烧后残留下的灰分实际上是各种矿物质元素的氧化物。

1．禾本科草类植物种子的矿物质元素

（1）一年生禾本科草类植物种子的矿物质元素　该类种子中矿物质元素含量如表 2-16 所示。一般情况下，一年生禾本科草类植物种子中 P、K、Na、Mg 的绝对含量较豆科草类少，尤其是 P 和 K。

表 2-16　一年生禾本科草类植物种子的矿物质元素含量　**单位：mg/kg**

草类植物	P	K	Ca	Mg	Na	S	Al	Fe	Cu
苏丹草	8.614	8.381	2.486	4.472	6.912	2.860	0.434	0.469	0.104
旱雀麦	10.633	13.227	5.965	5.392	6.957	4.330	0.429	0.544	0.109

草类植物	Zn	Mn	Mo	Ni	B	Co	Cr	Se
苏丹草	0.087	0.030	0.020	0.006	0.127 33	0.000	0.075	0.495
旱雀麦	0.092	0.274	0.025	0.010	0.198	0.004	0.079	0.269

（2）多年生禾本科草类植物种子的矿物质元素　多年生禾本科草类种子中 P 和 K 的含量普遍很高，猫尾草、加拿大早熟禾、鸡脚草和沙生冰草种子中 P 较 K 多，中间偃麦草、长穗偃麦草、扁穗冰草、老芒麦、无芒雀麦和多年生黑麦草则 K 多于 P。各草类植物间 Ca 的含量变幅很大，如沙生冰草高达 13.675mg/kg，加拿大早熟禾仅为 4.903mg/kg，S、Na、Mg 的含量种间变化不大，特别是 Na 含量变化最小（最高 7.416mg/kg，最低 6.922mg/kg）。同一属草类植物的不同种间，各元素含量高低不一，如中间偃麦草种子中，K、Ca、Mg、S、Al、Fe、Zn、Mn、B、Se、Mo、Ni 含量较长穗偃麦草高，P、Na、Co、Cu 稍低（表 2-17）。

表 2-17　多年生禾本科草类植物种子的矿物质元素含量　**单位：mg/kg**

草类植物	P	K	Ca	Mg	Na	S	Al	Fe	Cu
猫尾草	11.576	10.852	5.269	3.925	7.040	5.777	0.483	0.128	0.115
中间偃麦草	9.220	13.041	7.789	3.875	7.346	6.445	0.739	0.481	0.110
长穗偃麦草	10.746	11.881	5.363	3.104	7.416	5.104	0.449	0.128	0.111
加拿大早熟禾	12.529	10.983	4.903	3.005	7.021	6.888	0.183	0.111	0.113
扁穗冰草	7.774	12.648	10.178	2.918	7.161	5.390	0.811	0.591	0.101
老芒麦	12.170	13.098	6.501	3.714	6.995	4.975	0.396	0.186	0.098
无芒雀麦	7.213	16.878	6.529	3.602	6.951	5.452	0.773	1.249	0.116
多年生黑麦草	10.690	10.871	7.817	4.422	6.922	6.832	0.758	2.347	0.109
鸡脚草	13.617	12.068	6.699	5.168	7.027	6.854	0.541	0.463	0.123
沙生冰草	7.762	5.949	13.675	0.614	7.334	5.918	1.961	1.694	0.108

续表

草类植物	Zn	Mn	Mo	Ni	B	Co	Cr	Se
猫尾草	0.167	0.334	0.275	0.062	0.130	0.004	0.082	0.212
中间偃麦草	0.260	0.163	0.308	0.033	0.235	0.004	0.082	0.304
长穗偃麦草	0.182	0.111	0.028	0.010	0.124	0.005	0.082	0.247
加拿大早熟禾	0.141	0.270	0.020	0.010	0.127	0.008	0.083	0.191
扁穗冰草	0.119	0.196	0.027	0.013	0.130	0.007	0.082	2.003
老芒麦	0.099	0.111	0.030	0.033	0.116	0.005	0.085	0.269
无芒雀麦	0.097	0.259	0.026	0.059	0.127	0.004	0.081	0.212
多年生黑麦草	0.140	0.164	0.025	0.066	0.126	0.004	0.080	0.000
鸡脚草	0.176	0.346	0.031	0.062	0.137	0.004	0.085	0.552
沙生冰草	0.190	0.245	0.030	0.033	0.214	0.010	0.084	0.439

（3）禾本科草类植物种子不同部位的矿物质含量　不本科草类植物种子不同部位的矿物质含量见表 2-18。

表 2-18　禾本科草类植物种子不同部位的矿物质含量　　单位：mg/kg

草类植物	种子组成部分	Mn	Cu	Fe	Zn	Mg	Pb	Se	Mo
多年生黑麦草	胚乳	0.037	0.000	0.118	0.035	2.692	0.000	0.000	0.000
	稃	0.100	0.000	0.571	0.019	2.610	0.000	0.000	0.000
无芒雀麦	胚乳	0.075	0.001	0.208	0.036	2.047	0.000	0.000	0.000
	稃	0.134	0.000	0.778	0.041	2.613	0.000	0.000	0.000
鸡脚草	胚乳	0.111	0.004	0.131	0.652	2.552	0.000	0.000	0.000
	稃	0.162	0.000	0.292	0.031	0.565	0.000	0.000	0.000
扁穗雀麦	胚	0.155	0.020	0.468	0.558	2.323	0.000	0.000	0.000
	胚乳	0.037	0.003	0.148	0.066	0.941	0.000	0.000	0.007
	稃	0.111	0.003	0.337	1.299	1.767	0.000	0.000	0.001
大麦	胚	0.062	0.005	0.238	0.096	4.929	0.000	0.000	0.000
	胚乳	0.013	0.000	0.130	0.034	2.005	0.000	0.001	0.001
	稃	0.044	0.000	0.571	0.030	2.162	0.000	0.000	0.001

2．豆科草类植物种子的矿物质元素

（1）一年生豆科草类植物种子　一年生豆科草类种子中 K 的含量最高，为 16.897～22.642mg/kg，其次是 P，含量为 8.996～19.449mg/kg，Na 含量种间变化不大，为 7.015～7.825mg/kg，S 含量居第 4 位，Ca 和 Mg 种间含量较为近似，但以圆形苜蓿（*Medicago arbicularischb* Bart）和蜗牛苜蓿（*M. scntellata* Mill）的含量居多。对同种不同品种间豆科草类种子矿物质含量进行测定，17 种矿物质含量差异甚微（表 2-19）。

（2）二年生和多年生豆科草类植物种子　K 也是二年生和多年生豆科草类种子中矿物质含量最多的一种。按干重含量计算，P 次之，S 居第三位，Mg 和 Na 属第 4 和第 5 位。以上元素含量相应地都比一年生豆科草类植物高，种间差异也很大，如钙的含量，黄花草木樨高达 24.291mg/kg，而红三叶仅为 2.383mg/kg，相差约 11 倍。黄花草木樨种子中，Al、Fe、

Cu、Se 的含量明显较其他草类植物高（表 2-20）。

表 2-19 一年生豆科草类植物种子矿物质元素含量 单位：mg/kg

草类植物	P	K	Ca	Mg	Na	S	Al	Fe	Cu
箭筈豌豆‘881’	10.151	16.971	3.474	3.577	7.053	6.888	0.231	0.117	0.129
箭筈豌豆‘324’	10.611	16.897	4.057	3.080	7.015	6.490	0.178	0.140	0.116
栽培山黧豆	8.996	19.273	3.445	3.017	7.180	5.760	0.183	0.192	0.115
圆形苜蓿	17.980	22.642	7.216	7.095	7.824	6.871	0.212	0.232	0.169
蜗牛苜蓿	19.449	21.594	5.288	6.275	7.397	7.589	0.231	0.082	0.127
春山黧豆	10.645	19.161	2.383	2.881	7.825	6.075	0.192	0.175	0.119

草类植物	Zn	Mn	Mo	Ni	B	Co	Cr	Se
箭筈豌豆‘881’	0.110	0.029	0.041	0.054	0.140	0.009	0.076	0.212
箭筈豌豆‘324’	0.142	0.012	0.098	0.058	0.143	0.008	0.081	0.495
栽培山黧豆	0.104	0.011	0.067	0.011	0.119	0.005	0.075	0.099
圆形苜蓿	0.167	0.012	0.117	0.061	0.210	0.008	0.084	0.495
蜗牛苜蓿	0.213	0.029	0.102	0.061	0.200	0.008	0.086	0.778
春山黧豆	0.107	0.019	0.069	0.034	0.197	0.008	0.082	1.492

表 2-20 二年生和多年生豆科草类植物种子矿物质元素含量 单位：mg/kg

草类植物	P	K	Ca	Mg	Na	S	Al	Fe	Cu
黄花草木樨	17.217	25.823	24.291	8.513	7.225	11.140	1.426	1.347	1.103
红三叶	19.325	24.027	2.383	8.475	6.988	7.365	0.163	0.071	0.109
紫花苜蓿	17.239	20.396	5.852	5.193	6.982	8.217	0.526	0.463	0.114
小冠花	12.820	18.038	17.493	5.989	7.008	7.864	0.439	0.088	0.113
白三叶	17.935	21.463	10.693	5.380	7.748	6.299	0.202	0.498	0.123
百脉根	22.185	24.064	8.410	6.971	7.187	9.525	0.212	0.082	0.111

草类植物	Zn	Mn	Mo	Ni	B	Co	Cr	Se
黄花草木樨	1.181	0.089	0.102	0.067	0.295	0.013	0.087	2.758
红三叶	0.257	0.017	0.026	0.056	0.210	0.007	0.082	0.520
紫花苜蓿	0.178	0.026	0.023	0.037	0.214	0.005	0.078	0.439
小冠花	0.192	0.037	0.105	0.765	0.218	0.007	0.085	0.778
白三叶	0.164	0.019	0.034	0.055	0.204	0.007	0.083	0.078
百脉根	0.170	0.087	0.643	0.059	0.237	0.005	0.081	0.608

（3）红豆草不同品种种子的矿物质元素含量　红豆草各品种种子中 K 的含量特别高，达 96.210～114.940mg/kg（表 2-21）。S 含量品种间极为悬殊，‘柯蒙’红豆草硫含量达 6.005mg/kg，‘麦罗斯’红豆草只有 1.513mg/kg，Co、Cu、Mo、Zn 的含量都较少。

（4）豆科草类植物种子不同部位的矿物质元素含量　豆科草类植物的胚、子叶和种皮中均含有大量的 Mg、Zn、Fe，其次为 Cu 和 Mn，其他矿物质含量甚微（表 2-22）。

表 2-21　红豆草不同品种种子的矿物质元素含量　单位：mg/kg

品种	S	Co	Cu	Fe	Mn	Mo	Zn	Na	K
‘埃罗基’	3.419	0.002	0.109	5.857	2.120	0.868	0.432	12.455	108.510
‘麦罗斯’	1.513	—	0.056	2.825	0.999	0.074	0.338	5.832	104.030
‘2174’	5.106	0.014	0.139	7.147	3.500	0.048	0.442	19.708	110.080
‘雷蒙特’	3.346	0.000	0.077	5.103	2.298	0.084	0.332	12.630	96.210
‘柯蒙’	6.005	0.018	0.122	7.840	3.689	0.079	0.429	19.537	114.940

注：“—”表示未检出

表 2-22　豆科草类植物种子不同部位的矿物质元素含量　单位：mg/kg

草类植物	种子组成部分	Mn	Cu	Fe	Zn	Mg	Mo
红豆草	胚	0.022	0.038	0.280	0.791	3.237	0.002
	子叶	0.021	0.011	0.306	0.278	3.146	0.002
	种皮	0.059	0.035	0.369	0.930	3.255	0.000
紫苜蓿	胚	0.014	0.052	0.040	0.800	2.861	0.001
	子叶	0.028	0.036	0.253	0.596	4.247	0.001
	种皮	0.034	0.005	0.571	0.376	1.923	0.001
白花草木樨	胚	0.006	0.005	0.441	2.275	2.907	0.000
	子叶	0.024	0.070	0.344	0.083	4.311	0.000
	种皮	0.017	0.124	0.493	0.706	1.852	0.002
毛苕子	胚	0.020	0.014	0.199	0.919	2.283	0.000
	子叶	0.016	0.007	0.150	0.735	0.164	0.002
	种皮	0.019	0.008	0.181	0.059	4.292	0.000
栽培山黧豆	胚	0.051	0.013	0.460	0.134	5.214	0.001
	子叶	0.016	0.005	0.254	0.670	1.739	0.002
	种皮	0.032	0.009	0.395	0.107	4.811	0.001
箭筈豌豆	胚	0.020	0.020	0.176	0.964	2.286	0.002
	子叶	0.017	0.007	0.191	0.492	1.837	0.002
	种皮	0.017	0.019	0.771	0.496	3.733	0.001

（五）草类植物种子中的酶、维生素、激素及色素

草类植物种子中除含有贮藏的营养物质外，还含有酶、维生素、激素、色素等物质，这些物质含量很少，但在种子的成熟和萌发过程中起着非常重要的作用。

1．种子中的酶　每个种子的活细胞中都含有各种酶，酶作为种子生命活动生理生化反应的生物催化剂，能够引起内部的氧化、还原、脱氨基及水解和合成等生化作用。在一定温度范围内，随着温度的逐渐提高，酶的催化作用逐渐增强，植物体内酶作用的最适温度为35～40℃，温度超过40℃，酶（蛋白质）的结构会因高温而遭到破坏，催化活性显著降低或消失。当温度接近70℃时整个生命活动停止。在一定温度下，酶促反应的方向主要取决于底物和产物的浓度。

根据酶作用部位的不同，可分为细胞内酶和细胞外酶，某些酶只能在产生它们的细胞内

起作用，为细胞内酶；在产生它们的细胞以外起作用的酶类，为细胞外酶。禾本科草类植物种子的盾片和糊粉层细胞，可分泌能够分解胚乳淀粉的淀粉酶，为细胞外酶。

（1）种子中酶的特性　酶由活性基和载体组成，载体是酶的蛋白质部分，叫作酶蛋白，活性基称为辅酶。辅酶作为辅助因子，参与化学反应而不被消耗掉。辅酶通常是非蛋白的有机化合物或金属离子，附着在酶蛋白上。许多辅酶是 B 族维生素的衍生物。Cu^{2+}、Fe^{2+}、Co^{2+}、Zn^{2+}、Ca^{2+}等金属离子可能是通过配价键连接成酶蛋白复合物。

酶在种子中的分布很不平衡，它们主要分布在胚内和种子的外围部分。成熟度较差的种子内酶的含量较完全成熟的种子高。各种酶的催化作用有很强的专一性，即一种酶只能作用于一定的底物而生成一定的产物，例如，淀粉酶只能作用于淀粉，使其水解成糊精和麦芽糖；蛋白酶只能作用于蛋白质及其水解成的氨基酸。根据酶所催化的反应可分为水解酶、磷酸酶、羧化酶、氧化还原酶等（表 2-23）。水解酶在种子中分布很普遍，包括淀粉酶、蛋白酶和脂肪酶等，这些酶在正常成熟的干种子中含量极低或处于钝化状态，但在适宜的条件下发芽时，其含量和活性迅速增高。

表 2-23　草类植物种子的主要酶类及其作用

酶类名称				酶的作用和产物
水解酶	碳水化合物酶	淀粉酶	α-淀粉酶	将淀粉水解，生成糊精
			β-淀粉酶	将淀粉水解，生成麦芽糖
			Q 酶	能形成支链淀粉
		麦芽糖酶		水解麦芽糖，生成葡萄糖（可逆反应）
		蔗糖酶		水解蔗糖，生成葡萄糖、果糖（可逆反应）
	脂酶	脂肪酶		水解脂肪，生成甘油和脂肪酸（可逆反应）
		磷脂酶		水解磷脂，生成甘油、脂肪酸、磷酸
	蛋白质水解酶	蛋白酶		水解蛋白质，生成多肽（可逆反应）
		肽酶		水解肽类，生成氨基酸（可逆反应）
磷酸酶	磷酸化酶	淀粉磷酸化酶		淀粉＋$nH_3PO_4 \longrightarrow n$ 葡糖-1-磷酸
	磷酸转移酶			把磷酸根从一种化合物转移到另一种化合物上去（可逆反应）
	磷酸变位酶			磷酸根在同一分子中变换位置（可逆反应）
	磷酸异构酶			磷酸化合物磷酸根不动，其他部分形成异构体（可逆反应）
羧化酶	—			脱去或固定 CO_2
				$CH_3COCOOH \longrightarrow CH_3CHO + CO_2$
				$CH_3COCOOH + CO_2 \longrightarrow HOOC{\cdot}CH_2 + CO{\cdot}COOH$
氧化还原酶	氨基转换酶			把氨基酸上的氨基移到酮基上
	需氧脱氢酶			脱氧过程需氧参加
	厌氧脱氢酶			脱氧过程不需要氧参加
	黄酶			使有机酸脱氢氧化，起传递氢的作用，将氢传递给细胞色素氧化酶，然后吸收空气中的氧生成水

酶对温度极为敏感，在高温条件下容易引起变性。干燥状态的酶对温度不太敏感，因此干种子可忍受短时间的高温。

（2）种子中的水解酶类　酶对环境的酸碱度极为敏感，各种酶都有自己最适宜的 pH。在最适宜的 pH 下，酶的催化能力最强。大多数酶一般是在中性、弱酸性、弱碱性环境中活性最强。

水解酶有两种不同的状态：一种是溶解的游离态；另一种是吸附在细胞结构上的结合态。游离态酶起水解作用，而结合态酶起合成作用。游离态酶和结合态酶在种子中存在一定的转化和平衡关系，因而在合成作用最强的灌浆时期，游离态酶也是存在的。相反，在种子萌发、营养物质进行旺盛的水解过程中，也会出现少量的结合态酶。

种子成熟的不同时期，不同状态的酶起着主导作用。种子成熟初期，水解作用的比例相对大一些，随着成熟过程的加强，合成作用逐渐占优势；相反，种子萌发的过程中，水解作用逐渐增强。

种子贮藏过程中常采用低温、干燥的方法，抑制种子中结合态酶向着游离态酶的方向发展，可防止种子变质和降低活力。尚未成熟或受冻的种子中含有较多的游离态酶，呼吸作用较强，因而，贮藏时必须清除这些种子。

1）淀粉酶。淀粉酶催化淀粉水解使其变成麦芽糖，作用过程可分为液化、糊化、糖化三个阶段。

淀粉酶主要有α-淀粉酶和β-淀粉酶两种。在成熟的禾本科草类种子中，只有β-淀粉酶，并且存在于胚乳中。α-淀粉酶不存在于成熟干燥的种子中，只存在于发芽的种子和未成熟的种子中，一般在种子萌发后由糊粉层产生，通过盾片运往胚乳。种子中淀粉酶的活性以盾片部分为最强，胚的糊粉层和胚乳部分的淀粉酶活性都很小，靠近糊粉层的胚乳外层，含有大量的活性淀粉酶。

2）蛋白质水解酶。蛋白质水解酶能将蛋白质水解为肽及氨基酸等简单的含氮物质。蛋白质水解酶可分为蛋白酶（肽链内切酶）和肽酶（肽链端解酶）。蛋白酶能将复杂的蛋白质分解为可溶性的肽类，而肽酶能水解蛋白质的分解产物肽类。肽酶可分为多肽酶和二肽酶：前者能分解肽类，后者只能分解二肽。

休眠的禾本科草类植物种子，蛋白酶和肽酶主要集中在胚的糊粉层细胞内，而胚乳中的含量极少，种子内的蛋白酶含量随种子的成熟而降低，同时种子内的蛋白质对蛋白酶的抗性也增大。种子萌发时，蛋白酶随着种子的萌发过程逐渐增加。新收获的种子在萌发前经预冷处理，种子内的蛋白酶数量有所增加，转至温暖处发芽时则增加更多。

种子蛋白酶的活性因所处的部位而异，胚部的蛋白酶活性比盾片中的高，而盾片部分的蛋白酶活性又较胚乳部分的高。二肽酶和多肽酶同样在胚部最活跃。

3）脂肪酶和磷脂酶。脂肪酶的专一性不强，凡是由醇及有机酸构成的酯和脂肪都能被它分解，但不一定作用得很完全，脂肪水解后形成甘油和游离脂肪酸。禾本科草类植物种子和某些豆科草类植物种子中所含的脂肪酶是可溶性的，作用的最适 pH 为 8。脂肪酶的活性也是胚部最强，胚乳和糊粉层中的较弱。干种子中不一定都含有脂肪酶，有些植物种子中的脂肪酶要在萌发过程中才能产生。

磷脂酶是能将含磷的脂类物质分解为酸的酶类。磷脂酶能分解卵磷脂。磷脂酶存在于禾本科草类植物种子的糊粉层内，能使可溶性的含磷有机化合物发生水解。

2．种子中的维生素　维生素是具有生理活性的一类低分子有机物。许多维生素也是直接参与生物体内代谢过程的一类重要化合物或生物体酶系统中辅酶或辅基的组成部分，或是酶的活化剂。如果生物体内缺乏某种维生素，就可能使相应的酶类失调或失活而引起代谢紊乱，甚至发生维生素缺乏症。在种子中主要有两大类维生素：一类是脂溶性维生素，如维生素 A 源（胡萝卜素）和维生素 E；另一类是水溶性维生素，如维生素 C 和维生素 B_1、维生素 B_2、维生素 B_6、维生素 B_3、泛酸、生物素 H 等。维生素在种子中主要集中分布于胚和糊粉层中，胚乳中含量极少。

3．种子中的激素 激素是在植物体内合成的、对植物的生长发育起调节控制作用的微量有机物质。种子的休眠、萌发及种苗的发育受各种激素的调节。激素按生理效应或化学结构可分为以下几类。

（1）赤霉素 目前已知的赤霉素（GA）有 70 多种，常见的是赤霉酸（GA_3，$C_{19}H_{22}O_6$）。赤霉素可促进种子的萌发和种苗的生长，赤霉素可诱导 α-淀粉酶的形成，也可在糊粉层内诱发蛋白酶和核糖核酸酶、植酸酶的合成。赤霉素对萌发种子的种苗发育过程中胚芽和胚根的细胞伸长具有促进作用，主要原因是赤霉素提高了萌发种子中的生长素含量，进而调节细胞的伸长。

植物体内赤霉素有两种存在形式：一种是束缚型；另一种是游离型。束缚型赤霉素不具生理活性，是一种贮藏或运输形式。游离型赤霉素随着种子的发育成熟含量下降，转化为束缚型赤霉素贮藏起来，当种子萌发时束缚型赤霉素转化为具有生理活性的游离型赤霉素，促进种子的萌发和幼苗的生长。深休眠种子中束缚型赤霉素转化为具有生理活性的游离型赤霉素的过程受到了限制。野燕麦（*Avene fatua*）种子吸胀过程中的赤霉素活性：通过 22 个月的干贮藏，种子休眠被完全打破后，活性呈上升趋势；而未贮藏和仅贮藏 5 个月的种子在吸胀过程中赤霉素的活性呈下降趋势。

（2）生长素 种子中富含生长素（IAA），特别在发育的种子和萌发的种子中，生长素的含量都很高。生长素是吲哚-3-乙酸及其各种衍生物，是由色氨酸衍生而来的。

生长素在种子的萌发过程中具有促进种苗细胞伸长的作用。生长素可解除细胞壁中纤维素酶的抑制作用，因而使细胞壁变得松弛，有利于细胞壁的扩展，于是细胞的体积就随着细胞的吸水膨胀而伸长。

生长素在种子的萌发过程中，具有控制胚芽和胚根向性运动的作用，使胚芽向上生长，胚根向下生长。

种子中的生长素分为游离型和束缚型两类。随着种子的逐渐成熟，游离型生长素在种子中的含量迅速减少，成熟的种子中生长素常与肌醇和阿拉伯糖结合成束缚型生长素，种子萌发时从束缚态中释放出来的生长素控制种苗的早期生长。

（3）细胞分裂素 自从由未成熟的玉米种子中分离出玉米素之后，目前研究者已鉴定出多种细胞分裂素（CK）。大多数细胞分裂素是腺嘌呤的衍生物。

细胞分裂素能促进细胞的分裂和细胞体积的增大。种子的发育过程中，细胞分裂素的含量前期呈增加趋势，后期下降。在未成熟的种子内细胞分裂素是与种子的生长和发育相关联的，一般种子生长速度最快的时期，细胞分裂素含量最高。

（4）脱落酸 许多草类植物种子的胚、胚乳和种皮中含有发芽的抑制物质——脱落酸（ABA）。脱落酸是以异戊二烯为基本结构单位。种子中的脱落酸或者来自母株，或者由种子本身合成。

种子中的脱落酸可促进种子的休眠，深休眠种子中的脱落酸含量往往很高，结缕草种子和羊草种子中含有大量的脱落酸。

脱落酸和赤霉素在种子中的含量平衡对种子的休眠和萌发起着很大的作用。种子成熟时由于植物体接收的日照长度的变化，植物体产生大量的脱落酸，这些脱落酸进入种子，使种子中脱落酸的浓度大于赤霉素的浓度，种子进入休眠状态。种子吸水后在胚体内开始合成赤霉素或将束缚型赤霉素转化为游离型赤霉素，其浓度超过了脱落酸的浓度，种子内开始合成水解贮藏物质的酶类，贮藏营养物质水解，种子开始萌发。

（5）乙烯　乙烯在常温下为气体，很容易在组织间扩散，乙烯的前体是L-甲硫氨酸，对种子的休眠和发芽有一定的调控作用。乙烯在种子吸胀后迅速产生，可促进种子的萌发。野燕麦发芽过程中，休眠种子放出的乙烯近于零，而非休眠种子中，萌发的0～10h内，放出大量的乙烯。种子的萌发过程中，乙烯产生于胚部，豆科草类种子一般在胚根伸出时乙烯产生量达到高峰。乙烯能解除脱落酸和其他抑制物质对种子萌发的抑制作用。

4．种子的色素　种子的色泽能表示出种子的成熟度和种子特性，是品种差异和品质优劣的标志之一。种子的色泽可以根据种皮（或果皮）、糊粉层、胚乳或子叶的颜色来确定。种子内所含的色素决定着种子颜色的种类、深浅及分布。种子内所含的色素有叶绿素、类胡萝卜素、黄酮素及花青素等。

叶绿素主要存在于禾本科草类的稃片和果实中，某些豆科草类的种皮中也含有叶绿素。种子中的叶绿素也具有吸收光能、进行碳素同化的作用。种子发育过程中，随着成熟度的增加，种子中的叶绿素逐渐消失。但某些植物种子如黑豆、蚕豆成熟后仍含有大量的叶绿素。

存在于种子中的黄色素都属于类胡萝卜素，类胡萝卜素中最重要的是胡萝卜素和叶黄素。某些禾本科草类植物和某些豆科草类植物种子含有这类物质，使胚乳或子叶呈黄色。

花青素是水溶性的细胞液色素，主要存在于豆科草类植物种子的种皮中，因存在部位的酸度不同，种皮具有各种颜色或斑纹。

种子的颜色会因外界环境条件的改变而变化，新鲜的紫花苜蓿种子为黄色，贮藏时间长的种子变为紫黄色。此外，光照不足、冻害或高温损害及发霉的种子，其颜色有别于正常种子。

讨论题

1. 简述禾本科和豆科草类植物种子的形态特点。
2. 简述易混淆种子如紫花苜蓿和草木樨种子的识别和鉴定方法。

第三章 草类植物种子休眠

第一节 草类植物种子休眠的概念和意义

一、草类植物种子休眠的概念

广义的休眠包括两种情况：一种是种子本身未完全通过生理成熟或存在着发芽的障碍（这种障碍能逐渐消失或采用人为的方法破除），虽然给予适当的发芽条件而仍不能萌发；另一种是种子已具有发芽能力，但由于不具备发芽所必需的基本条件，种子被迫处于静止状态。前一种情况称为自然休眠，自然休眠的种子称为休眠种子（dormant seed）；后一种情况称为强迫休眠（imposed dormancy），强迫休眠的种子称为静止种子（quiescent seed）。静止种子并不存在内在发芽障碍，只要给予一定的发芽条件，如适宜的湿度和温度，种子就会迅速萌发。静止种子容易受到非专一性因子触发，如足够水分和适宜温度的作用能使种子代谢活跃而萌发；而休眠种子即使具有生活力，在任何适宜的外界环境因子（温度、光照或黑暗等）的组合条件下，经过一定时间，仍不能萌发（Baskin and Baskin，2004），这是静止种子与休眠种子的本质差异。不同草类植物种子在成熟后对适宜的发芽环境条件，如温度、湿度和氧气条件反应不同。例如，红豆草（*Onobrychis viciaefolia*）种子成熟后，一旦遇到适宜的发芽条件（如收获前阴雨数天）便可立即萌发；而结缕草（*Zoysia japonica*）、羊草（*Leymus chinensis*）等休眠种子成熟后即使给予发芽的适宜条件仍不能萌发。有休眠特性的种子，当其刚刚成熟而脱离母株时，在自然状态下尚不能发芽，随着种子贮藏时间的增加或经历低温层积等环境条件的刺激后，渐渐地解除休眠而萌发。休眠种子在自然条件下，从成熟到能够萌发所经历的时期称为休眠期。对于种子群体而言，休眠期是指在自然状态下，从种子收获到绝大多数种子解除休眠所经历的时间。习惯上以 80%的种子能发芽作为一批种子解除休眠的标准，也有人主张以 50%的种子能发芽作为一批种子解除休眠的标准。休眠期越长，表明种子休眠越深。例如，紫羊茅（*Festuca rubra*）干藏 1～2 个月就可解除休眠，为浅休眠；而具钩紫云英（*Astragalus hamosus*）种子在发芽瓶中浸泡 14 年后才能发芽，为深休眠。

处于生理休眠的种子在一定环境条件的刺激下，如低温层积、高温层积、水的浸泡、动物的咀嚼、变温、光照、黑暗等条件下可解除休眠。如果在尚未萌发之前，发芽的环境条件突然改变，如缺氧、高浓度二氧化碳等，仍会导致种子进入休眠状态，这类现象一般称为诱导休眠或二次（再度）休眠或次生休眠。

判定种子休眠的方法：一种是取两份粒数相同的种子，一份用红四氮唑（TTC）法等测定生活力，另一份在适宜条件下做发芽试验，如果生活力显著大于发芽率，则表明种子处于休眠状态；另一种是发芽结束时，取未发芽的种子用 TTC 法染色，如果未发芽的种子具有生活力，则表明种子休眠。

二、草类植物种子休眠的意义

（一）休眠是草类植物对逆境的适应，有利于草类植物种质的延续

种子休眠是植物长期自然选择的结果，是植物在系统发育过程中所形成的抵抗不良环境的适应性。在干旱与潮湿，温暖与严寒交替地区分布的草类植物，其种子常具有一定的休眠期，以便避开干旱、酷暑、严寒等恶劣气候，保证种子发芽及发芽后的子实苗不受逆境条件的影响。例如，生长在沙漠地区的滨藜属（*Atriplex*）植物，种子含有阻止萌发的生长抑制物质，只有在一定雨量下冲洗掉抑制物质，种子才能萌发。如果雨量不足，不能完全冲洗去抑制物质，种子就不能萌发。另外，种子休眠能够减少同一物种个体间的竞争。

野生或栽培的草类植物种子以休眠的方式度过不良环境，使其种质得以延续。许多植物，特别是野生多年生草类和某些杂草种子能长年在土壤中休眠，即使遇到适宜的发芽条件也不能全部萌发，始终保留着一部分休眠的种子，当遇到突发性自然灾害，如洪水、火灾、泥石流等时，这些休眠种子在灾害过后可继续萌发产生新的植株，保证了物种的延续。

（二）种子休眠有利于种子保存，不利于整齐出苗

1．有利于种子保存　种子的休眠特性，可保证收获期遇到发芽适宜的天气时不致在母株上发芽而造成损失，这有利于草类植物种子的收获，也为种子的保存和延长种子寿命提供了方便，即在贮藏期可采取措施以加深并延长种子休眠期，从而增加种子寿命。另外，通过了解田间杂草种子的休眠期和休眠特性，可采取适当措施防除杂草，减轻杂草危害。

2．不利于整齐出苗　种子休眠也有对草业生产不利的一面。例如，休眠期过长，到了播种期仍未解除休眠，不能及时播种，若播种出苗率低、出苗不整齐或缺苗，会给草牧业造成损失；休眠降低种用价值，造成加工困难；很多杂草种子的休眠特性复杂，可在土壤中留存多年陆续发芽，给杂草防除带来困难。

第二节　草类植物种子的休眠类型

一、种皮引起的休眠

种皮或果皮是种子外面的覆盖部分，具有保护种子免受外力机械损伤和防止病虫害入侵的作用。种皮一般由数层细胞组成，其性质与厚度因植物种类而异。有些物种的种皮薄、透性好，无萌发抑制物存在，胚容易突破种皮而生长；有些物种的种皮厚而坚实，水和氧气等不易透过；有些物种的种皮厚，机械束缚力大，胚根和胚芽不易突破种皮；有些种皮上可能存在萌发抑制物质而引起种子休眠。这些由于种皮或果皮的影响而使活性胚在适宜环境中仍然不能萌发的现象，称为种皮效应。

（一）种皮透水性差

豆科、锦葵科、藜科、蓼科、旋花科、茄科、大戟科和百合科植物种子的种皮或果皮，有些透水性差，有些不透水，会引起种子不萌发的现象叫作硬实。硬实种子去掉种皮或果皮后可显著提高发芽率。种子硬实是遗传性的，同时受环境因素的影响，通常情况下，种子水

分超过11%表示种皮是透水的；种子水分低于5%，种皮是不透水的；种子水分含量处于5%～11%，种皮透水性很弱。事实上，在硬实种子的种皮表层覆盖着一层较厚的角质层、栅栏细胞层、石细胞层、骨状细胞层或蜡状物，有的甚至在种皮内部聚集了大量的钙盐或硅酸盐之类的物质，使种皮几乎完全失去了吸水膨胀的能力。

种皮或果皮内由半纤维素或果胶质组成的角质层在透水方面具有强大的阻力；角质层或角质以角化膜的方式存在于种皮外层或存在于栅栏组织的细胞壁上，前者如白花草木樨（*Melilotus albus*）和多变小冠花（*Coronilla varia*）种子，而金合欢（*Acacia farnesiana*）和银合欢（*Leucaena leucocephala*）种子两种形式都存在。种皮不但能阻止水分透过，且能主动控制水分。白三叶（*Trifolium repens*）、红三叶（*T. pratense*）和羽扇豆（*Lupinus polyphyllus*）的种子含水量可随空气湿度的降低而减少，并且当湿度骤然增加时并不相应地增加水分含量，其原因在于这些种子的种脐部位有一个脐缝，由于周围的组织主要是外栅栏层及其外部的薄壁组织，细胞在吸湿时膨大使脐缝关闭阻止水汽进入，空气干燥时收缩使之张开，种子内水分可以外出。

种子成熟后期，当空气过于干燥、高温、土壤含钙量多和多氮时易形成硬实种子。种子在高氧的干燥空气中，硬实率也会增高。

（二）种皮透气性差

种子萌发生长所需的能量来自有机物质的生物氧化，种子气体交换受阻，且二氧化碳排出受阻，氧气在种子内部氧分压低时，影响种子中有机物质的氧化作用，种子代谢失调、产生并积累抑制发芽的物质，从而抑制种子的萌发。有些草类植物种子的种皮可透水，但透气性却很差，特别在含水量高时，气体更难通过潮湿的种皮。

种皮透气性差的原因较多，幼胚被种皮紧包，或者种皮表面附生的脂类和茸毛也阻碍着氧气进入胚部，或者种皮中含有酚类物质及酚氧化酶和多酚氧化酶，在种子萌发时这些酶会促使酚氧化为醌，从种皮中争夺氧气，使氧气不能透入种子内部。

（三）种皮对胚生长的机械束缚

由于坚厚的木质硬壳或强韧的膜质种皮，草类植物种子在具有不同程度透性障碍的同时，也有不同程度的对胚生长的机械束缚作用。有些草类植物种子种皮的透水性、透气性都良好，但由于种皮的机械束缚力量，阻碍了胚向外生长，从而导致种子不能发芽而处于休眠状态。

例如，反枝苋种子的胚是不休眠的，任何时候除去种皮都能发芽，其种皮具有强韧的机械束缚力迫使胚不能进行伸长生长，其种子吸水后，一直保持在吸胀状态，可维持长久休眠，长者30年也不发芽。但是，种子一旦干燥，种皮细胞壁胶体成分迅速发生变化，种皮的机械束缚力被解除，这时再将种子吸水膨胀便会迅速发芽。

（四）种皮阻止抑制物质渗漏，向胚供应抑制物

许多野生植物的种子具有坚硬且水分和氧气难以透过的种皮，种子内的萌发抑制剂无法滤出，导致胚生长滞缓，不能萌发，如苏格兰金雀花（*Cytisus scoparius*）。

许多草类植物种子（果实）的种被上存在着抑制种子发芽的物质，如醛类、酚类、醇类、有机酸、脱落酸、生物碱等化学物质。这些物质有水溶性、有机溶质可溶性或挥发性，它们

都能抑制种子发芽，如结缕草颖苞、羊草稃片及种子中的抑制物质——脱落酸。

（五）种皮减少光线到达胚部

由于白光中的红光和远红光成分的联合作用，只有胚内光敏素的活化型与钝化型达到一定比例时，种子才能萌发。由于光能够穿透胚的包围结构，因此胚包围结构的作用可以被看作一个滤光器，它能改变到达胚部的红光和远红光的比例，从而影响植物胚的休眠。例如，果皮的遮光引起草玉梅（*Anemone rivularis*）种子的休眠，除去果皮能显著降低其休眠率。

二、胚休眠

胚休眠即胚本身引起的休眠，即使分离出胚，离体胚依然不能萌发。胚休眠的原因较多，可以划分为形态休眠与生理休眠。胚休眠种子多数需要在低温、湿润或干燥通气与较高温度条件下完成其后熟。

（一）形态休眠

有些草类植物种子（果实）已经成熟，自然脱落，但种胚尚未发育完全，甚至还停留在仅超过受精卵阶段的发育水平，胚仅是一团未完全分化的细胞，或者胚的体积还未长到足够大，胚仍然从胚乳中吸收养分，进行细胞组织的分化或继续生长，直到最后完成生理成熟阶段，种胚才具有发芽能力，这种休眠称为种子的形态休眠（形态后熟）。处于形态休眠的种子，其本身发育已达到最高的干重，并已能离开母体，但是胚发育仍不完整，甚至分化尚未开始，因此播种后在短期内无法萌发。另外，有些植物种子的胚已分化发育完整，但形体较小，播种后胚先在种壳内慢慢地发育生长，等生长到相当程度后，胚根突出种壳，完成萌发，报春花科（Primulaceae）、毛茛科（Ranunculaceae）等植物常出现这种现象。表现形态休眠的种子大多出现在热带地区，温带地区也有此类种子。

（二）生理休眠

生理休眠（生理后熟）是指胚已发育完全，但由于胚本身存在生理障碍而无法萌发的休眠形式，即使让胚裸露于适宜的条件下，仍保持休眠状态。这类植物种子的胚虽然已完成形态分化，但还没有通过一系列复杂的生物化学变化，胚体还缺少萌发时所需要的代谢物质，贮藏物质分解所需的水解酶和呼吸作用所需的氧化还原酶尚处于迟钝状态，只有通过低温沉积或干沉积后，种子的吸水力、呼吸强度、酶促作用、氨基酸含量等均有增高，生长激素含量增加、抑制物质降低，这时给予合适的发芽条件才能正常萌发。

胚的生理休眠有整体胚的休眠，也有局部胚的休眠。牡丹（*Paeonia suffruticosa*）、百合（*Lilium*）、荚蒾（*Viburnum*）和加拿大细辛（*Asarum canadense*）种子属于上胚轴休眠；延龄草（*Trillium grandiflorum*）、多花鹿药（*Smilacina racemosa*）和铃兰（*Convallaria*）等是上胚轴和胚根休眠。

胚的生理休眠的程度可能与ABA（脱落酸）含量存在关联性。在层积处理或后熟过程中，随着种子或胚ABA含量的降低，其休眠程度变浅，以至解除；如果再施加GA（赤霉素）处理，种子就更容易萌发。概括地说，胚的生理休眠主要是因为抑制剂（可能是ABA）浓度过高，而促进剂［GA、CK（细胞分裂素）、IAA（吲哚乙酸）］等浓度过低所致。

三、抑制物质引起的休眠

抑制物质是指可以推迟或抑制同种或异种植物种子发芽的物质。就抑制物质来源而言，有内源性的，也有外源性的，但最重要的是内源性的。抑制物质存在于果皮和种子中或多汁果肉中。此外，抑制物质还应该包括干种子、种子发芽后产生的和由某一种子或植物体产生的抑制其他种子发芽的外源抑制物质，如盐类、氨、氢化物、芥子油、有机酸、不饱和内酯、醛类、生物碱和酚类等均可抑制种子发芽。抑制物质及其存在的部位因植物而异：结缕草在颖苞及种子中，鸢尾在胚乳中，羊草在稃片中，狼尾草和野燕麦在稃壳中；结缕草、羊草的抑制物质是脱落酸，锦鸡儿属和岩黄芪属的抑制物质是色氨酸，草木樨的抑制物质是香豆素。

抑制物质有些是专一性的，有些则是广谱性的，如结缕草种子浸提液可抑制苜蓿和白菜种子的萌发。不含抑制发芽物质的种子和含抑制发芽物质的种子混合贮藏或混合发芽，则两种草类种子的发芽会受到同样抑制。解除此类休眠，常用的方法有剥去种皮、热水浸泡和低温层积（尤其是低温层积在解除综合休眠中效果非常明显），例如，切除喜盐鸢尾（*I. halophila*）的胚乳可显著提高其发芽率。

四、外界条件诱导的二次休眠

二次休眠（secondary dormancy）也称为再度休眠，是指原先能萌发的种子，在不适宜萌发的环境中重新进入休眠状态。不适宜萌发的外界条件，有厌氧条件、水分过多、大气低氧、种皮透性差、光照不适宜、温度不适宜等（表 3-1），可使种子产生二次休眠，即非休眠种子重新进入休眠，浅休眠种子的休眠加深，即使再将种子移置于正常条件下，种子仍不能萌发。苍耳种子在 30℃的湿黏土或在低氧环境中也可导致二次休眠。野燕麦在氮气环境中吸胀会导致二次休眠，转入空气中仍不萌发。美洲艾种子完成生理后熟后，20℃可萌发，但在 30℃条件下大部分种子却不能萌发，必须用低温处理 100d 才能再发芽。其原因仍为胚周膜透性的变化，因为把完成了后熟的种子剥去胚，在 30℃下也能萌发。野生植物种子多数有二次休眠的特性，在田间土层内存活的时间比农作物种子长久。

二次休眠的机制，同初次休眠一样尚待研究，目前公认的机制有两种：一种认为二次休眠是由种被部位发生了某些变化所致，因为除去种被后，二次休眠解除，胚能正常萌发；另一种认为是由胚部发生的一系列生理变化所致，但这方面的深入研究工作较少。另外，由于自然生态环境条件的变化会导致二次休眠的发生，引起种子形成循环休眠。不同植物二次休眠的发生机制并不相同。

表 3-1 诱导二次休眠的因子及植物种类

诱导因子	植物种类	诱导因子	植物种类
过高温度	三裂叶豚草	过长远红外光照射	硬毛南芥
	藜		老枪谷
	蒲公英		欧夏枯草
过低温度	蒲公英	厌氧条件	苍耳
	婆婆纳	二氧化碳	欧白芥
	小窃衣	水分胁迫	藜

续表

诱导因子	植物种类	诱导因子	植物种类
干燥	藜	黑暗	梯牧草
黑暗	豚草		藜
	柳叶菜	过长日光照射（光休眠）	黑种草
	酸模		

资料来源：高荣岐和张春庆，2009

五、综合休眠

由两种以上因素引起的休眠称为综合休眠。多数种子的休眠都是综合休眠，是上述各种休眠类型的组合，如种皮不透性和后熟双重原因引起的休眠类型。结缕草种子的休眠是综合休眠，其颖苞表面和内部纤维束间被蜡质填充而对水分和空气的进入起阻碍作用，颖苞和种子中含量较高的脱落酸及萌发过程中磷酸戊糖途径活化不力等均在其种子萌发中起着抑制萌发的作用。一般来说，引起种子休眠的因素越多，种子休眠的程度越深，解除休眠所需的条件也越严格。

研究者们基于种子休眠的原因虽然提出了不同的分类系统，但休眠的原因和导致的结果大致的相同，只是归类和表述上有所区别。例如，Baskin 和 Baskin（1998，2004）在 Nikolaeva（2001）设计的种子休眠分类系统的基础上，将种子休眠分为生理休眠（physiological dormancy，PD）、形态休眠（morphological dormancy，MD）、形态生理休眠（morphophysiological dormancy，MPD）、物理休眠（physical dormancy，PY）和复合休眠（combinational dormancy，PY＋PD）5 种类型。

1）生理休眠。生理休眠是最普遍的休眠类型，广泛存在于裸子植物和大多数被子植物的种子中。生理休眠又分为深度、中度和浅度生理休眠。

深度生理休眠种子的离体胚不能正常生长或产生畸形苗，赤霉素（GA）处理不能促进此类种子萌发，种子需要冷层积或暖层积 3～4 个月才能萌发。例如，挪威槭（*Acer platanoides*）和 *Leptecophylla tameiameiae* 种子：前者萌发需要冷层积，后者需要暖层积。中度生理休眠种子的离体胚能产生正常的幼苗，GA 处理促进部分中度生理休眠种类种子的萌发，冷层积 2～3 个月后休眠就可解除，且干藏能够缩短冷层积所需要的时间，如欧亚槭（*Acer pseudoplatanus*）种子。大多数种子都具有浅度生理休眠。浅度生理休眠种子的离体胚能产生正常的幼苗，GA 处理能释放休眠，休眠能被冷层积（0～10℃）或暖层积（＞15℃）及后熟作用释放，种皮损伤促进萌发。

2）形态休眠。具有形态休眠的种子胚小（未发育完全）但已分化，即能区分子叶、胚轴和胚根。形态休眠种子的胚属于非生理休眠，其发芽不需要预处理，但需要较长的时间让胚生长至足够的体积，然后才能萌发，如旱芹（*Apium graveolens*）种子。

3）形态生理休眠。形态生理休眠的种子具有未发育完全和生理休眠的胚，其种子萌发需要进行破除休眠的预处理，如特定冷层积和暖层积的组合。在有些情况下，外源添加 GA 可替代这种冷层积和暖层积的组合。在具有形态生理休眠的种子中，胚的生长或胚根突破种皮需要的时间长于形态休眠种子。例如，金莲花属（*Trollius*）和欧洲白蜡树（*Fraxinus excelsior*）的种子。

4）物理休眠。物理休眠是由种皮或者果皮中一层或多层不透水的栅栏细胞所引起的。机械或者化学损伤可以破除物理休眠。例如，草木樨属（*Melilotus*）和胡卢巴属（*Trigonella*）的种子。

5）复合休眠。具有形态休眠和物理休眠的种子为复合休眠。在复合休眠的种子中，种皮或果皮是不透水的，而且胚具有生理休眠。胚的生理休眠通常为浅休眠，如老鹳草属（*Geranium*）和三叶草属（*Trifolium*）的种子。

第三节　打破种子休眠的方法

根据种子休眠的特性判断出其休眠类型或休眠的原因，再采取适当措施，方能打破种子休眠，促进种子萌发。

一、物理方法

物理方法主要是改变种皮透性，促进生长代谢，从而解除休眠。

（一）温度处理

1. 低温冷冻处理　利用适当的低温冷冻处理能够克服种皮的不透性，促进种子解除休眠，增进种子内部的新陈代谢以加速种子萌发。例如，预先冷冻处理，就是在发芽试验之前，将置床后的种子湿润，开始在低温下保持一段时间，通常为5～10℃保持7d，萌发会明显加快，发芽率显著提高。例如，苜蓿属、冰草属、早熟禾属、翦股颖属、雀麦属、羊茅属、黑麦草属、羽扇豆属、草木樨属和野豌豆属等草类植物的种子，经低温处理可提高发芽率。

2. 高温干燥处理　高温干燥处理后，某些种子的种皮龟裂、疏松多缝，气体交换条件得以改善，从而解除由种皮造成的休眠，促进萌发。经高温干燥处理，草地早熟禾（*Poa pretensis*）种子的发芽率明显提高，圭亚那柱花草（*Stylosanthes guianensis*）和紫花苜蓿（*Medicago sativa*）种子的硬实率明显降低。例如，110℃高温处理紫花苜蓿和红三叶种子4min，可使其硬实分别减少81%和61%；经高温干燥处理可降低白三叶种子的硬实率，28℃、59℃、78℃和98℃处理10min，硬实率分别降为64%、46%、22%和12%；85℃处理16h，可显著提高无芒隐子草（*Cleistogenes songorica*）种子发芽率。

3. 变温处理　变温处理种子后，种皮因热胀冷缩作用而产生机械损伤，种皮开裂，促进种子内外的气体交换，使其解除休眠，加速萌发。变温处理可有效破除未经过生理休眠或存在硬实种子的休眠，对许多禾本科草类植物、花卉，尤其对野生草类植物种子特别有效。例如，变温条件比恒温更有利于虎尾草（*Chloris virgata*）、野生苋（*Amaranthus*）、无芒隐子草种子的萌发。种子播种于土壤中经受寒冷或霜雪，可改变种皮特性，如冬播白花草木樨，到春天可获得41%的苗，而春播仅有1%的苗。

4. 晒种　晒种是白天将种子摊成5～7cm厚，在阳光下暴晒，每日翻动3或4次，连续4～6d即可，为了防潮，夜间收回室内。种子经过贮藏，其不同贮藏部位的温度、湿度、透气性会有所差异，加之种子表面会带有病菌，因此通过晒种可提高种子的发芽率和发芽整齐性，杀死种皮表面的病菌。晒种2～3d能显著提高红豆草种子的发芽率，降低其发霉率。

（二）机械处理

1．擦破种皮　用擦破种皮的方法可使种皮产生裂纹，水分沿裂纹进入种子，从而打破因种皮透性或机械障碍引起的休眠。例如，削切种皮可有效降低猫头刺（*Oxytropis aciphylla*）种子的硬实率，磨破种皮可显著提高三裂叶野葛（*Pueraria phaseoloides*）和天蓝苜蓿（*Medicago lupulina*）种子的发芽率，去除种皮可显著提高蒙古扁桃（*Amygdalus mongolica*）种子的发芽率。生产上当种子量较大时，可用种子硬实处理机进行处理，处理以碾至种皮起毛而不致压碾破碎为原则。这种方法能使草木樨种子的发芽率由原来的 40%～50%提高到 80%～90%，使紫云英（*Astragalus sinicus*）种子的发芽率由 47%提高到 95%。

2．高压处理　经高气压处理的种子，水分可沿裂缝进入种子，从而提高发芽率。例如，干燥的紫花苜蓿和白花草木樨的种子在 18℃条件下用 202 650kPa（2000 大气压）处理可明显提高发芽率。

（三）射线、超声波和电场处理

用 X 射线、γ 射线、β 射线、α 射线、红外光、紫外光和激光等适当照射种子，有促进种子萌发的作用。X 射线处理干燥的蚕豆（*Vicia faba*）种子有促进发芽的作用，γ 射线能促进莴苣种子的发芽，^{60}Co-γ 射线照射马蔺（*Iris lactea*）种子可有效提高其发芽率，激光处理能促进大豆种子的萌发。超声波处理种子可使酶的活性增加而破除休眠种子的休眠，尤其对豆科植物萌发困难的小粒种子有效，用 22kHz 超声波处理西伯利亚鸢尾（*I. sibirica*）种子 10～20min 可有效提高其发芽率。经适当电场条件处理可显著提高柠条（*Caragana korshinkii*）种子的发芽率。

（四）层积处理

层积处理是一种古老而有效的打破种子休眠的方法。在层积处理期间种子中抑制物质含量下降、种皮软化、透性提高、种胚发育后熟，为种子发芽提供了有利条件，已在打破多种植物种子休眠上取得较好效果。层积处理一般包括低温层积和变温层积。

低温层积是将种子置于较低温度和湿润状态中进行数日至数月的处理。4℃层积六月砾苔草（*Carex stenophylloides*）和异穗苔草（*C. heterostachya*）种子可显著破除其休眠，3～4℃分别层积处理 120d 和 90d 能提高矮苔草（*C. humilis*）和披针苔草（*C. lanceolata*）种子的发芽率，3℃层积 30d 能有效破除狼毒（*Stellera chamaejasme*）种子的休眠。

变温层积通常称作湿温/湿冷作用，是先将种子进行高温吸湿处理，再进行湿冷处理。对变温层积的研究，主要集中在林木种子上。变温层积能有效解除百合和牡丹等种子的上胚轴休眠。20～25℃ 45d、2～5℃ 45d 和 15～19℃ 124d、−5～−1℃ 71d 变温层积可分别有效提高肉花卫矛（*Euonymus carnosus*）和刺五加（*Acanthopanax senticosus*）种子的发芽率，类似的结果出现在山樱花（*Cerasus serrulata*）、杨梅（*Myrica rubra*）等种子中。于高寒草甸表土层积一个冬季，能显著提高草玉梅种子的发芽率，降低其休眠率。

（五）浸种

多数硬实种子经温水浸泡后可解除休眠，提高发芽率。用 78℃的热水浸种至冷却，蒙古岩黄芪（*Hedysarum mongolicum*）种子的发芽率由 23%提高到 82.5%，用沸水浸种处理 10～20min 能显著提高闽引羽叶决明（*Chamaecrista nictitans* cv. *Minyin*）种子的发芽率，常温浸种 2～12h 或 4℃浸种 24h 分别能提高中间鹅冠草（*Agropyron intermedium*）种子的发芽率。由于浸种不利于活力较低的种子，因此活力较低的种子一般不宜采用浸种处理。

二、化学方法

（一）植物激素处理

用赤霉素、细胞分裂素、吲哚乙酸、萘乙酸、乙烯等处理休眠种子，可解除种子休眠，促进发芽。

赤霉素往往能取代某些种子完成生理后熟中对低温的要求和喜光种子对光线的要求而促进种子萌发，并能提高某些种子的发芽能力和促进种子提前萌发。经过 NaOH 处理过的结缕草种子发芽率为 80%，如再用 160mg/kg 的赤霉素处理，发芽率可提高到 90%。20mg/L 赤霉素浸种‘兰引Ⅲ号’结缕草种子 24h，利用赤霉素浸种秦艽（*Gentiana macrophylla*）种子 1d，赤霉素处理条叶车前种子，均可显著提高其发芽率。外源赤霉素能破除野燕麦（*Avena fatua*）种子的休眠。单独用 300mg/L 赤霉素处理小冠花种子，各项指标有所提高，但不明显，与低浓度的 $CaCl_2$ 混合处理效果更佳。

细胞分裂素可解除脱落酸抑制造成的休眠，其作用比赤霉素更显著。吲哚乙酸和萘乙酸为植物生长物质，对植物生长发育有调控作用。50mg/L 吲哚乙酸和 20mg/L 萘乙酸处理都能有效提高白三叶种子发芽率。0.05mmol/L 水杨酸浸种 12h 能显著提高赖草种子发芽率。

外源乙烯或者乙烯利能打破一些种子的初生和次生休眠（表 3-2）。在表现出种皮强制休眠的一些物种中，乙烯也能打破休眠和促进萌发，如苍耳（*Xanthium sibiricum*）、地三叶、皱叶酸模和拟南芥；乙烯也能打破莴苣、尾穗苋和繁穗苋种子高温诱导的次生休眠。乙烯对种子萌发的促进作用是剂量依赖的，浓度为 0.1～200μL/L 时有效，这取决于物种、休眠深度和环境条件。尽管乙烯促进许多光敏种子的萌发，但却不能克服反枝苋、芹菜（*Apium graveolens*）、莴苣和大爪草（*Spergula arvensis*）种子萌发对光的需要。

表 3-2　乙烯处理能破除种子休眠的草种

初生休眠	次生休眠
尾穗苋 *Amaranthus caudatus*	尾穗苋 *Amaranthus caudatus*
反枝苋 *Amaranthus retroflexus*	繁穗苋 *Amaranthus paniculatus*
拟南芥 *Arabidopsis thaliana*	莴苣 *Lactuca sativa*
花生 *Arachis hypogaea*	皱叶酸模 *Rumex crispus*
藜 *Chenopodium album*	苣头苍耳 *Xanthium pennsylvanicum*
皱叶酸模 *Rumex crispus*	
柱花草 *Stylosanthes humilis*	
地三叶 *Trifolium subterraneum*	
苣头苍耳 *Xanthium pennsylvanicum*	

（二）无机化学药物处理

有些无机盐、酸、碱等化学药物能够腐蚀种皮，改善种子通透性或与种皮及种子内部的抑制物质作用而解除抑制，打破种子休眠，促进种子萌发。草类植物种类不同，药物处理的时间、浓度有所不同。如果用多种药剂处理，则各种药物处理的顺序及药物处理时的温度对休眠解除都有影响。

浓酸浸泡通常能破除因硬实引起的休眠，如小冠花、草木樨和狭叶羽扇豆（*Lupinus augustifolius*）种子等。用浓硫酸浸种异穗苔草（*C. heterostachya*）和砾苔草（*C. stenophylloides*）种子20～30min，浓硫酸浸种线叶嵩草（*Kobresia capillifolia*）种子5min，浓硫酸腐蚀歪头菜（*Vicia unijuga*）种子30min，均显著提高发芽率；H_2O_2可有效破除百日菊（*Zinnia elegans*）种子的休眠；用0.6% HF（氟化氢）处理10min和60%硫酸处理结缕草种子5min，可分别使发芽率提高到88%和92%。

低浓度的NaCl、$NaHCO_3$、NaOH和KNO_3溶液有促进某些种子萌发的作用。例如，低浓度NaCl溶液对碱茅（*Puccinellia distans*）、白花草木樨、碱谷（*Eleusine corana*）、籽粒苋（*Amaranthus hypochondriacus*）、盐爪爪（*Kalidium foliatum*）和碱蓬（*Suaeda glauca*）种子萌发有促进作用；0.2% KNO_3浸种'兰引Ⅲ号'结缕草种子可显著提高其发芽率；用10%或20% NaOH浸种异穗苔草种子4～10h后的发芽率可达90%以上；次氯酸钠能打破野燕麦、卷茎蓼（*Polygonum convolvulus*）等种子的休眠。

（三）有机化学药物处理

很多有机化合物都有一定的打破种子休眠、刺激种子萌发的作用，如二氯甲烷、丙酮、硫脲、甲醛、乙醇、对苯二酚、单宁酸、秋水仙精、羟氨、丙氨酸、苹果酸、琥珀酸、谷氨酸、酒石酸等有机化学药物处理种子，可以全部或局部取代某些种子对完成生理后熟的需要，或发芽对特殊条件的要求。0.25%的硫脲浸种'兰引Ⅲ号'结缕草种子24h后，发芽率显著高于对照；30%丙酮处理结缕草种子20min，可使发芽率提高到90%。

三、生物方法

植物和真菌可产生一些生化物质，能打破种子休眠或促进种子萌发。将休眠种子堆集于刨花等碎物中接种微生物发酵，可减轻或打破休眠。在自然情况下，植物果实成熟后脱落，被一些枯枝落叶所覆盖，堆积发酵后而解除休眠。有些硬实种子，经过动物啃咬、咀嚼等会破坏部分种皮，增加透性；种子经过肠胃时，消化液中的稀酸和酶等在一定程度上会软化种皮，减弱种子的休眠性。有些莎草科植物种子经过牦牛和绵羊消化道后，发芽率提高。结缕草种子经过黄牛和山羊的消化道后发芽率提高。

四、综合方法

许多植物种子的休眠都是种壳和胚双重原因引起的综合休眠类型，因此此类植物种子的休眠需综合方法来破除。

野牛草（*Buchloe dactyloides*）种子为综合休眠，除去颖苞并用KNO_3预冷处理和变温发芽可使发芽率提高到85%。沙拐枣（*Calligonum mongolicum*）种子为种壳和抑制物质引起的双重休眠，需用综合方法来破除。三裂叶野葛种子休眠为综合休眠，通过磨破种皮和激动素（KT）浸种，可使发芽率提高到 95%。结缕草种子为种壳和胚引起的综合休眠，需综合方法来破除休眠。中华结缕草（*Z. sinica*）种子休眠类型为综合休眠，用 700mL/L 的乙醇浸泡 3min，300g/L 的 NaOH 溶液处理 20min，再用 200mg/L 的 GA_3 浸泡 10min 方可使发芽率提高到 90%。鸭茅状摩擦禾（*Tripsacum dactyloides*）种子为综合休眠，低温层积后再用水浸处理可有效提高其发芽率。

讨论题

1. 草类植物种子休眠的类型有哪些？
2. 打破草类植物种子休眠的方法有哪些？

第四章 草类植物种子的萌发

第一节　草类植物种子的萌发过程

风干的具有生活力的种子生理活动很微弱，胚生长几乎完全停止，处于静止或休眠状态。解除休眠的种子处于适宜的条件下，胚从相对静止状态逐渐转变到生理代谢旺盛的生长发育阶段，形态上表现为胚根、胚芽突破种皮并向外伸长，这个过程称为种子萌发。

种子的萌发涉及一系列的生理生化过程和形态变化，即从吸水开始，经酶活化，水解作用和贮藏物质代谢、胚萌动、合成代谢和新细胞结构形成，以及根、芽突破种皮等一系列形态和生理生化变化的连续渐进过程，并受到温度、水分、氧气等周围环境条件的影响。对于种子萌发，不同的学科从不同的角度给予解释和定义。种子生理学上将干燥种子吸水到种胚突破种皮的过程看成萌发；而从种子技术的角度是指种胚恢复生长，并长成具有正常幼苗构造的过程。这些定义虽然说法不同，但都围绕着种子萌发的本质，即种胚从生命活动相对静止状态恢复到生理代谢旺盛的生长发育阶段。一般而言，可将种子萌发过程划分为吸胀、萌动和发芽三个阶段。

一、吸胀

吸胀是种子萌发的起始阶段。一般成熟种子在贮藏期间的水分含量为8%～14%，种子因脱水成坚实紧密的状态，细胞内含物呈干燥、浓缩的凝胶状态。

有许多因素控制着水分从土壤向种子的运输，但特别重要的是种子水分和土壤水分之间的关系。水势（Ψ）是一个水分能量状态的指标，水分从高水势向低水势扩散。种子内部细胞水势（Ψ_w）可以表示为

$$\Psi_w=\Psi_m+\Psi_s+\Psi_p \tag{4-1}$$

式中，Ψ_m 为细胞内衬质（细胞壁、淀粉和蛋白体等）产生的水的势能，Ψ_s 为细胞溶质的渗透势，Ψ_p 为水分进入细胞时从内部产生的面向细胞壁的压力势。

细胞中溶质的浓度决定渗透势（Ψ_s）的大小，溶液浓度越高，溶液中水的渗透势就越低，水分赖以进入细胞的可能性就越大，因此细胞中溶质的浓度影响水分的吸收。衬质势（Ψ_m）是由细胞内衬质（如细胞壁、淀粉和蛋白体等）的水合作用和它们吸水的能力而产生的水的势能。压力势（Ψ_p）即当水分进入细胞时，从内部产生的一个面向细胞壁的压力。Ψ_m 和 Ψ_s 为负值，因为它们的水势比纯水的水势更低，而 Ψ_p 为正值，因为它是一个与水分运动方向相反的力。水势即这三项的和，通常是一个负值，除非是充分吸胀的细胞，其水势为零。

种子和土壤之间的水势差是种子吸水量和吸水速率的决定因子之一。开始时，干种子和湿润土壤之间的水势差（$\Delta\Psi$）是非常大的，因为干燥种子的种衣、细胞壁和贮藏物质引起的 Ψ_m 绝对值非常大，但在吸胀过程中随着种子中含水量的增加，衬质被水合，种子水势增加，而周围土壤的水势由于失水而降低，因此水分从土壤至种子的扩散速率会随时间进程而下降，在低持水力土壤（如砂土）中会降得更快。种子对水分的连续可获得性依赖于其周围土壤区

域的水势和水分在土壤中流动的速率，即土壤中水的传导率。种子附近土壤水分的毛细管效应和蒸发，在很大程度上受土壤密度的影响，因为土壤密度可能导致吸胀种子的机械障碍，减少种子吸水。此外，种子和土壤之间与 $\Delta\Psi$ 无关的因素也影响种子的吸水速率和吸水量，如土壤衬质的阻力（主要由土壤表面和胶态因子引起）及种子与土壤水分的接触程度。在特定的土壤水势条件下，水的传导率和种子与水分接触面积对萌发的影响依土壤类型而变化，因此萌发对砂土中水势的反应截然不同于对黏土中水势的反应。水分非饱和的砂土中水分的传导率比黏土中低，因为砂土的土壤粒径更大，种子与水分的接触面积也减少。因此，在一定的环境胁迫下，种子在黏土中萌发比在砂土中萌发更好。

干燥种子的水势较低，一般低于－100 000kPa，所以当种子与水分接触或在湿度较大的环境中，种子胶体很快吸水膨胀（某些种子例外，如硬实种子）。种子吸胀并非活细胞的一种生理现象，而是胶体吸水体积膨大的一种物理作用。由于种子内含物中绝大多数是亲水胶体，这些亲水胶体的性质不会因种子生活力的丧失而发生显著的变化。无生活力种子的胶体物质对水分仍有吸收力，在接触到水分后同样能吸水膨胀。而有些活种子，有时由于种皮不透水而不能吸胀，如硬实的种子。因此，不能依据种子能否吸水膨胀来鉴定种子是否具有生活力。

种子吸胀能力的强弱，主要取决于种子的化学成分。通常，蛋白质含量高的种子吸胀能力强于淀粉含量高的种子，如豆科草类植物种子的吸水量大致接近或超过种子本身的干重，而禾本科草类植物种子吸水量一般为种子干重的 1/2。当种子的其他成分相近时，油脂含量越高，种子吸胀能力越弱。有些植物种子在种皮表面或种皮内部有一层胶质，如多花木兰（*Indigofera amblyatha*）、田菁（*Sesbania*）、沙蒿（*Artemisia desertorum*）、小车前（*Plantago minuta*）等，一遇到水分就强烈吸水，使种子周围高度湿润，以供种子萌发时对水分的需求，从而保证了种子的萌发。

种子吸胀时，由于所有细胞的体积增大，对种皮产生很大的膨压，因而有可能致使种皮破裂。种子吸水量达到一定量时（图 4-1 第一阶段结束），吸胀的体积与干燥状态的体积比为吸胀率。一般禾本科草类植物种子的吸胀率为 130%～140%，豆科草类植物种子的吸胀率较大，为 200%左右。

种子在吸胀过程中会释放出一定热量，称为吸胀热。吸胀热的释放是胶体的一个重要特性，是一种物理作用，与种子呼吸作用无关。干燥的胶体物质吸胀时释放的热量最多，随着含水量的增多，热量的释放逐渐减少，以致完全停止。

二、萌动

萌动是种子萌发的第二阶段，也叫种子萌发的生物化学阶段。种子在最初吸胀的基础上，吸水一般要停滞数小时或数天，即进入吸水的第二个阶段——滞缓期（图 4-1）。无生活力种子和休眠种子保持在吸水滞缓期。在这一时期，有生活力的非休眠种子干燥时受损的膜系统和细胞器得到了修复，酶系统活化，不溶性的大分子营养物质转化为可溶性的简单物质，种子内的生理代谢开始旺盛起来，种胚恢复生长，细胞迅速分裂和伸长。当种胚细胞体积扩大伸展到一定程度，胚根尖端就会突破种皮外伸，这一现象称为种子萌动，生产上一般称为种子“露白”。绝大多数种子萌动时，首先突破种皮的是胚根，因为胚根的尖端对着发芽口，比其他部分优先吸水，生长开始也就最早。在水分供给欠充足的情况下，胚根先出、胚芽迟出的现象更为明显。

胚根突破种皮后胚轴伸长，这时吸水再次上升（图 4-1 第三阶段）。种子一经萌动，其生理状态与贮藏期间的休眠状态相比，发生了显著的变化，即胚细胞的代谢机能趋向旺盛，且对外界环境条件的反应非常敏感，如遭受逆境或各种化学、物理因素的刺激，就会因其生长发育的异常或活力的下降，甚至死亡。

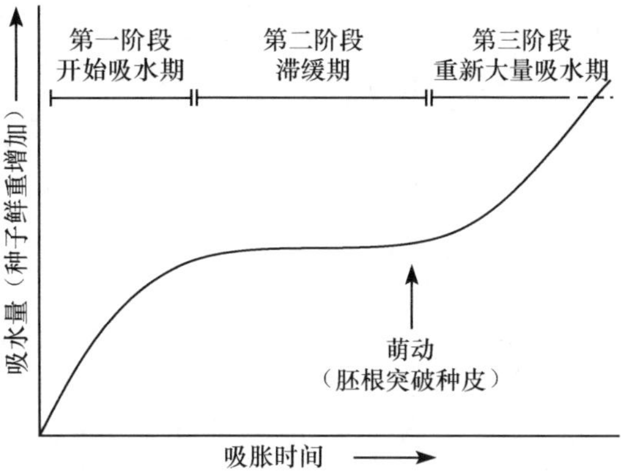

图 4-1　种子萌发过程中水分吸收的典型模式

三、发芽

当种子萌动之后，胚细胞开始分裂和分化，生长速度显著加快，当胚根、胚芽伸出种皮并发育到一定程度，称为发芽。我国习惯上把胚根与种子等长、胚芽为根长一半作为已经发芽的标准。国际种子检验协会（ISTA）对于种子发芽的标准是种子发育长成具备正常种苗结构的时候。

种子进入发芽阶段，胚的新陈代谢作用极为旺盛，呼吸强度可达最高水平且产生大量能量和代谢产物。如果在此期间氧气供应不足，易引起缺氧呼吸，放出乙醇等有害物质，使种胚窒息以致中毒死亡。在草地的建植中，如果催芽不当，或在播种后遇到不良环境条件的影响常可发生这种情况。

种子发芽后，根据子叶出土的表现可分为子叶出土型和子叶留土型两类。

（一）子叶出土型

这类植物种子发芽时，下胚轴显著伸长，初期弯曲成弧状，拱出土后逐渐伸直，使子叶脱离种皮而迅速展开，子叶见光后逐渐转绿，并开始进行光合作用，以后从两片子叶间的胚芽长出真叶和主茎，如苜蓿属、三叶草属、草木樨属、百脉根属、小冠花属、黄芪属等草类植物种子。

（二）子叶留土型

种子发芽时，上胚轴伸长露出地面，随即长出真叶而成幼苗，子叶仍然保留于土中，与种皮不脱离，直至内部贮藏营养物质耗尽而萎缩或解体。这类种子发芽时，穿土能力较强，可较子叶出土型稍深播种。一般大部分单子叶和野豌豆属、山豆属等草类植物种子属于这一类型。

第二节　草类植物种子萌发的生理生化基础

种子萌发的生理生化过程与植物体由小到大直至成熟的生长发育过程不同，种子萌发期间除吸收水分外，一般不需要外来营养物。一般的生长不仅有体积的增长，同时有干物质的积累；而萌发过程虽有体积的增大，但没有储积物质，干重并不会增加，相反由于呼吸和能量的消耗，干重反而减少。在发芽期间，只发生物质的转化，而没有发生物质的同化。幼胚生长，新细胞形成，一方面需要种子本身的贮藏物质经过分解形成的简单物质不断供给，另一方面又要求有一定的能量来将这些简单物质合成为新细胞的成分。因此，种子发芽的基本生理过程包括呼吸作用和有机物质转化两个方面。种子萌发过程是植物体破旧立新的过程，如没有水解作用，则母体所积累的营养物质将不能为胚所利用；如没有氧化作用，则胚部生长发育所需的能量无从获得。因此种子的萌发期是植物有机体生命活动表现最强烈的一个迅速发展的时期。在萌发过程中，细胞内部进行着一系列错综复杂的生物化学变化，必须有物质和能量的不断供应，才能维持其生命活动。

一、萌动种子细胞溶质渗透与细胞膜修复

正常的细胞膜中，磷脂和膜蛋白排列整齐、结构完整。在种子成熟和干燥的过程中，种子脱水使细胞收缩，磷脂的排列发生转向，膜的连续界面无法保持，膜成为不完整状态，以致种子吸水以后，细胞膜失去正常功能，无法阻止溶质从细胞内渗漏出去。当种子开始吸水时，会发生糖、有机酸、离子、氨基酸和蛋白质等溶质的快速渗漏。在田间，这些渗透的溶质可能刺激土壤中真菌和细菌生长，进而侵害种子并导致其发生劣变。例如，种皮破裂等受伤的豆类种子，在开始吸胀时，可能由于向种衣外排出淀粉粒和蛋白体，致使幼苗生长不健壮。有些种子在吸胀早期，从细胞壁渗漏蛋白酶抑制剂和凝集素等保护性物质，以抵御微生物和昆虫的侵袭。

在播种前进行的浸种能加速种子的吸水过程，使种子的萌发比较整齐。不过一些豆科草类植物不宜浸种，这是因为豆科草类植物种子吸胀后体积大为增加，有的可增加 2～3 倍。假如种子属于立即吸水型，吸水的速度太快，则种子表面的组织快速吸水膨胀，而内部仍然干燥，因此子叶常龟裂而受伤，影响萌发。

吸胀一定时间以后，种子内修补细胞膜的过程完成，膜即恢复了正常的功能，溶质的渗出就得到了阻止。研究还发现，吸胀细胞能够新合成磷脂分子，高水分下磷脂和膜蛋白分子在细胞膜上排列趋向完整。

二、萌动种子线粒体发育

干燥种子的线粒体外膜破裂，变得不完整。在干种子和刚吸胀的种子中，线粒体在功能和结构上都是有缺陷的。对于水合后最初几小时内线粒体是否能进行氧化磷酸化，过去有相当多的文献争议，但目前已基本认可它们能进行氧化磷酸化，而且从吸胀开始，线粒体的氧化磷酸化就是 ATP 的主要来源。

未吸胀胚和贮藏组织中的线粒体内部结构分化不完全，它们在利用来自 NADH 和琥珀酸脱氢酶的还原力以进行氧化磷酸化的能力上会有缺陷。一般来说，从干种子中提取的线粒体可以氧化外源的琥珀酸和 NADH。因此，琥珀酸和泛醌之间，以及外源 NADH 和泛醌之间的电子传递途径，都是现存的，在水合时可以立即活化。尽管这些途径最初的活性可能很低，但它们的活性在吸胀后会显著增加。随着种子吸胀的进行，线粒体内膜的某些缺损部分重新合成，恢复完整，电子转移酶类被整合或活化并嵌入膜中，氧化磷酸化的效率逐渐恢复正常。

种子中线粒体氧化的普遍特征是其活性随吸胀时间而增加。这可能与现存的线粒体的活性和线粒体数目的增加有关。现已明确，在吸胀种子中有两种截然不同的线粒体发育模式：①成熟干燥种子中已有的线粒体的修复和活化，以豌豆（*Pisum sativum*）、黑鹰嘴豆（*Vigna mungo*）子叶和一些其他淀粉型种子的贮藏组织为代表；②新的线粒体的产生，以花生子叶和其他油类种子的贮藏组织为代表。但萌发过程中的这些双子叶植物和其他植物种子的胚轴

并不遵循这样的发育模式。在萌发后正在生长的胚轴中，随着有丝分裂形成新的细胞，必须有数目相当大的线粒体的生物合成。

三、萌动种子 DNA 修复

DNA 在种子干燥时，其单链或双链上出现裂口，在发芽的早期随着酶的活化，如 DNA 连接酶，能把 DNA 修复，使其成为完整的结构。一般来说，高活力种子修复能力强，低活力种子修复能力差。DNA 分子损伤的修复由 DNA 内切酶、DNA 聚合酶和 DNA 连接酶来完成。修复的一般方式是首先由内切酶切去受到损伤的片段，接着由聚合酶重新合成相应片段，再由连接酶连接到相应 DNA 分子上。而一般的 DNA 分子裂口可由连接酶直接接合。干种子中缺损的 RNA 分子一般被分解，而由新合成的完整 RNA 分子所取代。

四、萌动种子钝化酶和 RNA 活化

（一）钝化酶活化

NAD、NADP、NADH 和 NADPH 等辅酶多数在线粒体中，当贮藏的种子含水量较低时，此类辅酶就难以运转到主酶处；缺水时，辅助因子如 Mg^{2+}、Ca^{2+}、K^{+}、Na^{+}等离子也不能运转到应用的部位，这样酶就处于钝化状态。当种子吸水后，实现了辅酶、辅助因子和主酶的接触，可使钝化状态的酶活化。

（二）RNA 活化

种子发育时期形成的信使 RNA，在种子成熟、干燥过程中与蛋白质结合而成复合体，即核糖蛋白。复合体保护着信使 RNA，使其不被危害，这时信使 RNA 钝化而失去活性。当种子吸水萌动时，复合体水解，信使 RNA 活化，从而控制蛋白质的合成。

五、种子萌发过程中主要贮藏物质的转化

（一）淀粉

种子中贮藏的糖类主要以淀粉粒的形态存在，当种子萌发时，在水解酶的作用下，完整的淀粉粒开始被分解，在表面出现不规则的缺痕和孔道（如同虫的蛀迹），之后缺痕继续增多和扩展，彼此连接成网状结构，并逐渐深入淀粉粒内部，互相沟通而使淀粉粒分裂成细碎小粒，最后完全解体。

种子中贮藏淀粉的水解至少需要 7 种酶的作用，经过多种途径和步骤，淀粉最后被水解成葡萄糖，直接供胚细胞利用。淀粉酶有 α-淀粉酶和 β-淀粉酶两种。β-淀粉酶能使直链淀粉完全分解成麦芽糖，但在作用于支链淀粉时，只能分解葡萄糖链的游离链端，不能分解支链。α-淀粉酶能分解直链淀粉和支链淀粉，但作用过程产生大量的糊精，且生成糖的作用较慢。只有当两种酶共同作用时，分解作用才能在较短的时间内完成，使 95%的淀粉转化为麦芽糖。α-淀粉酶的产生与赤霉素（GA）的诱导有关，β-淀粉酶主要预存在胚乳中。禾谷类种子的盾片具有分泌淀粉酶的能力，同时又能吸收胚乳中的营养物质提供给幼胚，在萌发期间具有消化和吸收的功能，在淀粉的分解中起着重要的作用。

淀粉的分解代谢途径：一是水解途径，二是磷酸化途径。在磷酸化途径中，淀粉在磷酸

化酶的作用下降解为葡萄糖。淀粉磷酸化途径主要发生在种子萌发的初期，禾谷类植物种子吸胀 24～48h 后，α-淀粉酶、β-淀粉酶的活性增高，淀粉酶水解迅速取代磷酸化途径成为淀粉分解的主要方式。淀粉水解产生的葡萄糖等被输送到种胚生长点加以利用。

（二）蛋白质

种子中的蛋白质可分为贮藏蛋白和结构蛋白两类。当种子萌发时，贮藏蛋白的分解是分步进行的。首先是贮藏蛋白被溶化，即非水溶性的贮藏蛋白不易直接被分解成氨基酸，被部分水解形成水溶性的分子质量较小的蛋白质；其次是可溶性蛋白完全氨基酸化，可溶性蛋白被肽链水解酶（肽链内切酶、羧肽酶、氨肽酶）水解成氨基酸，产生的氨基酸进入胚的生长部位，直接或经过转化成为新细胞蛋白质合成的原料。这种蛋白质水解的阶段性在双子叶植物种子中表现得特别明显。

禾本科草类植物种子蛋白质的分解主要发生在以下三个部位。

（1）*胚乳*　胚乳中分解贮藏蛋白的水解酶来源于糊粉层和淀粉层自身。除水解贮藏蛋白外，蛋白酶还水解酶原，活化预存的一些酶，如胚乳中的β-淀粉酶。另外，还可水解糖蛋白，有助于胚乳细胞壁的溶化。

（2）*糊粉层*　受赤霉素的诱导，糊粉层可合成蛋白酶，其中部分蛋白酶就地水解蛋白质，分解产生的氨基酸作为合成α-淀粉酶的原料。

（3）*胚中轴和盾片*　盾片中存在着肽链水解酶，因此胚乳中水解产生的肽链由盾片吸收之后水解成氨基酸。胚中轴也有蛋白水解酶，能水解少量的贮藏蛋白。此外，胚部还有大量蛋白水解酶参与种子生长中蛋白质的代谢转化。

由于各种蛋白质所含氨基酸的种类不同，在贮藏蛋白被分解成氨基酸、重新构成蛋白质的过程中，不少氨基酸未被直接利用而需进行转化。这些氨基酸经过氧化脱氨作用，进一步分解为游离氨及不含氮化合物。在萌发的胚细胞内部，这种脱氨作用往往进行得很旺盛，因而很容易发现游离氨的存在。这种游离氨如积累过多，就会使植物细胞中毒，但在一般情况下，游离氨的存在量很少。细胞中含有足够的糖类时，游离氨直接进入氨基化反应，与糖类所衍生的酮酸形成新氨基酸，再重新合成蛋白质。

（三）脂肪

种子萌发时，脂肪首先被水解成脂肪酸和甘油，再进一步水解成糖类。与脂肪分解有关的细胞器有油体、线粒体、乙醛酸循环体。脂肪在油体中经脂肪酶的作用脂解，形成脂肪酸和甘油。脂肪酸在乙醛酸循环体上进行β氧化，产生乙酰 CoA（乙酰辅酶 A）进入乙醛酸循环。乙醛酸循环产生的琥珀酸转移到线粒体中通过三羧酸循环形成草酰乙酸，草酰乙酸在细胞质中通过糖酵解的逆转化，形成蔗糖。脂肪水解的另一产物甘油在细胞质中迅速磷酸化，随后在线粒体中氧化为磷酸丙糖，磷酸丙糖在细胞质中被醛羧酶缩合成六碳糖；甘油也可能转化为丙酮，再进入三羧酸循环。

在萌发过程中，水解产生的脂肪酸中优先被分解利用的一般是不饱和脂肪酸。因此，萌发中随着脂肪的水解，酸价逐渐上升，而碘价逐渐下降。许多植物干种子内部预先贮存一部分有活性的脂肪酶，当种子萌发时脂肪酶活性明显上升。在萌发的不同阶段，种子脂肪酶作用的适宜 pH 会发生相应变化，如蓖麻种子萌发的前 3 天酸性脂肪酶占优势，3 天后则转为最适 pH 为 9 的碱性脂肪酶占优势。在萌发代谢中，一般首先利用的是种子中的淀粉和贮藏蛋白，而脂肪分解利用则发生在子叶高度充水，胚根、胚芽显著生长的时候。

六、种子萌发的能量代谢与蛋白质、核酸合成

呼吸作用是氧化有机物质释放能量的过程，种子萌发的呼吸代谢途径有糖酵解（EMP）、三羧酸循环（TCA）和磷酸戊糖途径（HMP 或 PPP）。

糖酵解途径是指萌发种子将淀粉分解后的葡萄糖或其他六碳糖在一系列酶的催化下，经过脱氢氧化，逐步转化形成丙酮酸的过程。1 个葡萄糖分子在糖酵解过程中可消耗 2 个 ATP 分子而产生 4 个 ATP 分子，净得 2 个 ATP 分子。糖酵解的反应式为

$$C_6H_{12}O_6+2NAD^+ +2Pi \longrightarrow 2CH_3COCOOH+2ATP+2（NADH+H^+）+2H_2O$$

糖酵解途径是在细胞质中完成的，是有氧呼吸和无氧呼吸共有的糖分解途径。缺氧时丙酮酸进行无氧呼吸产生乙醇和乳酸；在有氧的条件下，丙酮酸转移到线粒体中进行三羧酸循环。丙酮酸首先脱羧、脱氢形成乙酰 CoA，再进入三羧酸循环，并在循环中继续脱羧、脱氢，直到彻底氧化。每分解 1 个丙酮酸分子，放出 3 个二氧化碳分子和 5 对氢原子，氢原子都以 NADH 和 FADH 形式转移到呼吸链，在电子传递中释放能量，生成 15 个 ATP 分子。

种子萌发初期的大部分呼吸是通过磷酸戊糖途径进行的，是在细胞质中进行的一条重要途径。磷酸戊糖途径开始于葡萄糖，最终产物是 5-磷酸核酮糖。5-磷酸核酮糖是合成 DNA 和 RNA 不可缺少的物质，其中间产物 5-碳和 4-碳化合物，为各种合成过程必需的原料。

种子的呼吸基质在萌发初期一般主要是干种子中原来预存的可溶性蔗糖及一些棉子糖类的低聚糖；到种子萌动后，呼吸作用才逐渐转向利用贮藏物质的水解产物。种子在正常环境条件下萌发时，呼吸途径由糖酵解途径转向磷酸戊糖途径，再转向三羧酸循环。种子萌发时需要大量的生物能，呼吸底物在氧化过程中，所释放的能量大部分都被一个载体 ATP 以高能磷酸键的形式贮存起来。

许多种子在呼吸的滞缓期会经历暂时的无氧条件，无氧呼吸的产物即乙醇和乳酸会在种子中积累。当周围组织被胚根突破后，随着有氧条件的改善，这些无氧呼吸的产物被代谢而含量下降。在有氧条件下，乳酸脱氢酶（LDH）将乳酸转化成丙酮酸，然后被柠檬酸循环利用；乙醇脱氢酶（ADH）则把乙醇转化成乙醛，再由乙醛脱氢酶氧化成乙酸。乙酸活化后变成乙酰 CoA，可用于许多代谢过程。

萌发过程中种子天然的无氧可能持续几小时至数天。种子播于水中会延长无氧的时间，许多草类植物的种子可以完成萌发，尽管胚根随后的生长会受到阻碍而延迟；但如果已萌发种子继续保持在水中，它们就会死亡。某些水生植物的种子在低氧条件下萌发会更好，例如，宽叶香蒲（*Typha latifolia*）和灯心草（*Juncus effusus*）种子在水中浸泡 7 年以上将很容易萌发；水稗（*Echinochloa phyllopogon*）在水下可以萌发和生长，对低氧条件表现出适应性。

另外，种子萌发过程要形成新细胞，必须有蛋白质和核酸的合成。胚内的 DNA 保存了该物种系统发育的全部遗传信息，通过 DNA 的复制，控制 RNA 的形成，而制造各种蛋白质，以形成新细胞，促使种胚生长。干燥的种子中不会发生蛋白质合成，只有当细胞充分吸水，使细胞质的核蛋白体与信使 RNA 结合时，蛋白质合成才开始。蛋白质合成复合体的主要组分（包括合成的重要模板 mRNA）都预存在干种子中，或以一种受保护的形式存在于核中，或在细胞质中与蛋白质结合形成 mRNP（信使核糖核蛋白体）颗粒。而未被保护的 mRNA 可能在成熟晚期

或萌发早期被水解。在种子水合数分钟内蛋白质开始合成，有些预存的mRNA被利用，调控蛋白质的合成。与细胞的早期需要相比，预存的mRNA绰绰有余，但不被翻译的mRNA可能与那些被翻译的mRNA有本质的不同。在吸胀后数小时内，即有新的mRNA合成，而且随着预存的mRNA降解，萌发完成的蛋白质合成可能越来越依赖于mRNA的合成。一些新合成的mRNA可能与预存的mRNA编码同样的蛋白质，而另外一些mRNA可能编码截然不同的产物。

tRNA和它们的氨酰化酶存在于干种子中，而且推测在萌发期间每种tRNA都有足够的量以满足蛋白质合成的需要；但即使如此，tRNA合成在吸胀后不久就开始了，如黑麦（*Secale cereale*）胚吸胀20min，菜豆（*Phaseolus vulgaris*）的离体胚吸胀1h。也可能存在于干种子中的部分tRNA在—CCA端（与氨基酸连接的）有缺陷，它们必须先被修复才能用于蛋白质合成。存在于白羽扇豆（*Lupinus luteus*）干燥胚轴中负责tRNA修复的酶——核苷酸转移酶，在吸胀后其活性增加。但在小麦的干燥胚轴中，该酶活性很低，且至萌发完成时不能增加。

成熟干燥的贮藏组织含有可体外催化蛋白质合成的核糖体，且含有蛋白质合成复合体的其他组分。例如，已证实多个物种的干燥种子子叶中含有开始蛋白质合成所必需的各种tRNA和氨酰-tRNA合成酶。在胚轴中，在吸胀后蛋白质很快开始合成。mRNA存在于干种子的贮藏组织中，可能对于早期蛋白质合成是必需的，在胚轴中情况也大致如此。

第三节　影响草类植物种子萌发的条件

草类植物种子能否萌发、萌发后能否迅速长成健壮幼苗，涉及的因素较多，大致可归纳为两个方面：一方面为种子萌发的内在生理条件，另一方面为种子所处的外部生态环境。

一、种子萌发的内在生理条件

种子萌发的内在生理条件不外乎种子的生活力和休眠状态，因此，凡影响种子生活力和休眠的各种因素，如种子的成熟度、饱满度、大小、母株的效应、成熟和收获期间的气候条件、干燥和贮藏的条件、新陈度（年龄）、病虫害及活力的遗传因素等，不仅与发芽力和整齐度有密切关系，还影响着幼苗的健壮和生育状况。

（一）种子的休眠

多数种子收获后，即使在条件适宜的情况下也暂时不能萌发，即休眠种子。因此种子的休眠程度影响其发芽率的高低。对于一些休眠期较长或深休眠的种子，建植人工草地播种时，需进行种子处理以破除休眠，否则出苗率低或出苗不整齐，给生产造成损失。

（二）种子的贮藏时间

通常，种子的贮藏时间越长，其发芽力也越低。对一些休眠期较长的种子（如硬实率较高的豆科草类植物种子）来说，随着贮藏时间的延长，发芽率反而增加，但超过一定时期后，种子老化、活力下降，发芽率也随之降低。

（三）种子的饱满度

草类植物种子的饱满度不仅对种子的萌发有明显的影响，且对幼苗的生长产生影响。种子越饱满，发芽力则越强，幼苗的活力也越高。

二、种子所处的外部生态环境

种子萌发需要经历一系列的生理、生化和形态结构上的变化，这些变化都基于适宜的水分、温度和氧气，有些草类植物种子萌发还需要光照或黑暗。只有解除休眠且有生活力的种子，在一定适宜的环境条件下才能萌发，水分、温度和氧气任何一个条件得不到满足，种子都不能萌发。

（一）水分

水分是种子萌发的先决条件，种子吸水后才能从静止状态转向活跃，才能使种子的贮藏物质变为溶胶，才会使酶的活性增强。成熟风干的种子含水量很低，原生质体呈凝胶状态，种子的生理活性很弱。当种子吸水后，原生质从凝胶状态转化为溶胶状态，内部物质转化和代谢加强。如果水分不能满足种子萌发期物质代谢的需求，种子便不能萌发；但水分过多，会造成氧气供应不足，使发芽力下降、幼苗形态异常，所以适当的水分供应对种子萌发有利。

1．种子萌发的最低需水量　不同草类植物种子发芽时对水分的要求不同，可以用最低需水量表示。发芽最低需水量是指种子萌动时所含最低限度的水分占种子原重的百分率。吸水的最低限度因草类植物种类而不同，一般含淀粉多的种子，其最低需水量较含蛋白质多的种子低，脂肪含量高的种子的最低需水量较含淀粉多的种子低。一般种子含水量达40%～60%就能萌发，但也有例外，草木樨种子萌动及发芽的最低需水量分别为种子重量的77.5%和114.5%，白三叶种子发芽的最低需水量为160%，玉米（*Zea mays*）种子发芽的最低需水量为30%～40%。

2．影响种子吸收水分的因素　种子的吸水受到诸多因素的影响。种子水分的吸收速率和吸收量，主要受到种子化学成分、种皮的透性、外界水分状况和温度的影响。

种皮的透性在不同的种子中差异很大。多数豆科草类植物种子由于种皮透水性差，所以硬实率较高，结缕草种子的颖苞限制了水分的进入，也使种子处于休眠状态。

影响种子吸水的外界因素主要是温度。温度增高，不仅吸水快，且吸水总量增大。在许多情况下，种子在低温条件下吸水一定时间，吸水量就达到最大限度，以后不再增加，也不能发芽；而在温度较高的情况下，吸水过程可持续至种子萌动和发芽。在一定范围内，环境温度每提高10℃，种子的水分吸收速率增加50%～80%。

种子吸水与外界水分状态有很大关系，有些种子在相对湿度饱和或接近饱和的空气中就能吸足水分发芽。一般种子发芽所吸收的水分是液态水，在土壤中的种子可吸收周围约1cm范围内的土壤水分。当种子周围的土壤吸水力和渗透压上升时，种子的吸水量降低。随着土壤含水量的增加，种子的吸水量也增加，但大多数草类植物种子只有在土壤含水量高时才能充分萌发。例如，草木樨种子在轻壤质土壤含水量为3%时开始萌动，含水量为4%时萌动率为50%，含水量为11.8%时发芽率为85.7%。

3．萌发期种子的水分环境　种子萌发期间若水分过多，如播前不适宜的浸种或播种土壤过湿，会大大降低发芽率且使幼苗活力降低。

浸种对种子和幼苗的伤害主要是快速吸胀损伤引起的，即许多种皮较薄、吸水力较强的干种子，一旦浸入水中，会使细胞迅速吸水膨胀，细胞膜、细胞器没有来得及修复良好，导致细胞内含物外渗，微生物滋生，轻者幼苗瘦弱，重者烂种、烂苗。对一些种皮坚硬、吸水力弱的种子，浸种能软化种皮、促进发芽，使幼苗早出土早生长发育。一般水生植物种子和沼泽湿地植物种子也能忍耐浸种。

水分过低导致的干旱胁迫也会大大降低种子发芽率，但对水分胁迫的反应因植物不同而有很大差异。豆类种子非常敏感，而禾谷类种子有较强的抗性。对水分胁迫有较好抗性的种子在干旱地区播种可以出苗，而敏感的种子出苗则必须有较好的墒情。

水分胁迫对种苗的伤害还与时间有关，若胁迫发生在萌发早期即吸胀阶段，对种苗的损伤极小或有时甚至有益，因为这使种子吸胀缓慢，避免了快速吸胀带来的伤害，这是种子渗透调节处理能提高种苗活力的原理之一。播前经过渗透调节处理的种子，一旦解除了水分胁迫，种子能迅速整齐发芽；但若胁迫发生在萌发过程的后期，就会出现干芽。因此，种子萌发过程中对水分的调控应因种、因时而异。

（二）温度

种子萌发的另一重要生态因素是温度。种子萌发时，其内部进行着一系列物质和能量的转化。种子内部物质和能量的转化需要多种酶的催化，而酶的催化必须在一定低温度范围内进行。温度低时酶的活性低或没有活性，随着温度升高，酶活性增加，催化反应的速度也增加；但温度升得过高，酶将受到破坏或失去活性，使催化反应停止。

1. 种子萌发对温度的要求 种子萌发对温度的要求表现出最低、最适和最高温度：最低温度、最高温度分别指种子至少有50%能正常发芽的最低、最高温度界限，最适温度指种子能迅速萌发并达到最高发芽率所处的温度。草类植物种类不同，其种子萌发的最低、最适和最高温度不同。例如，紫云英种子萌发的最低温度为1～2℃，最高温度为39～40℃，最适温度为15～30℃；黄花苜蓿种子萌发的最低温度为0～5℃，最高温度为35～37℃，最适温度为15～30℃。种子发芽的温度与其长期所处的生态环境有关，暖季性草类植物种子一般发芽的最低温度为5～10℃，最高温度为40℃，最适温度为30～35℃；冷季性草类植物种子发芽的最低温度为0～5℃，最高温度为35℃，最适温度为15～25℃。

2. 变温对种子发芽的影响 在自然界，昼夜温度的变化有大有小。大多数草类植物种子在昼夜温度交替变化条件下发芽最好。一般暖季性草类植物种子变温条件是25～35℃，冷季性草类植物种子变温条件是15～25℃，一昼夜中低温下放置16h，高温下放置8h。

关于变温促进种子发芽的机制目前尚未认识清楚，据分析可能与不同温度满足种子萌发不同生理过程有关，变温促进了种皮的透性，促进了水分进入和气体的交换，有利于增加发芽促进物质和减少抑制物质。

（三）氧气

氧气是种子发芽不可缺少的条件，绝大多数草类植物种子萌发需要充足的氧气。种子萌发时的能量来源于呼吸作用，一些酶的活动也需要氧气，因而需要大量的氧气供应。氧气不足时，种子内乙醇脱氢酶诱导产生乙醇，乳酸脱氢酶诱导产生乳酸，而乙醇和乳酸对种子发芽都是有害的。

种子萌发时供应给种胚的氧气受到外界氧气浓度、水中氧的溶解度、种皮对氧的透性，以及种子内部酶对氧的亲和力的影响。大气中氧的分压是21%，能满足种子萌发对氧的需要。如果种子覆土过深或土壤水多氧少，发芽可能受阻。土壤空气中的氧气含量如低于10%，许多草类植物种子的发芽会受到抑制。所以当种子播种太深，土壤过于黏重板结，土壤含水量过高，或其他条件限制氧气的供应时，胚的生长不良，发芽率低，出苗率差。

一般情况下，限制氧气供应的主要因素是水分和种皮。在20℃时，氧在空气中的扩散速率是在水中的10倍。因此，当种子刚吸胀时由于表皮水膜增厚，氧气向种胚内扩散的阻力增加；有些种子的种皮透性本来就差，发芽环境中水分过多，氧气供应就进一步受阻，发芽就会受到严重影响，因此此类种子发芽时，要避免水分过多。另外，随着外界温度的升高，种胚的需氧量也增加，但氧在水中的溶解度降低，因此水分过多、高温不利于种子的萌发。当胚根突破种皮后，种皮对氧气透过的阻碍就会消失。

（四）其他生态因素

1．光　大多数草类植物种子萌发对光照反应不敏感，在光照或黑暗条件下一般都能正常发芽。但有一些种子萌发对光敏感，需要在光照或黑暗条件下才能正常萌发。根据各种种子萌发对光反应的敏感性不同，可以把种子分为三类：萌发对光不敏感、萌发必须有光或光可促进发芽、光抑制种子萌发。大多数草类植物种子属于第一种类型；鹳股颖属、看麦娘属、鸭茅属、羊茅属、黑麦草属、藕草属、早熟禾属、结缕草属等种子属于第二种类型；葱属、尾穗苋、宝盖草、黑种草属、喜林草属植物的种子属于第三种类型。

2．土壤盐分　土壤盐分主要影响着水分渗透势并在一些情况下带来离子毒害。渗透效应引起溶液渗透势降低而使种子吸水受阻，从而影响种子萌发。离子效应一方面造成直接毒害而抑制种子萌发；另一方面离子渗入种子后，降低种子渗透势，加速吸水而促进萌发。离子效应在低浓度盐分时表现为正效应，能促进某些种子萌发。低浓度的盐分对草木樨、碱谷、籽粒苋和碱茅种子萌发起促进作用。对大多数种子来说，盐分对种子萌发起抑制作用，并且发芽率与盐浓度显著负相关。由于高温与盐胁迫互作产生的不可逆效应，因此在盐胁迫下高温对黑麦草种子复萌率的抑制效应更强。

讨论题

1. 草地建植中，田间哪些因素影响草类植物种子萌发？
2. 简述种子萌动与发芽过程的阶段性和连续性特点。

第五章
草类植物种子质量检验

第一节　草类植物种子质量检验的目的、作用和程序

草类植物种子是草地生态修复与草地畜牧业生产的物质基础。种子质量的优劣不仅关系种子产业的兴衰成败，也是能否发挥优良品种特性，保障用种者收益与种子经营者效益和信誉的关键。种子质量检验是判断种子质量高低的主要手段，既是种子生产者控制与提高种子质量的重要途径，也是规范种子市场，保障种子用户权益的主要方式，对于种子贸易和种子产业的发展具有重要作用。

我国草类植物种子检验工作开展较晚，1982 年制定了国家标准《牧草种子检验规程》，1985 年制定了《豆科主要栽培牧草种子质量分级》和《禾本科主要栽培牧草种子质量分级》标准。其中《牧草种子检验规程》于 2001 年与 2017 年先后进行了两次修订；而另外两项分级标准均于 2008 年再次修订。目前全国有 34 个草类植物种子检验中心，其中 5 个为部级检验中心。

一、草类植物种子质量检验的目的和作用

草类植物种子质量检验是应用科学的方法与技术，按照规定的检验程序对种子的一个或多个质量特性进行技术操作，并与规定要求进行比较的活动，即对种子的质量进行分析、检验、评定，以判断种子真实性及质量优劣。种子质量特性又称质量指标，分为以下四类。

1）物理质量：采用净度、其他植物种子计数、水分、重量等项目的检测结果来衡量。

2）生理质量：采用发芽率、生活力和活力等项目的检测结果来衡量。

3）遗传质量：采用种及品种遗传鉴定、特定特性检测（ISTA 2005 年命名的新术语，代替过去所称的转基因种子检测）等项目的检测结果来衡量。

4）卫生质量：采用种子健康等项目的检测结果来衡量。

（一）目的

草类植物种子质量检验的目的是测定种子用价，为种子的生产、调运、贮藏、交换和管理等提供重要的质量依据。检验结果也可为种子审定、立法、生产和经营等活动提供技术支持。严格的检验还可保证种子贮藏、运输的安全，防止杂草、病虫害的传播。同时，通过对已知来源、背景的种子质量测定，可以分析种子质量与种子生产、管理、加工、贮藏、运输等条件的关系，对提高种子质量和确定种子特性等具有重要意义。

（二）作用

1）把关作用。检验员通过对种子质量进行检验、测定、鉴定，最终实现双重把关：一是把好商品种子出库的质量关，可以防止不合格种子流向市场；二是把好种子质量监督关，可以避免不符合要求的种子用于播种生产。

2）预防作用。对过程控制而言，对上一过程的严格检验，就是对下一过程的预防。通

过对种子生产过程中原材料（如亲本）的过程控制、购入种子的复检，以及种子贮藏、运输过程中的检测等，可以防止不合格种子进入下一过程。

3）监督作用。种子检验是种子质量宏观控制的主要形式，通过对种子的监督抽查、质量评价等形式实现行政监督的目的，监督生产、流通领域的种子质量状况，以便及时打击假劣种子的生产经营行为，把给农业生产带来的损失降到最低。

4）报告作用。种子检验报告是种子贸易必备的文件，可以促进国内外种子贸易的发展。

5）调解种子贸易纠纷的重要依据。监督检验机构出具的种子检验报告，可以作为种子贸易活动中判定质量优劣的依据，对及时调解种子贸易纠纷有重要作用。

6）其他作用。如可以提供信息反馈和辅助决策作用等。

二、草类植物种子质量检验的程序

种子质量是一个综合概念，由种子质量所包含的多重性所决定。本章重点介绍种子质量检验与评定中通常采用的一些技术指标，包括扦样、净度、发芽、水分、其他植物种子数、生活力和重量测定等。

为保证种子质量检验结果的有效性，扦取的样品必须具有代表性，检验方法必须严格执行技术规程，分析方法和分析手段必须科学、系统，检验程序必须合理、完整、相互衔接、密切联系，必须借助于先进的仪器设备。草类植物种子质量检验的具体程序见图 5-1。

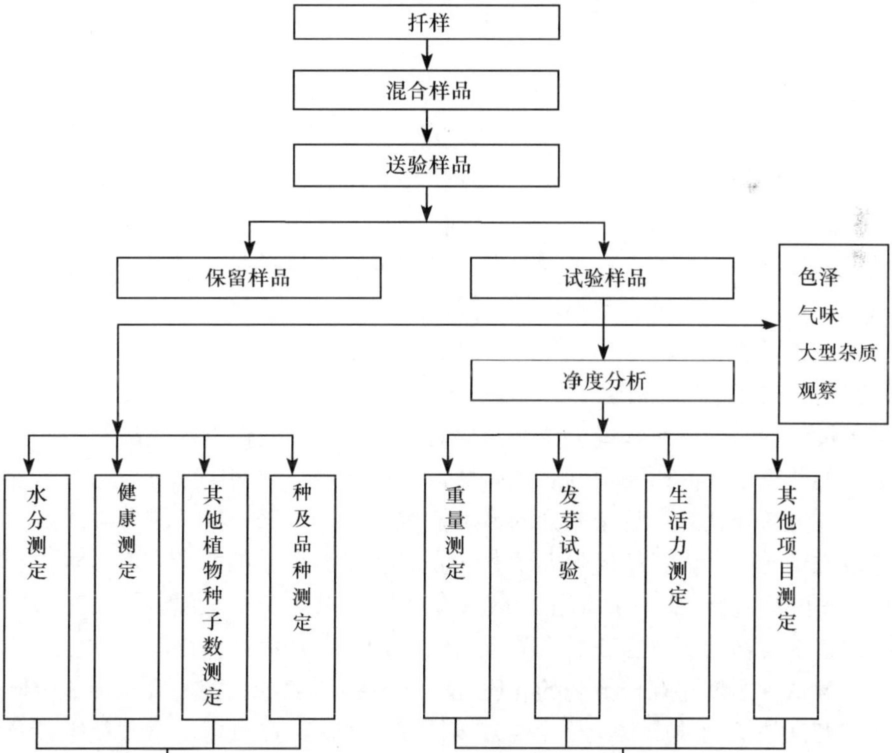

图 5-1　草类植物种子质量检验的具体程序

第二节 扦　　样

扦样即种子检验样品的获取过程，又称取样或抽样。扦样可借助于一种特制的扦样器完成，也可徒手完成。其目的是从一批草类植物种子中随机取得一个重量适于种子检验的送验样品，并且这一送验样品能够准确代表该批被检验种子的成分。因此，正确扦取种子样品是做好种子质量检验的第一环节，所扦取的样品是否具有代表性是决定检验结果正确与否的关键。

一、扦样原则和种子批

（一）扦样原则

1）一批种子内各容器间或各部分间的种子类型和品质要求基本均匀一致。

2）按照预定的扦样方案采用适宜的扦样器具扦取样品。

3）扦样点要均匀分布在整个种子批，扦样部位既要有水平分布，也要有垂直分布。

4）各样点扦取的样品数量要基本一致，过多或过少将影响整个混合样品的代表性。

5）按照对分递减或随机抽取原则分取样品。

6）样品必须封缄与标识，并在包装、运输、贮藏等过程中采取措施尽量保持其原有特性，以保证样品的可溯性和原始性。

7）扦样工作必须由经过专门培训的扦样员担任。

（二）种子批

1．种子批的定义　种子批是指在规定重量之内的批量种子。要求其种或品种一致，生长年限和收获时期相同，生产地区和生产单位相同，种子质量基本一致。

2．种子批的划分　一般一个种子批扦取一个送验样品。如果一批种子数量过大，根据种子批规定的数量划分为若干种子批，每个种子批单独扦样并分别给予批号。种子批的大小与种子的大小有关，一个种子批不能超过其规定的最大重量（表 5-1），同一种子批力求种子各部分均匀，种子包装容器大小一致，并具有种子批号。

3．多容器种子批异质性测定　并不是每个种子批都需要进行异质性测定，只有当扦样人员对种子批的均匀性有所怀疑，认为必要时才进行。异质性测定是从种子批不同容器中抽取规定数量的若干个样品所测得的质量参数，求得质量参数间实际方差与随机分布的理论方差的差异，通过统计计算对这个差异的显著性进行判断。每一样品取自各个不同的容器，容器内的异质性不包括在内。H 值和 R 值代表了种子批异质性的两个方面，对同一种子批，应同时测定 H 值和 R 值，如果 H 值检验或 R 值检验有其中一个呈现出了显著的异质性，检验结果应指出该多容器种子批存在显著的异质性；如果 H 值和 R 值均没有呈现出显著的异质性，说明该多容器种子批不存在显著的异质性。H 值和 R 值的测定内容包括 3 个质量参数：净度、发芽率和其他植物种子数。经受检方和扦样员协商，可测定 3 个质量参数中的任何一个或多个。经测定，如果任一质量参数达到显著水平，则表明该种子批存在异质性。

（1）种子批的扦样　扦样的容器应随机选择，扦样部位为容器的顶部、中部和底部，以保证扦取的样品代表种子批的各部分。每一容器扦取的重量应达到表 5-1“送验样品最小重量”所规定重量的一半。

表 5-1　草类植物种子批的最大重量和样品最小重量

序号	种名		种子批的最大重量/kg	送验样品最小重量/g	试验样品最小重量/g	
	拉丁名	中文名			净度分析样品	计数其他植物种子的样品
1	*Achnatherum sibiricum*（L.）Keng	羽茅*	10 000	150	15	150
2	*Aeschynomene americana* L.	美洲决明	10 000	120	12	120
3	*Agriophyllum squarrosum*（L.）Moq.	沙蓬（沙米）*	10 000	30	3	30
4	*Agropyron cristatum*（L.）Gaertn.	扁穗冰草	10 000	40	4	40
5	*Agropyron desertorum*（Fisch. ex Link）Schult.	沙生冰草	10 000	60	6	60
6	*Agropyron mongolicum* Keng	沙芦草（蒙古冰草）*	10 000	50	5	50
7	*Agrostis alba* L.	小糠草*	10 000	25	0.5	5
8	*Agrostis canina* L.	普通翦股颖	10 000	5	0.25	2.5
9	*Agrostis stolonifera* L.	匍匐翦股颖	10 000	5	0.25	2.5
10	*Allium mongolicum* Regel	沙葱（蒙古韭）*	10 000	100	10	100
11	*Alopecurus pratensis* L.	草原看麦娘	10 000	30	3	30
12	*Amaranthus hybridus* L.	绿穗苋	5 000	25	2	20
13	*Amaranthus hypochondriacus* L.	籽粒苋*	5 000	25	2	20
14	*Amaranthus paniculatus* L.	繁穗苋*	5 000	25	2	20
15	*Amorpha fruticosa* L.	紫穗槐	1 000	1 000	150	1 000
16	*Anthoxanthum odoratum* L.	黄花茅	10 000	20	2	20
17	*Arrhenatherum elatius*（L.）P. Beauv. ex J. Presl & C. Presl	燕麦草	10 000	80	8	80
18	*Artemisia frigida* Willd.	冷蒿*	10 000	25	2.5	25
19	*Artemisia ordosica* Kraschen.	黑沙蒿*	10 000	50	5	50
20	*Artemisia sphaerocephala* Krasch.	白沙蒿*	10 000	50	5	50
21	*Artemisia wudanica* Liou et W. Wang	乌丹蒿*	10 000	20	2	20
22	*Astragalus adsurgens* Pall.	沙打旺*	10 000	100	10	100
23	*Astragalus cicer* L.	鹰嘴紫云英	10 000	90	9	90
24	*Astragalus melilotoides* Pall.	草木樨状黄芪*	10 000	150	15	150
25	*Astragalus sinicus* L.	紫云英*	10 000	90	9	90
26	*Avena sativa* L.	燕麦	25 000	1 000	120	1 000
27	*Axonopus compressus*（Sw.）P.Beauv.	地毯草	10 000	10	1	10
28	*Beta vulgaris* L. var. *lutea* DC.	饲用甜菜	20 000	500	50	500
29	*Brachiaria decumbens* Stapf	俯仰臂形草	10 000	100	10	100
30	*Bromus catharticus* Vahl.	扁穗雀麦	10 000	200	20	200
31	*Bromus inermis* Leyss.	无芒雀麦	10 000	90	9	90
32	*Cajanus cajan*（L.）Huth.	木豆	20 000	1 000	300	1 000
33	*Calligonum alaschanicum* A. Los.	沙拐枣*	10 000	1 000	150	1 000

续表

序号	种名		种子批的最大重量/kg	送验样品最小重量/g	试验样品最小重量/g	
	拉丁名	中文名			净度分析样品	计数其他植物种子的样品
34	*Caragana arborescens* Lam.	树锦鸡儿	10 000	800	80	800
35	*Caragana intermedia* Kuang et H.C.Fu	中间锦鸡儿*	10 000	1 000	100	1 000
36	*Caragana korshinskii* Kom.	柠条锦鸡儿*	10 000	1 000	100	1 000
37	*Caragana microphylla* Lam.	小叶锦鸡儿*	10 000	1 000	100	1 000
38	*Carex leucochlora* Bunge	青绿苔草*	5 000	20	2	20
39	*Ceratoides latens*(J. F. Gmel.)Reveal Holmgren	驼绒藜*	10 000	50	5	50
40	*Chamaecrista rotundifolia* (Pers.) Greene	圆叶决明	10 000	100	10	100
41	*Chloris gayana* Kunth	非洲虎尾草	10 000	10	1	10
42	*Chloris virgata* Swartz	虎尾草*	5 000	25	1.5	15
43	*Cicer arietinum* L.	鹰嘴豆	30 000	1 000	1 000	1 000
44	*Cichorium intybus* L.	菊苣	10 000	50	5	50
45	*Cleistogenes songorica* (Roshev.) Ohwi	无芒隐子草*	5 000	10	1	10
46	*Coronilla varia* L.	多变小冠花	10 000	100	10	100
47	*Crotalaria juncea* L.	菽麻	10 000	700	70	700
48	*Cynodon dactylon* (L.) Pers.	狗牙根	10 000	10	1	10
49	*Dactylis glomerata* L.	鸭茅	10 000	30	3	30
50	*Desmodium intortum* (Mill.) Urb.	绿叶山蚂蝗	10 000	40	4	40
51	*Desmodium uncinatum* (Jacq.) DC.	银叶山蚂蝗	20 000	120	12	120
52	*Dichondra repens* J. R. Forst.& G. Forst.	马蹄金	10 000	50	5	50
53	*Echinochloa crusgalli* (L.) P.Beauv.	稗	10 000	80	8	80
54	*Eleusine indica* (L.) Gaertn.	牛筋草*	1 000	10	1	10
55	*Elymus dahuricus* Turcz.	披碱草*	10 000	100	10	100
56	*Elymus nutans* Griseb.	垂穗披碱草*	10 000	100	10	100
57	*Elymus sibiricus* L.	老芒麦*	10 000	100	10	100
58	*Elytrigia elongata* (Host) Nevski	长穗偃麦草	10 000	200	20	200
59	*Elytrigia intermedia* (Host) Nevski	中间偃麦草	10 000	150	15	150
60	*Eragrostis curvula* (Schrad.) Nees	弯叶画眉草	10 000	10	1	10
61	*Eremochloa ophiuroides* (Munro) Hack.	假俭草*	5 000	30	3	30
62	*Euchlaena mexicana* Schrad.	墨西哥类玉米*	40 000	1 000	300	1 000
63	*Festuca arundinacea* Schreb.	苇状羊茅	10 000	50	5	50
64	*Festuca ovina* L.	羊茅（所有变种）	10 000	25	2.5	25
65	*Festuca pratensis* Huds.	草地羊茅（牛尾草）	10 000	50	5	50

续表

序号	种名		种子批的最大重量/kg	送验样品最小重量/g	试验样品最小重量/g	
	拉丁名	中文名			净度分析样品	计数其他植物种子的样品
66	*Festuca rubra* L.s.l.（all vars.）	紫羊茅（所有变种）	10 000	30	3	30
67	*Festuca sinensis* Keng	中华羊茅*	10 000	30	3	30
68	× *Festulolium* Asch. & Graebn.	羊茅黑麦草	10 000	60	6	60
69	*Galega orientalis* Lam.	东方山羊豆	10 000	200	20	200
70	*Glycine max* L.	饲用大豆（秣食豆）	30 000	1 000	500	1 000
71	*Haloxylon ammodendron*（Mey.）Bunge	梭梭*	1 000	150	15	150
72	*Haloxylon persicum* Bunge ex Boiss.et Buhse	白梭梭*	1 000	150	15	150
73	*Hedysarum laeve* Maxim.	塔落岩黄芪（羊柴）*	10 000	500	50	500
74	*Hedysarum mongolicum* Turcz.	蒙古岩黄芪*	1 000	800	80	800
75	*Hedysarum scoparium* Fisch. et Mey.	细枝岩黄芪（花棒）*	10 000	300	30	300
76	*Hippophae rhamnoides* L.	沙棘*	1 000	350	35	350
77	*Holcus lanatus* L.	绒毛草	10 000	10	1	10
78	*Hordeum bogdanii* Wilensky	布顿大麦*	10 000	100	10	100
79	*Hordeum brevisubulatum*（Trin.）Link	野大麦*	10 000	100	10	100
80	*Hordeum vulgare* L.	大麦	30 000	1 000	120	1 000
81	*Ixeris denticulata*（Houtt.）Stebb.	苦荬菜*	5 000	20	2	20
82	*Kengyilia thoroldiana*（Oliv）J. L.Yang, Yen et Baum	梭罗草*	10 000	60	6	60
83	*Lactuca indica* L.	山莴苣*	10 000	40	4	40
84	*Lathyrus pratensis* L.	草原山黧豆*	20 000	1 000	500	1 000
85	*Lathyrus sativus* L.	山黧豆	20 000	1 000	450	1 000
86	*Lespedeza bicolor* Turcz.	胡枝子（二色胡枝子）*	10 000	200	20	200
87	*Lespedeza davurica*（Laxm.）Schindl	达乌里胡枝子*	10 000	50	5	50
88	*Leucaena leucocephala*（Lam.）de Wit.	银合欢	20 000	1 000	100	1 000
89	*Leymus chinensis*（Trin.）Tzvel.	羊草*	10 000	150	15	150
90	*Leymus secalinus*（Georgi）Tzvel.	赖草*	10 000	100	10	100
91	*Lolium multiflorum* Lam.	多花黑麦草	10 000	60	6	60
92	*Lolium perenne* L.	多年生黑麦草	10 000	60	6	60
93	*Lotononis bainesii* Baker	罗顿豆	10 000	10	1	10
94	*Lotus corniculatus* L.	百脉根	10 000	30	3	30
95	*Lupinus albus* L.	白羽扇豆	30 000	1 000	450	1 000
96	*Lupinus luteus* L.	黄羽扇豆	30 000	1 000	450	1 000

续表

序号	种名		种子批的最大重量/kg	送验样品最小重量/g	试验样品最小重量/g	
	拉丁名	中文名			净度分析样品	计数其他植物种子的样品
97	*Macroptilium atropurpureum*（DC.）Urb.	紫花大翼豆	20 000	350	35	350
98	*Macroptilium lathyroides*（L.）Urb.	大翼豆	20 000	200	20	200
99	*Macrotyloma axillare*（E. Mey.）Verdc.	大结豆	20 000	250	25	250
100	*Medicago arabica*（L.）Huds.	不带刺褐斑苜蓿	10 000	50	5	50
101	*Medicago lupulina* L.	天蓝苜蓿	10 000	50	5	50
102	*Medicago polymorpha* L.	南苜蓿（金花菜）	10 000	70	7	70
103	*Medicago sativa* L.（incl. *M. varia*）	紫花苜蓿（包括杂花苜蓿）	10 000	50	5	50
104	*Medicago truncatula* Gaertn.	蒺藜苜蓿	10 000	100	10	100
105	*Medicago ruthenica*（L.）Trautv.	扁蓿豆*	10 000	50	5	50
106	*Melilotus albus* Medik. ex Desr.	白花草木樨	10 000	50	5	50
107	*Melilotus officinalis*（L.）Pall.	黄花草木樨	10 000	50	5	50
108	*Melinis minutiflora* Beauv.	糖蜜草	10 000	5	0.5	5
109	*Nitraria tangutorum* Bobr.	唐古特白刺*	30 000	1 000	100	1 000
110	*Nitraria sibirica* Pall.	西伯利亚白刺*	30 000	500	50	500
111	*Onobrychis viciifolia* Scop.	红豆草（果实）	10 000	600	60	600
112	*Panicum maximum* Jacq.	大黍（坚尼草）	10 000	20	2	20
113	*Panicum virgatum* L.	柳枝稷	10 000	30	3	30
114	*Paspalum dilatatum* Poir.	毛花雀稗	10 000	50	5	50
115	*Paspalum notatum* Flugge	巴哈雀稗	10 000	70	7	70
116	*Paspalum urvillei* Steud.	丝毛雀稗	10 000	30	3	30
117	*Paspalum wettsteinii* Hack.	宽叶雀稗	10 000	30	3	30
118	*Pennisetum alopecuroides*（L.）Spreng	狼尾草*	10 000	100	10	100
119	*Pennisetum glaucum*（L.）R. Br.	珍珠粟（御谷）	10 000	150	15	150
120	*Phalaris arundinacea* L.	虉草	10 000	30	3	30
121	*Phleum pratense* L.	猫尾草	10 000	10	1	10
122	*Pisum sativum* L.	豌豆	30 000	1 000	900	1 000
123	*Plantago lanceolata* L.	长叶车前	10 000	60	6	60
124	*Poa annua* L.	早熟禾	10 000	10	1	10
125	*Poa compressa* L.	加拿大早熟禾	10 000	5	0.5	5
126	*Poa crymophila* Keng	冷地早熟禾*	10 000	10	1	10
127	*Poa nemoralis* L.	林地早熟禾	10 000	5	0.5	5
128	*Poa pratensis* L.	草地早熟禾	10 000	5	1	5
129	*Poa trivialis* L.	普通早熟禾	10 000	5	1	5

续表

序号	种名		种子批的最大重量/kg	送验样品最小重量/g	试验样品最小重量/g	
	拉丁名	中文名			净度分析样品	计数其他植物种子的样品
130	*Polygonum divaricatum* L.	叉分蓼*	10 000	300	30	300
131	*Portulaca oleracea* L.	马齿苋	10 000	5	0.5	5
132	*Psathyrostachys juncea*（Fisch.）Nevski	新麦草	10 000	60	6	60
133	*Puccinellia distans*（L.）Parl.	碱茅*	5 000	20	2	20
134	*Puccinellia tenuiflora* Turcz.	星星草*	5 000	25	2	20
135	*Pueraria lobata*（Willd.）Ohwi.	葛藤	10 000	350	35	350
136	*Pueraria phaseoloides*（Roxb.）Benth.	三裂叶葛藤	20 000	300	30	300
137	*Roegneria kokonorica* Keng	青海鹅观草*	10 000	120	12	120
138	*Roegneria mutica* Keng	无芒鹅观草*	10 000	130	13	130
139	*Rumex acetosa* L.	酸模	10 000	30	3	30
140	*Rumex patientia* L.	巴天酸模*	10 000	100	10	100
141	*Secale cereale* L.	黑麦	30 000	1 000	120	1 000
142	*Setaria italica*（L.）Beauv.	粟（青谷子）	10 000	90	9	90
143	*Setaria sphacelata* Stapf & C. E. Hubb.	非洲狗尾草	10 000	30	3	30
144	*Silphium perfoliatum* L.	串叶松香草*	10 000	700	70	700
145	*Sorghum bicolor*（L.）Moench	高粱	30 000	900	90	900
146	*Sorghum bicolor*（L.）Moench × *Sorghum sudanense*（Piper）Stapf	高丹草	30 000	300	30	300
147	*Sorghum sudanense*（Piper）Stapf	苏丹草	10 000	250	25	250
148	*Sorghum* × *almum* Parodi	杂高粱	30 000	200	20	200
149	*Stipa krylovii* Roshev.	克氏针茅*	10 000	30	3	30
150	*Stylosanthes guianensis*（Aubl.）Sw.	圭亚那柱花草	10 000	70	7	70
151	*Stylosanthes hamata*（L.）Taub.	有钩柱花草	10 000	70	7	70
152	*Stylosanthes humilis* Kunth	矮柱花草	10 000	70	7	70
153	*Stylosanthes scabra* Vog.	西卡柱花草	10 000	80	8	80
154	*Tamarix chinensis* Lour.	柽柳*	10 000	100	10	100
155	*Trifolium fragiferum* L.	草莓三叶草	10 000	40	4	40
156	*Trifolium hybridum* L.	杂三叶	10 000	20	2	20
157	*Trifolium incarnatum* L.	绛三叶	10 000	80	8	80
158	*Trifolium pratense* L.	红三叶	10 000	50	5	50
159	*Trifolium repens* L.	白三叶	10 000	20	2	20
160	*Trifolium subterraneum* L.	地三叶	10 000	250	25	250
161	*Trigonella foenum-graecum* L.	胡卢巴	10 000	450	45	450
162	*Triticosecale rimpaui* Wittmack ex Yen	小黑麦	30 000	1 000	120	1 000

续表

序号	种名		种子批的最大重量/kg	送验样品最小重量/g	试验样品最小重量/g	
	拉丁名	中文名			净度分析样品	计数其他植物种子的样品
163	*Vicia benghalensis* Rothvar.	紫花苕子	30 000	1 000	120	1 000
164	*Vicia sativa* L.	箭筈豌豆	30 000	1 000	140	1 000
165	*Vicia unijuga* R. Br.	歪头菜*	30 000	300	30	300
166	*Vicia villosa* Roth	毛叶苕子	30 000	1 000	100	1 000
167	*Vigna unguiculata*（L.）Walp.	豇豆	30 000	1 000	400	1 000
168	*Zea mays* L.	玉米	40 000	1 000	900	1 000
169	*Zoysia japonica* Steud.	结缕草	10 000	10	1	10

注：净度分析的试验样品最小重量按至少含有2500粒种子折算。计数其他植物种子的样品用于其他植物种子数的测定，按照净度分析样品的10倍折算，最大为1000g；*表示《国际种子检验规程 第2章：扦样》（2012年版）中未纳入的植物种

（2）*测定方法* 异质性（*H*值）可从下列任一项目质量值测得。

1）净度分析任一成分的重量百分率。在净度分析时，如能把某种成分分离出来（净种子、其他植物种子或禾本科草类植物的秕粒等），则可用该成分的重量百分率表示。每份试验样品（试样）重量大约含1000粒种子，分析时将每个试验样品分成两部分，即分析对象成分和其余部分。

2）发芽试验任一成分的百分率。在标准发芽率试验中，任何可测得的种子或幼苗都可采用，如正常种苗、不正常种苗或硬实等。测定时从各试验样品分别取100粒种子，按本章第四节规定的主要草类植物种子发芽方法同时做发芽试验。

3）其他植物种子数。其他植物种子测定中任何一种能计数的成分均可采用，如某一植物种子粒数或所有其他植物种子的总粒数。每份试验样品的重量大约含10 000粒种子。

（3）*异质性H值的计算*

1）计算公式。异质性*H*值按式（5-1）计算：

$$H=\frac{V}{W}-f \tag{5-1}$$

式中，*V*为测定值*X*的实际方差；*W*为测定值的理论方差；*f*为理论变异因子（表5-2）。

表5-2 用于计算*W*值和*H*值的种子批理论变异因子（*f*）

指标	无稃壳种子	有稃壳种子
净度	1.1	1.2
其他植物种子数	1.4	2.2
发芽率	1.1	1.2

注：对于有稃壳和无稃壳种子的划分，参照GB/T 2930.2的规定

不同扦取容器数与临界*H*值见表5-3。

2）净度或发芽率。当采用净度或发芽率测定值时，其实际方差、理论方差和各试样质量值的平均值，分别按式（5-2）～式（5-4）计算：

表 5-3　扦取容器数与临界 *H* 值（1%概率）

种子批的容器数（No.）	扦取容器数（*N*）	净度和发芽率的临界 *H* 值		其他植物种子数的临界 *H* 值	
		无稃壳种子	有稃壳种子	无稃壳种子	有稃壳种子
5	5	2.55	2.78	3.25	5.10
6	6	2.22	2.42	2.83	4.44
7	7	1.98	2.17	2.52	3.98
8	8	1.80	1.97	2.30	3.61
9	9	1.66	1.81	2.11	3.32
10	10	1.55	1.69	1.97	3.10
11～15	11	1.45	1.58	1.85	2.90
16～25	15	1.19	1.31	1.51	2.40
26～35	17	1.10	1.20	1.40	2.20
36～49	18	1.07	1.16	1.36	2.13
50 或以上	20	0.99	1.09	1.26	2.00

$$V=\frac{N\sum X^2-\left(\sum X\right)^2}{N(N-1)} \tag{5-2}$$

$$W=\frac{\overline{X}(100-\overline{X})}{n}\times f \tag{5-3}$$

$$\overline{X}=\frac{\sum X}{N} \tag{5-4}$$

式中，N 为容器中扦取的独立样本数；n 为各供试种样的粒数，即净度分析为 1000 粒，发芽试验为 100 粒；X 为各试样的质量值；$\overline{X}$ 为各试样质量值的平均值；V 为测定值 X 的实际方差；W 为测定值的理论方差。

如果 N 小于 10，净度和发芽率计算至两位小数；如果 N 等于或大于 10，则计算至三位小数。

3）其他植物种子数。当采用其他植物种子数测定种批异质性时，其理论方差按式（5-5）计算：

$$W=\overline{X} \tag{5-5}$$

式中，W 为测定值的理论方差；$\overline{X}$ 为各试样质量值的平均值。V 和 H 的计算与式（5-1）相同。其他植物种子数测定时，供试种样的粒数为 10 000 粒。

如果 N 小于 10，其他植物种子数计算至一位小数；如果 N 等于或大于 10，则计算至两位小数。

4）异质性 H 值的结果表示。若求得的 H 值超过表 5-3 的临界 H 值时，则该种子批存在显著（$P<0.01$）的异质性；若求得的 H 值低于或等于临界 H 值时，则该种子批在该指标上无异质现象，应继续进行异质性 R 值检测。若求得的 H 值为负数，则按照 0 统计。

异质性的测定结果应记录：质量值（净度、发芽率、其他植物种子数）的平均值（$\overline{X}$）、扦取容器数（N）、种子批的容器数（No.）、异质性（H 值）。并进一步阐明这个 H 值反映了该种子批有（无）显著的异质性。

如果 $\overline{X}$ 超出下列限度，则无须计算或填报 H 值：①净度分析的任一成分高于 99.8%或低于 0.2%；②发芽率高于 99%或低于 1%；③指定某一草种的种子数，每个样品低于两粒。

（4）异质性 R 值的计算

1）计算公式。异质性 R 值按式（5-6）和式（5-7）计算：

$$\overline{X}=\frac{\sum X}{N} \tag{5-6}$$

$$R=X_{max}-X_{min} \tag{5-7}$$

式中，N 为容器中扦取的独立样本数；$\overline{X}$ 为各试样质量值的平均值。

供试种样的粒数，净度分析时为 1000 粒，发芽试验时为 100 粒，其他植物种子数测定时为 10 000 粒；计算净度和发芽率时，如果 N 小于 10，计算至两位小数；如果 N 等于或大于 10，则计算至三位小数。计算其他植物种子数时，如果 N 小于 10，计算至一位小数；如果 N 等于或大于 10，则计算至两位小数。

2）异质性 R 值的结果表示。若求得的 R 值超过表 5-4～表 5-9 的临界 R 值时，则该种子批存在显著（$P<0.01$）的异质性；若求得的 R 值低于或等于临界 R 值时，则该种子批在该指标上无异质现象。

异质性的测定结果应记录：质量值（净度、发芽率、其他植物种子数）的平均值（$\overline{X}$）、扦取容器数（N）、种子批的容器数（No.）、异质性值（R）。并进一步阐明这个 R 值反映了该种子批有（无）显著的异质性。

表 5-4　无稃壳种子净度分析中 *R* 值的最大容许差距（1%概率）

净度平均值（$\overline{X}$）/%	补数/%	独立样本数的容许差距			净度平均值（$\overline{X}$）/%	补数/%	独立样本数的容许差距		
		5～9	10～19	20			5～9	10～19	20
99.9	0.1	0.5	0.5	0.6	88.0	12.0	5.0	5.6	6.1
99.8	0.2	0.7	0.8	0.8	87.0	13.0	5.1	5.8	6.3
99.7	0.3	0.8	0.9	1.0	86.0	14.0	5.3	5.9	6.5
99.6	0.4	1.0	1.1	1.2	85.0	15.0	5.4	6.1	6.7
99.5	0.5	1.1	1.2	1.3	84.0	16.0	5.6	6.3	6.9
99.4	0.6	1.2	1.3	1.4	83.0	17.0	5.7	6.4	7.0
99.3	0.7	1.3	1.4	1.6	82.0	18.0	5.9	6.6	7.2
99.2	0.8	1.4	1.5	1.7	81.0	19.0	6.0	6.7	7.4
99.1	0.9	1.4	1.6	1.8	80.0	20.0	6.1	6.8	7.5
99.0	1.0	1.5	1.7	1.9	78.0	22.0	6.3	7.1	7.8
98.5	1.5	1.9	2.1	2.3	76.0	24.0	6.5	7.3	8.0
98.0	2.0	2.1	2.4	2.6	74.0	26.0	6.7	7.5	8.2
97.5	2.5	2.4	2.7	2.9	72.0	28.0	6.9	7.7	8.4
97.0	3.0	2.6	2.9	3.2	70.0	30.0	7.0	7.8	8.6
96.5	3.5	2.8	3.1	3.4	68.0	32.0	7.1	8.0	8.7
96.0	4.0	3.0	3.4	3.7	66.0	34.0	7.2	8.1	8.9
95.5	4.5	3.2	3.5	3.9	64.0	36.0	7.3	8.2	9.0
95.0	5.0	3.3	3.7	4.1	62.0	38.0	7.4	8.3	9.1
94.0	6.0	3.6	4.1	4.5	60.0	40.0	7.5	8.4	9.2
93.0	7.0	3.9	4.4	4.8	58.0	42.0	7.5	8.4	9.2
92.0	8.0	4.1	4.6	5.1	56.0	44.0	7.6	8.5	9.3
91.0	9.0	4.4	4.9	5.4	54.0	46.0	7.6	8.5	9.3
90.0	10.0	4.6	5.1	5.6	52.0	48.0	7.6	8.6	9.4
89.0	11.0	4.8	5.4	5.9	50.0	50.0	7.6	8.6	9.4

表 5-8　无稃壳种子其他植物种子数测定中 R 值的最大容许差距

其他植物种子数均值（$\overline{X}$）	独立样本数的容许差距			其他植物种子数均值（$\overline{X}$）	独立样本数的容许差距			其他植物种子数均值（$\overline{X}$）
	5～9	10～19	20		5～9	10～19	20	
1	6	7	7	41	35	40	43	81
2	8	9	10	42	36	40	44	82
3	10	11	12	43	36	41	44	83
4	11	13	14	44	37	41	45	84
5	13	14	15	45	37	41	45	85
6	14	15	17	46	37	42	46	86
7	15	17	18	47	38	42	46	87
8	16	18	19	48	38	43	47	88
9	17	19	21	49	39	43	47	89
10	18	20	22	50	39	44	48	90
11	19	21	23	51	39	44	48	91
12	19	22	24	52	40	45	49	92
13	20	23	25	53	40	45	49	93
14	21	23	26	54	40	45	50	94
15	22	24	26	55	41	46	50	95
16	22	25	27	56	41	46	51	96
17	23	26	28	57	42	47	51	97
18	24	26	29	58	42	47	51	98
19	24	27	30	59	42	47	52	99
20	25	28	30	60	43	48	52	100
21	25	28	31	61	43	48	53	101
22	26	29	32	62	43	49	53	102
23	27	30	33	63	44	49	54	103
24	27	30	33	64	44	49	54	104
25	28	31	34	65	44	50	54	105
26	28	32	35	66	45	50	55	106
27	29	32	35	67	45	50	55	107
28	29	33	36	68	45	51	56	108
29	30	33	37	69	46	51	56	109
30	30	34	37	70	46	52	56	110
31	31	34	38	71	46	52	57	111
32	31	35	38	72	47	52	57	112
33	32	36	39	73	47	53	58	113
34	32	36	39	74	47	53	58	114
35	33	37	40	75	48	53	58	115
36	33	37	41	76	48	54	59	116
37	34	38	41	77	48	54	59	117
38	34	38	42	78	49	54	60	118
39	34	39	42	79	49	55	60	119
40	35	39	43	80	49	55	60	120

表 5-5　有稃壳种子净度分析中 R 值的最大容许差距（1%概率）

净度平均值（$\overline{X}$）/%	补数/%	独立样本数的容许差距			净度平均值（$\overline{X}$）/%	补数/%	独立样本数的容许差距		
		5～9	10～19	20			5～9	10～19	20
99.9	0.1	0.5	0.6	0.6	88.0	12.0	5.2	5.8	6.4
99.8	0.2	0.7	0.8	0.9	87.0	13.0	5.4	6.0	6.6
99.7	0.3	0.9	1.0	1.1	86.0	14.0	5.5	6.2	6.8
99.6	0.4	1.0	1.1	1.2	85.0	15.0	5.7	6.4	7.0
99.5	0.5	1.1	1.3	1.4	84.0	16.0	5.8	6.6	7.2
99.4	0.6	1.2	1.4	1.5	83.0	17.0	6.0	6.7	7.4
99.3	0.7	1.3	1.5	1.6	82.0	18.0	6.1	6.9	7.5
99.2	0.8	1.4	1.6	1.7	81.0	19.0	6.3	7.0	7.7
99.1	0.9	1.5	1.7	1.8	80.0	20.0	6.4	7.1	7.8
99.0	1.0	1.6	1.8	1.9	78.0	22.0	6.6	7.4	8.1
98.5	1.5	1.9	2.2	2.4	76.0	24.0	6.8	7.6	8.4
98.0	2.0	2.2	2.5	2.7	74.0	26.0	7.0	7.8	8.6
97.5	2.5	2.5	2.8	3.1	72.0	28.0	7.2	8.0	8.8
97.0	3.0	2.7	3.0	3.3	70.0	30.0	7.3	8.2	9.0
96.5	3.5	2.9	3.3	3.6	68.0	32.0	7.4	8.3	9.1
96.0	4.0	3.1	3.5	3.8	66.0	34.0	7.5	8.5	9.3
95.5	4.5	3.3	3.7	4.1	64.0	36.0	7.6	8.6	9.4
95.0	5.0	3.5	3.9	4.3	62.0	38.0	7.7	8.7	9.5
94.0	6.0	3.8	4.2	4.6	60.0	40.0	7.8	8.8	9.6
93.0	7.0	4.1	4.6	5.0	58.0	42.0	7.9	8.8	9.7
92.0	8.0	4.3	4.8	5.3	56.0	44.0	7.9	8.9	9.7
91.0	9.0	4.6	5.1	5.6	54.0	46.0	7.9	8.9	9.8
90.0	10.0	4.8	5.4	5.9	52.0	48.0	8.0	8.9	9.8
89.0	11.0	5.0	5.6	6.1	50.0	50.0	8.0	8.9	9.8

表 5-6　无稃壳种子发芽试验中 R 值的最大容许差距（1%概率）

发芽率平均值（$\overline{X}$）/%	补数/%	独立样本数的容许差距			发芽率平均值（$\overline{X}$）/%	补数/%	独立样本数的容许差距		
		5～9	10～19	20			5～9	10～19	20
99	1	5	6	6	86	14	17	19	21
98	2	7	8	9	85	15	18	20	22
97	3	9	10	11	84	16	18	20	22
96	4	10	11	12	83	17	19	21	23
95	5	11	12	13	82	18	19	21	23
94	6	12	13	15	81	19	19	22	24
93	7	13	14	16	80	20	20	22	24
92	8	14	15	17	79	21	20	23	25
91	9	14	16	17	78	22	20	23	25
90	10	15	17	18	77	23	21	23	25
89	11	16	17	19	76	24	21	24	26
88	12	16	18	20	75	25	21	24	26
87	13	17	19	20	74	26	22	24	26

表 5-5　有稃壳种子净度分析中 *R* 值的最大容许差距（1%概率）

净度平均值（$\overline{X}$）/%	补数/%	独立样本数的容许差距			净度平均值（$\overline{X}$）/%	补数/%	独立样本数的容许差距		
		5～9	10～19	20			5～9	10～19	20
99.9	0.1	0.5	0.6	0.6	88.0	12.0	5.2	5.8	6.4
99.8	0.2	0.7	0.8	0.9	87.0	13.0	5.4	6.0	6.6
99.7	0.3	0.9	1.0	1.1	86.0	14.0	5.5	6.2	6.8
99.6	0.4	1.0	1.1	1.2	85.0	15.0	5.7	6.4	7.0
99.5	0.5	1.1	1.3	1.4	84.0	16.0	5.8	6.6	7.2
99.4	0.6	1.2	1.4	1.5	83.0	17.0	6.0	6.7	7.4
99.3	0.7	1.3	1.5	1.6	82.0	18.0	6.1	6.9	7.5
99.2	0.8	1.4	1.6	1.7	81.0	19.0	6.3	7.0	7.7
99.1	0.9	1.5	1.7	1.8	80.0	20.0	6.4	7.1	7.8
99.0	1.0	1.6	1.8	1.9	78.0	22.0	6.6	7.4	8.1
98.5	1.5	1.9	2.2	2.4	76.0	24.0	6.8	7.6	8.4
98.0	2.0	2.2	2.5	2.7	74.0	26.0	7.0	7.8	8.6
97.5	2.5	2.5	2.8	3.1	72.0	28.0	7.2	8.0	8.8
97.0	3.0	2.7	3.0	3.3	70.0	30.0	7.3	8.2	9.0
96.5	3.5	2.9	3.3	3.6	68.0	32.0	7.4	8.3	9.1
96.0	4.0	3.1	3.5	3.8	66.0	34.0	7.5	8.5	9.3
95.5	4.5	3.3	3.7	4.1	64.0	36.0	7.6	8.6	9.4
95.0	5.0	3.5	3.9	4.3	62.0	38.0	7.7	8.7	9.5
94.0	6.0	3.8	4.2	4.6	60.0	40.0	7.8	8.8	9.6
93.0	7.0	4.1	4.6	5.0	58.0	42.0	7.9	8.8	9.7
92.0	8.0	4.3	4.8	5.3	56.0	44.0	7.9	8.9	9.7
91.0	9.0	4.6	5.1	5.6	54.0	46.0	7.9	8.9	9.8
90.0	10.0	4.8	5.4	5.9	52.0	48.0	8.0	8.9	9.8
89.0	11.0	5.0	5.6	6.1	50.0	50.0	8.0	8.9	9.8

表 5-6　无稃壳种子发芽试验中 *R* 值的最大容许差距（1%概率）

发芽率平均值（$\overline{X}$）/%	补数/%	独立样本数的容许差距			发芽率平均值（$\overline{X}$）/%	补数/%	独立样本数的容许差距		
		5～9	10～19	20			5～9	10～19	20
99	1	5	6	6	86	14	17	19	21
98	2	7	8	9	85	15	18	20	22
97	3	9	10	11	84	16	18	20	22
96	4	10	11	12	83	17	19	21	23
95	5	11	12	13	82	18	19	21	23
94	6	12	13	15	81	19	19	22	24
93	7	13	14	16	80	20	20	22	24
92	8	14	15	17	79	21	20	23	25
91	9	14	16	17	78	22	20	23	25
90	10	15	17	18	77	23	21	23	25
89	11	16	17	19	76	24	21	24	26
88	12	16	18	20	75	25	21	24	26
87	13	17	19	20	74	26	22	24	26

续表

发芽率平均值（$\overline{X}$）/%	补数/%	独立样本数的容许差距			发芽率平均值（$\overline{X}$）/%	补数/%	独立样本数的容许差距		
		5～9	10～19	20			5～9	10～19	20
73	27	22	25	27	61	39	24	27	29
72	28	22	25	27	60	40	24	27	30
71	29	22	25	27	59	41	24	27	30
70	30	23	25	28	58	42	24	27	30
69	31	23	26	28	57	43	24	27	30
68	32	23	26	28	56	44	24	27	30
67	33	23	26	28	55	45	25	27	30
66	34	23	26	29	54	46	25	27	30
65	35	24	26	29	53	47	25	28	30
64	36	24	26	29	52	48	25	28	30
63	37	24	27	29	51	49	25	28	30
62	38	24	27	29	50	50	25	28	30

表 5-7　有稃壳种子发芽试验中 *R* 值的最大容许差距（1%概率）

发芽率平均值（$\overline{X}$）/%	补数/%	独立样本数的容许差距			发芽率平均值（$\overline{X}$）/%	补数/%	独立样本数的容许差距		
		5～9	10～19	20			5～9	10～19	20
99	1	6	6	7	74	26	23	25	28
98	2	8	8	9	73	27	23	26	28
97	3	9	10	11	72	28	23	26	28
96	4	10	12	13	71	29	23	26	29
95	5	11	13	14	70	30	24	26	29
94	6	12	14	15	69	31	24	27	29
93	7	13	15	16	68	32	24	27	29
92	8	14	16	17	67	33	24	27	30
91	9	15	17	18	66	34	24	27	30
90	10	16	17	19	65	35	25	27	30
89	11	16	18	20	64	36	25	28	30
88	12	17	19	21	63	37	25	28	30
87	13	17	20	21	62	38	25	28	31
86	14	18	20	22	61	39	25	28	31
85	15	18	21	23	60	40	25	28	31
84	16	19	21	23	59	41	25	28	31
83	17	19	22	24	58	42	25	28	31
82	18	20	22	24	57	43	25	28	31
81	19	20	23	25	56	44	26	29	31
80	20	21	23	25	55	45	26	29	31
79	21	21	24	26	54	46	26	29	31
78	22	21	24	26	53	47	26	29	31
77	23	22	24	27	52	48	26	29	31
76	24	22	25	27	51	49	26	29	31
75	25	22	25	27	50	50	26	29	31

表 5-8　无稃壳种子其他植物种子数测定中 *R* 值的最大容许差距（1%概率）

其他植物种子数均值（$\overline{X}$）	独立样本数的容许差距			其他植物种子数均值（$\overline{X}$）	独立样本数的容许差距			其他植物种子数均值（$\overline{X}$）	独立样本数的容许差距		
	5～9	10～19	20		5～9	10～19	20		5～9	10～19	20
1	6	7	7	41	35	40	43	81	49	55	61
2	8	9	10	42	36	40	44	82	50	56	61
3	10	11	12	43	36	41	44	83	50	56	61
4	11	13	14	44	37	41	45	84	50	56	62
5	13	14	15	45	37	41	45	85	51	57	62
6	14	15	17	46	37	42	46	86	51	57	62
7	15	17	18	47	38	42	46	87	51	57	63
8	16	18	19	48	38	43	47	88	52	58	63
9	17	19	21	49	39	43	47	89	52	58	64
10	18	20	22	50	39	44	48	90	52	58	64
11	19	21	23	51	39	44	48	91	52	59	64
12	19	22	24	52	40	45	49	92	53	59	65
13	20	23	25	53	40	45	49	93	53	59	65
14	21	23	26	54	40	45	50	94	53	60	65
15	22	24	26	55	41	46	50	95	54	60	66
16	22	25	27	56	41	46	51	96	54	60	66
17	23	26	28	57	42	47	51	97	54	61	66
18	24	26	29	58	42	47	51	98	54	61	67
19	24	27	30	59	42	47	52	99	55	61	67
20	25	28	30	60	43	48	52	100	55	62	67
21	25	28	31	61	43	48	53	101	55	62	68
22	26	29	32	62	43	49	53	102	55	62	68
23	27	30	33	63	44	49	54	103	56	62	68
24	27	30	33	64	44	49	54	104	56	63	69
25	28	31	34	65	44	50	54	105	56	63	69
26	28	32	35	66	45	50	55	106	57	63	69
27	29	32	35	67	45	50	55	107	57	64	70
28	29	33	36	68	45	51	56	108	57	64	70
29	30	33	37	69	46	51	56	109	57	64	70
30	30	34	37	70	46	52	56	110	58	65	71
31	31	34	38	71	46	52	57	111	58	65	71
32	31	35	38	72	47	52	57	112	58	65	71
33	32	36	39	73	47	53	58	113	58	65	72
34	32	36	39	74	47	53	58	114	59	66	72
35	33	37	40	75	48	53	58	115	59	66	72
36	33	37	41	76	48	54	59	116	59	66	73
37	34	38	41	77	48	54	59	117	59	67	73
38	34	38	42	78	49	54	60	118	60	67	73
39	34	39	42	79	49	55	60	119	60	67	73
40	35	39	43	80	49	55	60	120	60	67	74

续表

其他植物种子数均值（$\overline{X}$）	独立样本数的容许差距 5～9	10～19	20	其他植物种子数均值（$\overline{X}$）	独立样本数的容许差距 5～9	10～19	20	其他植物种子数均值（$\overline{X}$）	独立样本数的容许差距 5～9	10～19	20
121	60	68	74	127	62	69	76	133	63	71	78
122	61	68	74	128	62	70	76	134	64	71	78
123	61	68	75	129	62	70	76	135	64	71	78
124	61	68	75	130	63	70	77	136	64	72	78
125	61	69	75	131	63	70	77	137	64	72	79
126	62	69	76	132	63	71	77	138	64	72	79

表 5-9　有稃壳种子其他植物种子数测定中 *R* 值的最大容许差距（1%概率）

其他植物种子数均值（$\overline{X}$）	独立样本数的容许差距 5～9	10～19	20	其他植物种子数均值（$\overline{X}$）	独立样本数的容许差距 5～9	10～19	20	其他植物种子数均值（$\overline{X}$）	独立样本数的容许差距 5～9	10～19	20
1	7	8	9	30	38	42	46	59	53	59	65
2	10	11	12	31	38	43	47	60	53	60	65
3	12	14	15	32	39	44	48	61	54	60	66
4	14	16	17	33	40	44	49	62	54	61	66
5	16	18	19	34	40	45	49	63	55	61	67
6	17	19	21	35	41	46	50	64	55	62	68
7	19	21	23	36	41	46	51	65	56	62	68
8	20	22	24	37	42	47	51	66	56	63	69
9	21	23	26	38	43	48	52	67	56	63	69
10	22	25	27	39	43	48	53	68	57	64	70
11	23	26	28	40	44	49	54	69	57	64	70
12	24	27	30	41	44	50	54	70	58	65	71
13	25	28	31	42	45	50	55	71	58	65	71
14	26	29	32	43	45	51	55	72	58	65	72
15	27	30	33	44	46	51	56	73	59	66	72
16	28	31	34	45	46	52	57	74	59	66	73
17	29	32	35	46	47	52	57	75	60	67	73
18	29	33	36	47	47	53	58	76	60	67	74
19	30	34	37	48	48	54	59	77	60	68	74
20	31	35	38	49	48	54	59	78	61	68	75
21	32	36	39	50	49	55	60	79	61	69	75
22	33	36	40	51	49	55	60	80	62	69	75
23	33	37	41	52	50	56	61	81	62	69	76
24	34	38	42	53	50	56	62	82	62	70	76
25	35	39	42	54	51	57	62	83	63	70	77
26	35	40	43	55	51	57	63	84	63	71	77
27	36	40	44	56	52	58	63	85	63	71	78
28	37	41	45	57	52	58	64	86	64	71	78
29	37	42	46	58	52	59	64	87	64	72	79

续表

其他植物种子数均值（$\overline{X}$）	独立样本数的容许差距			其他植物种子数均值（$\overline{X}$）	独立样本数的容许差距			其他植物种子数均值（$\overline{X}$）	独立样本数的容许差距		
	5~9	10~19	20		5~9	10~19	20		5~9	10~19	20
88	65	72	79	105	70	79	86	122	76	85	93
89	65	73	80	106	71	79	87	123	76	85	93
90	65	73	80	107	71	80	87	124	76	86	94
91	66	74	80	108	71	80	88	125	77	86	94
92	66	74	81	109	72	80	88	126	77	86	95
93	66	74	81	110	72	81	88	127	77	87	95
94	67	75	82	111	72	81	89	128	78	87	95
95	67	75	82	112	73	81	89	129	78	87	96
96	67	75	83	113	73	82	90	130	78	88	96
97	68	76	83	114	73	82	90	131	79	88	96
98	68	76	83	115	74	83	90	132	79	88	97
99	68	77	84	116	74	83	91	133	79	89	97
100	69	77	84	117	74	83	91	134	79	89	98
101	69	77	85	118	75	84	92	135	80	89	98
102	69	78	85	119	75	84	92	136	80	90	98
103	70	78	86	120	75	84	92	137	80	90	99
104	70	79	86	121	76	85	93	138	81	90	99

二、样品种类、扦样程序和分样程序

（一）样品种类

1．初次样品　又称小样，从种子批的任一个点所扦取的一小部分种子。

2．混合样品　又称原始样品，由种子批内所扦取的全部初次样品混合而成的样品。

3．送验样品　又称平均样品，指送交种子检验机构的样品，通常是混合样品适当减少后得到的。送验样品要根据要求达到最低重量（表 5-1）。

4．试验样品　又称试样或工作样品，是在检验室内从送验样品中分取出来的一定重量的种子样品，用于测定某一种子质量指标，也有最低重量的要求（表 5-1）。

5．次级样品　采取一定分样方法从某一级样品中分出的一部分样品均称为次级样品。次级样品不是一个具体的样品种类，而是本级样品相对于其上一级样品而言的，如由混合样品分取的送验样品，那么送验样品就是混合样品的次级样品。

（二）扦样程序[U27]

1．扦样器类型及其使用方法　种子扦样的方法取决于种子种类、种子堆积方式及扦样器的种类和构造。根据种子的大小、种子的易流动性和包装情况往往使用不同的扦样工具和方法。

（1）单管扦样器　单管扦样器（诺培扦样器，图 5-2A）适于袋装或小容器扦样。因种子大小不同，扦样器有大、中、小 3 种类型。扦样时首先将扦样器慢慢插入袋内，尖端朝上与水平呈 30°角，孔口向下，插入袋的中心，然后将扦样器旋转 180°，孔朝上减速抽出，使

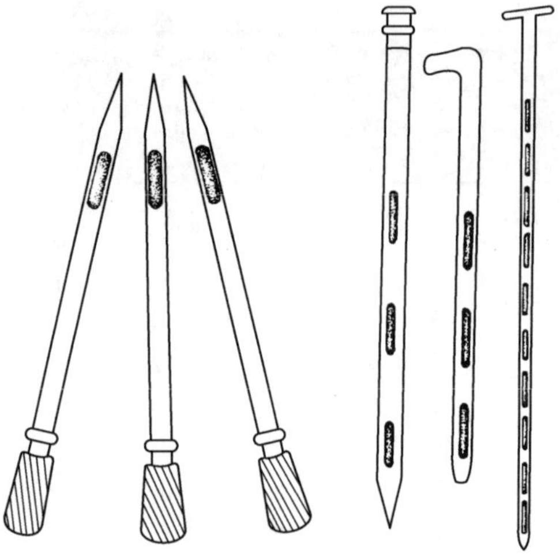

A　　　　　　　　B

图 5-2　种子扦样器

A. 单管扦样器；B. 双管扦样器

连续部位得到的种子数量由中心到袋边依次递增，或者使用长度足够插到袋的更远一边的扦样器，抽出时保持均匀的速度。当扦样器抽出时，须轻轻振动，以保持种子均匀流动。

（2）双管扦样器　　双管扦样器是最常用的扦样工具（图 5-2B），可以垂直或水平使用。垂直使用时，内管必须由隔板分成几个室，否则扦样器开启时，由上层落入内管的种子数量增加，影响样品的代表性。无论是水平还是垂直使用必须将扦样器孔口朝上，对角线插入袋内或容器内，旋转手柄使内管上的小孔与外管小孔重合时，轻轻摇动扦样器，种子便流入内管，扦样器完全装满后再向相反方向旋转手柄，最后关闭孔口。管的长度和直径依种子种类及容器大小有多种，并制成有隔板和无隔板两种。双管扦样器扦取散装种子时垂直插入更为方便。

2. 扦样准备工作　　扦样前受检方首先提出种子扦样申请，申请书应写明种及品种的名称、种子批数量、种子批号、包装数量、包装规格、产种单位、存放地点。扦样员在充分了解种子批基本情况的基础上制订种子扦样方案，主要包括不同种类或品种划分的种子批数、不同批次所需最小初次样品数、不同检测项目送验样品所需的最小重量等指标。此外，扦样员还应准备适合的扦样器、天平、样品袋、封样标签、手套、工作服及介绍信、空白扦样单、空白检验申请书等文档材料。

扦样员到达扦样现场后，应首先对种子批的基本情况进行核实，确定申请书上所填种子批编号、种子容器（袋）数等项目是否与实际情况吻合一致，若发现种子包装物或种子批没有标记，或能明显看出该批种子在形态或文件记录上有异质性的证据时，应不予扦样并终止扦样程序。经受检方申请后可进入种子批异质性测定程序（见多容器种子批异质性测定）。被扦样种子批作为一个整体在空间上应易于与其他种子批（或种子）区分，如遇被扦样种子批作为整体或局部与其他种子混合堆放而影响扦样操作准确性的情况，扦样员有权要求受检方将该种子批重新堆放直至达到上述要求为止。

确认被扦样种子批符合扦样要求后，扦样员即开始按照扦样方案和相关标准扦取初次样品，将初次样品充分混合后得到混合样品，将混合样品适当减少后便得到送验样品。送验样品由扦样员亲自封缄，双方签名并注明日期。样品封签后，填写扦样单，双方签章后由扦样员将送验样品带回（或邮寄）检验机构。此外，被扦样种子批也应封缄，并应粘贴标有种名、品种名、批次号的标签。

3. 扦样方法

（1）袋装种子扦样方法

1）不同包装规格初次样品的数量。100kg 种子袋（容器）组成的种子批的最低扦样数目见表 5-10。

表 5-10 100kg 种子袋（容器）组成的种子批的最低扦样数目

每种子批袋（容器）数	最低扦样数目	每种子批袋（容器）数	最低扦样数目
1～4	每袋至少取 3 个初次样品	16～30	共取 15 个初次样品
5～8	每袋至少取 2 个初次样品	31～59	共取 20 个初次样品
9～15	每袋至少取 1 个初次样品	60 及以上	共取 30 个初次样品

大于 100kg 种子袋（容器）组成的种子批或正在装入容器的种子流的最低扦样数目见表 5-11。

表 5-11 大于 100kg 种子袋（容器）组成的种子批或正在装入容器的种子流的最低扦样数目

种子批数量/kg	最低扦样数目	种子批数量/kg	最低扦样数目
500 及以下	不少于 5 个初次样品	3 001～20 000	每 500kg 扦样取 1 点，但不少于 10 个
501～3 000	每 300kg 扦样取 1 点，但不少于 5 个	20 001 及以上	每 700kg 扦样取 1 点，但不少于 40 个

对上述各类扦样，若扦取种子袋（容器）多达 15 个，自每个容器内扦取的初次样品数目应相同。

若种子装在小容器中，如金属罐、纸袋或小包装，用下列方法扦样：以 100kg 种子的重量作为扦样的基本单位，小容器可合并组成基本单位，其重量不得超过 100kg，如 20 个 5kg 的容器，33 个 3kg 的容器，或 100 个 1kg 的容器，将每个单位视为一个“容器”，按表 5-10 的规定进行扦样。

2）初次样品的扦取。

A．扦样器扦样。从每个取样的袋（容器）中，或从袋（容器）的各个部位，扦取重量大体上相等的初次样品。袋（容器）装种子堆垛存放时，应在整个种子批的上、中、下各部位随机选定取样（图 5-3）。袋（容器）中扦取初次样品，除扦样数目有规定外，不需在每袋（容器）的不同部位扦样。单管扦样器适用于扦取袋装种子，扦样后所造成的孔洞，可用扦样器尖端拨动孔洞使麻线合并在一起。密封纸袋扦样后可用胶布粘贴封闭孔口。

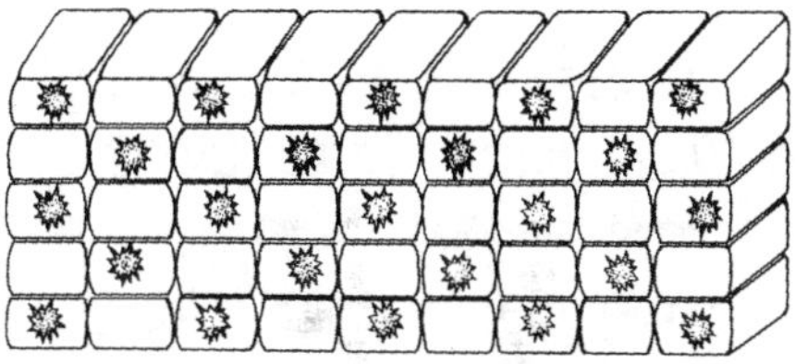

图 5-3 取样点分布示意图

B．徒手扦样。徒手扦样过程与操作要点见图 5-4。对于下列各属的草类植物种子，特别是有稃壳不易自由流动的种子，可徒手扦得初次样品：冰草属（*Agropyron*）、翦股颖属（*Agrostis*）、看麦娘属（*Alopecurus*）、黄花茅属（*Anthoxanthum*）、燕麦草属（*Arrhenatherum*）、地毯草属（*Axonopus*）、雀麦属（*Bromus*）、虎尾草属（*Chloris*）、狗牙根属（*Cynodon*）、洋狗尾草属（*Cynosurus*）、鸭茅属（*Dactylis*）、发草属（*Deschampsia*）、披碱草属（*Elymus*）、偃麦草属（*Elytrigia*）、羊茅属（*Festuca*）、绒毛草属（*Holcus*）、黑麦草属（*Lolium*）、糖蜜草属（*Melinis*）、黍属（*Panicum*）、雀稗属（*Paspalum*）、早熟禾属（*Poa*）、针茅属（*Stipa*）、三毛草属（*Trisetum*）和结缕草属（*Zoysia*）。

（2）*散装种子扦样方法* 当种子是散装或在大型容器里时，应随机从各个部位及深度扦取初次样品。种子堆高不足 2m 的，分上、下两层设点；高 2～3m 的，分上、中、下三层设点，上层距顶 10～20cm 处，中层在中心部位，下层距底 5～10cm 处，每个部位的扦样点数量应大体相等。可使用垂直双管扦样器或长柄短筒圆锥形扦样器取样。取样时先扦上层，次扦中层，后扦下层，以免搅乱层次而影响扦样的代表性。

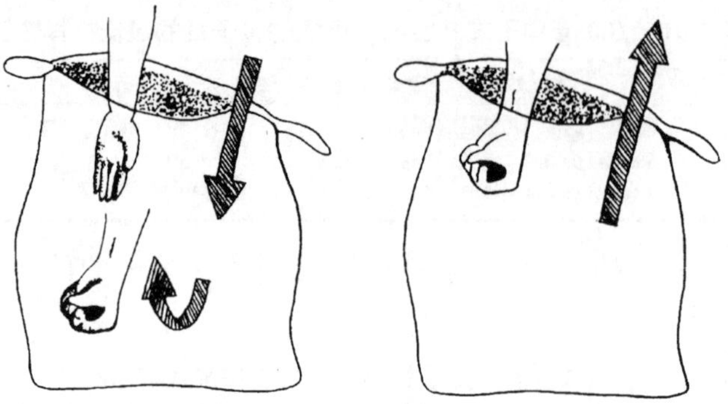

图 5-4 徒手扦样示意图

左图示徒手伸入袋中至规定部位后抓取种子；右图示手掌抽离的过程中应握紧以免种子漏出

（3）圆仓种子扦样方法　圆仓（或围囤）种子扦样方法是按仓的直径分内、中、外设点：内点在圆仓的中心，中点在圆仓半径的 1/2 处，外点在距圆仓壁 30cm 处。扦样时在圆仓的一条直径上按上述部位设内外 3 个点，再在与此直径垂直的直径线上，按上述部位设 2 个中点，共设 5 点。圆仓直径超过 7m 时可增设 2 个扦样点。其划分层次和扦样方法与散装扦样法相同。

（4）输送流种子扦样方法　在种子加工过程或机械化进出仓时，可从输送种子流中扦取样品。根据种子数量和输送速度定时定量用取样勺或取样铲在输送种子流的两侧或中间依次截取，取出的样品数量与散装扦样法相同。

（三）分样程序

1. 分样原则　从种子批各个点扦取的初次样品，如果是均匀一致的，则可将其合并混合成混合样品。如果混合样品与送验样品规定数量相近，可以直接将混合样品作为送验样品。如果混合样品数量较多，可按照规定的分样方法将混合样品随机减少到适当大小而获得送验样品。送验样品的最低数量要求根据种子的大小和种类而定。种子检验单位收到的送验样品，通常须经过分样，减少为试验样品。

试验样品的最低重量在各项目检验规程中做了规定。表 5-1 列出净度分析的试验样品重量是按至少含有 2500 粒种子推算而来的。计数其他植物种子的试验样品通常是净度分析样品最低重量的 10 倍，最高重量为 1000g。供水分测定的样品，如果需研磨碎测定的种子为 100g，不需磨碎测定的为 50g。

无论混合样品缩减为送验样品，还是送验样品缩减为试验样品，种子的总体积和重量通常逐级减少，样品的代表性往往有变差的倾向。然而，选择适宜的分样技术，遵循合理的分样程序，各个次级样品仍可保持其代表性。

2. 分样方法　分样方法包括机械分样法、随机杯法、改良对分法和徒手分样法等。

（1）机械分样法　机械分样法采用钟鼎式（圆锥式）分样器、横格式分样器（土壤分样器）分样，如图 5-5 所示。

1）钟鼎式分样器有大、中、小 3 种不同类型，适于中、小粒表面光滑种子的分样。用铜或铁皮制成，顶部为漏斗，下面为一个圆锥体，顶点与漏斗相通，并设有活门。使用时将活门关闭，样品倒入漏斗铺平，盛接器对准出口，用手快速拔开活门，样品下落，经圆锥体均匀分散通过格子，分两路落入盛接器内。分样次数视所需样品多少而定。

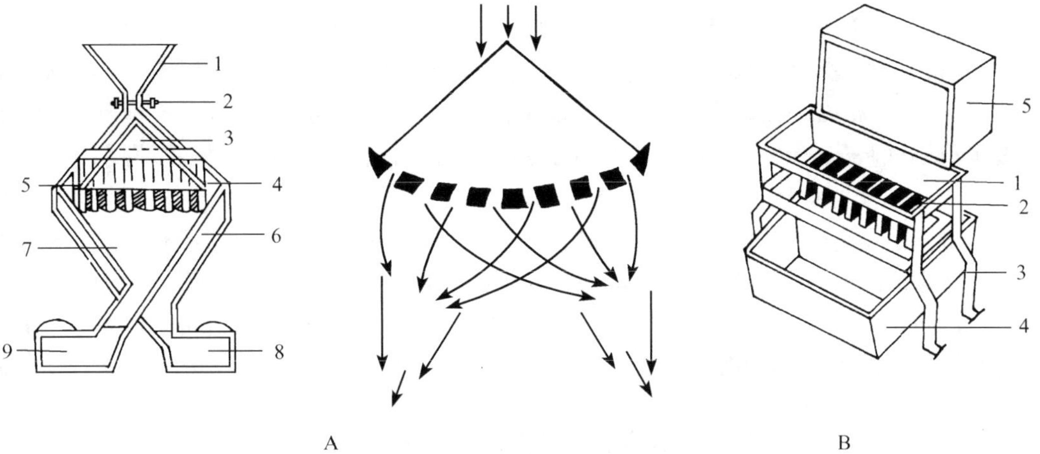

图 5-5 分样器的主要种类

A．钟鼎式分样器：1．漏斗；2．活门；3．圆锥体；4．流入内层各格；5．流入外层各格；6．外层；7．内层；8、9．盛接器。B．横格式分样器：1．漏斗；2．格子和凹槽；3．支架；4．盛接器；5．倾倒盘

依据钟鼎式分样器分样原理研制的电动离心分样器省工省时。使用时先将分样器清理干净，关闭活门，3 个盛接器分别对准 3 个出料口，把样品倒入进料斗，接通电源，打开活门，样品通过分样盘落入盛样器中，将样品以 5∶3∶2 的比例分成 3 份。

2）横格式分样器适合于大粒种子及带稃壳的种子。使用时将盛接器放在合适的位置，将样品倒入倾倒盘摊平，迅速翻转使种子落入漏斗内，经过格子分两路落入盛接器，即将样品一分为二。

（2）随机杯法　此法适合于试验样品在 10g 以下的种子，但要求应是带稃壳较少和不易跳动和滚动的种子。将 6～8 个小杯或套管随机放在一个盘上画定的方形内。种子经过一次初步混合后，均匀地倒在盘上的方形内，落入杯中的种子合并后可作为试验样品。倒在盘上方形内的种子要尽可能保持均匀，而不是仅装满杯子。若送验样品太多，杯子会埋在种子中，则再画一个更大的方形，重做一次。若全部杯子里的种子重量不够试验样品重量，则再画一个方形，重复上述步骤。不同草类植物种子适宜的分样杯和所画方形大小如表 5-12 所示。

表 5-12　不同草类植物种子适宜的分样杯和所画方形大小

种子	杯子内部尺寸/mm		方形大小/mm^2	送验样品/g	试验样品/g
	直径	深度			
草地羊茅	15	15	120	50	5
牛尾草	15	15	120	50	5
苜蓿	12	14	100	50	5
红三叶	12	14	100	50	5
白三叶	10	8	100	25	2
翦股颖	7	6	150	25	2.5

（3）改良对分法　由若干同样大小的方形小格组成一方框装于一盘中，小格上方均开口，下方每隔一格无底。种子经初步混合后，按随机杯法均匀地散在方格内。取出方框，约有一半种子留在盘上，另一半在有底的小格内，继续对分，直至获得约等于而不小于规定重量的试验样品。

（4）徒手分样法　　在无分样器或由于种子构造所限而无法使用仪器时，须芒草属（*Andropogon*）、黄花茅属、燕麦草属、臂形草属（*Brachiaria*）、虎尾草属、蒺藜草属（*Cenchrus*）、双花草属（*Dichanthium*）、稗属（*Echinochloa*）、披碱草属、画眉草属（*Eragrostis*）、糖蜜草属、狼尾草属（*Pennisetum*）、柱花草属（*Stylosanthes*，除柱花草外）、三毛草属、尾稃草属（*Urochloa*）等带有稃壳的草类植物种子，可采用徒手分样。分样时将种子均匀地倒在一个光滑清洁的平面上用无边刮板混匀种子，聚集成一堆，再将种子堆平分为两部分，每部分再分成4小堆，排成一行，共两行。交替合并两行各小堆种子，如第一行的第一、三小堆与第二行的第二、四小堆凑集为一份，其余的则为另一份，保留其中的一份。继续按以上步骤分取保留的那份种子，以获得所需试验样品的重量。

第三节　净度分析

一、净度分析的意义

种子净度是指从被检样品中除去杂质和其他植物种子后，被检种子重量占样品总重量的百分率，是种子质量的一项重要指标。净度分析的目的是测定样品各成分的重量百分率，由此推测种子批的组成，鉴定组成样品的各个种和杂质的特性。

净度分析结果主要可用于以下方面：①为生产中计算种子用价和播种量提供依据；②根据种子混杂程度，分析种子净度低的因素，提出提高种子质量的种子生产、管理和清选等措施；③净度分析分离出的净种子，可为其他项目检验提供试验样品。净度是种子质量分级的主要依据，是准确评定种子等级进而对种子进行定价不可缺少的重要指标之一。

二、净度分析组分的划分

（一）净种子

净种子是指送验者所叙述的种或在分析时所发现的主要种，包括该种的全部植物学变种和栽培品种。

1. 净种子判定依据

（1）一般原则　　能明确地判断是属于所分析的种（除已变成菌核、黑穗病孢子团或线虫瘿外），即使是未成熟、瘦小、皱缩、发芽、虫伤、感病的种子（图5-6）也应作为净种子。主要包括下列两种情况。

1）符合净种子定义明确规定的每个属或种的完整种子单位，即通常所见的传播单位，如瘦果和类似的果实、分果、小花等。对于禾本科种子，其完整种子单位包括小花和裸粒颖果。如果是小花，须带有一个明显含有胚乳的颖果。

2）超过种子大小一半的破损种子。

（2）不适用一般原则的禾本科某些属

1）羊茅属（*Festuca*）、黑麦草属和羊茅黑麦草，含有一个颖果的小花，颖果从小穗轴基部量起，大于等于内稃长度1/3的，列为净种子或其他植物种子；小于内稃长度1/3的，列为杂质。

2）燕麦草属（*Arrhenatherum*）、燕麦属（*Avena*）、雀麦属（*Bromus*）、虎尾草属（*Chloris*）、

图 5-6　发芽种子、虫伤种子和感病种子图例

鸭茅属（*Dactylis*）、羊茅属、羊茅黑麦草、绒毛草属（*Holcus*）、黑麦草属、早熟禾属和高粱属（*Sorghum*），附着在可育小花上的不育小花不必除去，一起列为净种子。

3）复粒种子单位列为净种子。

4）某些属［大麦属（*Hordeum*）］，具附属物（芒、小柄等）的种子不必除去其附属物，一并列为净种子。

2. 净种子定义编号　每个植物属净种子定义的编号见表 5-13。

表 5-13　净种子定义编号

序号	属		科	净种子定义编号	有无稃壳
	拉丁名	中文名			
1	*Achnatherum*	芨芨草属*	禾本科	26	有
2	*Aeschynomene*	田皂角属	豆科	15	有
3	*Agriophyllum*	沙蓬属*	藜科	27	无
4	*Agropyron*	冰草属	禾本科	17	有
5	*Agrostis*	翦股颖属	禾本科	20	有
6	*Allium*	葱属	葱科	7	无
7	*Alopecurus*	看麦娘属	禾本科	20	有
8	*Amaranthus*	苋属	苋科	7	无
9	*Amorpha*	紫穗槐属	豆科	14	无
10	*Anthoxanthum*	黄花茅属	禾本科	18	有
11	*Antirrhinum*	金鱼草属	玄参科	7	有
12	*Arrhenatherum*	燕麦草属	禾本科	21	有
13	*Artemisia*	蒿属	菊科	1	无
14	*Astragalus*	黄芪属	豆科	8	无
15	*Avena*	燕麦属	禾本科	19	有
16	*Axonopus*	地毯草属	禾本科	22	有
17	*Bellis*	雏菊属	菊科	1	无
18	*Beta*	甜菜属	藜科	28	有
19	*Brachiaria*	臂形草属	禾本科	22	有
20	*Bromus*	雀麦属	禾本科	19	有
21	*Cajanus*	木豆属	豆科	8	无
22	*Calendula*	金盏花属	菊科	1	有
23	*Calligonum*	沙拐枣属*	蓼科	6	无
24	*Callistephus*	翠菊属	菊科	1	无
25	*Campanula*	风铃草属	桔梗科	7	无
26	*Caragana*	锦鸡儿属	豆科	8	无
27	*Carex*	苔草属*	莎草科	24	无

续表

序号	属		科	净种子定义编号	有无稃壳
	拉丁名	中文名			
28	*Celosia*	青葙属	苋科	7	无
29	*Centaurea*	矢车菊属	菊科	3	有
30	*Ceratoides*	驼绒藜属*	藜科	1	有
31	*Chamaecrista*	山扁豆属	豆科	8	无
32	*Chloris*	虎尾草属	禾本科	26	有
33	*Cicer*	鹰嘴豆属	豆科	8	无
34	*Cichorium*	菊苣属	菊科	3	有
35	*Cleistogenes*	隐子草属*	禾本科	19	有
36	*Consolida*	飞燕草属	毛茛科	7	有
37	*Coronilla*	小冠花属	豆科	13	无
38	*Cosmos*	秋英属	菊科	3	有
39	*Crotalaria*	猪屎豆属	豆科	8	无
40	*Cyclamen*	仙客来属	报春花科	7	无
41	*Cynodon*	狗牙根属	禾本科	17	有
42	*Dactylis*	鸭茅属	禾本科	19	有
43	*Dahlia*	大丽花属	菊科	6	有
44	*Delphinium*	翠雀属	毛茛科	7	有
45	*Desmodium*	山蚂蝗属	豆科	8	有
46	*Dianthus*	石竹属	石竹科	7	有
47	*Dichondra*	马蹄金属	旋花科	7	无
48	*Echinochloa*	稗属	禾本科	22	有
49	*Eleusine*	穇属	禾本科	29	无
50	*Elymus*	披碱草属	禾本科	17	有
51	*Elytrigia*	偃麦草属	禾本科	17	有
52	*Eragrostis*	画眉草属	禾本科	17	无
53	*Eremochloa*	蜈蚣草属*	禾本科	26	有
54	*Eschscholzia*	花菱草属	罂粟科	7	无
55	*Euchlaena*	类蜀黍属*	禾本科	24	无
56	*Fatsia*	八角金盘属	五加科	7	有
57	*Festuca*	羊茅属	禾本科	19	有
58	×*Festulolium*	羊茅黑麦草	禾本科	19	有
59	*Freesia*	香雪兰属	鸢尾科	7	无
60	*Gaillardia*	天人菊属	菊科	3	有
61	*Galega*	山羊豆属	豆科	8	无
62	*Gerbera*	大丁草属	菊科	3	有
63	*Glycine*	大豆属	豆科	8	无
64	*Glycyrrhiza*	甘草属*	豆科	12	无
65	*Gomphrena*	千日红属	苋科	2	有
66	*Haloxylon*	梭梭属*	藜科	1	无
67	*Hedysarum*	岩黄芪属	豆科	8	无
68	*Helianthus*	向日葵属	菊科	3	无
69	*Helichrysum*	蜡菊属	菊科	3	有

续表

序号	属		科	净种子定义编号	有无稃壳
	拉丁名	中文名			
70	*Hippophae*	沙棘属*	胡颓子科	1	无
71	*Holcus*	绒毛草属	禾本科	21	有
72	*Hordeum*	大麦属	禾本科	30	无
73	*Iberis*	屈曲花属	十字花科	8	无
74	*Impatiens*	凤仙花属	凤仙花科	7	无
75	*Ixeris*	苦荬菜属*	菊科	3	无
76	*Kalanchoe*	伽蓝菜属	景天科	7	有
77	*Kengyilia*	仲彬草属*	禾本科	17	有
78	*Kochia*	地肤属	藜科	2	有
79	*Lactuca*	莴苣属	菊科	3	有
80	*Lathyrus*	山黧豆属	豆科	8	无
81	*Lavandula*	薰衣草属	唇形科	11	无
82	*Lespedeza*	胡枝子属	豆科	14	无
83	*Leucaena*	银合欢属	豆科	8	无
84	*Leucanthemum*	滨菊属	菊科	1	有
85	*Leymus*	赖草属*	禾本科	19	有
86	*Lobularia*	香雪球属	十字花科	8	有
87	*Lolium*	黑麦草属	禾本科	19	有
88	*Lotononis*	罗顿豆属	豆科	8	无
89	*Lotus*	百脉根属	豆科	8	无
90	*Lupinus*	羽扇豆属	豆科	8	无
91	*Macroptilium*	大翼豆属	豆科	8	无
92	*Macrotyloma*	硬皮豆属	豆科	8	无
93	*Matthiola*	紫罗兰属	十字花科	8	有
94	*Medicago*	苜蓿属	豆科	8	无
95	*Melilotus*	草木樨属	豆科	13	无
96	*Melinis*	糖蜜草属	禾本科	22	有
97	*Mimosa*	含羞草属	豆科	8	无
98	*Mirabilis*	紫茉莉属	紫茉莉科	1	无
99	*Myosotis*	勿忘草属	紫草科	11	无
100	*Nitraria*	白刺属*	蒺藜科	1	无
101	*Onobrychis*	红豆草属	豆科	13	有
102	*Panicum*	黍属	禾本科	22	有
103	*Papaver*	罂粟属	罂粟科	7	无
104	*Paspalum*	雀稗属	禾本科	22	有
105	*Pennisetum*	狼尾草属	禾本科	27	有
106	*Petunia*	碧冬茄属	茄科	7	无
107	*Phalaris*	虉草属	禾本科	18	有
108	*Phleum*	猫尾草属	禾本科	17	有
109	*Phlox*	天蓝绣球属	花荵科	7	无
110	*Pisum*	豌豆属	豆科	8	无
111	*Plantago*	车前属	车前科	7	无

续表

序号	属		科	净种子定义编号	有无稃壳
	拉丁名	中文名			
112	*Poa* （non bulb）	早熟禾属（无鳞茎）	禾本科	27	有
113	*Poa*（bulb）	早熟禾属（有鳞茎）	禾本科	31	有
114	*Polygonum*	蓼属*	蓼科	2	有
115	*Portulaca*	马齿苋属	马齿苋科	7	无
116	*Primula*	报春花属	报春花科	7	无
117	*Psathyrostachys*	新麦草属	禾本科	17	有
118	*Puccinellia*	碱茅属*	禾本科	25	有
119	*Pueraria*	葛属	豆科	8	无
120	*Roegneria*	鹅观草属*	禾本科	17	有
121	*Rosmarinus*	迷迭香属	唇形科	11	无
122	*Rumex*	酸模属	蓼科	2	有
123	*Salvia*	鼠尾草属	唇形科	11	无
124	*Sanvitalia*	蛇目菊属	菊科	4	有
125	*Scabiosa*	蓝盆花属	川续断科	5	有
126	*Secale*	黑麦属	禾本科	24	无
127	*Senecio*	千里光属	菊科	3	有
128	*Setaria*	狗尾草属	禾本科	22	有
129	*Silene*	蝇子草属	石竹科	7	无
130	*Silphium*	松香草属*	菊科	4	有
131	*Sinapis*	白芥属	十字花科	8	无
132	*Sophora*	槐属	豆科	12	无
133	*Sorghum*	高粱属	禾本科	26	有
134	*Stipa*	针茅属*	禾本科	26	有
135	*Stylosanthes*	笔花豆属	豆科	16	有
136	*Tagetes*	万寿菊属	菊科	3	有
137	*Tamarix*	柽柳属*	柽柳科	7	无
138	*Torenia*	蝴蝶草属	玄参科	7	无
139	*Trifolium*	三叶草属	豆科	8	无
140	*Trigonella*	胡卢巴属	豆科	8	无
141	*Triticosecale*	小黑麦	禾本科	24	无
142	*Tropaeolum*	旱金莲属	旱金莲科	10	无
143	*Verbena*	马鞭草属	马鞭草科	11	无
144	*Vicia*	野豌豆属	豆科	8	无
145	*Vigna*	豇豆属	豆科	8	无
146	*Viola*	堇菜属	堇菜科	9	无
147	*Zea*	玉蜀黍属	禾本科	24	无
148	*Zinnia*	百日菊属	菊科	6	有
149	*Zoysia*	结缕草属	禾本科	23	有

注：*表示《国际种子检验规程 第 3 章：净度分析》（2012 年版）中未纳入的植物属

表 5-13 中编号对应的净种子定义如下。

1）编号 1。符合下列条件之一者为所列植物属的净种子：①瘦果，但明显无种子的除外；②超过原来大小一半的破损瘦果，但明显无种子的除外；③果皮或种皮部分脱落或完全脱落的种子；④果皮或种皮部分脱落或完全脱落，超过原来大小一半的破损种子。

2）编号 2。符合下列条件之一者为所列植物属的净种子：①有或无花被或花梗的瘦果或聚合果，但明显无种子的除外；②超过原来大小一半的破损瘦果或聚合果，但明显无种子的除外；③果皮或种皮部分脱落或完全脱落的种子；④果皮或种皮部分脱落或完全脱落，超过原来大小一半的破损种子。

千日红属（*Gomphrena*）：有或无毛状花被的瘦果也列为净种子，但明显无种子的除外。

3）编号 3。符合下列条件之一者为所列植物属的净种子：①有或无喙、冠毛或苞片的瘦果，但明显无种子的除外；②超过原来大小一半的破损瘦果，但明显无种子的除外；③果皮或种皮部分脱落或完全脱落的种子；④果皮或种皮部分脱落或完全脱落，超过原来大小一半的破损种子。

4）编号 4。符合下列条件之一者为所列植物属的净种子：①有或无果翅、冠毛或刺毛的瘦果，但明显无种子的除外；②超过原来大小一半的破损瘦果，但明显无种子的除外；③果皮或种皮部分脱落或完全脱落的种子；④果皮或种皮部分脱落或完全脱落，超过原来大小一半的破损种子。

5）编号 5。符合下列条件之一者为所列植物属的净种子：①有或无小总苞、花萼或喙的瘦果，但明显无种子的除外；②超过原来大小一半的破损瘦果，但明显无种子的除外；③果皮或种皮部分脱落或完全脱落的种子；④果皮或种皮部分脱落或完全脱落，超过原来大小一半的破损种子。

6）编号 6。符合下列条件之一者为所列植物属的净种子：①有或无刺毛的瘦果，但明显无种子的除外；②超过原来大小一半的破损瘦果，但明显无种子的除外；③果皮或种皮部分脱落或完全脱落的种子；④果皮或种皮部分脱落或完全脱落，超过原来大小一半的破损种子。

7）编号 7。符合下列条件之一者为所列植物属的净种子：①有或无种皮的种子；②超过原来大小一半，有或无种皮的破损种子。

8）编号 8。符合下列条件之一者为所列植物属的净种子：①附着部分种皮的种子；②超过原来大小一半，附着部分种皮的破损种子。

9）编号 9。符合下列条件之一者为所列植物属的净种子：①有或无种皮、种阜的种子；②超过原来大小一半，有或无种皮的破损种子。

10）编号 10。符合下列条件之一者为所列植物属的净种子：①分果爿，但明显无种子的除外；②超过原来大小一半的破损分果爿，但明显无种子的除外；③果皮或种皮部分脱落或完全脱落的种子；④果皮或种皮部分脱落或完全脱落，超过原来大小一半的破损种子。

11）编号 11。符合下列条件之一者为所列植物属的净种子：①小坚果，但明显无种子的除外；②超过原来大小一半的小坚果，但明显无种子的除外；③果皮或种皮部分脱落或完全脱落的种子；④果皮或种皮部分脱落或完全脱落，超过原来大小一半的破损种子。

12）编号 12。符合下列条件之一者为所列植物属的净种子：①荚果或含有一粒种子的节片荚果；②附着部分种皮的种子；③超过原来大小一半，附着部分种皮的破损种子。

13）编号 13。符合下列条件之一者为所列植物属的净种子：①含有一粒或多粒种子的荚果，不管其花萼的有无；②附着部分种皮的种子；③超过原来大小一半，附着部分种皮的破损种子。

14）编号 14。符合下列条件之一者为所列植物属的净种子：①含有一粒种子的荚果，不管其花萼或苞片的有无；②附着部分种皮的种子；③超过原来大小一半，附着部分种皮的破损种子。

15）编号 15。符合下列条件之一者为所列植物属的净种子：①含一粒种子的节片荚果或长角果，不管其果柄或顶生喙的有无，但明显无种子的除外；②附着部分种皮的种子；③超过原来大小一半，附着部分种皮的破损种子。

16）编号 16。符合下列条件之一者为所列植物属的净种子：①有或无喙的荚果，但明显无种子的除外；②附着部分种皮的种子；③超过原来大小一半，附着部分种皮的破损种子。

17）编号 17。符合下列条件之一者为所列植物属的净种子：①有芒或无芒，有内外稃包着颖果的小花；②颖果；③超过原来大小一半的破损颖果。

18）编号 18。符合下列条件之一者为所列植物属的净种子：①有芒或无芒，附着不孕外稃，有内外稃包着颖果的小花；②有内外稃包着颖果的小花；③颖果；④超过原来大小一半的破损颖果。

虉草属（*Phalaris*）：有突起花药的种子也列为净种子。

19）编号 19。符合下列条件之一者为所列植物属的净种子：①有芒或无芒，有内外稃包着颖果的小花；②颖果；③超过原来大小一半的破损颖果。

小花可有（或无）附着的单个可育或不育小花，而附着的小花（不包括芒在内）不要超过可育小花顶端（图 5-7 中 1～4）。

由数个小穗或一个以上小花所组成的部分小穗可构成种子单位，当它由下列构造所组成（不管有无颖片）时，称为复粒种子单位（MSU）：①一个可育小花附着一个以上可育或任何长度不育小花（图 5-7 中 5～7）；②一个可育小花附着一个可育或不育小花，后者延伸到或超过该可育小花顶端（不包括芒在内）（图 5-7 中 8～12）；③一个可育小花基部附着任何长度不育小花或颖片（图 5-7 中 13～15）。须注意，保留完整的复粒种子单位被归为净种子部分。燕麦属的种子，基部小花的外稃包围着可育小花的构造类型（图 5-7 中 13）不作为复粒种子单位，而其他构造类型（图 5-7 中 5～12，14，15）作为复粒种子单位。

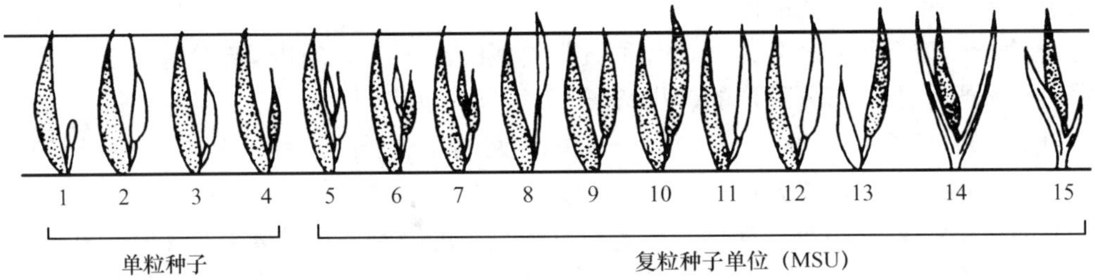

图 5-7　单粒与复粒种子单位的分类

有细点部分代表可育小花，白色部分代表不育小花

20）编号 20。符合下列条件之一者为所列植物属的净种子：①有芒或无芒，有颖片、内外稃包着颖果的小穗；②有芒或无芒，有内外稃包着颖果的小花；③颖果；④超过原来大小一半的破损颖果。

看买娘属（*Alopecurus*）：内稃缺失的种子也列为净种子。

21）编号 21。符合下列条件之一者为所列植物属的净种子：①有芒或无芒，有内外稃包着颖果，并附着雄蕊小花的小穗；②有芒或无芒，有内外稃包着颖果的小花；③颖果；④超过原来大小一半的破损颖果。

绒毛草属（*Holcus*）：有芒或无芒，有颖片、内外稃包着颖果，并附着雄蕊小花的小穗也列为净种子。

22）编号 22。符合下列条件之一者为所列植物属的净种子：①有颖片、内外稃包着颖果，并附着不孕外稃的小穗；②有内外稃包着颖果的小花；③颖果；④超过原来大小一半的破损颖果。

地毯草属（*Axonopus*）：有单个颖片、内外稃包着颖果，并附着不孕外稃的小穗也列为净种子。

稗属（*Echinochloa*）和糖蜜草属（*Melinis*）：有芒或无芒，附着不孕外稃的小穗也列为净种子。

黍属（*Panicum*）：有无颖果的种子均列为净种子。

23）编号 23。符合下列条件之一者为所列植物属的净种子：①有单个颖片和内外稃包着颖果的小穗；②颖果；③超过原来大小一半的破损颖果。

注：第一颖片缺失，第二颖片把膜状内外稃完全包裹，有时内稃退化。

24）编号 24。符合下列条件之一者为所列植物属的净种子：①颖果；②超过原来大小一半的破损颖果。

25）编号 25。符合下列条件之一者为所列植物属的净种子：①有芒或无芒，由内外稃包着颖果，并附着不育小花的小穗；②有芒或无芒，有内外稃包着颖果的小花；③颖果；④超过原来大小一半的破损颖果。

26）编号 26。符合下列条件之一者为所列植物属的净种子：①有颖片包着颖果，附着可育或不育小花的小穗，不管其外稃、内稃、穗轴节片、花梗和芒的有无；②有芒或无芒，有内外稃的小花；③颖果；④超过原来大小一半的破损颖果。

虎尾草属（*Chloris*）：有无颖果的种子均列为净种子。

27）编号 27。符合下列条件之一者为所列植物属的净种子：①带有刺毛总苞的具有 1～5 个小穗的密伞花序，每个小穗由颖片，内外稃包着的颖果和附着的不育外稃构成；②有内外稃包着颖果的小花；③颖果；④超过原来大小一半的破损颖果。

28）编号 28。符合下列条件之一者为所列植物属的净种子：①有或无断柄、残叶的种球或破损种球，但明显无种子的除外；②果皮或种皮部分或完全脱落的种子；③果皮或种皮部分或完全脱落，超过原来大小一半的破损种子。

29）编号 29。符合下列条件之一者为所列植物属的净种子：①有内外稃包着颖果的小花；②有或无果皮的颖果；③有或无果皮，超过原来大小一半的破损颖果。

30）编号 30。符合下列条件之一者为所列植物属的净种子：①有内外稃包着颖果的小花，有芒或无芒，有或无残留花序轴，不计其芒或花序轴的长度；②超过原来大小一半，含有一个颖果的破损小花；③颖果；④超过原来大小一半的破损颖果。

31）编号 31。符合下列条件之一者为所列植物属的净种子：①小鳞茎；②超过原来大小一半的破损小鳞茎。

（二）其他植物种子

其他植物种子指除净种子以外的任何植物种子单位。但复粒种子单位应先分离，再与单粒种子单位一起进行分组。

对于净种子定义中未规定的种或属，应打开复粒构造、荚果或蒴果，取出种子作为其他植物种子。

（三）杂质

杂质应包括下列除净种子或其他植物种子外的种子单位和所有其他物质及构造。

1）明显不含真种子的种子单位。

2）小于上述相关规定颖果大小的小花。

3）除上述相关规定的属外，附在可育小花上的不育小花。

4）小于或等于原来大小一半的，破裂或受损种子碎片。

5）在上述相关规定中未规定的种子附属物。

6）将种皮完全脱落的豆科、十字花科植物的种子（包括整粒和破损种子）列为杂质。豆科中，无论是否有胚中轴和（或）附着一半以上种皮，分离的子叶应列为杂质。

7）瘦果、分果和分果爿、其他果实和种子，不借助施压、透视仪或其他专门设备，从表面观测到上述结构中明显没有种子的，列为杂质。

8）脆而易碎，呈灰白色至乳白色的菟丝子属植物种子。

9）脱落的不育小花、空的颖片、内外稃、稃壳、茎、叶、花、果翅、线虫瘿、真菌体（如麦角、菌核、黑穗病孢子团）、泥土、砂粒、石砾及所有其他非种子物质。

10）采用均匀吹风法分离出较轻部分中除其他植物种子外的物质，以及较重部分中除净种子和其他植物种子外的其他物质。

（四）有稃壳种子

具芒、不育小花、小穗轴、种皮带毛或果皮具蜂窝状等附属物的种子。具有下列特征。

1）易于相互黏附或黏附在其他物体上（如包装袋、扦样器、分样器等）。

2）可能易被其他植物种子黏附，反之也可黏附其他植物种子。

3）不易被清选、混合或扦样。

三、净度分析的程序

（一）仪器设备

净度分析的主要仪器设备有净度分析台、反光透视仪、小型分样器、均匀吹风机、手持放大镜或双目显微镜、不同孔径的套筛和感量为 0.1g、0.01g、0.001g 和 0.1mg 的天平，以及瓷盘、分样板、分样匙、镊子、样品盒（盘）等。

（二）大型混杂物检查

在送验样品（或至少是净度分析试验样品重量的 10 倍样品）中，若有与供检种子在大小或重量上明显不同且严重影响结果的混杂物，如土块、小石块或小粒种子中混有大粒种子等，应先挑出这些大型混杂物并称重，再将大型混杂物分为其他植物种子和杂质。

（三）试验样品

1）试验样品的重量：应至少含有 2500 个种子单位的重量或符合表 5-1 净度分析试验样品的最低重量。

2）试验样品的分取：遵循分样规则，从送验样品中用分样器或徒手法经反复递减直至分取规定重量的一份试验样品（全试样），或规定重量一半的两份试验样品（半试样）。

3）试验样品的称重：以 g 表示，精确至表 5-14 所规定的小数位数，以满足计算各种成分百分率达到一位小数的要求。

表 5-14　试验样品及其成分称重与小数位数

全试样或半试样及其成分重量/g	称重至下列小数位数	全试样或半试样及其成分重量/g	称重至下列小数位数
1.0000 以下	4	100.0～999.9	1
1.000～9.999	3	1000 或 1000 以上	0
10.00～99.99	2		

（四）试验样品的分离、鉴定和称重

1）试验样品称重后，按净度分析划分原则将试验样品分离成净种子、其他植物种子和杂质三种成分。

2）分离时必须根据种子的明显特征，借助放大镜、筛子、吹风机等器具，或用镊子施压，在不损伤发芽力的基础上进行检查。

3）对于净种子，当有困难或不可能进行种间区分时，则可采用下列方法之一进行鉴定：①在结果报告中仅填报属名，该属的全部种子均为净种子；附加说明可填写在备注栏内。②将不易区分的种子从样品中分出，并一起称重。从这部分混合种子中随机取出 1000 粒或至少 400 粒种子，进行种的鉴定分离，并测定每个种的重量比，根据这个比例进一步计算每个种占整个样品的重量百分率，将测定结果包括测定所用的种子数填入记录表格。③可采用 GB/T 2930.7—2017 中所规定的方法鉴定。同时须注意，前两种方法仅适用于当送验者所述的种属于翦股颖属（*Agrostis*）、黑麦草属（*Lolium*）、早熟禾属（*Poa*），以及紫羊茅（*Festuca rubra*）和羊茅（*F.ovina*）等。

4）分离后，各成分分别称重，以 g 表示，计算各成分占总和的百分率。

（五）结果计算和表示

1. 核查分析过程的重量增失　不管是一份试验样品还是两份半试验样品，应将分析后的各种成分重量之和与原始重量比较，核对分析期间物质有无增失。若增失差超过原始重量的 5%，则必须重新分析，填报重新分析的结果。

2. 计算各成分的重量百分率　净度分析结果，应分别计算净种子、其他植物种子和杂质占供试样品重量的百分率；供试样品重量须是分析后各种成分重量的总和，而不是分析前的最初重量。采用全试验样品分析时，各成分重量百分率应计算到一位小数。半试验样品分析时，应对每份半试验样品所有成分分别进行分析、计算。百分率至少保留到两位小数，然后将每份半试验样品中相同成分的百分率相加，并计算各成分的平均百分率，结果计算到一位小数。

当测定的某一类杂质或某一种其他植物种子或复粒种子含量较高时（等于或大于 1%），应分别称重和计算百分率。

净种子和其他植物种子的中文名和拉丁名及杂质的种类必须填写在结果记录表上，对不

能确切鉴定到种的种子可允许鉴定到属。

3. 检查重复间的误差

（1）同一送验样品两份半试样或两份全试样　两份试验样品的任一成分重复分析间的差距不得超过表 5-15 所示的容许差距。若所有成分的实际差距都在容许范围内，则计算每一成分的平均值。如果某一成分的实际差距超过容许范围，则按下列程序进行。

1）再重新分析成对半试样，直到一对各成分的差距均在容许范围内为止（但全部分析不必超过四对）。

2）一对间某成分的差距超过容许差距两倍时，其结果不予保留。

3）各种成分百分率的最后结果，应从全部保留样品对数中计算加权平均值。

（2）同一种子批两个不同送验样品的两份或两份以上全试样　在某种情况下需要比较分析两个试验样品全试样结果时，则两份试样各成分的实际差距不得超过表 5-16 所示的容许差距。若所有成分都在容许范围内，则取其平均值；若某一成分超过容许范围，则须再分析一份全试样；若分析后的最高值和最低值差异未超过容许差距的两倍，则填报三者的加权平均值；在三份试样中，若一份结果显然是由于差错而不是随机取样造成的，应将该结果略去不计。

表 5-15　同一实验室内同一送验样品净度分析的容许差距（5%显著水平的两尾测定）

两次分析结果平均		不同测定之间的容许差距/%			
		半试验样品		全试验样品	
50%～100%	<50%	无稃壳种子	有稃壳种子	无稃壳种子	有稃壳种子
99.95～100.00	0.00～0.04	0.20	0.23	0.1	0.2
99.90～99.94	0.05～0.09	0.33	0.34	0.2	0.2
99.85～99.89	0.10～0.14	0.40	0.42	0.3	0.3
99.80～99.84	0.15～0.19	0.47	0.49	0.3	0.4
99.75～99.79	0.20～0.24	0.51	0.55	0.4	0.4
99.70～99.74	0.25～0.29	0.55	0.59	0.4	0.4
99.65～99.69	0.30～0.34	0.61	0.65	0.4	0.5
99.60～99.64	0.35～0.39	0.65	0.69	0.5	0.5
99.55～99.59	0.40～0.44	0.68	0.74	0.5	0.5
99.50～99.54	0.45～0.49	0.72	0.76	0.5	0.5
99.40～99.49	0.50～0.59	0.76	0.82	0.5	0.6
99.30～99.39	0.60～0.69	0.83	0.89	0.6	0.6
99.20～99.29	0.70～0.79	0.89	0.95	0.6	0.7
99.10～99.19	0.80～0.89	0.95	1.00	0.7	0.7
99.00～99.09	0.90～0.99	1.00	1.06	0.7	0.8
98.75～98.99	1.00～1.24	1.07	1.15	0.8	0.8
98.50～98.74	1.25～1.49	1.19	1.26	0.8	0.9
98.25～98.49	1.50～1.74	1.29	1.37	0.9	1.0
98.00～98.24	1.75～1.99	1.37	1.47	1.0	1.0
97.75～97.99	2.00～2.24	1.44	1.54	1.0	1.1

续表

两次分析结果平均		不同测定之间的容许差距/%			
		半试验样品		全试验样品	
50%～100%	＜50%	无稃壳种子	有稃壳种子	无稃壳种子	有稃壳种子
97.50～97.74	2.25～2.49	1.53	1.63	1.1	1.2
97.25～97.49	2.50～2.74	1.60	1.70	1.1	1.2
97.00～97.24	2.75～2.99	1.67	1.78	1.2	1.3
96.50～96.99	3.00～3.49	1.77	1.88	1.3	1.3
96.00～96.49	3.50～3.99	1.88	1.99	1.3	1.4
95.50～95.99	4.00～4.49	1.99	2.12	1.4	1.5
95.00～95.49	4.50～4.99	2.09	2.22	1.5	1.6
94.00～94.99	5.00～5.99	2.25	2.38	1.6	1.7
93.00～93.99	6.00～6.99	2.43	2.56	1.7	1.8
92.00～92.99	7.00～7.99	2.59	2.73	1.8	1.9
91.00～91.99	8.00～8.99	2.74	2.90	1.9	2.1
90.00～90.99	9.00～9.99	2.88	3.04	2.0	2.2
88.00～89.99	10.00～11.99	3.08	3.25	2.2	2.3
86.00～87.99	12.00～13.99	3.31	3.49	2.3	2.5
84.00～85.99	14.00～15.99	3.52	3.71	2.5	2.6
82.00～83.99	16.00～17.99	3.69	3.90	2.6	2.8
80.00～81.99	18.00～19.99	3.86	4.07	2.7	2.9
78.00～79.99	20.00～21.99	4.00	4.23	2.8	3.0
76.00～77.99	22.00～23.99	4.14	4.37	2.9	3.1
74.00～75.99	24.00～25.99	4.26	4.50	3.0	3.2
72.00～73.99	26.00～27.99	4.37	4.61	3.1	3.3
70.00～71.99	28.00～29.99	4.47	4.71	3.2	3.3
65.00～69.99	30.00～34.99	4.61	4.86	3.3	3.4
60.00～64.99	35.00～39.99	4.77	5.02	3.4	3.6
50.00～59.99	40.00～49.99	4.89	5.16	3.5	3.7

表 5-16　相同或不同实验室同一种子批不同送验样品净度分析的容许差距（1%显著水平的两尾测定）

两次分析结果平均		容许差距/%	
50%～100%	＜50%	无稃壳种子	有稃壳种子
99.95～100.00	0.00～0.04	0.2	0.2
99.90～99.94	0.05～0.09	0.3	0.4
99.85～99.89	0.10～0.14	0.4	0.5
99.80～99.84	0.15～0.19	0.4	0.5
99.75～99.79	0.20～0.24	0.5	0.6
99.70～99.74	0.25～0.29	0.5	0.6
99.65～99.69	0.30～0.34	0.6	0.7
99.60～99.64	0.35～0.39	0.6	0.7

续表

两次分析结果平均		容许差距/%	
50%～100%	＜50%	无稃壳种子	有稃壳种子
99.55～99.59	0.40～0.44	0.6	0.8
99.50～99.54	0.45～0.49	0.7	0.8
99.40～99.49	0.50～0.59	0.7	0.9
99.30～99.39	0.60～0.69	0.8	1.0
99.20～99.29	0.70～0.79	0.8	1.0
99.10～99.19	0.80～0.89	0.9	1.1
99.00～99.09	0.90～0.99	0.9	1.1
98.75～98.99	1.00～1.24	1.0	1.2
98.50～98.74	1.25～1.49	1.1	1.3
98.25～98.49	1.50～1.74	1.2	1.5
98.00～98.24	1.75～1.99	1.3	1.6
97.75～97.99	2.00～2.24	1.4	1.7
97.50～97.74	2.25～2.49	1.5	1.7
97.25～97.49	2.50～2.74	1.5	1.8
97.00～97.24	2.75～2.99	1.6	1.9
96.50～96.99	3.00～3.49	1.7	2.0
96.00～96.49	3.50～3.99	1.8	2.1
95.50～95.99	4.00～4.49	1.9	2.3
95.00～95.49	4.50～4.99	2.0	2.4
94.00～94.99	5.00～5.99	2.1	2.5
93.00～93.99	6.00～6.99	2.3	2.7
92.00～92.99	7.00～7.99	2.5	2.9
91.00～91.99	8.00～8.99	2.6	3.1
90.00～90.99	9.00～9.99	2.8	3.2
88.00～89.99	10.00～11.99	2.9	3.5
86.00～87.99	12.00～13.99	3.2	3.7
84.00～85.99	14.00～15.99	3.4	3.9
82.00～83.99	16.00～17.99	3.5	4.1
80.00～81.99	18.00～19.99	3.7	4.3
78.00～79.99	20.00～21.99	3.8	4.5
76.00～77.99	22.00～23.99	3.9	4.6
74.00～75.99	24.00～25.99	4.1	4.8
72.00～73.99	26.00～27.99	4.2	4.9
70.00～71.99	28.00～29.99	4.3	5.0
65.00～69.99	30.00～34.99	4.4	5.2
60.00～64.99	35.00～39.99	4.5	5.3
50.00～59.99	40.00～49.99	4.7	5.5

4．不易区分植物种的分析和计算方法 当送验样品中含有两个或多个难以区分的植物种时，应按照规定随机数取 400～1000 粒种子进行测定，按式（5-8）计算混入的其他植物种（A）的重量百分率。

$$P=\frac{A}{B}\times P_1 \tag{5-8}$$

式中，P 为其他植物种 A 的重量百分率；A 为其他植物种 A 的重量；B 为 400～1000 粒种子的总重量；P_1 为原净种子重量百分率。

将混入植物种的重量百分率从原净种子重量百分率中减去，加入其他植物种子的成分中。最后，净度分析各成分之和应为 100.0%。

5．有大型混杂物结果的换算 净种子重量百分率按式（5-9）计算，其他植物种子重量百分率按式（5-10）计算，杂质重量百分率按式（5-11）计算。

$$P_2=P_1\times\frac{M-m}{M} \tag{5-9}$$

$$OS_2=OS_1\times\frac{M-m}{M}+\frac{m_1}{M}\times 100 \tag{5-10}$$

$$I_2=I_1\times\frac{M-m}{M}+\frac{m_2}{M}\times 100 \tag{5-11}$$

式中，P_1 为除去大型混杂物后的净种子重量百分率；P_2 为净种子重量百分率；OS_1 为除去大型混杂物后的其他植物种子重量百分率；OS_2 为其他植物种子重量百分率；I_1 为除去大型混杂物后的杂质重量百分率；I_2 为杂质重量百分率；M 为送验样品的重量（g）；m 为大型混杂物的重量（g）；m_1 为大型混杂物中的其他植物种子重量（g）；m_2 为大型混杂物中的杂质重量（g）。最后应检查：$P_2+OS_2+I_2=100.0\%$。

6．结果表示 净种子和其他植物种子的中文名、拉丁名及杂质的种类应填写在结果记录表上；对不能确切鉴定到种的种子可鉴定到属。

净种子、杂质和其他植物种子的重量百分率保留一位小数，各成分的百分率总和应为 100.0%。小于 0.05%的成分应填报“微量”。没有发现杂质或其他植物种子，应填报“-0.0-”。如果总和是 99.9%或 100.1%，应从最大值（通常为净种子部分）中增/减 0.1 个百分点。

第四节 发芽试验

一、发芽试验的意义

发芽试验的目的是测定种子的最大发芽潜力，以了解种子的田间播种用价和比较不同种子批的质量，为生产播种、调种、种子收购和贮藏等提供重要的质量指标。

种子发芽力是指供试种子在最适宜条件下能够发芽并长成正常植株的能力，通常用发芽势和发芽率表示：发芽势是指种子在发芽试验初期（规定的初次统计），正常发芽种子数占供试种子数的百分率，一般表明出苗速度及苗壮程度；发芽率是指种子在发芽试验终期（规定的末次统计），全部正常发芽种子数占供试种子数的百分率。

发芽试验一般采用实验室方法，不在田间进行，这是因为田间的环境条件变化很大，不同地区、不同季节的土壤气候条件千差万别，容易导致试验结果没有可靠的重演性。而实验室方法在发芽条件，如发芽设备、发芽方法、发芽程序多方面进行控制和标准化，能使大多数样品在一致的条件下，做到最整齐、最迅速、最完全的发芽。

发芽试验对草类植物种子生产和草地建设具有重要的意义：①播种前做好发芽试验，掌握种子批的发芽情况，选用发芽率高的种子播种，有利于保证出苗率及种植密度，同时可以计算实际播种量，节约用种，实现预期最大的收益；②收购入库前做好发芽试验，可以掌握种子批的质量状况；③贮藏期间做好发芽试验，可以根据发芽率的变化情况，了解贮藏环境因素的改变，为确保安全贮藏，及时改善贮藏条件提供依据；④经营时做好发芽试验，避免购进或销售发芽率低的草类植物种子，造成经济纠纷或生产损失。

发芽率是种子质量分级的主要依据，是准确评定种子等级进而对种子定价不可缺少的重要指标之一。

二、发芽试验程序

（一）仪器设备

1．数种器具

（1）数种板　数种板通常用于大粒种子。数种板的面积和放置种子的发芽床大小相近，上层有一层固定的板，板上有 50 或 100 个孔，孔的形状、大小与已数的种子相近，但可以让样品中最大粒的种子落进去，板的下层衬有一块无孔的薄板，可以来回抽动，操作时数种板放在发芽床上，把种子散在板上，并将板稍微倾斜，以除去多余的种子，然后进行核对，当所有孔装满了种子，而每孔只有一粒种子时，抽去底板，种子就落在发芽床上相应的位置。

（2）真空数种器　真空数种器多用于形状规则和较为光滑的种子。有三个主要部分：①真空系统，包括皮管；②数种盘或数种头，其大小和形状与发芽的种子和发芽床相符合；③真空排放阀门。操作时在未产生真空前，将种子均匀撒在数种头上，然后接通真空，倒去多余种子，并进行核对，使全部孔都装满种子，并使每个孔中只有一粒种子，然后将数种盘倒转放在发芽床上，解除真空，让种子按一定位置落在发芽床上。

必须注意要计数的种子应不加选择地随机倒进数种头上。使用真空数种器时，应采取某些预防措施以避免重复间产生偏差，数种头不能嵌入种子，因为这种做法会选择较轻的种子。

2．发芽箱　发芽箱是提供种子发芽所需温度、湿度、光照条件的设备。常见的发芽箱种类有恒温培养箱、光照发芽箱、变温发芽箱和控温控湿箱等。

3．发芽室　发芽室是一种改进的发芽箱，其构造原理与发芽箱相同，但容积扩大，工作人员可进入内部。发芽室内安装有加湿器或加盖的保湿容器。

4．其他　培养皿、发芽盒、镊子、加水滴瓶、硝酸钾及配制溶液用的玻璃器皿。

（二）发芽介质与发芽床

1．发芽介质与要求　发芽介质是指供种子发芽所需的水分和支撑幼苗生长的材料。所用材料一般有纸、砂、土壤和水。

（1）纸　发芽试验中应用最多的发芽介质是纸，常用的有滤纸、吸水纸或纸巾。发芽纸的纤维成分应是 100%经过漂白的木纤维、棉纤维或其他净化的植物纤维物质，应达到如下几方面要求：①质地与强度好。纸张应具有通透和多孔的特性，使幼苗的根生长在纸上而不伸入纸中。纸张的强度应保证操作过程中不致撕破。②持水力强。纸张在整个发芽期间应具有足够的保持水分的能力，以保证对种子不断供应水分。③无毒、无病菌。纸张不应含有影响幼苗生长或鉴定的真菌、细菌和有毒物质，如酸碱、染料等。纸张的 pH 应在 6.0～7.5。

发芽纸应贮藏在相对湿度尽可能低的地方，并有包装，以防贮藏期间受到污染和损害。放置时间长的纸张应进行消毒，以消灭贮藏期间产生的霉菌。

检查发芽纸是否含有害物质，可进行生物测定：选用对有毒物质敏感的草类植物种子，如猫尾草（*Phleum pratense*）、弯叶画眉草（*Eragrostis curvula*），紫羊茅（*Festuca rubra* var. *commutata*）和独行菜（*Lepidium sativam*）的种子进行发芽试验，同时选用合格的纸张作对照。有毒物质引起的症状是根部缩短、根尖变色、根从纸上翘起、根毛成束，或芽鞘变扁、缩短。

（2）砂　砂作为发芽介质也是发芽试验较为常用的，一般规定用作发芽试验的砂砾应选用无化学药物污染、pH 为 6.0～7.5 的细砂或清水砂，砂粒应均匀，不含微粒和大粒，直径 0.05～0.80mm，砂粒中不能含有种子或病菌。

用作发芽试验的沙砾应进行如下处理：①清洗。除去杂物后用清水洗涤。②消毒。将清洗后的砂放在耐高温的托盘内摊薄，在 130～170℃高温下烘 2h。③过筛。将烘干的砂用孔径为 0.80mm、0.05mm 的筛子过筛，两层筛之间的砂即直径为 0.05～0.80mm 的砂砾。

砂砾应具有一定的持水力，满足种子和幼苗所需的水分。但也应有足够的空隙，利于通气。砂砾可重复使用，使用前应进行洗涤并重新消毒。用化学药品处理过的砂不能重复使用。

砂砾有无有害物质的检查方法同发芽纸。

（3）土壤　发芽试验用的土壤必须良好，不结块，无大颗粒，不能混入种子、真菌、细菌、线虫或有毒物质，pH 在 6.0～7.5。土壤使用前必须进行消毒，且不宜重复使用。

一般不建议采用土床作为初次试验的发芽床，当纸床或砂床上的幼苗出现中毒症状时，或对幼苗鉴定发生怀疑时，为了比较或研究的目的，可采用土壤发芽床。

（4）水　种子发芽所用水应清洁，不含有机杂质和无机杂质，pH 为 6.0～7.5，可采用去离子水、去矿物质水、自来水。

2．发芽床的种类和用法　发芽床是提供水分的衬垫物，其种类较多，主要有纸床和砂床两类。也有土壤、纱布、毛巾、海绵和脱脂棉等。任何发芽床应具备保水良好、无毒、无病菌的基本要求。

（1）纸床　纸床又分为纸上、纸间、褶裥纸三种，每种床的用法如下。

1）纸上。纸上发芽床（TP），是指将种子摆在两层或多层纸上发芽，具体方法是将发芽纸放在培养皿或发芽盒内，加入适量的水分让发芽纸充分吸湿，然后将种子摆在湿润的发芽纸上。

2）纸间。纸间发芽床（BP），是指将种子摆在两层纸中间发芽，可采用如下方法：按纸上发芽法摆好种子后，另外用一层发芽纸盖在种子上；把种子摆在折好的纸封里，纸封平放或竖放；把种子摆在湿润的发芽纸上，再用一张同样大小的发芽纸覆盖在种子上，底部折起 2cm，然后卷成纸卷，两端用橡皮筋扎住，竖放在发芽器皿内。

3）褶裥纸。褶裥纸发芽床（PP），是先把发芽纸折成类似手风琴的褶皱纸，然后将种子放在每个褶裥条内，再将褶裥纸条放在发芽盒内，或直接放在保湿的发芽箱内，并用一条宽阔的纸条包在褶裥纸条的周围，以保证有均匀的湿度。规定采用 TP 或 BP 法发芽的可用此法替代。

（2）*砂床* 砂床主要有砂上和砂中两种。

1）砂上。砂上发芽（TS），适用于小粒和中粒种子。将拌好的湿砂放入发芽盒，厚度为20～30mm，再将种子压入砂的表层。

2）砂中。砂中发芽（S），适用于中粒和大粒种子。将拌好的湿砂放入发芽盒，厚度为20～30mm，把种子放在湿砂上，然后加盖10～20mm厚的松散砂。盖砂厚度取决于种子的大小，为了保证通气良好，底层砂应耙松。

砂上、砂中发芽所用的湿砂，一般含水量为其饱和含水量的60%～80%，根据经验，经常采用的简便方法是在100g干砂中加入18～26mL的水，充分拌匀，用手捏成团，放在手中湿砂能散开即可，若用手压下去，砂表面出现水层则表明加水过多。值得注意的是须将加水拌匀后的砂子放入发芽器皿内，不能将干砂先倒入然后加水拌匀，这种方法不易控制加水量，易造成加水过多，导致砂中空隙少，氧气不足，影响种子发芽。

测定饱和含水量的方法：取一高30cm、直径5cm、底部为铁丝网的圆柱体，铁丝网上放一层湿润滤纸，称重为W_1；在圆柱体中加满砂，砂上放一层干滤纸，称重为W_2；将圆柱体置于一盆水中，水面刚好淹至底部铁丝网，至砂上干滤纸中部刚好湿润时，移开圆柱体，称重为W_3，则

$$\text{砂床饱和含水量（\%）} = (W_3 - W_2) / (W_2 - W_1) \times 100\% \tag{5-12}$$

（3）*土床* 将土壤高温消毒后，加水拌匀。加水量至手捏土黏成团，手指轻轻一压即碎为宜。然后将湿土置于发芽盒内，再将种子置于土壤上，覆盖上疏松土层。

主要草类植物种子发芽方法见表5-17。

表5-17 主要草类植物种子发芽方法

序号	种名		规定				附加说明
	拉丁名	中文名	发芽床	温度/℃	初次计数/d	末次计数/d	
1	*Achnatherum sibiricum*	羽茅*	TP	15～25；20	7	14	D
2	*Aeschynomene americana*	合萌	TP	20～35；20～30	4	14	—
3	*Agriophyllum squarrosum*	沙蓬（沙米）*	TP	20～30	7	21	D；初次计数后针刺；KNO_3；预冷
4	*Agropyron cristatum*	扁穗冰草	TP	20～30；15～25	5	14	KNO_3；预冷
5	*Agropyron desertorum*	沙生冰草	TP	20～30；15～25	5	14	KNO_3；预冷
6	*Agropyron mongolicum*	沙芦草（蒙古冰草）*	TP	15～25；20	5	14	KNO_3；预冷
7	*Agrostis alba*	小糠草*	TP	20～30；15～25	5	28	KNO_3；预冷
8	*Agrostis canina*	绒毛翦股颖	TP	20～30；15～25；10～30	7	21	KNO_3；预冷
9	*Agrostis stolonifera*	匍匐翦股颖	TP	20～30；15～25；10～30	7	28	KNO_3；预冷

续表

序号	种名		规定				附加说明
	拉丁名	中文名	发芽床	温度/℃	初次计数/d	末次计数/d	
10	*Allium mongolicum*	沙葱（蒙古韭）	TP	20	3	15	常温浸种12h
11	*Alopecurus pratensis*	草原看麦娘	TP	20～30；15～25；10～30	7	14	KNO_3；预冷
12	*Amaranthus hybridus*	绿穗苋	TP	20～30；20	4～5	14	KNO_3；预冷
13	*Amaranthus hypochondriacus*	籽粒苋*	TP	20～30；20	4～5	14	KNO_3；预冷
14	*Amaranthus paniculatus*	繁穗苋*	TP	20～30；20	4～5	14	KNO_3；预冷
15	*Amorpha fruticosa*	紫穗槐	TP	20～30	10	28	L
16	*Anthoxanthum odoratum*	黄花茅	TP	20～30	6	14	—
17	*Arrhenatherum elatius*	燕麦草	TP	20～30	6	14	预冷
18	*Artemisia frigida*	冷蒿*	TP	20～30	4	12	L
19	*Artemisia ordosica*	黑沙蒿*	TP	15～25；20	7	21	L
20	*Artemisia sphaerocephala*	白沙蒿*	TP	25；20	7	21	—
21	*Artemisia wudanica*	乌丹蒿*	TP	20～30；15～25；20	7	21	—
22	*Astragalus adsurgens*	沙打旺*	TP	20	4	14	—
23	*Astragalus cicer*	鹰嘴紫云英	TP；BP	15～25；20	10	21	—
24	*Astragalus melilotoides*	草木樨状黄芪*	TP；BP	15～25；20	4	10	—
25	*Astragalus sinicus*	紫云英*	TP；BP	20	10	21	—
26	*Avena sativa*	燕麦	BP；S	20	5	10	预热（30～35℃）；预冷
27	*Axonopus compressus*	地毯草	TP	20～35	10	21	KNO_3；L
28	*Beta vulgaris*	甜菜	TP；BP	20～30；15～25；20	4	14	预先洗涤（多胚品种2h；遗传单胚品种4h），在最高温度为25℃下重新干燥
29	*Brachiaria decumbens*	俯仰臂形草	TP	20～35	7	21	H_2SO_4之后KNO_3；L
30	*Bromus catharticus*	扁穗雀麦	TP	20～30	7	28	KNO_3；预冷
31	*Bromus inermis*	无芒雀麦	TP	20～30；15～25	7	14	KNO_3；预冷

续表

序号	种名		规定				附加说明
	拉丁名	中文名	发芽床	温度/℃	初次计数/d	末次计数/d	
32	*Cajanus cajan*	木豆	BP；S	20～30；25	4	10	—
33	*Calligonum alaschanicum*	沙拐枣*	BP；S	20～30	7	21	预冷 21d（1～5℃）
34	*Caragana arborescens*	树锦鸡儿	TP	20～30	7	21	刺穿种子，或在子叶末端削切或锉去小片种皮，并浸种3h
35	*Caragana intermedia*	中间锦鸡儿*	TP	25；20	5	14	—
36	*Caragana korshinskii*	柠条锦鸡儿*	TP；S	25；20	5	14	—
37	*Caragana microphylla*	小叶锦鸡儿*	TP；S	20	5	14	—
38	*Carex leucochlora*	青绿苔草*	TP	15～25	7	25	L
39	*Ceratoides latens*	驼绒藜*	TP	15～25；25； 20	—	4	—
40	*Chamaecrista rotundifolia*	圆叶决明	TP	20～30	4	14	—
41	*Chloris gayana*	无芒虎尾草	TP	20～35；20～30	7	14	KNO_3；预冷；L
42	*Chloris virgata*	虎尾草*	TP	20～35	2	14	预冷
43	*Cicer arietinum*	鹰嘴豆	BP；S	20～30；20	5	8	—
44	*Cichorium intybus*	菊苣	TP	20～30；20	5	14	KNO_3
45	*Cleistogenes songorica*	无芒隐子草*	TP	20～35；25	7	21	—
46	*Coronilla varia*	多变小冠花	TP；BP	20	7	14	H_2SO_4
47	*Crotalaria juncea*	菽麻	BP；S	20～30	7	14	—
48	*Cynodon dactylon*	狗牙根	TP	20～35；20～30	7	21	KNO_3；预冷；L
49	*Dactylis glomerata*	鸭茅	TP	20～30；15～25	7	21	KNO_3；预冷；L
50	*Desmodium intortum*	绿叶山蚂蝗	TP	20～30	4	10	H_2SO_4
51	*Desmodium uncinatum*	银叶山蚂蝗	TP	20～30	4	10	H_2SO_4
52	*Dichondra repens*	马蹄金	TP	20～30	7	21	—
53	*Echinochloa crusgalli*	稗	TP	20～30；25	4	10	预热（40℃）
54	*Eleusine iudica*	牛筋草*	TP	25～30；20～25	7	14	L
55	*Elymus dahuricus*	披碱草*	TP	20～30；25	5	12	L

续表

序号	种名		规定				附加说明
	拉丁名	中文名	发芽床	温度/℃	初次计数/d	末次计数/d	
56	*Elymus nutans*	垂穗披碱草*	TP	20～30；25	5	12	L
57	*Elymus sibiricus*	老芒麦*	TP	15～25；25	5	12	L
58	*Elytrigia elongata*	长穗偃麦草	TP	20～30；15～25	5	21	KNO_3；预冷
59	*Elytrigia intermedia*	中间偃麦草	TP	20～30；15～25	5	28	KNO_3；预冷
60	*Eragrostis curvula*	弯叶画眉草	TP	20～35；15～30	6	10	KNO_3；预冷
61	*Eremochloa ophiuroides*	假俭草*	TP	20～35；20～30	10	21	L
62	*Euchlaena mexicana*	墨西哥类玉米*	BP; PP; S	20～35; 20～30; 15～25	5	14	KNO_3；预冷
63	*Festuca arundinacea*	苇状羊茅	TP	20～30；15～25	7	14	KNO_3；预冷
64	*Festuca ovina*	羊茅（所有变种）	TP	20～30；15～25	7	21	KNO_3；预冷
65	*Festuca pratensis*	草甸羊茅（牛尾草）	TP	20～30；15～25	7	14	KNO_3；预冷
66	*Festuca rubra*	紫羊茅（所有变种）	TP	20～30；15～25	7	21	KNO_3；预冷
67	*Festuca sinensis*	中华羊茅*	TP	20～30；15～25	7	21	KNO_3；预冷
68	× *Festulolium*	羊茅黑麦草	TP	20～30; 15～25; 20	5	14	KNO_3；预冷
69	*Galega orientalis*	东方山羊豆	TP；BP	20	5	14	—
70	*Glycine max*	大豆	BP；S	20～30；20	5	8	—
71	*Haloxylon ammodendron*	梭梭*	TP	15～25；25；10	3	10	—
72	*Haloxylon Persicum*	白梭梭*	TP	20	5	7	—
73	*Hedysarum laeve*	塔落岩黄芪*（羊柴）	TP	25	5	12	—
74	*Hedysarum mongolicum*	蒙古岩黄芪*	TP	25	12	20	45℃水浸种24h，去掉外种皮
75	*Hedysarum scoparium*	细枝岩黄芪*（花棒）	TP	25	5	12	—
76	*Hippophae rhamnoides*	沙棘*	TP	25	10	19	始温45℃水浸种24h
77	*Holcus lanatus*	绒毛草	TP	20～30	6	14	KNO_3；预冷
78	*Hordeum bogdanii*	布顿大麦*	TP	20～30；15	3	10	预冷
79	*Hordeum brevisubulatum*	野大麦*	TP	15～25	4	10	预冷

续表

序号	种名		规定				附加说明
	拉丁名	中文名	发芽床	温度/℃	初次计数/d	末次计数/d	
80	*Hordeum vulgare*	大麦	BP；S	20	4	7	预热（30～35℃）；预冷；GA_3；KNO_3
81	*Ixeris denticulata*	苦荬菜*	TP	15～25；20	7	21	KNO_3；预冷
82	*Kengyilia thoroldiana*	梭罗草*	BP	15～25	8	14	KNO_3；预冷
83	*Lactuca indica*	山莴苣*	TP	25	5	14	L
84	*Lathyrus pratensis*	草原山黧豆*	BP	20	7	14	预冷；L
85	*Lathyrus sativus*	山黧豆	BP；S	20	5	14	—
86	*Lespedeza bicolor*	胡枝子*（二色胡枝子）	TP	20～25；25	5	14	去掉果皮后擦破种皮，水浸24h
87	*Lespedeza davurica*	达乌里胡枝子*	TP；BP	25	5	14	L
88	*Leucana leucocephala*	银合欢	TP；BP	25	4	10	切开种子
89	*Leymus chinensis*	羊草*	TP	20～30；15～25	6	20	—
90	*Leymus secalinus*	赖草*	TP	15～25	7	14	KNO_3；预冷
91	*Lolium multiflorum*	多花黑麦草	TP	20～30；15～25；20	5	14	KNO_3；预冷
92	*Lolium perenne*	多年生黑麦草	TP	20～30；15～25；20	5	14	KNO_3；预冷
93	*Lotononis bainesii*	罗顿豆	TP	20～30	7	21	—
94	*Lotus corniculatus*	百脉根	TP；BP	20～30；20	4	12	预冷
95	*Lupinus albus*	白羽扇豆	BP；S	20	5	10	预冷
96	*Lupinus luteus*	黄羽扇豆	BP；S	20	10	21	预冷
97	*Macroptilium atropurpureum*	大翼豆	TP	25	4	10	H_2SO_4
98	*Macroptilium lathyroides*	紫花大翼豆	TP	25	4	10	H_2SO_4
99	*Macrotyloma axillare*	大结豆	BP	25	4	10	H_2SO_4或切开种子
100	*Medicago arabica*	不带刺褐斑苜蓿	TP；BP	20	4	14	—
101	*Medicago lupulina*	天蓝苜蓿	TP；BP	20	4	10	预冷
102	*Medicago polymorpha*	南苜蓿（金花菜）	TP；BP	20	4	14	—
103	*Medicago sativa*	紫花苜蓿（包括杂花苜蓿）	TP；BP	20	4	10	预冷

续表

序号	种名		规定				附加说明
	拉丁名	中文名	发芽床	温度/℃	初次计数/d	末次计数/d	
104	*Medicago truncatula*	截形苜蓿	TP；BP	20	4	10	预冷
105	*Medicago ruthenica*	扁蓿豆*	TP	25	5	14	砂纸打磨至种皮发毛；H_2SO_4处理40min
106	*Melilotus albus*	白花草木樨	TP；BP	20	4	7	预冷
107	*Melilotus officinalis*	黄花草木樨	TP；BP	20	4	7	预冷
108	*Melinis minutiflora*	糖蜜草	TP	20～30	7	21	KNO_3；预冷
109	*Nitraria tangutorum*	唐古特白刺*	TP	25～35	7	14	除去果肉，0.05%～0.1% GA_3溶液中浸种120h（20℃）
110	*Nitraria sibirica*	西伯利亚白刺*	TP	20～30；30；25	7	14	除去果肉，水中浸种48h（20℃）
111	*Onobrychis viciifolia*	红豆草（果实）	TP；BP；S	20～30；20	4	14	预冷
112	*Panicum maximum*	大黍	TP	20～30；15～35	10	28	KNO_3；预冷
113	*Panicum virgatum*	柳枝稷	TP	15～30	7	28	KNO_3；预冷
114	*Paspalum dilatatum*	毛花雀稗	TP	20～35	7	28	KNO_3
115	*Paspalum notatum*	巴哈雀稗	TP	20～35；20～30	7	28	H_2SO_4之后KNO_3
116	*Paspalum urvillei*	丝毛雀稗	TP	20～35	7	21	KNO_3
117	*Paspalum wettsteinii*	宽叶雀稗	TP	20～35	7	28	KNO_3
118	*Pennisetum alopecuroides*	狼尾草*	TP	30	5	10	—
119	*Pennisetum glaucum*	珍珠粟（御谷）	TP；BP	20～35；20～30	3	7	—
120	*Phalaris arundinacea*	虉草	TP	20～30	7	21	KNO_3；预冷
121	*Phleum pratense*	猫尾草	TP	20～30；15～25	7	10	KNO_3；预冷
122	*Pisum sativum*	豌豆	BP；TPS；S	20	5	8	KNO_3；预冷
123	*Plantago lanceolata*	长叶车前	TP；BP	20～30；20	4～7	23	—
124	*Poa annua*	早熟禾	TP	20～30；15～25	7	21	KNO_3；预冷
125	*Poa compressa*	加拿大早熟禾	TP	15～25；10～30	10	28	KNO_3；预冷
126	*Poa crymophila*	冷地早熟禾*	TP	20～30；15～25	7	21	KNO_3；预冷

续表

序号	种名		规定				附加说明
	拉丁名	中文名	发芽床	温度/℃	初次计数/d	末次计数/d	
127	*Poa nemoralis*	林地早熟禾	TP	20～30；15～25；10～30	10	28	KNO_3；预冷
128	*Poa pratensis*	草地早熟禾	TP	20～30；15～25；10～30	10	28	KNO_3；预冷
129	*Poa trivialis*	普通早熟禾	TP	20～30；15～25	7	21	KNO_3；预冷
130	*Polygonum divaricatum*	叉分蓼*	TP	20；25	4	14	—
131	*Portulaca oleracea*	马齿苋	TP；BP	20～30	5	14	预冷
132	*Psathyrostachys juncea*	新麦草	TP	20～30	5	14	预冷
133	*Puccinellia distans*	碱茅*	TP	20～30；10～25	7	21	KNO_3；预冷
134	*Puccinellia tenuiflora*	星星草*	TP	10～25	5	21	—
135	*Pueraria lobata*	葛藤	BP	20～30	5	14	—
136	*Pueraria phaseoloides*	三裂叶葛藤	TP	25	4	10	H_2SO_4
137	*Roegneria kokonorica*	青海鹅观草*	TP	15～30；15～25；20	6	14	预冷
138	*Roegneria mutica*	无芒鹅观草*	TP	10～25	6	14	预冷
139	*Rumex acetosa*	酸模	TP	20～30	3	14	预冷
140	*Rumex patientia*	巴天酸模*	TP	25；15	4	10	H_2O_2
141	*Secale cereale*	黑麦	TP；BP；S	20	4	7	预冷；GA_3
142	*Setaria italica*	粟（青谷子）	TP；BP	20～30	4	10	—
143	*Setaria sphacelata*	非洲狗尾草	TP	20～35	7	21	KNO_3
144	*Silphium perfoliatum*	串叶松香草*	TP；S	20～30；15～25；25	5～6	14	L
145	*Sorghum bicolor*	高粱	TP；BP	20～30；25	4	10	预冷
146	*Sorghum bicolor*×*S. sudanense*	高丹草	TP；BP	20～30	4	10	预冷
147	*Sorghum sudanense*	苏丹草	TP；BP	20～30	4	10	预冷
148	*Sorghum*×*almum*	杂高粱	TP；BP	20～35；20～30	5	21	预冷
149	*Stipa krylovii*	克氏针茅*	TP	15～25；20	10	28	—
150	*Stylosanthes guianensis*	圭亚那柱花草	TP	20～35；20～30	4	10	H_2SO_4
151	*Stylosanthes hamata*	有钩柱花草	TP	20～35；10～35	4	10	切开种子
152	*Stylosanthes humilis*	矮柱花草	TP	20～30；10～35	2	5	切开种子
153	*Stylosanthes scabra*	西卡柱花草	TP	20～35	4	10	切开种子
154	*Tamarix chinensis*	柽柳*	TP	25；35	2	8	—
155	*Trifolium fragiferum*	草莓三叶草	TP；BP	20	3	7	—

续表

序号	种名		规定				附加说明
	拉丁名	中文名	发芽床	温度/℃	初次计数/d	末次计数/d	
156	*Trifolium hybridum*	杂三叶	TP；BP	20	4	10	预冷；聚乙烯袋密封
157	*Trifolium incarnatum*	绛三叶	TP；BP	20	4	7	预冷；聚乙烯袋密封
158	*Trifolium pratense*	红三叶	TP；BP	20	4	10	预冷
159	*Trifolium repens*	白三叶	TP；BP	20	4	10	预冷；聚乙烯袋密封
160	*Trifolium subterraneum*	地三叶	TP；BP	20；15	4	14	D
161	*Trigonella foenum-graecum*	胡卢巴	TP；BP	20～30；20	5	14	—
162	*Triticosecale rimpaui*	小黑麦	TP；BP；S	20	4	8	预热（30～35℃）；GA_3；预冷
163	*Vicia benghalensis*	紫花苕子	BP	20	5	10	—
164	*Vicia sativa*	箭筈豌豆	BP；S	20	5	14	预冷
165	*Vicia unijuga*	歪头菜*	TP；BP	20～30；25；20；30	4	10	H_2SO_4处理15～25min或30min
166	*Vicia villosa*	毛叶苕子	BP；S	20	5	14	预冷
167	*Vigan unguiculata*	豇豆	TP；BP	20～30；25	5	8	—
168	*Zea mays*	玉米	BP；TPS；S	20～30；25；20	4	7	—
169	*Zoysia japonica*	结缕草	TP	20～35	10	28	KNO_3

注：*表示《国际种子检验规程 第5章：发芽试验》（2012年版）中未纳入的植物种。

发芽床：所列发芽床作用相同，其排列顺序与重要性无关。TP及BP法可用PP法替代。

温度：所列温度作用相同，其排列顺序与重要性无关。变温如20～30℃，其含义为每天20℃低温持续16h，30℃高温持续8h；一个温度值指恒温处理发芽。

初次计数：初次计数时间是采用纸床时最高温度下的大约时间，如果选用规定的较低温度或用砂床，计数时间则应延迟。砂床试验经7～10d（14d）后才进行末次计数的，则初次计数可省去。

光照：采用光照通常是为了使幼苗发育得更好。在有些情况下，光照可促进休眠种子的萌发；还有些情况下，光会抑制种子发芽。是否采用光照见表5-17最后一列。如果采用变温，光照应设在高温时段。

休眠破除方法：当列出的休眠破除方法超过一种时，其排列顺序与重要性无关，处理时可同时采用其中一种或几种方法。如果将H_2SO_4处理与其他方法结合使用时，应先采用H_2SO_4处理。

缩写字母代表的含义：TP. 纸上发芽床；BP. 纸间发芽床；PP. 褶裥纸发芽床；TPS. 纸上覆砂；S. 砂；L. 光照；D. 黑暗；GA_3. 用赤霉酸溶液代替水；H_2SO_4. 在发芽试验前，先将种子浸在浓硫酸里；H_2O_2. 在发芽试验前，先将种子浸在30%双氧水中10～15min，水冲洗后风干；KNO_3. 用0.2%硝酸钾溶液代替水

（三）发芽条件与控制

1. 水分和氧气

（1）水分　草类植物种子的发芽最低需水量（即种子开始萌发时吸收水分的重量占种子重量的百分率）不同：一般以淀粉为主的种子，发芽时的最低需水量较低，为22.5%～60.0%；以蛋白质为主的豆类种子，发芽时的最低需水量较高，为126%～186%；油料植物种子最低需水量居中，为40%～60%。因此发芽床的初次加水量应考虑两个因素：一是看发芽床的种类和大小；二是看所检验种子的种类和大小。在种子萌发过程中，要始终保持发芽床的湿润，

并使发芽箱内的相对湿度保持在90%～95%或以上。若纸床上是小粒种子，则发芽纸吸足水后沥去多余的水分即可；若是大粒种子则再多留一些水分。砂床加水为其饱和含水量的60%～80%，禾谷类中小粒种子为60%，豆类等大粒种子为80%。

发芽期间发芽床必须始终保持湿润，但应注意水分不宜过多，否则会限制通气。重复间和试验间每次的加水量应尽可能一致。

（2）氧气　种子只有在有氧气的环境下才能正常萌发，但不同的草类植物种子对氧气的需要量和敏感性是有差异的。一般来说，旱生的大粒种子对氧气的需求较多；幼苗的不同构造对氧气的需要量和敏感性也有差异，发芽过程胚根伸长对氧气需求比胚芽伸长更为敏感。如果发芽床上水分多会导致氧气少，则易于长芽；水分适宜，氧气充足则易于长根。因此，发芽期间应注意水分和通气的协调，不可加水过多，在种子周围形成水膜阻隔氧气进入种胚而影响发芽。一般发芽试验期间不需要采取特别的通气方法，在砂中和土床试验中，注意覆盖种子的砂或土不应紧压，纸卷发芽应注意不要卷得过紧。

2．温度　不同的草类植物种子所需的最适发芽温度不同，只有最适发芽温度才能保证种子在最短的时间内得到最高的发芽率。温度过低，种子生理活动缓慢，萌发时间延长；温度过高，种子生理活动受到抑制，易产生不正常幼苗，影响发芽结果的准确性。一般温带草类植物种子发芽温度较低，为20℃恒温；热带草类植物种子发芽温度较高，为25℃或30℃恒温，或者用20～30℃变温。大部分豆科草类植物种子规定用20℃或25℃恒温。大部分禾本科草类植物种子要求变温发芽，变温幅度因草类植物种不同而异，具体见表5-17。发芽箱或发芽室的温度应均匀一致，变幅不超过1℃。规定的温度应作为最高限度。

变温是模拟种子萌发时的自然环境，有利于氧气渗入种子，促进酶活化，进而加速萌发过程。当规定用变温时，通常在变温发芽箱内保持16h低温及8h高温。对非休眠的种子可以在3h内逐渐变温，如果是休眠的种子应在1h或更短的时间内急剧完成变温，或将试验移到另一个温度较低的发芽箱内。如因特殊情况不能控制变温时，则应将试验保持在低温条件下。

3．光　根据发芽过程中对光的不同反应可将种子分为需光型种子、需暗型种子和光不敏感型种子三类：①需光型种子发芽时必须有红光或白炽光，促进光敏色素转化成活化型。新收获的休眠种子发芽时必须给予光照。②需暗型种子只有在黑暗条件下光敏色素才能达到萌发水平，但也只是发芽初期采取黑暗，随着茎叶系统的形成，应给予光照。③光不敏感型种子在光照和黑暗条件下均能正常萌发，大多数草类植物种属于此类。需光型种子给予的光照强度为750～1250lx。变温条件下发芽，应在8h高温时段给予光照。

（四）发芽试验的方法

1．准备工作

（1）确定发芽条件　发芽试验最适宜条件的确定，主要是指对水分、氧气、温度、光照条件的选择，也涉及对发芽床种类、休眠处理措施及初次、末次统计时间等的确定。常见草类植物种子发芽试验的技术条件规定见表5-17。种子只有在温度、发芽床、水分、光照等综合条件都适宜的情况下，才能得到最好的发芽结果。发芽一般要根据标准所列的方法进行，若标准中规定的方法不能获得满意的结果，则根据种子的来源与状况、实验室的设备和检验经验的积累，选择其他一种或几种方法重新进行试验。

各类种子的适宜发芽床见表5-17。通常紫花苜蓿、草地早熟禾等小粒种子采用纸床，大粒种子采用砂床或纸间（如燕麦），披碱草、老芒麦等中粒种子可采用各类发芽床。任何发芽床加水都应避免过湿，以不使种子周围产生一层水膜为原则。

当年收获的禾本科草类植物种子，尤其是昼夜温差较大地区生产的草类植物种子，休眠种子较多，尽量选用较低变温或恒温中的较低温度。例如，老芒麦种子规定的发芽温度有15～25℃和25℃，则应选用15～25℃。除需暗型种子发芽初期采取黑暗外，其他均应采取光照。

（2）加注标签　根据种子大小选取4套适宜的洁净发芽器皿，在发芽器皿底盘或发芽纸上注明样品编号、名称、重复号和置床日期等。

（3）润湿发芽床　根据种子和发芽床的特性，加适宜的水分润湿发芽床，4个重复的加水量应一致。纸床发芽的先将发芽纸平铺在器皿内用水浸湿，待纸床吸足水分后，沥去多余的水即可，注意排出两层滤纸之间的空气。要求用硝酸钾溶液处理的，则用0.2%硝酸钾溶液代替水润湿发芽床。砂床加饱和含水量的60%～80%（中小粒种子加60%，大粒种子加80%）。

2．数种与置床

（1）数种　用于发芽试验的种子必须从净种子中分取。将净种子充分混匀后分为4份，从每份中随机数取100粒种子，大粒种子或带有病菌的种子，可根据需要再分为50粒或25粒的副重复。应注意避免从净种子的一个方向数取4个100粒。数取种子可采用人工计数、数种板或真空数种器计数的方法。

（2）置床　将数好的各重复种子用镊子均匀地摆放在制备好的发芽床上，种子之间应保持一定的距离，以减少相邻种子间病菌的相互感染和对种苗发育的影响。为了避免在摆放过程中丢失种子，摆放应均匀且有一定的规律。

3．置箱培养与检查管理

（1）置箱培养　调节发芽箱至所选定的发芽温度，并根据需要调节光照条件。将置床后的培养皿放入发芽箱。如需预先冷冻，则放入5～10℃下预冷7d后移至规定的发芽温度。

（2）检查管理　种子发芽期间应经常检查温度、水分和通气状况，以保持适宜的发芽条件。注意适时补水，始终保持发芽床湿润。检查发芽箱的温度，防止因电器损坏、控温部件失灵等事故造成发芽箱温度不在规定的温度范围。如采用变温发芽的应在规定的时间变换温度。检查过程中如有腐烂的死种子应及时取出并记录。如有发霉的种子应及时取出冲洗，发霉严重的应更换发芽床。

4．观察记录

（1）试验持续时间　根据标准规定的各草类植物种子的试验持续时间，试验前或试验间用于破除休眠处理的时间不包括在发芽时间内。

如果确定选择的试验方法合适，而样品在规定的试验时间内只有几粒种子刚开始发芽，则试验时间可延长7d，或规定时间的一半。反之，如果在规定的试验时间结束前，样品已经达到最高发芽率，则该试验可提前结束。

（2）种苗鉴定与计数　当幼苗的主要构造发育到一定时期时，应按照规定的标准进行种苗鉴定与计数。

试验期间至少应进行两次计数，即初次计数和末次计数。中间计数的次数和时间根据发芽情况斟酌进行，但计数次数应尽量减少，以减轻尚未充分发育的幼苗受到损伤的危险。

初次计数和中间计数时的鉴定比较容易，只需要把发育良好的正常幼苗取出，以免种苗根部相互缠绕或种苗感病腐烂。为尽可能减少错误的鉴定，对可疑的、有缺陷的不正常种苗，通常留到末次计数进行鉴定。为减少其他种苗受到感染的危险，严重腐烂幼苗和死种子应及时取出并计数。表 5-17 中规定的计数时间一般是在最高温度条件下得出的，如果选择较低的温度，则初次计数可以延迟。

末次计数要统计正常幼苗、不正常幼苗和未发芽种子。未发芽种子包括硬实种子（在规定的适宜条件下，不能吸水而保持坚硬状态）、新鲜未发芽种子（在规定的适宜条件下能吸水，但发芽过程受到阻碍）、死种子（变软、变色、往往发霉，没有幼苗发育的征象）、空种子（种子完全空瘪或仅含有一些残留组织）、无胚种子（种子含有胚乳或胚子体组织，但没有胚腔和胚）、虫伤种子（种子含有幼虫、虫粪，或有害虫侵害的迹象，并已影响发芽能力）等。当一个复胚种子单位（能够产生一株以上幼苗的种子单位）产生一株以上正常幼苗时，仅按一株正常幼苗计数。

5. 重新试验　当试验出现下列情况之一时应重新进行发芽试验。

（1）*有较多的新鲜未发芽种子*　此时可采用表 5-17 附加说明中规定的一种或几种破除休眠程序进行补充试验，并填报得到的最佳结果，同时注明所采用的方法。

（2）*由于植物毒性或真菌或细菌的蔓延而导致发芽试验结果不可靠*　可采用表 5-17 规定的一种或几种发芽方法，在砂床或土床上进行重新试验。如有必要，应增加种子之间的距离，并填报得到的最佳结果，同时注明所采用的方法。

（3）*难以鉴定的幼苗*　可采用表 5-17 中规定的一种或几种发芽方法，在砂床或土床上进行重新试验，并填报得到的最佳结果，同时注明所采用的方法。

（4）*发现试验条件、幼苗鉴定或计数有错误*　应采用同样方法或表 5-17 规定的其他方法重新进行试验，并填报得到的最佳结果。

（5）*选择的方法对试验样品未取得满意的结果*　应采用表 5-17 中规定的一种或几种方法进行重新试验。也可借鉴以往相同品种的其他种样取得满意结果的试验方法。填报得到的最佳结果，同时注明所采用的方法。

（6）*重复间的差距范围超过表 5-18 所示的最大容许差距*　应采用同样的方法进行重新试验。如果重新试验的结果与第一次试验结果相一致（其差异未超过表 5-19～表 5-21 所示的容许差距），则填报试验结果的平均值，否则应进行重新试验，重新试验的流程见图 5-8。

表 5-18　同一试验重复间的容许差距　　单位：%

平均发芽百分率		容许差距	平均发芽百分率		容许差距
51%～100%	0～50%		51%～100%	0～50%	
99	2	5	87～88	13～14	13
98	3	6	84～86	15～17	14
97	4	7	81～83	18～20	15
96	5	8	78～80	21～23	16
95	6	9	73～77	24～28	17
93～94	7～8	10	67～72	29～34	18
91～92	9～10	11	56～66	35～45	19
89～90	11～12	12	51～55	46～50	20

表 5-19　两次试验间的容许差距　　单位：%

两次试验的平均发芽率		容许差距	两次试验的平均发芽率		容许差距
51%～100%	0～50%		51%～100%	0～50%	
98～99	2～3	2	77～84	17～24	6
95～97	4～6	3	60～76	25～41	7
91～94	7～10	4	51～59	42～50	8
85～90	11～16	5			

表 5-20　三次试验间的容许差距　　单位：%

三次试验的平均发芽率		容许差距	三次试验的平均发芽率		容许差距
51%～100%	0～50%		51%～100%	0～50%	
99	2	2	85～89	12～16	6
97～98	3～4	3	78～84	17～23	7
94～96	5～7	4	66～77	24～35	8
90～93	8～11	5	51～65	36～50	9

表 5-21　四次试验间的容许差距　　单位：%

四次试验的平均发芽率		容许差距	四次试验的平均发芽率		容许差距
51%～100%	0～50%		51%～100%	0～50%	
99	2	2	82～87	14～19	7
97～98	3～4	3	74～81	20～27	8
95～96	5～6	4	60～73	28～41	9
92～94	7～9	5	51～59	42～50	10
88～91	10～13	6			

6. 结果计算和表示

1）发芽试验的结果以正常幼苗、不正常幼苗、硬实、新鲜未发芽种子和死种子的百分率表示，各成分百分率的总和应为 100%。

2）百分率按规定修约到最近似的整数。首先修约正常幼苗百分率，然后与其他成分（不正常幼苗、硬实、新鲜未发芽种子和死种子）百分率的整数部分相加，总和应为 100%；否则将其他成分百分率中小数部分最大的值进位，各成分百分率整数部分总和为 100 时结束计算，否则按上述方法继续修约；当其他成分小数部分数值相等时，按照不正常幼苗—硬实种子—新鲜未发芽种子—死种子的顺序进行修约。

3）复胚种子单位只要产生一株正常幼苗，就应计数到发芽试验结果中。也可填报产生一株、两株或两株以上正常幼苗的种子单位数。结果用至少产生一株正常幼苗的种子单位数占供检种子单位数的百分率，或用一定数目的种子单位所产生的幼苗总数表示。

4）应将采用的试验方法包括发芽床、温度、试验持续时间、试验种子数目及预处理方法等填入记录表格。

7. 容许差距　根据表 5-18 可以确定重复之间的最低值和最高值是否在规定的容许差距之内。首先计算 4 个重复的平均发芽率，再计算 4 个重复的实际差距，即 4 个重复间最大发芽率与最小发芽率之差，然后根据平均发芽率查最大容许差距。如果实际差距在容许差距

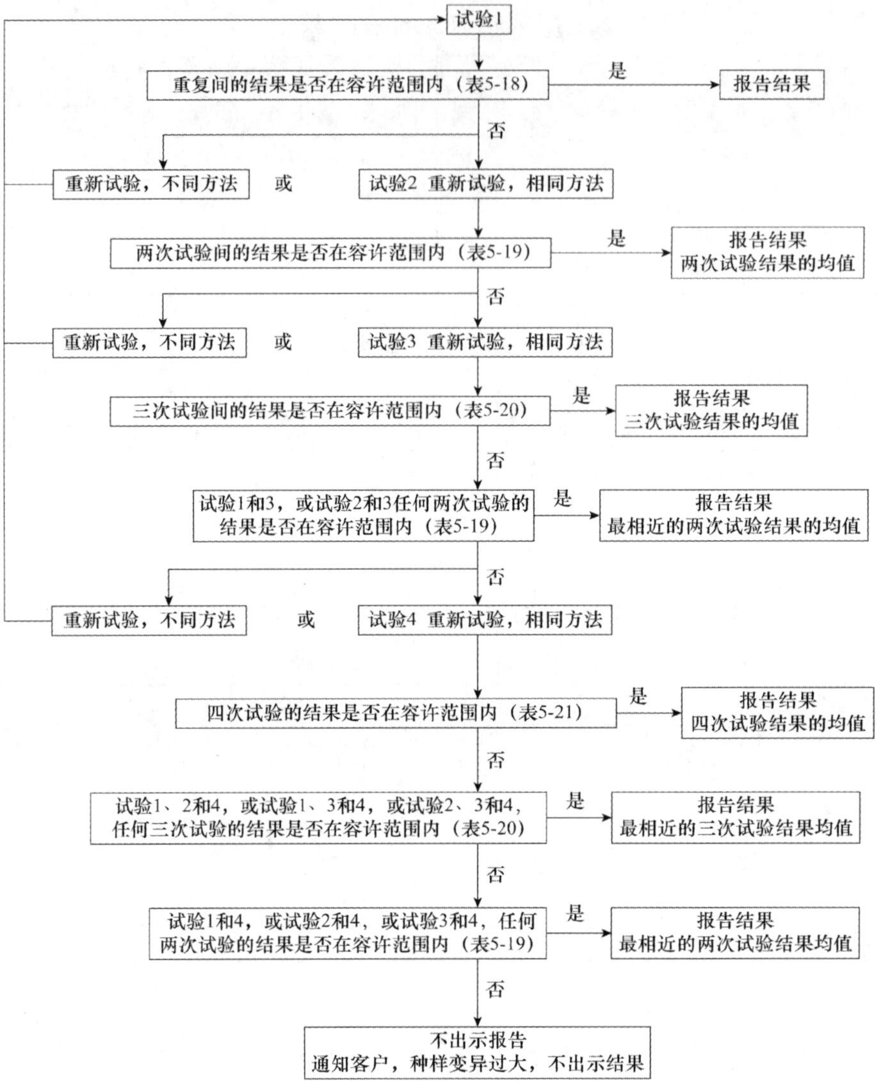

图 5-8 重新试验流程图

范围之内，发芽试验结果是可靠的；如果实际差距超过容许差距，则应重新试验。

（1）同一试验重复间的容许差距　表 5-18 给出了同一个发芽试验重复间最高和最低发芽率的容许差距（2.5%显著水平的两尾测定）。

（2）两次试验间的容许差距　表 5-19 给出了同一或不同实验室同一种子批相同或不同送验样品两次试验结果间的容许差距（2.5%显著水平的两尾测定）。

（3）三次试验间的容许差距　表 5-20 给出了同一或不同实验室同一种子批相同或不同送验样品三次试验结果间的容许差距（2.5%显著水平的两尾测定）。

（4）四次试验间的容许差距　表 5-21 给出了同一或不同实验室同一种子批相同或不同送验样品四次试验结果间的容许差距（2.5%显著水平的两尾测定）。

（五）促进发芽的处理方法

具有生活力的种子在适宜的发芽条件下不萌发，这种现象称作种子休眠。由于休眠的种子萌发困难，所以在进行发芽试验和田间播种前，有必要进行适当的破除休眠处理。种子休眠有生理性休眠、硬实种子和抑制物质等多种类型，因此破除休眠的方法也多种多样。发芽试验前或试验期间用于破除休眠所需要的时间不包括在发芽试验时间内。

1．破除生理休眠的方法

（1）预先冷冻　在发芽试验之前，将置床后各重复的种子在5～10℃下预先冷冻7d，必要时可延长预冷时间，然后移至规定的温度下进行发芽。

（2）预先加热　将发芽试验各重复的种子放在30～35℃、空气流通的条件下加热处理7d，然后移到规定发芽条件下发芽。

（3）预先贮藏　对于一些温带禾本科牧草种子，检验前可将样品置于15～25℃下，保持空气流通，预贮藏期可持续至一年。

（4）硝酸钾处理　用0.2%硝酸钾溶液代替水润湿发芽床，以后用水润湿。配制方法是将2g硝酸钾溶于1L蒸馏水中摇匀即可。

（5）干燥贮藏　将休眠期比较短的种子放在干燥处短时间贮藏。

（6）光照　变温发芽时，在8h高温时段给予光照。光照强度为750～1250lx（冷白荧光灯）。光照尤其适用于一些热带和亚热带的草类植物种子，如无芒虎尾草和狗牙根。

（7）赤霉酸处理　赤霉酸（GA_3）处理常用于燕麦、大麦、黑麦和小黑麦。通常用0.05%的GA_3溶液湿润发芽床。休眠较浅的种子可用0.02%浓度处理，当种子休眠很深时可用0.1%浓度处理。

（8）聚乙烯袋密封　当标准发芽试验结束时，仍发现有很高比例的新鲜未发芽种子［如三叶草属（*Trifolium*）］，应将种子密封在大小适宜的聚乙烯袋中重新试验，常可诱导发芽。

（9）酸液腐蚀　种子浸泡在浓H_2SO_4中直到种皮出现纹孔。腐蚀可以很快，或者需要经过1h以上，但每隔几分钟就应进行种子检查。种子经腐蚀之后，应用流水充分洗涤，然后进行发芽试验，如臂形草属（*Brachiaria*）。

（10）机械划破　通过切、刺、锉或摩擦等方法划破种皮。双子叶植物种子划破的适宜部位为子叶顶端或子叶边缘。

2．破除硬实的方法　对存在硬实的草类植物种子，通常不需破除硬实使其发芽，可直接填报硬实率。如有要求破除硬实得到最高的发芽率，则需进行处理。一般可在发芽试验前进行，但为了避免对非硬实种子产生不良影响，也可在试验后期对存留的硬实种子进行处理。破除硬实的方法有如下几种。

（1）浸种　将含硬实的种子放在水中浸泡24～48h，然后进行发芽试验。有些种子可在沸水中浸泡，同时不断搅动直至冷却。

（2）机械划破　在紧靠子叶顶端的种皮部分，小心地把种皮刺穿、削破、锉伤或用砂纸摩擦，也可直接刺入子叶部分或用刀片切去部分子叶和胚乳。

（3）酸液腐蚀　有些硬实率高的种子，如大翼豆属及小粒豆科草类植物种子，需放在浓硫酸中腐蚀种皮。将种子浸在酸液里至种皮出现孔纹。腐蚀时间因种而异，为几分钟至1h，但每隔数分钟应对种子的腐蚀情况进行检查。种子腐蚀后应在流水中充分洗涤至中性，然后进行发芽试验。

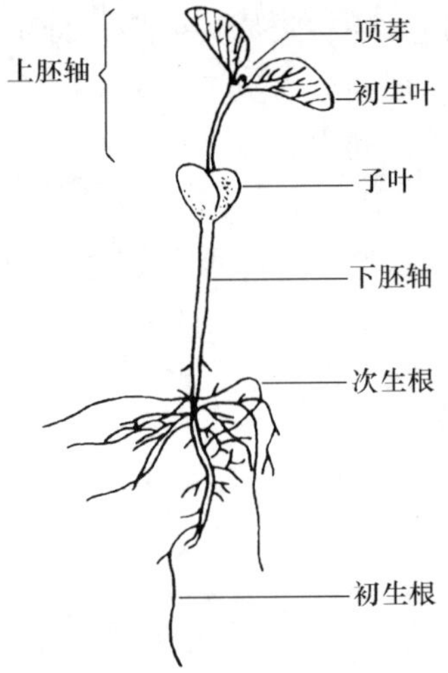

图 5-9 双子叶幼苗的主要构造
（全国农作物种子标准化技术委员会和全国农业技术推广服务中心，2000）

3. 除去抑制物质的方法

（1）预先洗涤　当果皮或种皮含有天然抑制物质时，如羊草种子含有脱落酸，会抑制种子发芽，可在发芽试验前将种子放在25℃的流水中洗涤。洗涤后将种子干燥，干燥温度不得超过25℃。

（2）除去种子的其他构造　有些种子除去其外部构造可促进发芽，如禾本科草类植物有些种子的刺毛状总苞片、内外稃等及羊柴（*Hedysarum leave*）种子外的果皮。

（六）种苗评定

1. 种苗的主要构造

（1）双子叶植物　双子叶植物子叶留土型幼苗的主要构造包括初生根、次生根、子叶、上胚轴、鳞叶、初生叶和顶芽等，如豌豆属等；双子叶植物子叶出土型幼苗的主要构造包括初生根、次生根、下胚轴或上胚轴、子叶、初生叶和顶芽等（图5-9），如蒿属、羽扇豆属等。

（2）单子叶植物　单子叶植物子叶留土型幼苗的主要构造包括种子根、初生根、次生根、不定根、中胚轴、胚芽鞘、初生叶等（图5-10），如黑麦草或苏丹草等；单子叶植物子叶出土型幼苗的主要构造包括初生根、不定根和管状子叶等，草类植物中此类发芽类型较少。

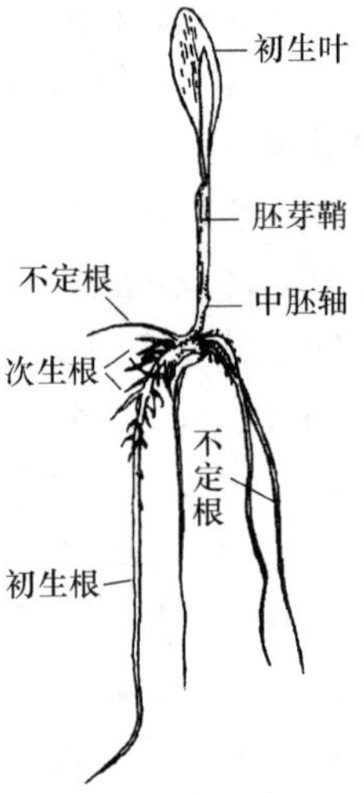

图 5-10 单子叶幼苗的主要构造
（周祥胜，2003）

2. 具体种苗评定　发芽试验最重要的环节就是对种苗进行评定，要想获得准确可靠的发芽试验结果必须全面、正确地掌握评定标准，准确地鉴别和区分正常种苗和不正常种苗。

（1）正常种苗的判定　正常种苗为生长在良好土壤、适宜温湿度及光照条件下，能进一步发育成为正常植株潜力的种苗。正常种苗分为完整种苗、带有轻微缺陷的种苗、二次感染种苗。

1）完整种苗。幼苗主要构造生长良好、完全、匀称和健康。因种不同，应具有下列构造的特定组合。

A. 发育良好的根系：细长的初生根，通常长有大量根毛，末端细尖；某些草类植物种子在规定试验期内除发育出初生根外，还产生了次生根；某些草类植物种子（如黑麦属）由数条种子根代替一条初生根。

B. 发育良好的幼苗中轴：出土型发芽的种苗，应具有一个直立、细长并有伸长能力的下胚轴；留土型发芽的种苗，应具有一个发育良好的上胚轴，下胚轴较短或难以分辨。出土型发芽的一些属的草类植物种子，应同时具有伸长的上胚轴和下胚轴；禾本科一些属（高粱属）的草类植物种子，应具有伸长的中胚轴。

C. 子叶正常：单子叶植物或个别双子叶植物具有一片子叶，子叶可为绿色的叶状体，或变异后全部或部分遗留在种子内（如禾本科）。双子叶植物具有两片子叶，子叶出土型发芽的种苗中，子叶为绿色，展开呈叶片状，其大小和形状因草类植物种而异；子叶留土型发芽的种苗，子叶为肉质半球形，并保留在种皮内。

D. 绿色伸展的初生叶：互生叶种苗具有一片初生叶，有时先发育少数鳞状叶（如豌豆属）；对生叶种苗具有两片初生叶。

E. 具有苗端或顶芽。

F. 禾本科草类植物种子中有一发育良好直立的胚芽鞘，鞘内包含一绿色叶片延伸到顶端，最后从芽鞘内伸出。

2）带有轻微缺陷的种苗。种苗主要构造出现某种轻微缺陷，但在其他方面仍能比较良好而均衡发育，与同一试验中的完整种苗相当。有下列缺陷的为带有轻微缺陷的种苗。

A. 根轻微缺陷。初生根轻度损伤或生长迟缓，如出现变色或坏死斑点，已愈合的裂缝和裂口，或浅裂缝和裂口；初生根有缺陷，但有大量发育正常的次生根，如豆科的豌豆属和野豌豆属，禾本科的玉米，燕麦属、大麦属、黑麦属和小黑麦仅有一条。

B. 幼苗胚轴轻度损伤。下胚轴、上胚轴或中胚轴轻度损伤，如出现变色或坏死斑点，已愈合的裂缝和裂口，裂缝和裂口轻度扭曲。

C. 子叶轻微缺陷。采用 50%规则，即如果整个子叶或初生叶组织有一半或一半以上具有功能，这种种苗可列为正常种苗。如果一半以上的组织不具有功能，如出现损伤、坏死、变色或腐烂，则为不正常种苗。双子叶植物仅有一片正常子叶（苗端或其周围组织没有明显的损伤和腐烂）；具三片子叶而非两片子叶（采用 50%规则）；融合子叶（采用 50%规则）。

D. 初生叶轻微缺陷。初生叶轻度损伤，但其组织总面积一半或一半以上仍保持正常功能（采用 50%规则）；顶芽没有明显的损伤或腐烂，仅有一片正常的初生叶，如菜豆属；初生叶形状正常，并且大于正常大小的 1/4；具有三片或更多的初生叶而非两片初生叶（采用 50%规则）。

E. 胚芽鞘轻微缺陷。胚芽鞘从顶端开裂，其裂缝长度不及总长的 1/3，但对于玉米幼苗，当胚芽鞘如图 5-11 所示有任何缺陷，并且初生叶如图 5-12 所示完整或轻微损伤时为正常幼苗；受内外稃或果皮的阻挡，胚芽鞘轻度扭曲或形成环状；胚芽鞘包有一片未延伸到其顶端但至少达到它一半长度的绿叶。

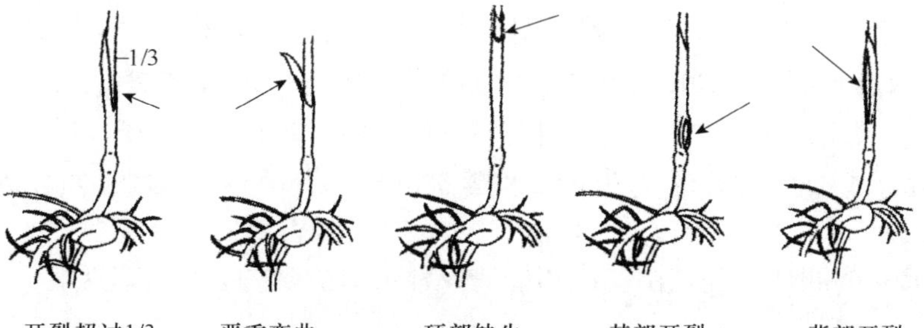

图 5-11　胚芽鞘缺陷的玉米幼苗评价

3）二次感染种苗。由其他种子或种苗所携带的真菌或细菌感染引起幼苗主要构造发病和腐烂的种苗。

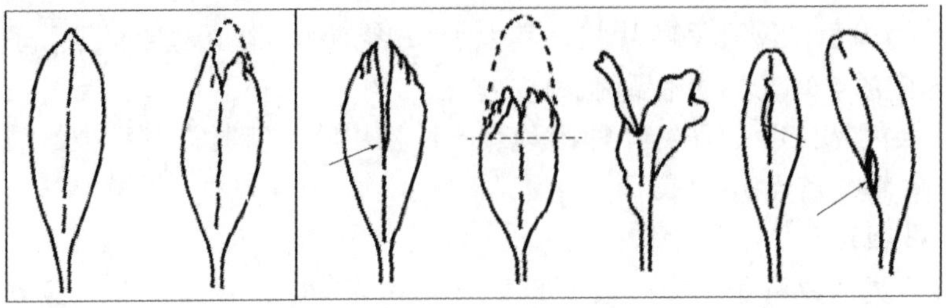

图 5-12 胚芽鞘缺陷的玉米幼苗初生叶评价

（2）不正常种苗的判定

1）不正常种苗类型。因一个或多个无法弥补的结构缺陷，不能发育为正常植株的种苗。不正常种苗分为受损伤的种苗、畸形或不匀称的种苗、初次感染的腐烂种苗三类。

A. 受损伤的种苗。由机械处理、加热、干燥、化学处理、昆虫损害等外部因素引起，使种苗构造残缺不全，或受到严重损伤，以致不能均衡生长。所产生的不正常种苗类型：子叶或种苗中轴开裂并与其他幼苗构造分离；下胚轴、上胚轴或子叶横裂或纵裂；胚芽鞘损伤或顶部破裂，初生根开裂、残缺或缺失（图 5-13）。

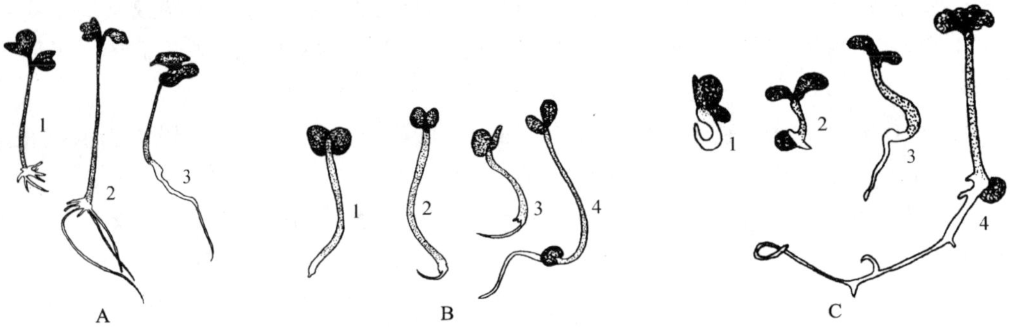

图 5-13 芸薹属正常幼苗和不正常幼苗形态特征（周祥胜等，2003）

A. 初生根矮化：1、2. 初生根矮化，为不正常幼苗；3. 正常幼苗（对照）。

B. 初生根缺失：1～3. 初生根缺失，为不正常幼苗；4. 正常幼苗（对照）。

C. 下胚轴弯曲畸形：1～3. 下胚轴弯曲畸形，为不正常幼苗；4. 正常幼苗（对照）

B. 畸形或不匀称的种苗。内部生理生化功能失调，引起幼苗生长细弱，或存在生理障碍，或主要构造畸形或不匀称的种苗。主要类型：初生根停滞或细长；根负向地性生长；下胚轴、上胚轴或中胚轴粗短、环状、扭曲或螺旋形；子叶卷曲、变色或坏死；胚芽鞘畸形、开裂、环状、扭曲或螺旋形（图 5-13 和图 5-14）；叶绿素缺失（种苗黄化或白化）；种苗细长或玻璃状。

C. 初次感染的腐烂种苗。由初次感染造成种苗的主要构造发病或腐烂，并妨碍其正常发育（图 5-14）。

2）鉴定。在实际检验过程中，只要能鉴别出不正常种苗即可。凡种苗带有下列一种或一种以上的缺陷则列为不正常种苗。

A. 根。初生根残缺、短粗、生长停滞、缺失、破裂、从顶端开裂、缩缢、纤细、蜷缩于种皮内、负向地性生长、玻璃状或由初次感染引起的腐烂，缺少或仅有一条细弱的种子根。

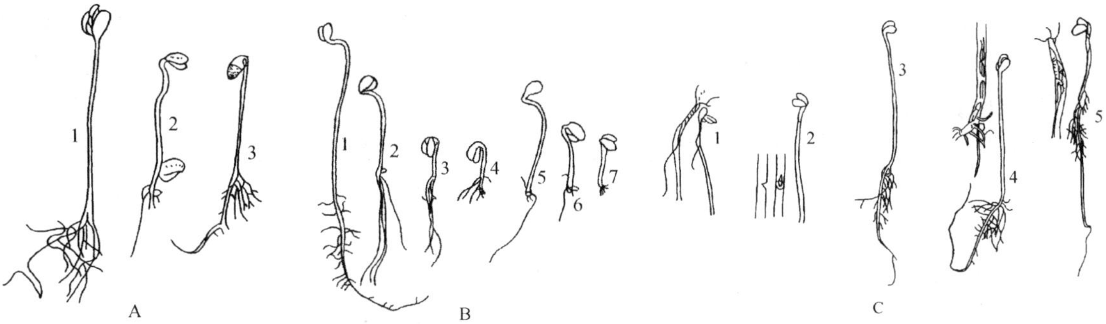

图 5-14　大豆正常幼苗和不正常幼苗形态特征
（全国农作物种子标准化技术委员会和全国农业技术推广服务中心，2000）
A．腐烂：1．表面腐烂，为正常种苗；2．由其他种子或种皮引起的次生感染，为正常幼苗；
3．大于 50%的子叶腐烂，为不正常幼苗。
B．根缺陷：1．完整幼苗；2～4．初生根缺失、细弱或粗短，有足够次生根，为不正常幼苗；
5～7．初生根缺失、细弱或粗短，为不正常幼苗。
C．下胚轴损伤：1．愈合损伤，为正常幼苗；2．由纸卷试验引起的破裂，为不正常幼苗；
3．损伤没有延及输导组织的为正常幼苗，延及输导组织的为不正常幼苗；4、5．深度损伤，为不正常幼苗

B．下胚轴、上胚轴或中胚轴。下胚轴、上胚轴或中胚轴缩短变粗、深度横裂或破裂、纵向裂缝（开裂）、缺失、缩缢、严重扭曲、过度弯曲、形成环状或螺旋形、纤细、水肿状（玻璃体）、由初生感染所引起的腐烂。

C．子叶（采用 50%规则）。子叶肿胀卷曲、畸形、断裂或其他损伤、分离或缺失、变色、坏死、水肿状、由初生感染所引起的腐烂（葱属除外）。

D．初生叶（采用 50%规则）。初生叶畸形、损伤、缺失、变色、坏死、由初生感染所引起的腐烂，或虽形状正常但小于正常叶片大小的 1/4。

E．顶芽及周围组织。顶芽及周围组织畸形、损伤、缺失、由初生感染所引起的腐烂。

F．胚芽鞘和第一片叶（禾本科）。胚芽鞘畸形、损伤、缺失、顶端损伤或缺失、过度弯曲、形成环状或螺旋形严重扭曲、裂缝长度超过从顶端量起的 1/3、基部开裂、纤细、由初生感染所引起的腐烂，第一叶延伸长度不到胚芽鞘的一半、缺失、撕裂或其他畸形。

G．整个幼苗。畸形、断裂子叶比根先长出、两株幼苗连在一起、黄化或白化、纤细、水肿状（玻璃体）、由初生感染所引起的腐烂。

（3）种苗鉴定方法

1）幼苗鉴定时期。一般来说，种苗的所有主要构造生长到一定程度，能充分准确地进行鉴定时，才能进行鉴定并计数。在试验中绝大部分种苗（根据试验的种类而定）应该达到：子叶从种皮中伸出（如苜蓿属）、初生叶展开（如羽扇豆属）、叶片从胚芽鞘中伸出（如蜀黍属）才能鉴定。而一些出土型发芽的双子叶植物（如苜蓿属、草木樨属）在试验末期，并非所有种苗的子叶都从种皮中伸出，但至少在末次计数时，可以清楚地看到子叶的基部，如有必要可以剥去种皮，检查子叶和顶芽。如果子叶坏死和腐烂，则自身无能力从种皮中伸出，这类种苗归为不正常种苗。

如果到规定的试验末次计数时期，仍有几株种苗未发育到适宜的鉴定阶段，则可以根据以往的知识和经验，并以试验中的其他种苗形态为标准，做出确切的估计和判定。相对而言，若有较多未发育完全的种苗，则应延长试验时间，并进行必要的观察来确定种苗是否正常。

2）子叶和初生叶：采用 50%规则。子叶坏死是由种子生理劣变引起的，不是由种传病

害感染所引起的，因此子叶坏死不会相互感染。坏死的症状表现在子叶出现褐色斑点或成块的褐色，以致完全变色或坏死或腐烂或下胚轴缩短变粗、弯曲或水肿状。贮藏年限较长的草木樨种子发芽试验中经常发生。

50%规则适用于初生叶组织有缺陷时的判定。但如果初生叶的形状正常，只是叶片较小，则不能应用 50%规则，这时不考虑子叶的状况。如果顶芽周围组织或顶芽本身坏死或腐烂，也不适用 50%规则。

3）横裂和纵裂的幼苗。深度横裂或破裂的组织，如果能在横裂或破裂处产生愈合组织并且不影响幼苗其他构造向另一方面生长的，即输导组织不受影响的则可以判定为正常种苗。在下胚轴或上胚轴可能产生不定根，如果输导组织正常，则可判定为正常幼苗；如果严重受损伤影响输导组织，则判定为不正常幼苗。

纵裂的深度直接影响结果的判定，依据横裂面的纵裂深度来判定：如果纵裂没有达到中柱，为正常；如果纵裂达到中柱外层，已产生愈合组织，不影响上胚轴或下胚轴发育，则判定为正常；如果纵裂达到或穿过中柱，不管是否产生愈合组织，都判定为不正常种苗。

4）环状或螺旋形的幼苗。环状按照下列规则进行判定：开放“U”形为正常种苗；闭合“U”形，初生根没有缺陷为正常种苗，初生根有缺陷为不正常种苗；完全环形为不正常种苗。螺旋形按照下列规则进行判定：轻度螺旋形（小于 3 环）的为正常种苗；重度螺旋形的为不正常种苗。

5）考虑次生根的种苗。在豆科草类植物的一些属中，特别是大粒种子的某些属，如豌豆属、野豌豆属的种苗具有足够的发育良好的次生根，初生根受损或丢失而次生根发育良好也可以认为是正常种苗。

6）负向地性生长。有时幼苗的初生根会脱离培养介质向上生长，这样的根已经丧失向地性。这种现象也可能是不利的萌发条件导致的结果（如太湿或培养介质中有毒性物质），或者生理损伤导致的结果。

如果试验中有许多这样的种苗，样品应该在混合土或土壤中重新试验。重新试验中初生根仍然呈现负向地性生长，就必须划归为不正常的种苗。在具有种子根的种苗中，只要一个种子根向地生长，该种苗就可以划归为正常种苗。

第五节 水 分 测 定

一、水分测定的意义

种子水分含量也称种子含水量，是指种子中含有的水分重量占种子样品重量的百分率。种子水分有两种形式，即自由水和束缚水，它们均为水分测定的对象。自由水具有一般水的性质，不被种子中的胶体吸附或者吸附力很小，能自由流动，主要存在于种子的毛细管和细胞间隙中，自然条件下容易蒸发。种子含水量的增减主要是自由水的变化，因此在水分测定过程中，应尽可能预防这部分水分的蒸发，否则将造成水分测定结果偏低。束缚水被种子中的亲水胶体紧密结合，不能在细胞间隙自由流动，很难蒸发，只有通过适当提高温度、延长烘干时间，这部分水分才能全部逸出。

种子水分含量是种子质量评定的重要指标，也是种子质量分级的主要指标之一。具有安全含水量的种子有利于贮藏和运输，不易因病虫的侵害和温度等因素而引起劣变，能保持良好的生活力，并相对减轻运输负担。因而种子含水量的测定对指导种子收获、清选、药物熏蒸及种子的贮藏、运输和贸易都有着极其重要的作用。

二、水分测定程序

（一）仪器设备

水分测定的主要仪器设备有恒温烘箱（配有精度为0.5℃的温度计）、电动粉碎机、感量0.001g的天平、样品盒、干燥器、干燥剂、套筛（孔径0.5mm、1.0mm、2.0mm和4.0mm的金属丝筛子）等。

（二）种子水分测定技术要求

1．样品的保存　种子水分测定时样品必须装在防湿容器中，并且尽可能排除其中空气。样品接收后立即测定，测定过程中的取样、磨样和称量操作要迅速。

2．称重　称重以"g"为单位，保留3位小数。

3．试样的重量　测定应取两个独立分取的重复试验样品，根据所用样品盒直径的大小，使每试验样品重量达到下列要求：①直径大于5cm、小于8cm，为（4.5±0.5）g；②直径等于或大于8cm的，为（10.0±1.0）g。

4．试样的混合　在分取试验样品之前，送验样品须按下列方法之一进行充分混合：①用匙在样品容器内搅拌；②原样品容器的口对准另一个同样大小的容器口，把种子在两个容器中往返倾倒。

5．试样的取得　样品充分混合后，用小匙随机取不少于3处的样品，混合形成所需重量的试验样品。取样过程中，样品暴露在空气中的时间不应超过30s。

6．磨碎　除不易磨碎的高油分种子［特别是一些碘价高的油类种子如亚麻属（*Linum*）］或者磨碎物易于氧化从而增重的种子外，大粒或者由于种皮阻碍不易失水的种子在烘干前应磨碎。

对于应细磨的种子，至少50%的磨碎材料可以通过0.5mm筛孔的金属筛，留在1.0mm筛孔金属筛上的材料应不超过10%。对于应粗磨的种子，至少有50%的磨碎材料可以通过4.0mm筛孔的金属筛，通过2.0mm筛孔的磨碎材料不应多于55%。

整个磨碎过程不应超过2min。磨碎时应确保没有交叉污染。

（三）水分测定方法

1．预先烘干　如果是应磨碎的种子，且其水分高于17%（饲用大豆高于12%），则应预先烘干。分别称取重量为（25±1）g的两个试验样品，放入已称重的样品盒内，置于130℃恒温箱内，根据其含水量情况，预烘5～10min，使水分降至17%（饲用大豆降至12%）或以下，然后将初步烘干过的种子样品放在实验室内摊晒至少2h。

玉米（*Zea mays*）种子在水分超过25%时，应将种子铺成厚度不超过20mm的薄层，根据其初始水分的含量在65～75℃下烘干2～5h。其他植物种子在水分超过30%时，样品应放在温暖处（如加热的烘箱顶上）烘干过夜。

预先烘干后，重新称取样品盒中次级样品的重量，并计算失去的重量及水分含量。此后立即将这两个半干的次级样品分别磨碎，并按规定进行试样分取和称重。

2．测定方法的选择

（1）低恒温烘干法　该法适用于所有草种子水分的测定。

盛入样品前，分别称取样品盒与盒盖的重量；而后将按规程分取和称重的试验样品，均匀平铺在样品盒底部；称重后，迅速将样品盒置于盒盖上放入烘箱中。保持 101～105℃，持续烘干（17±1）h。烘干计时从样品盒放入烘箱后，温度重新回到规定温度时开始。到达规定的时间后，盖好样品盒盖，放入干燥器中冷却至室温后称重。

（2）高恒温烘干法　该法适用的种子种类和样品烘干时间见表 5-22。其测定程序同低恒温烘干法，但烘箱温度应保持在 130～133℃。

表 5-22　草种子水分测定方法

拉丁名	中文名	磨碎	高恒温烘干法	烘干时间/h	预先烘干
Agrostis spp.	翦股颖属	否	可用	1	否
Agropyron spp.	冰草属*	否	可用	2	否
Allium spp.	葱属	否	不可用	—	否
Alopecurus pratensis	草原看麦娘	否	可用	1	否
Anthoxanthum odoratum	黄花茅	否	可用	1	否
Arrhenatherum spp.	燕麦草属	否	可用	1	否
Astragalus adsurgens	沙打旺	否	可用	1	否
Astragalus melilotoides	草木樨状黄芪	否	可用	1	否
Avena spp.	燕麦属	粗磨	可用	2	水分 17%以上需预先烘干
Beta vulgaris	饲用甜菜	否	可用	1	否
Brachiaria spp.	俯仰臂形草	否	可用	1	否
Bromus spp.	雀麦属	否	可用	1	否
Chloris gayana	无芒虎尾草	否	可用	1	否
Cicer arietinum	鹰嘴豆	粗磨	可用	1	水分 17%以上需预先烘干
Cichorium spp.	菊苣属	否	可用	1	否
Cleistogenes spp.	隐子草属*	否	可用	1	否
Cynodon dactylon	狗牙根	否	可用	1	否
Dactylis spp.	鸭茅属	否	可用	1	否
Elytrigia spp.	偃麦草属	否	可用	1	否
Elymus spp.	披碱草属*	否	可用	2	否
Festuca spp.	羊茅属	否	可用	1	否
Galega orientalis	东方山羊豆	否	可用	1	否
Glycine max	饲用大豆	粗磨	不可用	—	水分 12%以上需预先烘干
Helianthus annuus	向日葵	否	不可用	—	否
Holcus lanatus	绒毛草	否	可用	1	否
Hordeum bogdanii	布顿大麦	细磨	可用	2	水分 17%以上需预先烘干
Lathyrus spp.	香豌豆属	粗磨	可用	1	水分 17%以上需预先烘干

续表

拉丁名	中文名	磨碎	高恒温烘干法	烘干时间/h	预先烘干
Leymus spp.	赖草属*	否	可用	2	否
Lespedeza spp.	胡枝子属*	否	可用	1	否
Leucaena leucocephala	银合欢*	粗磨	可用	2	否
Lolium spp.	黑麦草属	否	可用	2	否
Lotus spp.	百脉根属	否	可用	1	否
Lupinus spp.	羽扇豆属	粗磨	可用	1	水分 17%以上需预先烘干
Macroptilium atropurpureum	大翼豆	粗磨	可用	1	水分 17%以上需预先烘干
Medicago spp.	苜蓿属	否	可用	1	否
Melilotus spp.	草木樨属	否	可用	1	否
Onobrychis viciifolia	红豆草	否	可用	1	否
Panicum spp.	黍属	否	可用	2	否
Paspalum spp.	雀稗属	否	可用	1	否
Phalaris spp.	虉草属	否	可用	1	否
Phleum ssp.	梯牧草属	否	可用	1	否
Pisum sativum	豌豆	粗磨	可用	1	水分 17%以上需预先烘干
Poa spp.	早熟禾属	否	可用	1	否
Puccinellia spp.	碱茅属*	否	可用	1	否
Secale cereal	黑麦	细磨	可用	2	否
Setaria spp.	狗尾草属	否	可用	1	否
Sorghum spp.	高粱属	细磨	可用	2	水分 17%以上需预先烘干
Stipa spp.	针茅属*	否	可用	1	否
Trifolium spp.	三叶草属	否	可用	1	否
×*Trititcosecale*	小黑麦	细磨	可用	2	水分 17%以上需预先烘干
Vicia spp.	野豌豆属	粗磨	可用	1	水分 17%以上需预先烘干
Vigna spp.	豇豆属	粗磨	可用	1	水分 17%以上需预先烘干
Zea mays	饲用玉米	细磨	可用	4	水分 17%以上需预先烘干

注：表中在高恒温烘干法一栏中标有“可用”的植物种，既可采用高恒温烘干法也可采用低恒温烘干法测定；标明“不可用”的植物种，只能采用低恒温烘干法测定。

*表示《国际种子检验规程 第 9 章：水分测定》(2012 年版) 中未纳入的植物属或种

3．种子水分快速测定方法 种子水分快速测定方法主要是应用电子仪器在短时间内快速完成种子水分测定。这类方法包括电子水分速测法、红外线水分速测法、快速烘箱测定法和微波烘箱-天平-微计算机组合装置快速测定法等。

电子水分速测仪比较常用，主要包括电阻式、电容式和微波式水分测定仪。整个测定过程可在 10min 内完成，具有快速、简便的特点，尤其适用于种子收购入库及贮藏期间的一般性检查。但这类方法也有局限性：一是在使用电子仪器测定水分前，必须用烘干减重法进行校对，以保证测定结果的正确性，并注意仪器性能的变化，即时校验；二是样品中的各类杂质应先除去，样品水分不可超出仪器量程范围，测定时所用样品量需要符合仪器要求。

（四）结果计算和表示

1．计算和表示 水分以重量百分率表示，按式（5-13）计算，保留一位小数。

$$种子水分（\%）=\frac{M_2-M_3}{M_2-M_1}\times100 \tag{5-13}$$

式中，M_1 为样品盒和盖的重量（g）；M_2 为样品盒和盖及样品的烘前重量（g）；M_3 为样品盒和盖及样品的烘后重量（g）。

若用预先烘干法，可以从第一次（预先烘干）和第二次所得结果来计算。两次水分均按式（5-13）计算，而样品的原始水分可按式（5-14）计算。

$$种子水分（\%）=S_1+S_2-\frac{S_1\times S_2}{100} \tag{5-14}$$

式中，S_1 为第一次整粒种子烘后失去的水分百分率；S_2 为第二次整粒种子烘后失去的水分百分率。

水分最终测定结果用两次重复的算术平均数表示，保留 1 位小数。

2．容许差距 若一个样品两次重复测定之间的差距不超过 0.2%，其结果可用两次测定的算术平均数表示。否则，需要重新测定。若重新试验的两个重复差距小于 0.2%，则报告重新试验测定的结果。若重新试验两个重复的差距仍超过 0.2%，则检查两次试验平均值之间的差距，若小于 0.2%，则使用两次试验的平均值作为两次重复测定结果；若平均值之间差距仍然超过 0.2%，则检查试验设备和实验操作程序，而后重新试验。

灌木种子依据种子大小和原始水分的不同，其重复间的容许差距范围可扩大至 0.3%～2.5%，见表 5-23。

表 5-23 灌木种子水分测定两次重复间容许差距（为确定显著水平） 单位：%

种子大小类别	原始水分平均值		
	＜12%	12%～25%	＞25%
小粒种子：千粒重＜200g	0.3	0.5	0.5
大粒种子：千粒重≥200g	0.4	0.8	2.5

第六节 其他植物种子数测定

一、其他植物种子数测定的意义

其他植物种子是指样品中除净种子以外的任何植物种类的种子单位，包括杂草和异作物种子。测定的目的是检测送验样品中其他植物的种子数目，并由此推测种子批中其他植物的种类及含量。其他植物可以是所有的其他植物种或指定的某一种或某一类植物种。其他植物种子数目及含量也是种子质量分级的主要指标之一。

据统计，全世界约有杂草 8000 种，与农牧业生产有关的主要有 250 种。中国约有杂草 119 科 1200 种，其中豚草属（*Ambrosia*）、菟丝子属（*Cuscuta*）、毒麦（*Lolium temulentum*）、列当属（*Orobanche*）、假高粱（*Sorghum halepense*）等已列入《全国农业植物检疫性有害生物名单》。在国际种子贸易中这项分析主要用于测定种子批中是否存在有毒有害植物种子及恶性杂草种子。

二、其他植物种子数测定程序

（一）仪器设备

其他植物种子数测定的主要仪器设备有净度分析台、其他植物种子检测仪、分样器、不同孔径套筛（包括振荡器）、吹风机、手持放大镜或双目显微镜、镊子，以及感量 0.1g、0.01g、0.001g 和 0.1mg 的天平。

（二）试验样品

1）测定其他植物种子数的样品应符合表 5-1 所规定的重量，通常不得小于 25 000 个种子单位，即净度分析试验样品最低重量的 10 倍。

2）当送验种难以鉴定时，仅需用规定试验样品重量的 1/5（最少量）进行鉴定。

3）除非特殊要求，否则不检验种粒特别小的其他植物种子，如列当属和独脚金属（*Striga*）。当要求检测列当属植物种时，应从规定重量的送验样品中进行检测。列当属的检测需要独立密封的送验样品或完整的混合样品。

（三）测定方法

1. 完全检验　从整个试验样品中检出所有其他植物种子的测定方法。

2. 有限检验　从整个试验样品中检出指定种的测定方法。

3. 简化检验　从部分试验样品（至少是规定试验样品重量的 1/5）中检出所有其他植物种子的测定方法。

4. 简化有限检验　从少于规定重量的试验样品中检出指定种的测定方法。

（四）测定

1. 借助上述器具对试验样品进行逐粒检查　分离出所有其他植物种子或某些指定种的种子，然后计数检测出每个种的种子数。在有限检验中，如果检验仅限于指定的某些种的存在与否，那么在检验中发现有一或数粒该种子，即可停止测定。

2. 检测列当属植物　可采用下列任一方法进行分离，然后用显微镜（最少×10）检查洗涤过滤后的滤纸表面或干燥筛选后的尘埃状物质，检出并计数列当属种子数量。

（1）洗涤过滤　用含 1 或 2 滴清洁剂（瓜果蔬菜类洗涤剂）的水洗涤送验样品然后过滤，收集滤纸表面的残渣用于分析。种子和水的质量比应是 1∶2。较大量的送验样品可分批次洗涤，但整个试验样品都应检测。

（2）干燥筛选　将整个试验样品置于筛中，底部放托盘，机械振荡或人工振荡。筛孔直径应使送验植物种子保持在筛上，而尘埃状物质落入托盘。筛孔直径可根据送验植物种子的大小选择。较大量的试验样品可分批次筛选以防止筛孔堵塞。如果是机械振荡，振荡时间应不少于 1min；如果是人工振荡，应用力振荡，直到尘埃状物质被完全分开；然后直接检查托盘中的分离物。

对分离出的其他植物种子进行鉴定，确定到种，部分难以鉴别的可确定到属。区分和识别各类植物种子可根据《杂草种子彩色鉴定图鉴》（郭琼霞著）等有关书籍，并向有经验的人员请教，在检验实践中积累经验，逐步掌握各类种子的形态特征。

（五）结果记录与表示

结果用测定试验样品实际重量中发现的所有其他植物种子数或指定种（属）的种子数表示，通常折算成单位重量（如每 kg）的其他植物种子数或指定种（属）的种子数。

其他植物种子含量（粒/kg）＝其他植物种子数 / 试验样品重量（g）×1000

在检验记录中应填写试验样品的实际重量、该重量中发现的其他植物种子的名称（中文名和拉丁名）及种子数，并注明所采用的检验方法，如"完全检验""有限检验""简化检验"或"简化有限检验"。

如果同一样品进行了两次或多次检测，其结果用测定样品总重量中发现的其他植物种子总数表示。

（六）容许差距

表 5-24 适用于判断同一送验样品或同一种子批的不同送验样品，在同一或不同实验室的两次测定结果是否有显著差异，两个样品的重量应相近。使用时先根据两次测定结果的平均值从表 5-24 平均值中找到对应行，再找出相应的最大容许差距。

表 5-24 其他植物种子数两次检验的容许差距（5%显著水平的两尾测定） 单位：粒

两次测定结果平均值	容许差距	两次测定结果平均值	容许差距	两次测定结果平均值	容许差距
3	5	76～81	25	253～264	45
4	6	82～88	26	265～276	46
5～6	7	89～95	27	277～288	47
7～8	8	96～102	28	289～300	48
9～10	9	103～110	29	301～313	49
11～13	10	111～117	30	314～326	50
14～15	11	118～125	31	327～339	51
16～18	12	126～133	32	340～353	52
19～22	13	134～142	33	354～366	53
23～25	14	143～151	34	367～380	54
26～29	15	152～160	35	381～394	55
30～33	16	161～169	36	395～409	56
34～37	17	170～178	37	410～424	57
38～42	18	179～188	38	425～439	58
43～47	19	189～198	39	440～454	59
48～52	20	199～209	40	455～469	60
53～57	21	210～219	41	470～485	61
58～63	22	220～230	42	486～501	62
64～69	23	231～241	43	502～518	63
70～75	24	242～252	44	519～534	64

第七节 生活力测定

一、生活力测定的意义

种子生活力是指种子的潜在发芽能力或种胚所具有的生命力，是预期具有长成正常幼苗的潜在能力。种子生活力测定是草类植物育种、种子生产、加工、收购、贮藏、调运、检验和研究等工作中不可缺少的重要方法。其主要目的是测定休眠种子生活力，快速预测种子生活力，分析种子不发芽和发芽异常的原因，指导草类植物种子生产、加工、处理等技术的改进。

种子生活力测定方法很多，根据其测定原理和特点可分为生物化学测定法、物理特性测定法和种子生长迹象测定法。生物化学测定法包括四唑染色法、溴麝香草酚蓝法、碘化钾显色法、硒酸氢钠染色法、二硝基苯染色法、利用细胞透性测定法、利用细胞质壁分离测定法。物理特性测定法包括软X射线测定法和荧光测定法。种子生长迹象测定法包括离体胚测定法和过氧化氢浸培法。下文主要介绍四唑染色法。

二、生活力测定程序

（一）四唑染色法的原理

四唑染色法是应用 2,3,5-氯化三苯基（或溴化三苯基四唑，简称四唑）的无色溶液作为一种指示剂，以显示活细胞中所发生的还原反应。种胚活体细胞中含有脱氢酶，具有脱氢还原作用，被活组织吸收的四唑（无色），从活细胞的脱氢酶上接受氢，在活细胞或组织内产生一种稳定而不扩散的红色物质——二苯基甲臜。这样就能区分种子红色的有生命部分和无色的死亡部分。除完全染色的有生活力种子和完全不染色的无生活力种子外，还可能出现部分染色的种子。部分染色的种子中又可能出现程度不同的坏死组织。确定种子有无生活力取决于坏死组织面积的位置与大小，而不一定在于颜色的深浅。

（二）四唑染色法的特点

1．原理可靠、结果准确　四唑染色法是根据种子本身的生化反应和胚的主要解剖构造对四唑盐类的染色情况来判断其生活力强弱的方法，其能较好地表明种子内在特性，并且技术已发展到成熟时期。

2．不受休眠限制　四唑染色法不像发芽试验那样需要通过培养，依据幼苗生长的正常与否来估算发芽率，而是利用种子内部存在的还原反应显色来判断种子的活力情况，不受休眠的影响。

3．方法简便、省时快速　四唑染色法所需仪器设备和物品较少，并且测定方法也较为简便，测定所需时间短。

4．成本低廉　由于测定所需仪器物品少，方法简便，所以测定成本较低。

5．适用范围广　四唑染色是一种生物化学测定法，适用于快速测定下列情况的种子生活力：收获后需要马上播种的种子；具有深休眠的种子；发芽缓慢的种子；要求估测发芽潜力的种子；测定发芽末期个别种子生活力，特别是怀疑有休眠的种子；测定已萌发种子或收获期间存在的不同类型和（或）加工的损伤（热害、机械损伤和虫蛀等）种子；解决发芽试验中遇到的问题，如不正常幼苗产生的原因或怀疑杀菌剂的处理效果等。

（三）仪器设备

1．控温设备　电热恒温箱或培养箱。

2. 观察仪器 体视显微镜或放大镜。

3. 预湿、染色器具及材料 不同规格玻璃器皿（培养皿、烧杯、试管等）、不同规格染色皿、滤纸和吸水纸等。

4. 切刺工具 解剖刀、单面刀片、解剖针等。

5. 天平 感量为0.001g的天平。

6. 其他 不同规格的加液器、吸管、镊子、数粒板等。

（四）试剂配制

1. 缓冲液配制 准备两种溶液，溶液Ⅰ：称取9.078g磷酸二氢钾（KH_2PO_4）溶解于1000mL蒸馏水中。溶液Ⅱ：称取9.472g磷酸氢二钠（Na_2HPO_4）或11.876g二水磷酸氢二钠（$Na_2HPO_4 \cdot 2H_2O$）溶解于1000mL蒸馏水中。取溶液Ⅰ 2份和溶液Ⅱ 3份混合即成缓冲液。

2. 染色液配制 染色液的浓度在0.1%～1.0%（通常0.1%溶液用于切开的种子染色，1.0%溶液用于整粒种子染色），溶液的酸碱度以pH 6.5～7.5为宜。如果蒸馏水的酸碱度不在中性范围内，则四唑盐应该溶解在磷酸盐缓冲溶液中，即在配制好的缓冲溶液中溶入准确数量的四唑盐类（氯化物或溴化物）。例如，每100mL缓冲溶液中溶入1g四唑盐类即得到1%浓度的四唑溶液。

2,3,5-三苯基氯化四氮唑简称TTC或TZ。其分子式是$C_{19}H_{15}N_4Cl$，相对分子质量为334.8，白色或淡黄色粉末，微毒，易被光分解，应装在棕色瓶中用黑纸包裹。配制的溶液也应用棕色瓶装盛，黑纸包裹。染色反应在黑暗条件下进行。

（五）测定方法

1. 试验样品 从净度分析后并充分混合的净种子中随机数取100粒种子，4次重复；若测定发芽末期休眠种子的生活力，则仅用试验末期的休眠种子。主要草类植物种子的四唑测定方法见表5-25。

2. 种子的预湿 一般情况下，染色前宜对种子进行预湿，如果种皮妨碍吸胀，应刺破种皮。预湿后吸胀的种子不易破碎，容易切开或刺穿，染成的颜色更为均匀，利于鉴定。不同种子预湿时间及方式见表5-25。

预湿可采用下列方法之一。

（1）缓慢润湿 按GB/T 2930.4所规定的发芽试验方法，将种子置于纸上（TP）或纸间（BP）吸湿。此方法适用于直接浸在水中容易破裂的种子、陈种子或干燥种子。有些草种的种子缓慢润湿不能充分吸胀，可进一步在水中浸泡一段时间。

（2）水中浸泡 将种子完全浸入水中，使其达到充分吸胀，如果浸泡时间超过24h，则应换水。对需要测定硬实率的豆科种子，宜采用20℃水温浸泡22h。此法适用于直接浸入水中而不会造成组织破裂损伤的种子。

3. 种子染色前的处理 许多草种子染色前需将其组织暴露出来，以利于四唑溶液的渗透和生活力鉴定。预湿后，种子表面产生的黏性物质应清除。清除时可采用表面干燥、纸张间揩擦或在1%～2%硫酸钾铝溶液中浸泡5min等方法。

表 5-25 主要草类植物种子生活力的四唑测定方法

序号	属/种名		20℃预湿		染色前的准备	30℃染色		鉴定的准备及观察组织	鉴定（容许的无生活力组织）	备注
	拉丁名	中文名	方式	最少时间/h		浓度/%	适宜时间/h			
1	*Agropyron* spp.	冰草属	BP；W	16；3	1.去颖，在胚附近横切 2.纵切胚及 3/4 胚乳	1.0 1.0	18 2	1.胚表面 2.切面	1/3 胚根	—
2	*Agrostis* spp.	翦股颖属	BP；W	16；2	在胚附近针刺	1.0	18	去外稃，露出胚	1/3 胚根	—
3	*Allium* spp.	葱属	W	18	在种子的扁平面切去一薄片，再在种子中央、胚根与子叶之间纵向切入 2/3 胚乳	1.0	18	从平的一面纵切胚乳以暴露胚	无，包括胚乳，不与胚腔相连的胚乳外部的小部分表面坏死	—
4	*Alopecurus* spp.	看麦娘属	BP；W	18；2	去颖，在胚附近横切	1.0	18	1.胚表面 2.切面	1/3 胚根	—
5	*Amaranthus* spp.	苋属*	W	18	1.在种子中心针刺 2.自中心向胚根与子叶之间切开	1.0	18～24	1.纵切 1/2 或 1/2 以上种皮，露出胚 2.剥开营养组织，暴露胚及与其毗邻的营养组织	1/3 胚根；子叶浅表	—
6	*Amorpha fruticosa*	紫穗槐*	W	24	从种子末端切去 1/3，不必去除下端种皮	1.0	18	除去种皮	无	—
7	*Anthoxanthum* spp.	黄花茅属	BP	18	去颖，在胚附近横切	1.0	18	胚表面	1/3 胚根	—
8	*Arrhenatherum* spp.	燕麦草属	BP；W	16；3	1.去颖，在胚附近横切 2.纵切胚和大约 3/4 胚乳	1.0 1.0	18 2	1. 胚表面 2.切面	1/3 胚根	—
9	*Artemisia* spp.	蒿属*	W	6～18	1.沿中线末端纵切半粒种子 2.胚轴附近斜切 3.切去顶端	1.0	18～24	1.除去种皮及营养组织露胚 2.轻压种子，使胚从切口露出	1/3 胚根；如在浅表，1/2 子叶末端；如呈弥漫状，1/3 子叶末端	—
10	*Astragalus* spp.	黄芪属*	切破种皮 W	6～18	1.纵切顶部种皮及营养组织 2.沿子叶中线纵切种皮及营养组织 3.切去顶端	1.0	18～24	除去种皮或纵切，露出胚	1/2 胚根；1/3 子叶末端；子叶边缘的 1/3 总面积	—
11	*Avena* spp.	燕麦属	预湿前去颖 BP；W	18；18	1.在胚附近横切 2.纵切胚及 3/4 胚乳	1.0	2	1.胚表面 2.胚表面，切面，盾片背部**	1 个根原始体除外的根区，1/3 的盾片末端	盾片中央的不染色组织，表明受热损伤
12	*Beta vulgaris* var. *lutea*	饲用甜菜*	W	18	1.除去盖着种胚的帽状物 2.沿胚与胚乳的界限切开	0.1～0.5	24～48**	扯开切口，使胚露出	胚根尖端 1/3；子叶顶端 1/3	35℃染色
13	*Brachiaria* spp.	臂形草属	BP；W	18；6	1.去颖，在胚附近横切 2.纵切胚及 3/4 胚乳	1.0	18	1.胚表面 2.切面	1/3 胚根	—
14	*Bromus* spp.	雀麦属	BP；W	16；3	1.去颖，在胚附近横切 2.纵切胚及 3/4 胚乳	1.0 1.0	18 2	1.胚表面 2.切面	1/3 胚根	—

续表

序号	属/种名		20℃预湿		染色前的准备	30℃染色		鉴定的准备及观察组织	鉴定（容许的无生活力组织）	备注
	拉丁名	中文名	方式	最少时间/h		浓度/%	适宜时间/h			
15	*Caragana* spp.	锦鸡儿属*	刺破种皮 W	18	1.纵切种皮 2.纵切顶端一半种皮 3.切去顶端	1.0	6～24	除去种皮，或扯开切口，或纵切，露出胚	1/2 胚根；1/2 子叶末端，或对应根的子叶边缘	—
16	*Chloris* spp.	虎尾草属	W	6～18	1.纵切顶端半粒种子 2.在胚附近横切 3.切去 2/3 种子顶端	1.0	18～24	扯开切口或除去外稃，露出胚	1/3 胚根	—
17	*Cicer* spp.	鹰嘴豆属*	W**	18	1.不必刺切 2.沿中线绕切 1/2 种皮及营养组织	1.0	6～24	除去种皮或纵切，露出胚	2/3 胚根；1/3 子叶末端，或不超过子叶边缘 1/3 总面积；1/4 胚芽末端	如测硬实种子生活力，可将子叶末端的种皮切开，浸泡 4h
18	*Cichorium* spp.	菊苣属*	W	6～18	1.沿中线末端纵切半粒种子 2.胚轴附近斜切 3.切去顶端	1.0	6～24	1.除去种皮及营养组织，露出胚 2.轻压种子使胚从切口露出	1/3 胚根；如在浅表，1/2 子叶末端；如呈弥漫状，1/3 子叶末端	—
19	*Coronilla* spp.	小冠花属*	BP	18	1.靠近中部纵切种皮及营养组织 2.纵切顶部种皮及营养组织 3.切去顶端	1.0	6～24	除去种皮或纵切，露出胚	1/2 胚根；1/2 子叶末端，或对应胚根的子叶边缘	—
20	*Crotalaria* spp.	猪屎豆属*	刺破种皮 W	18	1.纵切顶端一半种皮 2.纵切侧面种皮 3.切去顶端	1.0	18～24	除去种皮或纵切，露出胚	1/2 胚根；1/2 子叶末端，或对应胚根的子叶边缘	—
21	*Cynodon* spp.	狗牙根属*	W	6～18	1.通过种皮刺破胚边缘和营养组织 2.纵切顶端半粒种子 3.靠近胚上部自中线向一侧横切	1.0	16～24	切开营养组织或剥开切口，露出胚	2/3 胚根	—
22	*Dactylis* spp.	鸭茅属	BP；W	18；2	去颖，在胚附近横切	1.0	18	胚表面	1/3 胚根	—
23	*Desmodium* spp.	山蚂蝗属*	切破种皮 W	18	1.纵切顶端一半种皮 2.纵切侧面种皮 3.切去顶端	1.0	6～24	除去种皮或纵切，露出胚	1/2 胚根；1/2 子叶末端，或对应胚根的子叶边缘	—
24	*Echinochloa* spp.	稗属*	W	6～18	1.纵切顶端半粒种子，并撕开胚附近部分胚乳 2.在胚附近横切	1.0	18～24	除去外稃，或剥开切口，露出胚	2/3 胚根	—
25	*Elymus* spp.	披碱草属	BP；W	16；3	1.去颖，在胚附近横切	1.0	18	1.胚表面	1/3 胚根	—
					2.纵切胚及 3/4 胚乳	1.0	2	2.切面		

续表

序号	属/种名		20℃预湿		染色前的准备	30℃染色		鉴定的准备及观察组织	鉴定（容许的无生活力组织）	备注
	拉丁名	中文名	方式	最少时间/h		浓度/%	适宜时间/h			
26	*Eiytrigia* spp.	偃麦草属	BP；W	16；3	1.去颖，在胚附近横切 2.纵切胚及 3/4 胚乳	1.0 1.0	18 2	1.胚表面 2.切面	1/3 胚根	—
27	*Eragrostis* spp.	画眉草属	BP**	18	在胚附近横切	1.0	18	胚表面	1/3 胚根	7℃水中预湿以免发芽
28	*Festuca* spp.	羊茅属	BP；W	16；3	1.去颖，在胚附近横切 2.纵切胚及 3/4 胚乳	1.0 1.0	18 2	1.胚表面 2.切面	1/3 胚根	—
29	*Glycine max*	大豆*	BP	6～8	不必刺切	1.0	3～4**	切开或除去种皮，掰开子叶，露出胚芽	1/2 胚根末端；1/2 子叶末端；1/4 胚芽末端	35℃染色
30	*Hedysarum* spp.	岩黄芪属*	切破种皮 W	18	1.纵切顶端一半种皮 2.纵切侧面种皮 3.切去顶端	1.0	6～24	除去种皮或纵切，露出胚	1/2 胚根；1/2 子叶末端，或对应胚根的子叶边缘	—
31	*Holcus* spp.	绒毛草属	BP；W	16；3	1.去颖，在胚附近横切 2.纵切胚及 3/4 胚乳	1.0 1.0	18 2	1.胚表面 2.切面	1/3 胚根	—
32	*Hordeum vulgare*	大麦	W；BP	4；18	1.分离出带盾片的胚 2.纵切胚及 3/4 胚乳	1.0	3	1.胚表面，盾片背部** 2.胚表面，切面和盾片背部**	1 个根原始体除外的根区，1/3 的盾片末端	盾片中央的不染色组织，表明受热损伤
33	*Lactuca* spp.	莴苣属	W	6～18	1.纵切顶端 2.胚轴附近斜切 3.切去顶端	1.0	6～24	除去种皮或轻压种子，露出胚	1/3 胚根；子叶浅表	—
34	*Lespedeza* spp.	胡枝子属*	切破或刺破种皮 W	18	1.去掉周围附属物 2.纵切顶部一半种皮及营养组织 3.沿子叶中线纵切种皮及营养组织 4.切去顶端	1.0	6～24	除去种皮及其营养组织或纵切，露出胚	1/3 胚根；1/2 子叶末端，或对应胚根的子叶边缘	—
35	*Leucaena* spp.	银合欢属*	切破种皮 W	8	1.靠近中部纵切种皮及营养组织 2.纵切顶端 1/2 种皮及营养组织 3.切去顶端	1.0	6～24	剥去种皮及营养组织或纵切，露出胚	1/2 胚根；1/2 子叶末端；或对应胚根的子叶边缘	—
36	*Lolium* spp.	黑麦草属	BP；W	16；3	1.除颖，在胚附近横切 2.纵切胚及 3/4 胚乳	1.0 1.0	18 2	1.胚表面 2.切面	1/3 胚根	—

续表

序号	属/种名		20℃预湿		染色前的准备	30℃染色		鉴定的准备及观察组织	鉴定（容许的无生活力组织）	备注
	拉丁名	中文名	方式	最少时间/h		浓度/%	适宜时间/h			
37	*Lotus* spp.	百脉根属	W**	18	不必刺切	1.0	18	除去种皮，露出胚	1/3 胚根；1/3 子叶末端，1/2 表面	如测硬实种子生活力，可将子叶末端的种皮切开，浸泡 4h
38	*Lupinus* spp.	羽扇豆属*	切破种皮 BP**	18	1.不必刺切 2.纵切顶端种皮及营养组织 3.沿子叶中线纵切种皮及营养组织 4.切去顶端	1.0	6～24	除去种皮，对分子叶及胚轴	1/2 或 2/3 胚根；1/4 胚芽末端或对应胚根的子叶边缘	如测硬实种子生活力，可将子叶末端的种皮切开，浸泡 4h
39	*Medicago* spp.	苜蓿属	W**	18	不必刺切	1.0	18	除去种皮，露出胚	1/3 胚根；1/4 胚芽末端；1/3 子叶尖端，1/2 表面	如测硬实种子生活力，可将子叶末端的种皮切开，浸泡 4h
40	*Melilotus* spp.	草木樨属	W**	18	不必刺切	1.0	18	除去种皮，露出胚	1/3 胚根；1/3 子叶末端；1/2 表面	如测硬实种子生活力，可将子叶末端的种皮切开，浸泡 4h
41	*Melinis* spp.	糖蜜草属*	W	6～18	1.胚附近针刺 2.横切	1.0	6～24	除去外稃	2/3 胚根	—
42	*Nitraria* spp.	白刺属*	W	24	于核果钝端起 1/3 处横切，水中浸泡含胚根的部分 4h，挤出胚	1.0	12～28	胚表面	胚根和子叶腹侧中心；子叶边缘未超出子叶的 1/3	—
43	*Onobrychis* spp.	红豆草属	W**	18	不必刺切	1.0	18	除去种皮，露出胚	1/3 胚根；1/3 子叶末端，1/2 表面	如测硬实种子生活力，可将子叶末端的种皮切开，浸泡 4h
44	*Panicum* spp.	黍属	BP；W	18；6	1.去颖，在胚附近横切 2.沿胚乳末端纵切 1/2	1.0	18	暴露胚	1/3 胚根；1/4 盾片末端	—
45	*Paspalum* spp.	雀稗属*	W	6～18	沿中线末端纵切半粒种子，剥开切面，将胚周围营养组织分开，露出胚	1.0	6～24	充分剥开营养组织，暴露出胚及其毗邻的营养组织	2/3 胚根	—
46	*Pennisetum* spp.	狼尾草属*	W	6～18	1.纵切顶端半粒种子，剥开胚周围部分胚乳 2.纵切基部半粒种子	1.0	6～24	充分剥开营养组织，暴露出胚及其毗邻的营养组织	2/3 胚根	—

续表

序号	属/种名		20℃预湿		染色前的准备	30℃染色		鉴定的准备及观察组织	鉴定（容许的无生活力组织）	备注
	拉丁名	中文名	方式	最少时间/h		浓度/%	适宜时间/h			
47	*Phalaris* spp.	虉草属	BP；W	18；6	1.去颖，在胚附近横切 2.沿胚乳末端纵切 1/2	1.0	18	切开，露出胚	1/3 胚根；1/4 盾片末端	—
48	*Phleum* spp.	梯牧草属	BP；W	16；2	在胚附近针刺	1.0	18	除去外稃，露出胚	1/3 胚根	—
49	*Pisum* spp.	豌豆属*	切破子叶或种皮 W**	18～24	1.不必刺切 2.沿中线绕切 1/2 种皮及营养组织	1.0	6～12	除去种皮，对分子叶及胚轴	2/3 胚根；1/2 子叶末端及 1/4 胚芽末端	如测硬实生活力，可将子叶末端的种皮切开，浸泡 4h
50	*Plantago* spp.	车前属*	W	18	1.干擦或用布（纸）擦种皮 2.沿中线纵切末端半粒种子 3.在胚附近斜切 4.切去顶端	1.0	18	1.充分剥开营养组织，暴露出胚及其毗邻的营养组织 2.纵切 1/2 或 1/2 以上种皮，露出胚	1/3 胚根；1/3 子叶末端或不超过子叶边缘的 1/3 总面积	—
51	*Poa* spp.	早熟禾属	BP；W	16；2	在胚部附近针刺	1.0	18	除去外稃，露出胚	1/3 胚根	—
52	*Polygonum* spp.	蓼属*	W	6～18	1.纵切种皮和胚乳 2.纵中线纵切末端半粒种子，剥开切面，将胚及周围营养组织分开，露出胚 3.切去顶端小块胚乳	1.0	6～24	1.充分剥开营养组织，暴露出胚及其毗邻的营养组织 2.纵切 1/2 或 1/2 以上种皮，露出胚	1/3 胚根；子叶浅表	—
53	*Puccinellia* spp.	碱茅属*	W	4	1.不必刺切 2.胚附近横切	0.1	14	去颖，露出胚	1/3 胚根；1/2 胚根	—
54	*Pueraria* spp.	葛属*	切破种皮 W**	18	1.不必刺切 2.纵切顶端 1/2 种皮及营养组织 3.沿子叶中线纵切种皮及营养组织 4.切去顶端	1.0	6～24	除去营养组织，或纵切 1/2 或 1/2 以上种皮，露出胚	1/3 子叶末端或不超过子叶边缘的 1/3 总面积	如测硬实种子生活力，可将子叶末端的种皮切开，浸泡 4h
55	*Rumex* spp.	酸模属*	W	18	沿中线纵切，扩展切口	1.0	6～24	剥开营养组织，露出胚及毗邻营养组织	1/3 胚根；子叶浅表	—
56	*Secale cereale*	黑麦	W	4	1.分离出带盾片的胚 2.纵切胚及 3/4 胚乳	1.0	3	1.胚表面和盾片** 2.胚表面、切面和盾片	1 个根原始体除外的根区，1/3 的盾片末端	盾片中央的不染色组织表明受热损伤
57	*Setaria* spp.	狗尾草属	除去内外稃 W**	5	在胚附近横切	1.0	16	胚表面，纵切胚的切面	1/3 胚根末端；1/4 盾片末端	7℃水中预湿以免发芽

续表

序号	属/种名		20℃预湿		染色前的准备	30℃染色		鉴定的准备及观察组织	鉴定（容许的无生活力组织）	备注
	拉丁名	中文名	方式	最少时间/h		浓度/%	适宜时间/h			
58	*Silphium* spp.	松香草属*	BP	14	1.沿末端纵切半粒种子 2.在胚附近横切	0.5	22	1.除去种皮及营养组织，露出胚 2.轻压种子，使胚露出	1/3 胚根末端；1/2 子叶末端（浅表）；1/3 子叶末端（呈弥漫状）	—
59	*Sorghum* spp.	高粱属	W	6～18	1.沿中线末端纵切半粒种子，剥开切面，将营养组织分开露出胚 2.自中线纵切基部及营养组织	1.0	6～24	除去营养组织，或纵切 1/2 或 1/2 以上种皮，露出胚	2/3 胚根；1/3 盾片上下端	—
60	*Stylosanthes* spp.	柱花草属*	W	18	1.纵切末端种皮及营养组织 2.沿子叶中线纵切种皮及营养组织 3.切去顶端	1.0	18～24	除去营养组织，或纵切 1/2 或 1/2 以上种皮，露出胚	1/2 胚根；1/2 子叶末端，或与胚根相对子叶边缘	—
61	*Trifolium* spp.	三叶草属	W**	18	不必刺切	1.0	18	除去种皮；露出胚	1/3 胚根；1/3 子叶末端，1/2 表面	如测硬实种子生活力，可将子叶末端的种皮切开，浸泡 4h
62	*Trigonella* spp.	胡卢巴属*	切破子叶或种皮 W**	18	1.不必刺切 2.纵切末端一半种皮 3.沿中线纵切种皮及营养组织 4.切去顶端	0.1	6～24	除去种皮及营养组织，或纵切 1/2 或 1/2 以上种皮，露出胚	1/2 胚根；1/2 子叶；与胚根相对子叶边缘	如测硬实种子生活力，可将子叶末端的种皮切开，浸泡 4h
63	*Triticosecale*	小黑麦	W；BP	4；18	1.分离出带盾片的胚 2.纵切胚及 3/4 胚乳	1.0	3；3	1.胚表面和盾片** 2.胚表面、切面和盾片	1 个根原始体除外的根区，1/3 的盾片末端	盾片中央的不染色组织表明受热损伤
64	*Vicia* spp.	野豌豆属*	切破子叶或种皮 W**	18	1.不必刺切 2.沿中线绕切一半种皮及营养组织	1.0	6～24	除去种皮及营养组织，或纵切 1/2 或 1/2 以上种皮，露出胚	2/3 胚根；1/3 子叶末端或不超过子叶边缘的 1/3 总面积	如测硬实种子生活力，可将子叶末端的种皮切开，浸泡 4h
65	*Vigna unguiculata*	豇豆*	BP	6～8	不必刺切	1.0	3～4**	切开或除去种皮，掰开子叶，露出胚芽	1/2 胚根末端；1/2 子叶末端；1/4 胚芽末端	于 35℃染色
66	*Zoysia* spp.	结缕草属	W	6～18	1.通过种皮刺破胚边缘及营养组织 2.纵切顶端半粒种子 3.靠近胚部自中线向一侧横切	1.0	18～24	充分剥开营养组织，露出胚	1/3 胚根，1/3 盾片上下端	—

注：各属所包括的植物仅限于 GB/T 2930.1 中所列的种。表中 W 表示“水中”、BP 表示“纸间”。对于有些草种，表中列出了几种预湿前的准备方法，每一种方法都可采用。*表示《国际种子检验规程第 6 章：生活力的生物化学（四唑）测定》（2012 年版）中未纳入的植物属或种。“备注”列中的内容是对本属/种测定方式中带有“**”标识的“预湿方式”“染色时间”或“观察组织”的进一步说明

对种皮妨碍染色的种子，染色前可采用以下方法进行处理（图 5-15）。

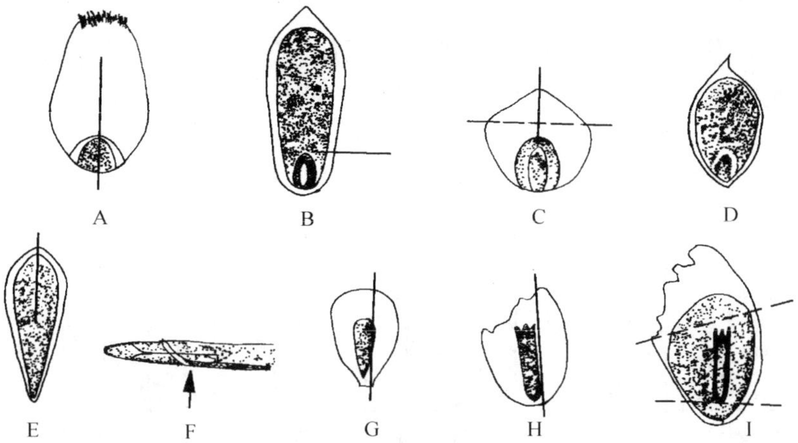

图 5-15　种子的刺、切方法

A. 禾谷类和禾本科种子通过胚和约在胚乳 3/4 纵切；B. 燕麦属和禾本科种子靠胚部横切；C. 禾本科种子通过胚乳末端部分横切或纵切；D. 禾本科种子刺穿胚乳；E. 通过子叶末端一半纵切，如莴苣属和菊科中的其他属；F. 纵切面表明以上述第五种方式进行纵切时的解剖刀部位；G. 沿胚的旁边纵切（伞形科中的种和其他具有直立胚的种）；H. 沿胚旁边纵切；I. 在两端横切，打开胚腔，并切去小部分胚乳（配子体组织）

（1）刺穿　对预湿后的或硬实的种子，可用解剖针或解剖刀刺穿种子的非主要部位。

（2）纵切　对大小如羊茅属（*Festuca*）或较大的禾本科种子，自种子基部沿胚轴的中线纵切，切口长度约至胚乳的 3/4 处；对具有直立胚的无胚乳双子叶草种子，纵向切去远离胚轴一半的子叶，而不伤及胚轴；对被有生命的组织包围胚的种子，靠近胚纵切种子即可。

（3）横切　沿种子非主要组织横向切开。对于禾本科种子在紧靠胚上部的位置横切，将含胚一端浸入四唑溶液；对于双子叶具有直立胚和无胚乳的种子横向切除子叶末端 1/3 或 2/5 部分。

（4）横剖　可替代横切，是切开但未切断的一种处理方法。适用于小粒禾本科种子，如翦股颖属（*Agrostis*）、梯牧草属（*Phleum*）和早熟禾属（*Poa*）种子。

（5）离体胚　用解剖针在盾片上部稍偏中心处刺穿胚乳，并从胚乳中挑出带有盾片的胚，随即移入四唑溶液。适用于大麦属（*Hordeum*）、黑麦属（*Secale*）和小麦属（*Triticum*）。

（6）剥去种皮　对不适合刺、切的种子，应剥去全部种皮（和其他任何包被组织）。如果包被组织坚硬，可以在种子干燥时或预湿后设法破开，应避免伤及胚。对于革质种皮，可以先用锋利的解剖刀或解剖针划破种皮，然后小心剥离。

处理后的种子应保持湿润，直到各重复都处理完为止。

4. 染色　按规定的染色浓度、温度和时间，将经过处理的种子或胚完全浸入四唑溶液，移至黑暗或弱光下染色。溶液不能直接见光，因为光可使四唑盐类还原。种子染色结束后倾去溶液，用水淋洗准备鉴定。

规定的最佳时间不是绝对的，可根据种子的自身条件而改变。积累经验后，有可能在染色早期或晚期进行鉴定。

如果染色不完全，可延长染色时间，以便证实染色不理想是由四唑盐类吸收缓慢，而不是由种子内部缺陷所致。但也应避免染色过度，因为这样可能掩盖种子因冻伤、衰弱而呈现的不同染色图样。

对于难以操作的小粒种子，可放在长纸条上进行预湿和预处理，然后将纸折好或卷起再浸入四唑溶液中。

5. 鉴定　种子染色结束后立即进行鉴定，为了便于观察和计数，在鉴定前应将经过染色的种子加以适当处理，使胚的主要构造和活的营养组织暴露（图 5-16）。

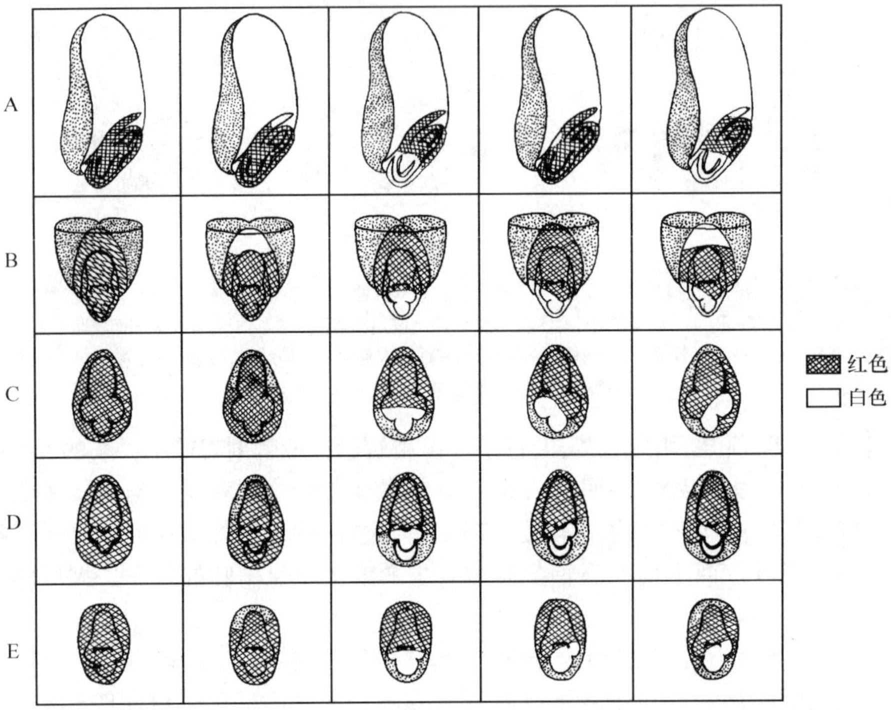

图 5-16　禾谷类四唑染色鉴定图谱

A. 小麦属、黑麦属、大麦属和燕麦属的种子用对半切开法所制备或对半切开供鉴定标准的图样；B. 用横切法制备的燕麦属种子；C. 用分离胚的方法制备的大麦属胚；D. 用分离胚的方法制备的黑麦属胚；E. 用分离胚的方法制备的小麦属胚

为准确观察、鉴定，可利用适当光线及放大设备观察种子（如体视显微镜）。在鉴定时要考虑种子的全部构造。大多数种子具有主要构造和非主要构造。主要构造指分生组织和对发育成正常幼苗所必需的全部构造。良好发育和分化的种子或胚，对小范围的坏死部分具有修复能力，在这种情况下，主要构造的表面局部坏死也是容许的。

观察胚的主要构造和有关活营养组织的染色情况，判断种子是否有生活力，鉴定原则：种子或胚完全染色或部分染色为有生活力的种子；不符合上述要求，以及呈现出非特有光泽和/或主要构造表现柔弱的种子划为无生活力种子；胚或主要构造明显发育不正常的种子，无论染色与否均划为无生活力的种子。

6. 结果计算与表示　分别统计各重复中有生活力的种子数，并计算其平均值。重复间最大容许差距不得超过表 5-26 的规定。平均百分率修约至最接近的整数，并予以填报。

比较同一实验室相同或不同送验样品的两个独立测定结果时，采用表 5-27 确定容许差距。比较不同实验室不同送验样品的两个测定结果时，采用表 5-28 确定容许差距。两种情况下，先计算出两次测定的平均值，如果两次测定结果的差距未超出两次测定平均值所对应的最大容许差距，则两次测定结果视为可靠。

可根据测定结果列入更详细的项目，如空壳、带有幼虫、破损或腐烂种子的百分率。在发芽试验末期测定未发芽种子生活力时，应按发芽试验的规定填报试验结果。

表 5-26　同一四唑测定试验的 4 个重复间最大容许差距（2.5%显著水平的两尾检验）　单位：%

生活力平均值		最大容许差距	生活力平均值		最大容许差距
99	2	5	87～88	13～14	13
98	3	6	84～86	15～17	14
97	4	7	81～83	18～20	15
96	5	8	78～80	21～23	16
95	6	9	73～77	24～28	17
93～94	7～8	10	67～72	29～34	18
91～92	9～10	11	56～66	35～45	19
89～90	11～12	12	51～55	46～50	20

注：使用此表时，先计算出 4 个重复的平均值并取整数，根据平均值查找对应的最大容许差距。再与 4 次重复间最高与最低生活力百分率的实际差距比较

表 5-27　同一实验室相同或不同送验样品生活力测定结果的最大容许差距（2.5%显著水平的两尾检验）　单位：%

生活力平均值		最大容许差距	生活力平均值		最大容许差距
98～99	2～3	2	83～88	13～18	6
96～97	4～5	3	75～82	19～26	7
93～95	6～8	4	58～74	27～43	8
89～92	9～12	5	51～57	44～50	9

表 5-28　不同实验室两个不同送验样品生活力测定结果的最大容许差距（5%显著水平的一尾检验）　单位：%

生活力平均值		最大容许差距	生活力平均值		最大容许差距
99	2	4	86～88	13～15	11
98	3	5	82～85	16～19	12
97	4	6	78～81	20～23	13
95～96	5～6	7	73～77	24～28	14
93～94	7～8	8	65～72	29～36	15
91～92	9～10	9	51～64	37～50	16
89～90	11～12	10			

第八节　重量测定

一、重量测定的意义

种子重量通常以千粒重来表示。在净度分析的基础上，通过测定种子重量，可以知道单

位重量种子里有多少粒种子或一定体积范围内的种子数目。

种子千粒重是指自然干燥状态的 1000 粒种子的重量。千粒重反映种子的饱满程度、充实均匀程度和籽粒大小，是种子质量的指标之一。一般千粒重大的种子，贮藏的营养物质丰富，萌发时可以供给更多的能量，有利于种子发芽、出苗及幼苗生长发育。千粒重不仅是种子活力指标和产量构成的要素之一，也是计算种子播量的主要参数。

二、重量测定程序

（一）仪器设备

1. 电子天平 准确度根据称样大小而定，一般实验室应备有感量为 0.001g 或 0.000 1g 的天平。

2. 电子自动数粒仪 是目前种子数粒比较常用的工具，广泛应用于千粒重测定、发芽计数和播种粒数等需要的种子数粒。

（二）试验样品

将净度分析后的全部净种子作为试验样品。试验样品应尽可能避免种子水分发生变化，测试前应置于防湿容器中贮藏。

测定某个种或品种的标准千粒重时，应收集不同地点、田块和不同年份采收的样品，进行称重和计算，以使千粒重具有广泛的代表性。

（三）测定方法

1. 机械数种法 将整个试验样品通过数种器，读出在计数器上所示的种子数。计数后将试验样品称重，以克（g）为单位。

2. 计数重复法 从试验样品中随机数取 8 个重复，每重复 100 粒种子，分别称重，以克（g）为单位。方差、标准差及变异系数分别按式（5-15）～式（5-17）计算：

$$方差=\frac{n\sum x^2-\left(\sum x\right)^2}{n(n-1)} \tag{5-15}$$

式中，x 为每个重复的重量（g）；n 为重复次数。

$$标准差（S）=\sqrt{方差} \tag{5-16}$$

$$变异系数=\frac{S}{\overline{X}}\times 100 \tag{5-17}$$

式中，$\overline{X}$ 为 100 粒种子的平均重量（g）。

带有稃壳的禾本科种子变异系数不超过 6.0，其他种子的变异系数不超过 4.0，如果变异系数超过上述限度，则应再数取 8 个重复，称重、计算 16 个重复的标准差。凡与平均数之差超过两倍标准差的重复略去不计，根据其余重复计算测定结果。

（四）结果计算和表示

试验样品称量，以“克”（g）表示，精确至净度分析中表 5-14 规定的小数位数。

如果采用机械数种法，将整个试验样品重量换算成种子千粒重，以“g”表示。

如果采用计数重复法，则根据 8 个或 8 个以上的各重复 100 粒的平均重量，换算成 1000 粒种子的平均重量（即 $10\times\overline{X}$），以“g”表示。

其结果的小数按表 5-14 的规定位数表示。

讨论题

1. 草类植物种子检验在草产业中发挥着怎样的质量控制作用？
2. 使用发芽试验评价种子质量时有什么优点和局限性？

第六章 原种生产

第一节　原种的定义和标准

原种指在育种者（单位、个人或设计者）或其代理的指导和监督下，按照种子审定机构制定的程序，由选定的种植者种植原原种生产的、能保持原有品种典型性状的原始材料。

作为原种，必须达到以下标准：①主要特征特性符合原来植物品种的典型性状；②能保持原品种的生长势、抗逆性、生活力和生产力，或有所提高；③播种品质好，种子质量高，成熟充分，籽粒饱满一致，发芽率高，无杂草，无霉变种子，纯度高，不带检疫性病虫害等。

按品种繁殖阶段的先后、繁殖世代的高低，由原原种（育种家种子）产生原种（基础种子），再由原种产生登记种子和审定种子，登记种子和审定种子及其后代统称为良种。原原种是指由育种者（单位、个人或设计者）培育出来，并由育种者直接控制生产的种子。它是生产其他审定等级种子的原始材料。在良种繁育上，经过选优提纯得到的优选系混合种子也可认为是原原种。

第二节　原种生产应用的选择方法

草类植物的原种生产中，常采用混合选择法、单株选择法和改良混合选择法。

一、混合选择法

混合选择法（mass selection）是按照育种目标，从原始品种、原始材料圃或鉴定圃中选择具有所希望目的性状特征的相当数量的单株或单穗，混合脱粒后形成下一代的选择方法。在种植混合选择法形成的种子后，当后代性状表现稳定一致时，所收获的种子可以称为原种。该方法适合于异花授粉草类植物的提纯复壮，由于该方法属表型选择法，不能确定其基因型的好坏；另外，混合选择法仅以母本为选择对象，父本基因会无选择地传给下一代。根据选择次数，混合选择法可分为一次混合选择法和多次混合选择法。

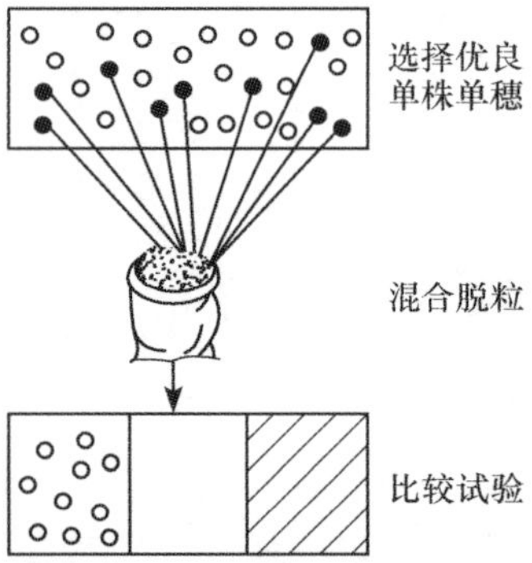

图 6-1　一次混合选择法

1. 一次混合选择法　首先，从原始品种、原始材料圃或鉴定圃中选出品种性状典型的单株或单穗，混合脱粒；第二年，将前一年收获种子种植于一个小区内，并以本地优良品种作为对照，进行比较。如果性状表现好，产量高，稳定一致，就可以作为新品种繁殖推广。该方法称为一次混合选择法（图 6-1）。

2. 多次混合选择法　从原始群体中进行一次混合选择后，如果选择材料的性状还不完全一致，则需要再进行一次或两次以上的混合选择，直至种植后代性状表现稳定一致，达到选种要求为止，这种方法称为多次混合选择法（图 6-2）。

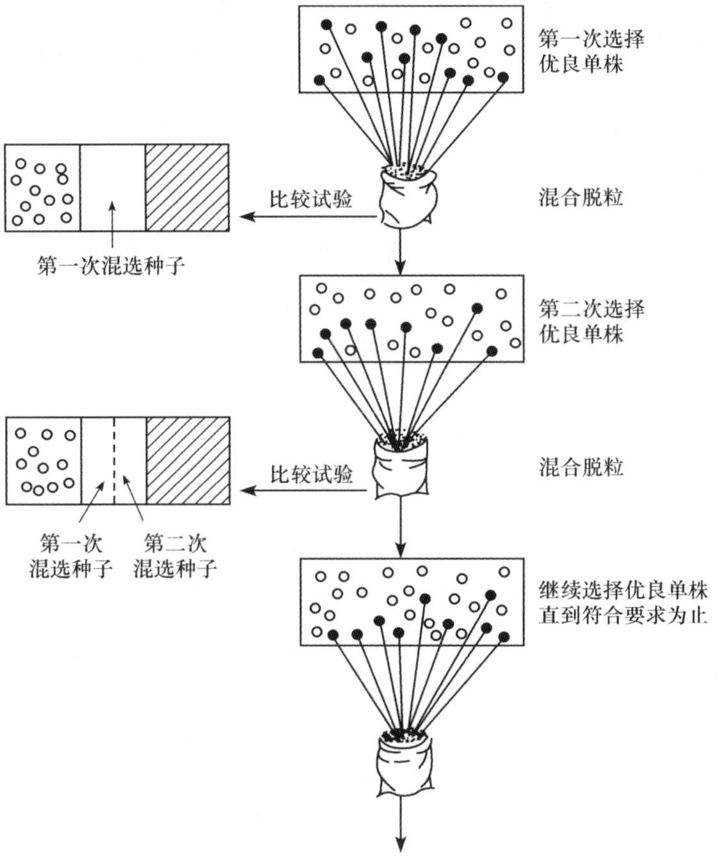

图 6-2 多次混合选择法

二、单株选择法

单株选择法（individual selection）也称为单系选择法，是将当选的优良个体（系）分别收获、脱粒、保存，第二年分别种植成一区（行），根据各小区植株的表现鉴定上年当选个体的优劣，并淘汰不良个体的后代。根据后代表现而去留所选单株，能最大限度地淘汰误选的不良单株后代。单株选择要经过两个步骤：第一步是从原始群体中选择优良单株，该过程为表型选择，但表型选择不一定可靠，还需要进一步选优；第二步是对所选单株后代进行评定，据此选出优良类型。第二次选优是第一次选优的深化，是对第一次选优的检验，所选单株通过后代鉴定，就可检验其优劣。单株选择常用于自花授粉、常异花授粉和无性繁殖草类植物的原种生产。异花授粉草类植物在选育自交系时，也常用单株选择法。

单株选择可能丢失某些有利基因。单株选择局限性较大，进入选择的单株数量不可能包括所有的优良基因，使某些有利基因丧失。首先，由于土地、资金、人力、物力等客观条件的限制，对原群体进行单株选择时，不可能把代表原始群体所有有利变异的个体都选出来。其次，一个优良基因型在不利环境下的表现可能不如一个不良基因型在有利环境下的表现。再次，有些不良的个体，也可能携带有利基因，随着不良个体的淘汰，这些有利基因也随之消失。因此，单株选择会丢失某些有利基因。

1. 一次单株选择法 从大田或原始材料圃的原始群体中选择符合育种目标性状整齐一致的优良变异个体（单株或单穗），分别收获、脱粒和贮藏。第二年，把前一年从每株或每穗上收获的种子分别单种成一行或几行，形成株行（穗行）。每一株行（穗行）的后代称为一个株系。用本地优良品种作为对照，进行比较，淘汰表现差的株行或穗行，选留优良的株行或穗行，并且单收单藏。第三年，把上年入选的每一株行（穗行）的种子分别种成一个小区，与本地对照品种比较，进行品系鉴定试验。第四年，对表现好、产量高的优良品系进行品种比较试验和多点区域试验及生产试验，同时繁殖种子。如果性状优于对照品种，典型性突出，经济性状稳定，就可以申报新品种。这种只进行了一次单株选择的育种方法称为一次单株选择法（图 6-3）。

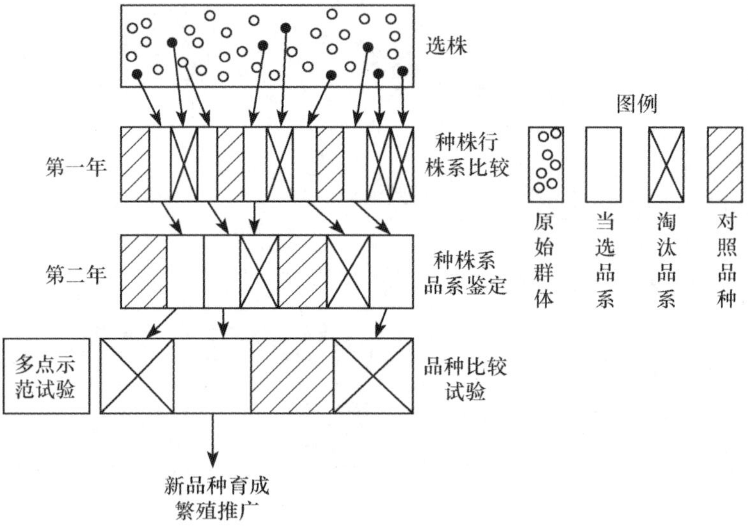

图 6-3 一次单株选择法

2. 多次单株选择法 经过一次单株选择后，当选个体的基因型仍然是异质接合，有的植株性状还不稳定，继续分离。因此，还需从中选择优良的或发生变异的单株（单穗），分别收获、脱粒、种植，进行比较鉴定，选优去劣，这样重复几次，直到性状一致，再与对照进行比较，以选出优良新品种的原种材料。这种进行多次选择的方法叫作多次单株选择法（图 6-4）。

3. 单株选择法和混合选择法比较

1）单株选择法效率比混合选择法高。从选择的依据看，单株选择法在选择当年是以个体表现为依据进行选择的，由于每个单株的种子分别种植，因此在第二年可以根据小区植株（某一个个体的全部后裔）表现来鉴定第一年当选个体的优劣程度，并据此将不良个体的后裔全部清除出去。如果进行多次单株选择，则可以追溯家谱记载，决定某一小区的选择和淘汰。混合选择法只注重所选个体当年的表现，而当个体混合繁殖后，就无法识别植株是哪个个体的后代。因此，不可能根据后代来鉴别原当选个体的优劣程度，不能将那些偶然表现好、但遗传性并非优良的单株后代全部淘汰。这些不良的单株后代由于分散在混合群落中，很难识别出来，不能清除出去，这些含有不良基因的植株就会影响整个群体的优良基因型频率。虽然多次混合选择可以不断积累优良基因，但不能追溯个体的历史系统，均以当代的表现型为选择依据。单株选择虽然是根据表现型进行的，但选择的基础放在基因型上，因而单株选择法比混合选择法效率高。

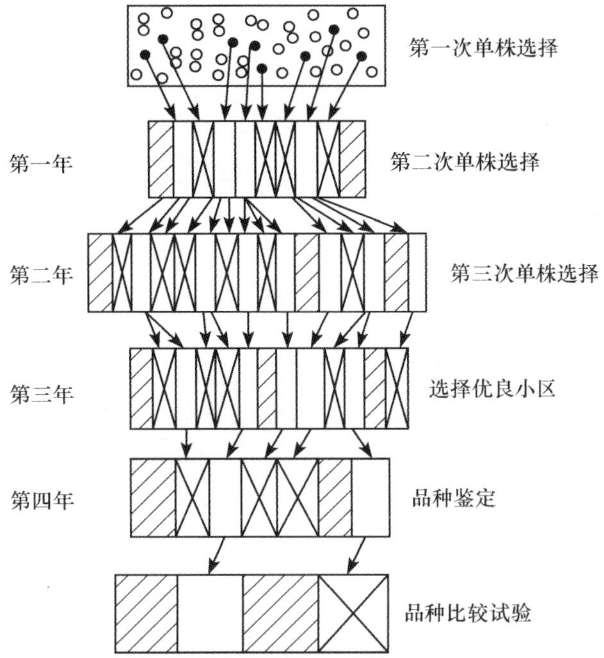

图 6-4 多次单株选择法

2）单株选择法，尤其是多次单株选择法，容易造成近亲繁殖，虽然经过单株选择后，某些性状得到改良，但往往造成遗传性单纯、生活力下降、产量减低，异花授粉草类植物尤其突出。而混合选择法，一般不易造成近亲繁殖和生活力下降现象。

3）混合选择法简单易行，花费人力较少，容易被群众掌握；而单株选择法手续烦琐，花费人力、物力较多，对选择技术要求比较严格。

4）单株选择法与混合选择法都能应用于良种繁育、地方品种提纯复壮和选育新品种上，但混合选择法主要是应用于良种繁育，提高草类植物品种种子质量方面；而单株选择法主要应用于创造草类植物新品种方面。

三、改良混合选择法

改良混合选择法是将单株选择法和混合选择法结合起来生产原种的一种方法。选择步骤如下。

1）单株选择。从已建立的三圃（株行圃、株系圃、原种圃）中选择优良单株，或用这些优良单株建立选种圃，作为选择单株的基地，或在原种圃和生长良好的大田中选择部分优良单株。

选择单株时，应在遵从品种典型性的基础上，选丰产、优质、抗病单株。成熟期根据幼穗长度、株高等性状进行复选，对入选单株进行编号，收获时单收单藏。

2）分系比较。比较上年所选单株的种性，从中选出表现一致的优良株系。

3）混系繁殖。混合繁殖上年当选系统（或优良株系）的单株。在抽穗期（现蕾期）和灌浆期（结荚期）进行去杂去劣（异株率<0.1%），成熟后收获典型性状突出的优质种子作为原种。收获后进行室内检验，要求符合原种的各项质量指标，即纯度>90%，发芽率>90%，水分<12%，无检疫性病虫害。

按上述程序生产并符合上述标准的种子，称为原种。为了生产更多的原种，在繁育原种的同时，要进行原种比较试验，以鉴定原种及其后代（原种一代、原种二代），提高种子产量和品质。此外，草类植物原种生产要达到优质高产，必须实行良种与良法相结合，并应力求节省用种量，提高繁殖系数，发挥原种的增产作用。

第三节　三圃制原种生产

原种生产的方法虽然很多，但普遍采用株（穗）系（行）选优提纯法。三圃制原种生产是一种容易且效果好的株（穗）系（行）选优提纯法。

一、三圃制原种生产程序

三圃制原种生产，指通过株行圃、株系圃和原种圃生产原种，其生产程序见图 6-5。

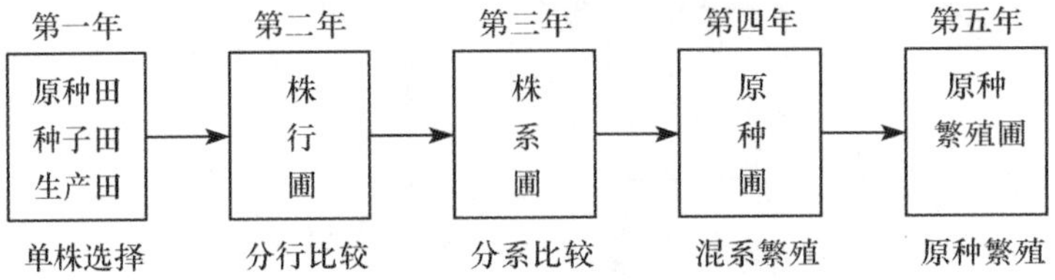

图 6-5　三圃制原种生产程序

1）单株选择：初次进行原种生产，可以从该品种纯度较高、生长良好的大田选择单株（穗），或者从其他原种场引入原种建立选择圃，从中选择优良单株（穗）。如果原来已经进行原种生产，则可从前一轮的原种圃选择优良单株（穗），不另设选择圃。选择时要选取具有该品种典型性状（植株健壮、丰产性好、抗病性强、籽粒饱满）的优良单株（穗），室内分株（穗）考种，分别脱粒贮藏。选株数量可根据原种生产的规模来决定。原种生产规模的大小，在很大程度上取决于单株（穗）选择的精确度，因此要严格按照原品种的典型性选择，在典型性的基础上选优株，这对恢复并不断提高品种的种性有十分重要的意义。

2）株（穗）行圃：以株（穗）为单位，将上年当选的优良单株（穗），种成株（穗）行，每隔 10 行或 20 行设一对照行（该品种的原种），进行比较鉴定。生育期间进行观察记载，根据该草类植物品种的典型性、丰产性和一致性进行选择。如果一个株行内出现杂株或非正常株，杂株率超过 2%，说明其遗传基础不纯，即淘汰整个株行。当选的株行以行为单位分别收获，室内考种，将决选的株行分别脱粒贮藏。

3）株系圃（分系比较）：将上年决选株（穗）行的种子，分行分别种成一小区，形成株系圃。株系圃的小区面积要大于株行圃的株行面积，各小区面积要求大小一致，以便进行种子产量鉴定。对照区数量要大于株行圃或与株行圃相同。生育期对株行圃进行评选。当选株系以系为单位进行收获。再结合测产和室内考种结果，将决选株系混合，下年进入混合繁殖圃。

4）混合繁殖圃（原种圃）：将上年当选株系混合脱粒的种子（混系种子，即原原种）种植于原种圃，原种圃应尽可能扩大繁殖系数，生育期仍要根据典型性严格去杂去劣。从原种圃收获的种子即原种。为了鉴定原种对提高产量和改进品质的效果，在扩大繁殖原种的同时，还要进行原种比较试验。

通过株行圃、株系圃和原种圃这三圃繁育的种子，由于对其表现进行了连续三代的评选，因此它们的优良性状一般是稳定可靠的，生产的原种质量也较高。

5）原种繁殖圃：原种圃生产出来的原种数量，一般不能满足生产的需要，所以要对原种进行繁殖扩大。原种繁殖的代数及繁殖面积，则依据该品种服务区的范围及种植面积大小而定。在原种繁殖期间，仍应注意去杂去劣。

二、三圃制原种生产存在的问题和解决方法

1. 存在的问题 三圃制原种生产方法所依据的原理是优中选优，即提纯复壮，恢复原品种的典型性。三圃制原种生产存在以下问题。

1）三圃制生产原种，由于过分强调品种经济性状的提高，而对原品种的典型性掌握不严，因此杂合体反而在选择上占有优势，而这种多基因系统的杂合体并不容易直观地进行鉴别，杂合的家系又会在群体中建立新的遗传平衡，即使没有品种间的混杂，群体也会发生衰退和不整齐现象，造成种性下降。因此，从本质上讲，三圃制原种生产是对原品种的否定。

2）三圃制至少需 3 年才能生产出原种，且耗费大量人力、物力，繁殖倍数低，生产周期长，选择压力大，淘汰率高，得到的种量少，难以适应新品种推广步伐。

3）有时候新品种选育者与原种生产者没有发生过选育合作，只有选育者熟悉自己选育的新品种的特征、特性，而原种生产技术人员从引种到熟悉一个品种的性状需要一个过程，选择标准难以掌握，难免会发生偏差。

2. 解决方法 为了克服三圃制原种生产方法的不足，在实践中可以变三圃制原种生产的优中选优为优中淘劣，即把育种单位提供的原种在原种繁殖圃采用严格去除杂株的方法。采用优中淘劣良种繁育技术生产出的原种，品种一致性即纯度达到或超过国家标准，即典型性（包括株型、叶型、穗型、籽型、丰产性、早熟性、抗逆性、产品质量）与该品种原审定时的标准相一致。

与三圃制原种生产方法相比，优中淘劣原种生产方法有更大的优越性：①保持了原品种真实意义上的提纯复壮。据测定，用该方法生产出来的早熟禾、高羊茅原种，田间纯度达到或超过国家原种标准，产种数量为同等面积三圃法的 30 倍。②生产原种方法简便，省时省力，提高了繁殖系数。该方法只要求保持优良一致的群体材料，不用每年选择大量单株，节省了田间选择和室内考种的大量工作，因其只剔除群体中杂、劣的个体，实际工作中便于掌握和操作，且生产种子数量较大，提高了繁种的经济效益。③保证了品种群体遗传基础的长期稳定，延长了优良品种使用年限。通过剔除群体中个别杂株、劣株，保证了品种的一致性和典型性，即保证了品种基因库的稳定。④减少了不正确的人为选择而造成的偏差。避免了因对品种的典型性认识不足而人为造成的品种“走样”。

第四节 二圃制原种生产

二圃制原种生产的程序及要求，基本上与三圃制相同，只是少一个株系圃，仅通过株行圃和原种圃生产原种，即从株（穗）行圃中选出优良株（穗）行，随后混合，繁殖生产原种。二圃制原种生产程序见图 6-6。

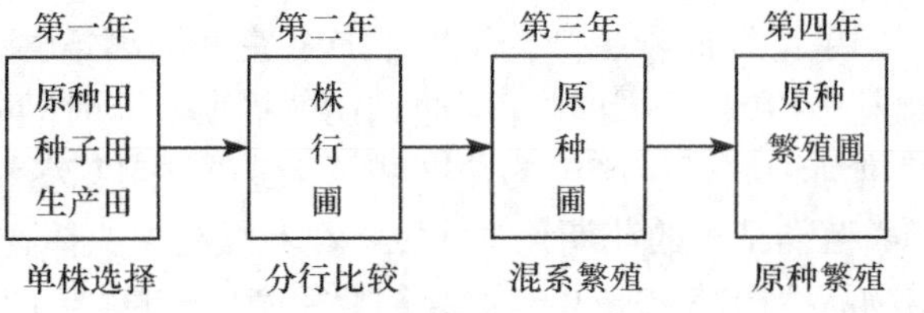

图 6-6 二圃制原种生产程序

草类植物原种生产究竟采用三圃制还是二圃制，这要依据各种草类植物的具体情况和担负原种生产部门的人力、物力、设备等情况而定。一般来说，三圃制比二圃制多一道株系比较的程序，生产出的原种质量更高一些。

第五节 原种生产的注意事项

一、圃地选择与保种隔离

1. 圃地选择 用作原种生产的地块，应选择土质好、地势开阔、通风、光照充足、土地平整、土层深厚、排灌方便、肥力适中、杂草较少、病虫鼠等危害轻、便于隔离、交通方便、相对集中连片的地块。豆科草类植物原种生产田最好布置于防护林、灌丛和水库近旁，以利于昆虫传粉。每一种草类植物都有其最适宜的生长区域，因此原种生产要区域化，在各草类植物品种最适宜地区进行原种生产。原种生产田的面积要根据种子生产经营量和市场需求等因素，保持在合理的水平上，即合理的种子田面积应是以保证用户需要、保证当地草业生产正常进行为限度。

2. 保种隔离 大多数草类植物品种都属于异花和常异花授粉植物，在原种生产过程中容易产生天然杂交，引起生物学混杂。天然杂交会改变草类植物品种原有基因型，导致产量下降，品质变劣，丧失品种原有的特征特性。因此，在原种生产中，要特别做好隔离工作，防止天然杂交。不同草类植物品种进行原种生产时隔离距离不同。隔离除人工套袋之外，还可采用空间隔离、时间隔离、高秆作物隔离和自然屏障隔离等，其中空间隔离应用最普遍。在种子生产中，隔离方法的选用应坚持安全、合理、高效的原则，结合草类植物原种区域的实际情况灵活掌握。

（1）空间隔离 即通过空间距离将原种生产区与其他品种隔开，防止其他草类植物品种花粉传入。设置不同品种间隔离的距离时，首先，要考虑地块大小。经济合作与发展组织（OECD）规定，进行高羊茅、早熟禾等草类植物原种生产时：地块大于 2hm^2 时，隔离距离为 100m；地块小于 2hm^2 时，隔离距离为 200m。各国审定草类植物种子要求的隔离距离各不相同，在 50～1500m。其次，要考虑的因素是草类植物开花授粉方式及特点，自花授粉草类植物要求的隔离距离较小，异花及常异花授粉草类植物要求距离较大；单纯靠花药开裂力量和借风力传粉的草类植物要求的隔离距离较小，借昆虫传粉的草类植物要求的隔离距离较大。例如，虫媒花的苜蓿、白三叶等豆科草类植物，其空间隔离的距离在 1000～1200m。风媒花禾本科草类植物的串粉程度与植株高度、花粉传播距离、花粉活力及花粉的存活率有关，气流方向也影响串粉程度，隔离距离应在 400～500m。当两个或两个以上不易发生天然杂交的草类植物品种进行原种生产时，各品种间也要有 25～30m 的空间隔离距离，作为保护带，以防止机械混杂。在保护带上种植与进行原种生产品种易于区分的草类植物。在生产实践中，为防止机械混杂，收获种子时应将其边行剔除。因此，原种生产田块不宜过窄，否则易于造成机械混杂。

（2）时间隔离 如果进行原种生产的地区不具备空间隔离条件，而光热条件能满足草类植物品种正常的生长发育和成熟，此时，可通过调节播期，即时间隔离的方法，使原种的花期与周围同类草类植物品种种子生产田的花期错开，避免外来花粉混入，保持原种的纯度。隔离时间的长短要由草类植物品种的花期长短决定：自花授粉草类植物品种相差 10～25d；异花和常异花授粉草类植物品种相差 20～30d。如果需要繁殖同一草类植物种不同品种的原种时，除分期播种外，还可采用同期播种，开花前只保留一个品种，而将其余品种刈割的方法，达到时间隔离的目的。多年生草类植物品种在生活的后期年份，生长期内每年均保留一种需收获种子的品种，花前刈割其他品种。在繁殖原种较多、播种面积较小的情况下该法较为适用。

（3）高秆作物和自然屏障隔离　除空间隔离和时间隔离外，也可采用高秆作物隔离的方法。在需要隔离的原种生产田四周一定范围内种植玉米、高粱、苏丹草、御谷、千穗谷等高秆作物，不但可以把隔离距离缩短为 50～100m，而且隔离效果较好。这种方法的关键是高秆作物或高秆草类植物要提前播种，以保证草类植物原种生产田花期来临时高秆作物有足够的高度，达到控制外来花粉和安全隔离的目的。有些地方可利用山沟、高层建筑、果园、江河、树林等自然屏障进行隔离，防止其他花粉混入。

二、原种生产田的栽培与管理

为了给草类植物原种生产田创造良好的土地利用条件，必须进行合理的轮作。草类植物原种生产田的前作不能是同类草类植物种或同一草类植物种的不同品种，以防混杂。草类植物原种生产田要注意换茬，给植物的生长发育创造良好条件，同时也可以减轻病虫害。在轮作中，最好将禾本科与豆科草类植物品种相互轮换，这样既可以保持与提高土壤肥力，又可以防止种子混杂。

对于草类植物原种生产田而言，在耕作措施上，应抓好深耕、浅耙、轻耱、保墒等环节。秋季深耕可以熟化土壤，改善土壤的通透性，增强蓄水保肥能力。深耕深度以 45cm 为宜。早伏耕疏松土壤，耕后浅耙轻耱，可减少土壤水分蒸发。

种子较小的草类植物，播种宜浅，但在干旱、多风、降水量少、蒸发量大的地区，播种时要严格做好春季整地保墒工作，保证种子发芽出苗所需要的水分。当春季地表刚解冻时就要顶凌耙地，切断土表毛细管，耙碎大土块，防止土壤水分蒸发。当土壤含水量过低时，播种前要用不带犁壁的犁深犁一遍，然后轻耙镇压，耙深不能超过播种深度，以防止跑墒，同时便于控制播种深度。

进行草类植物原种生产时，通常采用单播，不用保护播种。单播的优点在于可以迅速获得优良草类植物原种，同时可提高种子的结实率和产量。运用保护播种时，保护作物对草类植物品种的生长发育有一定影响，使种子产量下降。有些国家和地区，进行草类植物原种生产时，也采用保护播种的方法，也能获得高额的种子产量。在这种情况下，保护作物一定要选用早熟、矮秆和不倒伏的作物品种，将它们收获后，要及时加强田间管理。

生产实践中，通常在下述情况下不采用保护播种：①为加速草类植物品种种子繁殖进程，在播种当年即可收获种子的草类植物品种；②短寿多年生草类植物品种由于第二年种子产量较高，不宜采用保护播种的方式。

三、原种收获与贮藏

1．原种收获　收获草类植物原种是原种生产的最终目的，是最重要的技术环节。

（1）收获期　草类植物原种收获的季节性很强，必须给予极大的重视，并要事先做好一切准备工作。许多草类植物品种花序开花期持续时间长，每一花序种子成熟不均匀，种子落粒性强，因此原种生产田对种子收获期要求较严，收获过早或过晚对其产量和品质都有一定的影响。收获过早时，籽粒尚未成熟，干物质积累尚未完成，此时收获不仅会降低粒重和籽粒中蛋白质、脂肪的含量，种子活力低，而且由于未完全成熟，青秕粒较多，脱粒困难。收获过晚，籽粒落粒严重，损失也极大。因此，适期收获对保证草类植物原种的产量和品质有重要作用。

收获时间上，由于草类植物品种生长发育的特殊性，要求收获的时间短，因此要选择适宜的收获时间以减少落粒，获得较高种子产量。草类植物原种生产中，要根据种子的含水量、种子颜色、成熟状况、种子产量、品质和天气状况等因素确定适宜收获时间。

（2）收获方法　收获草类植物原种的方法有人工刈割和联合收割机收割。

1）人工刈割草类植物原种的方法是将种子拍打掉落于容器内，或用镰刀刈割植株，运至晒场晾晒数日后，用拖拉机牵引轻型镇压器或石磙碾压脱粒，数量少时可人工敲打进行脱粒。原种生产田面积不大时，也可用镰刀将穗子割下晒干后脱粒。豆科草类植物还可人工采摘其荚果。对脱落在地面上的种子可用扫帚清扫或用吸种机收集。

2）用联合收割机收割时，收获速度快，能在短期内完成种子收获工作，同时还可以省去人工收获所必需的打捆、运输、晾晒、脱粒等工序，不仅节省劳动力，也可降低种子的损失率。用联合收割机收割时，刈割高度为20～40cm，这样可以避免刈割下部绿色茎、叶及杂草，降低收获困难，同时使收获种子的湿度降低，混入的杂草减少，刈割后的残茬可供放牧或刈割作青干草。

2．贮藏　草类植物原种贮藏是原种生产的另一重要环节。原种从收获到再次播种，一般都要经过一定的贮藏时期。贮藏期间要保持草类植物原种的发芽势、发芽率和活力，同时，要防止机械混杂和虫、鼠、雀等为害，以保持草类植物原种的品种纯度。因此，贮藏的正确与否及贮藏条件的好坏，都关系原种的品质，影响原种质量。

四、原种混杂原因及预防措施

1．混杂原因

（1）机械混杂　进行草类植物原种生产时，由于播种前的种子处理、运输、播种等过程中人为疏忽和条件的限制，容易造成机械混杂。另外，施用混有异种种子的未腐熟农家肥，或进行连作和不合理的轮作时，前作物和杂草种子自然脱落，也容易造成机械混杂。机械混杂有两种：一是品种间混杂，即混进同种草类植物种其他品种的种子；二是种间混杂，即混进其他草类植物种和杂草种子。进行田间去杂和种子精选时，由于同种草类植物种的不同品种在形态上比较相似而难以区分，所以品种间混杂比种间混杂更难消除。

（2）生物学混杂　主要是在草类植物原种生产过程中，未将不同品种草类植物，尤其是异花和常异花授粉草类植物进行适当隔离，而发生天然杂交。天然杂交使后代发生性状分离，出现不良个体，破坏了原品种的典型性、一致性和丰产性。异花授粉和常异花授粉草类植物，在机械混杂和生物学混杂的双重影响下，原种将很快变劣。

（3）品种本身遗传性发生变化　一般而言，自花授粉草类植物虽然是一个纯种，但不可能完全纯，在一个群体中，自然突变是不可避免的。自花授粉草类植物的天然杂交率虽然不高，但日积月累，杂交植株也能达到相当数量。加之多数品种是由人工杂交选育而成，经过多次自交选择后，虽然纯合化程度较高，但仍有一些杂合型的基因存在，继续分离并进一步纯合化，会导致自花授粉草类植物品种的退化。

对于异花授粉和常异花授粉草类植物而言，为了保持品种的纯度，要求长期进行隔离种植，使品种的纯合化程度增大，同时又引起自交劣势，品种退化也很明显。

（4）不正确选择的影响　草类植物原种生产中，如果不了解选择的方向，不掌握被选草类植物品种的特点，进行不正确的选择，也会造成品种退化。例如，对多年生草类植物进行选择时，若不选择生活力强和性状好的植株及其后代，只是从保持品种的纯度与典型性的角度进行选择，久而久之，品种的抗逆性和丰产性就会逐渐降低。

2．预防措施

（1）防止机械混杂　防止机械混杂是防止混杂、保持草类植物品种纯度的一个重要环节，它贯穿于从种子准备、播种到收获贮藏的全部过程。因此，要防止机械混杂，合理安排草类植物原种生产田的轮作和耕作制度，不能重茬连作，有些草类植物品种落粒性很强，上季掉落下的种子在下季出苗，会造成混杂。同时，要注意不能施用未腐熟的粪肥，并及时消灭杂草。在田间管理方面，应注意以下几点：播种时，预先检查播种机箱内有无残留的异品种种子；草类植物原种生产田必须单种、单收、单打、单晒、单藏，各草类植物品种收获后不能堆放得太近，不能在同一场地上脱粒，若场地不够可把不同品种堆放在场地的一角，每脱完一个品种要认真清扫；晒种时不同草类植物品种之间要有隔离，贮藏时按规格装入牢固的种子袋内，袋内外必须要有标签，标明草类植物品种名称、产地、年份、重量等。

（2）防止生物学混杂　大多数草类植物是异花授粉植物，原种生产田必须进行严格的隔离，预防天然杂交。要合理安排种植地段，不同品种原种生产田要有一定的间隔距离，也可以利用分期播种、提前刈割等方法调节花期，或者在不同草类植物品种间种植高秆作物作为屏障。

（3）去杂去劣　去杂是指除去非本品种的植株，去劣是指除去本品种中生长不良、感染病虫害的植株。草类植物原种生产田中出现的杂株、劣株，要及时拔除。每年要在苗期、开花期和成熟期进行田间检验，去杂去劣。苗期检验在苗齐后进行，但苗期多数草类植物种和品种间差异不甚明显，仅能大致了解品种混杂情况。开花期草类植物种和品种的特征、特性比较明显，是纯度检验的有利时期，有些草类植物种或品种的某些特性错过这一时期便无法鉴定。从种子成熟到收获前这一段时间草类植物种和品种特征、特性表现最为明显，是去杂去劣的关键时期，要根据穗部特征、植株高度、成熟早晚进行检查，对混杂严重的地块，要坚持舍弃，不作原种生产田用。

（4）人工选择　对草类植物原种生产田进行人工选择，不仅能起到去杂去劣的作用，还有巩固和积累优良性状的效果，选择的过程也就是提纯复壮的过程。

草类植物原种生产中，经常采用混合选择法和改良混合选择法。混合选择法中最简便易行的是片选法。即在原种生产田中，去杂去劣后，混合收获脱粒留种。这种方法只能获得比较纯的种子，对进一步提高纯度或种性效果不大，宜在品种混杂不严重的情况下使用。株选法是在原种生产田中选择具有本品种典型性状、健壮无病的优良植株，混合脱粒留种。这种方法的效果优于片选法，连续进行多次混合选择，具有良好的效果，所以目前广泛采用，作为草类植物品种提纯复壮的主要方法。改良混合选择法是把单株选择法和混合选择法结合起来的一种方法，生产出的草类植物种子纯度高、质量好，在生产草类植物原种时普遍采用。

讨论题

1. 原种生产常采用的方法有哪些？
2. 原种生产中防杂保纯的主要措施有哪些？

第七章 良种繁育

第一节 良种概念及其作用

一、良种的概念

良种，即优良的品种，是人类根据自己的需要，在一定生态条件下利用生物的变异，经改良培育创制的某种生物群体，其特点是遗传型比较一致，具有地域性（适宜范围）和时间性（阶段性）。

良种的含义有两层：一是优良品种；二是优质种子，即优良品种的优质种子，具体指用优良品种的原种繁殖而来的优质种子，其纯度、净度、发芽率、水分指标均达到良种质量标准。优良品种和优质种子是密不可分的，有了优良品种才能繁殖出优质种子。如果一个优良品种没有优质种子，则不能发挥优良品种应有的作用。只有二者结合起来，既是优良品种，其种子质量又很好，才能称为良种。

二、草类植物良种应具备的条件

草类植物良种应具备以下条件或优点。

1. 对某一区域气候、土壤等自然条件与栽培条件具有较好的适应性 任何一个优良品种都是在一定的自然条件和栽培条件下育成的，对培育地区的环境条件具有最大的适应性。但是一个优良品种若具有适应较大范围的气候、土壤等自然条件，就能得到较大范围和大面积的应用。

2. 合乎要求的农艺性状 草类植物的农艺性状指生育期、株高、叶面积、果实重量等可以代表草类植物优良品种特点的相关性状。例如，禾本科牧草的叶片数、主茎叶数、剑叶长、剑叶宽、分蘖数、有效分蘖数、穗数、穗长、穗粗、穗重、穗行数、行粒数、小穗数、穗粒数、穗实粒数、千粒重和繁殖特性等；豆科牧草的株型、分枝数、叶片数、叶面积、花序数、花序长、小花数、荚果数等。草类植物的有些农艺性状属质量性状，如种子类型、花色等，不随环境变化而变化，由单基因或寡基因控制。有些农艺性状属数量性状，如植株高度、蛋白质含量、产量、成熟期等。数量型的农艺性状对环境条件敏感，易受环境影响，由寡基因或多基因控制。农艺性状的好坏，最终影响草类植物良种的产量和质量，农艺性状的遗传规律与草类植物良种的稳产性和适应性或草地观赏性和触感舒适性具有非常密切的关系。例如，草坪草的色泽、叶型、质地、绿期、密度和盖度等：色泽是草坪草的一项重要的质量性状，其衡量标准因人们的爱好和欣赏习惯不同而异；叶型与质地是度量草坪草叶片的宽窄和触感的指标，通常认为叶越窄，品质越好，一般宽叶的草坪草触感硬、粗糙，而细叶的草坪质地相对柔软；绿期指草坪草所形成的草坪在一年中保持绿色的天数，它主要由遗传因子决定，是其起源地长期气候及生物互相作用的结果，在建坪地的表现又受到当地气候等因素的影响，如暖季型草坪草在热带全年青绿，而在温带青绿期不足200d；较高的密度和盖度是对优良草坪草品种的基本要求之一，虽然自然条件和养护措施影响密度和盖度，但主要还是由遗传因素决定，不同草坪草品种间、种间和种内密度存在广泛差异。具有发达匍匐茎和根状茎的草坪草品种或株系具有形成整齐致密草坪的潜力，直立生长的草坪草在建坪时适宜密植。

在一定的生态条件和栽培条件下，草类植物良种的农艺性状才能够得到充分的表现。

3．较高的生产能力 具体体现在牧草生长速度、种子产量、草产量或草坪草成坪速度等方面。出苗整齐、生长发育均匀、一致性好、分蘖多、生殖枝多、对水肥反应良好、草产量高、成熟期整齐、不落粒、株型紧凑的良种不仅种子产量高，而且适于机械化收获，利于清选和加工，这是对牧草良种的一个基本要求。出苗早、生长速度快的草类良种可以有效减少苗期杂草危害，降低田间管理成本。草地早熟禾和披碱草以生长速度快、产量高、草质优的优势成为我国北方地区草地改良的主要草种。

4．品种的纯度好 大多数草类植物种子细小，一旦混杂很难分清，会降低草类植物种子的均一性和纯度，也失去了良种的代表性，以致难以实现较高的生产能力，因此良种的纯度一定要高。

5．对病虫害的抵抗力要强 草类植物大面积集约化栽培给病虫害的发生创造了机会，病虫害对草业的威胁仍然很大，对草类植物的危害及造成的经济损失十分严重。育种家通过提高草类植物的抗病虫性，可提高产量10%～30%。因此，良种首先要有对主要病虫害的抵抗能力，才能在生产中发挥应有的作用。不同草类植物种或品种对病虫害的抵抗能力是不同的，病虫害防治中大面积喷施农药和杀虫剂不仅会增加生产成本，污染环境，而且在牧草中残留农药，降低饲草质量。因此，培育抗病虫害的草类植物新品种是草类植物育种的迫切要求。

6．具有特定的性状品质

（1）*反映草类植物丰产性的性状* 有干草产量、再生性、多刈性、密度、分枝能力、株型等。

1）干草产量：是丰产性中最重要的性状之一，与之相对应的是鲜草产量，但由于不同草类植物鲜草的含水量差异很大，难以进行比较，因此采用干草产量更为合理，即干物质含量是重要的产量性状。

2）再生性：表示草类植物在刈割后恢复生长的能力，再生性好的良种，短期内即可恢复生长。

3）多刈性：指在一个生长季节内草类植物可以刈割并形成经济产量的次数。有的草类植物再生性差，刈割后很难恢复生长，每年只能刈割一次或两次，有的则在刈割后再生迅速，可多次刈割。

4）密度：单位面积的株数和单株的分枝数共同构成的密度是关系丰产的重要性状。密度不足时影响干草产量和种子产量，密度过大时往往引起生长空间拥挤而严重影响干草产量和种子产量，并导致质量下降。

5）分枝能力：是草类植物草产量和种子产量的重要性状品质。

6）株型：指草类植物的茎、叶、花等组织器官彼此的协调程度及其空间分布，紧凑型株型、穗子直立的株型适于密植，减少光的遮挡，是一种高光效株型，其干草和种子产量较高。

（2）*反映牧草品质的性状* 有营养成分、适口性、消化率、有毒有害成分等。

1）营养成分：指牧草及饲料作物可食部分，如干草、籽实、块根、块茎等所含的营养物质的组分和含量及其均衡程度。包括常规的粗蛋白、粗脂肪、粗纤维、无氮浸出物等含量，钙、磷及其他微量元素的含量，蛋白质中各类氨基酸含量，重要的维生素等。在现代草业生产中，营养成分已成为越来越重要的性状指标。

2）适口性：指畜禽采食时的喜好程度。适口性好的牧草，畜禽采食量大，采食率高。这往往与牧草可食部分中粗纤维含量、糖含量、某些芳香烃含量等有关。

3）消化率：是最常用又推崇提倡的一项品质指标。可消化营养物质总量是较科学的评定牧草品质的指标。可消化蛋白质含量等也是十分重要的品质评定的单项指标。

4）有毒有害成分：指动物采食后能造成健康损害的某些物质，例如，采食紫花苜蓿后引起急性臌胀病的皂素，导致牛羊不愿采食草木樨的香豆素，羊茅属中导致牛羊跛足病和脱毛的吡咯灵，以及沙打旺的脂肪族硝基化合物等。

（3）草坪草的相关性状　有均一性、持久性、耐低修剪等性状品质。

1）均一性：是度量草坪草种群内个体差异大小的指标，个体间大小、叶色、生长速度等差异越小，均一性越高，所形成的草坪越均匀整齐。一般而言，行营养繁殖方式的草坪草种类因不受机械混杂影响，其均一性的保持较种子繁殖的草坪草容易。种子繁殖系统中，均一性一般依自交系—常异交系—异交系顺序而递减。

2）持久性：指草坪草生存的年限，不同草种持久性不尽相同，具有发达匍匐茎和（或）地下茎的草坪草的持久性远远超过丛生型的草坪草，当然持久性与养护水平是密切相关的。一般而言，草坪草修剪越短，越显得均一，叶质也更好。对于运动草坪，尤其是竞技场草坪来说，草坪若不修剪，长高后的草坪草不仅影响草坪外观，还将干扰运动。运动场特定区域的草坪对草坪草高度要求非常严格，例如，高尔夫球场的发球台，一般要求草地早熟禾留茬高度为2.0cm左右；狗牙根和结缕草留茬高度为1～1.5cm；果岭留茬高度最低，需保持在3～7.6mm。不同草坪要求具有不同的修剪高度范围，而草坪草耐受修剪的能力又是有限的，一般绿化草坪草留茬高度为4cm左右。修剪过低时，草坪草根基会受到伤害，大量生长点被剪除，会丧失再生能力。

7．具有较强的抗逆性　草类植物的抗逆性指对非生物胁迫的抗性，如抗寒性、抗旱性、耐热性、耐阴性、耐盐碱性、耐践踏性、耐除草剂能力等。

1）抗寒性强是草坪草最为重要的抗性指标之一，是北方或高寒地区建成优质草坪的首要条件。草类植物不同发育阶段抗寒性也不同，幼龄期抗寒性明显弱于成熟期。草类植物抗寒性对越冬率、返青率、草产量及草地寿命都有影响。

2）抗旱性是干旱半干旱地区草类植物非常重要的抗性指标，而且随着人们节水、环保意识的不断增强，对具抗旱能力良种的需求也越来越大。

3）耐热性能好的草类植物有助于减少“夏枯”和“夏眠”现象，有利于将良种的适应范围向低纬地区推进。

4）园林绿化中，草坪经常与灌木及乔木共同存在，因此草坪草的耐阴性就显得至关重要，冷季型草坪草较暖季型草坪草更为耐阴，暖季型草坪草中钝叶草、地毯草较耐阴，狗牙根耐阴性最差。

5）在我国沿海及西部广大地区，土壤盐碱含量较高，要求草类植物良种具有一定程度的耐盐碱性。草类植物耐盐碱性依种或品种不同而异，碱茅、獐茅、赖草、‘中苜1号’‘中苜2号’‘中苜3号’、紫花苜蓿等是耐盐碱性较强的草类植物。

6）耐践踏性是一个综合指标，尤其对于运动场草坪草，该指标是耐磨性和再生性的综合体现。不同草类植物耐践踏性程度不同，机理也不同，狗牙根和结缕草均耐践踏，但前者是因为有很强的再生性，而后者是因为有很强的耐磨性。

7）在现代草业生产中，人工除草日益被高效低毒的除草剂所替代，草类植物良种耐除草剂能力强不仅会降低田间管理成本，而且增加了与其他杂草的竞争能力，有利于提高草地的稳定性和持久性。

作为优良品种的优质种子，还必须具备：良好的发芽能力；本品种固有的种子色泽和重量，即较高成熟度与饱满度；种子整齐度高；没有传播的病虫害；没有恶性的杂草种子；没有损伤种子；不夹杂其他品种或其他植物种子，即较高的纯净度。

三、良种在草业生产中的作用

草类植物良种是人类精心培育出来的草业生产资料，在生产中的作用如下。

1）可大幅度提高单位面积产量。在草业各项增产措施中，草类植物良种的增产作用要占到50%以上，其中，杂种优势的利用使良种具有突出的贡献。优良品种内在的优良基因决定了良种具有较强的生长势和适应性，在不增加劳动力、肥料和生产成本的前提下，可以获得高额而稳定的产量。优良品种一般比普通品种种子增产10%～40%。

2）减轻或避免自然灾害的影响，保证稳产高产，扩大草类植物的栽培区域。我国幅员辽阔，各种生态环境下都有人类居住和生存。草类植物作为草业生产的物质基础，需要适应干旱、寒冷、炎热和盐碱等各种逆境环境条件。抗逆性强、适应性广的良种，由于对某种特殊生态条件或有害因子具有耐受性，可以在其他品种难以适应或表现不良的地区种植，既能提高产量和质量，又可提高土地利用率及扩展栽培区域。例如，选用耐寒能力较强的草类植物良种可使其适应的分布区域向高纬度地区或高海拔地区扩展，选用耐热能力较强的草类植物良种可使其适应的分布区域向低纬度地区扩展。

3）改善品质。例如，牧草蛋白质含量的增加、含糖量的增加等可改善牧草品质，提高饲用价值。用优良草坪草品种建坪，不仅成坪速度快，而且由于具有较好的适应性和抗性，建成的草坪在均一性、质地、持久性、耐磨性等方面均好于普通品种建成的草坪，在降低养护管理成本的同时提高了草坪的质量。

4）增强草类植物的抗病虫能力。病虫害给草业生产带来严重危害，它不仅影响草类植物种子产量和营养体产量，还会降低草产品质量、增加管理成本。实践表明，选育抗病虫的草类植物良种已经成为病虫害防治战略中一项重要措施。它不仅能保证优良品种固有的优良特性，还可以节省用于化学防治的资金投入，减少生态环境污染。

5）保持水土、净化和美化环境。优良草类植物良种不仅可以作为草业的生产资料，增加种子和营养体的产量和质量，而且适应性强、可以有效增加地面覆盖、减缓地面径流和风速、防止水土流失、保持生态平衡、美化生态环境，在城市、庭院、旅游休闲场所、运动场、公路护坡绿化方面起着越来越重要的作用。

6）促进草业机械化发展，提高劳动效率。使用良种，可使草类植物的成熟期一致，花序的高低位置一致，株型紧凑、株高一致、枝条不倒伏，以便于机械化收割。

但良种不是万能的，必须根据良种的特性，因地制宜地加以利用。首先，要正确选用良种，考虑良种的适宜区域，良种的遗传性必须稳定；其次，要合理利用良种，一个地区不能频繁更换良种，要合理搭配良种，以一个优良品种为主要品种，另选一或两个优良品种为辅助品种；最后，要总结出适宜的栽培方法，先通过小面积试验来摸索良种最适宜的播种期、播种量和水肥管理方法。

第二节 良种繁育及其任务

一、良种繁育的概念

良种繁育指经过原种生产获得原种后，进一步繁殖原种，生产大田用种子，即用原种繁殖大田用种子。良种繁育是按一定程序加速繁殖并保持新品种的种性和纯度，使其在种子数量和质量上满足生产的需要。其含义：一是迅速繁殖新品种，包括配制杂交种；二是通过提纯复壮，保证良种的种性和纯度。

生产上常说的良种繁育，包括繁种和制种。常规种（包括生产杂交种所用的自交系）的种子生产叫繁种（繁殖种子的简称），杂交种的种子生产叫制种（杂交制种的简称）。从草业生产的角度，种子生产可分为常规种的种子生产和杂交种的种子生产两类。

良种繁育要求大量繁殖新品种种子供给推广应用的同时，须保持其种性和纯度，因此良种繁育是品种选育的继续和品种推广的准备与实施，在草类植物育种和新品种推广之间起着承前启后的桥梁纽带作用。没有这一环节，选育的优良品种就不能在草业生产中发挥应有的作用。良种繁育是将审定合格的新品种，迅速繁殖并保持优良种性及纯度，以满足生产的需要。另外，优良品种投入生产应用后，如何长期保持其纯度和种性，使之更有效地服务于生产，这些问题都必须借助于建立健全的良种繁育体系和采用正确的良种繁育技术，才能圆满解决。

二、良种繁育的任务

1．品种更换 品种更换即大量繁殖优良品种或新品种种子，迅速扩大优良品种或新品种的栽培面积，更换生产上表现不良的品种，保证优良品种或新品种迅速服务于生产，提高经济效益。

2．品种更新 品种更新即保持品种的纯度和种性。优良品种在大量繁殖和栽培过程中，往往由于播种、收获、脱粒、清选、包装、运输和贮藏等环节的不适当而造成机械混杂，或由于天然杂交而造成生物学混杂，或由于环境影响而发生变异，以致降低了良种的生活力和种性，产生了品种退化现象。因此，良种繁育的又一个重要任务就是防止混杂、退化，保持品种的纯度和种性，定期供应生产上所需的优质种子以替换混杂、退化的种子。

总之，草类植物良种繁育的主要任务就是从数量上大量繁殖优良品种或新品种的种子，同时不断提高草类植物种子质量，保持其纯度，提高其种性。从数量与质量两方面保证生产上对草类优良品种和优质种子的需要。目前，由于我国草类植物育种和良种繁育及推广应用体系尚未健全，生产上应用的草类植物优良品种较少。草类植物种子生产中存在的突出问题是数量少、质量差，良种选育、生产和市场脱节，良种繁殖技术不完善，良种繁育体系和生产标准体系尚未建立。这些问题直接影响着草类植物种子生产及其在国内外市场上的竞争力。为此，应尽快建立我国草类植物良种繁育体系和良种生产基地，形成规模化生产，促进我国草类植物种子标准化、产业化和商品化的进程。

第三节 良种生产制度

一、国外的良种生产制度

良种生产制度是实现种子生产标准化的组织保证，草类植物种子生产先进的国家都十分重视良种繁育体系的建设。在品种布局区域化、种子生产专业化、收获加工机械化、种子质量标准化的前提下，良种生产基地严格按照标准化程序组织种子生产，保证了对良种纯度和数量的要求。良种生产或繁育体系在不同国家各有差异，美国、法国等国家将原种和亲本种子的繁殖安排在种子公司的农场，商品种子的生产采取特约繁殖的办法，由农场主建立种子生产基地，为公司生产商品种子。加拿大的良种生产主要由种子生产协会负责，承担良种生产的农户都是协会成员，均为注册种子生产者。协会与农业部门合作，负责制定种子繁育的程序和各项技术规程，农业部门负责质量检验。合格的种子由协会颁发证书后才能出售。日本的作物良种繁育体系由政府、县农业试验场负责原原种与原种的生产与保存，县农业试验场每年负责向农协所属种子中心提供原种，中心依据约定的数量，委托特约的农户繁殖商品用种子。俄罗斯等国家在新品种推广后，由选育单位提供原原种，地区科研单位与农业院校的农场生产原种或注册种子，再由专业化良种繁殖场、当地农场和农庄繁殖所需的商品种子。

世界种业发达国家的良种生产体系，具有以下特点：①普遍重视良种繁育体系的建设，以保证繁殖过程的连续性。原原种和原种生产安排在种子公司下属的专业化农场，以确保原原种和原种的质量，为良种繁育奠定基础。②由于育种者最熟悉和掌握品种的特性，因此原原种一般由育种者提供，并继续生产和保存，从根本上保证原原种的纯度和质量。③从原原种开始，自始至终做好防杂保纯，保证在原种生产的各世代都不会出现混杂。④实行种子专业化生产，通过种子生产、加工与包装的现代化，保证了良种繁殖的数量和质量。

二、我国的良种生产制度

我国的良种繁育工作几经变迁，逐步建立了新时代的良种繁育体系。草类植物育种和良种繁育在开发利用国内丰富的草类植物资源和引进国外优良草类植物品种的基础上，初步建立了符合我国国情的良种繁育体系。以草类植物原原种生产—原种生产—注册种子生产—商品种子生产为主线，并具有以下特点。

1）草类植物亲本、育成品种的原原种和原种种子生产、保存主要由品种培育单位完成。

2）大多数草类植物品种为综合品种，且多年生植物居多，采用多种形式扩大繁殖，保证了原种的纯度和生产过程的连续性。原原种和原种生产一般安排在育种单位下属的专业化农场。

3）注册种子和商品种子的生产通过育种单位提供原种，交由地（市）、县种子公司组织生产。这两类种子由种子公司下属良种繁殖农场或合同农户在良种繁育技术规程指导下，进行种子生产和收获，种子加工、包装和销售由种子公司完成。

然而，我国的草业生产自然条件复杂，所需品种类型多，用种量大。另外，我国草类植物育种工作起步晚，种子生产进展缓慢，加之清选设备落后，种子质量难以保证，草业生产者大都使用国外进口草类植物种子。但有些进口品种很难适应中国复杂多变的环境条件，养护管理要求高，受灾风险大，导致生产成本急剧增加，效益降低，不利于我国草产业的发展壮大。根本的出路还是选育适应性强、抗性好的国产草类植物品种，生产原种，建立健全良种繁育体系，加大良种繁育力度，使国产品种迅速占领国内市场，为草业生产服务。为此必须做好以下三方面的工作。

一要建立健全种子机构。尽管我国草业发展迅速，但起步比较晚，各种组织机构尚不健全。目前还没有政府设立的相关种子机构。大多数草业企业都是直接进口国外草类植物种子，自己进行新品种选育和种子生产的寥寥无几。因此国内草类植物种子市场比较混乱，缺乏权威的机构对引进草类植物品种种子进行认证，品种种子使用者在大量的宣传册面前非常迷茫，很难做出正确的抉择，上当受骗之事屡有发生。因此，建立健全种子机构刻不容缓。督促种子经营企业在出售种子之前进行引种试验，提供一系列必要的数据资料，如适宜栽培的区域及条件、抗病虫能力、品种特有的对某些自然条件和气候条件的需求、预期会出现的问题及相应的解决措施等。使种子机构真正成为草业生产的第一线服务机构，促进我国的草业发展。

二要建立和扩大草类植物种子生产基地。各地种子机构或种子企业，都要建立自己的良种生产基地。本着因地制宜、适当集中的原则，在种子生产条件好、技术水平高、自然隔离条件好、交通便利的地方建立特约种子生产基地，以生产各类草类植物种子，满足生产需要。

三要形成草类植物种子生产和管理的专业队伍。要做好草类植物良种繁育，除了以上两个方面之外，还要有一支从事种子研究与生产的专业队伍。研制出一套良种繁育的最佳栽培技术方案，随时解决良种繁育过程中存在的问题，从良种繁育的各个环节严格把关，确保种子的产量和质量。

良种繁育的基本原理与技术和原种生产相似，但其程序要简单一些，主要任务就是直接繁殖、防杂保纯，提供大田生产用种子。一般采用一级种子田（利用原种直接生产大田用种子的种子田）和二级种子田（利用一级种子田生产的原种进行繁殖大田用种子的种子田）两种制度，具体生产程序如图 7-1 所示。一级种子田的主要任务是防杂保纯，保证质量；二级种子田的主要任务是大量繁殖，保证数量。用原种繁殖种子一般只能繁殖两代，超过两代的种子便不能再作为良种。

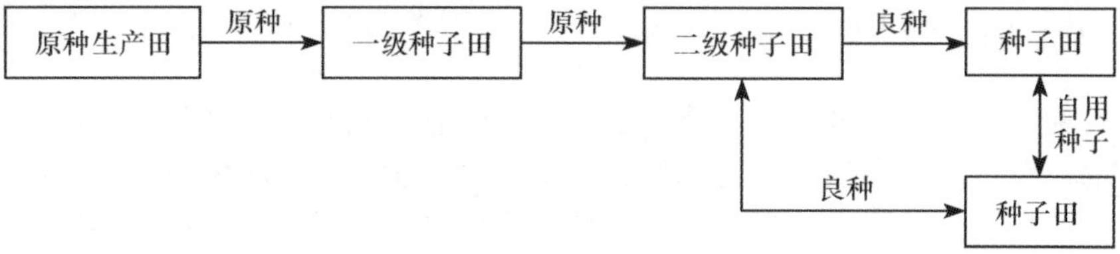

图 7-1 草类植物良种繁育程序

三、一级种子田

一级种子田的繁育程序见图 7-2，种子田繁育的种子直接供应大田播种之用。一年生或多年生草类植物，第一年种子田均进行株（穗）选，选择优良单株（穗）混合收获的种子作为下一年种子田播种的种子，其余的经去杂去劣，收获后全部作为下年大田播种之用。第二年、第三年同样，这样连续 3～5 年，直至种子田更换原种。其中用原种繁殖出来的种子称为原种一代，用原种一代繁殖出来的种子称为原种二代，依此类推。

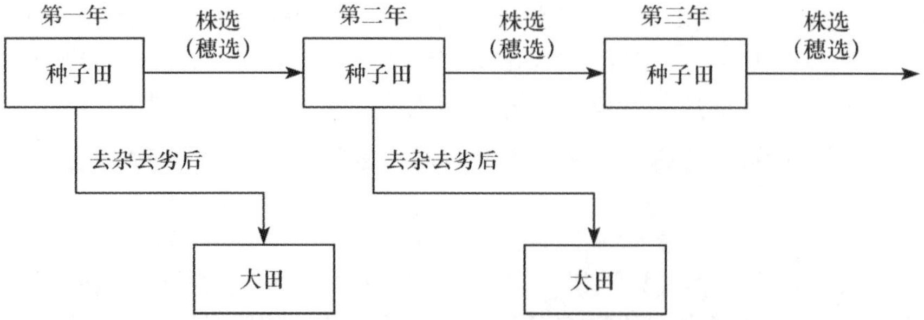

图 7-2 一级种子田繁种程序

四、二级种子田

当某草类植物品种繁殖系数低而用种需求量又较大时，可采用二级种子田繁殖种子，即由一级种子田繁殖的种子，再经二级种子田扩繁，二级种子田收获的种子供大田播种之用。具体做法见图 7-3，一年生或多年生草类植物，第一年将原种种子播种于一级种子田，成熟时进行株选或穗选，当选株（穗）混合收获种子，作为下年一级种子田播种之用，其余去杂去劣后，收获种子作为下年二级种子田播种之用。二级种子田植株去杂去劣后，全部收获种子供给大田播种之用。

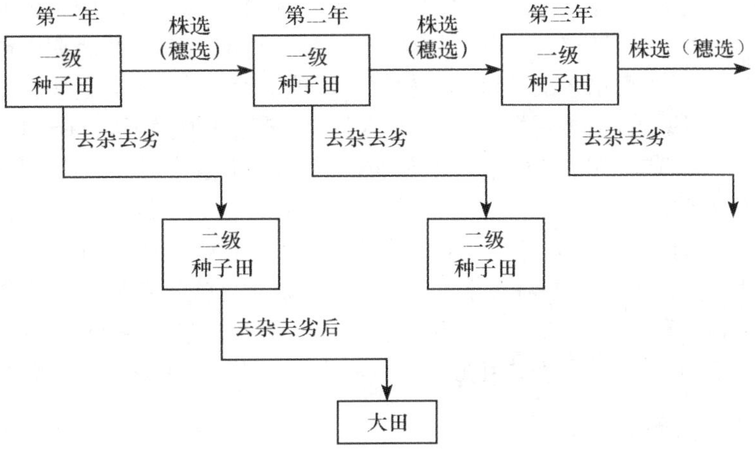

图 7-3　二级种子田繁种程序

第四节　草类植物种子田的栽培管理

一、种子田与牧草生产田栽培管理的区别

草类植物种子田和牧草生产田要求不同，种子田不仅要求高额的种子产量，而且要保证获得品质优良的种子。因此，种子田的栽培管理方法和牧草生产田有所区别。

1）设置隔离区，防止天然杂交而引起生物学混杂（具体设置方法见第六章第五节的“一、圃地选择与保种隔离”）。

2）种子田应选择土质良好、地势平坦、阳光充足、灌排水方便、可防止畜禽为害的地段。

3）种子田的面积要根据草类植物良种的繁殖系数及计划播种牧草田面积来决定，种子田面积取决于牧草生产田种植面积（或下一级种子田面积）、单位面积播种量和种子田产量三个因素，可用以下公式计算种子田的面积。

$$种子田面积(hm^2)=\frac{翌年牧草田播种面积(hm^2)\times 播种量(kg/hm^2)}{种子田产量(kg/hm^2)}$$

种子田生产的种子经过精选，要淘汰一部分瘪粒和杂质，同时为了预防自然灾害，保证生产用种，规划种子田面积时要留有充分的余地，一般至少要增加20%的富余面积。

4）为了给种子田创造良好的土地肥力条件，必须进行合理的轮作。在安排轮作时，种子田前茬不应是相同草类植物种，这样有利于防止混杂。种子田适当换茬，一方面给草类植物良种创造良好的生长条件，另一方面可以减少病虫害。在轮作中最好将禾本科与豆科草类植物进行轮换，这样既可以保持与提高土壤肥力，又可以防止种子混杂。

5）为了提高种子的产量和品质，种子田应该比牧草生产田有更大的营养面积。为此，要相应增大种子田株行距，减少播种量，以扩大营养面积，使植株得到充分的生长和发育，利于种子产量和品质的提高。

6）适时播种能保证种子田植株正常的生长和发育。除提高种子产量外，还可增加单株有效分蘖数，提高单株产量和繁殖系数，增加种子的千粒重，提高发芽率和发芽势。

7）种子田的田间管理力求及时和精细，中耕除草、预防病虫害、去杂去劣等是种子田管理的基本措施。中耕除草要及时，尤其是多年生草类播种当年，苗期生长非常缓慢，易受杂草为害，需中耕除草 2 或 3 次，第二年以后在返青期耙地一次，幼苗期、抽穗（现蕾）前各进行一次中耕除草。对病虫害的防治，应根据“防重于治”的原则，管理人员经常视察种子田，一旦发现病虫为害，及时彻底消灭，以免扩大传播。在植物生育期，种子田要进行去杂去劣和清除病株工作，一般选择各性状表现最明显的时机多次分期进行，以保证干净彻底。禾本科草类植物在苗期、抽穗期、蜡熟期进行；豆科草类植物在苗期、开花期和结荚期进行。种子田施肥水平要依据有利于生殖生长的原则进行定量，且注重施用磷肥和钾肥。磷肥、钾肥不仅有助于种子提早成熟，而且能提高种子产量和品质，尤其土壤中缺乏这些元素时，施用效果更加显著。

8）选择是保持品种纯度、防止良种退化、提高品种种性的重要措施，种子田必须每年进行选择工作。选择方法可以根据草类植物种或品种的不同要求，采取片选、穗选、粒选等方法。

二、种子田的栽培管理技术

良种种子田的栽培管理技术参见本书第八章。

第五节　加速良种繁殖的方法

育成新品种或新引进的草类植物优良品种，或提纯生产的原种，种子数量通常是有限的，为了使优良品种迅速推广，尽早发挥良种作用，必须加快繁殖，提高繁殖系数。繁殖系数是指草类植物种子加速繁殖自己的倍数，即单位面积的种子收获产量与播种量的比值。例如，多年生黑麦草种子产量为 $600kg/hm^2$，播种量为 $12kg/hm^2$，则繁殖系数为 50。采用普通栽培方法时，草类植物的繁殖系数是比较低的，但如果采取一些特殊的技术措施，则可明显提高繁殖系数。加速良种繁殖的方法归纳起来有以下几种。

一、精量稀播与高倍繁殖

精量稀播与高倍繁殖是加速良种生产的重要方法。它是用较少的播种量，用繁殖倍数高、质量好的种子，最大限度地提高繁殖系数。为了迅速繁殖优良品种的种子，提高单位面积产量，可采用较大的营养面积，进行单粒穴播或宽行稀植，充分促进单株多分蘖或多分枝，以提高繁殖系数，获得大量种子。

二、异地或异季加代繁殖

利用我国幅员辽阔、地势复杂、气候多样的有利条件，进行异地加代，一年繁育多代，是加速良种繁育的有效方法。例如，北种南繁，将北方当年收获的草类植物种子在我国海南、广东、福建等地进行繁殖，异地加代、增加繁育代数。异地加代要注意病虫害检疫，防止病虫害的传播和蔓延。草类植物还可异季加代，如栽培于温室中，一年繁殖两代，或利用草类植物再生能力强的特点，在一年内收获多次，可加快繁殖速度，如春性禾本科草类植物在收获之后立即进行中耕、灌水和施肥，促进枝条再生，开花结籽。异季加代，一年可收获两次种子。使用加代措施生产成本相对较高，一般多用于繁殖新育成品种的原原种和原种。

三、无性繁殖

无论豆科还是禾本科草类植物，都具有较强的无性繁殖能力。禾本科草类植物可以采用分株繁殖的方法以加速良种繁育速度，在适当早播、宽行稀植、增施氮肥的基础上促进多分蘖，然后利用其大量分蘖进行分株繁殖，增加单株数量，提高繁殖系数。豆科草类植物可利用枝条进行扦插繁殖。一般在分枝期、现蕾期进行扦插，插条可具 1 或 2 个节，长 5～7cm。为减少蒸腾，枝条扦插前剪去叶片，只留下叶腋芽和一片顶叶，扦插时将叶节留在地表。扦插前苗床要精细整地，做好小畦。在气温较低的季节扦插，宜采用塑料拱棚进行覆盖保温，气温较高的季节拱棚内温度过高（超过 40℃）时，会灼伤幼苗，因此白天应将拱棚上的塑料膜卷起通风。或直接采用露地苗床扦插，扦插后 3～4 周内及时浇水，保持苗床土壤湿润。干旱地区在雨季进行扦插是行之有效的方法。

四、组织或细胞培养繁殖

利用植物细胞的全能性，即携带有生长发育所必需的全部遗传信息，进行组织或细胞培养，建立草类植物组培快繁体系，获得大量无菌苗，或通过胚状体等制成人工种子，可使繁殖系数迅速提高。

第六节　品种混杂退化及其危害

一、混杂退化的相关含义

1. 概念　良种是一个人工生物群，经过强烈的人工选择后，许多性状已不适应植物自身的利益。所以区分良种的进化和退化，要看目标性状的变化发展是否有利于人类生产生活的目的。一个优良的草类植物品种在生产上种植几年之后，往往由于种种原因发生混杂和退化，丧失了其典型性，种性变劣，以至产量下降，品质变劣等。

良种混杂是指优良品种内混有非本品种的个体，或指同一草类植物种的不同品种种子混杂在一起，甚至不同草类植物种的种子混杂在一起，这些个体如果有选择上的优势，就会在本品种内快速繁殖蔓延，降低良种的使用价值。

良种退化是指良种内的某些经济性状变劣，生活力下降，抗病抗旱能力减退，并产生不利于人类生产生活的变异类型。这些变异类型的个体与良种原有的典型个体不一样。良种退化始于优良品种内个别植株，但由于这些植株适应生物本身的生存发展，对自然选择有利，从而发展到整个品种的植株，使其目标性状变劣，生产利用价值降低。

2. 混杂和退化的关系　混杂和退化虽有区别，但又互相联系。若一个草类植物良种混杂了，就有可能引起天然杂交，后代出现分离，目标性状下降，这就是退化；由于分离出现的多种类型，导致良种不纯，即混杂。良种混杂退化是优良品种纯度下降的主要原因。从理论上讲，良种发生不利于人类的变异统称退化，但在具体生产实践中有些问题很难处理：

一是由于良种的大部分目标性状是受多基因控制的数量性状，易受环境影响，表现出连续的变异，由遗传和环境两方面决定，难以区分；二是大多数草类植物良种本身就是一个异质的群体，个体间差异本来就比较大；三是草类植物良种多为综合品种，由优良的单株及其无性系、品种或自交系综合而成，亲本数较多，因此对基因型的优劣做出准确的鉴别和选择是比较困难的，要经过严格的科学研究，不能单凭经验。

3．反映良种混杂程度的指标 一般用种子田杂株率来表示良种混杂的程度。草类植物种子田杂株率反映了种子田中其他杂株的具体状况和混杂程度。进行草类植物种子田杂株率调查时，正确选择田间杂株率测定的时期，就能正确反映田间的混杂状况。确定测定时期的主要原则是选择能够表现该种子田内杂株出现的时期。一般在生长季内不应少于两次杂株率调查，即春、秋季各调查一次。测定方法主要有目测法和分析法。

（1）目测法 多用于大田生产中，是比较简便而迅速获得混杂结果的一种调查方法，共分四级：一级（个别感染），田间只发现个别的杂株；二级（轻度感染），杂株的数量显著少于本优良品种的数量，本优良品种植株生长占优势；三级（重度感染），杂株数量多，但不超过优良品种植株的数量，优良品种植株生长仍然占优势；四级（严重感染），杂株数量多于本优良品种植株的数量或相等。

在田间着手调查时，首先将要测定的种子田根据面积大小划分为几个调查区，分区进行调查。测定时沿测区对角线进行，将所见的各种杂株记入表 7-1，并根据杂株率等级标准给予评定（表 7-2）。由于在同一测区内，各类杂株混杂程度不一致，应在全面了解测区内杂株分布和危害程度的基础上评定总的等级，总等级不应低于测区内任何杂株的最大等级。

表 7-1 目测法杂株混杂度记载表

杂株名称	生物学类型	生育阶段	株高	混杂等级

表 7-2 目测法杂株混杂度汇总表

测区号	混杂度或总等级	检疫性杂草等级	各类型杂株混杂度等级			
			类型 1	类型 2	类型 3	类型 4

（2）分析法 包括计数法、计数计量法和覆盖度法。

1）计数法是首先测定单位面积上杂株株数和草类植物优良品种的株数，调查总株数为杂株株数和草类植物优良品种株数之和，然后计算出杂株率。公式如下：

$$杂株率(\%)=\frac{杂株数}{调查总株数}\times 100\%$$

对分布于草类植物种子田的杂株分级如下：一级（轻度感染），混杂度小于 5%；二级（二级轻感染），混杂度为 5%～20%；三级（一级重感染），混杂度为 20%～40%；四级（二级重感染)，混杂度为 40%～50%；五级（极重感染)，混杂度大于 50%。

2）计数计量法是以杂株数及干重来表明混杂度。在正确选点的情况下，此法所得结果较为客观，并有具体数据说明混杂度，但工作量较大。用计数计量法测定杂株率时，也要将种子田分成若干区，各区配记录表一份，测定之前概括了解测区杂株分布和组成情况，然后再选测点。测点要有代表性，在生产条件下一般每公顷最少选两个点。试验地每 300m^2 应选一或两个点，重复 6 次。测点的多少视田间具体情况而定，如杂株分布均匀，土地平整，可少选点，反之应多选点。测点选好后开始测定，将 0.25～1m^2 的样方框置于测点上，然后数出样方框内草类植物优良品种株数，计入表 7-3，再将杂株连根拔起，在根颈处切断，按类型分别计算株数，填入表 7-3。将同类型的植株捆成一束，挂标签，注明测区、测点号码和测定日期。最后将全部样品带回室内进行风干或烘干称重，将优良品种株重量和各类杂株重量及总重量一并记入表 7-4。

表 7-3 计数计量法杂株混杂度记载表

草类植物名称	测点号	0.25～1m^2 草类植物优良品种株数	0.25～1m^2 杂株的株数、重量				
			指标名称	合计	类型 1	类型 2	类型 3
			株数/株				
			重量/g				
			株数/株				
			重量/g				
			株数/株				
			重量/g				
			…				
总计			株数/株				
			重量/g				
平均			株数/株				
			重量/g				

表 7-4 计数计量法杂株混杂度汇总表

测区号	666.7m^2 株数		混杂度/%	优良品种风干重/(kg/666.7m^2)	杂株总风干重/(kg/666.7m^2)	各类杂株混杂度					
						类型 1		类型 2		类型 3	
	优良品种	杂株				重量/%	混杂度/%	重量/%	混杂度/%	重量/%	混杂度/%

3）覆盖度法是以杂株茎叶覆盖土地面积的百分率表示，计算公式如下：

$$杂株覆盖度(\%)=\frac{杂株覆盖的土地面积}{调查点的面积}\times 100\%$$

在测定样区选好测点后，将 1m^2 面积内分布稀疏处的杂株切断根颈，移于较稠密的地方，补放在没有杂株的空隙处，使全部杂株集中后能遮严地面，量出杂株覆盖面积，即可得出覆盖度。一般一个测区测点不少于 5 个。在测定覆盖度时，可记载杂株的名称和株数，以便计算每种杂株出现的频率和密度。

$$频率(\%)=\frac{某种杂株出现的次数}{测点面积}\times 100\%$$

$$密度(株/m^2)=\frac{杂株株数}{测点面积}$$

二、混杂退化的危害

良种混杂和退化，总是表现为植株生长不整齐，成熟不一致，抗逆性减弱，目标性状变劣，失去良种原有的优良特性。例如，禾本科草类植物良种混杂退化表现为植株变矮、穗子变小、每穗结实粒数减少、结实率降低、千粒重减小；豆科草类植物良种混杂退化表现为落花率高、落荚率高、结荚率低、荚粒数少、籽实瘦小、越冬率低等。其危害主要表现在下列几个方面。

1．种子产量降低 混杂退化对产量的影响是显而易见的。低产的杂劣性植株混杂在高产品种中必然造成减产。但 1%的杂株率一般不会引起 1%以上的减产，即使缺株 1%，由于相邻植株扩大营养面积后的补偿，也不会造成 1%的减产。许多研究证实，杂株诱发的大片倒伏引起减产的可能性较大。良种混杂可造成株群成熟不整齐，收获损失也很大。

2．种子品质变劣、草产品质量下降 种子品质包括品种品质和播种品质：前者是指品种的真实性和一致性；后者是指净度、发芽势、发芽率、生活力、千粒重、健康状况等。优良的品种品质和播种品质是良种优良特性得以实现的保证。草类植物良种混杂退化后，其品种品质和播种品质均会变劣，影响其利用价值，给草类植物种子生产造成损失。另外，用混杂退化的草类植物种子播种，会降低大田出苗率、成苗率，易造成缺苗断垄；易造成大田植株生长高矮不一，成熟不整齐，产量降低，草产品质量变劣；使用混杂退化的草坪草种子建坪，会使草坪建植初期呈现斑驳不一、参差不齐的外观，影响草坪的均一性、质地、色泽、密度和盖度，后期会出现秃斑、杂草乘虚而入，影响草坪的耐践踏性和持久性，大大降低草坪的质量，尤其对运动场草坪影响重大。

3．抗性降低 草类植物品种繁多，有抗旱品种、抗寒品种、抗病品种、抗盐碱品种等，如果不同抗性级别的植株混杂在一起就会降低品种抗性。抗病品种中混入感病植株，有可能诱发病害蔓延，加重病害，降低抗性。

第七节 良种混杂退化的原因

良种混杂退化的原因与本书第六章第五节“四、原种混杂原因及预防措施”既有相似之处，也有区别之处。

一、机械混杂

机械混杂是指由于人为因素引起的不同品种乃至不同种之间发生的混杂。这种情况是在种子处理（浸种、拌种）、播种、移苗、补种、收获、脱粒、晾晒、贮藏和运输等过程中出现的。有时因前茬田间自然落粒及施用未腐熟有机肥料夹带异品种种子生长出的植株与当年播种品种植株混杂在一起造成机械混杂。机械混杂是良种混杂的主要原因，它改变了良种的群体组成，使良种纯度直接下降，在良种繁育中应是特别注意的。对于已发生混杂的群体，若不严格进行去杂去劣，就会增大混杂程度，尤其异花授粉草类植物，机械混杂会增加天然杂交机会，从而引起生物学混杂。

二、生物学混杂

良种的生物学混杂是指一个品种的植株接受了其他品种的花粉，发生天然杂交，导致这一品种中混杂了杂种。生物学混杂使后代产生各种性状分离，导致品种出现变异个体，从而破坏了品种的一致性和丰产性。例如，植株的高矮不齐，成熟不一，籽粒形状、颜色多样等。

大多数禾本科草类植物属异花授粉植物，天然杂交率较高。在种子生产田中某些植株与异品种的混杂株、本品种的退化株及邻近种植的其他品种串粉后，其后代性状发生分离重组，产生性状各异的变异株，导致品种混杂。这类变异株与突变株的不同之处在于发生频率高，适应性强，会加速良种的退化速度。天然杂交造成的混杂与各草类植物种的异交率有关，一般自花授粉草类植物异交率在4%以下，常异花授粉草类植物异交率为4%～50%，异花授粉草类植物异交率一般大于50%，因此良种种子田如果不做好隔离，易发生生物学混杂。自花授粉草类植物发生天然杂交的可能性虽然较小，但绝对的自花授粉是不存在的，已经发生机械混杂的自花授粉植物或两个品种种在一起，由于串粉方便，容易发生生物学混杂。白三叶等豆科草类植物均为异花授粉植物，白三叶的花大，色泽鲜艳，开花期长，容易招诱昆虫，因而常常发生天然杂交。在品种布局杂乱的情况下，通过天然杂交不可避免地会引起品种间杂交，从而发生生物学混杂。

由天然杂交所产生的杂交种，一般具有杂种优势，通常表现为种子生活力强，出苗较早，幼苗生长势较强，植株健壮，天然杂交种植株在品种群体中很容易被保留下来，使品种纯度下降，被保留下来的天然杂交种植株，如不加以剔除，与品种典型株所产生的种子进行混收留种，必然使品种群体中杂种植株逐年增加，越来越多，品种混杂就越来越严重。通过天然杂交所产生的杂交种，后代会发生性状分离，又将产生更多更复杂的类型，这样年复一年，恶性循环，其结果必然导致品种混杂退化。机械混杂是造成品种混杂退化的外在因素，而由天然杂交引起的生物学混杂，则是造成品种混杂退化的内在因素。

三、自然变异

绝大多数草类植物都是多倍体植物，在遗传组成上较为复杂，而且许多主要经济性状都为数量性状，受多基因控制，自然变异出现的频率较高，变异性较大，其后代常出现一定的性状分离。此外，由于某些自然条件的诱变作用，如射线（宇宙射线或天然放射性物质）、高温、低温及某些化学物质、代谢产物等，都可能引起基因的突变或染色体的畸变，从而使该基因所控制的性状随之发生变异，产生前所未有的新性状，在品种群体中产生异型株，导致品种混杂退化。

基因发生突变后，突变的性质不同，其突变性状表现的时期也不同，若为正突变，则由显性基因突变为隐性基因，当代不能表现出来，必须经过自交获得了隐性纯合体的基因型才能表现出来；若为反突变，则由隐性基因突变为显性基因，当代即可表现出来。基因突变发生虽然很普遍，但频率很低，一般为 $1\times10^{-8}\sim1\times10^{-5}$，大多数情况属于单基因性状的突变。突变对群体遗传性质的效应，要看是属于非频发突变还是频发突变，前者不产生永久性变化，由于频率太低对品种退化影响不大，后者会发生永久性变化，特别是隐性突变一旦混入就很难消除。非频发突变发生在大群体里成活的机会极小，除非它在选择上的优势极大，由于其频率太低，抽样变量很小，会因抽样而消失，若有选择优势则另当别论。频发突变以其特有频率频频发生，并在大群体时不因抽样变量而消失，故对群体基因型频率改变有效应，例如，无性繁殖草类植物的芽变，如不及时去杂去劣，则杂株、劣株会越来越多，加剧生物学混杂，从而使优良品种失去典型性，造成良种退化。

四、不正确的人工选择

人工选择是良种生产中防杂保纯的重要手段。人工选择与自然选择有许多共同点，也有诸多不同点：自然选择比较单调，而人工选择比较多样化；自然选择只顾当时效应，而人工选择能顾及长远效应；自然选择作用于决定适应生长环境的所有性状，而人工选择着重于某些单独性状；自然选择效果较慢，人工选择效果快捷；自然选择可涉及种间关系，人工选择大多只涉及种内关系；自然选择的结果是适应生物本身的利益，而人工选择的结果是生物适应人类的利益，所以如果某一经济性状不利于生物的适应，则自然选择会抵消人工选择的效果。

正确的人工选择可以保持良种原有的特性。但往往由于事物的复杂性和人们认识的局限性而采用了不正确、不合理的人工选择，没有按照优良品种的各种特征特性进行选择，又没有把非典型的和活力弱的个体加以淘汰，而只是从保持良种的纯度和典型性的角度进行选择，年复一年，杂株、劣株会越来越多，良种的抗逆性和丰产性就会逐渐降低，人为地引起良种的混杂退化。

种子生产中，进行单株选择时，如果选择了一个优势单株，而这个单株是串了粉的杂种，其后代会产生性状分离而导致良种的混杂退化。进行混合选择时，由于掌握良种的特征特性不完全、不准确，只选择大穗的种子混合起来作种用，以后往往会形成高矮、熟期、穗型、叶片大小等性状不整齐的混合系。

五、不良的栽培管理条件

良种的优良性状都是在一定的自然条件下经过人工选择形成的，各个优良性状的表现，都要求有特定的环境条件，如果这些条件得不到满足，良种的优良性状就不能得到充分表现，使良种种性变劣，生活力下降，也会导致退化。另外，良种在同一地区相对一致的栽培条件下长期栽培时，削弱了对变化着的环境条件的适应性，也会造成退化。

六、育成品种的分离重组

自然界的任何生物种群都具有高度的杂合性，以异花授粉为主的草类植物尤其如此。蛋白质电泳分析结果证明，许多植物的杂合位点约占 17%，高等植物若以不低于 1000 个基因位点计，则杂合位点为 170 个，可产生 2^{170} 种配子，这样多的配子所产生的后代，除了一卵双生、无性繁殖外，所有后代个体在基因型上不可能彼此一样，表型大体一致并不意味着基因型的相同，这也就是为什么纯系学说强调纯系内选择无效，而许多人又常在“纯系”内选择有效，从而怀疑纯系学说的原因。

与自花授粉植物相比，异花和常异花授粉植物良种往往保留着更多的剩余变异。所谓剩余变异，指杂合体在自交后代群体中所占的比例。草类植物良种 90%以上都是综合品种，许多性状较多地受非加性基因作用的影响，遗传上杂合性高的材料常在选择上有优势。同时草类植物异花和常异花授粉的特性，不但使选择的个体保留相当的杂合性，而且随着世代的增加，后代群体中新的基因型增加，因此一般情况下良种的退化几乎是不可避免的，尤其对综合品种，退化非常迅速。一般一个草类植物的综合品种在生产上使用 3～5 年后就必须为新的品种所替代。

在一些常异花授粉的草类植物杂交育种过程中，从 F_1 代开始直至新品种的育成，自交纯化过程贯彻始终。由于这类草类植物遗传基础复杂，品种的许多性状受多基因控制，在遗传组成上不可能是完全纯合的，或多或少会继续分离。品种群体内既有基因分离，也有基因重组，因此对一个杂交育成的品种，不管在品种育成过程中自交纯化多少代，也不管在品种育成过程中选择培育多少代，它仍存在相当部分的剩余变异，它总是有一定比例的杂合基因型或某些杂合型个体，在育种过程中因受育种地点生态条件的限制未能表现出来，而以潜伏状态存在，随着栽培面积的增加和范围的扩大，品种所处的生态环境条件变得越来越复杂，可能使某些生态环境条件同剩余变异的杂合基因型相适应而表现，在品种群体中出现杂合体异型株。同理，在育种过程中，有些纯合基因型处于潜伏状态，当具有与该基因型相适应的生态条件时即表现，在品种群体中出现纯合体异型株。这样，就使品种群体发生不同程度的混杂，导致退化。剩余变异及潜伏纯合基因在不同生态条件下的显现是一种自然现象，即使是一个很稳定的品种，在不同地区或在同一地区的不同年份，也常常表现性状上的差异，其原因是生物体的任何性状都是基因型与环境条件相互作用的结果，两者密切联系，缺一不可，但基因型是内因、是根本，环境条件是外因、是条件。如果只有内因，没有相适应的环境条件，就不能表现出某种性状；如果只有环境条件，没有内因，同样不能表现出某种性状。

七、环境条件的影响

草类植物优良品种都是在一定的环境条件下经过长期选择、培育而成，良种每一个性状的发育都需要与其遗传性相适应的环境条件。如果环境条件与良种的遗传性相适应，则良种的优良性状和特性不仅能保持相对稳定，还能充分表现出来。如果环境条件与良种的遗传性不相适应，则良种某些性状和特性就可能不表现或表现得不充分。在异常环境条件影响下，甚至引起良种某些性状发生变异来适应新的环境条件，因而在良种群体中产生变异株，使良种混杂；在草类植物种子生产中，每当一个育成品种被审定登记以后，随着其推广面积的扩大，品种所处的环境条件比育种单位选育的环境条件要复杂得多，因而品种的遗传性在一定程度上难以保持其稳定性，容易发生变异。在自然状态下，植株易朝着有利于自然生存的生物学性状方向发展，而使人类所需的经济性状弱化，导致良种退化。这就是从异地调入的品种在本地比较容易发生退化的原因；在同样的自然条件或同一生产条件下，使用良种时，良种须配良法，栽培管理条件好，良种退化较慢、较轻，而忽视良种配良法，栽培管理条件差，良种退化较快、较重，其原因就在于此。

另外，良种退化并不是由个体基因或基因型、群体基因频率或基因型频率发生变化所致，而是由于外界环境条件变化而引发表型发生了变化。尤其抗病品种，如果外界生理小种发生了变化，抗病品种会失去抗性而发生退化；反之，对某些感病品种，外界生理小种变化还可能使这些品种不感病而呈现出抗性，这些并不是因为良种本身发生了遗传物质的变化，而是外界环境条件变化引起的。

八、遗传基础贫乏

遗传基础贫乏是指良种群体内个体之间的遗传异质性及在生理上的差异变小，因遗传基础贫乏造成的良种退化，主要表现为良种群体适应性下降，导致产量下降。造成遗传基础贫乏的原因主要有两个：一是自交纯化导致生活力降低，适应性下降。常异花授粉的草类植物，虽然有一定的杂交率，但自交仍然是主要的生殖方式，如草地早熟禾这样的异花授粉草类植物，有的品种自交率可达40%以上。二是连续单株选择造成遗传基础贫乏。在品种的提纯复壮工作中，不当的单株选择，如对单株选择一贯采取优中选优，会造成两性细胞间异质性相对减少，或在品种提纯复壮中产生原种的原始群体太小，致使原种群体遗传异质性变小，其结果都使品种的适应性和生活力降低，产量下降。

第八节　良种混杂退化的防治方法

一个草类植物良种在生产上要持续发挥增产作用，必须保持其优良的种性和较高的品种纯度，良种纯度是衡量种子质量最重要的标志。良种一旦发生混杂退化以后，混杂退化的速度会越来越快，混杂率会逐年提高，同时机械混杂引起的天然杂交会使良种纯度迅速下降，严重影响产量和品质。良种混杂退化会降低良种性状的一致性，给栽培管理带来困难。例如，成熟期不同的良种混在一起，种子田里就会出现“老少三辈”的现象，收获早了，成熟晚的还贪青；收获晚了，成熟早的会落粒或掉穗。

防止良种混杂退化的技术措施并不复杂，但要真正做好并不容易，因为涉及良种繁育的各个环节，并须长年坚持。为了做好这项工作，必须要认识良种防杂保纯的重要意义，加强组织领导，建立一支比较稳定的种子生产专业队伍，加强技术培训，积累生产经验。

要防止良种混杂退化，在技术措施上应认真做好以下几个方面。

一、因地制宜做好良种的合理布局和搭配

简化品种是保纯的重要条件之一。目前生产上种植的品种过多，极易引起混杂，良种保纯极为困难。各地应通过试验确定最适合于当地推广的主要品种，合理搭配两三个不同特点的品种，克服“多、乱、杂”现象。在一定时期内应保持品种的相对稳定，品种更换不要过于频繁。

二、建立健全良种的保纯制度

在良种生产、管理和使用过程中，应制订一套必要的防杂保纯制度和措施，切实按照良种繁育的操作规程，从各个环节上杜绝混杂的发生。特别是容易造成种子混杂的几个环节，如浸种、催芽、硬实处理、打破休眠处理、药剂处理等，必须做到不同品种、不同等级的种子分别处理，使用的工具必须清理干净，播种时做到品种无误，盛种工具和播种工具不存留其他异品种种子，收获时要实行单收、单运、单打、单晒、单藏，不同品种的相邻晒场应有隔离设备，晒干和清选的种子，在装袋时内外均要有标签注明品种名称、等级、数量、收种年限，然后登记入库存放。种子仓库的管理人员要严格认真做好管理工作。合理安排良种的田间布局，同一品种实行集中连片种植，避免良种混杂。

三、采用适宜的隔离措施

对于异花授粉及常异花授粉草类植物良种，在繁殖和制种过程中，要特别做好隔离工作，防止相互串粉。隔离也采用空间隔离、时间隔离、自然屏障隔离和高秆作物隔离等措施。良种生产田地块面积一般远大于原种繁育田，其隔离要求较原种繁育要求有区别。良种生产田空间隔离是指隔离区四周一定距离内不能播种同一种草类植物品种。良种生产田空间隔离的距离，要根据草类植物品种花粉传播的远近和对纯度要求的条件来确定。禾本科草类植物依靠风力传播花粉，花粉传送的距离较近，隔离距离为300～500m；豆科草类植物由昆虫传播花粉，传播距离较远，至少应隔离1000m。空间隔离的距离还要考虑良种种子田周围环境和自然条件，周边有大面积栽植同一品种的，隔离距离应远一些；地势高的种子田，低地势处的花粉不易传播上去，距离可适当小一些。种子田生产的良种种子，如作繁殖种子用时，其隔离距离应大一些；如作牧草生产用种，距离可适当缩小。

良种生产田时间隔离是指种植的草类植物品种成熟期不一致，一个品种开花时另一个品种还未开花或已经成熟，从时间上避免天然杂交，或者将种子田四周一定范围内的同一种类不同品种的草类植物刈割收获、推迟或者不让其开花，从而达到时间隔离的目的。

自然屏障隔离是指不同品种草类植物种植在同一区域，但其间有树林、房舍、其他植物种或农作物、河流、丘陵等隔开，天然杂交不易发生。

良种生产田高秆作物隔离是指在草类植物种子田的周围（150～200m）种植高秆作物，也可种植与种子田相同的品种或品系，但播种种子的品种纯度不得低于种子田的种子。如果种子田的面积比较小，可设置在高秆作物的大田中，品种之间密植高秆作物，如高粱、玉米、苏丹草等，可防止串粉。

四、去杂去劣

去杂是指去掉良种生产田非本品种的植株和穗、粒，其中包括其他品种和一般栽培技术措施不易消除的其他植物和杂草，以及天然杂交的杂种后代。

去劣是指去掉良种生产田感染病虫害、发育不良、显著退化的植株和穗、粒。

去杂去劣是良种生产田提高种子纯度和性状整齐度不可缺少的有效措施。去杂去劣工作要年年做，在植物生育的不同时期分次进行，特别要在良种性状表现明显的时期进行。禾本科草类植物一般在成熟期进行。对种子田应进行田间调查并认真做好去杂去劣工作，消除病株和杂草。种子田收获时期遇有混杂特别严重、难以去除的地段，可先行收获不作种用。对于自花授粉的草类植物，如天蓝紫花苜蓿、波斯三叶、地三叶等，也要重视去杂去劣。不同草类植物用来鉴别品种的性状并不相同，例如，禾本科草类植物一般根据成熟早晚、株高、穗型、小穗紧密度、颖色、芒的有无和长短等性状进行去杂。豆科草类植物如白三叶，最好分三次进行：第一次在幼苗期，可结合间苗，根据幼苗的表现、叶面“V”形白斑的有无进行去杂；第二次在开花期，根据花色、叶形等鉴别；第三次在成熟期，根据成熟早晚、株高、株型、结荚习性、荚的形态和成熟色等性状鉴别。

五、改变生长条件，提高良种种性

长期在同一地区相对一致的生态条件或栽培条件下生长，某些不利因素对种性经常发生影响时，良种也可能发生劣变。这时用改变生长条件的办法就有可能使种性获得复壮，保持良好的生活力。改变生长条件可通过改变植物播种期和异地换种两种办法来实现。改变播种期，使草类植物良种在不同的季节生长发育，是改变生长条件的方法之一。实践证明，定期从生态条件不同但差异又不很明显的地区交换同品种的种子，有一定的增产效果，也是改变生长条件进行良种复壮的一种方法。

六、加强人工选择

良种应用于生产之后，由于各种原因容易发生变异与混杂，特别是以异花授粉为主的草类植物良种，由于天然异交率很高，变异更加迅速。所以在良种繁育过程中必须加强人工选择，留好淘劣。在选择时既要注意品种的典型性，也要考虑植株的生活力和产量。加强人工选择不仅可以起到去杂去劣的作用，还有巩固和积累优良性状的效果，对良种提纯有显著的作用。在良种繁育上，经常采用的人工选择方法有片选（块选）法、株（穗）选择法和分系比较法等。

1. 片选（块选）法 在田间选择生长良好、纯度较好的片区或地块，严格进行去杂去劣，这一工作至少要进行两次，即抽穗期，根据原品种的株高、抽穗迟早、穗部性状特征拔除杂株；成熟期，即收获前70%～80%黄熟时，根据品种的株高、成熟迟早、颖壳颜色、芒的有无及长短等性状进行第二次去杂去劣工作，因为品种的一些主要性状，如株型、株高、穗型、成熟早晚、抗性强弱等，容易在这一时期明显地表现出来，易于鉴别。此外，在收获时要防止混杂，严格执行单收、单运、单打、单晒、单藏的制度。

2. 株（穗）选择法 选择具有原品种典型特征特性的单株（穗），进行混合脱粒，作为生产用种，也叫混合选种。进行株（穗）选时，应熟知原品种性状，进行严格选择。此法简单易行，若能连续采用，也能收到较好的效果。因为当选的都是表现优良的本品种的植株，如果对现有品种连年进行混合选种，不断从纯群体中选优，就能起到提高品种纯度和改良品种种性的作用。混合选种应在草类植物成熟时，在田间进行，因为这时草类植物的很多性状，如品种特征、植株的生育状况、抗病性、抗倒伏性及有关产量的性状表现得比较明显，能够把本品种的优良植株选择出来。同时，在收获前选种，选出的种子还有较长的时间进行晾晒，容易使种子达到充分干燥的程度。禾本科草类植物一般的选种标准：一是具有本品种的典型性状；二是穗大粒多，籽粒饱满；三是霜前能充分成熟，全穗成熟比较一致；四是植株生育健壮，不倒伏，没有病害。

混合选种时，应注意以下几点：①田间选种应根据综合优良性状和同一选种标准进行选择，避免只选大穗。大穗固然是优良植株的重要标志，但不注意品种的典型性和其他性状，则品种纯度和性状的整齐性就有可能下降。混合选种的目的是提纯复壮，一定要在选纯的基础上选优。②要避免在粪堆底子、边行或植株密度过稀的地方选种，这些地方的植株由于肥料效应、边际效应、营养面积效应等，生长发育较好，容易选入一些暂时表现好但种性并不稳定的植株。

3. 分系比较法 分系比较法是选择优良单株（穗），下年建立株（穗）行圃，选出优行，分别脱粒，种成株（穗）系圃（小区），再次比较，选出优系，混合脱粒，种成原种圃生产原种，经繁殖后作为大田生产用种。此法由于选出单株（穗）及其后代经过系统比较鉴定，多次进行田间选择和室内考种，所以获得的种子质量好，纯度高，效果比较显著。

室内考种通过分析草类植物经济性状，测定单株生产力，为选育良种提供基本数据。它是继田间选择之后必须进行的重要工作，要对田间选出的优良单株进行系统考察。室内考种首先要在田间取样，样本必须具有充分的代表性。样本应在草类植物成熟后在田间连根挖取。样本数目视实验研究的性质、面积大小和植株生长的整齐度而定，一般不少于20株，多可至30～50株。样本挖好后抖去泥土，捆成样束，挂标签。标签上写明品种名称、重复小区及样点号码等。样本带回室内风干，逐一进行考种。顺序是先量株高、全株称重，然后根据考种项目分段剪下植株各部分，按顺序排在考种台上，进行测定并列表记载（表7-5）。

表7-5　禾本科草类植物室内考种记录表

株号	植株			分蘖		穗部						芒		
	株高/cm	茎粗/cm	节间长/cm	总分蘖数	有效分蘖数	穗长/cm	全穗轮数	全穗侧枝数	全穗小穗数	全穗籽粒数	穗型	芒长/cm	颜色	芒尖形状
1														
2														
3														
4														
5														
6														
…														
总计														
平均														

株号	籽粒						生产率				
	颜色	千粒重（带壳）/%	千粒重（去壳）/%	谷壳率/%	整齐度	饱满度	单株干重/g	单株地上部分重/g	单株籽粒重/g	籽粒生产率/%	茎叶生产率/%
1											
2											
3											
4											
5											
6											
…											
总计											
平均											

禾本科草类植物的株高一般由基部（分蘖节下）量至穗顶部（不包括芒）；节间长和茎粗以茎的基部2～3节的节间长和直径为准；分蘖数包括主茎在内的全部茎秆数目，其中又可分为有效分蘖和无效分蘖，有效分蘖是指能够结实的分蘖，无效分蘖是指未抽穗或抽穗不结实的分蘖。禾本科草类植物的穗型大多为圆锥花序，一般有收缩型、半收缩型、周散型、疏

型、下垂型等。穗长以主穗长为准，从穗节（颈）量至穗顶部（不包括芒）。每花序轮数是指花序每节轮生（或侧生）的数个穗枝梗，全穗侧枝数是全穗着生小穗的侧枝数，小穗数是指主穗的全部小穗数量，每穗粒数是指主穗的全部籽粒数；芒的颜色、芒长、芒尖形状都要记载。测定千粒重时，将脱粒的种子全部混匀，随机数出100粒称重，重复3次，再剥去颖壳，测定去壳籽粒的千粒重，然后求出谷壳率。

$$谷壳率(\%)=\frac{带壳千粒重-去壳千粒重}{带壳千粒重}\times 100\%$$

计算单株生产率时，风干后的整个单株，包括主茎和分蘖，也包括根、茎、叶和穗的总重量，即单株干重。主茎及有效分蘖枝所有穗子的全部籽粒重量为单株籽粒重，单株籽粒重以外的全部地上部分重量为单株茎秆重。用单株籽粒重除以单株干重，即单株生产率。籽粒生产率为单株籽粒重占全株地上部分干物质重量的百分率。茎叶生产率是单株茎叶重占全株地上部分干物质重的百分率。

$$籽粒生产率(\%)=\frac{单株籽粒重}{不带根的全株干重}\times 100\%$$

$$茎叶生产率(\%)=\frac{单株茎叶重}{不带根的全株干重}\times 100\%$$

第九节　不同授粉方式草类植物的良种繁育

一、自花授粉草类植物的良种繁育

自花授粉草类植物是指同一朵花内的雌雄配子结合产生的个体，花为两性花，雌雄同熟，花器保护严密，其他花粉不易进入，开花时间较短，能进行闭花授粉，雌雄蕊的长度相仿或雄蕊较长、雌蕊较短，利于自交。多在夜间或清晨开花。这类草类植物主要有块茎燕麦草、波斯三叶草、地三叶草、天蓝紫花苜蓿等。因为两性细胞来源于同一个个体，产生同质结合（基因型）的结合子，群体内个体间外观上（表现型）比较相似，遗传特点趋于纯合系，并具有自交不退化或退化缓慢的特点，异交率一般不超过4%，因此自花授粉草类植物的制种，通过人工选择清除异交的分离后代和变异株后，就可获得保纯繁殖的种子。但自花授粉植物随着自交代数的增加，由于隐性基因纯合化而产生的表型性状中，会出现不利的性状而降低草类植物的经济价值，偶尔也会出现有利的性状，前者属淘汰的范围，后者经选择即成为改良系统。所以制种本身就是人工选择，其结果是原种得以保纯甚至得到某些改良。

自花授粉草类植物因其天然异交率很低，群体中个体的基因型基本是纯合的，在表现型和基因型上相对一致。因此，良种繁育不需要采取隔离措施，杂劣株在外观上较易区分，只要对当选的本品种单株（穗）进行一次比较，淘汰杂劣株后混合为原种，易于达到提纯的目的。对这类草类植物的良种生产，多采用二圃制法，也可采用三圃制法。另外，片选法、穗选法对生产用种质量提高也是有效的。当良种混杂退化现象较严重时，用上述方法在短期内不易见效时，可采用二圃制的穗行提纯生产原种。具体做法：①选择单株（穗）。在植物抽穗或成熟期间，从确定所选品种的种子田或大田中，按原品种的主要特征特性，如株高、穗型、穗色、抗病虫害能力、成熟期等，选取一定数量的单株（穗），选择数量可根据人力、物力及选择水平等条件而定，一个品种可选几百株（穗）或上千株（穗），按株（穗）分别进行脱粒，室内进行复选。注意考查籽粒性状，如粒型、粒色、品质等是否与原品种相符合，不符合者一律淘汰，符合者按单株（穗）分别装入纸袋并编号，晒干后单藏，作为下一季株（穗）行或株系播种材料。②株（穗）行鉴定。将上年入选的单株或单穗，按行分别播种，每单株可根据种子量多少，种植1～3行，这些植株属于同一株的后代，称为株系。每单穗播种一行，叫作穗行。为了便于观察比较，每隔几个株系或穗行，种植本品种的原种作对照。各株系或穗行都要按顺序统一编号，以便田间观察记载。在不同生育阶段，按照对照行原种所表现的特点，对杂劣株系或穗行作标记，如发现个别突出优良的变异株（系）行，可作为选育新品种的材料，另行处理。成熟时把淘汰的株（穗）行先收，余下的当选株（穗）行混收混脱，即成原种。株（穗）行比较鉴定是采用二圃制提纯良种的关键。自花授粉草类植物良种生产程序见图7-4。

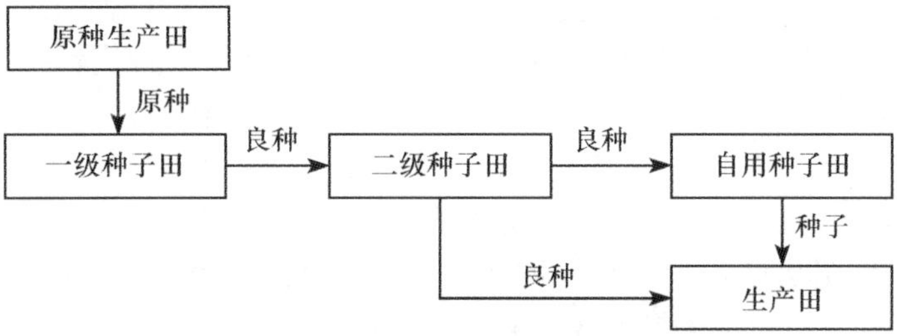

图7-4 自花授粉草类植物良种生产程序

二、异花授粉草类植物的良种繁育

异花授粉草类植物是由来源不同、遗传性不同的两性细胞结合而产生异质结合子所繁衍的后代，不仅同一群体内包含许多不同基因型的个体，个体间的基因型和表现型均不一致，而且每个个体在遗传上是高度杂合的。绝大部分草类植物都属于异花授粉植物，异交率在50%以上，借助风力或昆虫完成授粉，如紫花苜蓿、多年生黑麦草、草地早熟禾、高羊茅、狗牙根、三叶草、百脉根等。异花授粉草类植物制种时，首先要设置隔离区防止串粉，禾本科草类植物隔离距离为300～500m，豆科草类植物隔离距离为1000～1200m。制种田的人工选择要注意与品种特性有关的基因为纯合状态，其余大量基因应尽可能处于杂合状态，以免丧失杂种优势。当一个品种在防止串粉的隔离条件下制种时，会导致大量等位基因纯合化。要克服这一点，除注意特定性状外，应尽量防止群体的均一化或同质化，适当增加异质性，对制种群体的亲本进行必要的挑选配置。

杂种种子生产是复杂的生产系统，这包括杂种组合亲本系的繁殖和杂交制种、隔离区设置、繁殖田和制种田的管理及杂种种子的加工等多个生产环节。特别是杂交制种田，由于所用亲本基因型差异较大，对温度、光照和土地条件的反应各有不同，需要一整套的栽培管理技术。

三、杂交种种子生产

1．选择杂交优势组合 所谓杂交优势组合就是杂交组合的 F_1 杂种具有较高的杂种优势，一般采用平均优势、超亲优势和超标优势来表示。平均优势指杂种超过双亲平均水平的百分数；超亲优势指杂种超过较好亲本的百分数；超标优势指杂种超过对照品种的百分数。杂交种必须有明显的增产作用，才能在生产上推广利用，才能补偿因杂交制种带来的麻烦和经济负担。

具有杂种优势的杂种，绝不是在所有性状上都有优势，而常常是某些性状上表现出优势，而另一些性状没有优势，如粮谷类作物的杂交种常常具有产量优势，但籽粒中的蛋白质含量、赖氨酸含量就没有优势，甚至表现出负优势。在生产上具有推广价值的杂交优势组合，则必须综合性状良好，没有突出缺点，而在主要育种目标性状上具有明显的超标优势。

2．母本去雄 草类植物基本上都是雌雄同株，在利用杂种优势时必须解决杂交制种时母本的去雄问题。有了适当的母本去雄方法，才可以大规模配制杂交种子，所以母本去雄是利用杂种优势的一大难关。至今，还有许多草类植物杂种优势未在生产上利用，其主要原因就是没有简单易行的母本去雄方法。因此，母本去雄方法是杂种优势利用的首要问题。目前，母本去雄方法主要有人工去雄法、化学去雄法和利用不育系等。

人工去雄在玉米等作物制种上应用非常广泛，但草类植物几乎全是两性花，雄雌同花，花器细小（尤其是禾本科植物），人工去雄费时费力，田间不易操作，因此在种子生产中很少采用。但多年生草类植物具有无性繁殖特性，一旦育种中获得杂种优势强的杂种，即可通过无性繁殖的方法扩大群体，直接应用于生产，而且杂种优势可保持多年，不需要年年制种。

化学去雄法是选择对雌雄配子具有选择性杀伤作用的化学药剂，在孕穗期雄配子对药剂反应最敏感的时期喷施，就可以杀死或杀伤雄性配子，使花粉不育或失去竞争授粉能力，有的药剂可以有效地阻止散粉而不伤及叶子，不影响穗粒发育。例如，小麦用杀雄剂有青鲜素（又称 MH，顺丁烯二酸联氨）、FW450（又称二三二，即 2,3-二氯异丁酸钠盐）、乙烯利（二氯乙基磷酸）、DPX3778（胺盐），DPX3778 对玉米杀雄效果也很好，棉花用杀雄剂为二氯丙酸，水稻用杀雄剂为稻脚青（20%的甲基砷酸锌）等，草类植物杂交制种上杀雄剂应用较少。据报道，美国 Monsato 公司生产的化学杀雄剂 GENESIS 对早熟禾杀雄效果较好。目前杀雄剂在实际应用中存在的突出问题是对雌蕊也有伤害作用，或彻底杀雄会导致种子产量的降低。

一般情况下，杀雄剂对喷施时间要求比较严格，有时因风雨天气而不能及时喷施影响杀雄效果，或喷施后遇雨也影响杀雄效果，需要补喷。药剂一般需喷施两次，增加制种成本，不同杂交组合对药剂施用的反应也有差异，更换杂交组合前必须做好预备试验。

雄性不育分为环境条件不适宜或生理失调引起的非遗传性不育和由细胞质及核内基因所控制的可遗传的不育，表现为雄蕊不育、无花粉或花粉败育、功能不全、部位不育等。制种时经常利用的是细胞质基因控制或细胞核基因控制或核质互作等可遗传的雄性不育。通常把具有雄性不育特性的品种和自交系称为雄性不育系。不育系植株的雄性器官不能正常发育，没有花粉或花粉败育，但其雌蕊发育正常，能接受外来花粉并受精结实，因此不育系往往是杂交制种的母本材料。由于不育系本身花粉不育，需要一个正常可育的品种或自交系给它授粉，使其后代仍保持雄性不育的特性，这个能给不育系授粉杂交并使不育系后代仍保持雄性不育特性的品种或自交系叫保持系。保持系是杂交制种不断繁殖获得不育系的前提。用一些正常可育的品种或自交系的花粉给不育系授粉后，F_1代的育性恢复，能正常结实，这样的品种或品系即恢复系，是杂交制种的父本材料，它往往具有母本或某一栽培品种所不具备的一些特殊优异性状，如抗病性等。

制种时，需要种植两块种子田：一块是雄性不育系繁殖田；另一块是杂交种制种田。不育系繁殖田即间隔种植雄性不育系和保持系，从不育系行上收获的种子仍然是不育系，除供应下一年不育系繁殖田用种外，其余用于制种田。而保持系行上自交收获的种子仍为保持系，继续供应下一年不育系繁殖田种植保持系用。杂交种制种田即间隔种植雄性不育系和恢复系，从不育系行上收获的种子即杂种种子，下一年供应生产田用种子，而恢复系行自交收获的种子仍为恢复系，继续为下一年杂交种制种田播种恢复系用。如此三系两田配套，便可源源不断地生产杂交种种子（图 7-5）。

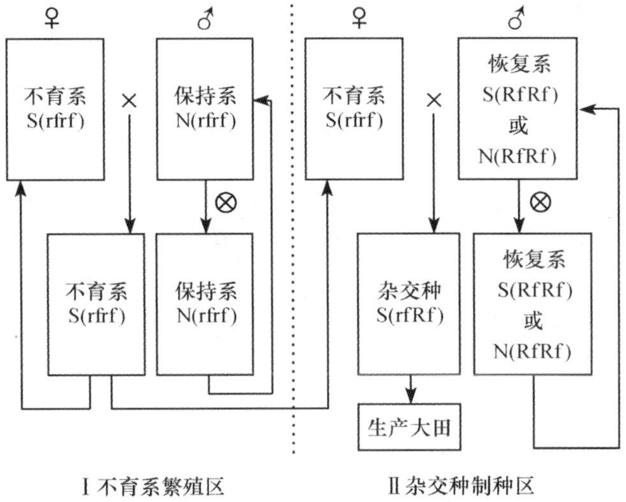

图 7-5 应用核质互作型不育系配制生产杂交种示意图

另外，还可利用自交不亲和系制种。自交不亲和现象指雌雄蕊花器在形态、功能及发育上都完全正常，雄蕊也能正常授粉，但同一株系的花粉在本株系的柱头上不结实或结实很少。在生产杂种种子时，用自交不亲和系作母本，以另一个交配亲和的品种或品系作父本，即可省去人工去雄的麻烦。如果亲本均为自交不亲和系，就可以互为父母本，从两个亲本上采收杂种种子，从而提高制种效率。自交不亲和在禾本科和豆科草类植物中是比较常见的，紫花苜蓿、三叶草、黑麦草、冰草等均存在自交不亲和现象。

3．父本传粉　在杂交制种中，当母本开花时，父本应该供应数量充分而具有授粉能力的花粉。对于异花授粉和常异花授粉草类植物来说，由于长期自然选择的作用，花器结构和开花习性都是适用于向外散粉的，且花粉量多，花粉寿命长。但自花授粉植物就不同了，不仅花粉量少，而且飞飘距离有限，有的甚至闭花受精，这样就很不利于杂交制种。因此，自花授粉草类植物在利用杂种优势确定父本时，对其传粉特点要注意选择。父本散粉量少，势必缩小制种田母本与父本行比，增加父本行，因而减少了杂交制种田的杂种种子产量，提高了杂交制种成本。

4．杂种种子生产技术　一般用每公顷所生产的杂种种子量与生产田种植杂种每公顷所需要的种子量之比来衡量杂种种子生产成本的高低，比值越大，生产杂种种子的经济可行性越大。为确保杂种种子质量和确保降低杂种种子生产成本，必须利用经济有效的生产技术，这是生产上利用杂种优势的前提条件。杂种种子生产技术主要包括隔离区设置、父母本间种行比、调节播期、田间去杂、母本去雄、父母本分别收获和种子加工等。为了源源不断地满足生产上所需要的杂种种子，必须制定合理的种子田系统，即要按比例安排亲本繁殖田和杂交制种田面积，以免比例失调影响配套繁殖和造成浪费。根据生产上该草种的种植面积、单位面积用种量、亲本单位面积产量和种子田行比等制定适宜的种子田面积。

$$\text{杂交制种田面积}(\text{hm}^2)=\frac{\text{生产田计划播种面积}\times\text{每公顷用种量}}{\text{制种田单位面积计划产量}\times\text{母本所占比例}\times\text{种子选留合格率}(\%)}$$

$$亲本繁殖田面积（hm^2）=\frac{杂交制种田面积×亲本行比×每公顷用种量}{亲本单位面积计划产量×种子选留合格率（\%）}$$

（1）雄性不育系繁殖田播种　不管是亲本繁殖田还是杂交制种田，都要种植在隔离区内，以免相同草种的其他品种或品系的花粉参与授精，造成生物学混杂。另外，雄性不育系繁殖田的两系（不育系和保持系）和杂交制种田的双亲，都要按一定行数比例相间种植。确定行比的原则是确保在母本开花时有足够的父本花粉供应，并尽可能增加母本行。母本行比大小直接关系种子田单位面积产量的高低和生产成本，当然，父本行比太小，花粉量不足，母本不能充分结实，单位面积产量也会下降。另外，雄性不育系、保持系和恢复系常常因基因型差异大，存在花期不遇或生长发育进程不同的现象，因此，在雄性不育系繁殖田和杂交制种田，经常要对父母本采取不同的播种期调整，以便达到母本盛花、父本初花的最佳花期相遇机会。调节亲本播期有两条基本原则：一是"宁可母本等父本，不可父本等母本"，就是在种子田里可以让母本先开花几天，等待父本随后开花；不可父本先开花几天以后母本再开花。这是因为雌蕊寿命长而固定着生于一处，花粉寿命短且一边开花一边飘散。例如，草地早熟禾的雌蕊在开花后接受花粉的能力可维持一周左右，而开花后飞散在田间花粉仅在几小时内具有授精能力。二是将母本安排在最适宜的播期，然后调节父本播期。确保母本正常生长发育，使种子田有较高的产量，因为种子田的种子产量是由母本产量决定的。

（2）雄性不育系繁殖田管理　雄性不育亲本繁殖田通过调节播期，一般能达到花期相遇，但在杂交制种田里情形则不同。虽然根据亲本特性调节了播期，但在气候比较异常的年份，如干旱或低温年份，因亲本生物学特性差异比较大，对变化的环境条件反应不一，仍然可能出现父母本花期不遇问题。在这种情况下，就应该进行花期预测，发现父母本花期相遇有问题时，及早采取花期调节措施。如果制种田花期不遇已成定局，可采用人工辅助授粉。另外，还需要及时拔杂去劣。从雄性不育系繁殖田中的不育系行中除去保持系植株应视为除杂的重点和难点。这是因为不育系行中存在保持系植株，如不除去，自交结实后被收获到不育系的种子中，下一年随不育系种子种植到杂交制种田里，在不育系行里就增加了保持系植株，它不仅自交结实，还给周围的不育株授粉，接受了它的花粉就不能与杂交制种田的父本产生杂种种子，于是在下一年生产田中除了杂种植株外，还有相当多的不育系和保持系植株，这些植株没有杂种优势，会降低生产田的产量。种子收获以后也要严防混杂，特别是雄性不育系繁殖田的不育系种子、保持系种子和杂交制种田生产的杂种种子，从表面看是完全一样的，如果不注意，很容易造成混淆。所以，收获、脱粒、贮藏、运输过程中要做好标记，严格分开。

（3）不同亲本数目的杂交种制种田设置　杂种种子因包括的亲本数目和杂交的次数不同，可以分为单交种、双交种、三交种、综合品种等：①两个基因型不同的亲本系或品种之间杂交组成单交种，其基因型一致且有强大的杂种优势，加之单交所涉及的亲本少，亲本繁殖和杂交制种都比较方便，设置一个亲本繁殖隔离区和一个单交种制种隔离区。②两个单交种之间杂交产生双交种，包括四个亲本自交系。亲本繁殖隔离区和单交种制种隔离区设置同第①条，再设置一个双交种制种隔离区。③三交种是指一个母本单交种和一个自交系间杂交，包括三个亲本自交系，生产上至少需要三块隔离区：一块繁殖母本自交系；一块用于配制单交种；一块用于配制三交种。④综合品种是指由两个以上的自交系或无性系杂交、混合或混植育成的品种，一个综合品种就是一个小范围内随机授粉的杂合体，制种田仅设置一个隔离区即可。

综合品种亲本材料的选择与应用对品种的表现具有重要意义。一般应根据农艺性状的表现及配合力的高低对参与综合品种的亲本材料进行严格选择，这也是利用杂种优势的一种方法，通过天然授粉保持其典型性和一定程度的杂种优势。它的特点是亲本数多，少则2个，多则可达几十个，一般使用的亲本数为 2～10 个，而且繁殖世代有限，一般只能繁殖 2～5 代。对于那些杂交控制难以培育杂种的物种，如自交不亲和、自交不育等，纯系培育比较困难，只能借助兄妹交或其他有限的近交方式，杂种品种培育难度较大，培育综合品种较好；若为多倍体（如三叶草、早熟禾等），即使它们可以自交，且自交可育，但配子纯合速度很慢，杂种品种的培育需要时间较长，培育综合品种较好。

另外，拟培育品种的纯合性不属主要育种目标，又要利用物种中的杂种优势，或商用品种种子售价较低，杂种品种的培育得不偿失，或在某一物种最初的改良阶段，需将所改良的品种尽快应用于生产，这些情况下综合品种的培育更具特殊意义。在大多数发展中国家，综合品种的培育已成为育种工作的一个重要组成部分，它能弥补其在育种技术上的相对差距，简化种子生产的繁殖制度，使生产上利用的品种尽可能适应各种不利的环境条件，促进草业发展。

四、常异花授粉草类植物的良种繁育

常异花授粉草类植物以自花授粉为主，异花授粉为辅，其主要性状多处于同质结合，异交率在4%～50%，强迫自交时，大多数不表现明显的自交不亲和现象。常异花授粉草类植物的制种应与异花授粉草类植物相似，同时要设置隔离，防止发生生物学混杂。

第十节 商品种子的分级繁育和世代更新

隔离和选择是保证品种纯度和种子质量的基本措施，是种子生产的两大法宝。为了做到可靠的隔离和严格的选择，防止品种在生产推广过程中混杂退化，商品种子生产要采用分级繁育和世代更新制度。

一、分级繁育

一级繁育制是指每年只繁育一种等级的种子，下一年用这份种子进行商品生产，继续繁殖也用这份种子。一级繁育制又可分为两种方式，即一级种子零级圃地制和一级种子一级圃地制。前者不设专门的种子繁殖田，在生产田里留种，只生产用种一级，生产的种子不分级。后者设立一级种子繁殖田，也只生产用种一级，但生产田与种子田分离，下年生产田和种子田的种子都来源于上一年种子田。由于种子田的面积远比生产田小，既便于精耕细作，又便于隔离选择，是种子生产上的一大进步，要比在生产田里留种好得多。大田生产与种子田生产的要求不同，种子田生产要隔离，要去杂去劣，而在生产田中去杂去劣则影响产量，生产田与种子田分开，自然就解决了与生产田的矛盾。但一级种子田要直接供应生产田的种子，有时面积也嫌过大，管理不易，如果不实行进一步的分级繁育，仍不易有效地防止混杂退化，所以进一步的发展是采取分级繁育制。

分级繁育制就是将种子分为两个或两个以上的等级，如繁殖用种和生产用种两级。由于繁殖用种（种子田用种子）每年需要量较少，就可保证各项防止混杂退化的技术措施得以认真贯彻严格执行，从而能有效地防止混杂退化。在分级繁育制中最简单的是二级种子（繁殖用种和生产用种）一级圃地制（一级种子繁殖田），即在种子田内选择最纯植株作为繁殖用种，播种于下一年种子田，而种子田内其余大量植株，经去杂去劣后作生产用种。与一级种子一级圃地制的程序基本相同，不同之处是把种子分成繁殖用种与生产用种，繁殖用种是由种子

田精选得到的。还可把繁殖用种再分成两级，即原种和原种一代，由原种一代繁殖出来的原种二代作为生产用种，也就是采用三级种子（原种、原种一代、原种二代）二级圃地（一级种子田和二级种子田）繁育制度。

在分级繁育制度中，世代越早的种子数量越少，因而易于防杂保纯，这是分级繁育的优点和原因。但分级繁育时各级圃地相互联系制约，每年必须有各级圃地配套生产，获得各代种子，增加了种子生产过程的复杂性，所以分级过多也不切合实际。究竟应采用哪种繁育制度，可据各种草类植物的繁殖倍数、防杂保纯的难易、种子用量和实际生产条件而定。建立专业化的种子生产基地，实行大规模种子生产，有利于简化繁育制度。

二、世代更新

《中华人民共和国种子管理条例》（1991）规定“农作物良种生产实行定期更新制度”。良种的定期更新制度是指常规种子及杂交种的亲本，在生产上推广应用之后，经过几年或几个世代的繁殖和栽培，常发生混杂退化的现象，要用同一品种的原种进行更新，繁殖出种性好、纯度高、品质优良的种子，定期更换生产上已经混杂退化的同一品种的种子。

原种更新的世代数是就原种使用年限而言的，《中华人民共和国种子管理条例》没有明确规定更新的具体世代，但根据我国对原种使用世代的研究、当前种子生产的实际情况及国外经验，使用到原种三代（美国）或四代（加拿大）就要更新，即生产用种的最低代数为原种三代或原种四代。

国际作物改良协会将纯种（即我国通称的常规种子）分为四级：育种家种子（breeders seed）、基础种子（foundation seed）、登记种子（registered seed）、检验种子（certified seed）。①育种家种子又称原原种、核心种，即育种单位或育种家育成新品种时的核心种子，其长成的植株代表该品种的典型性状和固有的特征特性，一般由育种单位或育种家保存和繁殖。②基础种子又称原种、基础种，即育种家种子繁殖而来的纯良种子，几乎完全保持了该品种特定的遗传一致性和纯度。一般由良种繁育基地或国家农业试验站、良种繁殖场组织生产，采用三年三圃制（选择优株、分株比较、株系比较、混系繁殖）或二年二圃制（选择优株、分株比较、混系繁殖）繁殖原种。③登记种子也叫注册种子，由原种扩繁而来，一般由草类植物种子公司、良种繁殖场、种子生产专业农场承担，多采用混合选择法或片选法进行生产。④检验种子又叫合格种子、商品种子，由登记种子扩繁而来，一般由种子生产专业场生产，需经种子审定部门进行田间检验和实验室检验合格方能流通，按其播种品质又可分为一级、二级、三级和等外品。各国根据具体情况实行四级种子制或由基础原种直接生产合格种子的三级种子制。美国实行国际标准，加拿大在育种家种子和基础种子间多了一级精选种子，他们的品种更新制度是以育种家种子定期更新繁殖生产用种，最低级种子为检验种子作为生产用种，检验种子的下一代则不许作生产用种。

由此可见，国外的种子更新制度在限定世代的基础上进行。它的含义是经过一代繁殖只能生产较低一级的种子，如登记种子只可以生产检验种子，因此从育种家种子开始只可繁殖四个世代以保持品种的遗传纯度。

种植者有权繁殖自用种子，特别是自交植物的种子。种植者繁殖自用种子，一旦达到检验种子这一级别，以后世代就不能再作生产用种。许多种植者每年安排少量的登记种子或检验种子生产自用种子。在保持高水平的遗传纯度时，允许农民繁殖一到两个世代的自用种子。由此可见，国外的种子生产世代更新制度是十分严格的。

三、保纯繁殖生产和循环选择生产

当今各国均采用分级繁育和世代更新制度，但有两种不同的技术路线：一种是西方国家采用的“保纯繁殖”，其基本思想是保持品种的种性和纯度；另一种是我国常用的“循环选择”也称“提纯复壮”，其指导思想是保持品种纯度和提高种性。这两种技术路线的产生具有不同的遗传理论基础和生产力发展水平。

1．保纯繁殖 保纯繁殖是指从育种家种子开始繁殖到生产用种子，下一轮的种子生产依然重复相同的繁殖过程。采用这种技术路线，基础种子由专设的繁育单位生产。美国有专门的基础种子公司，登记种子和检验种子由各家种子公司隶属的种子农场生产，生产用种绝大部分由种子公司供应。目前美国有600多家大、中、小型种子公司及其代销点，遍布全国。其中仅先锋种子公司供种就占约35%，登记种和检验种都只繁殖一次供下一步使用。保纯繁殖就是尽量保持品种原有的优良种性和纯度，把引起品种混杂退化的因素减小到最低程度。种子公司所属的专业化种子农场有严格的防杂保纯措施和种子检验制度，拥有大型的种子加工厂及充分的贮运能力，尽可能杜绝机械混杂和生物学混杂。每一轮种子生产总是从育种家种子开始，最多经四代繁殖即告终止。由于繁殖世代少，即使有利突变也难在群体中存留，自然选择的影响也微乎其微，不进行人工选择，也不进行小样本留种。所以品种的优良种性可以长期保持，种子的纯度也有充分保证。保纯繁殖生产是在品种区域化、生产专业化、加工机械化、质量标准化和经营商品化的条件下形成的，它要求良好的技术设备条件，并要有充分的贮运能力。

2．循环选择 当前，我国草类植物种子生产还处于初级阶段，许多方面还尚未健全，但可以参照农作物种子生产方面的经验。我国的农作物种子生产采用循环选择路线，这是从20世纪50年代初采用苏联的提纯复壮演变而来，已逐步抛弃产生之初强调有机体与环境的统一、环境变异可以遗传、选择总是有效、优良环境条件可以提高种性（遗传性）等理论认识，以及品种内杂交保持优势等，逐步形成以选择为主要措施的循环选择繁殖程序(图7-6)。

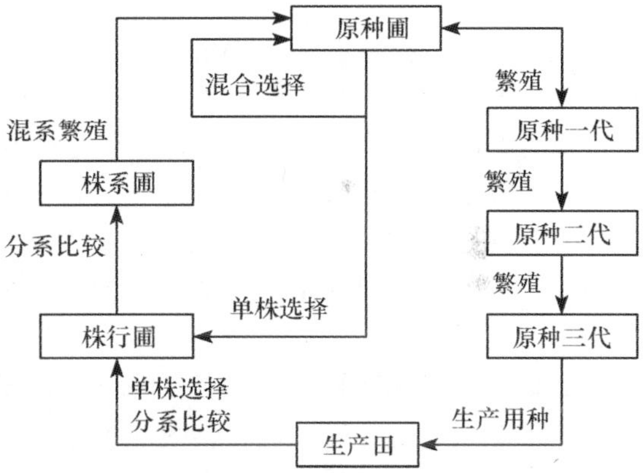

图7-6 循环选择繁殖程序

循环选择繁殖包括两大部分：一部分是原种生产；另一部分是原种繁殖。与保纯繁殖相比，育种单位没有保存原种的任务，原种生产分散在各地原种场，任何人只要按照二圃制或三圃制生产原种，并获得符合原种各项指标的种子都可视为原种。每一轮原种生产都是从群体中选择单株开始，采用改良混合选择法，其优点在于加入了一两代后代鉴定（株行圃或株行圃和株系圃）。后代鉴定是从理论上认识到区分环境变异和遗传变异的重要性之后，在实践上的一大进步。理论上可以采用混合选择法用原种生产原种。

讨论题

1. 简述草类植物种子良种繁育过程中品种混杂的原因及对策。
2. 请阐述商品种子的分级繁育制度

第八章 草类植物种子生产的农业技术措施

第一节 草类植物种子田的选择布局及土壤耕作

随着我国社会经济和草地畜牧业的不断发展，尤其是草原生态修复、饲草产业化的快速发展，依靠天然草原饲养家畜这一传统草原畜牧业生产经营方式已经不能适应现代草业发展的要求。以大规模天然草地改良、优质饲草人工草地建设和草捆、草颗粒、草粉等草产品生产为代表的新型草业生产已经成为草业经济新的增长点。草种业目前已成为现代草产业发展的瓶颈之一，尤其是国产新品种的种子缺乏、种子供需矛盾的加剧严重影响了草地建设和饲草生产。因此，重视草类植物种子生产，挖掘和提高优良品种的种子产量，对于满足我国草业生产的需求、促进草产业发展具有非常重要的意义。

实践证明，随着种子生产科技水平的不断提高，生产者可以通过草类植物适宜环境的选择、田间管理技术的研究和运用来提高种子产量和质量。专业化种子生产田的建立可大幅度提高草类植物种子的产量和质量。在美国西部以专业化种子生产为主的俄勒冈州，2009 年多花黑麦草种子产量达 2225kg/hm^2、多年生黑麦草种子产量达 1729kg/hm^2、高羊茅种子产量达 1915kg/hm^2、草地早熟禾种子产量达 1187kg/hm^2、鸭茅种子产量达 878kg/hm^2、紫花苜蓿种子产量达 842kg/hm^2、白三叶种子产量达 707kg/hm^2。在小区试验中草类植物的实际种子产量常很高，多年生黑麦草达 2900kg/hm^2、高羊茅达 3600kg/hm^2、鸭茅达 1350kg/hm^2、紫花苜蓿达 2307kg/hm^2、白三叶达 1230kg/hm^2。因此，只有掌握和了解草类植物种子发育成熟规律和田间管理与收获加工技术，才能充分挖掘草类植物种子产量的潜力。随着种子科学研究的深入和实用技术的推广，草类植物的种子产量和质量势必有大幅度的提高。

长期以来，我国草类植物种子生产仅仅是饲草生产过程中的副产品，种子的生产收获都是在兼用草田中进行的，这种传统粗放的生产经营已经被证明是低效的。事实上，草类植物种子生产对生产地区的要求与饲草生产截然不同，不同草类植物适宜进行种子生产的地区各不相同，同一种草类植物在不同地区种子产量相差很大。例如，紫花苜蓿在辽宁平均种子产量为 75kg/hm^2，而在甘肃河西地区种子产量高达 600kg/hm^2；多年生黑麦草在云南曲靖种子产量为 336kg/hm^2，而在宁夏黄河灌区可达 1389kg/hm^2；高羊茅在北京地区种子产量为 607kg/hm^2，而在宁夏银川可达 2266kg/hm^2，在新疆石河子也达 2000kg/hm^2；在不施肥条件下，柱花草在广州地区的种子产量不足 75kg/hm^2，而在海南三亚地区却达 225～375kg/hm^2（表 8-1）。许多种子生产单位由于不了解草类植物种子生产对生产地区气候环境条件的特殊要求，选点不慎，往往会造成巨大的经济损失。中华人民共和国成立之初，我国曾在全国各地投资建设草籽繁育场，开展种子生产工作，但到目前为止能够进行规模化草类植物种子生产的单位寥寥无几，这种情况的产生与生产地区光照、降水和温度条件有很大关系。因此，必须根据具体草类植物生长发育特点和结实特性，选择最适宜的地区进行种子生产，为获得种子的优质高产奠定基础。

表 8-1　地域性差异对部分草类植物种子产量的影响

柱花草		紫花苜蓿		多年生黑麦草		高羊茅	
地区（试验田）	产量/（kg/hm^2）	地区（试验田）	产量/（kg/hm^2）	地区（试验田）	产量/（kg/hm^2）	地区（试验田）	产量/（kg/hm^2）
广东广州	<75	甘肃陇东	225～300	贵州独山	845	北京	607
海南儋州	75～150	甘肃天水	<225	云南曲靖	336	新疆石河子	2000
海南三亚	225～375	甘肃河西	275～600	宁夏黄河灌区	1389	宁夏银川	2266
		辽宁	75	辽宁大连	236	辽宁大连	851

资料来源：韩建国和毛培胜，2001b

随着我国草地生态建设工程的深入开展和人工草地种植面积的不断增加，对于各类草类植物种子的需求也在迅速增加。规模化和专业化种子生产不仅可以实现种子高产，还使资源利用更充分、种子质量一致，减少生产成本和提高收益。在种子生产的适宜区域，通过规模化和专业化种子田的建设和管理，大幅提升种子产量水平，也为我国草种业的健康发展奠定了基础。

一、种子田的选择和布局

草类植物种子生产中气候条件是决定种子产量和质量的根本因素，因气候条件不能被生产者控制，种子生产者必须根据不同草类植物生长特性选择最适宜的气候区进行种子生产，才能最大限度地提高草类植物种子产量。实践证明，草类植物种子生产对气候条件的要求为具有适于草类植物营养生长所要求的太阳辐射、温度和降雨量，具有诱导开花的适宜光周期及温度，成熟期稳定、干燥、无风的天气。

1．生长期温度适宜、植株发育完全　适宜的温度是植株进行营养生长和生殖生长最基本的条件。不同的草类，其正常生长的最适温度不同，只有在最适温度条件下，才能获得较高的结实率。多年生禾本科草类植物草地早熟禾、无芒雀麦、紫羊茅、多年生黑麦草等，只有在 15～24℃的温度条件下才能正常生长，温度太高会影响其生长发育；而矮柱花草、狗牙根、雀稗、象草等在较高的温度下才能正常生长，温度太低则会造成种子产量下降，如矮柱花草在最低夜温 9℃以下时完全不能结籽。

各种草类植物开花、授粉及结实都受到温度变化的影响，适宜的温度可提高种子的产量，温度偏高或偏低都将造成种子产量的降低。例如，当气温低于 20℃或高于 30℃时无芒雀麦花粉成熟和散出会受影响，老芒麦开花的最适温度为 25～30℃，紫花苜蓿开花的最适温度为 22～27℃，羊草开花的最适温度为 20～30℃，苏丹草开花期温度不能低于 14℃。

此外，草类植株也需要在充足的光照和水分条件下，才能良好地生长发育，植株营养生长所积累的大量养分是获得饱满籽粒的重要保证。

2．适宜开花的日照长度　许多草类植物种或品种的开花受日照长度控制，并且草类植物对于不同光周期的适应而形成了不同的生态类型，即长日照植物、短日照植物和中日照植物。低纬度地区的热带和亚热带地区有利于短日照植物开花，并提高结实率；高纬度地区的温带有利于长日照植物开花结实，而短日照植物则只能在春季开花。草类植物中典型的短日照植物有绿叶山蚂蝗、大翼豆、圭亚那柱花草、糖蜜草等，这些草类植物只能在低纬度地区开花结实，而移至高纬度地区则不能开花，无法进行种子生产。另外，在短日照植物中还有一些草类植物在花芽分化时要求通过短日照及低温条件才能开花结实，如无芒雀麦、虉草等草类必须在高纬度地区春季或秋季通过短日照和低温条件的刺激后才能开花。

多数温带草类植物的开花需经过双诱导，即植株必须经过冬季（或秋春）的低温和短日照感应，或直接经短日照之后再经过长日照的诱导才能开花，一般短日照和低温诱导花芽分化，长日照诱导花序的发育和茎的伸长，如草地早熟禾、看麦娘、鸭茅、猫尾草、虉股颖、多年生黑麦草、草地羊茅等（表 8-2）。

表 8-2 草类植物开花所需的双诱导条件（日照时间、温度）

草类植物	短日照（<12h）		长日照（>16h）	
	温度/℃	日照时间/周	温度/℃	日照时间/周
草地早熟禾	3～18	6～10	3～12	12
看麦娘	6～18	6	6～15	6～8
鸭茅	9～21	10	0～3	>20
猫尾草	3～15	9～12	3～12	12～14
虉股颖	3～12	15	3～6	15
多年生黑麦草	3	12～16	3	12～16
草地羊茅	3～15	16～20	3～12	18～20
紫羊茅	11～15	12～20	3～12	20

资料来源：Heide，1994

高纬度地区的温带适于长日照植物进行种子繁殖，这类草类植物必须通过一定时期的长日照（往往日照时数大于 14h）才能进行花芽分化，否则将处于营养生长状态，如紫花苜蓿、白花草木樨、箭筈豌豆、白三叶、羊草、高羊茅、多年生黑麦草等。在临近赤道的低纬度地区，一般长日照植物不能进行种子生产。

草类植物中还有一类中日照植物，需要经过接近于 12h 的光照条件才能开花，这类植物在热带禾本科草类中比较常见，如无芒虎尾草的某些品种、弯叶画眉草的某些品种、毛花雀稗的一些品种等。

3．开花和成熟期具有持续晴朗的天气 晴朗多光照的气候条件有利于草类植物的光合作用和开花授粉。禾本科草类植物开花时如遇阴雨天气，小花则处于关闭状态。光照对于异花授粉的豆科草类植物尤为重要，它们借助于包括各种蜂在内的昆虫进行授粉，蜂喜欢在强光、艳日下活动，若阴天下雨蜂停止活动，会影响小花授粉结实；在长期荫蔽条件下草类植物的开花授粉受到严重影响，明显降低种子的产量。光照强度对禾本科草类植物种子产量组分影响的研究表明，遮阴不利于生殖枝、花序和小花的发育，进而影响种子产量（表 8-3）。

表 8-3 光照强度（100%为全日照）对禾本科草类植物枝条发育的影响

草类植物	光照强度/%	生殖枝占分蘖枝条的比例/%	每株花序数	每个花序的小花数
多年生黑麦草	100	100	14.5±0.95	140±7.1
	50	100	12.1±1.27	142±7.9
	25	100	9.7±0.77	138±7.2
	5～10	88	3.2±0.34	45±3.8
草地羊茅	100	100	4.3±0.33	194±9.4
	50	80	1.7±0.26	197±7.7
	25	79	1.5±0.28	180±12.4

续表

草类植物	光照强度/%	生殖枝占分蘖枝条的比例/%	每株花序数	每个花序的小花数
鸭茅	100	67	1.9±0.35	520±47.2
	50	40	1.0±0.0	581
	25	13	1.0±0.0	534

资料来源：Ryle，1961；1966

适量的降水对草类植物种子发育是必要的，有些草类植物的开花需要适中的相对湿度，如老芒麦适宜的相对湿度为45%～60%、羊草适宜的相对湿度为50%～60%、紫花苜蓿适宜的相对湿度为53%～75%。部分豆科草类植物种子成熟期湿度太低将造成荚果炸裂，引起收获前种子的大量损失。但种子成熟期和收获期过多的降雨将不利于种子的田间晾晒，影响种子干燥速度，造成种子产量的大幅度下降，还会造成植株上的种子吸涨萌发，降低种子的质量。大多数草类植物种子在成熟期要求干燥、无风、晴朗的天气和较大的昼夜温差，因此，种子生产地区要避开开花、结实期阴雨连绵的气候区。

此外，充足的光照还有利于抑制病害的发生，有利于营养物质向种子转移。

二、种子田的土地要求

除了气候条件，土地也是影响种子生产的重要因素之一。适宜的土壤类型、良好的土壤结构、适中的土壤肥力对获得优质高产的草类植物种子是非常必要的。

1. 种子生产对土壤类型、土壤结构及土壤肥力的要求 大部分草类植物正常生长喜中性土壤条件，紫花苜蓿、黄花苜蓿、白花草木樨、红豆草、草木樨状黄芪、截叶铁扫帚等草类适于在钙质土中生长，而紫花苜蓿、羊草、碱茅等草类也适宜在轻度盐碱土壤中生长，盖氏须芒草、弯叶画眉草、卵叶山蚂蝗、头状柱花草等却适于在热带酸性土壤中正常生长。

用于草类植物种子生产的土壤最好为壤土，由于壤土较黏土和砂土持水力强，有利于耕作和除草剂的使用，壤土还适于草类根系的生长和吸收足够的营养物质。土壤肥力过高或过低，会导致营养生长过盛或不足，影响生殖生长，降低种子产量。种子生产的土壤肥力要求适中，土壤中除含有一定的氮、磷、钾和硫之外，还应含有与草类植物生殖生长有关的微量元素（硼、钼、铜和锌等）。

2. 种子生产对地形、土地布局的要求 用作生产草类植物种子的田块，应选择在开阔、通风、光照充足、土层深厚、排水良好、肥力适中、杂草较少的地段上。

在山区进行草类植物种子生产，宜将种子田布置在阳坡或半阳坡上。一般使用普通的收获机械，土地的坡度应小于10°，若坡度太大，种子和秸秆在收获机的平筛内难以分离，使大量种子混于秸秆之中，造成产量损失。紫花苜蓿、红三叶、扁穗雀麦等草类要求排水良好的土地，所以在低洼地进行这些草类的种子生产时，应配置排水系统。对于豆科草类植物还需考虑种子田隔离要求和昆虫授粉条件，应布置于邻近防护林带、灌丛及水库近旁，以利于昆虫传粉。

异花授粉的草类植物，容易杂交的不同种、同种不同品种，若在同一地区进行种子生产，在各种（品种）之间为了防止串粉造成生物混杂，必须建立隔离带。

第二节 种子田播种技术

一、播种方式和方法

1. 播种方式 草类植物种子田播种多采用无保护的单播方式，这是由于保护作物对多年生草类生长具有一定的影响，会造成种子产量的下降。例如，垂穗披碱草以黍子为保护作物，紫花苜蓿以谷子为保护作物，种子产量均较无保护作物的播种方式减少 25%～34%。

2．播种方法 草类植物种子田的播种可采用穴播、撒播和条播的方法。

（1）穴播 植株高大或分蘖能力强的草类可采用穴播的方法，一般穴播的株行距采用 60cm×60cm 或 60cm×80cm，这种播种方法可使植株生长于阳光充沛、土壤营养供给面积大、通风良好的环境中，能促使草类植物形成大量的生殖枝。在海南，柱花草的种植株行距为（50cm×50cm）～（100cm×100cm）；在广西，'热研 2 号' 柱花草种植密度为 100cm×100cm 时种子产量最高。

（2）撒播 无法采用机械进行播种或具有较强根茎等营养繁殖能力且生长期内杂草非常严重的情况下，可考虑采用撒播。撒播种子田土壤不易侵蚀，管理费用较低。

（3）条播 多年生草类植物的种子生产通常采用条播的方法，条播的行距视草类植物种类和栽培条件不同，宽行条播有 30cm、45cm、60cm、90cm、120cm 的行距。获得最高种子产量的行距也与植物种类有关（表 8-4），例如，草地早熟禾为 30cm；紫羊茅、无芒雀麦和冰草为 60cm；鸭茅为 90cm；多花黑麦草的行距以 15～30cm 为宜；虉草、高羊茅的行距在 30～60cm 可获得最高种子产量。在我国西北地区苜蓿的播种行距在 60～90cm 时种子产量最高；鹅观草和无芒雀麦种子产量均在 30cm 行距时最高，细茎冰草播种行距在 30～50cm 时种子产量较高。

表 8-4 部分草类植物种子生产适宜播种行距和产量

草种名称	行距/cm	种子产量/（kg/hm²）				
		第一年	第二年	第三年	第四年	第五年
草地早熟禾	30	603	814	689	569	499
	60	579	784	659	568	503
	90	429	611	541	486	436
紫羊茅	30	836	631	557	549	569
	60	924	696	580	547	578
	90	846	597	497	509	614
无芒雀麦	30	1200	870	705	645	—
	60	1305	968	792	741	—
	90	1203	908	792	741	—
沙生冰草	30	889	651	602	328	—
	60	926	771	686	704	—
	90	805	689	643	637	—
鸭茅	30	173	154	248	226	—
	60	342	250	322	306	—
	90	406	336	415	373	—

资料来源：Canode，1980

研究表明，在甘肃酒泉地区获得最高苜蓿种子产量的株行距随着建植年份的延长而发生变化（表 8-5），在种子田建植第二年（2004 年），行距 60cm 株距 15cm 组合、行距 80cm 株距 15cm 组合、行距 100cm 株距 15cm 组合均获得了最高产量；行距 60cm 株距 15cm 组合获得了 5 年平均最高产量。从实际种子产量的年际变化来看，60cm 行距和 15cm 株距在第一和第二个收获年具有高产的优势。而中等植株密度（80cm 行距和 30cm 株距组合）在收获种子的第三年、第四年表现出增产的优势。因此，在种子生产田播种时采用 80cm 的行距，适当加大行内植株密度，在第二年种子收获后进行行内疏枝，可以实现高产稳产。

表 8-5 行距和株距组合处理条件下紫花苜蓿（'WL232HQ'）种子产量

行距/cm	株距/cm	种子产量/（kg/hm²）					平均产量/（kg/hm²）
		2004 年	2005 年	2006 年	2007 年	2008 年	
60	15	1850	822	637	802	629	948
	30	1258	832	842	872	656	892
	45	1109	695	817	761	407	758
	60	906	678	802	801	409	719
80	15	1300	795	912	915	634	911
	30	1070	779	942	1064	580	887
	45	909	771	809	913	497	780
	60	689	768	762	737	429	677
100	15	1227	705	817	875	371	799
	30	1097	662	797	928	411	779
	45	828	679	708	688	412	663
	60	770	613	543	563	311	560

资料来源：张铁军，2009

二、播种时间及播种量

1．播种时间 播种时间因种而异，一年生草类植物只能进行春播，越年生草类植物可秋播，次年形成种子。对于多年生草类植物必须考虑其对光周期和春化的反应。长日照植物可进行春季播种，如紫花苜蓿、红豆草春季播种，当年秋季可收获少量种子。那些要求短日照和低温条件的草类植物适合于夏末或初秋播种，以便在冷季到来之前形成足够的分蘖或分枝，随之而来的冷季和短日照刺激这些分蘖形成生殖枝。要求短日照和低温感应，之后需要长日照诱导的植物也适于秋季播种，次年可进行种子生产。例如，在甘肃酒泉、内蒙古鄂尔多斯等半干旱区，紫花苜蓿种子田在 7 月底至 8 月初时进行播种；老芒麦和垂穗披碱草在河北坝上地区的适宜播种时间为 6 月底至 7 月初，在青海海北地区则为 7 月。

2．播种量 用于种子生产的播种量比用于饲草生产的播种量少，种子生产的窄行播种量只是饲草生产播种量的一半，宽行播种量只是窄行播种量的 1/2～2/3（表 8-6）。参考理论播种量来确定种子的实际播种量，直接采用理论播种量进行播种往往会高估种子的质量状况，因此，种子生产者在确定实际播种量时可以利用种用价值（种子发芽率和净度的乘积）进行计算。在种子生产田的禾本科草类应具有发育良好、一定数量的生殖枝，生殖枝数量过高和过低均不利于种子产量的提高。确定合理的播种量，将保证种子田达到适宜的生殖枝数量。实践中种子生产者常增加播种量，虽然可以保证出苗率，使营养枝增加，但会抑制生殖枝的生长发育。豆科草类植物在田间要求植株留有一定空间，以利于昆虫传粉。

表 8-6 草类植物种子生产田理论播种量 单位：kg/hm²

草类植物	窄行条播	宽行条播	草类植物	窄行条播	宽行条播
紫花苜蓿	7.5	6.0	鸭茅	12.0	9.0
白花草木樨	7.5	6.0	老芒麦	18.75	10.5
黄花草木樨	7.5	6.0	披碱草	18.75	10.5
白三叶	4.5	3.0	羊草	22.5	11.25

续表

草类植物	窄行条播	宽行条播	草类植物	窄行条播	宽行条播
绛三叶	4.5	3.0	多年生黑麦草	12.0	9.0
百脉根	5.0	3.0	多花黑麦草	12.0	9.0
猫尾草	6.0	4.5	冰草	15.0	9.0
草地羊茅	12.0	9.0	无芒雀麦	15.0	10.5
紫羊茅	12.0	7.5	虉草	9.75	7.5
高燕麦草	15.0	9.75	草地早熟禾	9.0	7.5

资料来源：内蒙古农牧学院，1987；韩建国，1997b

一年生草类植物田间的植株密度与播种量之间有着密切的关系，生产中常常用播种量来控制一年生草类的植株密度。一年生豆科草类中，矮柱花草达到最高种子产量的密度为 850 株/m^2。密度在 250 株/m^2 以下，种子产量与密度的对数值呈正相关，超过 250 株/m^2，种子产量趋于稳定，超过 850 株/m^2，种子产量下降。要使播种当年种子产量最高，建植密度应达 250 株/m^2，其播种量为 25～40kg/hm^2。

多年生草类植物的分枝或分蘖可补偿建植时密度的不足，因此生殖枝的密度是决定种子产量水平的关键。草地早熟禾、紫羊茅播量和分蘖密度与种子产量关系的研究表明（表 8-7），加大播种量可增加秋季分蘖数，但到了冬季不同播种量间的分蘖密度差异减小。种子收获时，每平方米可育分蘖枝数没有显著差异，但高播量的种子产量显著减少，原因是播种密度大，营养枝增加，抑制了生殖枝的发育。

表 8-7 播种量对草地早熟禾和紫羊茅种子产量的影响 单位：kg/hm^2

草类植物	播种量	产量	草类植物	播种量	产量
草地早熟禾	3	1658	紫羊茅	4	1311
	6	1708		8	1346
	12	1696		16	1319
	24	1570		32	1143

资料来源：Meijer，1984

3．播种深度 播种深度是建植成败的重要因素之一，影响播种深度的主要因素有种子大小、土壤含水量、土壤类型等。草类植物由于种子较小，以浅播为宜，豆科与禾本科草类相比应更浅一些。受出苗类型的影响，部分豆科草类属子叶出土类型，出苗顶土比禾本科草类困难。一般在砂质壤土中，草类植物种子以 2cm 播深为宜，大粒种子以 3～4cm 为宜；黏壤土为 1.5～2cm。小粒种子播深可更浅，例如，红三叶播深为 1～1.5cm；白三叶播深为 0.5～1cm；草地早熟禾、翦股颖等的种子可播于地表，播后镇压、与土壤充分接触，以利于种子吸水萌发。

第三节 田 间 管 理

适宜的环境条件加上科学的田间管理才能获得最高的草类植物种子产量。草类植物种子生产技术的发展过程中，包括播种时间、肥料种类、施肥量、施肥时间、杂草控制、病虫害防治、收获时间和方法等在内的技术问题，历来是种子生产者所关注的。但在我国的种子生产实践中，对于种子生产的特殊要求认识不足，常常将种子作为饲草生产的副产品，草类植物种子生产技术相对落后，缺乏科学合理的管理措施，同国际专业化种子生产相比存在很大差距。

实践证明，在草类植物专业化种子生产的适宜区域内，通过各项田间管理措施和技术的推广和应用，草类植物种子产量可大幅度提高。美国的草类植物种子平均产量从20世纪40年代的150～300kg/hm^2，提高到90年代的1125kg/hm^2。1977～1997年，美国俄勒冈州主要草种子单位面积的平均产量均有不同程度的提高，其中匍匐翦股颖提高47%，草地早熟禾提高129%，细羊茅提高76%，高羊茅提高119%，多年生黑麦草提高59%（表8-8）。在丹麦，1987～1997年多年生黑麦草的大田平均种子产量为1200kg/hm^2，草地早熟禾的大田平均种子产量为950kg/hm^2。在荷兰，1987～1995年多年生黑麦草大田平均种子产量为1440kg/hm^2。

表8-8　美国俄勒冈州1977年和1997年冷季型禾本科草类植物种子田平均产量　单位：kg/hm^2

草种名称	1977年	1997年	草种名称	1977年	1997年
匍匐翦股颖	450	661	高羊茅	730	1599
草地早熟禾	455	1042	多花黑麦草	1910	2081
细羊茅	560	984	多年生黑麦草	1010	1608
紫羊茅	625	849	鸭茅	820	1009

资料来源：韩建国和毛培胜，2001b

我国在20世纪50年代就建成了20多个草类植物种子繁殖场，但由于受各种因素的影响目前保存下来的为数不多，进入80年代我国的草种业才有了较快发展。由于长期以来种子生产者采取“广种薄收、粗放管理”的经营模式，对于种子科学研究的基础投入少，草类植物种子生产方式和技术落后，种子产量较低，平均在300～400kg/hm^2。另外，在种子生产中沿用传统的留种方式，种子收获采用人工收种、手工清选，缺乏科学合理的田间管理技术和先进的清选加工设备，造成种子质量低劣，严重影响了建设草地的质量和草种业的健康发展。因此，为了促进草类植物种子生产基地建设和种子生产的国产化，提高草类植物种子生产田间管理的科技水平是非常重要的。

一、田间杂草防除

建植某一草类植物种或品种种子生产田后，田间生长的其他植物均称为杂草。在种子生产田内生长的各种杂草因不同地域种类变化较大，杂草的大量滋生将严重影响草类植物植株的正常生长，进而抑制种子的形成发育和增加种子清选加工的难度，导致种子产量的下降。因此，控制杂草的危害，是种子田管理的重要内容之一，也是提高种子产量和质量的重要措施。

1．杂草的危害　在种子生产过程中，杂草的危害主要体现在以下方面。

1）大量滋生的杂草同草类植物竞争，播种当年，杂草通过截获阳光、消耗土壤水分和养分等妨碍草类植物的生长。有研究表明，播种当年杂草覆盖面积每增加1%，鸭茅第一年种子产量平均降低0.9%。

2）杂草的田间管理措施也对正常植株的生长发育造成伤害，降低种子产量。受杂草在田间分布的数量和均匀程度影响，种子生产者采取的各种防治措施，将会对正常植株造成一定的伤害，包括化学除草剂的药物作用、机械作业的损伤等。

3）杂草也会造成遗传污染，降低种子的质量，使其难以销售。在种子生产田内如果出现与草类植物相同种的不同品种或容易杂交的不同种，需要将这些杂草在开花授粉前除掉，否则会出现杂交或品种混杂的现象，改变品种的遗传稳定性和特异性，降低种子的遗传品质。

4）收获过程中混有杂草种子，给种子清选带来很大困难，只能提高清选成本，反复清选还会引起草类植物种子的机械伤害和产量损失。在禾本科草类种子田内许多杂草种子常常具有芒，如多花黑麦草、披碱草、赖草等，虽然芒有利于种子的传播，但芒的存在不利于种子的清选，常常堵塞筛板，频繁清理影响清选工作效率。如果杂草种子与草类植物种子大小相近，当杂草种子相对饱满较大时，在清选过程中将造成较小的草类植物种子损失。在相关种子法律和法规中，禁止含有有害杂草的种子进行销售，混有严格限制的检疫对象且难以清除则将会导致种子的大量损失。

2．杂草的防治　在种子田管理过程中，杂草的及时控制和清除是确保草类植物幼苗正常生长、减少种子清选加工损失的重要措施。一方面，在种植当年，多年生草类在播种后苗期生长比较缓慢，而杂草幼苗生长迅速，侵占性和竞争性强，若不及时控制杂草的生长，高大杂草的大范围生长不仅对草类植物幼苗形成遮阴，影响植株的正常光合和生理代谢，而且杂草对水分、养分的竞争导致草类植物植株生长缓慢，甚至抑制植株的生长，难以达到正常的植株密度，影响种子产量的形成。另一方面，在成熟植株的田间管理期间，尤其是开花传粉期间，需要根据生长杂草的种类、数量及杂草种子与草类种子的相似程度等情况采取相应的清除措施，避免杂草防治过度，对草类种子造成不利影响，而且增加管理成本。

种子生产过程中，科学有效地防治杂草，不仅有利于保持种子的产量水平，而且可以避免种子质量的下降。在实践中常用的杂草防治技术有机械除杂、化学除杂和生物除杂等方法。

（1）机械除杂　机械除杂是利用手工或机械设备将杂草铲除的方法，该方法主要针对种子田内出现与播种草类植物为同一属或种的杂草。

种子田种植当年，可以通过利用中耕机械去除行间的杂草，达到控制杂草生长的目的，但要注意避免机械扰动对幼苗的伤害。植株生长后期，与播种草类植物在同一行内的杂草，可以选择适宜的时机通过割草机进行全部刈割，利用草类植物再生生长特性来控制杂草。

种植第二年以后的种子田内，行间杂草可以通过中耕机械去除（图 8-1），而行内杂草则只能通过手工方式拔除。尤其是对于那些与播种草类植物种子大小相近或容易造成遗传污染的杂草，在开花之前应采用手工除杂，以免造成种子品质的下降。手工除杂需花费大量劳动力，而且也要求工作人员掌握适宜的时间和对杂草具有一定的了解程度，否则将影响杂草控制的效果。

扫码见彩图

图 8-1　中耕除草

（2）化学除杂　化学除杂是通过化学除草剂对杂草植株正常生理代谢的破坏作用，导致植株生长异常或死亡，实现控制杂草的方法。该方法主要针对种子田内出现与播种草类植物不同属或种的杂草情况，化学除杂技术不受地形的限制，如在崎岖山地与斜坡上也能进行，也不受播种方式的限制，无论条播还是撒播，都可以进行。在种子生产田杂草管理当中，化学除杂比机械除杂更为经济和节省劳力。

1）常用的除草剂种类。目前广泛使用的除草剂种类很多，根据它们对植物生长的控制作用，分为选择性除草剂和灭生性除草剂两类：前者是对某一类杂草有害，而对另一类植物无害；后者能杀死一切杂草和植物。

2,4-D 类除草剂（2,4-二氯苯乙酸）是内吸型选择性除草剂，对多种一年生或多年生双子叶植物杀伤作用强，对单子叶植物较差。

2-甲-4 氯（2-甲基-4 氯苯氧乙酸，MCPC）除草剂，对双子叶植物具有较强的杀伤力。

2,4,5-涕或 2,4,5-T（2,4,5-三氯苯氧基醋酸）是白色固体，除草性能与 2,4-D 相似。对一年生及多年生阔叶杂草、深根木本植物、灌木等具有杀伤力。在杂草出芽前、出芽后喷洒，可与 2,4-D 混用。

草甘膦［N-（磷酰甲基）甘氨酸］是白色固体，为灭生性、内吸、传导型除草剂，它对防治多年生禾本科杂草有突出效果，并对防治某些阔叶多年生杂草、一年生禾本科杂草和阔叶杂草也有效，基本上属非选择性除草剂。

茅草枯（达拉朋，2,2-二氯丙酸钠）是内吸型选择性除草剂，可以防治一年生或多年生禾本科杂草。

除草醚（2,4-二氯苯基-4′-硝基苯基醚）是一种触杀型除草剂，有一定的选择性。可以防除多种一年生或多年生杂草，如狗尾草、萹蓄、蓼、藜、鬼针草等。

2）化学防治方法。在利用化学除草剂进行杂草防治过程中，可以针对种子田的面积大小采用相应的方式，如飞机喷洒、机引喷雾（图 8-2）、背负式喷雾等。用飞机作为喷洒工具，具有效率高、节省劳力、喷洒均匀和耗药量少等优点。当种子生产田面积不大，或杂草分散成片生长时，可以用拖拉机牵引的喷雾器喷雾，工作效率高，也是种子田杂草防控的主要措施。背负式喷雾主要依靠工作人员来背负喷雾器进行手工喷洒，工作效率较低，适合于小面积种子田或杂草生长分散情况下采用。随着无人机技术的快速发展，种子生产企业利用小型无人机灵活快速的特点，进行杂草的化学防治。

扫码见彩图

图 8-2　机引喷雾化学防除杂草

播种前用对土壤无残毒的触杀性除草剂杀死土壤表层中的杂草幼苗。一般施用 1～2L/hm^2

的非可湿性双吡啶类除草剂敌快特（diquat）和百草枯（paraquat）商品药剂（20%的有效成分）较为合适。在苜蓿种子田中，草不隆（neburon）是最广泛的播种前施用除草剂。播种前 20d 施入氟乐灵（trifluralin），并将除草剂施入土壤表层，杂草种子萌发时便被杀死。也可于播种前对土壤进行适当灌溉促进杂草种子萌发，再用无残毒的灭生性除草剂喷施杀灭杂草的幼苗。

草类植物出苗之后要根据田间杂草的种类选择除草剂。一般禾本科草类植物可用三氯乙酸（TCA）杀死禾本科杂草野燕麦等，可用 2-甲-4 氯（MCPC）、2,4-D、麦草畏、噻草平、溴苯腈等杀灭阔叶杂草。豆科草类植物在苗后控制阔叶杂草可用 2-甲-4 氯丙酸（用于红三叶草地）、2,4-D 丁酯（2,4-DB）、碘苯腈、溴苯腈和噻草平（不能用于百脉根）。对于禾本科杂草可用拿草特、对草快、敌草隆、去莠津（适于红三叶、紫花苜蓿、百脉根和红豆草种子田）等。

施用除草剂防除杂草不仅可提高种子质量，还可提高种子的产量。鸭茅种子田施用灭草呋喃乳剂 15kg/hm^2 防除一年生早熟禾杂草可使种子产量提高 70%。紫羊茅种子田施用麦草畏和 2,4-D（0.28kg/hm^2＋0.58kg/hm^2）可使种子产量提高 25%。紫花苜蓿连续 4 年在生长季开始施用 1.6kg/hm^2 的塞克津，种子产量提高 60%。红三叶草地中氟草胺或氟草胺与 2,4-DB 混施，种子产量提高 10%～39%。

生产实践中，由于缺乏专门针对草类植物的化学除草剂，尤其是对于遗传相近的种类，难以选择适宜的除草剂进行控制。因此，化学除杂过程中，为达到化学防治目的，避免使用不当造成的各种损失，在使用除草剂时应注意以下问题：大面积喷药前，必须进行小区试验，以便确定种植草类植物对药液的敏感性，以及用药量和用药浓度等；喷洒时，选择较好的天气，即要在温度较高（以 20℃左右为好）、阳光充足的晴朗天气进行。在干旱地区，空气湿度低，最好在清晨湿度高时进行喷药，或加入浸润剂，降低药液蒸发速度。喷后 24h 应无雨，否则应重喷；喷洒在杂草生长最快的幼苗期效果最好；要严格遵守操作规程，保证工作人员的安全，以免中毒。喷药区内或附近如有作物、农田等，不应用飞机喷药。地面喷药时，也要注意风向，防止作物受药害，带来损失。

（3）生物除杂　生物除杂是利用生物学的措施进行杂草控制的方式，如利用杂草的天敌、家畜放牧采食及抑制杂草生长的各种管理措施。

利用一些具有专门抑制特定种类杂草生长的细菌或微生物，来控制杂草的生长，达到杂草控制的目的。在秋季对种子田进行家畜放牧利用，通过家畜的采食，以控制杂草生长。

在种子田建植阶段防治杂草比建植后防治更为有利，可利用杂草和草类植物对环境条件的要求不同，选择适合的播种期，避开杂草的侵害。例如，在温带秋季播种，这时杂草种子的萌发受到了温度的限制，而适合于多年生草类植物种子的萌发；或春季在杂草种子大量萌发之前播种，使草类植物先于杂草建植成功。

利用田间管理技术、合理轮作等措施营造有利于草类植物的竞争环境，进而抑制杂草的生长，如多年生禾草在出苗当年可以通过刈割方式控制杂草的影响，而利用多年生禾草再生特性，抑制杂草的生长。

二、施肥

根据土壤养分状况、气候条件、草类植物种子生产对营养物质的需求进行合理施肥，可最大限度地提高种子产量。

1．禾本科草类植物种子生产的施肥

（1）氮　在禾本科草类植物种子生产中，氮肥是影响种子产量的关键因素，氮素对于植株分蘖、干物质生产、花序形成、产量组分动态变化均具有影响。种子生产中氮肥施用技术的大量研究集中于施氮量、施氮时间对种子产量的影响。

1）施氮量对草类植物种子产量有着明显的影响，大多数草类种子产量随施氮量的增加而提高。但一味追求大量施氮，并不能够相应地提高种子的产量，反而会导致种子产量的下降。例如，在紫羊茅、鸭茅种子生产研究中，增施氮肥可以提高种子的产量，在施氮量最大时获得最高的种子产量。而在草地羊茅种子生产中施氮量为 135kg/hm^2 所获得的种子产量却低于施氮量为 45kg/hm^2 的种子产量（表 8-9）。研究与实践表明，获得最高种子产量的适宜施肥量因种而异，例如，鸭茅为 160～200kg/hm^2，草地早熟禾为 60～80kg/hm^2，紫羊茅为 180kg/hm^2，多年生黑麦草为 120kg/hm^2。热带禾草施氮可增加分蘖可育率、穗数、每穗的种子数，棕籽雀稗施氮量分别为 0kg/hm^2、100kg/hm^2 和 400kg/hm^2 时，种子产量为 60kg/hm^2、301kg/hm^2 和 361kg/hm^2。热带牧草纤毛蒺藜草、无芒虎尾草、莫桑比克尾稃草、伏生臂形草要取得最高种子产量，需施氮 100～200kg/hm^2。但土壤中可利用氮素受土壤养分状况、种植史、土壤温度、降水等因素的影响，将引起适宜施氮量的波动，因此种子生产者需要根据种子田土壤养分状况、温度、降水等影响因素，确定合理的施氮量，保证种子的高产。

表 8-9　不同施氮水平的草类植物种子产量　　单位：kg/hm^2

草种名称	施氮水平	种子产量	草种名称	施氮水平	种子产量
紫羊茅	30	960	多年生黑麦草	45	1240
	60	1000		90	1440
	90	1020		135	1500
草地羊茅	45	1130	猫尾草	45	380
	90	1160		90	410
	135	1110		135	410
鸭茅	45	890			
	90	1020			
	135	1090			

资料来源：Norderstgaard，1980

2）虽然增施氮肥可增加禾本科草类的种子产量，但施肥时间也是改善种子产量的重要因素。一般可以在春季、秋季进行施肥，促进生殖枝条的形成和发育，避免营养生长过盛，改善种子产量组分，达到种子增产的目的。春、秋季施氮水平的试验研究表明，许多禾本科草类春季最佳施氮量有赖于上年秋季所施氮的量，秋季施氮之所以重要是与增加禾本科草类潜在生殖枝数目及相应地提高种子产量有关。春季施氮的数量和时间是禾本科草类种子生产当中的关键因素。秋季施氮的主要目的是在冬季低温期之前促进形成大量分蘖，而春季施氮的目的是为每个分蘖的继续发育提供更多的营养，使其完全成熟并最终形成发育良好的花序。研究还表明，植株开始进行生长分化及花序的形成和发育需要足够的氮素供应，此时禾本科草类能够获得氮素的多少将决定生殖枝的比例，当氮素受到限制时，生殖枝的比例下降，而且小花数也相应减少。然而，高施氮量造成叶片生长过多，易于早期倒伏并出现病害，从而影响种子的结实和发育。

春季施氮为了增加可育分蘖数，在春季小穗开始分化和茎节伸长期间施氮是禾本科草类植物种子田施肥的最佳时间。多年生黑麦草（‘S24’）春季施氮 120kg/hm^2，如果在幼穗分化期施入形成的可育分蘖数为100，而在抽穗期施入形成的可育分蘖数为92或更低。在河北坝上地区的无芒雀麦种子生产中，只在春季施氮时，施氮200kg/hm^{2}可以达到最高种子产量（表8-10）。新麦草种子生产中，春季施氮总量为200kg/hm^{2}的条件下，返青期和抽穗初期分两次施肥（1∶1）可显著促进生殖生长，种子产量达到2761.8kg/hm^2，较对照增产117%，返青期一次施肥种子产量为2712.7kg/hm^2，增产113%，抽穗初期一次施肥的种子产量为2049.7kg/hm^2，增产61%。

表8-10 春季、秋季施氮量处理的无芒雀麦繁殖性状及种子产量

施氮量/（kg/hm^2）	每平方米的生殖枝数	每生殖枝的小穗数	每小穗的小花数	每小穗的可育小花数	千粒重/g	实际种子产量/（kg/hm^2）
对照	455.8	29.8	7.5	4.2	3.68	968.4
S50	436.7	27.5	7.0	4.0	3.70	715.4
S100	563.3	32.9	7.4	4.0	3.66	867.4
S150	404.2	34.5	7.0	4.2	3.55	905.3
S200	586.7	30.6	7.0	4.2	3.80	1205.0
A50	390.8	31.6	7.0	4.0	3.64	742.5
A100	475.8	34.1	7.2	4.4	3.74	1170.8
A150	500.0	32.0	7.3	4.5	3.68	736.3
A200	550.0	30.3	7.6	4.4	3.46	1139.3
A30S70	512.5	33.4	7.3	4.8	3.50	1237.6
A70S30	524.3	32.9	7.0	4.3	3.54	1607.2

资料来源：毛培胜等，2000

注：S代表春季；A代表秋季

在生长季较短的地区，秋季施肥对于保持土壤养分平衡具有重要作用。秋季施氮肥可以增加分蘖数，提高冬季分蘖的存活率，增加可育分蘖数。但秋季施氮肥不能过量，以防刺激过度的营养生长。因此，确定适宜的施肥比例，在秋季和春季分次施肥对于保持土壤养分平衡，尤其是砂性土壤，提高种子产量效果明显。草地早熟禾、紫羊茅秋季施肥占总施肥量的50%为宜，鸭茅、草地羊茅和猫尾草秋季施肥占33%为宜。通常在秋季施用氮肥总量的1/3，然后在下一年的春季施用氮肥总量的2/3，可以获得较高的种子产量。无芒雀麦在秋季与春季分施处理明显提高种子产量，同样是施氮100kg/hm^2，春季一次性施入增产效果最差，秋季一次性施入有一定的增产效果，而在秋季、春季分两次施入可以提高种子产量，其中秋季施氮70kg/hm^2、春季施氮30kg/hm^{2}组合增产效果最佳，比春季一次性施氮增加种子产量85%（表8-10）。其中施氮对于单位面积的生殖枝数、每生殖枝小穗数的影响较大，有利于种子的形成和发育。

然而，分次施氮的比例也受土壤和气候条件影响。高羊茅种子生产施肥试验表明，大连地区秋季施氮30kg/hm^2、春季施氮90kg/hm^{2}可以获得2473kg/hm^{2}的种子产量，比对照提高1.9倍。在银川地区秋季施氮45kg/hm^2、春季施氮45kg/hm^{2}可以获得3533kg/hm^{2}的种子产量，比对照增加56%。

（2）磷、钾　磷肥对禾本科草类植物种子产量也有一定的促进作用，尤其是对于含磷量低的土壤，改善磷肥的供应状况，可以增加禾本科草类的种子产量。钾是流动性养分，需要经常补充。种子收获后大量的秸秆从田间运走，造成钾的大量损失，易从土壤中流失。禾本科草类植物种子生产中，如果施用了大量的氮肥，那么保证磷、钾的平衡供应是非常重要的。在河北坝上地区，施磷量为 $60kg/hm^2$ 时老芒麦种子产量最高，比对照提高 9.69%，但继续加大施磷量，种子产量却下降，表现出施肥的负效应。

2. 豆科草类植物种子生产的施肥 豆科草类植物可有效地利用其共生的根瘤菌固定空气中的氮来增加对氮的吸收，对于土壤氮素的依赖较小。因此，豆科草类植物种子形成发育对土壤中氮素的需要较少，而对土壤中磷、钾元素的需要量较高。尽管如此，在播种当年、根瘤尚未形成或老化时期，根瘤菌固氮作用无法提供足够的氮素，植株和种子生长发育所需氮素仍然依靠土壤中的氮素供应。此时，采取适量的施氮措施对于满足豆科草类植物的养分需求也是十分必要的。

（1）氮 研究表明，内蒙古赤峰地区苜蓿种子生产田的适宜施氮量如下：‘敖汉’苜蓿在现蕾期追施每公顷 45kg N，结荚期补施每公顷 90kg N；‘公农 1 号’苜蓿在开花期追施每公顷 45kg N，结荚期补施每公顷 45kg N。在新疆百脉根种子生产试验中，百脉根由于固氮能力强，苗期施少量氮肥对生长发育有利，结合灌水施尿素 $30kg/hm^2$，播前施过磷酸钙 $225kg/hm^2$，3 年内可不再施肥。

许多豆科草类植物从孕蕾期到种子成熟对氮的需要量逐渐增加，此时根瘤老化，根瘤菌的活动能力降低，因而显示出氮的供应不足。往往在蕾期追施氮肥可增加种子的产量。紫花苜蓿蕾期施入氮肥可使种子产量增加 20%～30%。银叶山蚂蝗施氮：在花序分化前施入，种子增产 31%；在花序分化期施入，种子增产 26%。于不同时间对白三叶追施氮、磷、钾肥：抽茎期施入，种子增产 25.4%；始花期施入，增产 35.6%；盛花期施入，增产 49.7%。

（2）磷、钾 在花期或开花之前追施磷、钾肥最有利于种子生产。在宁夏灌区，N、P、K 三种肥料按照 45∶120∶30 配比可以获得紫花苜蓿种子的高产。在甘肃武威地区，‘甘农 3 号’紫花苜蓿在施肥每公顷 47kg N、120kg P_2O_5、30kg K_2O 时，实际种子产量高达 $1256.42kg/hm^2$，主要改善籽粒数或荚数、花序数和枝条等因素。增施磷肥可使红豆草种子产量增加一倍以上（表 8-11）。在云南进行白三叶种子生产，磷肥施用量以 $200kg/hm^2$（其中底肥 $100kg/hm^2$、追肥 $100kg/hm^2$），钾肥施用量以 $120kg/hm^2$ 为宜。

表 8-11 磷肥施用量处理的红豆草种子产量 单位：kg/hm^2

施肥量（过磷酸钙，含 P_2O_5 12%～18%）	第一年收获	第二年收获	第三年收获
0	154	950	875
225	188	1250	1250
450	207	1440	1425
1125	218	1700	1625
1500	282	1851	1750
1875	219	1900	1800

资料来源：陈宝书，1992

磷对苜蓿单株花序数和单株粒重有显著增加作用，而对单株生殖枝数、每花序荚果数、每荚果种子数、千粒重影响不大。在新疆呼图壁的试验表明，随着施磷量的增加，苜蓿种子产量也在增加，其中 $135kg/hm^2$ 的施肥量获得的种子产量最高，达 $564.8kg/hm^2$，其次为施用量 $90kg/hm^2$，种子产量为 $482.1kg/hm^2$，不施磷肥的种子产量最低，为 $322.8kg/hm^2$。在甘肃酒泉地区，土壤有效磷含量在 12.47mg/kg 的情况下，2001 年春季施磷肥，当年和次年的种子产量之间差异不显著。春季每公顷 120kg P_2O_5 施肥处理，两年的种子产量均表现出最高，为 $794.1kg/hm^2$ 和 $822.1kg/hm^2$，分别比不施磷肥提高 3.6%和 22.6%。土壤有效磷为 22.10mg/kg

的条件下，施 P_2O_5 量为 360kg/hm^2，前一年秋季施 1/3，生产当年春季施 2/3，种子产量最高，达 1523.2kg/hm^2，与不施磷肥的产量（1152.8kg/hm^2）相比，增产 32.1%。

（3）硫　硫是蛋白质的组成元素，豆科草类植物的生长中需要大量的硫，种子生产中保证足够的硫肥才能达到稳产和高产。紫花苜蓿、绿叶山蚂蝗种子生产中都需要施硫肥。在土壤硫酸根含量为 2mg/kg 的白三叶种子田，施入 20kg/hm^2 硫酸钙可使种子产量从 356kg/hm^2 增加到 512kg/hm^2。

3．种子生产中的特殊养分

（1）硼、钼　硼对草类植物种子生产具有特殊的作用，在土壤含硼量足以满足营养生长的情况下，施硼仍可增加草类植物种子产量。施硼可增加白三叶的授粉率、结实率，促进紫花苜蓿的开花，增加红三叶花朵蜜量、小花数和每朵的结实数。硼有利于非洲狗尾草授粉过程中花粉萌发的细胞代谢和花粉管的伸长，促进授粉和增加结实率。一般草类植物种子生产中土壤含硼量的临界值是 0.5mg/kg，施肥量应为硼砂（硼化钠）10～20kg/hm^2，或用 0.5%的硼砂溶液叶面喷施。

在苜蓿现蕾、初花、盛花期分别喷施 0.4%、0.6%、0.8%硼砂和 0.05%、0.07%、0.09%钼酸铵，以喷清水为对照，结果显示，硼、钼对苜蓿种子增产效果明显。喷施硼、钼微量元素后，苜蓿种子产量及分枝数、每花序结荚数、荚果内种子粒数均高于对照。以 0.05%钼酸铵处理增产效果最明显。产量比对照增加 35%，分枝数、每花序结荚数、荚果内种子粒数分别比对照增加 10.96%、54.37%和 35.68%。硼砂处理中 0.8%处理效果最好，种子产量增加 15.56%，分枝数、每花序结荚数、荚果内种子粒数也明显高于对照。

（2）钙、铜、镁、锌　钙可提高地三叶的结实率，钙还可刺激南非狗尾草花粉粒的萌发。此外，铜、镁、锌都有促进草类植物花粉粒萌发、增加豆科草类植物种子产量的作用。

（3）稀土　在苜蓿的返青、分枝、现蕾、盛花期进行叶面喷施稀土，能够有效提高种子产量。以叶面喷施 0.03%浓度的稀土处理效果最佳，其分枝数、结荚花序数、荚果数、种子粒数分别比不喷施稀土增加了 43.81%、23.0%、18.62%和 30.5%，种子产量增加 17.75%。

三、灌溉

种子生产最理想的气候条件是在草类植物的开花期和种子成熟期环境干燥、太阳辐射量高、光合作用强烈、利于种子成熟和营养物质的积累，且不易受病虫的危害，种子收获期干燥少雨，不易受灾害气候的影响，从而实现种子的高产和稳产。因此，选择夏季干燥少雨的气候条件是专业化种子生产田建设的前提。但在这种情况下，并非不需要灌溉措施。雨量较少的地区进行灌溉对草类植物的成功建植、植株营养生长及种子成熟都是必要的。运用灌溉措施控制水分供应使植株形成尽可能多的花芽，并促进开花和种子的形成，保证种子发育的水分供应，可为高产提供有利条件。实践证明，在我国北方地区春季返青、冬季上冻时需要进行充分灌溉，在植株生长和种子发育期间的灌溉次数和灌溉量需视土壤水分和植株生殖生长状况来确定。

1．灌溉方式　种子生产中常用的灌溉方式有漫灌、沟灌和喷灌（图 8-3）等。漫灌对水的浪费很大且灌溉量不易控制，在我国西北干旱地区，依靠黄河等河流、夏季高山融雪进行漫灌；沟灌可以避免漫灌对水的浪费，但要求种子田地形具有一定的坡度，以利于水在地表的流动；喷灌是农业生产技术发达国家普遍采用的灌溉方式，在节水和灌溉效果等方面具有一定的优势，但一些喷灌设备需要较高的投资成本，适合于规模化生产。喷灌对于砂土和砂壤土类型的灌溉效率最高，能满足大部分深层壤土类型的灌溉需要。但也有研究认为，喷灌可以推迟生长季中紫花苜蓿的开花时期，开花期喷灌影响昆虫的传粉活动，种子产量降低约 15%，这可能是由于高湿及水滴击打等其他因素造成落花或结荚率降低所致。为提高种子田灌溉效率和节约水资源，滴灌技术逐渐受到更多的关注。滴灌可以采取地面滴管或地下滴管的方式，将水分持续输送到植株根系周围，实现精准灌溉。

扫码见彩图

图 8-3　常用灌溉方式

A. 漫灌；B. 沟灌；C. 喷灌

2．灌溉技术　灌溉技术是获得种子高产的关键因素，掌握适宜的灌溉量和灌溉时间，是促进草类植物开花结实，保证种子高产的必要条件。作为我国草类植物种子生产量最大的紫花苜蓿，适宜在有灌溉条件的干旱或半干旱地区进行种子生产，可以选择土壤水分、植株生长状况和蒸散量等指标作为灌溉依据，但紫花苜蓿种子高产的灌溉管理需要考虑以下因素。首先，合理的灌溉制度中，要求具有适度的干旱条件，抑制营养体的徒长，促进开花和授粉，有利于种子成熟和收获；其次，对于具有深根系的紫花苜蓿，由于可以利用土壤深层贮存的水分，在不同土层厚度和土壤质地条件下所采用的灌溉制度不同。在土层深厚、保墒好的土壤中，种子收获后到返青之前充分灌溉，返青到种子收获期减少灌溉量和灌溉次数，通过利用深层土壤贮存的水分，种子可以获得高产。在土层浅、保墒差的土壤中，由于无法贮存充足的水分，并且根系利用水分的土层范围有限，可以采用定期少量多次的灌溉方式，即在盛花期之前适时灌溉，盛花期至结荚期延长灌溉间隔时间，适当控制灌溉量，产生适度干旱条件以利于授粉、种子成熟和收获，并抑制新的营养体生长。

3．灌溉量　在实际灌溉过程中，如果灌溉量过多，也并非有利于种子产量的提高。灌溉频繁或灌溉量大常常导致紫花苜蓿种子产量降低，这主要是由于灌溉促进了紫花苜蓿植株的营养生长，开花期和结荚期延迟，种子产量降低；虽然增加灌溉次数将提高开花的数量，但昆虫授粉的小花比例降低，结荚数降低，种子产量相应地降低；另外，在结荚期和种子成熟期水分充足的种子田内，植株容易倒伏，倒伏后将产生新的营养枝，影响种子的成熟和收获。

苜蓿种子生产实践证明灌溉技术是要求较高的管理措施之一，要获得苜蓿种子高产的关键因素是适时的灌溉而不是灌水总量的多少。苜蓿分枝期是营养物质快速积累时期，控制灌水可减少苜蓿徒长倒伏。在苜蓿现蕾至初花期灌水，可有效促进营养生长向生殖生长转化。苜蓿的各个生育期持续时间较长，应时常对苜蓿的生长情况进行观察，结合气候条件、土壤性质和大气降水量确定灌溉时间和灌溉量，才能收到良好的灌溉效果。生长在黑钙土上的紫花苜蓿，灌溉可提高种子产量。如果秋季灌溉 1 次，营养生长期灌溉 3 次，土壤含水量可维持在田间持水量的 65%，花后则降至 31%～40%，可获得最高种子产量。在新疆地区，现蕾至初花期和结荚期灌两次水（480mm），苜蓿种子产量高达 773.41kg/hm^2，同时其种子饱满程度也好，说明在结荚期适当补充种子成熟所需水分，有利于提高苜蓿种子的产量和质量。在各生育时期均灌溉 3 次的对照（720mm）中，整个苜蓿生长期保持充足水分状态，苜蓿倒伏植株较多，达 40%，影响了苜蓿的授粉和结实，造成种子产量降低。只在分枝期灌水 1 次（240mm），苜蓿在生长后期受到严重水分胁迫，各产量组分均受到影响，导致苜蓿的种子产量最低。另外，凡是在现蕾至初花期灌水均可形成较高的苜蓿种子产量，说明现蕾至初花期灌水有利于苜蓿花芽分化，促进苜蓿开花、结实集中完成。并且明显提高单株花序数、每花序荚果数、单株粒重等指标。在地下滴灌技术研究实践中，提出苜蓿地下滴灌（埋深 20cm）制度，包括现蕾-初花期灌水量为 71.7mm、盛花期为 92.6mm、末花期为 113.7mm、结荚期为 120.1mm、结荚-成熟期为 116.2mm、成熟期为 118.2mm。此外，地下滴灌 375mm 处理的种子产量最高，达 1197.33kg/hm^2，适合新疆昌吉地区紫花苜蓿制种。

4．灌溉时间　白三叶种子生产中，通过正确的灌溉时间控制土壤水分含量能促进花的形成，提高种子产量。白三叶种子产量最高时的需水量要少于最大营养生长的需水量。与足量灌水相比，中度水分亏缺一般可获得最大种子产量。新西兰的研究表明，从盛花期开始当植物接近萎蔫时，使土壤水分保持在有效水分的 50%，维持平均可利用水分在总有效水分的 25%时，与不灌溉相比，种子产量提高 53%。但是，灌溉也不总是能提高种子产量，夏季灌溉会降低生殖枝的扩展，减少种子产量。在我国云南，适度灌溉可以提高白三叶种子产量，土壤可利用水分亏缺到 80%时灌水，实际种子产量最高，比不灌水提高 7%，比充足灌水（无水分胁迫区）提高了 9.8%。冬春季灌溉可促进白三叶的营养生长和生殖生长，并在盛花期保有较高的土壤含水量，满足白三叶开花授粉对水分的需求，提高种子产量。春季灌溉尤其重要，单一的冬季灌溉对白三叶生长及种子产量提高不显著。

通常，灌溉可以延长禾本科草类植物的生殖发育，在雨量较少的地区，返青期、拔节期、抽穗期和灌浆期 4 次灌水才能满足高羊茅种子生产的需求。在甘肃酒泉地区的气候土壤条件下，返青期、拔节期、抽穗期和灌浆期灌水对新麦草种子产量的形成有利，灌水量以每次 600m^3/hm^2 为宜。这样既能满足种子生产的水分需求，又能减少渗漏和蒸发等造成的水资源浪费。但在实践当中，具体的灌水时间和次数并非固定不变，应根据实际气候情况、土壤状况和植物生长对水分敏感时期做出科学的决策。

草类植物种子产量的基础是在建植阶段和花序分化这两个阶段奠定的，因而在这两个阶段之前应进行灌溉。在营养生长后期或开花初期适当缺水对增加种子产量有一定益处。

四、病虫害防治

多年生草类植物种植后，在生育期内经历由幼苗生长或返青到成熟植株的较长时间，同时受环境光照、温度、湿度及植物种类的影响，为一些病虫害的发生提供了有利的生长环境，不仅影响植株的正常生长，而且影响植株的开花和种子的形成发育，导致种子产量和质量的下降。因此，种子田的病虫害防治对于保持和提高种子产量尤为重要。尤其是在种子贸易当中，严格禁止出现属于国内外检疫控制的对象，如菟丝子、麦角病等，一旦在种子批内出现这类严格控制的病虫害将会带来巨大的经济损失，也将成为国际种子贸易的主要障碍。

1．种子生产中的病虫害

（1）病害

1）麦角病：麦角病发生时，常可以看到种子变成一个紫黑色、大而硬的麦角，通过携带真菌进行传播。麦角病严重为害的草类植物有棕籽雀稗、毛花雀稗、巴哈雀稗、大黍、纤毛蒺藜草、多年生黑麦草、草地早熟禾和雀麦等，其中草地早熟禾、翦股颖比其他禾本科草类植物更易感染。在开花期病菌孢子侵入子房后发育代替了胚珠，造成结实不良。

2）瞎籽病：瞎籽病是由种带真菌侵染许多禾本科草类植物种胚，并使其死亡的一种病害，尤其是黑麦草和高羊茅易感染。瞎籽病的周期性流行与开花期潮湿的气候有关，病菌常常为害多年生黑麦草的花器，降低种子产量和质量。初次感染出现在子囊孢子散落到未受精或未成熟种子上时，萌发、分支通过胚乳和子房，进而使种子死亡。在美国俄勒冈州采用田间火烧的办法可以控制瞎籽病害。增加尿素的施用量可以减少黑麦草中瞎籽病的发生，但在流行年份并不能够完全控制。

3）黑穗病：黑穗病为害多种禾草，病菌主要破坏花器，感病植株小穗内小花的子房和小穗的颖片基部被病菌破坏，形成疱状孢子堆而代替了籽粒，从而造成种子减产。

4）秆锈病：秆锈病的发生可减少营养物质向穗部的转运，对黑麦草、高羊茅、鸭茅种子产量造成不利影响。在孕穗和开花期，在田间喷施三氮唑类杀菌剂可以控制秆锈病的发生。

5）其他：豆科草类植物的病害大多由真菌引起，如红三叶与白三叶的颈腐病、根腐病、三叶草北方炭疽病、苜蓿锈病、苜蓿白粉病、苜蓿叶斑病、柱花草炭疽病、大翼豆锈病等。受病侵染后的草类表现为子房发育不全，落花落荚使种子产量、质量下降。

（2）虫害　虫害在豆科草类植物中的危害更加严重。苜蓿种子田是许多害虫集中出现的地方，在美国，有超过500种害虫出现在苜蓿种子田内，但大多数害虫对种子生产没有直接影响。在欧洲有60余种有害昆虫种类，但主要集中于对苜蓿的影响。在草类植物种子生产田出现的害虫有蚜虫、蓟马、盲蝽、籽象甲、苜蓿籽蜂等，这些害虫常常取食花蕾、幼花、子房或吸食花器的汁液，或蛀食种子。

2．种子生产中的病虫害防治

（1）选用抗病虫品种　不同的草类植物品种对于病虫的抗性显然不同，选择抗病虫品种是防治病虫害的重要措施之一。紫花苜蓿中的‘Cherokee’和‘Teton’两个品种对于苜蓿锈病抗性高；红三叶中的‘Daliak’品种是三叶草北方炭疽病的高抗品种；圭亚那柱花草中‘库克’（‘Cook’）品种极易感炭疽病，而来自哥伦比亚的品种‘184’和‘136’抗性较强；距瓣豆栽培品种‘Belalto’对叶斑病和红螨的抗性比普通距瓣豆强。

（2）播种无病虫害的种子　从外地引入的种子或其他播种材料必须进行植物检疫，防止病虫随种子一起引入，特别是可传染同属其他种或其他品种，甚至可传染其他属植物的病虫害。还可通过种子处理达到消灭病虫的目的。例如，禾本科草类植物的黑穗病可用温水浸种，用萎锈灵和福美双等化学药剂处理种子杀死病菌的冬孢子；用菲醌（种子重量的0.3%）或福美双拌种可消灭苜蓿叶斑病夹杂在种子残体上的越冬子囊孢子；可用干热法（70℃温度下6h）消灭三叶草种子上所带炭疽病病菌。

（3）施用化学药剂　使用杀菌剂、杀线虫剂或杀虫剂消灭为害草类植物的病菌和害虫，又称为化学防治。化学防治可明显地提高草类植物种子的产量，于土表施入唑菌酮（18kg/hm^2）和叠氮钠（125kg/hm^2）可控制麦角病。用苯菌灵（28～56kg/hm^2）表土施药可清除土壤中瞎籽病的初侵染源。通过施用溴硫磷乳剂（500g/hm^2）防治马铃薯盲蝽，可将湿地百脉根种子产量提高 40%。在进行化学防治时应注意不伤害益虫，包括传粉媒介昆虫和捕食性有益昆虫。施用砜吸磷或三溴磷可以有效地防治苜蓿种子生产中的害虫，但对苜蓿的传粉者切叶蜂没有影响。

甘肃酒泉地区田间调查结果表明，苜蓿种子田的主要害虫包括牛角花齿蓟马、豌豆蚜和红苜蓿蚜。利用杀虫剂控制苜蓿虫害可以显著影响种子产量（图 8-4）。其中现蕾期喷施 90%敌百虫和结荚期喷施 40%氧化乐果乳油，种子产量最高，达 992kg/hm^2，仅在现蕾期喷施 90%敌百虫产量次之，为 861kg/hm^2，分别较对照不防治虫害处理增产 134%和 103%。现蕾期防治处理不仅明显降低了处理一周内害虫的田间数量水平，而且使后期的害虫虫口密度得到了明显抑制。可见，在现蕾期务必进行一次喷药防治，抑制后期的害虫虫口密度，避免在花期发生严重的虫害。另外，结荚期喷药防治对于控制害虫虫口密度也有重要作用。

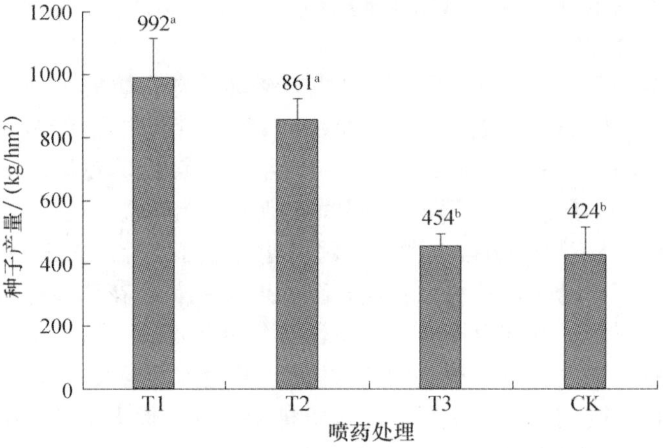

图 8-4　喷药处理对苜蓿种子产量的影响（张铁军等，2009）

T1 为现蕾期和结荚期喷施；T2 为现蕾期喷施；T3 为结荚期喷施；CK 为不喷施。数字的上标字母表示显著性差异

（4）轮作和消灭残茬　轮作具有自然土壤消毒的作用，对草类植物种子田进行轮作以免田间菌虫量逐年累加，造成病虫害的流行。例如，多年留种羊茅，瘿蚊逐渐增多，经 5～6 年将使其种子颗粒无收；连续留种紫花苜蓿，黄斑病发病率第二年为 40.8%，第三年为 92.3%，造成叶脱落，严重影响种子的产量。合理的轮作倒茬既有利于草类植物的生长，又使某些病虫失去了寄主，达到消灭或减少病虫数量的目的。种子收获后田间留下的残茬及田埂上的野生寄主植物，是下一生长季中重要的初侵染源，因而刈后清除残茬、杂草和野生寄主可以收到防治病虫的效果。

五、人工辅助授粉

多年生草类植物大多数属于异花授粉的植物，授粉情况对种子产量和质量关系极大，生产上常采用人工辅助授粉提高小花的授粉率，增加草类植物种子产量。

1．禾本科草类植物的人工辅助授粉　禾本科草类植物为风媒花植物，借助于风力传播花粉。在自然情况下，结实率并不很高，视禾草种类的不同分别为 20%～90%，多在 30%～

70%。人工辅助授粉，可以显著提高种子产量。对猫尾草、无芒雀麦、草地羊茅、鸭茅等种子田进行一次人工辅助授粉，使种子增产 11.0%～28.3%，进行两次人工辅助授粉，可使种子增产 23.5%～37.7%。对禾本科草类植物进行人工辅助授粉，必须在大量开花期间及一日中大量开花的时间进行。人工辅助授粉的方法很简便，授粉时用人工或机具于田地两侧，拉（张）一绳索或线网于植株开花时从植株上掠过。空摇农药喷粉器或小型直升机低空飞行都可使植株摇动，起到辅助授粉的功效。

2．豆科草类植物的人工辅助授粉　大多数豆科草类植物是自交不亲和的，所以生产种子所必需的异花授粉都要借助于昆虫。蜜蜂（*Apis mellifera*）、蝗蜂（*Bombus*）、碱蜂（*Nomia melanderi*）和切叶蜂（*Megachile rotundata*，图 8-5）等是豆科草类植物的主要授粉者。为了促进豆科草类植物的授粉，提高其种子产量，可在种子田中配置一定数量的蜂巢或蜂箱（图 8-6）。切叶蜂或碱蜂对苜蓿有性花柱的打开和传粉起着非常重要的作用，几乎每一次采蜜都能引起龙骨瓣的张开和完成授粉过程。研究表明，苜蓿种子生产田的不同位置放养切叶蜂 50 000 头/hm^2，可获得 665～920kg/hm^2 的种子产量（当地平均产量为 200～400kg/hm^2）。在黑龙江的研究表明，切叶蜂对提高紫花苜蓿种子产量效果显著。按每公顷放蜂 30 000 头、蜂箱间距离 100m 的放养方式，每公顷可增产种子 156kg。但在我国苜蓿种子大田生产中，由于切叶蜂孵化饲养技术问题，蜂群数量难以达到规模化种子生产的要求，切叶蜂授粉技术无法在种子生产实践中进行应用。苜蓿种子生产企业只能通过放养蜜蜂来提高小花的传粉效果。

图 8-5　切叶蜂

扫码见彩图

图 8-6　放置在种子田的切叶蜂箱

在新疆阿拉尔市、阿克苏市等地区调查传粉的野生蜂情况，发现苜蓿传粉野蜂种类多，其中以棒角拟地蜂、灰无沟隧蜂数量大，传粉效率高，具有一定的经济价值。而且调查发现传粉昆虫数量太少，苜蓿传粉昆虫数量不到 1500 头/hm^2，因此保证苜蓿在大量开花期间有足够的传粉昆虫数量，是提高种子产量重要技术措施。在杂三叶种子田中，以 50 000 头/hm^2 放养切叶蜂，可使种子产量从 228kg/hm^2 提高到 345kg/hm^2。蜜蜂对百脉根、蝗蜂对红三叶的授粉有特别效果，可在不同的草类植物种子田中每公顷配置 3～10 箱蜂用于传粉。

讨论题

1. 如何采用科学合理的田间管理技术以实现紫花苜蓿种子生产的高产和稳产？

2. 针对我国气候条件的多样性，以高羊茅、老芒麦、紫花苜蓿等为对象，讨论种子生产的地域性。

第九章 种子收获、加工与贮藏

第一节 种子收获

草类植物种子收获时，必须事先做好一切准备及有关组织工作。适时收获，可避免种子产量损失和保证种子质量，收获太早会降低种子活力，收获太晚会造成种子的脱落损失。种子收获后的干燥及清选工作，对提高种子质量、保证种子利用价值和种子安全贮藏具有重要的意义。

草类植物中，无限花序占的比例较大，开花期有的早有的晚，花期较长，导致种子成熟期不一致，往往表现为同一花序上部分种子已经成熟或即将落粒，而另一部分种子则处于发育时期，尚未成熟。因此，草类植物种子适宜收获时间的确定，既要考虑获得最大的种子产量，又要兼顾所收获种子的成熟度、籽粒饱满度、发芽率等质量指标，尽可能减少因收获时间造成的损失。草类植物种子在田间收获后，不仅种子水分含量相对较高，而且不可避免地含有大量杂质，包括土砾、秸秆、其他植物种子、虫卵等，对种子质量和安全贮藏造成很大的影响，必须经过种子加工清选才能贮藏和使用。

在田间所形成的种子并不能被全部收获，实际种子产量通常低于表现种子产量（理论种子产量），总有一部分产量损失。损失的原因包括：①种子成熟期不一致；②植株倒伏；③种子落粒或荚果开裂；④收获过程中的损失等。禾本科草类植物种子产量损失一般占表现种子产量的 20%～75%；豆科紫花苜蓿利用联合式收割机收获时种子损失达 400kg/hm^2，占表现种子产量的 25%～30%；白三叶种子收获损失达 200kg/hm^2，占表现种子产量的 12%～39%。因此，草类植物种子收获就是在前期种子田有效管理的基础上，通过确定适宜的收获期，选择合适的收获方法，在保证收获种子质量的前提下，减少种子的收获损失。

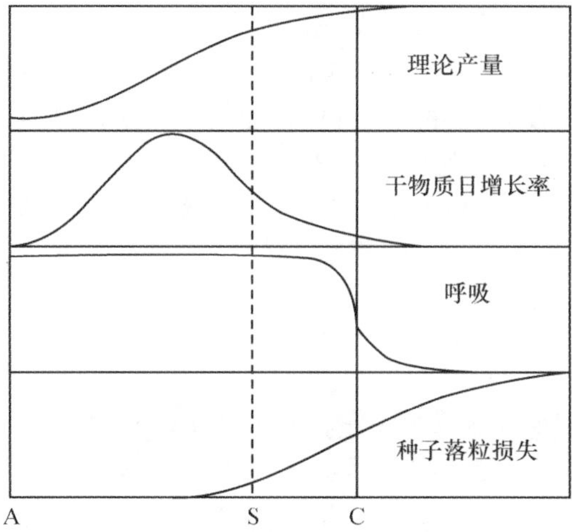

图 9-1 种子成熟期的种子产量及落粒性损失
A．开花期；S．人工刈割收获种子期；
C．联合收割机收获种子期

一、种子的收获时间

确定种子收获时间，必须考虑两个问题：一是能获得品质优良的种子，二是尽可能地减少因收获不当造成的损失。

草类植物种子的成熟包括两个方面的含义，即形态上的成熟和生理上的成熟，只具备其中一个条件时，不能认为种子真正成熟。受精后随着胚和胚乳的发育，种子干物质的积累前期慢，中期快，后期又减慢，并随着种子的逐渐成熟落粒损失不断增加（图 9-1）。按种子外部形态特征的变化划分成熟期，禾本科草类植物种子成熟阶段分为乳熟期、蜡熟期和完熟期，豆科草类植物种子成熟阶段分为绿熟期、黄熟期（黄熟前期、黄熟后期）和完熟期。种胚的成熟完成于乳熟期（绿熟期），此时种子呈现绿色（豆科荚果和种子呈鲜绿色），含白色乳状物质，种子易破，乳熟期（绿熟期）的种子干燥后轻且不饱满，发芽率及种子产量均低。蜡熟期的种子蜡质状，含水量降至45%以下，种子易被人的指甲切断。豆科黄熟前期种子荚果转为黄绿色，种皮呈绿色，比较硬，但易被指甲划破，此时种子体积达最大；黄熟后期荚果褪绿，种皮呈固有色，种子体积缩小，不易被指甲划破。完熟期的种子呈固有的色泽，种子变硬，千粒重、发芽率、种子产量均较高，是种子收获的适宜时期。当用联合收割机收获时，一般可在完熟期进行，而用人工收割时，可在蜡熟期（黄熟后期）进行。

由于草类植物与农作物的开花习性存在较大区别，农作物开花整齐，花期一般较短，而草类植物保持了较强的野生性状，开花期不一致，花期较长，造成种子成熟度不一致。很多草类植物种子成熟时具有较强的落粒性，收获不及时或收获方法不当会造成较大的产量损失。多年生黑麦草、草地羊茅、一年生黑麦草、鸭茅等草类植物种子成熟时因落粒造成的损失可达 100～290kg/hm^2。因此，为了防止落粒损失，必须及时收获。为了不延误种子收获，在开花结束 12～15d 后，应每日进行田间观察，一旦成熟立即进行收获。

种子含水量可作为确定收获时期的一个指标。对于大多数草类植物而言，当种子含水量降到 45%时便可收获。具柄百脉根开始收获的最佳时间是种子成熟后的 2～4d，这时种子含水量为 35%，荚果呈浅棕色，并已有 3%～4%的荚果开裂（Hare and Lucas，1984）；糖蜜草（*Melinis minutiflora*）种子的最适收获日期在花后 20～35d，这时种子含水量为 36%～43%；多年生黑麦草和苇状羊茅种子含水量降至43%时为收获的最适时期，种子含水量低于43%时，落粒损失增加。种子含水量的测定应在开花结束 10d 之后每隔 2d 取一次样进行测定，或用红外水分测定仪在田间直接测定。一般种子成熟期每天含水量降低 1.5%。常见草类植物种子收获的适宜时期见表 9-1。

表 9-1　常见草类植物种子收获的适宜时间

草种名称	人工刈割收获	联合收割机收获
鸭茅	形态成熟等级 3.4～3.6 种子含水量 35%～40%	盛花期后 26～30d
紫羊茅	形态成熟等级 3.4～3.6 种子含水量 35%～40%	盛花期后 26～30d 形态成熟等级 4.5～5.0 种子含水量 20%～30%
高羊茅	种子含水量 43%	盛花期后 29～30d
草地早熟禾	形态成熟等级 3.3 种子含水量 38%	初花期后 23d 种子含水量 35%
多花黑麦草	形态成熟等级 3.0 种子含水量 40%～45%	盛花期后 28～30d 形态成熟等级 3.3～3.4 种子含水量 37%～40%
多年生黑麦草	形态成熟等级 2.5～3.5 种子含水量 40%～47%	盛花期后 26～30d 形态成熟等级 3.0～4.5 种子含水量 25%～35%
猫尾草	形态成熟等级 3.6 种子含水量 37%～40%	盛花期后 33～38d 种子含水量 23%～31%

续表

草种名称	人工刈割收获	联合收割机收获
红三叶	盛花期后 42d	盛花期后 42d
白三叶	盛花期后 21～26d	盛花期后 21～26d
紫花苜蓿	荚果 2/3～3/4 变为黑褐色	干燥剂处理后 3～10d 收获，此时荚果和叶片的含水量为 15%～20%
百脉根	大部分荚果变为浅褐或褐色	大部分荚果变为浅褐或褐色

二、种子的收获方法

草类植物种子的收获可以用联合收割机或人工刈割。用联合收割机收获种子速度快，收获工作能在短期内完成，同时也可以省去普通方法收获的繁杂过程，如捆束、晾晒、运输、脱粒等程序。

联合收割机收获时，刈割的留茬高度以 20～40cm 为宜，这样可以割下较少的茎、叶及杂草，降低种子湿度和减少杂草混入。刈割后的残茬可供放牧或刈割作青草或调制干草。

大多数多年生禾本科草类植物，可以用割草机进行刈割，刈割的草晾晒在残茬上，放成草条，2～7d 后在田间用脱粒机械进行脱粒。也可刈割后直接运输到晾晒场，干燥脱粒，具体方法视草类植物种类而定。

豆科草类植物种子成熟时，植株尚未停止生长，茎叶处于青绿状态，给种子收获带来很大困难。因此，在种子收获前常用飞机或地面喷雾器，对田间生长的植株喷施化学干燥剂，喷施后 3～5d，再用联合收割机收获。干燥剂一般为接触性除莠剂，如敌草快用量为 1～2kg/hm^2，敌草隆用量为 3～4L/hm^2，利谷隆用量为 3.2kg/hm^2。

用联合收割机收获种子，应在无雾无露水的晴天进行，这样种子易于脱粒，减少收获时的损失。联合收割机的行走速度不超过 1.2km/h。用人工刈割，应在清晨有雾时进行，防止因干燥引起搂集、捆束和运输过程中的种子损失。

对于种子成熟时间不一致的禾本科草类植物，可进行多次种子收获，以增加种子的总产量。例如，大黍、无芒虎尾草和纤毛蒺藜草种子的收获可采用拍打和搓揉相结合的方法，用拍打搓揉式脱粒器或收割器进行，也可进行手工搓揉或拍打将成熟的、质量好的种子收集到容器中，未成熟的种子可以多次收获。另外，几种热带草类植物，如新诺顿豆、距瓣豆和大翼豆等攀缘性豆科植物，搭架种植时常采用人工采摘荚果收获种子，可获得较高产量。矮柱花草、圭亚那柱花草和大翼豆种子的落粒性非常强，常常成熟即脱落，且种子成熟期不一致，若用割晒机收割，植株上保留的种子仅占总量的 1/3～1/2，收获量极少，此类草类植物目前国内外常在收割后将植株堆积于原地，等种子完全脱落后再用吸种机将散落于地面的种子吸起或用人工清扫收集。在一年收获一茬以上的种子田里，最后一茬种子收获可采用这种方式收获。采用吸种机收获或用人工清扫收集，苗床要求平整一致，杂草少。

第二节　种 子 干 燥

种子加工是指种子收获后，对种子所采取的干燥、清选、包衣和包装等各种处理，以清除一批种子中的杂质，提高种子质量，保证贮藏安全和种子播种价值的过程。种子加工可为播种后实现稳产和增产奠定基础。

草类植物种子收获之后含水量仍然较高，不利于保藏，因此刚收获的种子必须立即进行干燥，使其含水量迅速降到规定的标准，以达到减弱种子内部生理生化作用对营养物质的消耗、杀死或抑制有害生物、加速种子后熟，提高种子质量的目的。

一、种子干燥原理

种子干燥是通过干燥介质给种子加热，使种子内部水分不断向表面扩散和表面水分不断蒸发来实现的。

种子表面水分的蒸发，取决于空气中水蒸气分压力的大小。空气水蒸气分压力用空气水蒸气含量表示，水蒸气含量随水蒸气分压力的增加而增加，水蒸气分压力与含湿量在本质上是同一参数。空气水蒸气分压力与种子表面水蒸气分压力之差，是种子干燥的推动力，它的大小决定种子表面水分蒸发速度。压力差越大，种子表面水分蒸发速度越快。

种子内部水分的移动现象，称为内扩散。内扩散又分为湿扩散和热扩散。在种子干燥过程中，表面水分蒸发，破坏了种子水分平衡，使其表面含水率小于内部含水率，形成了湿度梯度，而引起水分向含水率低的方向移动，这种现象称为湿扩散。在种子受热后，表面温度高于内部温度，形成温度梯度。由于存在温度梯度，水分随热源方向由高温处向低温处移动，这种现象称为热扩散。

温度梯度与湿度梯度方向一致时，种子水分热扩散与湿扩散方向一致，加速种子干燥而不影响干燥效果和质量。如温度梯度和湿度梯度方向相反，使种子中水分热扩散和湿扩散以相反方向移动时，影响干燥速度。如果加热温度较低，种子体积较小，对水分向外移动影响不大；如果温度较高，热扩散比湿扩散强烈时，往往种子内部水分向外移动的速度低于种子表面水分蒸发的速度，从而影响干燥质量。严重的情况下，种子内部的水分不但不能扩散到种子表面，反而往内迁移，形成种子表面裂纹等现象，造成种子的损伤。

影响种子干燥的因素主要有相对湿度、温度、气流速度及种子本身生理状态和化学成分等。

1．相对湿度　在温度不变的条件下，干燥环境中的相对湿度决定了种子的干燥速度。如果空气相对湿度小，含水率较高的种子，其干燥推动力大，干燥速度快；反之则小。空气相对湿度也决定了干燥后种子的最终含水量。

2．温度　温度是影响种子干燥的主要因素之一。较高的干燥环境温度：一方面具有降低空气相对湿度，增加持水能力的作用；另一方面能使种子水分迅速蒸发。在相同的相对湿度条件下，温度较高时干燥的潜在能力大，所以应尽量避免在气温较低的情况下对种子进行干燥。

3．气流速度　种子干燥过程中，吸附在种子表面的浮游状气膜层会阻止种子表面水分的蒸发，须用流动的空气将其逐走，使种子表面水分继续蒸发。空气的流速越高，种子干燥速度越快，可缩短干燥时间。但空气流速过高，会加大风机功率和热能损耗，所以在提高气流速度的同时，要考虑热能的充分利用和保持风机功率在合理的范围，以减少种子干燥成本。

4．种子生理状态和化学成分

（1）种子生理状态对干燥的影响　刚收获的种子含水率较高，新陈代谢旺盛，干燥时宜缓慢进行，可采用先低温干燥后高温干燥的过程。如直接采用高温进行干燥，容易使种子丧失发芽能力。

（2）种子化学成分对干燥的影响

1）淀粉类种子。种子组织结构疏松，毛细管粗大，传湿力强，较容易干燥，可采用较高温度进行干燥。

2）蛋白质类种子。种子组织结构紧密，毛细管较细，传湿力弱，但种皮疏松，易失去水分。干燥时，如采用较高的温度和气流速度，种子内水分向外移动较慢，而种皮水分蒸发得较快，使其内外水分差异过大易造成种皮破裂，不易贮藏，影响种子生活力。这类种子干燥时，应尽量采用低温进行慢速干燥。

3）油脂类种子。种子内含有大量的脂肪，是非亲水性物质。这类种子水分容易散发，可用高温快速干燥。但种皮疏松易破裂的种子（如油菜籽），热容量低，在高温条件下易失去油脂成分，干燥过程中应予以注意。

除生理状态和化学成分外，种子籽粒大小不同，吸热量不一致，大粒种子需热量多，小粒种子需热量少。

种子干燥条件中，温度、相对湿度和气流速度之间存在着一定的关系。温度越高，相对湿度越低，气流速度越大，则干燥效果越好；反之，干燥效果差。种子干燥过程中，必须确保种子生活力，否则，即使达到了种子干燥的目的，也失去了种子干燥的意义。

二、种子干燥方法

草类植物种子干燥方法主要有自然干燥和人工干燥两大类。后者又包括机械通风干燥和热空气干燥等方法。采用人工或普通割晒机收获，割倒后种子在植株上进行一段时间的自然干燥，脱粒后种子水分含量仍较高时，还需要进一步干燥，降低种子含水量。而联合收割机直接收获的草类植物种子，通常具有较高的含水量，收获后应当立即进行干燥。

1. 自然干燥 自然干燥是利用日光、风等自然条件，辅以人工摊晾或翻动，使种子的含水量降低，达到安全贮藏的水分标准。自然干燥具有节约能源、廉价安全的优点，适合小规模种子生产方式，在我国北方农业生产中广泛应用。采用自然干燥时，种子水分降低的速度与空气温度、相对湿度、种子形态结构和铺垫物等有关。自然干燥时，种子摊晒在干净的水泥地、沥青地或塑料膜等不透水的铺垫物上，在阳光照射下，一方面种子内水分因热蒸发作用向空气中散失；另一方面由于种子堆表层与底层受热不同，种子之间形成温度差，水分从表层向底层形成湿度梯度，出现种子堆上层干、底层湿的现象，表层和底层的种子含水量相差可达 3%～5%。因此，草类植物种子在自然干燥时，种子堆的厚度不宜过厚，一般为 5～20cm，其中大粒种子堆厚度为 15～20cm，小粒种子堆以 5～10cm 厚度为宜。阳光充足、风力较大时，种子堆的厚度可适当增大。种子堆还可堆成波浪形，形成一道道种子垄，加快水分散失的速度，并经常翻动，使表层和底层种子干燥均匀。在夏季气温较高，阳光直晒后种子堆的温度可达 60～70℃，种子干燥速度过快，易对种子生活力产生损害，这时可利用早晨或傍晚气温较低、日照辐射较低的时间进行晾晒干燥，或搭遮阳网、凉棚等避免直接照射，防止温度过高和干燥速度过快造成种子生活力降低。

2. 机械通风干燥 在收获季节降雨频繁，无法选择自然干燥的地区，可利用吹风机向种子堆中输送空气，加快空气流动速度，将种子堆中聚集的水汽、种子呼吸和微生物活动释放的热量带走，避免种子堆发热和霉变，达到降低种子水分含量和温度的目的。机械通风干燥法可在专门设计的仓库中进行，依据种子含水量，确定种子堆的厚度和空气流量。直接收获的种子，含水量在 40%左右，装入仓库通风干燥时，每层种子的厚度不超过 1m；含水量在 17%～21%，装入仓库时，按每层 1.5～1.8m 的厚度降温和干燥。谷仓或种子罐中贮藏的种子厚度最高可达 6m，每平方米干燥面积通风干燥的空气流量一般为 6m^3/min，每米种子厚度的气压为 736.1Pa，种子的干燥速度可保持在每 4～6h 含水量降低 1%的速率。如果采用人工或普通割晒机收获的草类植物种子，通过草条上晾晒使水分含量降低到 19%时，脱粒后再仓贮，通风干燥时，根据天气状况，可在 20～30h 内将种子含水量降低 5%，达到安全水分标准。

机械通风干燥的效果与大气相对湿度的高低密切相关。只有外界相对湿度在 70%以下时，机械通风干燥才经济有效。而雨天大气湿度较高情况下，或在相对湿度较高的南方地区，不可能将种子水分含量降低到与大气相对湿度平衡的水分点以下。例如，25℃时，水分含量为 16%的种子大气平衡相对湿度为 81%，这意味着如果空气相对湿度超过 81%，即使使用机械通风，也无法使种子含水量进一步降低。这种条件下，机械通风干燥只是含水量较高的种子防止发热变质、控制微生物活动的暂时性保存方法。

3．热空气干燥　在温暖潮湿、种子收获季节降雨频繁的地区，大规模种子生产需要利用热空气干燥，快速降低收获种子含水量，使之达到安全水分标准的要求。热空气干燥是将空气加温，以加热空气作为介质，使种子内部的水分气化后溢出，从而实现干燥的一种方法。

根据加热空气温度和干燥速度的组合，可划分为中温慢速干燥和高温快速干燥。中温慢速干燥多用于仓内干燥，加热空气的温度高于大气温度 8～14℃，每平方米干燥面积空气流量在 6m^3/min 以下时，种子干燥速率为每小时降低含水量 1%左右。高温快速干燥是采用较高的温度和较大的空气流量，在短时间内降低种子水分含量的方法。

根据加热空气与种子的运动关系，可划分为加热空气对静止种子层干燥和加热空气对移动种子层干燥两种方法。属于前一种形式的干燥设备有袋式干燥机、箱式干燥机和热气流烘干室等。采用高于大气温度 11～25℃的加热气体，通过对流方式对静止种子层进行干燥。加热气体温度的高低可根据干燥机器的性能、种子含水量和环境条件设定，但最高温度不能高于 43℃。

加热空气对移动种子层的干燥，可以使种子受热更均匀，提高干燥效率，降低能源成本。根据加热气流的流动方向与种子移动方向，分为顺流式干燥、对流式干燥和错流式干燥等，干燥设备包括滚筒式干燥机、百叶窗式干燥机、风槽式干燥机和输送带式干燥机等。这种干燥方法的基本工作过程是将种子从喂料口送入干燥机，经 30～120min 干燥后输出。例如，多年生黑麦草种子含水量为 15%～20%，加热空气温度为 43℃，干燥时间以 30min 为宜。加热气体的最高温度必须在安全干燥温度范围内。

第三节　种子清选与分级

种子从收获至干燥、包装和贮藏前，必须进行有效清选与分级。清选和分级是提高种子质量的重要技术手段，其主要目的是清除种子中混入的茎秆、叶片、小穗、稃壳、荚果、不完整种子、杂草种子、土砾、砂石和空瘪种子等，提高种子净度，并进一步将其他植物种子和不同饱满程度的种子分离，提高种子的纯度和等级。种子清选应当遵循四个方面的原则：一是将所有混杂物完全清除；二是将清除混杂物时的种子损失降低到最小程度；三是将破损或虫蛀等无生活力或低质量种子与优质种子分离，提高种子的质量；四是清选能力与清选效率相结合，控制清选成本。

一、清选原理

草类植物种子清选是根据种子大小、形状、重力、空气动力学特性和种子表面结构等特性差异，通过专门的机械设备，实现不同组分的分离。

1. 根据种子空气动力学特性分离清选　处在气流中的种子或其他杂物，其运动轨迹由它们对气流产生的阻力决定。气流对种子或杂质的压力 P 的大小可表示为

$$P=k\rho FV^2 \tag{9-1}$$

式中，k 为种子或杂质的阻力系数；ρ 为空气密度；F 为种子或杂质的承风面积；V 为气流速度。

当种粒重量 $g>P$ 时，种粒在气流中落下；当种粒重量 $g<P$ 时，种粒被气流带走；当种粒重量 $g=P$ 时，种粒在气流中悬浮，这时的气流速度称为临界速度。由此，根据种子与杂质在气流当中临界速度的差异，可实现分离的目的。

用于分离清选种子的空气动力模式包括平行气流、垂直气流和倾斜气流等。在我国农业生产中普遍应用的风车清选机是利用平行气流分离清选种子的典型工具，可清除重量较轻的杂质和空瘪的籽粒。垂直气流常用于风筛清选和风扇清选，原理是当种子沿筛面或进料口下降时，临界速度小于气流速度的轻种子和轻杂质随垂直向上的气流向上运动进入沉积室，临界速度大于气流速度的种子则按相反的方向下降，达到分离的作用。垂直气流还被用于重力清选过程，振动平板上的种子受垂直气流吹动加速上下跳动，促进不同密度种子在平板上的分离。倾斜气流清选是用倾斜气流将进料口下落的种子按向上倾斜的角度吹出，轻（瘪）种子、轻杂质、饱满种子吹出去的距离不同，从而实现分离。空气动力分离只能对种子不同重量组分进行初级分离。

2. 根据种子形状与大小特性分离清选　草类植物种子按长度（L）、宽度（W）和厚度（D）三个指标表示其大小和形状（图 9-2），其中，$L>W>D$ 为扁长形种子，$L>W=D$ 为椭圆形种子，$L=W>D$ 为扁圆形种子，$L=W=D$ 为球形种子。风筛清选和窝眼清选是根据种子形状和大小与杂质的差异，进行分离与精选分级。

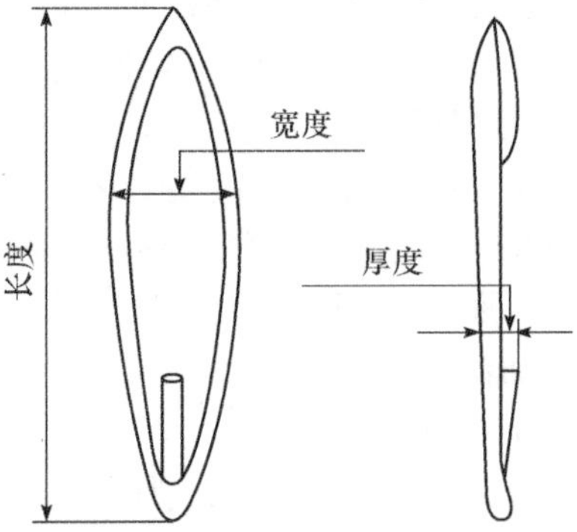

图 9-2　种子的长、宽、厚度

（1）风筛清选　目前清选草类植物种子的风筛以镀锌板冲孔筛为主，分圆孔和长孔等形状，个别的也采用金属编织筛，筛孔有正方形、长方形和菱形等。圆孔筛是根据种子的宽度进行分离，宽度大于筛孔直径的，留在筛面上，宽度小于筛孔直径的，则通过筛孔落下。长孔筛又称线孔筛，是根据种子的厚度进行分离，筛孔有长度和宽度两个度量。由于长孔筛的筛孔长度一般是种子长度的 2 倍，而一般种子的宽度大于或等于厚度，厚度是限制种子从筛孔落下的主要因素。长孔筛工作时，种子在筛面上侧立运动，厚度小于筛孔宽度的种子从筛孔落下，厚度大于筛孔宽度的种子则留在筛面上，实现不同厚度种子的分离。

（2）窝眼清选　窝眼清选是根据种子长度进行分离的。窝眼筒上的窝眼通过冲压或打钻而成，冲压的窝眼可制成不同规格和各种形状，而打钻成的窝眼主要有圆柱形和圆锥形。进入窝眼筒的种子，其长度小于窝眼口径的种子落入窝眼内，随圆筒旋转提升，到一定高度后落下进入分离槽，被搅轮运出。长度大于窝眼口径的种子，不能进入窝眼，沿窝眼筒的轴向从另外一端流出。窝眼筒清选对于小粒圆形的禾本科和豆科草类植物种子的清选效果好。

3. 根据种子重力特性分离清选　重力分离是以种子和杂质的密度或重力差异进行分离清选，其分离过程包括两个步骤：第一，种子原料在一块有孔的、呈适当角度和方向倾斜的振动平板上堆积，平板下部的风机产生低压空气，通过平板上的气孔形成垂直气流渗入种子堆后，使种子形成流动层，低密度的种子悬浮在顶层，高密度的种子在底层与平板相接触

的部位，中等密度的种子处于中间层的位置。第二，平板在倾斜状态下振动，平板上的种子流动层发生层层滑移，互相分离。高密度的种子顺着斜面向上做侧向移动，悬浮着的低密度种子受自身重力的影响，沿斜面向下做侧向移动。

种子密度差异是重力清选的主要因素，但如果种子的密度和大小都存在差异，则影响重力清选的效果。因此，种子原料经过筛选和窝眼筒清选后，种子颗粒大小一致，再经过重力分离做进一步清选。

4．根据种子表面结构特性分离清选 外形和表面粗糙程度不同的种子，放置在相同材质构成的、具有一定倾角的斜面上，种子与斜面间可形成不同的摩擦力或摩擦系数。一粒重量为 G 的种子，放置在倾角为 α 的斜面上，种子与斜面之间的摩擦角为 φ（图 9-3），则种子与这个斜面间的摩擦力 F 为

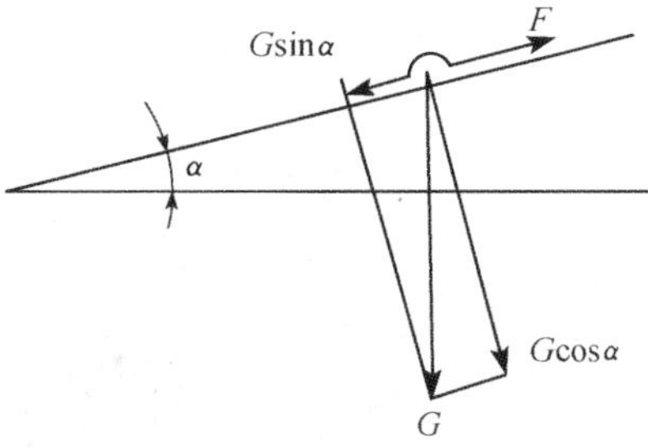

图 9-3 种子下滑条件（颜启传，2000）

$$F=G\cos\alpha\,\text{tg}\varphi$$

当种子重力在斜面方向上的分力大于种子与斜面间的摩擦力时，$G\sin\alpha>F$，即 $\text{tg}\alpha>\text{tg}\varphi$，种子在斜面上下滑；反之，种子停留在斜面。如果这一倾角的斜面处于向上的连续滚动状态，则表面粗糙、摩擦力 $F>G\sin\alpha$ 的种子随斜面向上移动，而光滑的、摩擦力 $F<G\sin\alpha$ 的种子向下滑落，从而将种子外形和表面粗糙程度不同的种子分离开来。

此外，表面粗糙的种子，喷水润湿后，对铁粉有吸附性，且因表面粗糙程度不同，吸附铁粉的程度不同，根据这一特性，可利用磁性分离机提高表面粗糙程度不同种子的分离效率。

根据种子表面特性，可以有效地剔除杂草种子，特别是分离苜蓿和三叶草种子中的菟丝子种子，也可以分离小石子和泥块，以及未成熟或破损的种子。

二、清选方法

种子清选通常是利用草类植物种子与混杂物物理特性的差异，通过专门的机械设备来完成种子与混杂物的分离。普遍应用的物理特性有种子颗粒大小、外形、密度、表面结构、极限速度、电性能、颜色和回弹等，清选机利用其中一种或数种特性差异进行清选。常用的种子清选方法有以下几种。

1．风筛清选 风筛清选是根据种子与混杂物在大小、外形和密度上的不同而进行的清选，常用风筛清选机（图 9-4）进行。种子由进料口加入，靠重力流入送料器，送料器定量地将种子送入气流中，气流首先吹除掉轻杂物，如茎叶碎片、脱落的颖片等，其余种子撒布在最上面的筛面上，通过此筛将较大混杂物除去，落下的种子进入第二筛面。第二筛按种子大小进行粗清选，然后转入第三筛进行精清选，再落到第四筛进行最后一次清选。种子在流出第四筛时，已将轻种子和杂物除去。可根据所清选草类植物种子的大小选择不同大小和形状的筛面。

风筛清选法只有在混杂物的大小与种子体积相差较大时，才能取得较好的效果。如果混杂物大小与种子体积差异很小，种子与杂物不易用筛子分离时，需要选用其他清选方法。

2．重力清选 重力清选是按种子与混杂物的密度和重力差异来清选种子。大小、形状、表面特征相似的种子，其重量不同可用重力清选法分离。破损、发霉、虫蛀、皱缩的种子，大小与优质种子相似，但重力较小，利用重力清选效果较好。同样，大小与种子相同的砂粒、土块也可利用重力清选被清除。

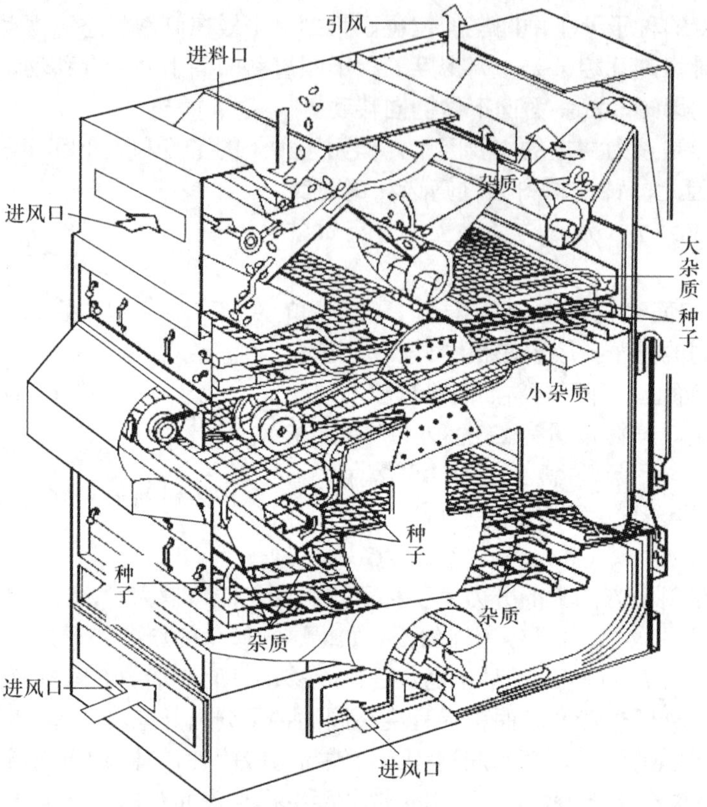

图 9-4 风筛清选机剖面

重力清选常常用重力清选机进行，重力清选机的主要工作部件是风机和分级台面（图 9-5）。种子从进料口喂入，清选机开始工作，倾斜网状分级台面沿纵向振动，风机的气流由台面底部气室穿过网状台面吹向种子层，使种子处于悬浮状态，进而使种子与混杂物形成若干密度

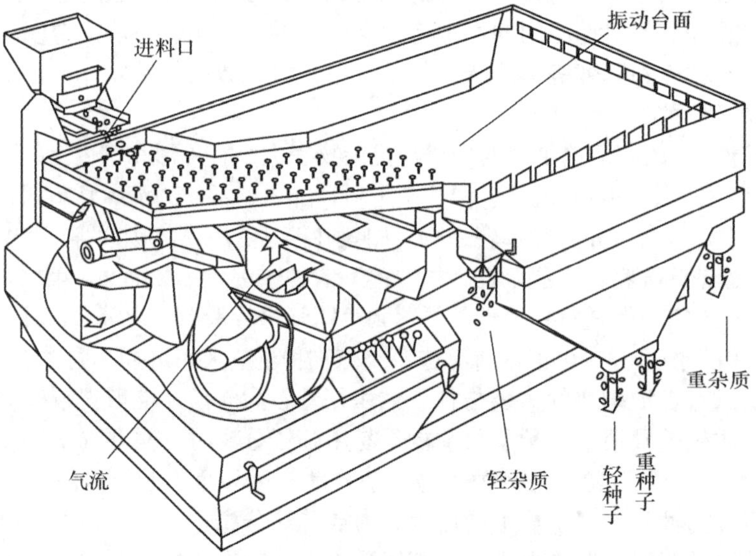

图 9-5 重力清选机外观及剖面

不同的层，低密度成分浮起在顶层，高密度成分在底层，中等密度成分处于中间位置。台面的振动作用使高密度成分顺着台面斜面向上做侧向移动，同时悬浮着的轻质成分在本身重量的作用下向下做侧向移动，排料口按序分别排出石块、优质种子、次级种子和碎屑杂物。

3．窝眼清选 窝眼清选是根据种子及混杂物的长度不同来进行清选。常用的清选设备是称为窝眼筒或窝眼盘的分离装置。窝眼筒分离器是一个水平安装的圆柱形滚筒，筒内壁有许多窝眼，筒内装有固定的“U”形种槽。工作时，窝眼筒做低速转动，与窝眼大小相当或小于窝眼的种子和混杂物进入窝眼中，每一粒占据一个窝眼，随着窝眼筒被带到较高位置后，靠重力落入种槽内，被螺旋推动器推送到出口处，较长的成分不能进入窝眼，集聚于窝眼筒底部被螺旋推动器推出，因而与较短的成分分离。这样通过选择不同窝眼直径的窝眼筒，就可达到从短种子中清除长混杂物或从长种子中清除短混杂物的目的。这样种子与混杂物最后被分成长混杂物、清洁种子和短混杂物。这种清选一般要由几个结合在一起的窝眼筒经过一次或多次清选完成。窝眼清选机（图 9-6）多用于豆科等表面光滑种子的清选。

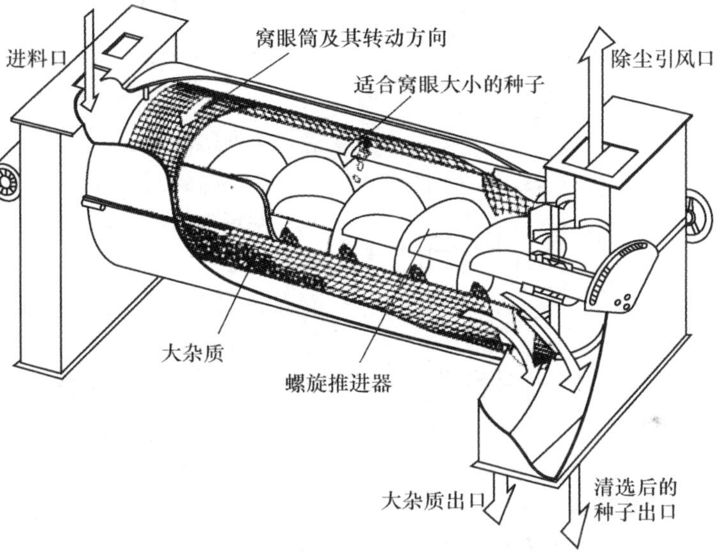

图 9-6 窝眼清选机剖面

窝眼盘的工作原理与窝眼筒相似，只是窝眼在盘的圆周面上，若干相同直径的窝眼盘装在同一水平转动轴上（图 9-7），窝眼盘随转动轴旋转将进入窝眼的种子抛入斜槽内。这样将进入窝眼的成分和不能进入窝眼的大混杂物分开。

4．表面特征清选 表面特征清选是依据种子和混杂物表面特征的差异进行种子清选。表面特征清选法常用的设备有螺旋分离机、倾斜布面清选机和磁性分离机。

1）螺旋分离机（图 9-8）的主要工作部件是固定在垂直轴上的螺旋槽，待清选的种子由上部加入，沿螺旋槽滚滑下落，并绕轴回转。球形光滑种子滚落下滑的速度较快，具有较大的离心力，飞出螺旋槽，落入挡槽内排出；非球形或表面粗糙种子及杂质，滑落速度较慢，沿螺旋槽下落，从另一出口排出。

2）倾斜布面清选机（图 9-9）是利用向上运动的倾斜布面将种子和杂质分离，待清选的种子及混杂物从进料口喂入，圆形或表面光滑的种子沿布面滑下或滚下，表面粗糙或外形不规则的种子及杂物，因摩擦阻力大，随倾斜布面上升，从而达到分离的目的。倾斜布面清选机的

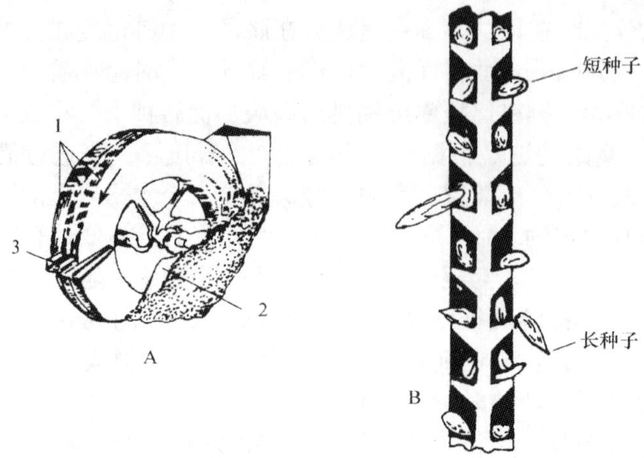

图 9-7 窝眼盘分离器的外观及窝眼盘纵剖面

A. 外观：1. 窝眼；2. 倾斜叶片；3. 斜槽。B. 窝眼盘纵剖面

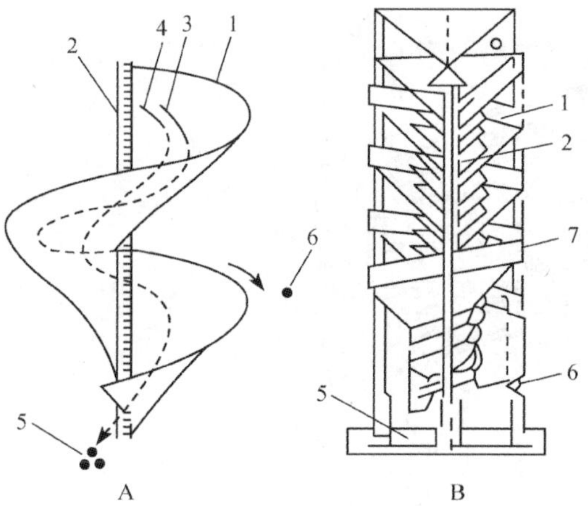

图 9-8 螺旋分离机

A. 摩擦作用原理；B. 外貌。1. 螺旋槽；2. 轴；3、6. 球形种子；4. 非球形种子；5. 非球形种子出口；7. 挡槽

布面常用粗帆布、亚麻布、绒布或橡胶塑料等制成。分离强度可通过喂入量、布面转动速度和倾斜角来调节。

3）用磁性分离机（图 9-10）清选时，水、铁粉和种子混合物一并进入磁性滚筒，光滑的种子不粘或少粘铁粉，可自由落下，而杂质或表面粗糙种子粘有较多铁粉，被吸附在磁性滚筒表面，随滚筒转至下方时被刷子刷落。磁性分离机一般装有 2 或 3 个滚筒，以提高清选效果。

5. 颜色清选 随着科技的发展，机械分选逐渐取代了传统的人工分选，色选机（图 9-11）的出现让产品的分选提高到很高的档次，在提高产品质量与工作效率方面有

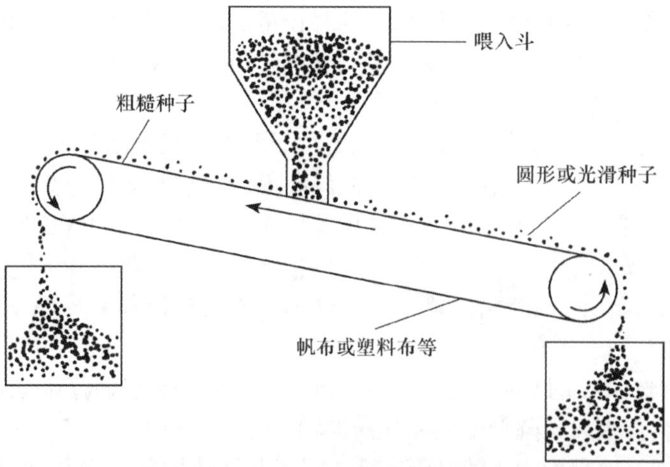

图 9-9 倾斜布面清洗机剖面

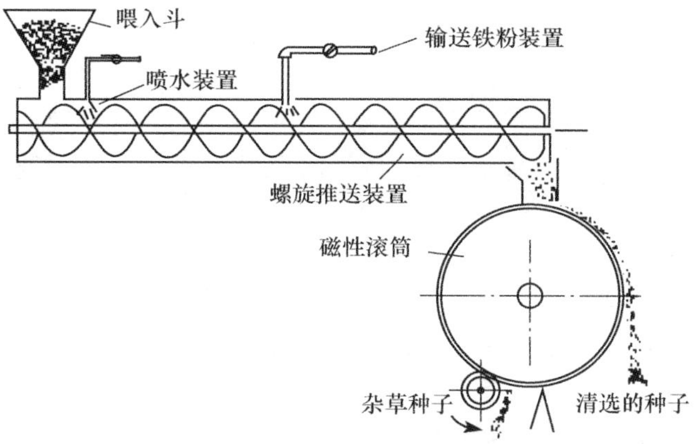

图 9-10　磁性分离机

许多优势。色选机的用途较广，可用于各种大小、形状种子的色选。

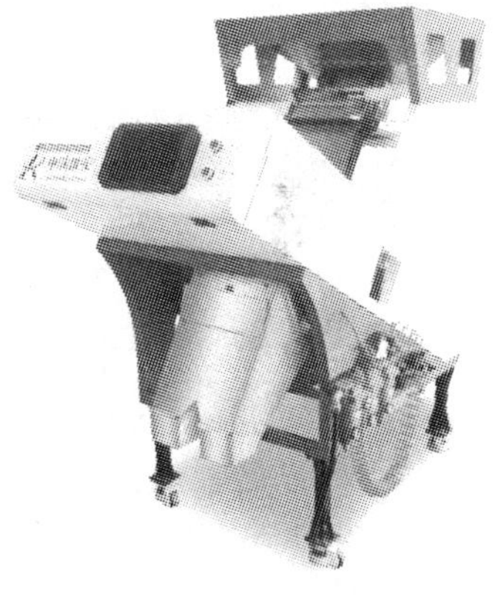

图 9-11　色选机

色选机是有“眼睛”的智能设备，其“眼睛”就是光电检测部件，这个部件中有相机与传感器，拍摄清晰，将产品中的不良品通过高频电磁阀喷吹出去，达到优选的效果，其功能比人眼强大万倍，同时色选机通过这个“眼睛”，简单快速地将产品中的不良品、杂质与异色颗粒筛选出去，得到质量较高、颜色一致的种子。

色选机的工作原理：根据物料颜色的差异，利用光电技术将颗粒物料中的异色颗粒自动分拣出来。种子从顶部的料斗进入机器，通过振动给料器的振动，种子沿滑槽下滑，加速下落进入分选室内的观察区，并从传感器和背景板间穿过。在光源的作用下，根据光的强弱及颜色变化，使系统产生输出信号驱动喷阀工作，吹出异色种子至接料斗的次品槽内，而颜色好且一致的种子继续下落至接料斗成品槽内，从而达到颜色清选的目的。

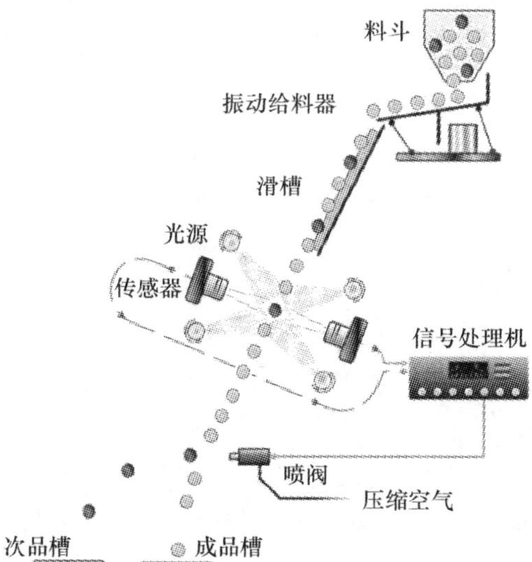

图 9-12　色选机工作原理与工作流程

色选机的操作和工作流程（图 9-12）如下。

1）将电源接上，开启清选机上的电脑（显示器），轻触一下触摸屏即可开始进行色选工作。

2）将准备好的种子倒入料斗，振动给料器高频抖动，将种子抖动落入物料分配槽。

3）当物料落入分选箱后，前后两个亿万像素的摄像头会对每一粒种子进行高频次的全面拍照，不放过一处死角。

4）所拍摄到的图片都会通过光谱分析与合格种子进行比对，发现与合格产品不相符、颜色有差异的种子，喷阀就会将其吹出，落入次品槽，合格的种子则沿着设定路线落入成品槽。

三、种子分级

依据种子净度、发芽率、种子用价、其他植物种子、水分确定种子等级的过程称为种子分级。经过干燥和清选加工后的种子，要划分质量等级。种子分级既是为了方便贮藏管理，也是为了方便种子贸易。净度是种子种用价值的主要依据，它不仅影响种子的质量和播种量，而且是种子安全贮藏的主要因素之一；发芽率是衡量种子质量的主要指标，也是影响种子用价的主要因素；其他植物种子包括异作物种子或杂草种子，异作物种子的存在易造成机械混杂和生物学混杂，直接影响产量和质量，杂草种子，特别是一些恶性杂草对草类植物生长影响较大，除充塞田间空间、传播病虫害外，同异作物种子一样，对草类植物种子的收获、脱粒、清选、包装、运输及安全贮藏都会带来困难与危害；种子水分是种子安全贮藏的重要指标。

1. 种子分级的原则　种子等级划分的各项指标，采用GB/T 2930.2《牧草种子检验规程 净度分析》、GB/T 2930.3《牧草种子检验规程 其他植物种子数测定》、GB/T 2930.4《牧草种子检验规程 发芽试验》、GB/T 2930.8《牧草种子检验规程 水分测定》和《国际种子检验规程》的检验方法进行测定，并依其进行质量分级。当净度、发芽率不在同一级别时，用种子用价取代净度与发芽率。种子用价也叫种子利用率，是指真正有利用价值的种子所占的百分率。计算公式为

$$种子用价（\%）=净度\times发芽率\times100$$

豆科植物的发芽率中可含有硬实种子，种子等级划分的标准适用于生产、销售和使用的豆科草类植物种子的质量分级。同属近似植物种和品种可参照执行。

2. 种子的质量分级　种子质量分为一级、二级、三级。表9-2和表9-3分别给出了豆科和禾本科草类植物种子的质量分级指标。

表9-2　豆科草类植物种子质量分级

序号	中文名	拉丁名	级别	净度≥/%	发芽率≥/%	种子用价≥/%	其他植物种子数≤/（粒/kg）	水分≤/%
1	沙打旺	*Astragalus adsurgens*	一	98.0	90	88.2	1000	12.0
			二	95.0	80	76.0	3000	
			三	90.0	70	63.0	5000	
2	草木樨状黄芪	*Astragalus melilotoides*	一	98.0	90	88.2	50	12.0
			二	95.0	85	80.8	1000	
			三	90.0	80	72.0	2000	
3	紫云英	*Astragalus sinicus*	一	98.0	90	88.2	50	12.0
			二	95.0	85	80.8	1000	
			三	90.0	80	72.0	2000	
4	平托花生	*Arachis pintoi*	一	98.0	90	88.2	250	14.0
			二	95.0	80	76.0	500	
			三	90.0	70	64.4	1000	
5	紫穗槐	*Amorpha fruticosa*	一	98.0	80	78.4	50	13.0
			二	95.0	70	66.5	1000	
			三	90.0	60	54.0	2000	

续表

序号	中文名	拉丁名	级别	净度≥/%	发芽率≥/%	种子用价≥/%	其他植物种子数≤/（粒/kg）	水分≤/%
6	鹰嘴豆	*Cicer arietinum*	一	98.0	90	88.2	100	13.0
			二	95.0	85	80.8	200	
			三	92.0	80	73.6	400	
7	中间锦鸡儿	*Caragana intermedia*	一	98.0	80	78.4	200	13.0
			二	95.0	70	66.5	400	
			三	92.0	60	55.2	600	
8	柠条锦鸡儿	*Caragana korshinskii*	一	98.0	85	83.3	200	13.0
			二	95.0	75	71.2	400	
			三	92.0	65	59.8	600	
9	小叶锦鸡儿	*Caragana microphylla*	一	98.0	80	78.4	200	13.0
			二	95.0	70	66.5	400	
			三	92.0	60	55.2	600	
10	多变小冠花	*Coronilla varia*	一	98.0	90	88.2	500	12.0
			二	95.0	80	76.0	1000	
			三	90.0	70	63.0	2000	
11	绿叶山蚂蝗	*Desmodium intortum*	一	98.0	90	88.2	500	14.0
			二	95.0	85	80.8	1000	
			三	90.0	75	67.5	2000	
12	银叶山蚂蝗	*Desmodium uncinatum*	一	98.0	90	88.2	500	14.0
			二	95.0	85	80.8	1000	
			三	90.0	75	67.5	2000	
13	饲用大豆	*Glycine max*	一	98.0	95	93.1	50	13.0
			二	95.0	90	85.5	100	
			三	92.0	85	78.2	200	
14	甘草	*Glycyrrhiza uralensis*	一	98.0	90	88.2	200	12.0
			二	95.0	80	76.0	400	
			三	92.0	70	64.4	600	
15	山竹岩黄芪	*Hedysarum fruticosum*	一	98.0	80	78.4	200	13.0
			二	95.0	70	66.5	400	
			三	92.0	60	55.2	600	
16	塔落岩黄芪	*Hedysarum laeve*	一	98.0	70	68.6	200	13.0
			二	95.0	65	61.8	400	
			三	92.0	60	55.2	600	
17	蒙古岩黄芪	*Hedysarum mongolicum*	一	98.0	70	68.6	200	13.0
			二	95.0	65	61.8	400	
			三	92.0	60	55.2	600	
18	细枝岩黄芪	*Hedysarum scoparium*	一	98.0	80	78.4	200	13.0
			二	95.0	70	66.5	400	
			三	92.0	60	55.2	600	

续表

序号	中文名	拉丁名	级别	净度≥/%	发芽率≥/%	种子用价≥/%	其他植物种子数≤/（粒/kg）	水分≤/%
19	多花木蓝	*Indigofera amblyantha*	一	96.0	90	86.4	500	13.0
			二	93.0	80	74.4	1000	
			三	90.0	70	63.0	2000	
20	马棘	*Indigofera pseudotinctoria*	一	96.0	90	86.4	500	13.0
			二	93.0	80	74.4	1000	
			三	90.0	70	63.0	2000	
21	山黧豆	*Lathyrus sativus*	一	98.0	95	93.1	50	13.0
			二	95.0	90	85.5	100	
			三	90.0	85	76.5	200	
22	二色胡枝子	*Lespedeza bicolor*	一	98.0	85	83.3	500	13.0
			二	95.0	80	76.0	2000	
			三	90.0	70	63.0	3000	
23	达乌里胡枝子	*Lespedeza davurica*	一	98.0	90	88.2	500	12.0
			二	95.0	85	80.8	2000	
			三	90.0	80	72.0	4000	
24	百脉根	*Lotus corniculatus*	一	98.0	90	88.2	500	12.0
			二	95.0	85	80.8	1000	
			三	90.0	80	72.0	2000	
25	银合欢	*Leucaena leucocephala*	一	98.0	85	83.3	50	14.0
			二	95.0	80	76.0	100	
			三	92.0	70	64.4	200	
26	罗顿豆	*Lotononis bainesii*	一	98.0	95	93.1	50	14.0
			二	95.0	85	80.8	100	
			三	90.0	75	67.5	200	
27	大翼豆	*Macroptilium atropurpureum*	一	98.0	90	88.2	200	12.0
			二	95.0	80	76.0	500	
			三	90.0	70	63.0	1000	
28	紫花苜蓿	*Medicago sativa*	一	98.0	90	88.2	1000	12.0
			二	95.0	85	80.8	3000	
			三	90.0	80	72.0	5000	
29	南苜蓿（金花菜）	*Medicago polymorpha*	一	98.0	90	88.2	1000	12.0
			二	95.0	85	80.8	3000	
			三	90.0	80	72.0	5000	
30	杂花苜蓿	*Medicago varia*	一	98.0	90	88.2	1000	12.0
			二	95.0	85	80.8	3000	
			三	90.0	80	72.0	5000	
31	扁蓿豆	*Melilotoides ruthenica*	一	98.0	90	88.2	500	12.0
			二	95.0	85	80.8	1000	
			三	90.0	80	72.0	2000	

续表

序号	中文名	拉丁名	级别	净度≥/%	发芽率≥/%	种子用价≥/%	其他植物种子数≤/（粒/kg）	水分≤/%
32	白花草木樨	*Melilotus albus*	一	98.0	95	93.1	1000	12.0
			二	95.0	90	85.5	3000	
			三	90.0	80	72.0	5000	
33	黄花草木樨	*Melilotus officinalis*	一	98.0	95	93.1	1000	12.0
			二	95.0	90	85.5	3000	
			三	90.0	80	72.0	5000	
34	大结豆	*Macrotyloma axillarie*	一	98.0	85	83.3	250	14.0
			二	95.0	80	76.0	500	
			三	90.0	70	63.0	1000	
35	红豆草	*Onobrychis viciaefolia*	一	98.0	90	88.2	50	13.0
			二	95.0	85	80.8	100	
			三	92.0	75	69.0	200	
36	豌豆	*Pisum sativum*	一	98.0	95	93.1	50	13.0
			二	95.0	90	85.5	100	
			三	90.0	85	76.5	200	
37	葛藤	*Pueraria lobata*	一	98.0	90	88.2	250	14.0
			二	95.0	85	80.8	500	
			三	90.0	75	67.5	1000	
38	圭亚那柱花草	*Stylosanthes guianensis*	一	98.0	90	88.2	500	14.0
			二	95.0	80	76.0	1000	
			三	90.0	70	63.0	2000	
39	有钩柱花草	*Stylosanthes hamata*	一	98.0	90	88.2	500	14.0
			二	95.0	80	76.0	1000	
			三	90.0	70	63.0	2000	
40	西卡柱花草	*Stylosanthes scabra*	一	98.0	90	88.2	500	14.0
			二	95.0	80	76.0	1000	
			三	90.0	70	63.0	2000	
41	红三叶	*Trifolium pratense*	一	98.0	90	88.2	500	12.0
			二	95.0	85	80.8	2000	
			三	90.0	80	72.0	4000	
42	白三叶	*Trifolium repens*	一	98.0	90	88.2	500	12.0
			二	95.0	85	80.8	2000	
			三	90.0	80	72.0	4000	
43	草莓三叶	*Trifolium fragiferum*	一	98.0	90	88.2	500	12.0
			二	95.0	85	80.8	2000	
			三	90.0	80	72.0	4000	

续表

序号	中文名	拉丁名	级别	净度≥/%	发芽率≥/%	种子用价≥/%	其他植物种子数≤/（粒/kg）	水分≤/%
44	杂三叶	*Trifolium hybridum*	一	98.0	90	88.2	500	12.0
			二	95.0	85	80.8	2000	
			三	90.0	80	72.0	4000	
45	绛三叶	*Trifolium incarnatum*	一	98.0	90	88.2	500	12.0
			二	95.0	85	80.8	2000	
			三	90.0	80	72.0	4000	
46	胡卢巴	*Trigonella foenum-graecum*	一	98.0	90	88.2	500	12.0
			二	95.0	85	80.8	1000	
			三	90.0	80	72.0	2000	
47	山野豌豆	*Vicia amoena*	一	98.0	95	93.1	50	12.0
			二	95.0	90	85.5	100	
			三	92.0	85	78.2	200	
48	箭筈豌豆	*Vicia sativa*	一	98.0	95	93.1	50	13.0
			二	95.0	90	85.5	100	
			三	92.0	85	78.2	200	
49	长柔毛野豌豆（毛苕子）	*Vicia villosa*	一	98.0	95	93.1	50	13.0
			二	95.0	90	85.5	100	
			三	92.0	85	78.2	200	
50	光叶紫花苕	*Vicia villosa* var. *glabrescens*	一	98.0	95	93.1	50	13.0
			二	95.0	90	85.5	100	
			三	92.0	85	78.2	200	
51	饲用豇豆	*Vigna unguiculata*	一	98.0	95	93.1	50	14.0
			二	95.0	85	80.8	100	
			三	92.0	75	69.0	200	

注：同一种植物不同级别的水分含量相同

表 9-3 禾本科草类植物种子质量分级

序号	中文名	拉丁名	级别	净度≥/%	发芽率≥/%	种子用价≥/%	其他植物种子数≤/（粒/kg）	水分≤/%
1	羽茅	*Achnatherum sibiricum*	一	95.0	85	80.7	1000	11.0
			二	90.0	80	72.0	2000	
			三	85.0	70	59.5	3000	
2	冰草	*Agropyron cristatum*	一	95.0	90	85.5	2000	11.0
			二	90.0	85	76.5	3000	
			三	85.0	80	68.0	5000	
3	沙生冰草	*Agropyron desertorum*	一	95.0	85	80.7	2000	11.0
			二	90.0	80	72.0	3000	
			三	85.0	75	63.7	5000	

续表

序号	中文名	拉丁名	级别	净度≥/%	发芽率≥/%	种子用价≥/%	其他植物种子数≤/（粒/kg）	水分≤/%
4	沙芦草	*Agropyron mongolicum*	一	95.0	85	80.7	2000	11.0
			二	90.0	80	72.0	3000	
			三	85.0	75	63.7	5000	
5	小糠草	*Agrostis alba*	一	95.0	85	80.7	2000	11.0
			二	90.0	80	72.0	3000	
			三	85.0	75	63.7	5000	
6	匍匐翦股颖	*Agrostis stolonifera*	一	95.0	85	88.2	2000	11.0
			二	90.0	80	72.0	3000	
			三	85.0	75	63.7	5000	
7	草原看麦娘	*Alopecurus pratensis*	一	95.0	80	76.0	2000	11.0
			二	90.0	75	67.5	3000	
			三	85.0	70	59.5	5000	
8	黄花茅	*Anthoxanthum odoratum*	一	95.0	85	80.7	2000	11.0
			二	90.0	80	72.0	3000	
			三	85.0	75	63.7	5000	
9	燕麦草	*Arrhenatherum elatius*	一	95.0	85	80.7	2000	11.0
			二	90.0	80	72.0	3000	
			三	85.0	75	63.7	5000	
10	燕麦	*Avena sativa*	一	98.0	90	88.2	200	12.0
			二	95.0	85	80.7	500	
			三	90.0	80	72.0	1000	
11	地毯草	*Axonopus compressus*	一	95.0	85	80.7	1000	11.0
			二	90.0	80	72.0	2000	
			三	85.0	75	63.7	3000	
12	扁穗雀麦	*Bromus catharticus*	一	95.0	85	80.7	1000	11.0
			二	90.0	80	72.0	2000	
			三	85.0	75	63.7	3000	
13	无芒雀麦	*Bromus inermis*	一	95.0	85	80.7	1000	11.0
			二	90.0	80	72.0	2000	
			三	85.0	75	63.7	3000	
14	野牛草	*Buchloe dactyloides*	一	95.0	85	80.7	100	12.0
			二	90.0	80	72.0	200	
			三	85.0	75	63.7	300	
15	无芒虎尾草	*Chloris gayana*	一	95.0	80	76.0	2000	11.0
			二	90.0	75	67.5	3000	
			三	85.0	70	59.5	5000	
16	虎尾草	*Chloris virgala*	一	95.0	80	76.0	2000	11.0
			二	90.0	75	67.5	3000	
			三	85.0	70	59.5	5000	

续表

序号	中文名	拉丁名	级别	净度≥/%	发芽率≥/%	种子用价≥/%	其他植物种子数≤/（粒/kg）	水分≤/%
17	狗牙根	*Cynodon dactylon*	一	95.0	85	80.7	1000	11.0
			二	90.0	80	72.0	2000	
			三	85.0	75	63.7	3000	
18	鸭茅	*Dactylis glomerata*	一	95.0	80	76.0	1000	11.0
			二	90.0	75	67.5	2000	
			三	85.0	70	59.5	3000	
19	稗	*Echinochloa crusgalli*	一	95.0	85	80.7	1000	11.0
			二	90.0	80	72.0	2000	
			三	85.0	75	63.7	3000	
20	墨西哥类玉米	*Euchlaena mexicana*	一	98.0	85	83.3	100	12.0
			二	95.0	80	76.0	300	
			三	90.0	75	67.5	500	
21	披碱草	*Elymus dahuricus*	一	95.0	85	80.7	2000	11.0
			二	90.0	80	72.0	3000	
			三	85.0	75	63.7	5000	
22	垂穗披碱草	*Elymus nutans*	一	95.0	85	80.7	2000	11.0
			二	90.0	80	72.0	3000	
			三	85.0	75	63.7	5000	
23	老芒麦	*Elymus sibiricus*	一	95.0	85	80.7	2000	11.0
			二	90.0	80	72.0	3000	
			三	85.0	75	63.7	5000	
24	长穗偃麦草	*ELytrigia elongate*	一	95.0	85	80.7	1000	11.0
			二	90.0	80	72.0	2000	
			三	85.0	75	63.7	3000	
25	弯叶画眉草	*Eragrostis curvula*	一	95.0	85	80.7	2000	11.0
			二	90.0	80	72.0	3000	
			三	85.0	75	63.7	5000	
26	假俭草	*Eremochloa ophiuroides*	一	98.0	85	83.3	1000	11.0
			二	95.0	80	76.0	2000	
			三	90.0	75	67.5	3000	
27	苇状羊茅	*Festuca arundinacea*	一	98.0	90	88.2	1000	11.0
			二	95.0	85	80.7	2000	
			三	90.0	80	72.0	3000	
28	羊茅	*Festuca ovina*	一	98.0	85	83.3	1000	11.0
			二	95.0	80	76.0	2000	
			三	90.0	75	67.5	3000	
29	牛尾草	*Festuca pratensis*	一	98.0	85	83.3	1000	11.0
			二	95.0	80	76.0	2000	
			三	90.0	75	67.5	3000	

续表

序号	中文名	拉丁名	级别	净度≥/%	发芽率≥/%	种子用价≥/%	其他植物种子数≤/（粒/kg）	水分≤/%
30	紫羊茅	*Festuca rubra*	一	98.0	90	88.2	1000	11.0
			二	95.0	85	80.7	2000	
			三	90.0	80	72.0	3000	
31	羊茅黑麦草	*Festulolium braunii*	一	98.0	90	88.2	1000	11.0
			二	95.0	85	80.7	2000	
			三	90.0	80	72.0	3000	
32	绒毛草	*Holcus lanatus*	一	95.0	85	80.7	1000	11.0
			二	90.0	80	72.0	2000	
			三	85.0	75	63.7	3000	
33	布顿大麦	*Hordeum bogdanii*	一	95.0	85	80.7	1000	11.0
			二	90.0	80	72.0	2000	
			三	85.0	75	63.7	3000	
34	野大麦	*Hordeum brevisubulatum*	一	95.0	85	80.7	1000	11.0
			二	90.0	80	72.0	2000	
			三	85.0	75	63.7	3000	
35	大麦	*Hordeum vulgare*	一	98.0	90	88.2	300	12.0
			二	95.0	85	80.7	500	
			三	90.0	80	72.0	1000	
36	羊草	*Leymus chinesis*	一	95.0	80	76.0	2000	11.0
			二	90.0	70	63.0	3000	
			三	85.0	60	51.0	5000	
37	多年生黑麦草	*Lolium perenne*	一	98.0	90	88.2	1000	11.0
			二	95.0	85	80.7	2000	
			三	90.0	80	72.0	3000	
38	多花黑麦草	*Lolium multiflorum*	一	98.0	90	88.2	1000	11.0
			二	95.0	85	80.7	2000	
			三	90.0	80	72.0	3000	
39	大黍	*Panicum maximum*	一	95.0	65	61.7	500	12.0
			二	90.0	60	54.0	1000	
			三	85.0	55	46.7	2000	
40	毛花雀稗	*Paspalum dilatatum*	一	95.0	80	76.0	500	11.0
			二	90.0	75	67.5	1000	
			三	85.0	70	59.5	2000	
41	巴哈雀稗	*Paspalum notatum*	一	98.0	80	78.4	500	11.0
			二	95.0	75	71.2	1000	
			三	90.0	70	63.0	2000	
42	小花毛花雀稗	*Paspalum urvillei*	一	95.0	80	76.0	500	11.0
			二	90.0	75	67.5	1000	
			三	85.0	70	59.5	2000	

续表

序号	中文名	拉丁名	级别	净度≥/%	发芽率≥/%	种子用价≥/%	其他植物种子数≤/（粒/kg）	水分≤/%
43	宽叶雀稗	*Paspalum wettsteinii*	一	95.0	80	76.0	500	11.0
			二	90.0	75	67.5	1000	
			三	85.0	70	59.5	2000	
44	御谷（珍珠粟）	*Pennisetum glaucum*	一	98.0	90	88.2	500	11.0
			二	95.0	85	80.7	1000	
			三	90.0	80	72.0	2000	
45	虉草	*Phalaris arundinacea*	一	95.0	85	76.0	2000	11.0
			二	90.0	80	72.0	3000	
			三	85.0	70	59.5	5000	
46	猫尾草	*Phleum pratense*	一	98.0	85	83.3	2000	11.0
			二	95.0	80	76.0	3000	
			三	90.0	75	67.5	5000	
47	草地早熟禾	*Poa pratensis*	一	96.0	85	81.6	2000	11.0
			二	93.0	80	74.4	3000	
			三	90.0	75	67.5	5000	
48	普通早熟禾	*Poa trivialis*	一	96.0	85	81.6	000	11.0
			二	93.0	80	74.4	3000	
			三	90.0	75	67.5	5000	
49	新麦草	*Psathyrostachys juncea*	一	95.0	85	80.7	1000	11.0
			二	90.0	80	72.0	2000	
			三	85.0	75	63.7	3000	
50	朝鲜碱茅	*Puccinellia chinampoensis*	一	95.0	85	80.7	2000	11.0
			二	90.0	80	72.0	3000	
			三	85.0	75	63.7	5000	
51	星星草	*Puccinellia tenuiflora*	一	95.0	85	80.7	2000	11.0
			二	90.0	80	72.0	3000	
			三	85.0	75	63.7	5000	
52	碱茅	*Puccinellia distans*	一	95.0	85	80.7	2000	11.0
			二	90.0	80	72.0	3000	
			三	85.0	75	63.7	5000	
53	青海鹅观草	*Roegneria kokonorica*	一	95.0	85	80.7	2000	11.0
			二	90.0	80	72.0	3000	
			三	85.0	75	63.7	5000	
54	无芒鹅观草	*Roegneria mutica*	一	95.0	85	80.7	2000	11.0
			二	90.0	80	72.0	3000	
			三	85.0	75	63.7	5000	
55	黑麦	*Secale cereale*	一	98.0	90	88.2	300	12.0
			二	95.0	85	80.7	500	
			三	90.0	80	72.0	1000	

续表

序号	中文名	拉丁名	级别	净度≥/%	发芽率≥/%	种子用价≥/%	其他植物种子数≤/（粒/kg）	水分≤/%
56	非洲狗尾草	*Setaria anceps*	一	95.0	80	76.0	1000	11.0
			二	90.0	75	67.5	2000	
			三	85.0	70	59.5	3000	
57	苏丹草	*Sorghum sudanense*	一	98.0	90	88.2	100	12.0
			二	95.0	85	80.7	300	
			三	90.0	80	72.0	500	
58	粟	*Setaria italica*	一	98.0	90	88.2	500	12.0
			二	95.0	85	80.7	1000	
			三	90.0	80	72.0	2000	
59	高丹草	*Sorghum bicolor*×*S. sudanense*	一	98.0	90	88.2	200	12.0
			二	95.0	85	80.7	300	
			三	90.0	80	72.0	500	
60	克氏针茅	*Stipa krylovii*	一	95.0	80	76.0	1000	11.0
			二	90.0	75	67.5	2000	
			三	85.0	70	59.5	3000	
61	小黑麦	*Triticale wittmack*	一	98.0	90	88.2	200	12.0
			二	95.0	85	80.7	300	
			三	90.0	80	72.0	500	
62	饲用玉米	*Zea mays*	一	98.0	90	88.2	100	14.0
			二	95.0	85	80.7	200	
			三	90.0	80	72.0	300	
63	结缕草	*Zoysia japonica*	一	98.0	80	78.4	500	11.0
			二	95.0	75	71.2	1000	
			三	90.0	70	63.0	2000	

注：同一种植物不同级别的水分含量相同

3．种子质量等级的评定方法　根据表9-2和表9-3净度、发芽率、其他植物种子数和水分进行单项指标定级，三级以下定为等外。用净度、发芽率、其他植物种子数、水分四项指标进行综合定级：四项指标在同一质量等级时，直接定级；四项指标有一项在三级以下定为等外；四项指标均在三级以上（包括三级），其中净度和发芽率不在同一级时，先计算种子用价，用种子用价取代净度与发芽率；种子用价和其他植物种子数在同一级，则按该级别定级，若不在同一级，按低的等级定级。

豆科植物种子分级时，应给出发芽率中所含硬实种子的百分率。种子中不应含有检疫性植物种子。

第四节　种 子 包 装

一、包装容器及材料

经干燥、清选和分级后的种子应进行包装，以利于贮藏和运输。包装可用麻袋、棉布袋、纸袋或塑料薄膜袋、金属筒或纤维板筒、纤维板箱、玻璃罐或其他材料制成的容器。成批出售的种子，包装容器可用较大的针织袋或多层纸袋、大纤维板筒、金属罐或纤维板箱（盒）；零售种子一般与成批出售种子的容器相同，但贵重的牧草、草坪草、能源草及其他草类植物商品种子或原种的包装容器一般为小纸袋、薄膜袋、压制的薄膜套、小纤维板盒或小金属罐。

草类植物种子所用的包装容器受以下因素支配：待包装种子的种类和数量、包装的形式、贮藏期限、贮藏温度、贮藏场所的相对湿度，以及所包装的种子准备贮藏、展览或出售的地区情况。能容纳种子并保护种子的包装容器应由具有足够抗张力、抗破力和抗撕力的材料制成、可耐受正常的装卸操作。包装材料除了掺入某些具有特殊保护性能的物质外，还要能保证种子免受昆虫、鼠类或水分变化的影响。

在多孔纸袋或针织袋中短时间贮藏的种子，或在低温干燥条件下贮藏的种子，可保持种子的生活力。而在热带条件下贮藏的种子或市场上出售的种子，如不进行严密防潮，就会很快丧失生活力。保存两个种植季节以上的种子往往需干燥并包装在防潮的容器中，以防生活力的丧失。常用的抗湿材料有聚乙烯薄膜、聚酯薄膜、聚乙烯化合物薄膜、玻璃纸、铝箔、沥青等，抗湿材料可与麻布、棉布、纸等制成叠层材料，防止水分进入包装容器。

二、包装方法

种子包装包括装入容器、容器封口和贴签三步。

第一步，装入容器。一般需包装的种子用半自动装填机或自动装填机装入容器。种子从散装贮藏库或种子堆依靠重力输送，或利用空气提升器、皮带输送机、叉车或人力搬运等运送到装填机的加料箱中，将包装袋口对准装填机，用钩子、夹子或用手使包装袋口保持适当位置进行容器装填。硬质大容器（非金属或玻璃容器）一般用手工开口，然后用人力或输送机对准包装设备。包装设备都安装有种子重量度量工具，设置容器种子装填量，从称重工具上发出信号，进行人工或自动控制。国际市场上出售的草类植物种子一般用麻袋、编织袋、多层纸袋，每袋可分别装 22.7kg（50 磅）、25kg 或 45.4kg（100 磅）。种子袋的内层常用防潮的聚乙烯膜。

第二步，容器封口。棉袋或麻袋常用手缚法或缝合法封口，以缝合法为多，绝大多数用缝口机缝合。如果用聚乙烯和其他热塑塑料，通常将薄膜加压，并加热至 93.2～204.4℃，经一定时间即可封固。热封设备有小型手工操作的钳子、夹子、滚筒和棒条，还有自动控制的制包、装包和封包机。有些封口设备利用恒温控制的棒条和滚筒，也有利用高强度短时间的热脉冲封口，可根据不同厚度材料进行调节。非金属或玻璃的半硬质或硬质容器，常用冷胶或热胶通过手工或机器进行封口。涂胶机器将容器的开口一端加工折叠后置于压力下，直到黏合牢固为止。金属罐封口可用封罐机封口，通常与食物加工中密封罐头的程序相同，可以用人工操作，也可用半自动机械操作。

第三步，贴签。将装入容器的种子的审定和鉴定结果，如种和品种名称、种子审定等级、种子批号、种子生产地、种子发芽率、净度、杂草种子含量等填写在标签上，挂或缝在柔韧的布袋或纤维袋上，或粘贴在罐、纸板盒、纸板或金属筒上，或直接打印在容器上。

第五节 种子贮藏

草类植物种子贮藏的主要目的就是把种子从一个收获季保存到下一个播种季使用。种子贮藏是一门十分重要的综合性科学，内容涉及种子贮藏库构建（包括仓库类型选择、仓库空调设备安装、温度控制、通风、防水防潮等)、种子生理、仓库微生物控制及病虫鼠害防治、贮藏期间种子质量变化监测和管理及特殊种子贮藏等。随着植物生理学、遗传学、育种学、生物化学、植物病理学、昆虫学、微生物学等学科的发展，人们已经开始从多方面、系统地研究贮藏期间种子各种生命现象的客观变化规律及其贮藏环境的影响，以提高种子贮藏质量，发挥优良品种的增产潜力，为增产打下良好基础。

随着科学技术的迅速发展，种子贮藏技术发生了很大变化，已达到更高阶段。ISTA（国际种子检验协会）于 1931 年颁布了世界上第一部种子检验规程，1980 年专门设立了种子贮藏委员会，涵盖了贮藏、运输过程中种子活力保持及其老化的生理学、长期贮藏对种子遗传的影响、顽拗型种子贮藏、种源地对种子寿命的影响及其真菌的影响等多方面研究，大大推动了草类植物种业和草产业的发展。

一、贮藏原理

呼吸作用是活细胞里发生的一种氧化还原作用，种子是活的有机体，种子呼吸是种子生命活动的具体表现形式之一。具有活力的种子即使在非常干燥或休眠状态下，呼吸作用也并未停止。呼吸作用使细胞内部发生化学反应，产生化合物并伴随释放出能量，其具体过程主要包括三个方面：一是种子本身贮藏养分的消耗；二是中间产物或最终产物的形成；三是能量的释放。一旦种子呼吸作用停止，则意味着种子生命体的死亡。

呼吸作用是一个十分复杂的生物化学反应过程，是种子内的组织在酶和氧的参与下，氧化分解种子本身所贮藏的营养物质，产生二氧化碳和水，同时释放能量的过程，其中大部分的能量为热能形式。在种子呼吸过程中，被氧化的物质称为呼吸基质，主要为种子中的糖、脂肪、蛋白质、氨基酸等，其中最主要、最直接的呼吸基质为葡萄糖。

种子呼吸的方式主要有两种，根据是否有外界氧气参与分为有氧呼吸和无氧呼吸，可以用呼吸系数（RQ）来区别。

RQ＝放出的二氧化碳积/吸收氧气的体积

若呼吸系数小于 1，为有氧呼吸，反之，为无氧呼吸。具体反应过程如下。

有氧呼吸：$C_6H_{12}O_6+6O_2 \longrightarrow 6CO_2+6H_2O+2870.224kJ$

无氧呼吸（产物一般为乙醇）：$C_6H_{12}O_6 \longrightarrow 2C_2H_5OH+2CO_2+100.416kJ$

部分无氧呼吸产物为乳酸：$C_6H_{12}O_6 \longrightarrow 2CH_3C(OH)COOH+75.312kJ$

休眠种子的呼吸作用是通过糖酵解途径（EMP）进行的。葡萄糖在一系列酶的催化作用下，脱氢氧化变为丙酮酸的过程称为糖酵解途径。研究发现种子萌发需经过磷酸戊糖途径（PPP），故打破种子的休眠实质上就是糖代谢从糖酵解转向磷酸戊糖途径的过程。Hendricks 和 Taylorson（1974）认为糖酵解转向磷酸戊糖途径的关键是由 NADPH-NADP 的再氧化能力决定的，当种子吸胀时，糖酵解系统和磷酸戊糖系统处于拮抗状态，此时增高磷酸戊糖系统的活性可促进发芽。高氧分压力可提高糖酵解系统活性，为 NADP 的再氧化提供能量（ATP），可导致休眠的破除。

仓库中贮藏的种子一般是有氧呼吸与无氧呼吸并存。在透气性良好的条件下有氧呼吸为主，反之则以无氧呼吸为主。若种子含水量较高且通风不畅，无氧呼吸产生的乙醇在种子中累积，会导致种子呼吸作用受抑，甚至胚中毒死亡。若种子长期处于有氧呼吸条件下，会导致自身贮藏营养物质的损耗，对保持种子的活力不利。因此，应根据种子呼吸作用的客观规律，使之维持在较低水平，以提高贮藏种子的质量。

1．种子呼吸的生理指标 一般用呼吸强度和呼吸系数两个生理指标来衡量种子的呼吸作用。

1）呼吸强度，也称呼吸速率，指单位时间单位重量的种子释放出 CO_2 的量或吸入氧气的量。它用来表示种子呼吸强弱的量，呼吸强度越大，种子干物质消耗的越多。

2）呼吸系数，也称呼吸商，指在单位时间内种子呼吸放出的二氧化碳体积和吸收氧气体积的比值。如果种子呼吸时消耗的呼吸底物为碳水化合物（如葡萄糖），且充分氧化，则 RQ＝1；如果消耗的呼吸底物为含氢较多的脂肪或蛋白质（甘油酸酯），则 RQ＜1；如果消耗的呼吸底物为含氧较多的物质（如草酸等有机酸），有机酸本身含氧较多，氧化时从外界吸入的氧气较少，则 RQ＞1。一般其呼吸系数小于 1。

由此我们可以看出，如果种子的呼吸系数 RQ 远小于 1，说明种子在进行强烈的有氧呼吸，会消耗较多的干物质。

2．种子呼吸生理指标的测定 由于种子呼吸作用进行得较缓慢，因此测定其生理指标必须利用精密的仪器和方法。通常使用最多的就是测定种子释放的二氧化碳和吸入的氧气。也可通过测定呼吸过程中种子干物质量的减少、释放的热量和产生的水分来测定种子呼吸，但这些方法得到的结果都没有前者更令人满意。

3．影响种子呼吸的因素 种子是具有生命活力的有机体，它在自身内因和外界环境的共同影响下进行生命活动。所以，种子的呼吸作用与自身内因和外界环境有着紧密的联系。内因是变化的基础，外因是变化的条件。因此，必须考虑多方面的因素，才能更有效地提高贮藏种子的质量。

（1）内在因素对种子呼吸强度的影响

1）遗传特性：不同的种子因遗传特性不同而具有不同的组织结构和化学成分。例如，沙打旺、紫云英等种皮致密，种子内干物质较稳定，种子容易保存；花生、大豆等含油量高的种子，种子内贮藏物质易变质，种子活力易降低，保存难度大；而贮藏物质以淀粉为主的种子（如水稻等），内部结构较稳定，种子活力易保持。

2）种子个体差异：种子呼吸作用与种子本身的成熟度、饱满度和完整性、胚的大小、籽粒大小、种子有无受损、受潮或发芽等因素有密切的关系。一般情况下未成熟、不饱满、受过损伤、胚较大、受潮、发芽的种子呼吸强度都较高。

3）种子成熟程度：随着种子成熟程度的增加，酶活性逐渐降低，种子呼吸强度逐渐降低。饱满度好的种子，由于种子胚的占比较小，呼吸强度相对较低。而完整性差或受损的种子，由于微生物容易从伤口侵入，氧气更易进入，种子呼吸强度较大。胚的大小也影响种子的呼吸强度，因为胚是种子中呼吸最旺盛的组织，胚越大，种子呼吸强度越强。

4）受潮或发芽：可增大种子的呼吸强度。在种子萌发阶段，种子内酶的活性较高。种子受潮后会进入萌发阶段，即使再次烘干，呼吸作用也会大大加强。

（2）外界因素对种子呼吸强度的影响

1）水分：影响种子呼吸强度的水分指贮藏环境大气中的湿度和种子自身的含水量。干燥的种子呼吸微弱，含水量高的种子呼吸旺盛，主要是因为种子中的酶活性随含水量的增加而提高，呼吸作用增强，种子中贮藏物质消耗加速，放出的二氧化碳和吸入氧气的量大幅度增加。此外，种子中水含量越低，细胞液浓度越大，种子对严寒和酷热等逆境的抵抗力也越强。

2）温度：是影响种子呼吸强度的另一个重要因素，在一定范围内，种子的呼吸作用随温度的升高而加强。在适宜的温度条件下，原生质黏滞性低、扩散性强、酶活性高、呼吸作用旺盛。温度过高（50℃以上），酶活性受损，各项生理活动减弱；温度过低（0℃以下），种子细胞活力下降。较高温度下干燥种子的呼吸强度较相同温度下潮湿种子要低很多，所以从温度和水分两个方面考虑，干燥低温是贮藏种子的理想条件。

3）通风：贮藏仓库和种子堆的通风情况是直接影响种子呼吸强度。通风条件良好，氧气充足，呼吸强度大；反之呼吸强度小。含水量较高的种子，如果通风不畅，氧气缺乏，由于呼吸旺盛，待氧气耗尽后会转入无氧呼吸，乙醇、酸等产物大量积累，导致种子胚中毒死亡。所以含水量较高的种子要特别注意通风状况。高浓度的二氧化碳可使种子中的酶活性受到抑制，从而降低种子呼吸强度。

4）仓虫和微生物：如果贮藏种子带有微生物或虫卵，一旦遇到适宜条件，虫和微生物大量繁殖，促使种子呼吸作用加强，对种子活力影响很大。种子、仓虫、微生物的呼吸构成种子堆的总呼吸。在密闭条件下，氧气浓度大大降低，二氧化碳浓度升高。仓虫的排泄物也会影响贮藏环境，降低贮藏种子的质量。

5）化学物质：二氧化碳、氨气、磺胺类杀菌剂、氯化苦等熏蒸剂均会影响种子的呼吸作用。例如，二氧化碳积累至一定浓度水平时，就会抑制种子的呼吸作用。用提高种子库内二氧化碳浓度的方法抑制种子呼吸、杀虫灭菌效果也较好。

总之呼吸作用为种子的生命活动提供了必不可少的能量，但在贮藏过程中过强的呼吸作用会降低贮存种子的活力。因此，应在贮藏期间将种子的呼吸强度控制在最低水平，保持种子活力，提高贮存质量，为丰产增收做好保障。

二、种子贮藏库

1．种子贮藏库的基本特点

（1）防水　种子贮藏库绝对不允许雨、雪、地面积水或其他任何来源的水与种子接触。贮藏期间种子水分太高会加快呼吸作用，种子发热、霉菌生长，均会促使种子萌动，降低种子品质。种子贮藏库建筑屋顶和墙壁上，必须消除小洞和裂缝，否则雨水和雪水会进入仓库。木制板壁的节孔和屋顶裂缝必须填补，金属建筑物的螺栓、螺钉应加垫橡皮垫圈。土壤中的水分与种子接触后易被种子吸收，因此仓库建筑必须设有防水层的地板，一般用沥青或油毡作地坪。仓库内种子堆高度以下墙面喷刷沥青防潮。

（2）防杂　各种草类植物种子，特别是同品种不同批次种子不易区别，所以每个种子批在贮藏时必须防止其他种子批种子的混入，对于散装贮藏的种或品种必须设有标签和单独的仓库顾问。包装贮藏的种或品种种子必须分别堆放。种子也可放在集装箱内。所有的袋、箱和库必须贴有标签。

（3）防鼠、防虫、防菌　仓库必须采取鼠类预防措施，减少鼠类采食和拖散混杂种子。金属和水泥建筑通常能提供良好的防鼠措施。仓库中应堵塞墙壁和地板裂缝、洞眼、气孔等鼠类可能的通道，仓库内配备铁皮柜也具有防鼠性能，布袋经过特殊处理也可预防鼠害。一座完善的种子贮藏库应使其中部分或全部种子在任何时候都可以进行熏蒸，以控制害虫。仓库空闲期间进行彻底的清理和熏蒸消毒，可使害虫减少到最低限度。袋装或箱装的贮藏场地应经常保持清洁，消灭害虫滋生的环境。

真菌在潮湿温暖的条件下最适宜生长，因此仓库建筑应保持低温干燥的条件。仓库建筑的通风设备对防止水分的积累是必要的，仓库内温度的差异会引起水分从高温区向低温区移动，通常是从种子堆内部移向种子堆表面，这种水分的移动能给真菌的生长提供适宜的条件，仓库内采取通风措施可防止这种水分在种子堆表面的累积，冷藏也可减缓水分的这种累积。

（4）防火 木制建筑仓库，火灾的隐患最大，作为种子贮藏库的木材要进行化学处理以防止燃烧。木制建筑内部和周围进行清洁处理，可减少火灾危险。所有仓库建筑物，要配备专门的防尘、防火电源插头和开关，可减少电火花或短路引起火灾的机会。虽然金属和水泥建筑能够防火，但这种建筑中也应该安装电路起火预防设备，以防电火花可能引起的爆炸和着火。温度和湿度较高地区，为了防止种子堆发热，应控制仓库温度和湿度。

2. 种子贮藏库的类型

（1）普通贮藏库 普通贮藏库利用换气扇来调节库内温度和湿度，这种贮藏库的种子可贮藏 1～2 年。应使普通贮藏库建筑处于南北方向，要有良好的密封和通风换气条件。由于通风换气是根据冷气对流原理进行的，因此库门、库窗的位置应南北对称，窗户要高低适中，材料以钢质为好，开闭方便，密封良好。窗户位置过高，则屋檐遮挡通风透光；位置过低，则降低库的利用率。

普通贮藏库应选择在地势略高、干燥、冬暖夏凉的区域或场地，严防库址积水或地面渗水。且贮藏库周边应居民稀少、无高大建筑物，以利于仓库的透风换气。普通贮藏库的贮藏时间短，需要频繁运出或运进种子，库址应选择在交通方便、便于调运的地方。

（2）冷藏库 即装有冷冻机和除湿机调节库内温度和湿度的种子贮藏库。一般可贮藏 3～4 年或更长一些时间。冷藏库为了隔绝外界的热源和水分，种子贮藏室的墙壁、天花板和地板都必须能够很好地隔热和防潮。地基上铺设一层沥青，地板隔离材料通常有玻璃纤维、泡沫喷涂、苯乙烯泡沫塑料等。天花板和墙壁通常用 1.3cm 或更厚的水泥灰涂层。

冷藏库种子大多采用强制通风，使冷空气通过冷却旋管，分布到整个冷藏库内。较大面积的库，则由管道系统使冷空气均匀分布于整个房间。因此，冷藏库必须保持密封，不能开设窗户，库门必须很好地隔热和密封。

大部分冷藏库采取机械冷冻系统（蒸气压缩系统），包括蒸发器（形成一个热转换面，热量通过转换面由冷却空间转移到冷冻剂上蒸发）、吸引管（将冷冻剂蒸气从蒸发器运送到压缩器）、压缩器（将蒸气加压、升温）、排放管（将高温高压下的冷冻剂蒸气从压缩器运送到冷凝器）、冷凝器（具有一个热转换面，热量通过此面由高温气体转移给冷凝介质）、接收槽（贮有液体冷冻剂以备用）、输液管（将液体冷冻剂从接收槽输送到冷冻剂计量器）、冷冻剂计量器（控制输送到蒸发器的液体流量）。典型的蒸气压缩系统分为低压和高压两部分，冷冻剂计量器、蒸发器和吸引管构成系统的低压部分，压缩器、排放管、冷凝器、接收槽和输液管构成系统的高压部分。

冷藏库常常用含有液态或固态干燥剂的除湿器与冷冻过程相结合，或采取冷冻型除湿器吸引潮湿热空气，排出室外。

（3）种质资源库 以保存草类植物种质资源为目的的贮藏库，一般以贮藏种子为主。中国、美国、日本都有大型种质资源贮藏库，常采用现代化的技术，建设低温、干燥、密封等理想贮藏条件下的种子贮藏库，用以长期保持各种种质资源种子生活力而不衰，可保持种子生活力达到几十年乃至上百年。在长期贮藏过程中，每隔 10 年、20 年或 30 年进行更新。

种质资源库结构和性能各国有所不同，日本农业技术研究所采用的是干燥、密封式低温二重贮藏法，即温度为（−10±1）℃，每份种质贮藏 3000 粒，空气相对湿度 30%～50%，种子含水量 6%～8%，可长期保存种子；温度为（−1±1）℃，每份种质 3000 粒，空气相对湿度 30%～50%，种子含水量 6%～8%，可保存 10 年以上。美国柯林斯堡国家种子贮藏室采取空气调节式贮藏法，标准贮藏条件：温度 4℃，相对湿度 32%。联合国粮食及农业组织基因库推荐的两种宜于长期贮藏的体系：在密封容器内，如镀锌铁皮罐、玻璃瓶或塑料容器，种子含水量为（5±1）%，贮藏于－18℃或－18℃以下的环境中，称为“适用标准”；在密封容器内盛装干燥种子贮藏于 5℃或 5℃以下，或在不密封的容器内贮藏于 5℃或 5℃以下、相对湿度不超过 20%，称为“可用标准”。

种质资源贮藏库根据贮藏年限的长短分为如下几种。

1）长期库：也称基础库，贮藏环境通常是－20～－10℃，种子含水量 5%左右，种子贮藏期限为 50～100 年。长期库的重要特点是进行保险性贮藏，一般不对育种家做资源分发，除非该资源无法从任何一个中期库取得。

2）中期库：也称活期库，贮藏条件为温度不高于 15℃，种子含水量 9%左右，种子贮藏寿命为 10～20 年，此类种质资源库可对育种家分发育种材料。我国目前有作物（包括草类植物）种质资源长期库一个，草类植物种质资源中期库一个。

三、种子贮藏方法

1．普通贮藏法　所谓普通贮藏法（开放贮藏法）包含两种情况：一种是将充分干燥的种子用麻袋、布袋、无毒塑料纺织袋、木箱等盛装种子，贮藏于贮藏库，种子未被密封，种子的温度、湿度（含水量）随贮藏库内的温湿度而变化；另一种是贮藏库没有安装特殊的降温除湿设施，但如果贮藏库内温度或湿度比库外高，可利用排风换气设施进行调节，使库内温度和湿度低于库外或与库外达到平衡。

普通贮藏方法简单、经济，适于贮藏大批量的生产用种，贮藏以 1～2 年为好，时间长了生活力明显下降。

2．密封贮藏法　种子密封贮藏法是指把种子干燥至符合密封贮藏要求的含水量标准，再用各种不同的容器或不透气的包装材料密封起来，进行贮藏。这种贮藏方法在一定的温度条件下，不仅能较长时间保持种子的生活力，延长种子寿命，而且便于交换和运输。在湿度变化大、雨量较多的地区，密封贮藏法贮藏种子的效果更好。目前用于密封贮藏种子的容器有玻璃瓶、干燥箱、罐、铝箔袋、聚乙烯薄膜等。

禾本科稗属（*Echinochloa*）、穇属（*Eleusine*）、黍属（*Panicum*）、狼尾草属（*Pennisetum*）、雀稗属（*Paspalum*）和狗尾草属（*Setaria*）草类植物的种子，干燥后封存在瓶里比贮藏在麻袋里更能保持较长时间的生活力，其中稗属、黍属和狗尾草属种子密封贮藏 38 个月后，还保持 70%的发芽率。水分为 8.7%、6.2%和 4.9%的草地早熟禾种子装在密封的金属罐中，分别在 1℃、10℃、21℃下贮藏 30 个月后，可保持原来的发芽水平（Bass，1960）。水分为 6.8%的紫花苜蓿种子在玻璃瓶中封存 24 年后，仍有 78%的发芽率，水分为 5.9%和 6.7%的红三叶种子在玻璃瓶中封存 24 年后的发芽率分别为 74%和 71%（Nutile，1958）。

研究结果表明，在中等温度条件下密封防潮安全贮藏 3 年，种子含水量为紫花苜蓿 6%，三叶草、多年生黑麦草 8%，鷍股颖、早熟禾、羊茅、鸭茅、野豌豆 9%，雀麦、一年生黑麦草、饲用玉米、燕麦 10%。

3．低温除湿贮藏法　大型种子冷藏库中装备有冷冻机和除湿机等设施，将贮藏库内温度降至 15℃以下，湿度降至 50%以下，加强了种子贮藏的安全性，延长了种子寿命。

将种子置于一定低温条件下贮藏，可避免种子呼吸作用过于旺盛，并能抑制病虫、微生物的生长繁育。温度在 15℃以下时，种子自身呼吸强度比常温下要小得多，甚至非常微弱，种子营养物质分解损失显著减少，贮藏库内的害虫不能发育繁殖，绝大多数为害种子的微生物也不能生长，可取得种子安全贮藏效果。冷藏库中温度越低，种子保存寿命时间越长（表 9-4），在一定的温度条件下，原始含水量越低，种子保存寿命越长。

表 9-4 1961 年收获 1962 年贮藏的 3 种种子在不同贮藏条件下的发芽率 单位：%

草种名称	贮藏温度/℃	1969 年			1981 年		
		纸袋贮藏	玻璃瓶贮藏	干燥后玻璃瓶贮藏	纸袋贮藏	玻璃瓶贮藏	干燥后玻璃瓶贮藏
冰草	21	7	31	65	0	0	0
	5	0	49	87	0	0	0
	1	0	79	84	0	0	25
	−7	66	92	95	1	90	90
	−18	92	83	95	90	88	93
无芒雀麦	21	7	32	64	0	0	0
	5	0	78	88	0	0	0
	1	22	90	93	0	0	82
	−7	70	96	90	1	91	94
	−18	82	93	95	95	92	93
中间冰草	21	12	57	75	0	0	0
	5	0	80	72	0	0	0
	1	0	97	94	0	0	58
	−7	94	95	97	26	92	90
	−18	93	93	97	95	98	97

四、种子贮藏库管理

种子贮藏库管理包括仓库清仓消毒、种子入库前的准备、种子的包装堆放等工作。种子贮藏库管理关系到种子贮藏质量，直接影响种子生命力。

1. 种子贮藏库的清仓消毒 仓库的清仓除了包括清除仓内残留的前批次种子、杂质、垃圾、管理工具外，还应注意修补墙面、清除仓外杂草、污水等。清理管理工具时应将常用的箩筐、麻袋等敲打洗涮，放在日光下暴晒。墙面的空洞缝隙等均应嵌缝粉刷，不给仓虫、鼠类留下栖息地。

仓库消毒指采用喷擦、熏蒸等方法清除仓内的微生物、仓虫、鼠类等。常用药剂有敌百虫、敌敌畏等。例如，将敌敌畏 80%乳油兑水 1kg，配制成 0.1%～0.2%药液喷雾即可，施药后应将门窗封闭 2～3d 效果最好。

2. 种子入库前的准备及入库堆放 仓库清理工作完成后，紧接着要进行种子入库前的准备工作。

（1）种子入库标准 对种子贮藏质量稳定性影响最大的因素是种子含水量，除此之外，影响贮藏稳定性的还有草类植物种类、成熟度、收获季节和种粒完整性等。我国南北方各地气候条件不同，种子入库的标准也不尽相同，如水分在南方不高于 14%，北方不高于 13%。颗粒破损的种子已感染微生物、仓虫等，应严格挑选出去。

（2）种子入库前的分批 种子入库前应根据含水量、净度、产地、收获时间等情况按批次处理。包装上应标明种子批号、产地、含水量和审定级别等。差异显著的不同批次种子应分别堆放，使每一堆的标准基本一致。

（3）种子的入库堆放　种子堆放的方法应根据仓库贮藏条件、种子种类数量等因素决定。对于防潮性差的仓库堆放前应做好铺垫防潮工作。袋装种子下铺条石或垫木；散装种子先在仓库底部铺垫 30～50cm 厚、经过消毒干燥的稻壳、麦糠，再加铺一层芦席等。堆放方式一般分为袋装和散装两种。

1）袋装堆放的优点很多，能够防止种子的混杂和吸潮，便于通风。具体堆放方法应根据季节、仓库环境、种子品质、贮藏目的而定。一般堆垛时应距墙壁 50cm，堆与堆间距 50cm。堆高与堆宽应根据种子含水量而定。含水量高则堆宽应较窄，便于通风散潮。堆长方向应与门窗平行，如门窗南北对开，则堆长方向为南北向。一般堆底有垫板，距地面 20cm，利于通气。

2）若种子数量多、仓容不足或包装工具缺乏时可用散装堆放。但散装堆放对贮藏种子的质量要求较高，必须是充分干燥、净度高的种子。散装堆放的仓容利用率高，对入库种子的质量应严格控制。

（4）种子入库登记存档　为了便于管理，避免品种混杂，入库后的种子必须建立种子档案并填写标签。标签上须标明草类植物种名、品种名、品种来源、种子产地、收获期、种子批次号、种子净度、发芽率、仓库号、验收人和保管人等。

3．种子贮藏期间的检查　种子入库后，为了保障种子贮存质量，及早发现和解决质量问题，需要管理人员及时对库存种子进行检查。

（1）温度检查　种子温度的变化可以反映贮藏种子的贮藏状况，检测种子温度的方法简单易行，在生产实践中应用较广。

1）检查时间。种子温度检查时间最好在上午 9：00～10：00，此时仓温和气温较接近全日的平均气温。

2）检查部位。检查部位应根据堆放方式、种子堆大小和种质情况而定。

（2）湿度检查　湿度检查包括种子堆湿度和仓库湿度的检查。种子堆湿度的检查可用毛发湿度计测定，仓库湿度主要利用干湿球温度计检查。

温湿度检查可采用“智慧温湿度监测系统”。种子贮藏库环境温湿度监测系统采用无线组网实时监测被测环境里的温湿度值，并利用物联网云平台进行数据采集、智能监控、数据传输、超限预警、监测功能、数据分析、业务管理等功能。也可安装便携式温湿度监测系统，一般是在种子贮藏库环境温湿度监测系统的基础上免去或减少了布线，安装无线通信设备，就可建立覆盖整个建筑或地区的网络。该系统使用灵活，在信号覆盖区域内任何一个位置的设备都可以接入网络，并进行数据传输，易于扩展。该系统有多种传输方式，能够根据需要灵活选择，还可以提供如有线网络无法提供的特性。温湿度监测系统能够对种子库、种子堆和种子垛内部温湿度进行实时监测，当监测点温湿度超过标准值时，系统会发出报警信息，及时采取有效措施，避免因温度湿度环境受损的隐患。

（3）水分检查　种子水分检查一般以 25m^2 为一个检查区，采用三层 5 点 15 处取样，混匀后测定。检查时间是一、四季度每季度检查一次；二、三季度每月检查一次。

（4）发芽率检查　一般每 4 个月检查一次发芽率，在气温明显变化后，以及药剂熏蒸前后都应增加一次发芽率检查，种子出仓前 10d 再检查一次。

（5）虫、鼠、霉等检查　虫害的检查应根据气温而定。20℃以上时每周检查一次；15～20℃每半月检查一次；15℃以下时每季度检查一次。仓虫有随温度变化而迁移的习性，春秋季节一般在种子堆内 0.3～0.5m 深处活动，夏季一般在种子堆表面活动，冬季会潜伏到种子堆内 1.0m 以下范围内活动。检查方法：籽粒外的害虫用筛选法，并结合手捡法分析害虫的种类及数量；籽粒内部害虫可用刮粒法、食盐饱和液重力法，有条件的还可用 X 射线法直接看到种子内部的害虫；鼠类和鸟雀检查主要是检查有无鼠雀粪便、死尸、爪印及其咬食碎片等；霉变检查要根据季节、仓房防潮防热性能和种子含水量而定，一般种子堆底层、柱基、墙角等阴暗潮湿的杂质集聚部位都是重点检查的对象。

4. 贮藏种子的通风 入库后的种子，尤其是刚入库的种子都需要利用干冷的空气将种子堆内的温热空气带走，排出仓外，以降低种子的温度和水分，有利于抑制种子呼吸、仓虫和真菌活动。

（1）通风原则 通风前需测定种子库内外温度和相对湿度来决定通风的具体措施。应注意雨天、云雾天气、寒流天气和刮台风时不宜通风；外界温度、湿度均低于仓内温度、湿度时，适宜通风，但要注意仓内外温差过大会导致种子表面结露水；若仓内外温度相同，仓内湿度高于仓外湿度可以通风散潮；若仓内外湿度相同，而仓内温度高于仓外温度，宜通风散热降温。

（2）通风方法 通风方法主要有自然通风和机械通风两种，依据仓库的设施条件而定。

1）自然通风。不利用任何机械设备，通过空气自然对流进行通风。自然通风主要是温压和风压共同作用的结果。当仓内温度高于仓外温度时，仓内空气体积膨胀，相对密度减小，仓外的冷空气进入仓内，较轻的热空气被排出，形成了空气对流。风压与风速成正比，风压大，空气流量也大，通风效果就好。自然通风效果还与种子库结构、种子堆放方式和种子堆孔隙度有着紧密的联系。

2）机械通风。指利用机械动力将外界干冷空气输入种子堆，或将种子堆中湿热气体抽出，使种子堆保持低温干燥状态。机械通风主要根据进风方式分为压入式（吹入）和吸出式（抽风）两种。前者是将风机吹风口和风管相连，将仓外冷空气经风管吹入种子堆。后者是将风机吸风口与风管相连，将种子堆内的湿热空气从风管中排出。机械通风适用于散装种子，具有降温快、降温均匀和易控制的特点。

讨论题

1. 草类植物种子干燥的原理与方法有哪些？
2. 草类植物种子清选的方法有哪些？

第十章 草类植物种子审定

第一节 种子审定及发展

种子审定（seed certification）也称“种子认证”“种子注册”“种子证明”“种子登记”“种子签证”及“种子证书”。种子审定是指草种或品种在种子扩繁过程中确保基因纯度及农艺性状一致性的一种制度或体系。植物优良品种的种子在生产应用前，需要根据市场需求扩繁种子，从数量上满足生产用种的要求，同时还要确保在世代繁殖过程中的种子质量。种子质量包括播种质量（seeding quality，sowing quality）和品种质量（varietal quality）。播种质量指种子用于播种时的价值，常用种子的物理净度、发芽力、含水量等种子室内常规检验的一些指标来表示。品种质量指种子在基因构成及遗传稳定性方面的质量，常通过种子审定及田间检验来判定。植物品种在世代繁育过程中遗传物质会产生交流，基因构成会发生变化，品种的性状也会随之改变。一个品种经若干个世代繁殖后，其基因纯度和遗传一致性会发生变化，表观农艺性状也会发生改变，甚至优良性状消失，导致种子的品种质量下降。种子审定就是为了防止和减缓这一过程的发生而设计的一种种子质量保证制度。

一、种子审定及其意义

1. 定义 种子审定体系是通过一定的法规、条例或标准，对于以良种繁育为目的的种子生产、收获、加工、检验、销售等各个环节进行一系列的审查、检查和监督，对种子生产和经营的全过程进行监控，从而保证优良品种种子的生产、销售和应用，保证优良品种种子质量满足生产需要，保证用种者的利益。

2. 意义 优良品种和优质种子是草产品生产的重要基础。为了确保生产出优质高产或符合生产需要的草产品（包括草坪或绿地），优良品种、优质种子及其科学的栽培或养护技术至关重要。只有选用优良的品种、使用其优质的种子，并进行科学栽培或养护，才能达到高产优质的目的。其中，优良品种是前提，优质种子是基础，科学栽培或养护技术是保证。优良品种只有保持原有的优良种性和较高的纯度，才能发挥其增产潜力，获得优质高产的草产品。种子审定制度为种植者使用到真实的种子和高质量的种子提供了保证。

1）种子审定能够保证良种的优良种性保持更长时间，进而延长良种的寿命。由于不同品种对环境条件和栽培条件的要求不同，通过选用纯度高的种子，配合适宜的农业技术，就能保证良种具有的优良性状得到充分发育，实现种植者的目的。相反，如果品种混杂，品种纯度低，就难以进行科学有效的生产栽培和田间管理，势必影响品种优良种性的表现，使其较快退出市场。种子审定可以确保草种种子生产者和用种者的利益，使良种得到更广泛和更持久的运用。

2）种子审定制度有助于防止良种混杂退化，保持优良品种的特性。草品种具有遗传和变异的特性，在良种繁育和种子生产过程中，品种优良性状也会发生劣变，产生不利变异，逐渐丧失优良性状。良种繁育田需要一定的隔离条件，如不严格按照品种属性设置隔离距离，就会产生生物学混杂，造成品种退化。此外，良种繁育和种子生产各环节中，都有不同于大田生产的条件和技术要求，如良好的栽培管理方法，收获、脱粒时的技术规范和管理要求等。如果不能满足良种和种子生产的技术规范要求，品种就会发生劣变，原品种的优良特性便会丧失，草产品的产量和质量就会降低。种子审定制度的实施，可以防止以上类似问题的发生，确保良种种子扩繁过程中良种基因纯度和农艺性状的一致性，从而保证生产出高纯度的优质种子，提高种子质量。

3）种子质量认证有利于控制种子质量。多年来我国种子质量控制重点是放在产后种子检验上，只能解决净度、水分、发芽率等问题。在生产实践中发现，种子纯度对种子质量影响最大。纯度检验需要一个生长季节，往往是当天得不到鉴定结果，一旦发现问题，为期已晚。这也是我国种子质量上不去的根本原因。按照种子质量认证办法，质量控制重点是放在种子生产、加工、贮藏等环节，通过对产前、产中、产后过程中严格控制种子纯度以达到保证种子质量的目的。

4）种子审定能够保证用种者的利益和知情权。种子审定体系中制定了一系列田间检验标准，根据田间检验的结果对繁育的种子进行等级划分。不同的等级对应不同的种子质量，可以为市场和用种者提供良种质的信息，供用种者知晓和选择，保证用种者的知情权和利益，促进种子市场规范化。

5）种子审定有利于国际种子贸易活动。国际种子质量认证规则，主要是由经济合作与发展组织（OECD）制订的。其规定参与国际种子贸易活动的条件，即除蔬菜种子外，其余作物种子必须经过种子质量认证。因此，我国种子要走出国门，必须要和国际上指定的种子生产办法接轨，这样才能被世界认同。实施和推行种子审定工作是我国种子产业化、现代化和国际化必由之路。

二、种子审定的内容和方法

种子审定制度就是对制种生产流程进行控制，包括种子审定机构及组织管理、种子审定的标准、种子审定的程序及方法。

1．种子审定机构及组织管理 种子审定的执行机构一般为政府部门或政府部门的授权机构。这些部门或机构独立于草种种子生产者和种子使用者所属的单位或机构，以保证种子审定的独立性和公正性。我国目前草种种子审定中的部分任务由种子检验机构完成。

实施种子审定制度要有完整的组织机构和法规程序，包括种子审定机构、审定项目的最低标准、依据标准制定的田间检查、种子加工、种子检验、种子包装等各项程序。

2．种子审定的标准 发达国家种子审定的标准常以国家或地区的“种子法”及有关种子审定的法律条文为标准，对于每一种商用植物种或品种都有具体的规定。某种商用植物种或品种的种子要进入国际市场，这个植物种或品种所属的国家必须加入经济合作与发展组织（OECD），并使本国的种子审定标准符合该组织的最低标准。经济合作与发展组织对于进入国际贸易的草种种子和油料作物种子制定了种子审定规程。欧洲经济共同体（EEC）制定了包括草种种子在内的种子审定规程，并依此进行种子审定。此外，北美（主要是美国和加拿大）主要按照官方种子认证机构协会（AOSCA）的种子审定标准《AOSCA 种子审定手册》进行种子审定。

3．种子审定的程序及方法 种子审定主要通过三方面的一系列活动来确认种子质量：

一是通过对品种、种子田、种子来源、田间检验、清洁与不混杂管理、验证等一系列过程控制，确认种子的遗传质量（真实性和品种纯度）保持至育种家原育出的状况和水平；二是监控种子扦样、标识和封缄行为符合认证方案规定的要求；三是通过种子检验室的检测，确认种子的物理质量（净度、发芽率等）符合国家标准或合同规定的要求。

种子审定程序一般包括种子审定资格的确认、田间检查、种子收获加工的监督、检查、实验室检验及签发证书等环节。第一，种子生产者要获得种子生产许可证。第二，提出申请，审定机构对申请者进行评估和审查。第三，审定机构派技术人员对进行繁殖的种子来源进行审查，对进行种子生产田地的种植史（前茬）及隔离措施进行调查和核实。在植物生长季节对种子生产田进行田间检查。在种子收获时对种子收获、清选、加工机械和过程进行监督和认可。第四，对收获种子进行质量检验。若上述任何一项程序内容达不到审定规定的标准则不予以通过，应即时取消该种子批的审定资格，终止审定程序。若该种子批通过所有审定程序，达到了某一特定的审定等级标准，由认证机构确认并通过颁发认证证书和认证标识来证明某一种子批符合相应的规定要求，即该种子批属于某一特定的审定等级。

草种种子生产（良种繁育）许可证由省级人民政府草原行政主管部门核发，具备的条件包括：①具有繁殖草种种子的隔离和栽培条件；②无国家规定检疫对象植物种类的种子生产地点；③具有与草种种子生产相适应的资金和生产、检验设施；④具有相应的草种种子专业生产和检验技术人员；⑤法律、法规规定的其他条件。草种种子生产许可证有效期为 3 年。

各国认证制度略有不同，但都是由官方机构或者官方认可的机构，从种子生产开始就对各个环节进行监控。从品种、品种的来源、种植面积、种植地域等全部记录在案。在生产过程中，对生产种子进行质量监督管理，对生产种子的数量进行估算。最后只对符合质量标准的种子发放认证标签（certified tag），标签的数量与实际种子产量一致。贴于种子袋上的种子标签起证明种子基因纯度、审定等级和种子质量的作用。标签上注明种子审定机构、种子批号、种子的种类（种名、品种名）、审定种子等级、种子生产者的登记号和统一的编号。

三、种子审定的发展

种子审定制度与植物育种及良种工作同步发展。20 世纪末到 21 世纪初，欧洲和北美洲的部分国家草种育种工作发展迅速，大量的优良新品种相继推广。最初新品种的种子繁殖和发放都由育种者或育种单位完成（Parson et al.，1961；Kelly，1982）。由于植物育种站、农业试验站的工作人员和育种者人数有限，以及这些单位和个人土地面积的局限性，仅能生产少量的种子，限制了新品种的繁殖速度和发放数量。为了加快新品种种子的繁殖，育种工作者或单位将所选育的新品种的种子交给农民（种植者）进行种子繁殖，在这个过程中，由于种植者缺乏新品种种子生产的田间管理经验和实践，往往造成种子浪费、种子的基因污染及混杂等问题，使优良品种迅速退化，且在参与种子发放的过程中常常给品种易名，造成所生产的种子失去了原品种具有的优良特性，失去了其真正的价值。为了防止这些问题的发生，20 世纪初欧洲和北美地区几乎同时开始施行种子审定制度。例如，瑞士在 1910 年前后，美国在 1910～1920 年，英国在 1920 年前后，普遍开始实行种子审定制度。随后，新西兰和澳大利亚等国也相继实行这一制度。

1919 年 7 月在美国明尼苏达州的圣保罗举行的有关种子审定的会议上，首次讨论了审定种子的审定标准问题。讨论了种子审定机构的协作问题，提出组建国际作物改良协会（International Crop Improvement Association，ICIA），并于 1919 年 12 月 2 日在芝加哥成立。

该协会后来更名为官方种子认证机构协会（Association of Official Seed Certifying Agencies，AOSCA），成为当时签发美国、加拿大两国种子审定证书的权威机构。1961年美国和加拿大所有种子审定机构都成为该协会的会员。

1940～1945年，国际作物改良协会（ICIA）制定并发布了种子审定最低标准的综合性规程，成为当时指导美国、加拿大和世界许多国家建立种子审定规程的参考和指南。之后种子审定规程不断修改和完善，形成《种子审定手册》，被各个会员审定机构参考执行（AOSCA，1971）。根据美国《联邦种子法》规定，种子审定机构是由州、地区或领地的法律授权的官方种子审定的单位，各州（省）的种子审定法规都需与官方种子审定机构协会（AOSCA）的最低标准相吻合，如由州农业实验站或技术推广局管理，或由州农业局管理，更多的由州作物改良协会管理。例如，爱达荷州1959年通过的《种子和植物审定法》指定爱达荷州立大学作为该州的种子审定机构，该法还规定学校可指派一个单位实施和执行种子审定计划，1959年4月27日爱达荷大学正式指定国际作物改良协会（ICIA）为该州管理和执行种子审定工作的授权机构。欧洲经济共同体（EEC）制定EEC范围的种子审定规程。

我国从1996年起，农业部在全国开展了农作物种子认证试点工作，吸收了OECD、欧洲联盟（EU）、AOSCA等国际上公认的种子认证机构的做法及国际种子检验协会（ISTA）和国际植物新品种保护联盟（UPOV）的规则，制订了中国种子认证的试验方案，选择湖南省慈利县、四川省什邡市种子公司为杂交水稻种子认证首批试点单位，山西省榆次区、河北省平泉县种子公司为杂交玉米认证首批试点单位，安徽省合肥市种子公司为杂交西瓜种子认证首批试点单位。确定各认证试点单位所在部级种子质量监督检测中心和省种子质量检验站履行认证种子监督检验职能。试点单位制定了认证品种的质量管理手册，将影响种子质量的各个环节落实在岗位责任制中，完善了质量管理制度，初步建立了质量认证体系。因此，一些省、市种子公司通过认证方法生产的作物种子质量大大提高，例如，山西榆次区种子公司玉米杂株率为0.14%～0.26%；合肥市种子公司生产的3万kg‘西农八号’西瓜种子质量达到一级良种标准。我国现有11个省市15家单位参与新一轮种子认证工作。农作物种子认证方面的经验积累为草种认证工作提供了借鉴。

我国于2006年颁布了《草种管理办法》，对国内从事草种种子生产、经营、使用、管理等活动进行了规范，对提高草种种子质量，维护草品种选育者和种子生产者、经营者、使用者的合法权益发挥了重要的作用。

第二节 草品种种子审定资格及等级

一、种子审定资格

审定机构依据草种生产技术规程和种子审定规程及其标准，对不同品种的种子进行审定。具备种子审定资格的草种或品种应具备的条件：首先必须是通过全国草品种审定委员会和登记部门或省级品种审定和登记部门的草品种，并列入审定机构种子审定名录的种子；此外，还需要提供下列有关信息。

1）品种名称：包括种名、品种名和拉丁名。

2）品种的起源和育种程序的详细说明。

3）品种特征特性的详细描述，包括植株和种子形态、生理和其他特征，重点对品种的特异性、一致性和稳定性进行描述。

4）品种表现性能和证明材料，包括产量、抗虫、抗病及其他说明品种性能指标的实验和评定结果。

5）品种适应区域和用途的说明，包括育种者已试验推广的地区，以及该品种试验或商业化推广地区和国家范围，并对主要用途进行说明。

6）原种计划和程序的说明，包括如何保持原种的计划和程序、品种繁殖的代数等。

7）标准种子样品，代表进入市场的品种的种子样品。

二、审定种子的等级

从育种者手中极少量的种子开始，一直到生产出大量的商品用种子，其间一般要经过若干代的繁殖扩增，其扩增方式可用图 10-1 表示。由于各国对各代种子的要求和标准不同，在种子审定中采用的等级划分也有所不同。大多数国家或组织一般将审定种子分为四级，个别的分为三级或五级，但基本内容相同。世界有关机构及国家草类植物审定种子等级划分见表 10-1。育成品种各级别种子概述如下。

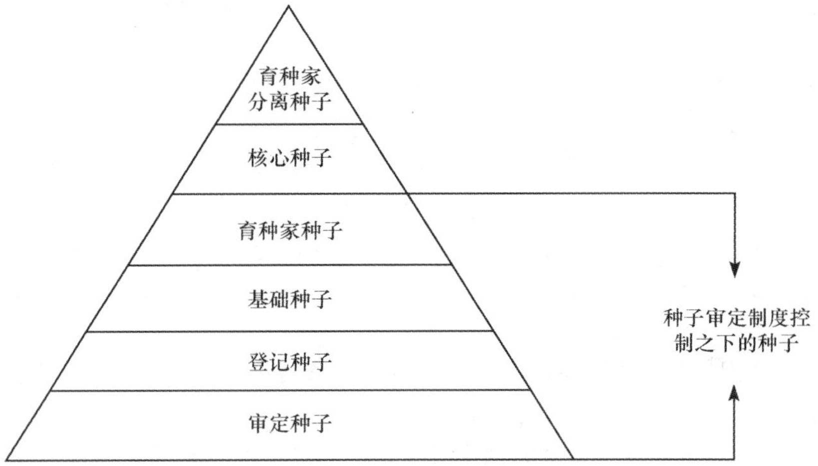

图 10-1　种子扩繁方式示意图

表 10-1　国际机构及国家草种审定种子等级划分

OECD	AOSCA	EEC	加拿大	新西兰	瑞典
前基础种子	育种家种子	前基础种子	育种家种子	育种家种子	A
—	—	—	精选种子	—	—
基础种子	基础种子	基础种子	基础种子	基础种子	B
—	登记种子	—	登记种子	—	—
审定一代种子	审定种子	审定一代种子	审定种子	审定一代种子	C_1
审定二代种子	—	审定二代种子	—	审定二代种子	C_2
—	—	商品种子	—	—	H

1．育种家分离种子　育种家分离种子（breeders isolation seeds）是指育种家完成品种选育后所得到的极少量种子。一般由育种者自己保存和生产，不进入商业流通市场。

2．核心种子　核心种子（nucleus seeds）也称前育种家种子（pre-breeder seeds），由育种家分离种子繁育而来，育种家所在的机构可生产少量的半商业化种子。

3. 育种家种子 育种家种子（breeders seeds）是由育种者（个人或单位）培育出来，并由育种者直接控制生产的种子。育种家种子由核心种子（前育种家种子或材料）繁育而成，是生产其他审定级别种子的原始材料。有些国家也将育种家种子称为前基础种子（pre-basic seeds）。

4. 基础种子 基础种子（basic seeds）是在育种者（个人或单位）或其代理的指导和监督下，按照种子审定机构制定的程序，由选定的种植者种植育种家种子而生产的种子。

5. 登记种子 登记种子（registered seeds）是按照种子审定机构制定的程序，由种子种植者繁殖育种家种子或基础种子而生产的种子，可进行销售。

6. 审定种子 审定种子（certified seeds）是按照种子审定机构制定的程序，由种植者繁殖育种家种子、基础种子或登记种子而生产的种子。审定种子可自由出售，但不能用于种子生产，只能用于草地建植。

有些国家（或机构）将审定种子进一步分为审定一代和审定二代种子（first generation and second generation of certified seeds）。审定二代种子由审定一代种子繁育获得。

在实践中也把所有在审定制度中经过了审定程序的种子统称为审定种子。为使两者有所区分，应把这种经过了审定程序的种子称为审定的种子，而将上述的审定种子作为一个种子级别看待。

7. 商品种子 商品种子（commercial seeds）是由最末一代审定种子繁殖的、不能进入审定制度中的种子。仅个别国家提到这一术语。

种子审定制度中一般包括从育种家种子到审定种子范围内的种子。所谓的三级、四级或五级种子审定制度，是指从育种家种子到审定种子的划分级别。

根据草种或品种的生物学和遗传学特性的不同，有的国家同时有两种种子审定级别系统。例如，美国爱达荷州种子审定规程规定一部分草品种的种子为三级种子审定等级；另一部分草品种为四级种子审定等级。

长期以来，我国草种良种繁育体系沿用作物良种繁育体系，将审定种子分为三级，即原原种、原种和良种。原原种是指育种专家育成的遗传性状稳定的品种或亲本的最初一批种子，其纯度为100%。它是繁育推广良种的基础种子。原种是指用原原种繁殖的1～3代或按原种生产技术规程生产的达到原种质量标准的种子，其纯度在99.9%以上。良种是指用原种繁殖的种子，其纯度、净度、发芽率、水分四项指标均达到良种质量标准的种子。由于近年来我国草品种进口较多，所以在生产实践中也常常使用欧美的审定种子等级（表10-1）。两种审定种子等级只是名称的不同，其内在对应关系为育种家种子和前基础种子相当于我国的原原种，基础种子和登记种子相当于我国的原种，审定种子相当于我国的良种，包括良种一代和良种二代。为了便于与国际接轨，在本章中以欧美的审定种子等级为阐述内容。

第三节 种子审定的标准和要求

种子审定的标准是根据不同草种或品种种子田播种用种、田间管理及种子的收获与加工的一些具体要求而制定。审定种子的等级不同，其具体要求也有差异，常以法规或标准的形式加以规范。

一、种子审定的田间管理

1. 种子田的前作要求 为了防止同种不同品种或近缘种之间的基因污染，种子田在种植所审定品种之前的规定时间内不得种植同种的其他品种或近缘种。由于同一草种不同品种的前作掉落在土壤中的种子，在下一个生长季（新品种播种年份）萌发后形成的植株在外部形态上与所种植的品种相似或相同，很难防除，易造成基因污染或生物学混杂。一般一年生草种或作物需间隔 1 年，但具硬实种子的草种要求间隔 4 年。北美官方种子审定机构协会的规程要求三叶草生产基础种子间隔 5 年，登记种子间隔 3 年，审定种子间隔 2 年（表 10-2）。紫花苜蓿、百脉根、三叶草、胡枝子等豆科植物，除满足间隔期限外，必须在播种的同一年确认无同种的不同品种在田间出现。

表 10-2 种子审定对前作、隔离、异株植物和种子质量要求

草类植物	基础种子				登记种子				审定种子			
	前作①/年	隔离②/m	异株植物③/株	种子纯度④/%	前作/年	隔离/m	异株植物/株	种子纯度/%	前作/年	隔离/m	异株植物/株	种子纯度/%
紫花苜蓿	4	183	1 000	0.100	3	91	400	0.25	1	50	100	1.00
紫花苜蓿杂交种	4	402	1 000	0.100	—	—	—	—	1	50	100	1.00
大麦	1	0	3 000	0.050	1	0	2 000	0.10	1	0	1 000	0.20
大麦杂交种	1	198	3 000	0.050	1	201	2 000	0.10	1	101	1 000	0.20
百脉根	5	183	1 000	0.100	3	91	400	0.25	2	50	100	1.00
三叶草（所有种）	5	183	1 000	0.100	3	91	400	0.25	2	50	60	1.00
禾本科草类（异花授粉）	5	274	1 000	0.100	1	91	100	1.00	1	50	50	2.00
80%的无融合生殖或自花授粉植物	5	18	1 000	0.100	1	9	100	1.00	1	5	50	2.00
胡枝子	5	3	1 000	0.100	3	3	400	0.25	2	3	100	1.00
燕麦	1	0	3 000	0.200	1	0	2 000	0.30	1	0	1 000	0.50
高粱	1	302	50 000	0.005	1	301	35 000	0.10	1	201	20 000	0.05
杂交高粱（原种）	1	302	50 000	0.005	—	—	—	—	—	—	—	—
杂交高粱（普通）	—	—	—	—	—	—	—	—	1	201	20 000	0.10
自交系玉米	0	201	1 000	0.100	—	—	—	—	—	—	—	—
基础单交系玉米	0	201	1 000	0.100	—	—	—	—	—	—	—	—
基础回交系玉米	0	201	100	0.100	—	—	—	—	—	—	—	—
杂交玉米	—	—	—	—	—	—	—	—	0	201	1 000	0.50
自由传粉玉米	—	—	—	—	—	—	—	—	0	201	200	0.50
甜玉米	—	—	—	—	—	—	—	—	0	201	—	0.50

注：①前作指同种不同品种在同一块土地上种植生产审定种子所需间隔年数。②紫花苜蓿的隔离距离为种子田大于 30.35 亩（1 亩≈666.7m^2）的隔离距离，小于或等于 30.35 亩的种子田隔离距离分别为：基础种子田 274.32m，登记种子田 137.16m。③异株植物（其他品种或异株）出现 1 株（或 1 个生殖枝）时田间种植该草品种的最少数量（株数或生殖枝数）。④种子纯度指其他品种或异株种子出现的最大百分率。“—”表示没有具体数值或为界定数值

2．种子田的隔离 为了防止基因污染和混杂，种子审定规程中对于同一草种的不同品种及近缘种在田间的种植布局有严格的要求，即必须设有隔离带。隔离带可为刈割带、围篱、沟、其他种作物带或未种植带。隔离带的宽窄根据异花授粉植物的最小授粉距离和种植面积的大小决定。隔离带宽度必须保证发生最低程度的品种杂交。一般情况下，种子田面积

越小，杂交的可能性越大，要求的隔离距离也越宽。对于异花授粉的禾本科和豆科草种，生产育种家种子和基础种子的种子田面积小于或等于 $2hm^2$，隔离带宽为 200m，种子田面积大于 $2hm^2$，隔离带宽为 100m；生产登记种子和审定种子，种子田面积小于或等于 $2hm^2$，隔离带宽为 100m，种子田面积大于 $2hm^2$，隔离带宽为 50m（OECD，1988；MAF，1994）。对于自花授粉植物，同种不同品种间要求的隔离带一般为 3m 或一条犁沟或一个播种行的宽度，其主要目的是防止收获期造成的机械混杂。

此外，禾本科草种生产同一品种的不同审定等级种子，其种子田隔离距离可缩短 25%。紫花苜蓿和三叶草生产同一品种不同审定等级的种子，其种子田隔离距离仅为 3m；禾本科草种和三叶草不同倍数性品种生产审定等级的种子田，其隔离距离也有具体规定，即二倍体品种与四倍体品种之间的隔离距离为 5m。不同植物隔离距离的要求有一定的差异（表 10-3），例如，雀麦属的植物要求与其他雀麦品种的隔离带为 20m；喜湿虉草的品种要求与其他品种或虉草属其他种的隔离带为 100m。苇状羊茅品种建立种子田时，要注意与黑麦草品种保持一定的间隔离距离，若育种家种子和基础种子的种子田面积≤$2hm^2$，与黑麦草品种隔离带宽为 200m；若种子田面积＞$2hm^2$，与黑麦草品种的隔离带宽为 100m。但苇状羊茅育种家种子和基础种子的种子田与细羊茅的隔离距离较小，为 5m；苇状羊茅审定一代种子田与其他苇状羊茅品种的隔离距离如表 10-3 所示，但与黑麦草的隔离距离为 20m，与细羊茅的隔离距离为 5m。细羊茅与紫羊茅品种的隔离距离如表 10-3 所示，但细羊茅与苇状羊茅或黑麦草的隔离距离 5m 即可。多花黑麦草和多年生黑麦草的育种家种子和基础种子，其种子田除了注意与其他黑麦草品种和苇状羊茅隔离距离（表 10-3）外，与紫羊茅隔离距离 5m 即可；多年生黑麦草审定一代种子田与苇状羊茅的隔离距离为 20m，与紫羊茅隔离距离 5m。

表 10-3 各种审定等级草种种子田隔离距离 单位：m

草类植物	育种家种子		基础种子		审定一代		审定二代	
	≤$2hm^2$	＞$2hm^2$	≤$2hm^2$	＞$2hm^2$	≤$2hm^2$	＞$2hm^2$	≤$2hm^2$	＞$2hm^2$
雀麦属①	20	20	20	20	20	20	—	—
翦股颖	200	100	200	100	100	50	—	—
菊苣	100	100	100	100	100	100	—	—
红三叶	200	100	200	100	100	50	100	50
白三叶	200	100	200	100	100	50	—	—
鸭茅	200	100	200	100	100	50	—	—
洋狗尾草	200	100	—	—	100	50	—	—
苇状羊茅②	200	100	200	100	100	50	—	—
细羊茅③	200	100	200	100	100	50	—	—
百脉根	200	100	200	100	100	50	100	50
紫花苜蓿	200	100	200	100	100	50	100	50
羽扇豆④	—	—	100	100	100	100	100	100
毛花雀稗⑤	100	100	100	100	100	100	—	—
喜湿虉草⑤	100	100	100	100	100	100	—	—
多花黑麦草⑥	200	100	200	100	100	50	—	—

续表

草类植物	育种家种子		基础种子		审定一代		审定二代	
	≤2hm²	>2hm²	≤2hm²	>2hm²	≤2hm²	>2hm²	≤2hm²	>2hm²
多年生黑麦草⑥	200	100	200	100	100	50	—	—
猫尾草	200	100	200	100	100	50	—	—
绒毛草	100	100	100	100	100	100	100	100

注：①雀麦属任何品种间隔离距离。②育种家种子和基础种子田不同品种的隔离距离。③与紫羊茅品种的隔离距离。④羽扇豆属品种之间的隔离距离。⑤毛花雀稗品种或雀稗属其他种之间的隔离距离，喜湿藕草品种或藕草属其他种之间的隔离距离。⑥育种家种子和基础种子与其他黑麦草和苇状羊茅间的隔离距离；审定一代种子田与其他黑麦草间的隔离距离。“—”表示没有具体数值或为界定数值

3. 审定种子的繁殖世代数　为了减少审定种子生产中品种的基因变异或基因污染，必须限制种子繁殖的世代数。审定种子的审定等级是自上而下逐级生产繁殖的，即由育种家种子生产出基础种子，由基础种子生产出登记种子，再由登记种子生产出审定种子。大多数植物品种的种子繁殖常采用这样的生产系统，既经济，又能保证生产出来的各级种子质量。但在有些情况下（如植物的繁殖系数特别高），也可以越级进行繁殖生产。例如，可以用基础种子直接生产审定种子，而不经登记种子等级。在审定过程中，若发现某一级种子达不到生产级别种子的质量要求，也可以将其降级，如原本计划用基础种子繁殖生产登记种子，但在田间检查或室内检验中发现其生产出来的种子达不到登记种子的标准，则可以将其降级审定，若其达到审定种子的质量标准或要求，则可作为审定种子使用。

理论上讲，种子审定制度中每个草种的品种按育种家种子、基础种子、登记种子、审定种子等级将种子分为四级或五级。但在生产实践中，为了减少审定种子生产中品种的退化或基因污染，必须限制种子繁殖的世代数。特别在原产地以外的地区进行种子繁殖，环境条件的变化会对品种的纯度产生影响，因此种子生产的世代数不宜过长。一般草种的种子繁殖不超过 3 个世代，从播种育种家种子开始，生产一代基础种子，由基础种子生产一代登记种子，由登记种子生产一代审定种子。美国各州的种子审定中，将紫花苜蓿、红三叶、鸭茅和雀麦的某些品种的登记种子世代取消，以减少降低品种纯度的风险。多年生草种每一世代种子生产的年代数都有明确的规定，并限定生产一定年代数的某特定等级的审定种子之后应降级生产低一级的审定种子，并且也有年限的限制（表 10-4），之后再不能进入审定。例如，新西兰国家种子审定规程规定，白三叶育种家种子田仅能收获 1 年，之后降级为基础种子收获 3 年；基础种子田收获 2 年，之后降级为审定一代种子收获 2 年；审定一代种子田收获 4 年，之后再不能进入审定。

表 10-4　多年生草种审定种子等级生产年代数及降级后生产年代数

草类植物	育种家种子	基础种子	审定一代种子	审定二代种子
草地雀麦	1，1	1，1	2	—
高山雀麦	1，1	1，1	2	—
无芒雀麦	2，4	2，4	6	—
鹳股颖	2，4	2，4	6	—
菊苣	2，4	2，4	6	—
红三叶	1 或 2，3	2，3	4 或 5	4 或 5
草莓三叶	1，4	2，3	5	—

续表

草类植物	育种家种子	基础种子	审定一代种子	审定二代种子
白三叶	1，3	2，2	4	—
鸭茅	1，1	1，1	2	—
苇状羊茅	2，4	2，4	6	—
紫羊茅	2，4	2，4	4	—
百脉根	2，3	2，3	5	—
紫花苜蓿	—	3，3	3 或 6	—
毛花雀稗	1，3	1，3	4	—
喜湿虉草	1，6	2，5	7	—
多年生黑麦草	1，3	2，2	4	—
猫尾草	1，6	2，6	8	—
绒毛草	1，1	1，1	2	2

注："育种家种子"逗号前数据为生产育种家种子的年代数，逗号后数据为降为生产基础种子的年代数；"基础种子"逗号前数据为生产基础种子的年代数，逗号后数据为降为审定一代种子生产的年代数。"—"表示没有具体数值或为界定数值

4. 种子田污染植物和其他植物的控制

（1）污染植物　污染植物是指易导致某草种的品种基因污染的植物，在种子审定中称为异株（off-type）。异株也称异形株或变异株，通常指一个或多个性状（特征特性）与原品种育成者所描述的性状明显不同的植株。污染植物包括同种的其他品种、易造成异花传粉的种或品种、杂交种种子生产中易造成自花授粉的植株（或种子）。

控制污染植物除了对前作的严格限制外，在田间管理中严格清除也很重要。一般在异株植物开花之前用人工的方法清除种子生产田中的污染植物，以达到种子审定规程的最低标准。北美洲官方种子审定机构协会的种子审定规程中，以田间种植植株数量所允许的异株的株数为指标（表 10-5～表 10-7），例如，紫花苜蓿的基础种子仅允许田间每 1000 株含 1 株（或生殖枝）、登记种子每 400 株含 1 株（或生殖枝）、审定种子每 100 株含 1 株（或生殖枝）其他品种或异株植物。新西兰国家种子审定规程中，以田间单位面积所允许的异株株数为指标，所有草种育种家种子和基础种子生产田不允许出现异株，审定一代或审定二代种子生产田仅允许每样方（12m^2）含 1 株异株植物。联合国经济合作与发展组织规定，进入国际贸易的《牧草与油料作物品种种子审定规程》中规定草种其基础种子生产田每 30m^2 不超出 1 株异株植物，审定种子生产田每 10m^2 不超过 1 株异株。草地早熟禾基础种子生产田每 20m^2 不超过 1 株异株，审定种子田每 10m^2 不超过 4 株异株，无融合单元无性系品种审定种子田每 10m^2 不超过 6 株异株。

表 10-5　紫花苜蓿审定种子质量标准　　单位：%

指标	标准		
	基础种子	登记种子	审定种子
净种子（最低）	99.00	99.00	99.00
内含物（最高）	1.00	1.00	1.00
杂草种子（最高）	0.10	0.20	0.50
恶性或有害杂草种子（最高）	0.00	0.00	0.00
其他作物种子（最高）	0.20	0.35	1.00

续表

指标	标准		
	基础种子	登记种子	审定种子
其他品种（最高）	0.10	0.25	0.50
其他种（最高）	0.10	0.10	0.50
发芽与硬实种子（最低）	80.00	80.00	80.00

注：恶性或有害杂草种子有 *Convolvulus arvensis*、*Cirsium arvense*、*Cuscuta* spp.、*Apocynum cannabinum*、*Sorghum halepense*、*Euphorbia esula*、*Sonchus arvensis*、*Agropyron repens*、*Centaurea repens*、*Lepidium draba*、*Lepidium repens*、*Hymenophysa pubescens*。每磅（454g）紫花苜蓿基础种子含草木樨种子不超过 9 粒，登记种子不超过 90 粒，审定种子含量不超过 180 粒

表 10-6　主要豆科草种审定种子质量标准　　单位：%

草类植物	净种子（最低）	内含物（最高）	杂草种子（最高）			发芽率（最低）	其他作物种子（最高）			其他品种（最高）		
	F-R-C	F-R-C	F	R	C	F-R-C	F	R	C	F	R	C
箭叶三叶、绛三叶	98.00	2.00	0.25	0.25	0.50	85.00	0.20	0.50	1.00	0.10	0.25	1.00
红三叶	99.00	1.00	0.15	0.15	0.25	85.00	0.20	0.50	1.00	0.10	0.25	1.00
草莓三叶	99.00	1.00	0.20	0.20	0.20	85.00	0.20	0.50	1.00	0.10	0.25	1.00
白三叶、杂三叶	99.00	1.00	0.10	0.25	0.50	85.00	0.20	0.50	1.00	0.10	0.25	1.00
草木樨	99.00	1.00	0.25	0.25	0.50	80.00	0.20	0.50	1.00	0.10	0.25	1.00
紫花苜蓿	99.00	1.00	0.10	0.20	0.50	80.00	0.20	0.35	1.00	0.10	0.25	0.50

注：F. 基础种子；R. 登记种子；C. 审定种子。紫花苜蓿种子中草木樨种子含量：基础种子每磅不超过 9 粒，登记种子每磅不超过 90 粒，审定种子每磅不超过 180 粒

表 10-7　主要禾本科草种审定种子质量标准　　单位：%

草类植物	授粉类型	内含物（最高）		杂草种子（最高）		净种子[①]（最低）		发芽率[②]（最低）	禁止杂草种子[③]（最高）	其他作物种子（最高）		
		F-R	C	F-R	C	F-R	C	F-R-C	F-R-C	F	R	C
巴哈雀麦	C 和 A	35.0	35.0	0.5	1.0	65.0	65.0	70	无	0.2	1.0	2.0
翦股颖	C	4.0	4.0	0.3	0.5	96.0	90.0	80	无	0.2	1.0	2.0
大早熟禾	A	10.0	10.0	0.3	0.5	90.0	90.0	70	无	0.2	1.0	2.0
草地早熟禾	C 和 A	10.0	10.0	0.3	0.5	90.0	85.0	75	无	0.2	1.0	2.0
大须芒草	C	—	—	1.0	3.0	25	25	—	无	0.2	1.0	2.0
小须芒草	C	—	—	1.0	3.0	12	12	—	无	0.2	1.0	2.0
沙须芒草	C	—	—	1.0	3.0	20	20	—	无	0.2	1.0	2.0
白羊草	A 和 S	—	—	0.3	0.5	12	12	—	无	0.2	1.0	2.0
山地雀麦	S	10.0	10.0	0.3	0.5	90.0	90.0	85	无	0.2	1.0	2.0
无芒雀麦	C	15.0	15.0	0.3	1.0	85.0	85.0	80	无	0.2	1.0	2.0
野牛草	C（种球）	—	—	0.3	0.5	8	8	—	无	0.2	1.0	2.0
	C（脱壳）	—	—	0.3	0.5	60	60	—	无	0.2	1.0	2.0
虉草	C	4.0	4.0	0.3	0.5	96.0	96.0	75	无	0.2	1.0	2.0
毛花雀麦	A	60.0	60.0	0.5	1.0	40.0	40.0	50	无	0.2	1.0	2.0
羽状针茅	S（未处理）	20.0	20.0	0.3	0.5	80.0	80.0	15	无	0.2	1.0	2.0
	S（处理）	20.0	20.0	0.3	0.5	80.0	80.0	65	无	0.2	1.0	2.0

续表

草类植物	授粉类型	内含物（最高）		杂草种子（最高）		净种子①（最低）		发芽率②（最低）	禁止杂草种子③（最高）	其他作物种子（最高）		
		F-R	C	F-R	C	F-R	C	F-R-C	F-R-C	F	R	C
匍匐紫羊茅	C	2.0	2.0	0.3	0.5	98.0	98.0	80	无	0.2	1.0	2.0
草地羊茅	C	5.0	5.0	0.3	0.5	95.0	95.0	80	无	0.2	1.0	2.0
紫羊茅	C	2.0	2.0	0.3	0.5	98.0	98.0	80	无	0.2	1.0	2.0
羊茅	C	5.0	5.0	0.3	0.5	95.0	95.0	80	无	0.2	1.0	2.0
苇状羊茅	C	5.0	5.0	0.3	0.5	95.0	95.0	80	无	0.2	1.0	2.0
苇状看麦娘	C	20.0	20.0	0.5	0.5	80.0	80.0	80	无	0.2	1.0	2.0
格兰马草	C	—	—	0.3	0.5	24	24	—	无	0.2	1.0	2.0
垂穗草	C 和 A	—	—	1.0	3.0	30	30	—	无	0.2	1.0	2.0
喜湿虉草	C	4.0	4.0	0.3	0.5	96.0	96.0	75	无	0.2	1.0	2.0
印度落芒草	C	15.0	15.0	0.3	0.5	85.0	85.0	1	无	0.2	1.0	2.0
拟高粱	C	—	—	1.0	3.0	25	25	—	无	0.2	1.0	2.0
结缕草	C	10.0	10.0	0.3	0.5	90.0	90.0	70	无	0.2	1.0	2.0
沙生画眉草	S	3.0	3.0	0.5	1.5	97.0	97.0	80	无	0.2	1.0	2.0
弯叶画眉草	S	3.0	3.0	0.3	0.5	97.0	97.0	80	无	0.2	1.0	2.0
鸭茅	C	15.0	15.0	0.3	0.5	85.0	85.0	80	无	0.2	1.0	2.0
柳枝大黍	C	10.0	10.0	0.5	1.5	90.0	90.0	60	无	0.2	1.0	2.0
高燕麦草	C	15.0	15.0	0.3	0.5	85.0	85.0	70	无	0.2	1.0	2.0
猫尾草	C	3.0	3.0	0.3	0.5	97.0	97.0	80	无	0.2	1.0	2.0
蓝丛冰草	C	15.0	15.0	0.3	0.5	85.0	85.0	80	无	0.2	1.0	2.0
扁穗冰草	C	10.0	10.0	0.3	0.5	90.0	90.0	80	无	0.2	1.0	2.0
沙生冰草	C	10.0	10.0	0.3	0.5	90.0	90.0	80	无	0.2	1.0	2.0
中间冰草	C	10.0	10.0	0.3	0.5	90.0	90.0	80	无	0.2	1.0	2.0
毛偃麦草	C	10.0	10.0	0.3	0.5	90.0	90.0	80	无	0.2	1.0	2.0
黏穗披碱草	S	15.0	15.0	0.3	0.5	85.0	85.0	80	无	0.2	1.0	2.0
蓝茎冰草	C	15.0	15.0	0.3	0.5	85.0	85.0	60	无	0.2	1.0	2.0
高冰草	C	10.0	10.0	0.3	0.5	90.0	90.0	80	无	0.2	1.0	2.0
加拿大披碱草	S	15.0	15.0	0.3	0.5	85.0	85.0	70	无	0.2	1.0	2.0
灯心草状新麦草	C	10.0	10.0	0.3	0.5	90.0	90.0	80	无	0.2	1.0	2.0

注：C. 异花授粉；S. 自花授粉；A. 无融合生殖；F. 基础种子；R. 登记种子；C. 审定种子。①净种子中不带小数点的数据为净活种子指数。用于种子审定中，标签上必须注明发芽率、硬实率和净度。净活种子指数等于净种子的百分数乘以发芽百分数（包括硬实种子）除以 100。②印度落芒草的发芽率为四唑法（TZ）测定 70%或发芽检验 1%。③未脱壳禾本科植物种子中禁止的杂草种子为田蓟、菟丝子、马荨麻、银叶茄、阿拉伯高粱、乳浆大戟、苦荬菜、匍匐冰草、俄罗斯矢车菊、灰毛水芹、毛果群心菜、鸭蒜、田旋花，还有各地所规定的禁止杂草。“—”表示没有具体数值或为界定数值

（2）其他植物　其他植物是指除污染植物以外的其他植物种，包括杂草。《牧草与油料作物品种种子审定规程》规定，基础种子生产田每 $30m^2$ 不超过 1 株其他种植物，审定种子生产田每 $10m^2$ 不超出 1 株。黑麦草属基础种子生产田，每 $50m^2$ 不超出 1 株其他种黑麦草。美国爱达荷州种子审定中，草种种子生产田一旦发现混生具节山羊草和（或）其杂种，将取消生产审定种子资格，并载入种子生产者档案。为防止恶性杂草或有害杂草的传播，新西兰种子审定中规定，四倍体黑麦草和雀麦种子生产田中如发现野燕麦将被拒绝审定；除白三叶、

红三叶、百脉根、紫花苜蓿、鹳股颖、猫尾草和洋狗尾草外，其余种子生产田中如在检查期发现有野燕麦，无论是育种家种子，还是基础种子均被降级到审定一代种子，并要求恶性杂草或有害杂草必须在田间检查之前清除。

二、种子收获加工过程中的管理要求

1．种子收获与清选　种子收获过程中容易造成草种品种的机械混杂，机械收获和脱粒过程需要严格控制，最大限度地防止混杂的发生。一般应注意以下种子收获环节。

1）联合收割机或脱粒机在使用之前要进行彻底清理，防止其他植物种子混入审定种子中。机械收获另一品种种子时，最初收获或脱粒的种子可丢弃一部分，以防止以前使用时所遗留在机械中的种子混入该批审定种子中。

2）清除杂草种子、内含物和小种子的清选过程必须按照种子审定规程的规定进行。清选机和其他设备（漏斗、流出槽、升降机）必须清理彻底，以除去以前使用时所残留的种子。

3）清理过程需在审定机构代表的监督下进行，或直接使用已被审定机构批准的清选设备。种子的清选也可由被认可的机构进行，凡被审定机构认可的种子清选单位必须遵守审定规程，在清选中要能保持种子的真实性，保证不引起种子的机械混杂。

2．审定种子质量要求　清选后的审定种子必须达到不同种类和不同审定等级种子的最低质量标准（表 10-5～表 10-7）。若低于审定标准的要求，将被降低等级或未通过审定，但可重新清选，若达到要求的标准，可重新进行审定。对通过某等级审定的种子贴以相应等级的标签，没有通过某等级审定的种子不能贴签。

第四节　草类植物种子审定程序

种子审定程序包括种植者申请、审定机构审核和检查检验（包括田间检查和室内检验，以及生产加工机械和环境监督等）、权威机构核发标签等主要步骤。审定流程见图 10-2。

一、申请

具有草种种子生产许可证，即作为生产审定种子的种子生产者，凡准备种植或已种植草种的个人或单位，每年须向种子审定机构申请进行种子的审定。申请者要填写由种子审定机构编制的“种子审定申请表”。申请表的主要内容包括：①申请者的姓名、住址、通信地址、单位、电话、联系人和种子生产者（如果申请者与生产者非同一人）、种子生产农场的名称和地址；②所付审定经费的类别、数目；③申请审定种子的品种名、种名、品种的来源和育种程序（需证明材料）、品种的形态描述和适应性材料（证明材料）等，以及将要播种种子的产地、数量、等级、批号、准备播种的日期；④种子生产田的种植史（前几年种植的作物品种的名称及年代数，需证明材料），种子田具体位置（地图标明）；⑤种子清选单位、地点；⑥生产基础种子者与育种者之间签订的合同等，最后由申请者签名，保证所填写的内容真实。

申请的同时向种子审定机构提交标准种子样品。小粒草种种子约为 100g，大粒种子约为 500g，并对发芽率有一定的要求，由审定机构长期保存，必要时进行对照检验。不同国家和地区可以制定不同的提交申请的时间要求。例如，美国爱达荷州规定禾本科植物新播种品种，

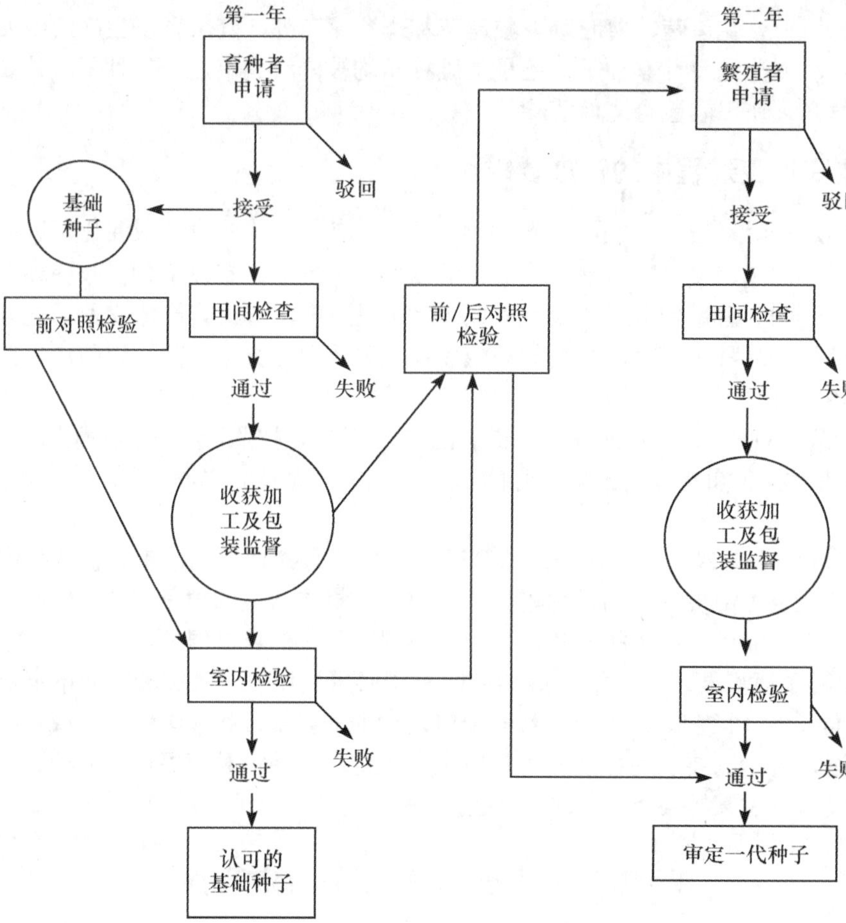

图 10-2 种子审定的一般程序（Thomson，1979）

播种后 60d 内递交申请，播种 1 年以上的植物（从播种之年起每年进行审定），申请的截止日期为每年 4 月 20 日。豆科植物当年春季播种的品种，申请的截止日期为 4 月 20 日，播种 1 年以上植物的截止日期为 4 月 1 日，夏末和秋季播种的，播后 60d 内递交申请。

种子审定机构根据审定规程的要求对申请表及申请人提供的材料进行审查，并核查列入审定名录的草种及品种。凡已列入名录的品种，申请材料又符合要求的，将被批准进行审定，不符合规定要求者将被驳回，拒绝进行审定。

我国《草种管理办法》规定，农业农村部负责制定全国草种种子质量监督抽查规划和本级植物种子质量监督抽查计划，县级以上地方人民政府草原行政主管部门根据全国规划和当地实际情况制定相应的监督抽查计划。《四川省草种管理试行办法》规定，审定通过的草种新品种享有草种新品种权。草种新品种权人可以自行繁殖推广新品种，也可以有偿转让新品种权。

二、田间检查

生产审定种子的申请被批准后，审定机构将派出经过专门培训的田间检查人员进行田间检查。草品种的审定种子每年至少要进行一次田间检查。一般播种的第一年进行种苗检查，之后每年在豆科植物的盛花期检查一次，或开花前检查一次，开花期检查一次。在禾本科植物抽穗后及收获前检查一次。

检查人员要熟悉被审定品种的特征特性，审定机构将为检查人员提供品种审定标准和其他有关的文件。根据文件和种植者提供的情况，首先，检查人员要核查品种名称及种子批号、种植地点和面积。通过检查种植者保留在田间的标牌，证实种子批的真实性。进入田间时，随机取100个生殖枝，以验证品种名是否与申请的品种名相符。若品种的真实性无法确认或种植地点不符，检查员有权拒绝田间检查。其次，检查隔离是否合乎标准，根据种子审定中对各种、品种及审定等级的隔离要求，进行田间隔离距离，以及障碍隔离中的树篱、沟、渠和道路等的检查。如隔离距离达不到标准，检查人员可拒绝继续检查。最后，检查被审定品种植株的田间生长发育、异株植物、其他作物、杂草及病虫害感染等情况，检查植株的成活情况、活力状况、均一性等指标，同时通过样方法进行异株植物、杂草及病株的测定和记录，并核实种植者所采取的控制异株植物、其他作物、杂草及病虫害的措施（部分项目需要提供证明材料）。根据审定规程的要求，如果发现成活情况差、活力差、均一性差、杂草过多、出现恶性或有害杂草、异株植物超标、有严重的寄生病或虫出现，可拒绝审定。

幼苗和植株的形态特征特性的差异，是鉴定异株的最基本、最简单、最有效的方法。为了观察性状和便于掌握，可将鉴定品种的形态特征特性等性状分为主要性状、细微性状、特有性状和易变性状等。

1．主要性状 主要性状指较为明显、较少变化、容易观察的性状，遗传上属于质量性状。这是鉴定品种的主要依据，例如，禾本科植物的穗色、穗形、着粒密度、籽粒颜色、芒的有无等；豆科植物的株形、叶形、花色、粒形和粒色等。

2．细微性状 细微性状指比较细微，必须仔细观察才能发现的性状。细微性状是室内和幼苗鉴定的重要依据，例如，种子的大小、形状（长宽比）、稃尖色、稃毛长短、柱头外露率等；禾本科植物的颖形状、籽粒形状、顶端茸毛、腹沟形状、果脐形状、基盘茸毛长短、鳞皮形态、光芒或刺芒等性状。虽然这些性状比较细微，但也属于遗传上的质量性状。

3．特有性状 特有性状指某些品种所特有的性状，如大麦某些品种具有蓝色的芒和紫红色籽粒等。这些性状也是鉴定品种的有效依据。

4．易变性状 易变性状指易受生长环境条件影响而发生变化的性状，如株高、穗长、分蘖数、开花抽穗期、生育期、叶片长短、叶色深浅等都可能受到栽培条件、气候和肥水管理等因素的影响而发生差异。这些性状虽然属于遗传上的数量性状，但在相同条件下进行鉴定时，不同品种之间往往有明显的差异，如高秆与矮秆、早熟品种与迟熟品种之间仍有差异。因此，这些性状也可作为鉴定品种的重要依据。当矮秆品种中出现高秆植株时，高秆株肯定是异品种；抽穗时，如有个别植株抽穗特别早或特别迟，可以肯定是异品种。但应注意，在高秆品种中出现矮秆品种或在早熟品种中出现迟熟品种时需细心观察才能发现。在分蘖后期，分蘖能力强的品种中如混有分蘖能力弱的植株，也可能是异品种。

但是，依据形态学特征鉴定品种存在局限性，当经过仔细观察而找不出品种之间存在差异时，则应采取其他方法进行鉴定。

田间检查时，凡同一品种、同一来源、同一审定等级和具有相同栽培条件，并种植田块相连且符合规定的隔离距离的为一个审定单位。新西兰种子审定规程规定，白三叶和草莓三叶审定单位等于或小于 $2hm^2$，田间检查时要设 5 个至少 $12m^2$ 的样方，如果审定单位大于 $2hm^2$，每 $0.5hm^2$ 设一个样方，但样方数量不超过 20 个。其他类植物审定单位的样方设置方法与白三叶相同，样方面积为 $10m^2$（10m×1m）。不同植物审定单位样方的大小和数目都有不同的规定。样方在田间的分布要均匀，田块边缘的样方，离田边至少 5m。在选取样方的

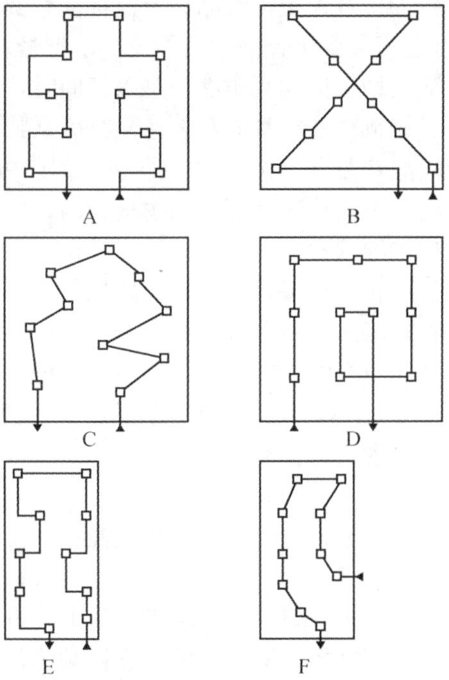

图 10-3 田间检查路线图（韩建国，1997）

▲起点；▼为终点；□为样方（区）。

A. 双十字循环法，观察 75%的面积；

B. 双对角循环法，观察 60%～70%的面积；

C. 随机路线法；D. 顺时针路线法；

E. 双槽法，观察 85%的面积；

F. 悬梯法，观察 60%的面积

过程中，行走方式对田间检查结果有很大的影响。可以参照联合国粮食及农业组织推荐的 6 种田间检查方法（图 10-3）。

由检查人员填写田间检查报告表，最后由检查人员签名（如有两名检查人员均需签名），注明日期，立即交回种子审定机构。检查报告表中务必强调检查是按规程规定方法完成的，结果真实。审定机构根据田间检查报告表，决定是否签发田间检查合格证。

三、种子收获和加工中的监督检查

获得田间检查合格证的种子生产田，在种子的收获、清选、分级和处理过程中还要接受种子审定机构的监督。种子审定机构代表具有对已获得田间检查合格证的种子田的收获种子批进行检查的权力。并对任何未做品种认定、无有效防止混杂或未达到审定标准的种子批有权拒绝审定。

在种子收获运离田间之前，必须进行品种认定，品种认定的目的是确认运离的种子确系申请者申请审定的品种，可由种植者自己在包装袋或运输车上粘贴审定机构的品种认定签或由审定机构的代表粘贴，之后运往清选单位或贮藏地点。种子清选往往是由审定机构授权的单位和批准的清选机械进行。如清选机械未获审定机构的批准，则由审定机构派出代表监督清选过程。种子清选机构负责种子的清选、分级和处理。由审定机构授权的种子清选单位的清选程序和标准要按照种子审定规程进行。

四、种子的室内检验

清选后的种子，由经过专门培训的扦样员按照一定的程序（国家种子质量检验规程或国际种子检验规程）进行扦样。样品的一部分由种子审定机构保留，另一部分做对照检验，最后一部分送往种子审定机构的种子质量分析室或官方种子质量检验站进行种子质量检验。种子必须全面达到审定种子某类某等级的最低质量标准，若种子某一质量指标低于要求的标准，将被降低审定种子等级或拒绝审定。未达到一定标准的种子批可重新清选，以达到要求的标准，并按原来田间检查的种子审定等级进行审定。

草种种子质量检验员需经省级以上人民政府草原行政主管部门考核合格才能从事检验工作。草原行政主管部门可以委托草种种子质量检验机构对种子质量进行检验。承担种子质量检验的机构应当具备相应的检测条件和能力，并经省级以上人民政府有关主管部门考核合格。

五、贴标签和封缄

通过申请审查、田间检查、收获和加工监督及室内检验，并达到种子审定规程所有要求的种子才能成为审定种子。审定种子还有按照种子审定规程的要求，用新袋或新容器重新包装、封缄，每个装种子的容器以认可的方式贴上官方审定种子的标签（或将标签内容印在容器上），之后进入销售系统。如果种子以散装的形式出售，种子拥有者或仓库管理者必须按照种子审定规程的要求进行合理的管理，使种子在移运之前保持审定种子的真实性。种植者和种子商必须出示他们控制散装种子能力的证明材料。标签的粘贴和封缄应在种子审定机构的监督下进行。

审定种子标签的作用是证明种子基因纯度、审定等级和种子质量。表明该种子的生产、检查和处理（从收获到封装的处理）都是按种子审定规程进行的，并已全部通过审定，其种子已达到审定规程的要求。

标签上需要注明：种子审定机构、种子批号、种子的种类（种名、品种名）、审定种子等级、种子生产者的登记号和统一的编号。最终审定通过的种子批还需要出具一个证书，包括标签上的内容、种子净度和发芽率等结果写入证书。不同颜色的标签代表不同审定种子的等级（表 10-8）。种子审定标签 12 个月内有效。

表 10-8　审定种子标签或包装袋所代表的审定种子等级

种子	美国（AOSCA，1971）	新西兰（OECD，1988）	瑞典（LSFS，1989）	OECD（MAF，1994）
育种家种子	—	绿色（包装袋）	白色（标签）	白色带紫色斜条（标签）
前基础种子	—	—	白色带蓝紫色斑点（标签）	—
基础种子	白色（标签）	棕色（包装袋）	白色（标签）	白色（标签）
登记种子	紫色（标签）	—	—	—
审定种子	蓝色（标签）	—	—	—
审定一代种子	—	蓝色（标签）	蓝色（标签）	蓝色（标签）
审定二代种子	—	红色（标签）	红色（标签）	红色（标签）
商品种子	—	—	棕色（标签）	—

当通过审定的种子（贴签并封缄）从一个地区（或国家）运往另一地区（或国家）时，如这一地区（或国家）的法律要求对种子进行重新清选或要求重新贴签，则应由这一地区（或国家）的种子审定机构监督，进行开封、去除原有封缄和标签，重新加工，重新取样。样品由原种子审定机构保存一份，其余用于现在种子审定机构的保存、对照检验和质量检验。符合标准后进行重新贴签和封缄，新标签重新编码，其上要包含旧标签上的所有信息，并加以重新贴签的声明。

六、对照检验

育种家种子的纯度最高，随着审定等级自上而下逐级生产繁殖，即因育种家种子→基础种子→登记种子→审定种子的世代繁殖过程中的基因污染，种子收获和加工中的混杂等过程，造成基因纯度的降低。为了防止这种情况的发生，在种子审定中采取对照小区检验。对照检验分前对照小区（pre-control plot）检验和后对照小区（post-control plot）检验。前对照小区与种子生产者同时或先于种子生产者种植。前对照小区的种子样品来自该品种的标准样品（审定机构持有或申请审定时申请者提交的种子样品）。前对照检验结果和田间检查结果一并用于品种基因纯度的鉴定，以利于早期淘汰劣质种子批。各审定种子等级都可进行前对照检验。后对照小区是种植收获的种子样品，用于与标准样品进行比较以检验田间检查的效果和后代的基因纯度。

对于所生产的基础种子、登记种子或审定种子，清选后所扦样品用于后对照检验的部分，收到后立即种植（根据季节决定）在后对照小区内，与标准品种样品种植的小区进行比较。同一品种，基础种子的后对照检验结果可用于登记种子的前对照检验，登记种子的后对照检验结果可用于审定种子的前对照检验。

讨论题

1. 简述种子审定的意义和主要内容。

2. 简述我国草种种子审定的实施情况及与发达国家的差距。

3. 简述北美官方种子审定机构协会种子审定对紫花苜蓿（基础种子、登记种子、审定种子）种子田管理的要求（包括前作、隔离距离、污染植物、种子纯度）。

第十一章
苜蓿内生根瘤菌种子

第一节　苜蓿与根瘤菌共生的遗传基础

氮素供应不足是农业生产中普遍存在的问题。依靠化学肥料解决作物缺氮的问题，在一定时期内可以解决我国作物生产增产的问题，但自从进入高质量发展阶段以后，可持续发展强烈要求遵从绿水青山就是金山银山的发展理念，仅依靠化学氮解决作物提质增产既不现实，也是不经济的。

1886 年，德国植物化学家 H. Hellriegel 和 H. Wilfarth 等研究证明豆科植物能固定空气中的氮。1888 年，荷兰学者 M.W. Beijerinck 从豆科植物根瘤中第一次分离出固氮细菌纯培养物，并命名为根瘤菌（*Rhizobium*）。从此，关于根瘤菌与豆科植物共生固氮体系的研究逐渐成为各国学者关注的焦点。共生固氮体系是指微生物与植物紧密生活在一起，由固氮微生物在与植物共生的状态下直接将大气中的分子态氮转化成化合态氮的过程。苜蓿与根瘤菌共生固氮体系的建立和发展是一个多阶段的过程，包括宿主植物与根瘤菌之间无数的信号协调交换和监管途径。首先，苜蓿植株根部向根际土壤分泌类黄酮物质（2-苯基-1,4-并吡喃酮类衍生物），这些物质能够被根瘤菌产生的赖氨酸转录调控因子 NodD 蛋白识别，NodD 蛋白与特定的序列结合激活根瘤菌中结瘤基因（*nod*、*nol*、*noe*）的转录，从而编码合成和输出结瘤因子 NF（nod factor）。植物细胞的溶解酶基序受体激酶（lysin motif receptor-like kinase，LysM-RLK）能够识别根瘤菌 NF 并启动，刺激根毛卷曲，诱导侵染线和根瘤原基的形成。当根瘤菌沿侵染线到达根瘤原基后，根瘤菌便会聚集并不断增殖和分化。与此同时，由于根瘤菌信号分子的刺激，豆科植物皮层细胞会受到 SHR-SCR［内皮层特异性表达（SCARECROW）-中柱特异性表达（SHORTROOT）］干细胞分子模块的诱导而持续分裂，最终形成根瘤。在苜蓿属植株的根瘤内部，宿主植物细胞会在自身基因组多次复制（不含胞质分裂）以容纳数千个根瘤菌细胞的过程中慢慢变大，定殖在宿主植物细胞内的根瘤菌会被来源于植物的膜包围，形成一种类似细胞器的结构，称为共生体。共生体内的根瘤菌经过各种代谢活动和形态变化，最终分化成能够将 N_2 转化为植物可利用氮的共生形式，即类菌体。在根瘤形成和固氮的过程中，植物光合作用产生的碳水化合物不断为根瘤菌生长提供营养。

共生固氮效应是指由共生体系的固氮作用产生的对共生双方生长的促进作用及对共生环境的改良作用。苜蓿与根瘤菌共生固氮体系从空气中固定的总氮量达到 200～400kg/hm^2，极大程度上减少了化学肥料的使用，具有良好的经济和生态效益。

目前，固氮根瘤菌的应用主要是通过播种前拌种或制成包衣种子等方法人为将适宜的根瘤菌剂接种于豆科作物或饲料作物，借以提高作物产量。苜蓿人工接种根瘤菌是利用共生固氮体系提高苜蓿产量及品质的重要方法之一。1895 年，Nobbe 和 Hiltner 首次开始进行豆科作物商业根瘤菌剂的生产，随后美国、加拿大和澳大利亚等国家也在种植豆科作物时接种商业根瘤菌剂。我国从 1980 年开始进行豆科牧草根瘤菌资源的采集、鉴定、保藏、评价及利用研究，研制出了多种商业根瘤菌剂产品。然而由于根瘤菌株与宿主的匹配性、外在自然环境、土著根瘤菌的竞争及多种生物与非生物胁迫等因素的存在影响了根瘤菌在植物根部侵染的成功率，所以目前根瘤菌剂的接种效果并不稳定。而且，单纯地通过优良植物品种选育—匹配根瘤菌株筛选—根瘤菌剂研制—外部根瘤菌剂接种的程序利用根瘤菌，淡化了苜蓿基因型与根瘤菌生物型间的精准性结合或专一性识别过程，弱化了共生固氮体系中豆科植物与根瘤菌的微协调互作过程，限制了根瘤菌固氮潜力的充分发挥。

第二节　苜蓿与根瘤菌共生育种

一、共生育种的概念

共生是两种密切接触的不同生物之间形成的互利关系。有的共生生物需要借助共生关系来维系生命，属于专性共生（obligate symbiosis）。有的共生关系只是提高了共生生物的生存概率，但并不是必需的，属于兼性共生（facultative symbiosis）。共生关系有时是不对称的，很可能出现一种生物是专性共生而另一种生物是兼性共生的现象。微生物与植物间的共生形式主要包括根瘤菌与豆科植物的共生、弗兰克氏菌属放线菌与非豆科植物（桤木属、杨梅属、美洲茶属等）的共生及菌根菌与植物的共生。

育种是通过创造遗传变异、改良遗传特性，以培育优良动植物新品种的技术。育种以遗传学为理论基础，需综合应用生态、生理、生化、病理和生物统计等多种学科知识。植物育种又称为以高产、稳产、优质、高效为目标的品种创制。目前的植物育种方法主要包括诱变育种、杂交育种、单倍体育种、多倍体育种、基因工程（转基因）育种、细胞工程育种和植物激素育种等。这些植物育种方法均是建立在植物单独生存的原理之上，以植物自身的遗传基础或基因为研究对象，以植物变异群体（基因或基因组发生了变化的群体）为试验材料，人工选择获得农艺性状优良稳定的植物品种。

共生育种是指通过两种密切接触的不同生物之间形成的互利关系创造两种生物互利的遗传变异，改良互利的遗传特性，以培育优良共生生物新组合的技术。两种不同生物的共生育种有别于单种生物育种，是生物育种的新技术，对生物育种理论与技术的拓展具有十分重要的意义。

共生育种的一般步骤：①优良根瘤菌种质资源筛选；②豆科植物和根瘤菌专一性共生组合筛选；③专一性共生组合内生根瘤菌种子构建；④内生根瘤菌种子贮藏条件选择；⑤种子内生根瘤菌传代能力和传代有效性检验。

二、苜蓿与根瘤菌共生育种概况

1. 苜蓿与根瘤菌共生育种的理论基础　植物内生菌（endophyte）是指从表面消毒的植物组织中分离获得，能够定殖在健康植物细胞间隙或细胞内，并未对宿主植物引起明显感染症状的一类微生物群（Hallmann et al.，1997；邓墨渊等，2006）。内生菌在植物体内的分布具有普遍性和多样性，几乎所有植物的根、茎、叶、花、果实等器官和组织细胞内都含有内生菌。植物内生菌主要包括真菌、细菌和放线菌（Kumar and Hyde，2004；张雷鸣等，2014；郑有坤等，2014）。植物内生菌和其宿主之间存在相互依存及互惠的关系，如内生菌在植物体内不仅积极地生存着，还可产生固氮、促进植物生长、防治病虫害等多种生物学作用（Fiore and Gallo，1995）。苜蓿种子中存在大量内生根瘤菌，随着种子的萌发，优先结瘤，通过根部侵染进入根内，随着植物的生长，会不断地运移并定殖在苜蓿植株的不同部位，最后垂直传播到下一代植株（Chi et al.，2005；迟峰，2006）。与外源接种的根瘤菌相比，这些内生根瘤菌受外部自然环境及土著根瘤菌的影响较小，在竞争结瘤方面有明显优势。

2．苜蓿与根瘤菌共生育种的概念　在内生菌如此多样又较容易获得的基础上，利用共生育种的思想，通过向植物导入特异性内生菌，可将植物与特异性内生微生物的共生体直接作为选择对象，选育对共生双方有利的遗传变异和优良性状，筛选植物与目的微生物的共生组合体。苜蓿与根瘤菌的共生育种是指以"苜蓿-内生根瘤菌"和谐共生、互利共栖的生命形式为基础，以选育的优良苜蓿品种和高效协同的固氮根瘤菌株为材料，通过接种将目的根瘤菌导入苜蓿植物组织，利用根瘤菌在苜蓿植株体内的运移和定殖特性建构内生根瘤菌种子，快速、高效地获得优良苜蓿-根瘤菌共生种质的种子，使共生特性在代际间稳定传代的苜蓿育种方法（康文娟等，2021），是推进农业可持续发展的有效措施。

第三节　优良根瘤菌种质资源筛选

优良根瘤菌种质资源筛选是苜蓿与根瘤菌共生育种的关键。优良根瘤菌种质资源主要指高效结瘤固氮根瘤菌株、促进生长根瘤菌株和抗逆性根瘤菌株等。

一、高效结瘤固氮根瘤菌株筛选

1．苜蓿根瘤菌结瘤能力的影响因素　苜蓿根瘤菌的结瘤能力受到苜蓿品种、季节和土壤类型的影响。

1）根瘤菌与苜蓿品种的专一性匹配决定了根瘤菌在不同宿主苜蓿品种上的结瘤固氮能力差异，这种专一性主要表现在两个方面：一是不同宿主植物产生的外源激素种类或数量不同，而外源激素对识别根瘤菌及根瘤菌的侵染密切相关，因此宿主苜蓿对根瘤菌有一定的选择性；二是宿主植物基因型可抑制一些低效固氮土著根瘤菌的结瘤能力，而选择高效固氮根瘤菌并增强结瘤能力。

2）不同季节光、温、水、土等自然资源的分配差异会影响苜蓿的结瘤数量、有效根瘤数和总根瘤重。苜蓿结瘤能力随着春、夏、秋各季节平均温度的递增呈递减趋势，夏季高温不利于根瘤菌共生结瘤，适宜苜蓿根瘤菌的结瘤温度为15～22℃。春季的光、温、水及其组合是苜蓿结瘤的最适宜环境条件。

3）不同土壤类型因其土壤氮素含量、pH、土壤水分和土壤温度的差异而对根瘤菌的有效性产生不同程度的影响。土壤氮素含量的多少是影响根瘤菌结瘤效果的重要因素，较高水平的氮素含量会抑制结瘤，降低根瘤菌的固氮效率。只有土壤氮素处于一个较低且不影响根瘤菌与宿主共生的水平时，根瘤菌结瘤效果才能发挥出来。土壤pH对接种根瘤菌的共生固氮效率有一个相对渐进的影响过程。土壤水分含量是影响结瘤和固氮效果的重要指标，土壤干旱不仅影响植物生长、根系发育及物质分泌，也使根瘤菌处于一个较低的群体水平。此外，土质结构越黏重，土壤环境对根瘤菌的胁迫越少，根瘤菌的存活率也会越高。因此，评价土壤类型对根瘤菌结瘤性能的影响时应综合分析各项土壤因子及苜蓿结瘤指标。

2．苜蓿根瘤菌固氮能力的影响因素　苜蓿根瘤菌的固氮能力受到内在（宿主植物与根瘤菌基因型）和外在（土壤理化因子、草地种植年限、播种方式、根瘤菌剂接种方式和土著根瘤菌）多种因素的影响，来源于不同地区和苜蓿品种的根瘤菌株固氮效率存在差异。

1）区域来源。来源于不同地区根瘤菌株的平均固氮能力差异较大，例如，甘肃庆阳、武威的菌株平均固氮能力较强，来源于定西的菌株次之，天水、甘南菌株平均固氮能力较差。在土壤理化因子中土壤有机质对菌株固氮量的影响最大，并表现为抑制作用。乏氮土壤中氮素水平对菌株固氮量有较大的促进作用，低磷土壤中磷素对菌株固氮量表现出微弱的抑制作用。因此，在甘肃省各生态区域的乏氮和低磷土壤中，适度增加土壤氮素和磷素含量有利于促进植物根系生长，提高结瘤效率和固氮酶活性，增加固氮量。

2）品种来源。高效固氮根瘤菌与苜蓿植物组合关系紧密，来源于不同苜蓿品种的菌株与原宿主植物结瘤共生对全氮含量、^{15}N 含量、固氮百分含量和固氮量有极显著的影响；不同品种之间差异性较大，如来源于阿尔冈金苜蓿的根瘤菌株全氮含量、固氮百分含量、固氮量显著高于陇东苜蓿，而 ^{15}N 含量却显著低于陇东苜蓿。

3．高效结瘤固氮根瘤菌株筛选程序 随着根瘤菌共生固氮研究的发展，世界各国都建立了高效固氮根瘤菌筛选的基本程序，即分离纯化→初筛选→（温室、实验室或田间）复筛选→大田试验的三步筛选方法：得到初步筛选的高效菌株，然后通过分子标记等技术跟踪试验，最后进行大田试验并应用于生产。然而，实际筛选中由于实验室和田间不同育苗基质对筛选结果的影响不一致，土壤因子对根瘤菌固氮促生效率的影响较大，所以应根据影响结瘤固氮效率的内外因素确定适宜的筛选方法和程序，明确固氮效率的主要影响因子及其重要性，最后筛选出适合不同区域的高效结瘤固氮菌株，为根瘤菌应用于生产提供高效种质资源。

二、促进生长根瘤菌株筛选

根瘤菌除了与苜蓿植株结瘤共生固氮促生以外，根瘤菌的促进生长作用还体现在其在根际环境中作为根际微生物联合共生溶磷和分泌生长素方面。植物根际环境中，根系分泌物滋养着大量根际微生物，根际微生物通过固氮、溶磷和（或）分泌生长素等，促进作物生长，利用根际环境发挥联合共生作用，为一类兼性共生根瘤菌。

1．结瘤固氮根瘤菌株 结瘤固氮根瘤菌，能识别和侵染豆科植物根系，通过在豆科植物根系上结瘤，实现固氮共生，为一类专性共生根瘤菌，也是根瘤菌的主要促生方式。

2．溶磷根瘤菌株 磷是植物必需的营养元素之一，能够促进植物根系的生长和提高果实质量。土壤中95%以上的磷为难溶性磷酸盐，植物很难直接吸收利用。除无机磷外，土壤中1/3～1/2的磷素为有机磷，其中有5%～10%存在于微生物体内，30%～50%以植酸钙镁形态存在。提高土壤中无机磷和有机磷的利用率可促进植物生长，减少化肥用量，对农业可持续发展有重要意义。解磷菌或溶磷菌是一类根际环境中能将植物难以吸收利用的磷转化为可吸收利用形态磷的联合促生微生物。土壤中存在大量的解磷微生物，其中能够矿化有机磷化合物的称为有机磷微生物；能够将植物难以吸收的无机磷酸盐转化为可直接吸收利用形态的称为无机磷微生物。利用解磷菌是提高土壤中磷素利用效率的有效途径。

溶磷能力的定性测定方法是采用根瘤菌点接法直接观察蒙金娜有机磷（蛋黄卵磷脂EYPC）和PKO无机磷［$Ca_3(PO_4)_2$］固体培养基上透明圈的有无；定量测定通常采用溶磷圈法和钼锑抗比色法（姚拓等，2004）。

苜蓿根瘤菌作为兼性共生促生菌时，具有较强的溶磷能力，但大多数菌株能溶解有机磷，少数溶解无机磷。例如，分离自不同苜蓿品种种子的22株根瘤菌株中有14株能够溶解有机磷，溶磷圈 D/d（D 代表溶磷圈直径，d 代表菌落直径）值在1.117～2.567；只有一株根瘤菌能溶解无机磷，但溶磷能力较强，D/d 值达到2.31。甘肃寒区旱区苜蓿根瘤菌株的溶磷能力不受苜蓿品种的影响，但与菌株所处的生态环境或土壤环境关系密切。速效磷和速效钾含量是影响根瘤菌株溶磷能力的主要土壤因子，其重要性为速效磷＞速效钾。在一定的水分条件下，高速效磷环境有利于提高根瘤菌的溶磷能力，高速效钾含量不利于提高根瘤菌的溶磷能力。

3．分泌生长素根瘤菌株　从植物根际分离出的大多数固氮微生物可产生植物生长素IAA（吲哚乙酸），IAA能在细胞延伸过程中提升细胞壁的疏松度，低浓度时促进植物生长。实验室通常采用比色法测定菌株分泌生长素IAA的能力（姚拓等，2004）。苜蓿根瘤菌具有较强的分泌植物生长激素的能力，分离自不同紫花苜蓿品种种子的22株内生根瘤菌中73%的菌株具有分泌IAA的能力（表11-1）。甘肃寒区旱区苜蓿根瘤菌100%具有分泌IAA的能力，其中分泌能力中强以上的菌株占90%。影响甘肃寒区旱区苜蓿根瘤菌株分泌IAA能力变异的主要因子是土壤pH、全磷含量和速效氮含量，三因子作用的重要性依次为土壤速效氮含量＞土壤pH＞土壤全磷含量。其中全磷含量的提高有利于提高菌株分泌IAA的能力，碱性土壤和速效氮含量较高的土壤会降低菌株分泌IAA的能力。

表11-1　苜蓿根瘤菌的溶磷能力（*D*/*d*值）和分泌IAA能力

菌株	有机磷（*D*/*d*）	无机磷（*D*/*d*）	分泌IAA能力	菌株	有机磷（*D*/*d*）	无机磷（*D*/*d*）	分泌IAA能力
SL01	2.567aA	2.31aA	＋＋	SL12	1.000dD	1.00bB	＋
SF02	1.173cdCD	1.00bB	＋	SC13	1.000dD	1.00bB	＋＋
SS03	1.194cdCD	1.00bB	＋＋＋	SR14	1.256cdCD	1.00bB	＋＋
SL04	1.000dD	1.00bB	＋	SG15	1.000dD	1.00bB	＋＋
SJ05	1.346bcBCD	1.00bB	—	SY16	1.300cdBCD	1.00bB	＋＋
SM06	1.662bB	1.00bB	＋	SL17	1.000dD	1.00bB	＋＋
SA07	1.219cdCD	1.00bB	＋＋	SD18	1.206cdCD	1.00bB	—
SA08	1.319cdBCD	1.00bB	—	SD19	1.437bcBC	1.00bB	—
SG09	1.181cdCD	1.00bB	—	SL20	1.273cdCD	1.00bB	—
SX10	1.117cdCD	1.00bB	＋＋＋	ST21	1.000dD	1.00bB	＋＋
SZ11	1.000dD	1.00bB	＋	SZ22	1.000dD	1.00bB	＋

注：小写字母表示5%差异显著性水平，大写字母表示1%差异显著性水平。—表示菌株分泌IAA能力比色反应为不变色；＋表示浅粉色；＋＋表示粉色；＋＋＋表示深粉色；颜色越深表示分泌IAA能力越强，不变色表示不分泌IAA

资料来源：祁娟，2006

三、抗逆性根瘤菌株筛选

土壤盐碱化是国内外普遍存在的问题，选育耐盐的根瘤菌对苜蓿种植和土壤改良有重要意义。随着苜蓿种植规模和种植范围的扩大，种植的垂直分布和水平分布区域也不断扩大，种植环境中面临的寒、旱等胁迫因素也越来越复杂。通过野外根瘤菌分离纯化和室内抗逆性能力测试，可筛选出耐盐性、耐酸碱性、耐高温低温性、耐旱性的抗逆性根瘤菌株，为紫花苜蓿的种植和推广提供优良根瘤菌资源。例如，甘肃不同生态区域的苜蓿根瘤菌株抗逆性普遍较强，且具有菌株种质和地域差异性（师尚礼，2005）。

1．耐盐性　苜蓿根瘤菌株普遍耐盐性较强，甘肃寒区旱区不同生态区域菌株的耐盐（NaCl）程度达到3.5%～5.5%（*m*/*V*）。影响根瘤菌株耐盐能力的主要因子是土壤盐含量和土壤pH，由两因子引起的根瘤菌耐受NaCl能力的变异占总变异的90.79%，其重要性为土壤全盐＞土壤pH，土壤全盐对根瘤菌株耐盐能力的作用最大，土壤pH对根瘤菌株耐盐能力的影响作用次之。

2．耐酸碱性 苜蓿根瘤菌具有较好的酸碱耐受能力和抗酸碱功能的多样性，既具有较好抗酸性或抗碱性的单一功能菌株，又具有耐酸碱综合能力的菌株。甘肃不同生态区域的土壤理化因子差异使得该区域苜蓿根瘤菌株的耐受 pH 在 3.5～12.0。根瘤菌株抗酸能力变异的主要作用因子为土壤有机质、全盐、速效钾含量：土壤全盐作用最大，并表现为抑制作用；土壤有机质作用次之，表现为促进作用；土壤速效钾表现出微弱的抑制作用。根瘤菌株抗碱能力变异的主要作用因子为土壤 pH 和全盐含量，土壤全盐的影响作用最大，土壤 pH 作用次之，均表现为促进作用。

3．耐高温低温性 较大的区域昼夜温差和季相温差变化环境有利于提高根瘤菌株对高温、低温的抵抗阈值。例如，甘肃不同生态区域的温度日变化和季节变化规律使得苜蓿根瘤菌株普遍能耐受 5℃低温和 40℃高温，个别能耐受 0℃低温和 50℃高温。

4．耐旱性 筛选并利用抗旱能力较强的根瘤菌株可提高干旱条件下苜蓿植株结瘤固氮的能力，对干旱地区土壤养分恢复和土地改良具有重要意义。

四、复合功能根瘤菌菌株筛选

根瘤菌具有固氮、溶磷、分泌 IAA、抗逆等多种功能，见表 11-2。大多数根瘤菌株的固氮、促生和抗逆单一功能突出，也有部分菌株具备较强的复合促生功能。分离自甘肃寒旱区不同紫花苜蓿品种的 19 株根瘤菌中，未出现固氮、溶磷、分泌生长素能力三者均较强的复合功能菌株。菌株 WA62A 具有较高的固氮效率［生物固氮百分率（%Ndfa）＝82.17］和较强的溶解有机磷能力（D/d＝1.60），但该菌株未表现出突出的抗逆能力。菌株 QA46A、WL47、WA24 具有较高固氮效率（%Ndfa＝80.76～82.99）和较强的分泌 IAA 能力，其中菌株 WA24 具有较强的抗盐碱能力，而 QA46A 和 WL47 无突出的抗逆能力。具有较强分泌 IAA 能力和较强溶解有机磷能力（D/d＝1.55～1.76）两项功能的菌株有 QL31B、QA50A、TL47、GA66，其中菌株 QA50A 无突出抗逆能力，QL31B 和 TL47 具有较强的抗酸、抗盐碱和抗寒能力，GA66 具有较强的抗盐碱和抗热能力。除以上菌株外的其余菌株固氮、溶磷、分泌生长素能力单一功能突出，其中 WA32（%Ndfa＝84.03）、QA33B（%Ndfa＝82.39）和 DL67（%Ndfa＝80.26）为固氮效率较高的菌株，WA32 具有较强的抗盐碱、抗酸和抗寒耐热能力，QA33B 具有极强的抗盐碱能力，DL67 具有较强的抗盐碱能力。

表 11-2 19 株根瘤菌的复合功能测定值

菌株	固氮效率（%Ndfa）	溶磷（D/d 值）	分泌IAA能力	抗 NaCl /%	抗 HCl（pH）	抗 NaOH（pH）	抗寒/℃	抗热/℃
QL20B	—	1.60	—	—	—	—	—	—
QL31B	—	1.76	+++	4.5	3.5	10	5	—
QA33B	82.39	—	—	5	—	12	5	45
QA46A	80.76	—	+++	—	—	—	—	—
QA50A	—	1.55	+++	—	—	—	—	—
TL22A	—	—	+++	4.5	—	10	—	45
TL47	—	1.59	+++	4.5	3.5	10	—	45
DL67	80.26	—	—	4.5	—	12	5	—

续表

菌株	固氮效率（%Ndfa）	溶磷（D/d 值）	分泌IAA能力	抗 NaCl/%	抗 HCl（pH）	抗 NaOH（pH）	抗寒/℃	抗热/℃
DL81	—	—	+++	—	—	—	—	—
DA10	—	—	+++	4.5	—	10	—	—
WL47	82.99	—	+++	—	—	—	—	—
WA24	81.57	—	+++	5.5	—	10	5	45
WA32	84.03	—	—	4.5	4	12	—	45
WA62A	82.17	1.60	—	—	—	—	—	—
GL21	—	1.54	—	4.5	4	12	5	45
GL16	—	1.82	—	5	4	10	5	50
GA28	—	—	+++	—	—	—	—	—
GA66	—	1.63	+++	4.5	—	10	5	50
GA26	—	—	+++	—	—	12	5	45

注：—表示菌株分泌 IAA 能力比色反应为不变色；+++表示深粉色；颜色越深表示分泌 IAA 能力越强，不变色表示不分泌 IAA
资料来源：师尚礼，2005

五、优良根瘤菌种质资源筛选程序

苜蓿根瘤菌存在菌株、促生功能和环境分布的多样性，三者之间的协同是苜蓿根瘤菌存在与发展的必然趋势。通过扩大研究的品种和区域范围，有可能筛选出固氮、促生、抗逆单个功能更加强大或多个功能兼得、促生效应更加突出的优良菌株资源。因此，优良根瘤菌种质资源的筛选应综合考虑根瘤菌生态分布特征与根瘤菌固氮、促生、抗逆能力的影响因子及其重要性，采用区域分类→田间调查→分离→初筛选→多功能复筛选，以及实验室→温室→田间的筛选程序。

第四节 内生根瘤菌种子构建

一、苜蓿和根瘤菌专一性共生组合筛选

1. 苜蓿与根瘤菌专一性共生影响因子 紫花苜蓿与根瘤菌共生具有专一性，特定的根瘤菌株仅能与特定的苜蓿品种高效结瘤固氮。专一性共生受到宿主植物和根瘤菌株双方多个因子的影响。

1）宿主专一性影响因子。在根瘤菌-苜蓿共生体系中，宿主专一性的主要植物决定因子为类黄酮等信号分子和根瘤特异性富半胱氨酸肽（nodule-specific cysteine-rich peptides，NCRs）。类黄酮是由植物种子或根系响应根瘤菌信号分子产生的植物次生代谢产物，能够在低微级或纳米级的浓度下激活根瘤菌中 *nod* 基因的转录，从而合成根瘤菌结瘤因子 NF，诱导根瘤的形成。根瘤菌株与苜蓿专一性越强，根际周围产生的类黄酮等物质越多，越容易促成结瘤因子的合成。NCRs 是一类仅在宿主植物根瘤中表达的小分子肽，能够调控根瘤菌株不断分化最终成为固氮类菌体。根据宿主植物的不同，编码 NCRs 的基因数量为 7～700。NCRs 基因家族的物种特异性和复杂性使得 NCRs 能够特异性地识别和促进类菌体分化，通过排除不能发生类菌体分化、“寄生性”的根瘤菌，优化对植物的氮供应过程，决定共生专一性。

2）根瘤菌专一性影响因子。根瘤菌决定共生专一性的主要信号分子是NF、表面多糖和分泌蛋白。NF由一种被不同附属基团修饰的保守结构组成，其非还原末端具有酰基脂肪酸长链，NF骨架、侧链和取代基团的差异决定了宿主专一性，只有特定类型和混合物的NF才能被宿主植物根表皮的LysM型受体激酶感受和识别，使一种菌株在特定的宿主植物上结瘤。表面多糖是指存在于细菌表面的多糖类物质，在革兰氏阴性菌中主要以O抗原形式存在，其合成是根瘤菌的重要生理过程之一。根瘤菌表面多糖主要包括脂多糖、外多糖、荚膜多糖和环葡糖，能够与宿主植物特异性识别互作，降低宿主植物的免疫反应，从而成功侵染。细菌在细胞内合成的蛋白质需转运到细胞的某些特定部位或分泌到细胞外行使特定的生物学功能，这些被转运的蛋白即分泌蛋白。根瘤菌分泌蛋白一般由分泌蛋白系统产生，这些系统包括一般采用的Ⅰ型分泌系统（*T1SS*），以及特殊的寄主-靶向分泌系统，如Ⅲ型、Ⅳ型和Ⅵ型分泌系统（分别为基因*T3SS*、*T4SS*和*T6SS*），不同的分泌蛋白系统采用不同的作用机制影响菌株的宿主范围。

2．苜蓿与根瘤菌专一性共生组合筛选程序 针对苜蓿品种快速、准确地选择与其专一性共生的优良根瘤菌株，筛选固氮能力和产量性状有效的组合，有利于内生根瘤菌苜蓿种子的成功构建，同时也是提高苜蓿产量的捷径。通过大量根瘤菌株接种苜蓿品种的试验，首先筛选出对共生效应贡献率最大的代表性指标，然后对菌株接种与未接种处理的代表性指标差异显著性进行分析，最后可根据差异显著性直观、准确地选择出高效结瘤固氮的苜蓿品种-根瘤菌株组合。

例如，利用32株中华根瘤菌株（*Sinorhizobium meliloti*）在5个紫花苜蓿品种上进行接种试验，接种45d后测定14个共生指标（单株结瘤数、有效根瘤重、根瘤直径、根瘤等级、根瘤固氮酶活性、单株叶片数、株高、根长、地上鲜重、地下鲜重、地上干重、地下干重、叶绿素含量和粗蛋白含量）。主成分分析显示对苜蓿和根瘤菌共生效应贡献率最大的指标为地上干重，故以地上干重作为根瘤菌与苜蓿的共生效应代表性指标，分析接种处理与未接种对照地上干重的差异显著性。当接种根瘤菌的苜蓿品种地上干重显著高于未接种CK（对照）时，将根瘤菌与苜蓿品种共生效应标记为“正效应”E（effective），表明根瘤菌株的共生结瘤对苜蓿品种植株生长产生促进效应；显著低于CK时（$P<0.05$）标记为“负效应”I（inhibitive），表明结瘤对苜蓿品种植株生长产生抑制效应；与CK差异不显著时标记为“无效应”O（noneffective），表明结瘤对苜蓿品种植株生长无效应。根据以上方法，利用单一代表性指标的E、I、O标记符号即可排除对苜蓿植株生长无效应或产生抑制效应的菌株，直观鉴定出与苜蓿品种专一性高效结瘤共生的根瘤菌株（表11-3）。

表11-3 32株根瘤菌在5个苜蓿品种上的专一性共生模型

菌株	共生效应代表性字母组合①	共生效应种类数	EOI字母数比例	专一性共生模型②
G3L2、G3L6、G3L8、G3T2、G9L4、G9L6、LL5、LL6、LL7	OOOOO	1	0∶5∶0	无共生效应
G3L3、LP3	OOEOO	2	1∶4∶0	1个品种共生正效应专一性
LL1	OOOEO	2	1∶4∶0	
QL2、WLG1	EOOOO	2	1∶4∶0	
LL11	OEOOO	2	1∶4∶0	
LL2	EEOOO	2	2∶3∶0	2个品种共生正效应专一性
WLP2	OEOEO	2	2∶3∶0	

续表

菌株	共生效应代表性字母组合①	共生效应种类数	EOI 字母数比例	专一性共生模型②
G9L3、G9L8	OIOEO	3	1∶3∶1	正负效应各 1 个品种的共生专一性
G3L5、LL8、QL4、QL5	OOOOI	2	0∶4∶1	1 个品种共生负效应专一性
G3L4、G3L7、G3L10、G3L12、G3L13、G9L5、LL10	OIOOO	2	0∶4∶1	
G3L9	OOOIO	2	0∶4∶1	
G9L7	OOOII	2	0∶3∶2	2 个品种共生负效应专一性

注：①共生效应代表性字母 E、O、I 组合由菌株在 5 个苜蓿品种（按'甘农 3 号''甘农 9 号''陇中''清水'和'WL168HQ'的顺序）上的共生效应合并得到；②通过 E、O、I 在 5 个品种上的分布比例获得 6 种专一性共生模型

资料来源：康文娟，2020

二、内生根瘤菌种子构建方法

内生根瘤菌种子是指种子内部含有大量根瘤菌的种子。内生根瘤菌种子的成功构建要求根瘤菌侵入植株体内运移并大量定殖于苜蓿种子，因此提高根瘤菌在植物体内的运移和定殖能力是内生根瘤菌种子成功构建的关键。荧光标记根瘤菌的构建是观察根瘤菌在植株体内运移和定殖动态的关键手段，而影响荧光标记根瘤菌在苜蓿体内运移和定殖的生物因素除苜蓿与根瘤菌的专一性外，还包括根瘤菌接种方法、外源扰动物质和种子贮藏条件等。

1．荧光标记根瘤菌构建　根瘤菌标记技术即采用分子生物学手段将标记基因引入目的根瘤菌中，通过利用导入根瘤菌的特殊标记基因所编码的酶能够作用于多种底物而产生颜色反应或发光现象，直观地跟踪目的根瘤菌的一种手段。荧光基因编码的蛋白质具有荧光特性稳定、蛋白质变性可逆、检测方便的特点，是作为标记基因的首选。目前发现的荧光蛋白包括绿色荧光蛋白（green fluorescent protein，GFP）、红色荧光蛋白（red fluorescent protein，RFP）和黄色荧光蛋白（yellow fluorescent protein，YFP）。GFP 能够在 Ca^{2+}的作用下发出绿色荧光，最初在维多利亚多管水母中发现，GFP 吸收光谱的最大峰值为 395nm，呈现出紫外光；发射光谱最大峰值为 509nm，呈现出绿色荧光。编码 GFP 的 *gfp* 基因分子质量小，对细胞无毒，不干扰标记蛋白的功能和定位，在细菌分子标记研究中的应用非常广泛。RFP 分离自印度洋和太平洋地区的珊瑚虫，与绿色荧光蛋白同源，在紫外光的照射下可发射红色荧光，其最大吸收波长为 558nm，最大发射波长为 583nm。YFP 是 GFP 的一种突变体，与 GFP 相比，YFP 荧光偏移于红色光谱，其最大激发波长为 514nm，最大发射波长为 527nm。

荧光标记根瘤菌的构建一般采用三亲本杂交法，主要是指通过供体菌、辅助菌和受体菌细胞的混合培养，在辅助菌的协助下采用接合转移方式将供体菌中的目标质粒导入受体菌内的过程。供体菌、辅助菌和受体菌的选择和构建是三亲本杂交方法成功的关键。供体菌株的构建方法是采用热激法将目标质粒转化于大肠杆菌感受态，在适宜的条件下使质粒 DNA 在大肠杆菌中稳定表达。例如，采用热激法将红、黄、绿三种荧光蛋白质粒 Red-123、YFP-69、GFP-104 分别转化于大肠杆菌感受态后，在适宜的质粒原液浓度和 PCR 退火温度下质粒 DNA 会在大肠杆菌中稳定表达，即可获得 3 株营养缺陷型供体菌 *Escherichia coli* Red123（*rfp*，Amp^r）、*E. coli* YFP69（*yfp*，Amp^r）、*E. coli* GFP104（*gfp*，Amp^r）。辅助菌株一般采用含有 *tra* 基因的大肠杆菌，如营养缺陷型菌株 *E.coli* pRK2073（*tra*，Spe^r），可诱导供体菌株中的

目的质粒转移到受体菌中。受体菌株的选择一般按照具体实验目的而定。确定好的供体菌、辅助菌和受体菌需要按照接合转移流程培养在含特定抗生素（如氨苄霉素）的培养基上，生长一段时间后，用长波紫外灯照射平板上长出的单菌落，肉眼即可辨别的表达荧光的单菌落即接合子，也是荧光标记的根瘤菌。荧光蛋白标记的根瘤菌必须在植株体内能稳定表达，且具有与出发菌相近的促生能力，才能用于观测根瘤菌在植物体内的运移和定殖动态，以及内生根瘤菌种子构建。绿色荧光蛋白标记根瘤菌 gn5f、12531f、3436f 分别是以 *Sinorhizobium meliloti* LZgn5、*S. melilotii* 12531 和 *S. melilotii* LH3436 为受体菌构建的标记根瘤菌。

2. 外源扰动物质 根瘤菌在苜蓿植株体内的运移和定殖受到外源物质如 $LaCl_3$、IAA、胞外多糖、硼、赤霉素、苦参碱、KH_2PO_4 和黄腐酸等扰动的影响。

1）低浓度的 $LaCl_3$、IAA 及胞外多糖均能提高苜蓿芽苗和幼苗根系中标记根瘤菌的分布密度，但 $LaCl_3$ 会显著降低 12531f 在茎内的定殖数量，并抑制 gn5f 向茎和子叶内运移。IAA 能提高 12531f 在茎内的数量，但会降低 gn5f 在茎和子叶中的数量。gn5f 的胞外多糖可以降低芽苗体内根-茎间运移屏障对 12531f 的选择压力，但不能使 12531f 通过茎叶之间的选择性运移屏障；12531f 的胞外多糖会增加 gn5f 在幼苗和芽苗茎内的分布密度。

2）硼（1mg/L 和 100mg/L）、赤霉素（10mg/L 和 1mg/L）和苦参碱（300mg/L 和 100mg/L）对 12531f 和 gn5f 向种子器官运移和定殖，以及对幼苗生长有不同程度的促进作用。花期，在‘甘农 5 号’苜蓿植株花部喷射接种添加了 1mg/L 硼的根瘤菌液，有利于 12531f 在花器和种子内运移并定殖，未添加硼元素的根瘤菌液喷射接种花部，有利于 gn5f 在花器及荚果内定殖（表 11-4）。结荚期，荚果皮喷射接种添加 1mg/L 硼的根瘤菌液有利于 12531f、喷射接种添加 100mg/L 硼的根瘤菌液有利于 gn5f 运移至种子并定殖（表 11-5）。赤霉素和苦参碱添加接种效应表现不稳定。

表 11-4 花期外源物质处理的苜蓿花、荚果皮和种子内 12531f、gn5f 运移到达部位和定殖数量

单位：cfu /个

时间/d	处理	12531f			gn5f		
		花器	荚果皮	种子	花器	荚果皮	种子
28	对照	0	0	0	0	0	0
	根部浇灌	0	0	0	0	0	0
	苦参碱＋根部浇灌	0	0	0	0.92	0	0
	花部喷射	0	0	0	0	0	0
	硼＋花部喷射	0.29	5.67	4.00	0	0	0
	赤霉素＋花部喷射	0	0	0	2.88	0	0
45	对照	0	0	0	0	0	0
	根部浇灌	0	0	0	0	0	0
	苦参碱＋根部浇灌	0	0	0	0	0	0
	花部喷射	0	12.00	0	0	1.33	0
	硼＋花部喷射	0	3.00	5.33	0	0	0
	赤霉素＋花部喷射	0	4.33	0	0	0	0

续表

时间/d	处理	12531f			gn5f		
		花器	荚果皮	种子	花器	荚果皮	种子
60	对照	0	0	0	0	0	0
	根部浇灌	0	0	0	0	0	0
	苦参碱＋根部浇灌	0	0	0	0	0	0
	花部喷射	0	0	0	0	1.33	2.67
	硼＋花部喷射	0	2.67	0	0	0	0
	赤霉素＋花部喷射	0	0	0	0	0	0

资料来源：苗阳阳，2017

表 11-5　结荚期外源物质处理的苜蓿荚果皮和种子内

12531f、gn5f 运移到达部位和定殖数量　　**单位：cfu /粒**

时间/d	处理	12531f		gn5f	
		荚果皮	种子	荚果皮	种子
7	对照	0	0	0	0
	根部浇灌	0	5.33	0	0
	苦参碱＋根部浇灌	2.33	3.88	0	0
	荚果皮喷射	11.80	2.50	10.00	0
	硼＋荚果皮喷射	0	4.20	2.50	22.00
	赤霉素＋荚果皮喷射	0	0	0	0
14	对照	0	0	0	0
	根部浇灌	2.56	2.67	4.43	0
	苦参碱＋根部浇灌	3.00	2.04	5.10	2.40
	荚果皮喷射	13.60	2.60	14.00	0
	硼＋荚果皮喷射	25.33	7.01	36.67	6.30
	赤霉素＋荚果皮喷射	16.00	4.50	20.70	4.60
45	对照	0	0	0	0
	根部浇灌	0	0	0	0
	苦参碱＋根部浇灌	2.10	0	0	2.50
	荚果皮喷射	2.50	0	1.33	0
	硼＋荚果皮喷射	2.70	0	7.33	0
	赤霉素＋荚果皮喷射	3.00	2.90	7.27	2.45
60	对照	0	0	0	0
	根部浇灌	0	0	0	0
	苦参碱＋根部浇灌	0	0	3.67	0
	荚果皮喷射	0	0	0	0
	硼＋荚果皮喷射	2.67	2.10	0	0
	赤霉素＋荚果皮喷射	0	0	2.33	0

资料来源：苗阳阳，2017

3）KH_2PO_4和黄腐酸分别对荧光标记根瘤菌在苜蓿体内的定殖数量和定殖时间有明显的促进作用。KH_2PO_4浓度分别为 50mg/L、400mg/L 和 200mg/L，黄腐酸浓度分别为 0.08%、0.06%和 0.02%，有利于荧光标记根瘤菌 gn5f、12531f、3436f 在‘甘农 5 号’苜蓿品种体内运移并促进幼苗生长；KH_2PO_4浓度分别为 200mg/L、50mg/L 和 50mg/L，黄腐酸浓度分别为 0.08%、0.06%和 0.01%，有利于荧光标记根瘤菌 gn5f、12531f、3436f 在‘WL343HQ’苜蓿品种体内运移并促进幼苗生长。对于‘甘农 5 号’紫花苜蓿，3436f 添加 200mg/L KH_2PO_4接种、gn5f 添加 0.02%黄腐酸接种处理可显著提高其种子内标记根瘤菌数量。对于‘WL343HQ’紫花苜蓿，3436f 添加 0.01%黄腐酸接种、12531f 添加 50mg/L KH_2PO_4接种、gn5f 添加 0.08%黄腐酸接种均可显著提高其种子内的标记根瘤菌数量。

3．接种方法 向种子内导入目的根瘤菌，必须筛选适宜的接种方法。采用主根微破损浇灌、根部浇灌、花部喷射和添加苦参碱的菌液根部浇灌 4 种方法，接种蕾期、初花期、结荚期的‘甘农 5 号’紫花苜蓿植株（Miao et al.，2018），检测根瘤菌在植株体内的运移和定殖情况。苜蓿不同生育时期，接种方法对根瘤菌在植株体内的运移和定殖影响存在异质性。蕾期，添加苦参碱接种 12531f 可促进其运移并定殖到茎内，根部浇灌接种 gn5f 可使其定殖于茎和叶内。花期，花部喷射接种 12531f 利于其在花器和种子内运移并定殖，苦参碱根部浇灌接种 gn5f 利于其在花器及荚果内定殖（表 11-6）。结荚期，根部浇灌和添加苦参碱根部浇灌接种分别有助于 12531f 和 gn5f 运移并定殖于种子（表 11-7）。综合花器和种子内荧光标记根瘤菌的定殖数量，适宜 gn5f 的接种方法为结荚期添加苦参碱根部浇灌；适宜 12531f 的接种方法为花期花部喷射。

表 11-6 花期不同接种方法的苜蓿地上组织 12531f、gn5f 定殖数量 单位：cfu/个

时间/d	处理	12531f			gn5f		
		花器	荚果皮	种子	花器	荚果皮	种子
5	对照	0	0	0	0	0	0
	根部浇灌	0.40	0	0	1.30	0	0
	主根微破损浇灌	0	0	0	0	0	0
	苦参碱＋根部浇灌	0.80	0	0	6.10	0	0
	花部喷射	4.00	0	0	2.54	0	0
15	对照	0	0	0	0	0	0
	根部浇灌	0	0	0	0	0	0
	主根微破损浇灌	0	0	0	0	0	0
	苦参碱＋根部浇灌	0	0	0	0	0	0
	花部喷射	0	0	0	0	0	0
30	对照	0	0	0	0	0	0
	根部浇灌	0	0	0	0	0	0
	主根微破损浇灌	0	0	0	0	0	0
	苦参碱＋根部浇灌	0	0	0	0	0	0
	花部喷射	8.00	8.00	3.00	0	0	0

续表

时间/d	处理	12531f			gn5f		
		花器	荚果皮	种子	花器	荚果皮	种子
60	对照	0	0	0	0	0	0
	根部浇灌	0	0	0	0	0	0
	主根微破损浇灌	0	0	0	0	0	0
	苦参碱＋根部浇灌	0	0	0	0	1.20	0
	花部喷射	0	0	0	0	0	0

资料来源：苗阳阳，2017

表 11-7 结荚期不同接种方法的苜蓿地上组织 12531f、gn5f 定殖数量 单位：cfu /粒

时间/d	处理	12531f		gn5f	
		荚果皮	种子	荚果皮	种子
5	对照	0	0	0	0
	根部浇灌	0	0	0	0
	主根微破损浇灌	2.20	0	1.00	0
	苦参碱＋根部浇灌	1.70	0	2.00	2.10
15	对照	0	0	0	0
	根部浇灌	0	0	0	0
	主根微破损浇灌	0	0	0	0
	苦参碱＋根部浇灌	0	0	0	0
30	对照	0	0	0	0
	根部浇灌	0	1.11	0.60	0
	主根微破损浇灌	0	0	0.60	0
	苦参碱＋根部浇灌	0	0	1.30	0.34
60	对照	0	0	0	0
	根部浇灌	0	0	0	0
	主根微破损浇灌	0	0	0	0
	苦参碱＋根部浇灌	0	0	0	0

资料来源：苗阳阳，2017

4．种子贮藏条件 贮藏条件是影响种子质量及种子内生菌数量和生命力的关键因素。苜蓿种子贮藏 5 年之内，种子内生根瘤菌的数量一直在增长，5 年之后数量逐渐降低（祁娟，2006）。用荧光蛋白标记的根瘤菌 gn5f 和 12531f 接种苜蓿植株，接种当年收获苜蓿种子，采用信封、信封＋布袋、铝箔三种包装材料，分别在 25℃＋自然湿度、25℃＋硅胶干燥、4℃＋冰箱冷藏湿度和－4℃＋冰箱冷冻湿度条件下贮藏 6 个月（表 11-8）。接种 gn5f 获得的种子，以信封或铝箔包装时内生根瘤菌定殖数量多于信封＋布袋，其中主根微破损接种 gn5f 获得的种子在-4℃信封贮藏时内生根瘤菌定殖数量最多（25.54cfu/粒）。接种12531f 获得的种子，以信封＋布袋或是铝箔包装时种子内生根瘤菌定殖数量多于信封包装，其中根部浇灌接种12531f获得的种子以信封＋布袋包装贮藏在25℃＋硅胶干燥条件时内生根瘤菌定殖数量最多（40.84cfu/粒）。种子内的目标根瘤菌不同，适宜种子贮藏的包装材料也不同。

表 11-8 不同贮藏方法的种子内生根瘤菌定殖数量 单位：cfu /粒

接种	贮藏方法	gn5f			12531f		
		信封	信封＋布袋	铝箔	信封	信封＋布袋	铝箔
主根微破损	25℃＋自然湿度	15.18	1.74	4.32	1.38	3.70	1.60
	25℃＋硅胶干燥	4.32	5.34	13.28	0.00	0.00	12.89
	4℃＋冰箱冷藏湿度	7.02	3.28	5.78	1.58	5.48	4.94
	−4℃＋冰箱冷冻湿度	25.54	2.16	8.68	0.70	2.76	14.98
根部浇灌	25℃＋自然湿度	4.90	0.72	7.90	8.28	3.14	8.78
	25℃＋硅胶干燥	22.08	0.70	0.00	11.90	40.84	19.64
	4℃＋冰箱冷藏湿度	5.44	0.94	0.44	1.64	5.48	10.38
	−4℃＋冰箱冷冻湿度	0.00	12.22	9.34	1.28	3.38	12.48
苦参碱＋根部浇灌	25℃＋自然湿度	2.26	2.82	2.30	4.94	2.74	4.98
	25℃＋硅胶干燥	15.40	7.66	7.20	0.00	0.00	18.08
	4℃＋冰箱冷藏湿度	4.48	5.22	5.02	3.42	5.34	7.40
	−4℃＋冰箱冷冻湿度	2.38	7.06	25.00	3.82	2.10	8.54

资料来源：苗阳阳，2017

5. 内生根瘤菌种子构建程序 内生根瘤菌在苜蓿植株体内的运移和定殖受到多种因素的影响，因此内生根瘤菌种子的构建必须以高度专一匹配的根瘤菌株-苜蓿品种组合为材料，添加适宜的外源物质，采用适宜的接种方法，并在适宜的条件下贮藏收获后的种子，才可促进根瘤菌在苜蓿植株体内运移并定殖于种子，获得带有大量目的根瘤菌的苜蓿种子。'甘农 5 号'紫花苜蓿品种内生根瘤菌种子构建的方法是结荚期采用添加硼的荚果皮喷射方法接种根瘤菌，种子收获后用适宜的包装材料贮藏在适宜的温度和湿度条件下。

第五节 种子内生根瘤菌传代能力和传代有效性

种子内生根瘤菌定殖于植物种子中，种子萌发后不仅能与宿主植物优先进行结瘤固氮，还可以协助宿主植物抗病，提高植物的抗逆能力。种子内生根瘤菌传代是指随着种子的萌发和生长，内生根瘤菌从种子垂直传播到下一代植株的过程。种子内生根瘤菌的传代能力及传代后根瘤菌在次代植株中结瘤固氮促生能力的有效性，对于内生根瘤菌种子的有效利用和在植物代际间的功能延续具有重要意义。种子贮藏过程中的温度和湿度会直接影响种子寿命及种子内生根瘤菌的数量和生命力，明确适宜种子内生根瘤菌存活和增殖的贮藏条件是保证种子内生根瘤菌高效传代的关键。

用绿色荧光蛋白标记的根瘤菌 gn5f 和 12531f 接种‘甘农 5 号’苜蓿植株，当年收获种子，将含有内生根瘤菌 gn5f 和 12531f 的种子在 25℃＋自然湿度、25℃＋硅胶干燥、4℃＋冰箱冷藏湿度和－4℃＋冰箱冷冻湿度条件下贮藏 3 年，然后在大田进行播种。四种贮藏条件下苜蓿种子中的内生标记根瘤菌均可传代至次代植株幼苗和子实体（图 11-1）。

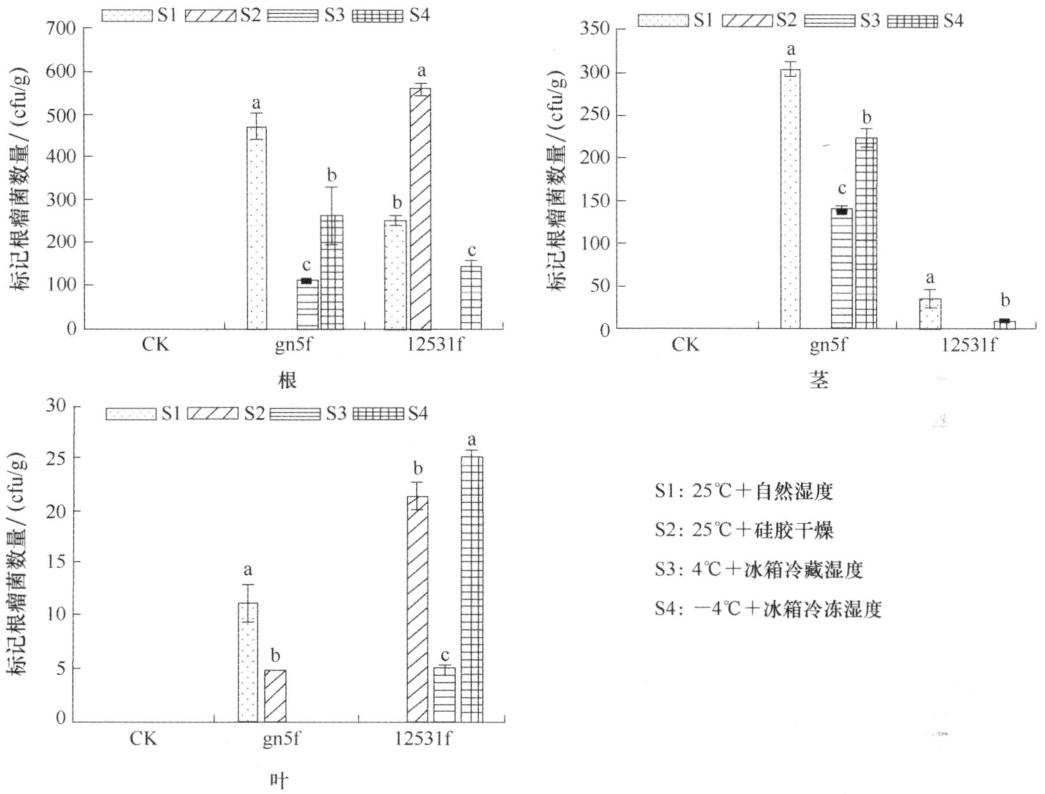

图 11-1　各贮藏方法下种子内生根瘤菌 gn5f、12531f 在次代植株苗期根、茎、叶内的定殖数量（刘畅等，2021）

如图 11-1～图 11-3 及表 11-9 所示，苗期，25℃＋自然湿度贮藏的内生 gn5f 种子形成的次代植株幼苗根（471.28cfu/g）、茎（303.03cfu/g）、叶（11.10cfu/g）中 gn5f 的定殖数量显著高于其他处理，次代植株单株结瘤数（12.33 个）、单株根瘤重（0.1014g）、根瘤等级（4.75）、固氮酶活性［60.46μmol/（g·h）］、单株叶片数（14.33 片）、株高（19.52cm）、根长（15.43cm）、生物量均最高。25℃＋硅胶干燥贮藏的内生 12531f 种子形成的次代植株根部定殖数量最高（560.63cfu/g），植株单株结瘤数（13.33 个）、根瘤直径（1.82mm）、根瘤等级（4.89）、固氮酶活性［126.44μmol/（g·h）］、单株叶片数（16 片）、株高（19.85cm）、根长（17.23cm）、生物量均最高。25℃＋硅胶干燥贮藏的内生 12531f 种子形成的次代植株结瘤指标（根瘤直径与固氮酶活性）和单株叶片数显著优于 25℃＋自然湿度贮藏的内生 gn5f 种子形成的次代植株（图 11-2 和图 11-3，表 11-9）。

现蕾期，25℃＋自然湿度贮藏的内生 gn5f 种子形成的次代植株茎、叶部 gn5f 定殖数量最高，25℃＋硅胶干燥贮藏的内生 12531f 种子形成的次代植株根部 12531f 定殖数量最高（图 11-4）。花期，25℃＋自然湿度贮藏的内生 gn5f 种子形成的次代植株根、茎、雌蕊、雄蕊、花梗、花瓣中 gn5f 定殖数量最高，25℃＋硅胶干燥贮藏的内生 12531f 种子形成的次

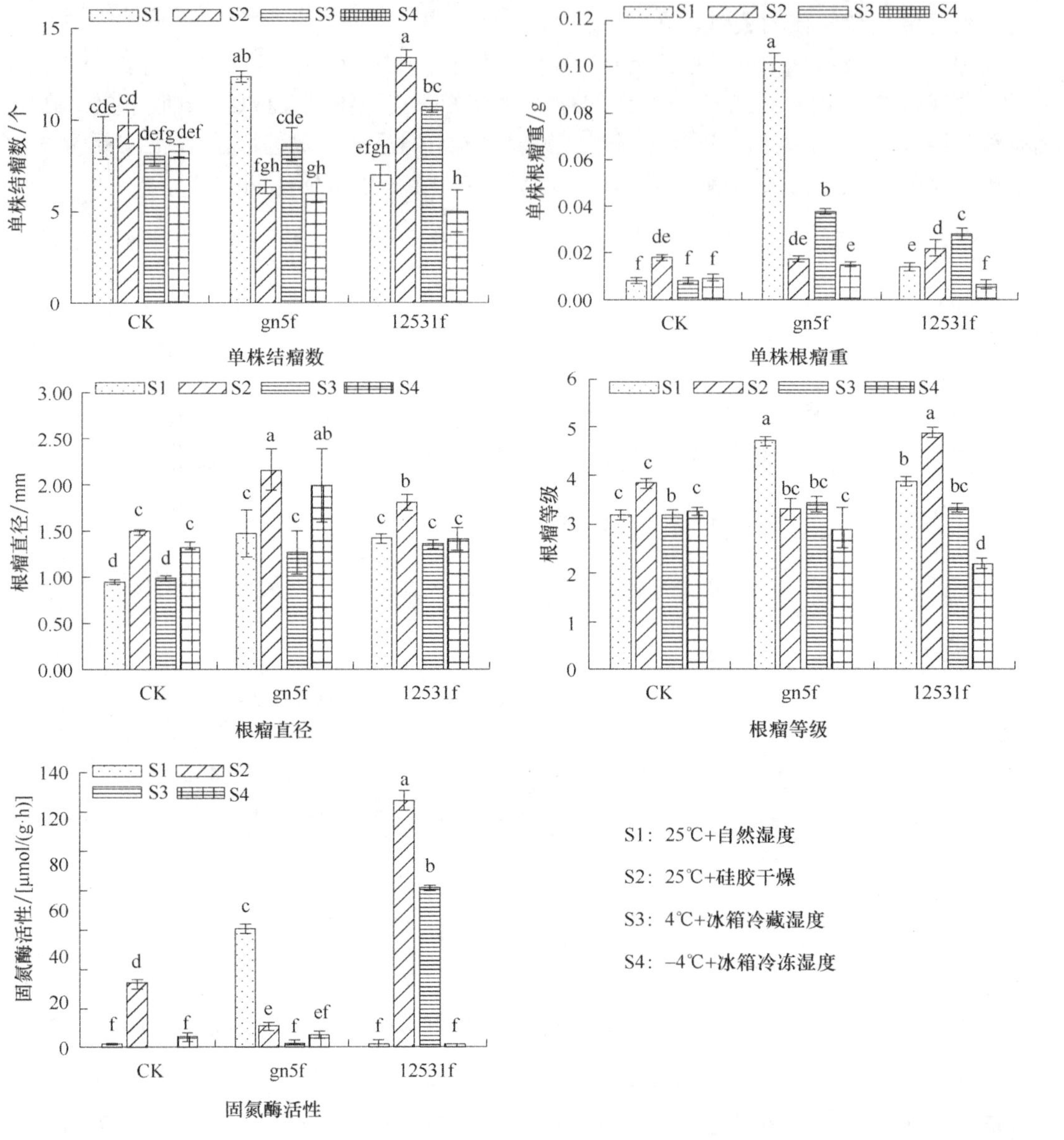

图 11-2 各贮藏方法下 gn5f、12531f 内生种子的次代植株苗期单株结瘤指标和固氮酶活性（刘畅等，2021）

代植株根、叶、雌蕊、雄蕊中 12531f 定殖数量最高（图 11-5 和图 11-6）。结荚期，25℃＋自然湿度贮藏的内生 gn5f 种子形成的次代植株根、茎、幼嫩种子中 gn5f 定殖数量最高；25℃＋硅胶干燥贮藏的内生 12531f 的种子形成次代植株根、荚果皮、幼嫩种子中 12531f 定殖数量最高（图 11-7 和图 11-8）。

将次代植株上收获的种子常温干燥贮藏 6 个月，内生 gn5f 的次代成熟种子中未检测到标记根瘤菌 gn5f，而内生 12531f 的次代成熟种子中能检测到标记根瘤菌 12531f。从次代植株的幼嫩种子中分离标记根瘤菌 gn5f 和 12531f，分别接种到‘甘农 5 号’紫花苜蓿品种上，接种 45d 后，幼苗根部可检测到两种荧光标记根瘤菌，且结瘤和生长能力均得到明显提升。

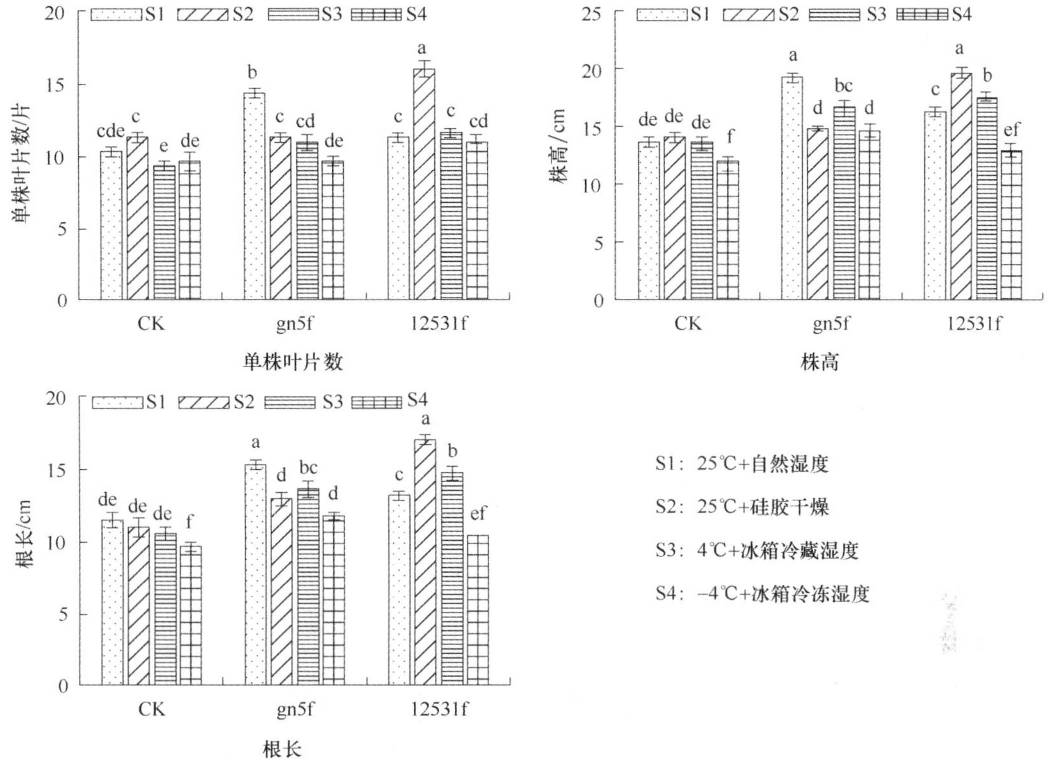

图 11-3　各贮藏方法下 gn5f、12531f 内生种子的次代植株苗期生长指标（刘畅等，2021）

表 11-9　各贮藏方法下内生根瘤菌苜蓿种子的次代植株苗期生物量　　单位：g /株

处理		地上鲜重	地上干重	地下鲜重	地下干重
CK	25℃＋自然湿度	0.2935±0.0064d	0.0591±0.0041cd	0.1291±0.0249c	0.0148±0.0036b
	25℃＋硅胶干燥	0.2979±0.0061d	0.0572±0.0072cd	0.0934±0.0146c	0.0193±0.0014b
	4℃＋冰箱冷藏湿度	0.2582±0.0058e	0.0407±0.0009d	0.1124±0.0225c	0.0100±0.0020b
	−4℃＋冰箱冷冻湿度	0.2586±0.0040e	0.0403±0.0004d	0.0847±0.0017c	0.0074±0.0001b
gn5f	25℃＋自然湿度	0.4934±0.0064a	0.1405±0.0060a	0.4179±0.1306a	0.1036±0.0411a
	25℃＋硅胶干燥	0.2871±0.0032de	0.0693±0.0018bc	0.1458±0.0392c	0.0276±0.0100b
	4℃＋冰箱冷藏湿度	0.3612±0.0037c	0.0731±0.0044bc	0.1887±0.0246bc	0.0321±0.0143b
	−4℃＋冰箱冷冻湿度	0.2837±0.0338de	0.0584±0.0060cd	0.1466±0.0189c	0.0194±0.0047b
12531f	25℃＋自然湿度	0.4169±0.0024b	0.0737±0.0046bc	0.1983±0.0482bc	0.0361±0.0079b
	25℃＋硅胶干燥	0.5135±0.0038a	0.1399±0.0127a	0.3587±0.0945ab	0.0904±0.0265a
	4℃＋冰箱冷藏湿度	0.3387±0.0057c	0.0697±0.0075bc	0.1410±0.0375c	0.0184±0.0061b
	−4℃＋冰箱冷冻湿度	0.3714±0.0020c	0.0796±0.0050b	0.2504±0.0657abc	0.0426±0.0048b

注：表中数字后的字母表示显著性差异

资料来源：刘畅和师尚礼，2021

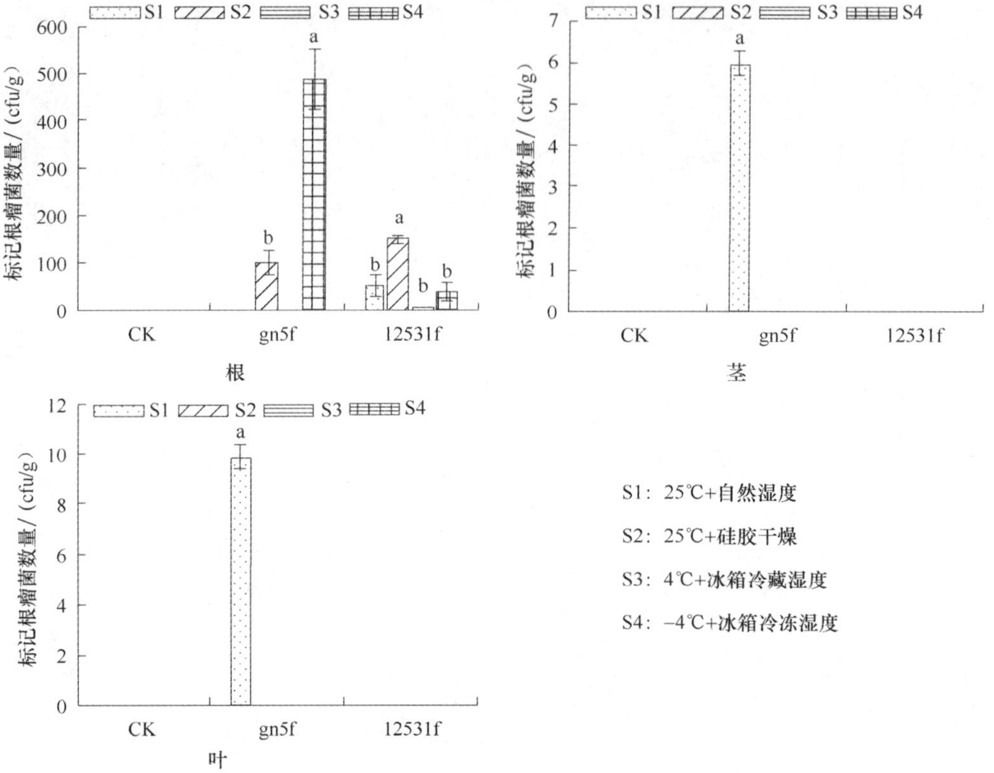

图 11-4 各贮藏方法下种子内生根瘤菌 gn5f、12531f 在次代植株现蕾期根、茎、叶内的定殖数量（刘畅等，2021）

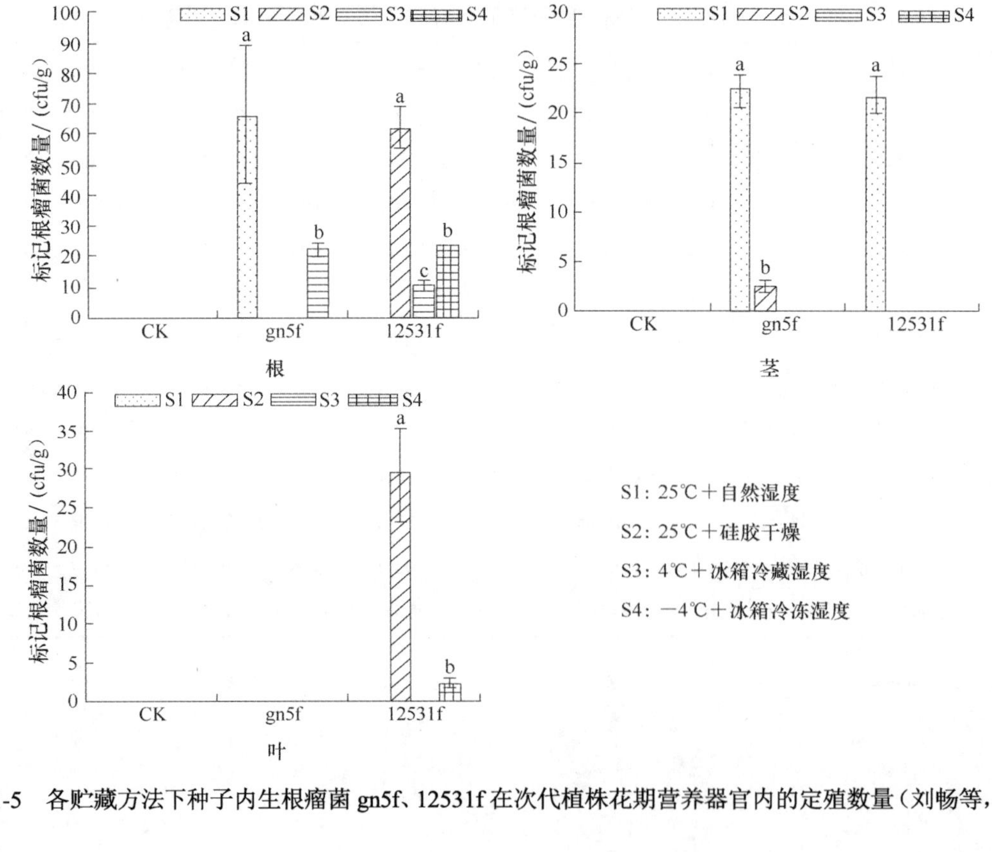

图 11-5 各贮藏方法下种子内生根瘤菌 gn5f、12531f 在次代植株花期营养器官内的定殖数量（刘畅等，2021）

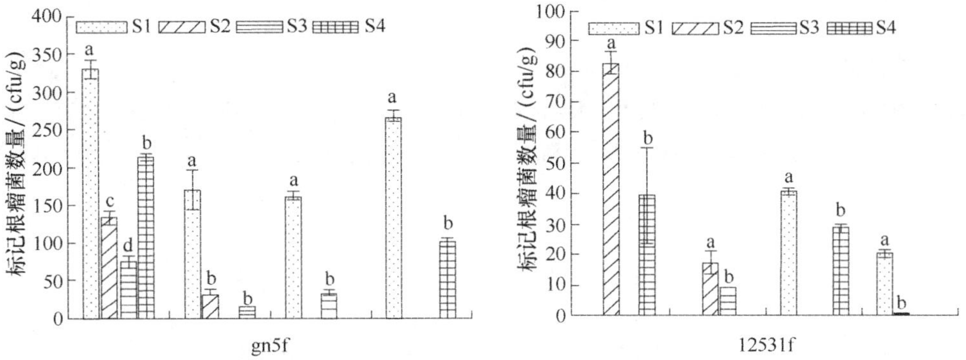

图 11-6　各贮藏方法下种子内生根瘤菌 gn5f、12531f 在次代植株花期繁殖器官内的定殖数量（刘畅等，2021）

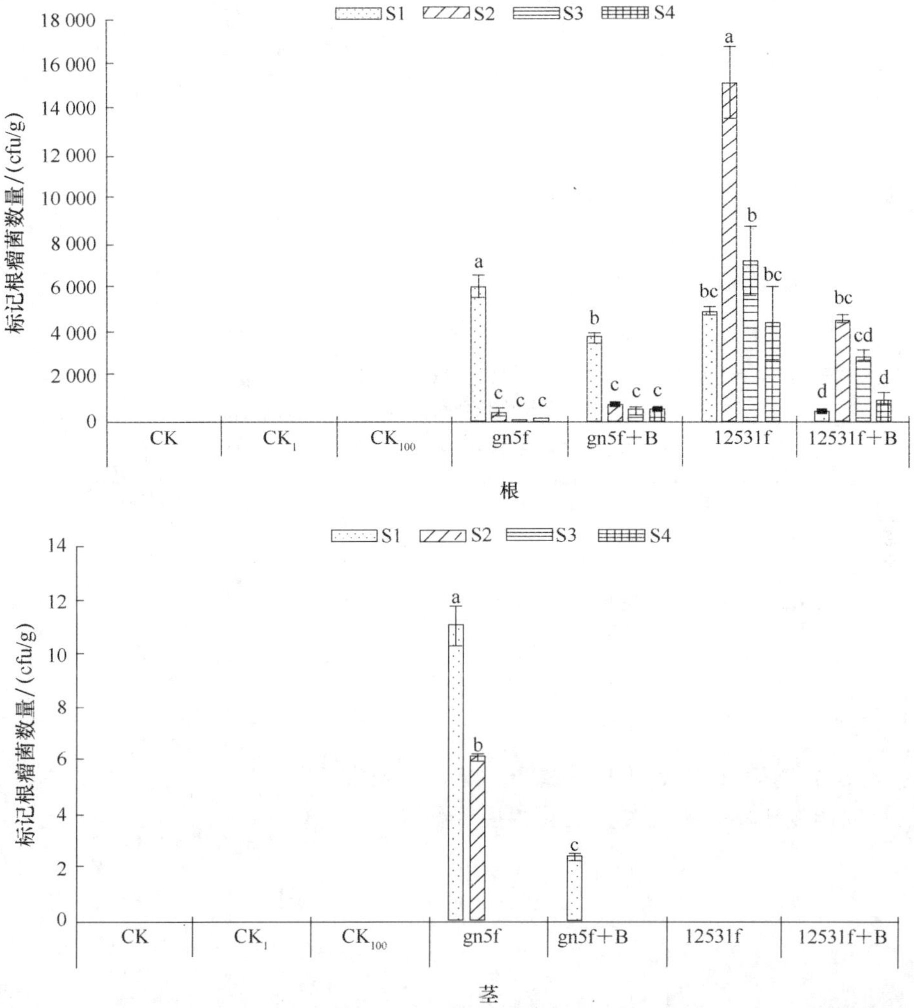

图 11-7　各贮藏方法下种子内生根瘤菌 gn5f、12531f 在次代植株结荚期营养器官内的定殖数量（刘畅等，2021）

可见，采用适宜的贮藏方法（25℃+硅胶干燥/自然湿度）可促使种子内生根瘤菌高效传代到下一代植株的种子并优先结瘤，发挥较强的生物量积累促进效应。

综上，采用高度专一匹配的优良苜蓿品种与根瘤菌株进行共生育种，通过筛选高效固氮根瘤菌，以及筛选和构建优良苜蓿品种与高效固氮根瘤菌生物型专一性组合，在适宜的外源扰动物质、接种方法和贮藏条件的选择下，构建内生高效结瘤固氮根瘤菌的种子，并通过检验种子内生根瘤菌在植物代际间的传代和功能延续性，获得良好的豆科植物-根瘤菌共生新种质。

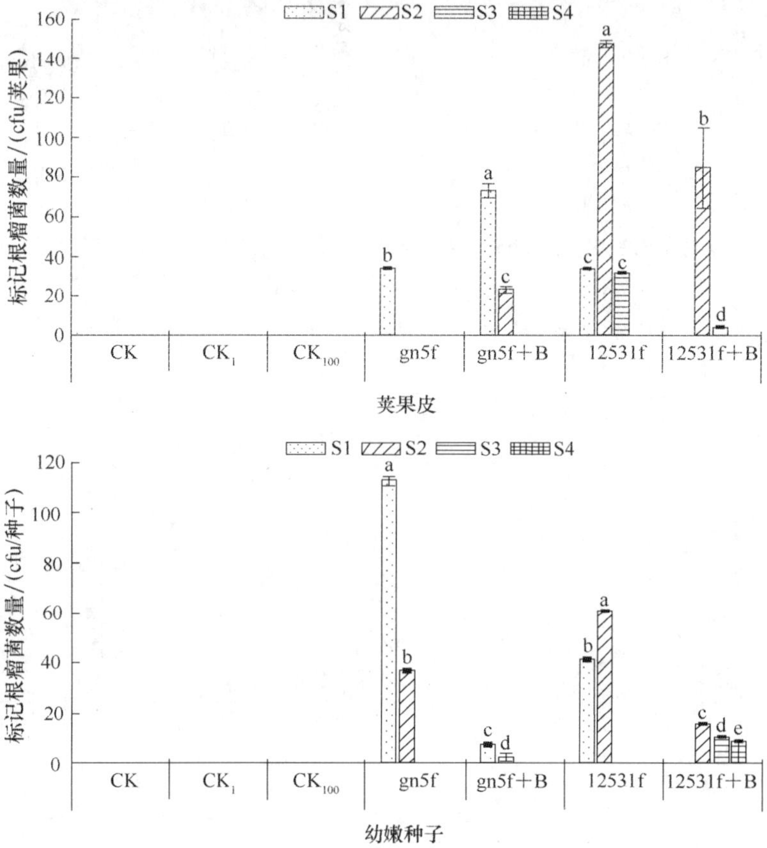

图 11-8 各贮藏方法下种子内生根瘤菌 gn5f、12531f 在次代植株结荚期繁殖器官内的定殖数量

讨论题

1. 简述内生根瘤菌种子构建的程序及其影响因素。
2. 简述两类生物的共生关系及其共生育种。

第十二章
草类植物种子的经营管理

第一节　种子企业经营管理

草类植物种子的经营管理是在一定的生产方式和背景下，由种子企业经营机构按照客观规律的要求，通过计划、组织、决策、控制等职能活动，对企业各种可以支配的资源进行充分、合理利用，尽可能多地创造和增进社会福利，并实现自身盈利目标的过程。

一、种子企业经营计划

草类植物种子企业的经营计划，是根据经营决策所确定的经营目标，对经营活动的各方面、各环节及其相互关系做出的具体安排。企业计划工作不仅预先确定行动方针，更重要的是探索未来未知问题出现的可能性，因此计划要有先见之明。草类植物种子企业经营计划对其管理活动起着直接的指导作用，但经营计划对组织的活动可能起积极的作用，也可能起消极的作用。一个科学性、准确性很强的计划，对企业的经营活动起着事半功倍的作用，因此制订种子经营计划是一项十分重要的工作。

1. 种子经营计划的类型　草类植物种子经营计划一般可分为综合性计划和专题计划。

（1）综合性计划　综合性计划通常是草类植物种子经营的整体计划，内容比较全面，又可分为长期计划、年度计划和阶段计划。

1）长期计划。在战略上、总体上确定草类植物种子企业较长时期的发展方向，明确在一定条件下完成目标所采取的重大措施和实施步骤。长期计划也称为远景计划，是十年或十年以上的纲要性计划。长期计划的主要内容有种子企业的经营方向、品种发展、生产规模、良种销售、设备投资及经营成果的主要指标等。

2）年度计划。年度计划是根据长期计划确定的方向、目标及实现的程序，在充分考虑本年度与生产经营有关的各种因素的基础上，对种子企业一年内所需要进行的生产经营活动做出比较具体、详细而接近实际的安排。

3）阶段计划。根据年度计划的要求，结合不同实施阶段的实际情况，确定本阶段的具体目标、任务和相应资源利用的行动方案。阶段计划是实现年度计划的工具，具体规定了各个时间段应完成的任务，是保证种子企业按品种、数量、质量、时间完成草类植物种子经营任务的得力措施。

（2）专题计划　专题计划是为了完成某项重大而复杂的任务所拟定的特定计划。专题计划的特点是计划对象集中、计划内容具体细致。计划以问题或任务为中心，而不是以时间为中心，不受年限的限制，时间可长可短，可以跨年度甚至跨几个年度执行。

2. 种子经营计划的编制

（1）编制经营计划的步骤

1）调查研究草类植物种子企业的外部环境，确定编制计划的前提条件。这些前提条件有农业生产对草类植物种子的需求和市场条件，根据市场调查，结合企业当年的购销情况及历年平均草类植物种子销售量，确定下一年度当地各种草类植物种子的用种量，然后落实到计划中去。

2）制订方案，进行评价比较和选择。要发动全体员工积极参与，集思广益，拿出多种可供选择的方案，然后进行评价比较与选择，最后确定一个最佳方案。

3）综合平衡，编制计划草案。根据市场预测结果和经济合同等，提出计划指标，经过讨论后，编制出计划草案。

（2）编制经营计划的方法

1）综合平衡法。综合平衡法是通过在数量上协调两个或两个以上的经济因素，使这些因素之间具有合理的比例关系的一种方法。草类植物种子企业在经济活动中，需要进行平衡的基本内容有以下四个方面。

A．产需平衡。市场需求状况是草类植物种子生产和订购计划的主要依据，为使草类植物种子生产符合市场需求，必须进行深入调查研究，做好需求预测，使草类植物种子生产和需求达到平衡。

B．购销平衡。在编制草类植物种子销售计划时，应合理安排草类植物种子的收购与销售，而且要以销为主导，平衡收购计划与销售计划。平衡的内容应注重品种、数量、质量的平衡和收购期与销售期的平衡，以提高销售计划的保证程度。

C．草类植物种子品种间的平衡。在用种数量比较稳定的情况下，草类植物种子品种之间存在互为消长的关系，应做好品种的平衡，只有这样才能确保购销之间的平衡。

D．价值平衡。就是用货币形式来反映草类植物种子企业资金来源和使用之间的平衡。

在计划工作中具体运用平衡法时，常使用平衡表来进行。平衡表一般由需要、来源、余缺及平衡措施四部分组成。若余缺太大，则要依据其他条件调整各栏有关数据。经过反复调整后，使最后余或缺的量达到许可的范围内，即达到平衡。

2）滚动式计划法。滚动式计划法是按照预定量、滚动期和间隔期，由前向后连续滚动的一种动态计划。由于草类植物种子市场有许多难以准确预测的因素，所以长期计划不可能定得十分周密。为了提高长期计划的科学性，可以采取近细远粗的办法，即将近期计划定得细致一点、具体一点；而远期计划则定得粗略一点、概括一点。同时，也可以采取滚动的形式，即每年定一次，每次把计划期向前推进一年。

3．种子企业经营计划的执行

（1）经营计划的检查与修正　在草类植物种子企业经营计划执行的过程中，应经常检查计划的执行情况，并根据变化了的情况对计划做必要的修正，这是计划管理的必然要求。由于计划不仅是一种事先的安排，还有各种难以预料的因素出现，当这些因素出现后，如果不进行及时调整，不但不能避免不利因素，而且也可能失去新出现的有利机遇。

（2）经营计划执行的保证措施　在草类植物种子企业经营计划执行中，还必须采取一些有效措施，以保证计划的顺利执行。

1）目标管理。目标管理是草类植物种子企业落实计划的主要手段，将计划指标层层分解，并落实到有关组织和人员，使计划的执行者各行其职、各负其责，从而保证计划的全面执行。

2）合同管理。购销合同是草类植物种子生产经营单位之间为稳定产销关系而使用的一种经济法律手段，通过签订合同使生产经营活动能按计划执行并得到落实。

3）行政调节。依靠行政组织，运用行政命令、指示、规定等形式，促使草类植物种子企业经营计划顺利执行。

4）经济调节。以经济利益作为杠杆来促进草类植物种子企业经营计划的执行，如价格、信贷、工资、奖金及物质的分配等均可作为调节的杠杆。

二、企业组织管理

草类植物种子企业组织管理是在企业管理中构建管理机构，配备管理人员，制定各项规章制度等工作的总称。具体就是为了有效地配置种子企业内部的有限资源，实现一定的共同目标而按照一定的规则和程序构成一种权责结构和人事安排。

1．组织管理的内容　草类植物种子企业组织管理的具体内容包括以下三个方面。

1）确定领导体制，设立企业管理组织机构。体制是一种机构设置、职责权限、领导关系和管理方式的结构体系。确定领导体制，设立管理组织机构，其实就是要解决领导权的权力结构问题，它包括权力划分、职责分工及它们之间的相互关系。当然，在确定领导体制时，形式可以多种多样。

2）对草类植物种子企业中的全体人员指定职位、明确职责及分工。使草类植物种子企业中的每一个人明白自己处于什么样的位置，需要干什么工作。

3）设计有效的草类植物种子企业工作程序，包括工作流程及要求。一个企业的任何事情都应该按照某种程序来进行，这就要求有明确的责任制和良好的操作规程。一个混乱无序的企业组织是无法保证完成企业的总目标、总任务的。

2．企业组织形式　根据市场经济的要求，草类植物种子企业的组织形式按照财产的组织形式和所承担的法律责任划分。通常分为独资企业、合伙企业和公司企业。

（1）*草类植物种子独资企业*　草类植物种子独资企业是由个人出资创办的，在经营上有很大的自由度，企业一切决策全由业主来决定，并对其债务承担无限责任。

（2）*草类植物种子合伙企业*　草类植物种子合伙企业是指自然人、法人和其他组织依照《中华人民共和国合伙企业法》在中国境内设立的，由两个或两个以上的合伙人订立合伙协议，从事草类植物种子生产经营，共同出资、合伙经营、共享收益、共担分险的营利性组织。合伙企业不如独资企业自由，决策通常要合伙人集体做出，但它具有一定的企业规模优势。

以上两类企业属自然人企业，出资者对企业承担无限责任。

（3）*草类植物种子公司企业*　公司是指依照《中华人民共和国公司法》在中国境内设立的，有独立的注册资产，可自主经营、自负盈亏的法人企业。一般认为，公司具有独立人格、股东享有有限责任、股份可自由转让、董事会授权下的集中管理、投资者所有等现代商事公司的五大特征。这些特征便利了一些经营规模较大的企业向众多的投资者募集资金。

公司企业与个人企业相比，其不是个人经营而是联合经营的企业形式；与合伙企业相比，公司的建立不是根据合伙人之间合意为基础的契约行为，而是章程行为；公司属于法人组织，有权以公司的名义从事经营活动并参与其他有关的民事活动；公司的财产属于公司所有，而不是公司出资人的共同财产，保证了公司经营不受出资人的干扰；公司以全部资产承担债务责任，股东则只承担有限责任，保护了投资者的积极性。总之，公司企业具有传统企业无可比拟的优势，成为现代市场经济条件下占据主导地位的企业形式。

三、企业经营决策

草类植物种子企业为求得进一步发展，在对内、外部环境综合分析的基础上，运用各种科学方法对未来目标及其实现目标的手段做出选择，是进行环境分析、确定计划目标、拟定、选择和实施优化方案的全部活动过程。

1. 经营决策的类型和内容

（1）经营决策的种类

1）按决策对象的范围可分为宏观决策和微观决策：宏观决策指对草类植物种子企业发展方向和总体目标等方面做出战略决策；微观决策指草类植物种子企业实现战略决策过程中的具体决策，如人力、物力、资金、资源的调动和合理组合等，是宏观决策的具体化和保证。

2）按决策问题发生的规模和决策形式分为常规决策和非常规决策：常规决策又叫作程序化决策，是对经常的、大量的、反复出现的事物的决策；非常规决策又叫作非程序化决策，是对不经常出现的事物的决策。

3）按决策问题的定量化程度可分为数量决策和非数量决策：数量决策是指采用数学方法进行定量分析从而选择最优方案；非数量决策是指对于难以采用数学方法解决的问题，主要依靠决策者的分析判断能力进行的决策。

（2）经营决策的内容

1）生产决策：指选择与确定草类植物种子市场方针、生产结构、生产规模、生产计划等。

2）营销决策：指对草类植物种子营销计划、营销渠道、营销形式、运输方式、包装、广告等的决策。

3）财务决策：包括草类植物种子企业资金的筹集、资金使用、资金构成等的决策。

4）人事与组织决策：指对草类植物种子企业机构设置、职能的确定、权责的划分，管理人员的选择、考核、培训、任免、奖惩等的决策。

2. 经营决策的程序

（1）确定决策目标　决策目标是指在一定的环境条件下，在预测的基础上进行决策的预期结果。决策目标是决策的出发点和归宿。决策目标是根据所要解决的问题来确定的，因此必须把握所要解决问题的要害。只有明确了决策目标，才能避免决策的失误。

（2）拟定备选方案　决策目标确定以后，就应拟定各种备选方案。第一步是分析和研究目标实现的内外部因素，包括积极因素和消极因素，以及事物未来的运动趋势和发展状况；第二步是在此基础上，将内外部环境中各种不利因素和有利因素同决策事物未来趋势和发展状况的各种估计进行排列组合，拟定出实现目标的方案；第三步是将这些方案同目标要求进行分析对比、权衡利弊，从中选择出若干个可行方案。

（3）评价备选方案　备选方案拟定以后，随之便是对备选方案进行评价，评价标准是看哪一个方案最有利于达到决策目标。

（4）选择方案　选择方案就是对各种备选方案进行总体权衡后，由决策者挑选一个最满意的方案。

四、经营控制

草类植物种子企业控制是指管理者为保证实际工作与计划要求相一致，按照既定的标准对草类植物种子企业的各项工作进行检查、监督和调节的管理活动。

1. 控制的作用　控制对于有效实现草类植物种子企业目标主要有以下三个方面的作用。

（1）保证作用　草类植物种子企业管理者依据计划推动各方面工作以达成组织目标，而控制则是为了保证草类植物种子企业的产出与其计划目标一致而产生的一种管理职能，保证各项工作按预定计划进行。

（2）调节作用 任何一个系统的运行与预期相比总是有偏差的。有些应服从目标需要而纠正工作偏差；有些则应服从实际情况纠正计划目标的偏差，以实现内部条件、外部条件与企业目标三者的动态平衡。草类植物种子企业控制就是一个不断调整的管理活动，是使管理系统处于稳定有序的状态，以有效地达到目标的过程。

（3）优化作用 控制最优化就是实现资源的有效合理配置，即以一定的人力、物力、财力投入获得最高的效益产出，使控制的结果不仅与计划目标相吻合，而且要达到优化水平上的吻合。

2. 控制的内容 经营控制是指对组织内的人、财、物各方面资源的运用和效果状况加以控制，对这些经营资源能否科学控制，关系到草类植物种子企业能否取得最佳的经济效益和社会效益。

（1）资金控制 资金作为草类植物种子企业运转必不可少的要素，为保证草类植物种子企业取得利润，维持企业正常运行必须进行资金控制。资金控制包括资金筹集的控制和资金投放的控制，即通常所说的投资管理。

通常情况下要合理预测资金的需求量、确定筹集投资的数量和时间，减少资金的闲置时间，提高资金的使用效果；合理选择筹集的来源，力求降低资金成本，对不同资金来源的方案实现最优组合，以期选出经济合理、效果最好的方案。

（2）人员控制 人在草类植物种子企业经营管理中处于主导的地位，对人的控制归根到底是如何调动员工的积极性，使其在正确理解指令信息，自觉规范个人目标和行为，保持与组织目标一致的基础上充分发挥主观能动性和创造性，去完成组织赋予的使命。

人员控制的一个重要内容就是对人员的数量和质量的控制，拥有较高素质的员工队伍是取得良好的草类植物种子企业运转效率的基本保证。合理的人员控制在保证生产和工作需要的前提下节约劳动力，提高劳动生产率。

（3）物资控制 草类植物种子企业物资控制是对企业所需的各种物资的计划、订购、验收、保管、收发等一系列活动进行组织和控制工作的总称。因此，对企业物资控制的总体要求是保证供应、减少耗运。为了保证供应，企业必须按期、按量组织进货，同时还要建立合理的贮备，以防止脱供，但贮备又不能过多，否则有积压资金，影响企业经济效益。物资储备数量的多少，最好按经济储备量进行控制。为了加强对库存物资的控制，还必须定期盘点库存物资，以了解实际库存状况，发现偏差，及时纠正。

第二节 生产要素管理

一、人力资源管理

草类植物种子企业的生产经营离不开人，加强人事管理，建立合理的用人制度、工资制度、内部约束机制、激励机制及职工培训制度，是提高草类植物种子企业整体素质，充分调动全体职工的积极性、创造性和主观能动性，实现高效管理的重要措施。

1. 人力资源 人力资源是与自然资源或物力资源相对应的，是指在一个企业单位职工所拥有的劳动能力或生产能力，也称人力资本。如果这种能力没有发挥出来，就是潜在的劳动生产力；如果发挥出来了，则变成现实的劳动生产力。一定数量的职工是人力资源得以形成的自然基础。具有一定的职工数量则具有一定数量的人力资源。职工数量的多寡，增长速度的快慢，部门、岗位分布是否均衡，结构是否合理等，都直接影响人力资源的数量、质量及开发、配置、使用和管理。

劳动能力是存在于人体的体力和脑力的总和。体力是指在一定身体素质基础上的负荷力、灵敏度、耐力等。脑力又称智力或知识力，是人们掌握和运用知识的能力，如观察力、记忆力、思维力、想象力及操作能力等。体力是个体发育的某生理阶段就具有的能力，是自然力；脑力是后天学习获得的，称为知识力或智力。所以说，职工的劳动能力有一部分是天生就具有的，但人与人的才干和生产能力是有差别的。人力资源管理就是能让企业所拥有的劳动者的生产能力得以充分发挥。

人力资源具有如下的特点。

（1）主导性　生产需要人力资源和物力资源的结合运用，然而人是活的、主动的，物是死的、被动的，对物的开发和利用要靠人。因此，与物力资源相比，人力资源占主导地位。

（2）社会性　人力资源只有在一定的社会环境和社会实践中才能形成、发展和产生作用。人力资源的开发、配置、使用和管理是人类有意识的自觉的社会活动。

（3）能动性　人具有能动性，能够有目的地进行活动，能够主动改造客观世界。其能动性体现在选择职业与积极劳动等方面。

（4）时效性　人在成长的不同阶段中对于人力资源的生成和发挥也有不同的最佳时期。一般来说，青少年时期是人力资源开发的最佳时期，而青壮年则是人力资源发挥效用的最佳时期。

（5）成长性　物力资源一般来说只有客观限定的价值，而人的创造力可以通过教育培训及实践经验的积累不断成长，人的潜力是无限的。

2．管理　人力资源管理是指种子企业为了获取、开发、保持和有效利用在生产和经营过程中必不可少的人力资源，通过运用科学、系统的技术和方法进行各种相关的计划、组织、领导和控制活动，以实现企业的既定目标。

人力资源管理是对人力资源量与质两方面管理的有效结合。人力资源量的管理是根据人力和物力的条件及其变化，对人力进行恰当的评价、组织和协调，使两者经常保持最佳比例和有机结合，使人和物都发挥出最佳效应。人力资源质的管理是指采用现代化的科学管理方法，对人的思想、心理和行为进行有效的管理，充分发挥人的主观能动性，以达到组织目标。

人力资源管理的内容如下。

（1）制订人力资源计划　根据种子企业的发展战略和经营计划，评估企业的人力资源现状及其发展趋势，收集和分析人力资源供求信息和资料，预测人力资源供求的发展趋势，制订人力资源使用、培训与发展计划。

（2）工作分析　对种子企业中的各个工作岗位进行考察和分析，确定职责、任务、工作环境、任职人员的资格要求和享有的权利等，以及相应的教育与培训等方面的情况，最后制成工作任务书。它是招聘人员的依据，也是对员工进行考核和评价的标准。

（3）合理组织和使用劳动力　包括改善劳动组织，完善劳动定额，人员录用、使用和调配，制定劳动过程中的各项规章制度等。

（4）员工教育和培训　利用各种形式，对企业员工进行思想教育、技能和文化培训，提高素质，以适应种子经营和管理的需要。

（5）绩效考评与激励　绩效考评就是对照工作任务书，对企业员工的工作做出评价。这种评价涉及员工的工作表现和工作成果等，应定期进行，并与奖惩挂钩。

（6）帮助员工制订个人发展计划　人力资源管理部门和管理人员有责任鼓励和关心员

工的个人发展，帮助其制订个人发展计划，使其与企业的发展计划相协调，并及时进行监督和考察。使员工产生作为企业一员的良好感觉，激发其工作积极性和创造性，从而促进企业经济效益的提高。

（7）*员工的劳动保护、劳动保险和工资福利*　人力资源管理一方面要通过改善劳动条件，建立和健全劳动保护规章制度，进行安全生产和安全技术教育，保护员工的安全和健康；另一方面要制定合理的工资福利制度，从员工的资历、职务级别、岗位、实际表现和工作成绩等方面考虑制定相应的、具有吸引力的工资报酬标准和制度，并安排养老金、医疗保险、工伤事故、节假日等福利项目。

（8）*员工档案保管*　人力资源管理部门应保管员工进入企业时的简历、入职登记表，以及进入组织后的关于工作表现、工作成绩、工资报酬、职务升降、奖惩、接受培训和教育等方面的材料。

（9）*人力资源会计工作*　人力资源管理部门应该与财务部门密切合作，建立人力资源会计体系，开展人力资源投入与产出效益的核算工作。

3．绩效考评　绩效考评是指对员工现任职务状况的工作业绩及担任更高一级职务的能力，进行有组织、定期并且尽可能客观的评价。种子企业希望实现预期的发展目标，而员工期望自己的工作得到承认，得到应有的待遇，同时也希望上级指点自己努力的方向。因此绩效考评不仅仅在人力选拔上有指导意义，而且有很大的激励作用。考评的过程既是企业人力资源发展的评价过程，也是了解员工发展意愿、制定种子企业教育培训计划和为人力资源开发做准备的过程。

为了保证绩效考评的科学性和客观性，考评需要特定的程序。一般来说，考评应包括四个步骤：①确定考评标准；②绩效考评的实施；③考评结果的分析与评定；④考评结果的反馈。

绩效考评的方法多种多样，如自我评价法、组织考察法、同行评定法、实践考验法、考试法、量表考绩法等。各部门应根据单位自身的性质和考评目的的不同，选择行之有效的方法。

4．人力资源激励　充分调动人的积极性，最大限度地开发人的潜力，是人力资源管理追求的目标。人力资源激励是指通过各种有效的激励手段，激发人的需要、动机、欲望，形成某一特定的目标，并在追求这一目标的过程中保持高昂的情绪和持续的积极状态，发挥潜力，达到预定的目标。因此，人力资源激励过程应该包括确立目标、追求目标的积极性和能力的投入、运用的激励手段，这三者是密切联系的统一过程。

（1）*激励的类型*　激励手段多种多样，根据不同的标准，可以对其进行划分。

1）以激励的内容为标准，可以分为物质激励和精神激励。虽然二者的目标是一致的，但是它们的作用对象却是不同的。前者作用于人的生理方面，是对人物质需要的满足，后者作用于人的心理方面，是对人精神需要的满足。随着人们物质生活水平的不断提高，人们对精神与情感的需求越来越迫切，如期望得到爱、尊重、认可、赞美、理解等。

2）以激励的性质为标准，可以分为正激励和负激励：正激励如以上阐述的采用物质与精神两种不同的激励方式达到正面教育的功效；负激励通常是指采取惩罚方式，如批评、降级、罚款、降薪、辞退等方式。

3）以激励的形式为标准，可以分为内激励和外激励：内激励源于员工对工作活动本身任务完成所带来的满足感；外激励是指对员工完成的任务给付适当的报酬，以激励其积极性。

（2）*激励理论*　激励理论的基本思路是针对人的需要而采取相应的管理措施，以激发动机、鼓励行为、形成动力。因为人的工作绩效不仅取决于能力，还取决于受激励的程度。

因此，行为科学中的激励理论和人的需要理论是紧密结合在一起的。

激励最基本的理论基础应该是马斯洛的需求层次理论。著名心理学家马斯洛把人的需要由低到高分为五个层次，即生理需要、安全需要、社交和归属需要、尊重需要、自我实现需要。并认为人的需要有轻重之分，在特定时刻，人的一切需要如果都未得到满足，那么满足最主要的需要就比满足其他需要更迫切，只有排在前面的那些属于低级的需要得到满足，才能产生更高一级的需要。当一种需要得到满足后，另一种更高层次的需要就会占据主导地位。从激励的角度看，没有一种需要会得到完全满足，但只要其得到部分的满足，个体就会转向追求其他方面的需要了。按照马斯洛的观点，如果希望激励某人，就必须了解此人目前所处的需要层次，然后着重满足这一层次或在此层次之上的需要。

美国行为科学家赫茨伯格提出来的"激励因素和保健因素"的双因素理论，为管理者提供了激励员工时不同手段会产生不同效果的理论指导。20 世纪 50 年代末期，赫茨伯格和他的助手在美国匹兹堡地区对 200 名工程师、会计师进行了调查访问。结果发现，使职工感到满意的都是属于工作本身或工作内容方面的；使职工感到不满的，都是属于工作环境或工作关系方面的。他把前者叫作激励因素，后者叫作保健因素。保健因素包括公司政策、管理措施、监督、人际关系、物质工作条件、工资、福利等。当这些因素恶化到人们认为可以接受的水平以下时，就会产生对工作的不满意。但是，当人们认为这些因素很好时，它只是消除了不满意，并不会导致积极的态度，这就形成了某种既不是满意、又不是不满意的中性状态。那些能带来积极态度、满意和激励作用的因素就叫作激励因素，包括成就、赏识、挑战性的工作、增加的工作责任，以及成长和发展的机会。如果这些因素具备了，就能对人们产生更大的激励。双因素理论告诉我们，满足各种需要所引起的激励深度和效果是不一样的。物质需求的满足是必要的，没有它会导致不满，但是即使获得满足，它的作用往往是很有限的、不能持久的。要调动人的积极性，不仅要注意物质利益和工作条件等外部因素，更重要的是要注意工作的安排、量才使用、个人成长与能力提升等，注意对人进行精神鼓励，给予表扬和认可，注意给人以成长、发展、晋升的机会。

5. 人力资源开发 人力资源开发是以发掘、培养、发展和利用人力资源为主要内容的一系列有计划的活动和过程。包括人力资源的教育、培训、管理以及人才的发现、培养、使用等诸多环节，通过政策、法律、制度和科学方法的运用，提高人的素质和能力，发掘人的潜力，力求人尽其才，才尽所能，促进经济和社会的发展。人力资源开发的内容包括知识、精神动力、技能、创造力、生理等方面。

（1）人力资源知识的开发 我国人口多，人均资源占有量少，资金缺乏，人力资源开发应选择集约型的发展方式，同时应增加对人力资源的投资。草业行业人力资源相对较少，特别是农村缺少专业技术人才。草业生产在许多地区被农牧民当作副业，很少有人重视并作为产业来生产与经营，所以应大力开发草业人力资源，提高从业人员的知识水平。

（2）人力资源精神动力的开发 主要是指通过增强人的主观能动性，调动人的自觉性、积极性和主动性，给人力资源开发以巨大的精神动力，从而发掘人的潜力，发挥人力资源的实际作用。

（3）人力资源技能的开发 又称人力资源的职业技能开发，是指通过系统的培养和训练，使受过一定基础教育的人掌握从事某种职业所需要的专业基础知识、实用知识、工作技巧，以及一定的社会职业规范和准则，从而形成或增强参与社会劳动的资格和能力。

（4）人力资源创造力的开发 它是较高水平人力资源开发。劳动的创造性促进了人类

社会的发展。

（5）人力资源生理的开发　个人的健康能力可以看作一种资本存量，大致可分为两个部分：一部分是人生来具有的，如是否有遗传疾病等；另一部分是后天获得的，其方式包括营养、医疗卫生、自我保健等。人力资源的生理开发途径主要是卫生保健。

二、财务管理

财务管理是对企业有关资金的筹集、使用、分配和控制等方面管理工作的总称，是现代种子企业管理系统的一个重要组成部分。财务管理的目标是在草类植物种子企业承担应尽的社会责任的前提下，追求企业利润最大化。

1. 资金筹集

（1）资金筹集的目的　筹集资金以保证草类植物种子企业生产经营对资金的需要是企业财务管理的首要职能。由于企业的投资活动呈现多元化，企业筹资活动的动因也是多种多样的。

1）新建草类植物种子企业需要筹集资本金。资本金是各种投资者以实现赢利和社会效益为目的，用以生产经营、承担民事责任而投入的资本金。企业开始创办都必须筹集一定数量的资本，用以建造厂房、购置设备、购买原材料、支付员工工资及其他生产费用。

2）弥补企业日常生产经营中资金短缺的需要。企业日常生产经营过程中，由于结算方面的原因，可能会出现购货方拖欠货款或者供货方要求预付款的情况，导致流动资金周转困难，或者由于生产和销售的季节性因素，导致流动资金需要量加大。为了保障企业再生产活动顺利进行，需要及时筹措资金。

3）满足企业扩大再生产对资金的需要。企业扩大再生产分为内涵型和外延型。内涵型扩大再生产是指对原有机器设备进行技术更新和改造，以降低消耗与成本，提高产品质量。外延型扩大再生产是指新建、扩建、增加机器设备，引进新技术、新工艺，提高产品的技术含量，从而提高产量。企业实现扩大再生产，尤其是实现外延型扩大再生产往往需要大量的资金，企业除筹集自有资金外，还需要筹集一定数量的债务资金才能满足其需要。

4）满足企业扩大经营范围，实现规模经营的资金需要。要建立现代企业制度，就必须对现有企业进行深入改革。通过资产重组、收购、兼并等措施，组建一批具有国内外竞争力的大企业、大集团，以实现规模经营和规模效益。而要实现这种转变，就需要大量的资金支持，企业必须通过一切可能的途径，筹集到尽可能多的资金。

企业筹集资金还有其他多种目的，在企业经营中，会始终伴生着筹集资金活动。

（2）资金筹集的渠道　长期以来，我国草类植物种子企业的资金来源渠道主要有国家拨入资金、银行借入资金和企业自有资金，其中以国家拨入资金为主。随着社会主义市场经济体制的建立与完善，草类植物种子企业资金来源呈现多元化态势，特别是民间资金与外商资金日益成为草类植物种子企业重要的资金来源渠道。

1）国家财政资金。国家财政对企业的投资历来是我国国有企业中长期投资的主要来源，包括投入企业的固定资金、流动资金和各种专项拨款，草类植物种子企业也不例外。

2）银行信贷资金。银行向企业发放贷款，也是企业资金的重要来源。各个政策性银行与商业性银行通过基本建设投资贷款、流动资金贷款和各种专项贷款等形式，为企业提供中长期和短期临时性资金来源，它是企业资金的主要供应渠道。

3）非银行金融机构资金。主要是指信托投资公司、保险公司、租赁公司、证券公司等非银行金融机构，为企业提供一定的中长期和临时性资金。

4）其他企业资金。企业再生产经营过程中，往往会形成部分暂时闲置的资金，可以通过入股、债券、联营及各种商业信用等途径，在企业之间相互融通利用。

5）民间资金。企业职工和居民个人手中的结余货币，可以通过股份等方式被企业吸取，从而转化为企业资金。

6）外商资金。主要是指外国投资者，以及我国香港、澳门、台湾地区投资者投入的资金。

7）企业自有资金。指企业缴纳所得税后的剩余部分，这部分按规定形成盈余公积金、公益金和未分配利润。其中，盈余公积金可弥补亏损和转增资本金。随着企业经济效益的提高，企业自有资金的数额将日益增加。

（3）资金筹集的方式　草类植物种子企业对于不同种类的资金，可以采取不同方式加以筹集。

1）吸收直接投资。企业以合同形式直接吸收国家、其他企业、个人和外商等直接投入的资金。其形式是企业将现金、实物资产或者无形资产等投向企业的投资行为。吸收直接投资是非股份制企业筹措自有资本的一种基本形式。

2）发行股票。股票是股份公司为筹集自有资金而发行的有价证券，是投资者入股并取得股息、红利的凭证。以发行股票的方式筹集资金是股份制企业特有的权利。

3）发行债券。债券是企业向投资者发出的、承诺按一定利率定期支付利息，并到期偿还本金的债权债务凭证。它是企业筹集长期资金的一种重要方式。

4）银行信用。银行信用是指企业通过银行取得的按约定的利率和期限还本付息的货币资金。我国企业的债务资金大部分来源于银行。

5）商业信用。商业信用是指企业之间在商品交易中，以延期付款或预付款方式进行购销活动而形成的借贷关系，是企业之间相互直接提供的信用。

6）租赁。租赁是出租人以收取租金为条件，在契约合同规定的期限内，将资产租让给承租人使用的业务活动。企业资产的租赁按其性质分为经营性租赁和融资性租赁两种：经营性租赁是出租方向承租方提供资产的使用权，收取一定租金的服务性业务；融资性租赁是由租赁公司按承租单位要求，出资购置设备，在较长的契约合同期内提供给承租单位使用的信用业务。

2. 固定资产管理　固定资产是指使用期在一年以上，单位价值在规定标准以上，并且在使用过程中保持原有物质形态的资产。根据国家财务制度规定，企业使用期限在一年以上的房屋、建筑物、机器设备、器具、工具等均应作为固定资产；不属于生产经营主要设备的物品，单位价值在2000元以上，并且使用期限超过两年的也应作为固定资产。

固定资产的货币形态是固定资金。固定资产在生产过程中始终保持其实物形态，并可以比较长期地在生产中发挥作用，而其价值则按照在使用过程中磨损和损耗程度，逐渐、分次转移到所生产的产品中，并随着产品的销售转化为货币形态，存入折旧基金。固定资产在生产过程中随着磨损和损耗的增加，转为货币形态的那一部分价值越来越大，以实物形态存在的那一部分价值却越来越小，直至固定资产更新的时候，转为货币形式的价值（折旧基金）又还原为实物形式，重新开始另一个周期的循环。

（1）固定资产保管　按照国家对固定资产管理的要求，固定资产保管必须在保值和增值上下功夫。从保管的角度论保值，是指通过完善措施，使固定资产扣除正常磨损（折旧）后的原值水准不下降。这意味着一切固定资产不能无故流失。因此，从价值的形态对固定资产进行保管必须抓好建档入账工作。

1）资产建档。凡是列入固定资产的所有物资必须按类或按件建档。详细记载品名、数量、规格、质量、特性、产地、购置地、立档日期、保管记录、折旧记录、非正常磨损或破坏的记录、转档日期、转档原因、消档日期、消档原因等。

2）资产入账。根据资产档案，对每件固定资产分门别类按时序入账，做到有档即有账，消档即消账，档账相符，确保资产不无故流失。

（2）固定资产核算　固定资产核算主要包括数量核算和价值核算。

1）数量核算。分门别类地定期核算各类固定资产的调入、调出数量，购置、报废数量，现存实有数量等。

2）价值核算。核算固定资产的价值通常有原始价值、重置价值和净值三种方法。

A. 原始价值是指企业购置、建造或者获得某项固定资产所支付的全部货币支出。包括购建成本和购建过程中实际发生的运输费、保险费、包装费、安装调试费、改扩建支出及缴纳的税金等。

B. 重置价值指原有固定资产在重新购建某项固定资产时所需要发生的全部支出。当无法查明固定资产的原始价值时，或按原有固定资产进行更新重置时，或上级规定对单位固定资产重新估价时，使用这一计价方法。

C. 净值又称残余价值，即固定资产原值减去已计提的折旧费后的余额。

不同的计价方法对于核算与管理固定资产有着不同的用途。按原始价值计价，可以如实反映草类植物种子企业对固定资产的投资，并据以计算折旧；按重置价值计价是草类植物种子企业推行经济核算制及固定资产就地更新所需；按净值计价，则可反映基层单位固定资产的损耗情况，有计划地安排固定资产再生产时则需用其计价。

（3）固定资产折旧

1）折旧的概念。以货币表现的固定资产因损耗而减少的价值称为折旧。固定资产在使用过程中逐渐地、部分地损耗而转移到产品成本中去的那一部分价值称为折旧费，或叫固定资产基本折旧费；把固定资产转移到产品成本中去的那一部分价值事先提取出来，并通过产品销售、回收所形成的货币准备金称作固定资产基本折旧基金。

2）折旧的计算。草类植物种子企业计算固定资产的基本折旧，可采用使用年限法和工作量法。

A. 年限法是以固定资产在生产过程中的使用年限和原值作为计算每年折旧额的基础，并需要考虑预计固定资产报废时的清理费用和报废后的残值。

B. 工作量法是指以固定资产能提供的工作量为单位来计算折旧额的方法，如行驶里程法，就是工作量法中计算运输工具折旧额的一种方法。它是以预计某种运输工具从投入使用到报废时的行驶总里程和该项固定资产原始价值作为计算每单位里程折旧额的基础。

3. 流动资产管理　流动资金是指企业所拥有或控制的可以在一年或者超过一年的一个营业周期内变现或者耗用的资产。流动资金的实物形态就是流动资产，它的价值一次全部转移到新产品中，并随着产品价值的实现，从商品销售收入中一次全部地得到补偿，再以所收回的资金重新购置劳动对象以保证再生产的顺利进行。

（1）流动资产构成　流动资产在草类植物种子企业生产经营中以不同的形态存在，流动资金按其在生产过程中的特点和作用，可以首先分为生产领域中的流动资金和流通领域中的流动资金。生产领域中的流动资金包括储备资金和生产资金，流通领域中的流动资金则可分为成品资金、结算资金和货币资金。

1）储备资金：指草类植物种子单位用于原材料等储备所占用的流动资金，包括原材料、燃料和润滑油、修理用零备件、低值易耗品等。低值易耗品是指工具、器具、管理用具等在性质上属于劳动资料的物品，与固定资金相比，它的使用时间较短，价值较低，为便于管理，视为流动资金。

2）生产资金：包括在产品（半成品）和待摊费用。在产品是指在各个生产阶段上，尚未生产加工完成的产品；半成品是已经完成一定的生产阶段并已通过验收，尚待继续加工或进行装配的中间产品；待摊费用指已支付或已发生费用，应分期摊入产品成本的各项费用（如水电费）。

3）成品资金：包括产成品和发出商品。产成品是已经验收入库的各种完工产品，包括代制品、代修品、外购配套产品，用以出售的自制半成品也视为产成品；发出商品是指生产单位采用托收承付结算方式销售发出的产成品，以及代替购买单位垫支的包装、运输费用。

4）结算资金：包括用于销售产品，提供劳务而应向购货单位收回的款项，以及各种应收暂付款等。

5）货币资金：主要是指库存现金和银行结算账户存款。

（2）流动资金管理　流动资金管理，主要是有以下三个方面工作。

1）核定流动资金定额。这是流动资金管理最基础的工作。流动资金定额是指在一定生产技术和管理水平条件下，保证生产经营活动所必需的、最低限度的流动资金数额。只有正确地核定流动资金定额，才能合理地组织储备，更节约地使用物资，均衡地组织生产。

2）抓好流动资金的日常管理。草类植物种子企业的生产经营活动是资金运动与物资运动的统一。流动资金的日常管理，不能只着眼于资金本身，而必须从生产管理的各个方面来改进工作，管好财产物资，合理地组织生产、销售，使财务与生产技术、劳动工资、供应、销售等有关部门紧密配合，做好日常管理工作，才能合理地使用流动资金。

3）提高流动资金的利用效率。随着生产经营活动的不断进行，流动资金也在不断地循环与周转。流动资金周转时间的长短即周转速度，其反映指标为流动资金周转率。

$$\text{流动资金周转率（次数）}=\frac{\text{销售收入净额}}{\text{流动资产平均占用额}}$$

$$\text{流动资金周转期（天数）}=\frac{\text{计算期天数}}{\text{流动资金周转率}}$$

要提高流动资金的管理效率，就要加快流动资金的周转速度：①大力提高劳动生产率，缩短生产周期；②合理进行储备，及时处理呆滞和超储积压物资，改善物资供应工作，做到有计划、小批量、短周期组织就地、就近采购物资；③节约使用原材料，严格按消耗定额投料，减少或杜绝生产过程中的无用消耗，运用价值工程原理积极采用低价而合适的代用品；④严格财经纪律，不得任意占用和挪用流动资金，遵守结算纪律，及时收回贷款；⑤掌握市场信息，使产品适销对路，缩短商品流通时间；⑥调整产业结构，各部门密切协作，紧密配合，加速流动资金周转。

产值资金率是反映流动资金利用效率的又一指标，它是指单位产值所占用的流动资金。

$$\text{产值资金率}=\frac{\text{定额流动资金平均余额}}{\text{全年生产总产值}}\times 100\%$$

流动资金周转率反映了流动资金的实际周转状况，但它受价格变动影响，产值资金率则只反映单位的生产量与其所占流动资金的比例，而没有反映流动资金的周转情况。为全面考核流动资金利用情况，二者可配合使用。

4. 草类植物种子企业无形资产和递延资产管理

（1）无形资产管理　无形资产是指草类植物种子企业所拥有的，不具有物质实体，但能给种子企业提供某种特殊的经济权利，有助于企业在较长时期内获取利润的财产。它包括专利权、著作权、土地使用权、非专利技术及商誉等。

1）特征。无形资产具有三个特征：①没有物质形态，不依存于某一部分或特定的物质而存在的资产；②不具有流动性，变现能力较差，它能让企业在较长时间内收益；③无形资产所获得的经济效益具有很大的不确定性。

2）价值计量。①投资者作为资本金或者合作条件投入的，按照评估确定或者合同、协议约定的金额计价；购入的，按照实际支付的价款计价。②无形资产自行开发并且依法申请取得的，按照开发过程中的实际支出计价。③接受捐赠的，按照发票账单所列金额或者同类无形资产市价计价。④除企业合并外，商誉不得作价入账。⑤非专利技术和商誉的计价应当经法定评估机构确认。

3）摊销期。无形资产从开始使用之日起，在有效使用期限内平均摊入管理成本。无形资产的有效使用期限按照下列原则确定：①法律和合同或者企业申请书分别规定有法定期限和受益期限的，按照法定有效期限或者合同申请书规定的受益年限最短的来确定；②法律没有规定有效期限，但合同或者企业申请书中规定有法定期限和受益期限的，按照合同申请书规定的受益年限确定；③法律和合同或者企业申请书均未规定有法定期限和受益期限的，按照不少于 10 年的期限确定。

4）摊销方法。无形资产的摊销方法通常是采用直线摊销法，即在有效使用期限内平均摊入管理费用。在西方国家，对个别的无形资产使用快速摊销法。

（2）*递延资产管理*　　递延资产是指不能全部计入当年损益，但应在以后年度内分期摊销的各项费用，包括开办费、以经营租赁方式租入的固定资产的改良支出等。

开办费是指企业在筹建期间发生的费用，包括筹建期间的人员工资、办公费、培训费、差旅费、注册登记费，以及不计入固定资产和无形资产的构建成本、汇兑损益、利息等支出。开办费从企业开始生产经营月份的次月起，按照不短于 5 年的期限分期摊入管理费用。以经营租赁方式租入的固定资产改良支出，在租赁有效期内分期摊入管理费用。

三、物资与设备管理

1．物资管理　　草类植物种子企业物资管理工作是一项非常重要的工作。其主要任务是用最经济的方法，做好各类物资的采购、保管和发放工作，以保证企业生产经济活动连续不断地进行；合理储存、妥善保管，加快物资周转，减少储存损耗；监督生产部门合理使用，注意节约，做好物资回收和收旧利废工作。

根据上述任务，物资管理工作包括以下几方面内容：按照企业的生产计划，制定各类物资的消耗定额和储备定额；对生产所需的各类物资做好分配工作，编制物资供应计划；根据已制订的物资供应计划，做好采购、订货、运输、交货、调剂等各项工作；做好物资的验收、入库、保存、维修等日常工作；通过库存控制，监督生产部门合理用料；做好清仓查库、综合利用，挖掘物资潜力、节约使用物资。

（1）*物资消耗定额*　　物资消耗定额是指种子企业在一定的生产、技术、组织、管理条件下，为制造单位产品或完成某项生产任务所规定的允许消耗物资的数量标准。先进合理的物资消耗定额有着重要的作用，它是编制物资供应计划的重要依据，是科学组织发放物资的基础，是促进企业节约物资的有力工具，是促进企业提高技术水平、管理水平和工人操作水平的重要手段。

物资消耗定额制定方法一般有三种。

1）经验估计法：指通过富有实际经验的专职物资管理人员（材料员）、工程技术人员及资历较深的工人的实际经验，并参考有关技术文件和产品实物及企业生产技术条件变化等因素制定物资消耗定额。

2）统计分析法：根据以往生产中物资消耗的统计资料，结合计划期内生产、技术、组织管理条件的变化因素，通过分析、比较和计算来制定物资消耗定额。一般需要历史同类作业（或产品）实际消耗量的原始记录（包括领料记录、消耗记录、返料记录）的至少50个数据，除去波动幅度过大的少数不正常数据，再考虑未来发展水平因素，通过计算、分析，最后确定消耗定额。

3）技术测定法：通过生产全过程的观察记录，经分析处理，剔除某些非工艺性消耗来确定定额的方法，此法必须是以标准工艺流程、标准技术操作规程、标准工作时间为前提做观察记录，且必须做若干个重复后取平均值，然后计算出消耗定额。

（2）物资储备定额　物资储备定额是指在一定的条件下，为了保证种子企业生产过程顺利进行而储备的物资数量的标准。它是企业编制物资供应计划、组织采购订货、核定流动资金和控制物资库存水平的重要依据。种子企业的物资储备定额由经常储备定额、保险储备定额和季节储备定额三部分组成。

1）经常储备定额：是种子企业在前后两批货物运进的时间间隔内，为了保证生产的正常进行而必须建立的物资储备数量。其计算公式为

某种原材料的经常储备量＝（该种原材料供应间隔天数＋该种原材料使用前准备日数）×该种原材料平均每日需用量

2）保险储备定额：又称安全储备定额，它是一种后备的储存量，目的在于防止经常储备因交货延误、运输延误等原因及生产需要量猛增所造成的生产和供应脱节。在实际工作中，应分析供应条件的变化情况，一般就近组织供应的，或者供应中断的可能性很小的物资，保险储备可以减少到零或者接近于零。保险储备在正常情况下可以不动，它是由保险储备天数和每日需要量来决定的，保险储备天数一般按照上年统计资料和实际到货平均误期天数来决定。

3）季节储备定额：是针对某些物资因生产或季节性运输等情况，为了保证生产正常进行所建立的物资储备数量，其大小取决于有关物资的平均日消耗量和因为季节供应而中断的天数。

（3）物资的日常管理　物资的日常管理是一项具体细致的工作，对于保证生产需要、减少资金占用、降低生产成本、提高经济效益有着重要影响。物资的日常管理工作主要有以下几方面内容：加强物资采购的计划管理；加强库存的物资管理；监督物资库存动态；积极处理超储积压物资。

2. 设备管理　草类植物种子企业设备，一般泛指企业为完成生产任务所需要的机械、机器、装置等，其中具有代表性的部分是机器。随着草类植物种子科学技术的迅猛发展，作为技术物化形态的机器，其构成要素呈越来越复杂的趋势。

草类植物种子企业设备管理是对企业设备运动全过程的管理，在设备运动过程中存在两种运动形式，即设备的物质运动和资金运动。设备管理的基本要求是对设备进行综合管理，保持设备完好，不断改善和提高企业技术装备素质，取得良好的投资效益。

设备选择应坚持的原则是技术上先进、经济上合理、生产上可行。为了在生产中正常运用设备，应注意解决的问题包括：①根据企业的生产特点和产品的工艺流程，结合各环节的生产组织形式，合理配备各种类型的设备；②根据设备的性能、结构和技术经济特点，恰当

地安排操作人员，提倡文明操作，使各种设备在正常的操作环境下进行运作；③建立健全设备使用的责任制和各种规章制度，为设备创造良好的工作环境条件。

在合理使用设备的同时，还要有针对性地对设备进行维护和修理，如清洁、润滑、紧固、调整、防腐、修复和更换等。对设备进行维护要经常注意检查设备运行状况，并建立健全设备维护规程和岗位责任制，督促设备操作和维护人员严格遵守有关规范。设备修理要推行计划预防修理制度、保养修理制度和预防维修制度，并督促设备检修人员严格遵守检修规程，认真执行检修技术、标准，编制设备检修计划，并将设备检修计划纳入企业年度计划。

四、企业技术管理

草类植物种子企业技术的含义有狭义和广义之分：狭义的技术是指人们在生产实践中使用一定的生产工具完成某项活动的操作方法和技能；广义的技术是指人们在利用科学知识改造自然的实践中积累起来的操作方法、经验和劳动技能，以及相应的生产工具和其他劳动资料。

随着我国农村经营体制的改革，技术在各要素中的构成将不断提升。

1．技术管理的目标、任务和内容　草类植物种子企业技术管理是对种子生产的全部技术活动进行科学管理的总称。实行技术管理必须建立起相应的、统一的技术管理组织体系，与草类植物种子企业内部各个部门紧密协作，加速技术更新，从而提高种子企业的技术实力和发展潜力。

技术管理的基本任务包括两个方面：一是致力于促进企业科研开发能力和生产技术水平的提高，推动企业技术进步；二是合理有效地进行组织管理，使科研、技术力量形成最佳组合，保证生产技术工作的正常进行，为提高企业经济效益服务。

技术管理的内容可以分为两个方面：一是对科研的管理；二是对技术开发和生产技术的管理。具体包括制订科研规划、为草类植物种子企业领导提供研究开发的决策咨询、科研与实验的管理、技术开发管理、日常生产技术管理和科技信息管理。

2．技术创新　熊彼特在1912年《经济发展理论》中指出，技术创新是指把一种从来没有过的关于生产要素的“新组合”引入生产体系。这种新的组合包括：①引进新产品；②引用新技术，采用一种新的生产方法；③开辟新的市场；④控制原材料的来源；⑤实现任何一种新的组织，如生成一种垄断地位或打破一种垄断地位。

技术创新的类型包括如下几种。

（1）*产品创新*　产品创新指草类植物种子企业在生产和经营过程中，对其自身生产种子的品质所从事的改进等活动。

（2）*服务创新*　服务创新既包括新设想转变成新的或者改进的服务，又包括改变现有的组织机构推出新的服务。

（3）*工艺创新*　工艺创新指研究和采用新的或有重大改进的生产方法，从而改进现有草类植物种子的生产或提高草类植物种子的生产效率。

草类植物种子企业技术创新的基本对策如下。

1）建立高素质创新企业家队伍和创新人才队伍，推进草类植物种子企业技术创新。要弘扬企业家精神，使企业家成为德才兼备的企业家；企业还需营造一个激励人才发挥作用的机制，使人才在技术创新中发挥出最大潜能和作用。

2）使草类植物种子企业成为技术创新的投资主体，建立以企业为投资主体的多渠道技术创新融资机构与体系。草类植物种子企业可在国家产业政策的宏观指导下，根据市场变化和市场竞争格局，自主选择适合本企业创新的项目。

3）有条件的草类植物种子企业要建立以技术创新为中心，产品为龙头，把新工艺、新技术渗透在新品种种子的研究开发过程中。对草类植物种子的开发，要注意开发的草类植物种子质量高、市场竞争力强。

4）草类植物种子企业要成为市场竞争的主体，在瞬息万变的种子市场中及时调整自己的发展战略和经营方针，扩大草类植物种子的市场占有率。企业不仅要看到现实的市场，还要洞察国内外市场的潜在需求，抓住潜在的盈利机会，重新组合营销要素，建立起市场竞争力更强的市场营销系统，从而开辟新市场。

5）草类植物种子企业要大力推进管理的创新，重塑创新管理机制。

3．技术推广 技术推广是指通过试验，示范、培训、指导及咨询服务，把技术知识应用于种子生产的产前、产中、产后全过程的活动。

草类植物种子企业技术推广就是将技术由研究者传授给推广人员，再由推广人员传授给草类植物种子企业生产者，既要使推广人员掌握新技术的使用方法，也要使草类植物种子企业的生产者接受新技术，并应用到实践中，有效地提高我国草类良种的普及率及良种的科技贡献率。

通过强调推广先进的实用技术，以环境条件、经济条件等为依据，充分考虑技术上的可行性，因地制宜地选择比较先进的适用于特定目的并能取得最佳经济效益，利于生产发展的技术。

4．技术保护 技术保护是指对新技术采取法律措施或保密措施加以保护，以防止非法使用，维护技术发明者权益。

技术保护是技术管理的重要环节。发达国家特别重视科学技术的保护工作，很早就制定了有关知识产权保护的法律和法规，而且企业也注重专有技术保密工作。我国关于技术保护的工作起步相对较晚，但技术保护工作进展较快，从法制机构到企业、到个人都很重视知识产权的保护。

首先，技术保护的目的在于保护技术发明者的权益。一项先进技术的研发、推广需要大批科研人员和试验人员付出大量艰辛的劳动，投入大量人力、财力、物力。从开始研发到技术成熟要经历众多的环节和一个相当长的时期。如不对先进技术加以保护，必然会损害技术研发人员的权益，并给研发人员带来经济损失。其次，鼓励更多的人投身技术研究和技术创造。通过技术保护维护了研发者的权益，从而增加了他们投身技术研发的积极性，并吸引更多爱好者和生产实践者进行技术创新。最后，促进全社会的技术进步。技术保护更重要的意义是通过鼓励研究发明创造，加速全社会的技术进步。社会进步来源于技术进步，技术进步来源于每一个发明者的技术创新，因而技术保护是技术进步的基础和原动力。

第三节 营销管理

营销管理作为一个过程，它主要通过草类植物种子市场调查与预测，来分析草类植物种子市场营销机会，决定企业的业务发展战略；研究和选择草类植物种子目标市场，制订草类植物种子市场产品组合策略；根据草类植物种子市场营销计划，组织必要的营销资源，建立相应的组织机构，以保证草类植物种子市场营销工作的组织、执行和控制顺利进行。

一、市场调查与预测

市场调查是草类植物种子生产经营活动的起点，贯穿于整个种子营销过程中。种子市场调查的目的，就是为种子企业进行市场预测、确定营销方针、编制营销计划、制订营销策略等提供科学依据，使得种子企业在其营销过程中具有更强的优势。因此，草类植物种子市场调查与预测是其营销管理的重要方面。

1. 市场调查　草类植物种子市场调查是草类植物种子经营活动中的首要工作，科学的草类植物种子市场调查和正确预测对后续的经营决策、经营计划制订、经营合同签订和市场营销计划的确定等都具有非常重要的意义。

市场调查是以市场及市场营销所涉及的一切因素为对象，运用科学的方法，有计划、有目的地对市场信息、情报进行系统的搜集、记录、整理和分析的活动。草类植物种子市场调查就是以牧草、草坪草、能源草等草类植物种子市场及与草类植物种子市场相联系的一切方面为对象，了解其历史现状及其发展变化趋势，主要是对草类植物种子的产、供、销及与之相联系的农牧民、草坪绿地规划者、能源草利用者做调查，了解其意见及影响其购买和消费行为的诸因素。

（1）市场调查内容　由于影响草类植物种子经营的市场因素十分复杂，所以市场的调查内容也非常广泛，包括与草类植物种子市场之间直接和间接有关的一切信息和因素，主要有以下几个方面。

1）种子市场宏观环境调查：包括政治环境、经济环境、社会环境、自然地理环境等。

A. 政治环境调查主要包括政府已颁布的或即将颁布的农业生产政策和法规，国家和地方农业发展规划，与草类植物种子生产经营有关的价格、税收、财政补贴、银行信贷等方面的政策，以及对发展畜牧、草业工作的支持力度等。

B. 经济环境调查主要包括草类植物种子用户的收入水平、农业产业结构和种植业结构、农业科学技术发展水平等。农村产业结构的调整会对草类植物种子市场的容量和种子的种类产生较大的影响。

C. 社会环境调查主要包括种子用户的价值观念、传统习惯和文化教育程度、对农业新技术的接受和采用状况、农业社会化服务体系的建立情况及其健全程度等内容。

D. 自然地理环境调查主要包括该地区温、光、水、土地资源等环境条件，这些自然条件决定了草类植物种子的生态类型和适应区域，也决定了草类植物品种生产的区域和流通方向，为公司选择适销对路的品种提供重要参考。

2）市场需求情况调查：市场需求是指草类植物种子消费者在一定时期、一定市场范围内能够购买的草类植物种子数量。草类植物种子市场需求调查内容主要包括：第一，草类植物种子市场需求量，了解一定地区范围内的草业生产状况。第二，草类植物种子市场需求结构调查。草类植物种子需求总量中各类种子，如牧草、饲料作物、草坪草、景观草、能源草等各自所占的比例。第三，草类植物种子市场需求趋势调查。对草类植物种子需求的发展趋势进行调查，了解未来草类植物种子市场的种类和品种需求趋势。第四，草类植物种子市场份额调查。竞争是市场经济的主要特点，市场份额占有率的多少是草类植物种子公司竞争力的体现。调查本公司与竞争对手同一品种的市场占有份额和草类植物种子进出口的数量，可使草类植物种子公司制订营销策略，提高市场竞争力。

3）草类植物种子购买者（客户）的调查：第一，购买者对草类植物种子价格的敏感性调查。主要调查草类植物种子价格的涨落对用户购买行为、购买决策等的影响，以及购买者对不同草类植物种子心理接受的理想价格。第二，购买者的购买欲望和购买动机的调查，侧重调查影响购买者决策的主要因素。第三，购买者购买习惯的调查。调查草类植物种子用户经常光顾哪些草类植物种子经营单位、喜欢购买哪一类种子、集中购买的时间和地点、形成购买习惯的原因等。

4）草类植物种子品种使用和评价的调查：客户对所销售草类植物种子使用情况进行调查，主要了解客户对草类植物种子和品种的客观评价，以及客户对销售草类植物种子的特征特性、适应范围和配套栽培技术的掌握和了解程度；调查客户对所销售草类植物种子和品种的意见及要求，对售后服务的满意程度，以及草类植物种子包装是否安全、便于携带和运输；所销售草类植物种子和品种在生产中的产量表现和质量状况等。

5）市场供给情况的调查：市场供给量调查主要是调查各类草类植物种子的生产量和供给量，生产量可根据草类植物种子收获面积与平均单产确定。从生产量中扣除生产者的自留部分及加工损失部分，所剩的部分加上草类植物种子进口量或从外地调进量及上一年社会草类植物种子贮存量，即草类植物种子市场供给量，借此可以有计划地安排草类植物种子生产和组织调运，提高草类植物种子的市场占有率。此外，还应包括市场供给结构的调查，即调查草类植物种子总供给量中各类草类植物种子所占的比例，同类草类植物种子中不同品种草类植物种子的比例等。

（2）*市场调查方法*　草类植物种子市场调查的方法很多，常采用的方法可归纳为询问法、观察法、实验法和资料分析法。

1）询问法：又可分为走访调查、信函调查、电信调查等。各种调查方法各有优劣，在具体的过程中要依调查的目的而定。

2）观察法：指调查者亲临现场对调查对象的行为及特点进行观察、记录并收集有关资料。调查者不事先告诉也不直接向被调查者提问，被调查者并不感到自己在被调查，如竞争对手对草类植物种子市场占有率和竞争能力的调查，对某地草类植物种子质量不佳问题的调查等。

3）实验法：从所涉及调查问题的若干因素中，选择几个因素加以实验，然后对实验结果做出分析，研究是否值得大面积推广的一种调查方法。

4）资料分析法：也称间接调查法或室内调查法，即对过去的统计资料和现实的动态统计资料在室内进行分析。通过资料研究，可以分析出市场供求趋势、市场相关因素、市场占有率等。

（3）*市场调查程序*　为了使草类植物种子市场调查有目的、有计划、有步骤地进行，市场调查应遵循以下程序。

1）确定调查问题：在进行草类植物种子市场调查时，首先要确定要调查的问题。调查问题主要有两类：一是在种子经营过程中出现的急需解决的问题；二是对近期决策有较大影响的问题。例如，在草类植物种子销售旺季，销量较往年同期下降幅度较大，需对引起的原因进行调查。

2）现场调查的准备工作：当调查问题确定之后，在正式进行实地调查之前，应为调查做好充分的准备工作。准备工作主要包括：确定资料的来源和收集方法、设计调查表。为搞好市场调查，科学地设计调查表是一个非常重要的环节，调查表设计的好坏直接关系调查的质量。在设计调查表时应兼顾必要性、可行性、准确性和客观性，即所提问题应准确，不能模棱两可，不要使被调查者产生误解。

3）现场实地调查：即根据预先设计的方式到实地向被调查者进行咨询，收集有关资料。在进行正式调查时，首先要做好有关人员的培训工作，其次要选择好调查对象，如调查市场需求应面向农业部门和用户；调查品种质量问题，应面向草类植物种子生产基地。

4）整理分析调查资料：在调查工作完成后，所得到的资料是零乱的，也不确定其真实性。不同来源的调查，结论往往差别较大，因此必须要对资料进行整理和分析，包括分类、校对、编号、列表等。分类是把相同或相近的调查资料归类。校对是要去掉有明显错误或模糊的资料，如果发现某一方面的资料不够或不实，则应抓紧时间补充。编号是将资料按类型编号，便于整理。列表画图是将归类的资料列表表示，采用现代手段进行画图，使调查结果更直观。

5）编写调查报告：调查报告可以是综合的，也可以是针对某一问题的专题报告。其主要内容包括调查进程概况、调查目的与要求、调查结果与分析、结论与建议、附录等。

6）调查结果的应用与追踪：调查的目的是为了应用，对调查所得的结论应在实践中加以校验，如果方法对路，结论正确，建议合理，就应该予以采纳。若结论不正确或不完善，则需进一步调查，加以补充或修正。

2．市场预测　市场预测是对草类植物种子市场客观现状和未来发展状况的预料、估计和推测。即运用科学的方法，分析研究调查所收集的草类植物种子市场情报，预测未来一定时期内草类植物种子市场对种类和品种需求的变化及其发展趋势，从而为草类植物种子企业确定计划目标、制订营销策略提供科学依据。

（1）市场预测内容　草类植物种子市场预测主要研究供求变化趋势及诸多因素对种子市场供求的影响与影响程度。从微观方面看，预测主要研究市场供求变化对种子企业经营发展的影响，如种子购买力、市场占有率与经营效果预测等。从市场经营的观点看，草类植物种子企业的市场预测应该包括以下四个方面的内容。

1）市场需求量预测：指在一定时期、一定市场范围内用户对购买某一草类植物种子的总数量的预计。

2）市场潜在需求预测：指在一定时期、一定市场范围、一定条件下，某草类植物种子的市场需求最高可能增加量。这对草类植物种子企业选择目标市场，确定经营策略组合具有重要作用。

3）市场销售量预测：总销售量取决于某一地区各种草类植物的种植面积、草坪绿地的建植面积、草原改良和荒山、荒坡治理面积等因素。某一企业在某一地区的市场销量预测，还需考虑当地草类植物种子生产量，该企业的草类植物种子与竞争对手的同类草类植物种子相比较，有无价格、质量等方面的优势，最终确定该企业种子在市场上的预计销量。

4）草类植物品种生命周期预测：随着科学技术的发展，新育成品种在产量、品质、抗性等性状上不断改进，新品种选育的速度在加快，新品种的开发预测对一个草类植物种子公司来说十分重要。要做好这方面的工作，需加强与育种单位和育种专家的联系，了解新品种的特征特性，掌握新品种的配套栽培技术，以便及早组织新品种的种子生产和经营，并与生产要求相结合，预测新品种的生命周期。

（2）市场预测方法　草类植物种子市场预测的常用方法有定性和定量预测法。

1）定性预测法：即凭借预测者的知识、经验和对各种资料的综合分析能力，主观判断未来事物的发展趋势。其结果完全依赖于预测者的经验，一般不易得出特别准确的定量数据。但草类植物种子市场的预测客观上总是受到经济、政策等许多因素的影响，一般难以用定量的方法描述。所以在非定量因素占多数且缺少详细可靠数据的情况下，定性预测不失为一种有效的方法。常用的定性预测法有客户跟踪调查法、专家调查法、经验分析法和综合判断法。

A．客户跟踪调查法：即对有计划购买草类植物种子的用户进行调查，了解其在预测期内的需求，以推断市场的需求变化趋势。该方法较为准确，但仅适用于客户较少的草类植物品种预测。

B．专家调查法：即主持预测的机构先选定与预测问题有关的专家，并与其建立联系，将他们的初次意见进行综合、整理、归纳，再反馈给各位专家，征求意见。该法适用于新品种的开发和新市场的开拓。具体包括预测课题的选择、相关专家的确定、通信调查、预测结果的处理等几方面。

C．经验分析法：即从分析草类植物种子市场的统计资料开始到最后做出预测。预测精度的高低，依赖于预测者对业务的熟练程度和思维、综合分析能力。

D．综合判断法：即通过与草类植物种子生产经营单位的负责人、熟悉草类植物种子市场行情的有关人员共同讨论、研究、分析、判断，以预测今后一段时间内草类植物种子供求变化及发展趋势，最后将每个人的预测值进行综合，得出大概的预测结果。该法的优点是迅速、及时，能集中大家的智慧；缺点是主观因素影响大，容易被少数权威者的意见所左右，带有一定的风险。

2）定量预测法：即依据比较完备的历史统计资料，运用数学模型和统计方法对未来发展趋势进行定量预测。采用定量预测法必须具备三个条件：一是要有比较完整、准确的历史统计数据和市场调查资料；二是所预测问题的发展变化趋势较为稳定，即事物的发展变化有一定的内在规律；三是所预测的问题能用数量指标表达。定量预测法包括因子推算预测、时间序列分析预测和相关分析预测法。因子推算预测就是通过调查得到一个基本市场因子，然后利用该因子及与该因子有关的资料逐步推算。例如，某草类植物种子企业通过调查得知某地牧草种植面积为 500hm^2，播种量为 60kg/hm^2，该公司在这一地区的市场占有率为 80%，则可以预测将来的销售量为 60×500×80%＝24 000kg。时间序列分析预测是将某一经济变量，如销售额等历史数据，按照时间序列加以排列，然后运用一定的数学方法使其向外延伸，预计市场的未来变化趋势，确定未来的预测值。它在短期预测时效果较好。

二、目标市场选择

草类植物种子目标市场选择是营销管理的一个重要环节，决定着草类植物种子企业未来发展的巨大潜力，在选择的过程中要有一定的依据，充分考虑从草类植物种子企业到市场的各种情况，制订出符合种子企业发展的策略。

1．目标市场选择的策略　一般来说，目标市场选择的策略主要有以下几个方面。

（1）*无差异营销策略*　即草类植物种子企业把整体市场作为自己的目标市场。这种企业只求满足用户对草类植物种子的共同性的需求，不考虑用户需求的差异性。

（2）*差异性营销策略*　对整个草类植物种子市场进行细分，然后选择多个子市场作为企业的目标市场，再分别针对每个目标市场制定营销策略。

（3）*集中性营销策略*　即在草类植物种子市场细分的基础上，选择一个或少数几个子市场作为目标市场，开展营销活动。采用这种策略可以深入了解特定子市场的需求，有针对性地实行专业化生产和营销，在特定的目标市场上获得优势地位，有利于树立企业品牌形象，增加销售额和企业赢利。由于种子产品单一、目标市场过分集中，采用这种策略时企业营销风险较大。

2. 目标市场的选择　一般来说，选择草类植物种子目标市场应考虑以下几个方面的情况。

（1）*企业资源条件*　资源充足、实力雄厚的大企业可采取无差异营销或差异性营销。资源不足、实力较弱的企业可以采取集中性营销策略。

（2）*草类植物种子的情况*　如果企业所营销的草类植物种子本身差异性很小，可实行无差异性营销。如果企业所营销的草类植物种子在品种或质量上有较大差异，则可采取差异性营销或集中性营销。

（3）*市场需求情况*　如果在同一市场上用户对草类植物种子企业营销的某个品种需求和偏好大致相同，可实行无差异性营销。如果消费者在需求和偏好上有较大差别，则应实行差异性营销或集中性营销。

（4）*竞争对手的市场策略*　选择草类植物种子目标市场策略应同竞争对手的市场策略

不同。特别是实力很强的竞争对手如果选择无差异性营销策略，则本企业应采用差异性营销策略，尽量避免正面冲突。如果竞争对手实行差异性营销策略，则本企业应采取集中性营销，形成局部优势。

在实际工作中，草类植物种子企业应综合考虑资源、品种、市场、竞争四个方面的因素，扬长避短，选择适当的目标市场策略，充分发挥本企业的优势。

三、种子营销组合策略

种子营销活动中的影响因素很多，主要有企业可控的内部因素和不可控的外部因素。美国营销学家麦卡锡把企业可控制的营销因素归纳为四个方面：产品、价格、地点、促销。所谓草类植物种子营销组合策略，也就是草类植物种子产品策略、草类植物种子定价策略、草类植物种子分销渠道策略和草类植物种子促销策略的优化组合，体现现代市场营销观念中的整体营销思想。

1．种子产品策略　种子产品策略是草类植物种子企业营销组合策略的核心，种子企业只有把能够真正满足用户需要的种子和服务提供给用户，才能赢得用户，才能提高企业的形象和收益。

（1）种子质量策略　种子质量是用户所需要的核心利益，种子质量的优劣对企业的形象、种子的市场竞争力和种子经营效益具有决定性的影响。草类植物种子企业只有加强质量管理，不断改善和提高种子质量，才能在用户中建立良好的信誉，保证企业种子市场份额不断增加。

（2）种子市场生命周期营销策略　草类植物种子的市场生命周期，是指一种种子在市场上从出现、发展到最后被淘汰的全过程。由于各类种子的具体情况不同，市场生命周期长短也不一样。一般来讲，种子的市场生命周期分为投入期、成长期、成熟期和衰退期。在不同的市场生命阶段，各品牌种子的市场竞争力不同，其经销的目的与渠道也不同，所以应采取不同的营销策略。

1）投入期需要采取一系列促销措施，大力宣传品种特征，扩大品种知名度。这样可能营销费用很大，赢利很少，甚至亏损。

2）成长期种子产销量迅速增长，草类植物种子企业收益逐渐提高，新的竞争者开始进入市场，应努力增加新的分销渠道，开拓新的市场。

3）成熟期应增加品种新的特色，开拓新市场。综合采用多种促销手段，如改变分销渠道、开展有奖销售等，稳定企业所占有的市场份额，延长种子市场寿命。

4）衰退期应正确对营销品种进行定位，及时从市场上退出。

（3）种子商标策略　商标是种子的特定标志。一般由文字、图案、符号和标记等要素组成。注册商标受法律保护，有益于维护买卖双方的利益，便于用户选购种子，促使企业不断提高种子质量。但商标也使种子成本增大，进而增加用户负担。一般来说，商标策略有以下几种可供选择。

1）个别品种种子商标：一个企业所生产的多个品种种子产品，每个品种使用一个商标。

2）统一商标：企业所生产的各种草类植物种子都使用同一商标。

3）分类种子商标：各类种子使用不同的商标，一类种子使用一种商标。

（4）种子包装策略　包装不仅具有保护种子、便于运输和储存的作用，而且目前已成为促销和提高种子竞争力的重要手段。种子包装策略主要有以下几种。

1）类似包装：草类植物种子企业的各种种子，包装上采用相同或类似的图案、色彩或其他共同的特征，使用户一看便知是同一企业的种子，有利于树立企业的形象，同时能够节省包装设计费用和广告费用。

2）等级包装：按照种子的质量、价格，将种子分为若干等级，优质种子采用高档包装，使包装与种子质量相符，有利于优质种子的销售。

3）附赠品包装策略：在种子包装内附有赠品或奖券，使用户在购买种子的同时，拥有获得额外奖品的机会，刺激用户购买欲望。

2．种子定价策略 价格直接影响品牌种子需求量的大小，影响种子在市场上的竞争力和企业的赢利水平。因此，必须对草类植物种子的定价给予高度重视。制定种子价格应该考虑企业内部和外部多种因素的影响，合理确定种子价格。

（1）种子定价的主要方法 由于种子定价受到多种因素的影响，在制定种子价格时可采用的方法很多，草类植物种子定价方法主要有以下几种。

1）成本加成率定价法：按照草类植物种子单位成本加上一定比例的利润制定草类植物种子的销售价格。

单位种子售价＝单位种子成本×（1＋成本加成率）

2）认知价值定价法：根据用户在观念上对某种种子价值的理解和对种子的需求强度来制定销售价格。其关键是草类植物种子企业要为自己的种子准确定位，对用户的认知价值有比较准确的估计。

3）随行就市定价法：种子企业以本行业主要竞争者同类种子的价格作为主要参照，并充分考虑自己种子的竞争能力来制定种子价格的方法。

（2）种子定价的主要策略 草类植物种子企业在不同的情况下采取灵活的定价政策，有助于提高种子的销售量。草类植物种子的定价策略主要有以下几种。

1）折扣定价策略：卖方在正常价格的基础上，给予买主一定的价格优惠，以鼓励买主购买更多本企业的草类植物种子。主要有数量折扣、现金折扣、商业职能折扣等形式。

2）心理定价策略：根据客户在购买草类植物种子时接受价格的心理状态来制定价格的策略。主要有尾数定价策略、声望定价策略、习惯定价策略、招徕定价策略。

3）差别定价策略：对同一种草类植物种子根据不同的用户群、不同的区位、不同的时间、不同的地点制定不同的价格，而不是按照种子生产成本的差异来定价。

3．种子分销渠道策略 在现代市场经济条件下，生产者与用户之间在时间、地点、数量、品种、信息、种子估价和所有权等多方面存在着差异和矛盾。生产出来的种子，只有通过一定的市场营销渠道，才能在适当的时间、地点，以适当的价格供应给广大用户，从而克服生产者与用户之间的差异和矛盾，满足市场需要，实现市场营销目标。

草类植物种子分销渠道指草类植物种子或服务从生产者向用户转移过程中，取得草类植物种子的所有权或帮助所有权转移到组织或个人。分销渠道包括商人中间商和代理中间商，还包括作为分销渠道起点和终点的生产者和用户。

（1）种子销售方式

1）传统销售方式。当前许多种子企业所采取的销售方式有两种子：批发和零售，一般是生产商-批发商（代理商）-中转商-最终消费者，一级一级地沿顺。这种销售方式有其自身的优势：一是可以利用分销商经营多年建立起来的完善的销售网络迅速打开市场销路，特别是对新生企业；二是可以借助分销商的市场地位，构建良好的客情关系，完善售后服务，进一步地进行市场渗透和品牌宣传。但其劣势也较明显：某些分销商在合作中不断要求更多的返利；许多代理商同时代理多个品牌，且不主动承担责任，解决使用中出现的技术问题，缺乏分忧意识，缺失忠诚；还有部分分销商始终处于被动销售产品的地位，不愿主动与生产商共同开拓市场，使生产商处于一个被动合作的地位。

2）销售方式的探索。随着互联网技术的发展，传统商务与电子商务的叠加发展，草类种子销售方式有了许多创新，但种子直销方式在种子销售中仍占主导地位。直销是指生产者直接将产品销售给服务者，即不通过其他经销渠道而直接和消费者发生商业关系，简化交易流程，使信息更加流畅，结果更容易控制。其方式也有多种：一是上门推销，特别适用于大型的生产企业与大规模的消费者，由生产企业的专业技术人员与规模经营者进行多方面的沟通，达成促销目标。二是网上销售，它适用于小型的尝试型和便利型消费者。随着人们居住环境改善，某些居民尝试一种田园生活，需要少量的草类种子，网络购买是一种简便易行的方式。三是生产商自设终端，主要是生产商与超市或其他商品零售商建立合同关系，采用代理中间商的形式，超市或商品零售店只是供货的场所，其他的技术服务与指导由生产商全面负责的一种销售形式，其优点是网点广，缺点是前期投入较大，管理难度大。

（2）*种子分销渠道策略的影响因素*　影响草类植物种子分销渠道的因素主要有以下几个方面。

1）品种因素。草类植物种子价格、品种、寿命周期等对分销渠道的选择有影响。因此，针对不同特点的草类植物种子应选择不同的分销渠道，如对于价格较高的草类植物种子要选择短渠道。由生产者自销或只通过零售商，以降低销售费用，避免种子加价太高。

2）市场因素。多种市场因素直接影响草类植物种子的销售，因此在不同的市场因素影响下应选择不同的分销渠道。例如，某些草类植物种子市场范围大，需要中间商提供服务来满足消费者的需求，宜选择宽渠道和长渠道的分销策略。反之，则选短渠道或自产自销，如对于只有在特殊情况下才需购买的草类植物种子应选择短渠道。

3）企业因素。草类植物种子企业的生产状况、规模、能力等对分销渠道的选择也有重要的影响。因此，企业在选择分销渠道时必须考虑自身的情况。生产规模越大，生产在时间和空间越集中，则种子的销售越需要较多的中间环节。企业管理能力较强，又具有现代化的经营手段和高素质的经销人员，则可以少用或不用中间商，采用较短的分销渠道。否则，就需要中间商承担经销业务。

（3）*种子分销渠道策略的制订*　草类植物种子分销渠道策略的制订在一定程度上影响和决定草类植物种子企业的市场发展潜力，而上述影响分销渠道策略的多种因素又是交织在一起共同影响分销渠道策略的制订。因此，草类植物种子企业在制订分销渠道策略时必须要慎重，综合考虑多种影响因素进行制订。

确定渠道的长短和宽窄所遵循的原则是要有利于草类植物种子的销售并能降低销售费用。因此，在选择营销渠道时，首先应考虑草类植物种子企业所生产的种子是直接销售给用户对企业有利，还是通过中间商销售对企业有利。特别是在电子商务快速发展的背景下，企业应选择快捷方便的营销渠道。

4．种子促销策略　促销是企业通过人员和非人员的推销方式，向广大用户介绍商品种子，促使客户对商品种子产生好感和购买兴趣，进而进行购买的活动。草类植物种子促销的活动主要有人员推销、广告、公共关系和营业推广等形式。

（1）*人员推销*　推销人员是企业派推销员直接与用户接触，向用户介绍和宣传草类植物种子，激发购买者购买欲望与购买行为的促销方式。人员促销具有很大的灵活性，在推销过程中，买卖双方当面洽谈，易于形成一种直接而友好的相互关系，可以及时发现问题，进行解释，解除用户疑虑，使之产生信任感。

推销人员应当具备一定的素质，包括思想素质、业务素质和能力素质。思想素质是指推销人员必须具有很强的事业心，能够吃苦耐劳，勤奋敬业，以诚实守信为本，维护企业形象。业务素质是指推销人员在与用户接触过程中必须能够全面准确地回答用户所提出的各种问题，赢得用户的信任。能力素质是指推销员要有敏锐的观察能力、灵活的应变能力，善于与用户打交道，具有良好的言语表达能力，谈吐举止适度。

为提高推销工作成效，推销人员应该遵循一定的工作程序，主要包括以下几个步骤：①寻找用户，包括企业用户和个人用户。②收集有关资料，制订销售计划。③访问用户，即推销人员与用户面对面交谈。要着重说明草类植物种子能给用户带来的利益，以引起用户的兴趣。④化解异议，耐心地倾听用户提出的不同意见，并以事实和适当的措辞说服用户，消除用户的疑虑和误解。⑤促成交易，在时机成熟时，如发现用户有购买的意愿，可进一步提出一些优惠条件，促进用户做出购买决定。⑥售后跟踪访问，草类植物种子销售后，推销人员应与用户保持经常联系，搜集用户意见和建议，以了解用户对草类植物种子的满意度，作为企业改进草类植物种子的重要依据。

（2）广告　　广告是通过一切传播媒体，向公众介绍草类植物种子品种，并引导公众购买的公开宣传活动。这是非人员推销的主要方式，企业的广告决策主要有以下内容。

1）确定广告目标。企业在草类植物种子市场生命周期的不同阶段，广告宣传的目标和作用不同，按不同的广告目标，广告可分为通知性广告（用于种子的投入期）、劝说性广告（用于种子的成长期）、提示性广告（用于种子成熟期，提示用户购买）。

2）设计广告。对广告的内容进行具体设计，设计的基本要求是简明扼要、突出重点、创意新颖、引人注目。适当而精彩的广告表达方式对于增强广告效果具有重要作用。

3）选择广告媒体。为了达到广告目标，必须选择适当的传播媒体，主要有报刊、电视、邮寄宣传页、户外广告牌、互联网等。

4）评估广告效果。广告的目标是促进草类植物种子的销售，最终为草类植物种子企业带来更多的收益。因此，企业还应对其所制作的广告的效果进行评估，以确定能否达到预期效果。

（3）公共关系　　公共促销并不是推销某个具体的草类植物种子品种，而是利用公共关系，把草类植物种子企业的经营目标、经营理念、政策措施等传递给社会公众，使公众对企业有充分了解；对内协调各部门的关系，对外密切企业与公众的关系，扩大企业的知名度、信誉度、美誉度，为草类植物种子企业营造一个和谐、亲善、友好的营销环境，从而间接地促进草类植物种子销售。

（4）营业推广　　草类植物种子营业推广是一种短期内为刺激需求、扩大销售而采取的各种鼓励购买的措施，针对不同的促销对象采用不同的营业推广策略。

第四节　投资项目管理

一、草类植物种子投资项目

草类植物种子投资项目，在一定的条件下，可能会给投资者带来预期的收益，会刺激投资者进行投资。作为一个投资项目，有其自身的特点。许多草类植物种子项目与周围的自然条件、生态环境紧密联系在一起。草类植物种子项目在投资中受自然的限制性较强，这就增加了项目投资评估的复杂性。

1. 投资项目的基本要求　投资项目有广义和狭义之分。广义的投资泛指在一定的约束条件下（资金、技术、资源、时间、政策等），草类植物种子投资主体为获得未来预期收益，将货币资本或实物资本投入营利性或非营利性事业，从事生产服务等经济活动，具有明确目标要求的一次性事业。狭义的投资，指为扩大再生产（改善生产条件、增加生产手段、扩大生产能力）而投入的全部资源，它是在原来基础上的增量投入，包括追加的人力、物力、财力和科技等资源。

目前，草类植物种子的生产大多是通过建立专门的种子生产基地进行生产，集约化程度较高。草类植物种子的投资规模较大、范围较广、投资量较多，常常以投资项目的形式出现。因此，作为草类植物种子投资项目，应符合以下基本要求。

1）投资项目必须是扩大再生产的经济行为。草类植物种子投资项目不是作为维持简单再生产而发生的日常性费用支出，而是通过增加收入、改善生产条件、提高草类植物种子产业综合生产能力的扩大再生产的经济行为。

2）投资项目必须具有建设内容和明确的效益目标。作为草类植物种子投资项目要付诸实施，其建设内容必须具体量化。同时，投资项目的效益目标要明确，不能只提脱贫致富、增产增收等定性的弹性指标，而应明确规定参加项目投资者收入的增加情况。

3）投资项目要有确定的开发治理区域范围和明确的项目建设起止时间。作为一个草类植物种子产业项目，要有明确的投资、生产、效益的时间顺序；有特定的地理位置和地区范围，明确规定项目区包括县、乡数及面积大小；同时应有明确的建设起止时间，要在规定的时间内完成，不能拖延。

4）投资项目必须有可靠的投资资金来源和切实可行的投资计划安排，包括资金的筹集、分配、运用管理等。对国外投资的草类植物种子产业项目，国家投资与地方配套资金来源要落实，并做出具体的投资计划安排，保证资金及时、足额投入项目建设。

5）投资项目应有明确的投资主体（风险责任人）和健全的组织管理机构。投资主体是投资决策者、利益享受者和风险承担人。只有健全的、科学合理的项目组织机构，才能保证项目管理工作的高效率，促进项目目标顺利实现。

6）投资项目是一个相对独立的执行单位。作为一个草类植物种子项目，它是草类植物种子发展总体规划中，在经济上、技术上、管理上能够实行独立设计、独立计划、独立筹资、独立核算、独立执行的业务单位。

2. 投资项目的特点　草类植物种子项目投资不同于其他项目投资，是与草类植物种子生产本身的特点密切相关的。正确认识这些特点，对于把握项目投资评估的重点具有重要作用。

（1）投资项目具有较强的综合性　与工业项目不同，草类植物种子投资项目与周围的自然条件、生态环境紧密联系在一起，常常是一业为主多种经营。因此，项目投资评估中，既要注意一个草类植物种子项目的独立性，又要考虑与其他方面的关系，注意到它的综合性。要站在国民经济整体的高度进行草类植物种子项目投资的经济分析，在投资的方向、数量、时间先后等方面统筹兼顾各方面的需要。

（2）项目投资受资源的限制　草类植物种子项目在投资中受自然的限制较强，主要是土地资源的投入，在我国人多地少的情况下，任何一个草类植物种子项目的投资评估都要重视土地资源的经济有效利用。

（3）项目投资评估具有复杂性　由于草类植物种子项目的参加者多是分散而独立的经

营农户，这就增加了项目投资评估的复杂性。在项目投资评估中，既要注意投资项目为农牧民收入增加所做的贡献，又要注意投资项目对国民经济带来的效益。

二、投资项目投资可行性分析

草类植物种子投资项目可行性研究是草类植物种子生产项目准备阶段的首要环节，是在投资项目拟建之前进行的，通过一系列的可行性研究得出结果。可行性分析的结果是草类植物种子生产项目投资者决定一个项目是否应该投资和如何投资的主要环节，也决定投资者决策和企业未来的发展。

草类植物种子可行性分析是在投资项目拟建之前，通过对与草类植物种子投资项目有关的市场、资源、工程技术、经济和社会等方面的问题进行全面分析、论证和评价，从而确定项目是否可行或选择最佳投资方案的一项工作。

一个完整的可行性分析报告至少应包括三方面的内容：①分析论证投资项目建设的必要性，通过草类植物种子市场预测工作来完成；②投资项目建设的可行性，通过生产建设条件、技术分析和生产工艺来完成；③投资项目建设的合理性，即财务上的营利性和经济上的合理性，通过项目的效益分析来完成。

1. 投资项目可行性分析的主要内容 草类植物种子项目投资可行性分析，是对拟建项目通过组织有关专家从技术、组织管理、社会、市场营销、财务、经济等方面进行调查研究，分析各种方案是否可行，并对它们进行比较，从中选出最优方案的研究活动。投资项目的可行性分析工作同样应从以下五个方面进行。

（1）技术方面 技术方面的可行性分析除了考虑草类植物种子生产现状外，还应特别考虑以下主要问题。

1）目标明确，技术方案设计围绕着项目目标进行，要有利于农村社会经济的发展、农牧民收入的提高及生态环境建设。

2）草类植物种子生产项目采用的关键技术应因地制宜，具有先进性，技术成熟适用，符合当地实际，有得力措施保证技术推广和农牧民采用。

3）注意分析相关配套技术是否可行，对项目有效经营所必需的销售、储存、运输、加工等系统的技术问题加以综合考虑。草类植物种子生产的产前、产中、产后的经营链在技术方案设计中应有明确体现。

4）草类植物种子生产技术要在项目区做必要的小范围的实地试验和推广示范，以确定正确可靠的技术参数，保证技术可行性分析的准确度。

（2）组织管理方面 一些偏远地区经济、文化相对落后，往往缺乏有经验的管理人员，未受过项目管理的专门训练，服务体系不健全，服务设施落后，工作水平低，数据资料及信息严重不足，所有这些问题使得草类植物种子生产投资项目的组织管理可行性分析显得重要和复杂。分析要突出以下主要内容。

1）项目管理机构本身的科学合理性。

2）项目组织管理机构与国家或地区政府的相关职能部门关系的协调性。

3）组织方案中各方面的权、责、利是否明确，尤其是如何保护农牧民的利益，有无必要的策略保证有效地组织农牧民积极地参与项目建设。

（3）市场营销方面 在市场经济条件下，投资项目的产出品是否适销对路，决定项目建设是否必要。

1）草类植物种子项目产品能否在有利价格条件下及时、足量、通畅地销售出去，市场竞争能力及市场前景如何。

2）草类植物种子项目建设所需的投入资源能否保质保量，以合理的价格保证供给。

3）政府对草类植物种子销售的优惠政策，对项目会产生什么影响。

（4）*财务方面* 从草类植物种子项目参与者的立场出发，围绕参与者的利益而进行项目成本与效益的分析，称为项目投资财务分析。投资项目的参与者除一些大的独立经营者外，还有金融企业、农村合作经济组织等。在财务分析中要为所有参与者分别编制财务预算，判定项目对参与者的投资能否带来合理的收益，对他们有无足够的刺激作用，项目有无足够的周转资金来满足项目业务开展的要求，项目偿还债务的能力如何等。草类植物种子生产投资项目财务可行性分析在回答上述问题时，应特别考虑以下问题。

1）参加生产项目的投资者有利可图，以保证调动其参加生产项目建设的积极性。

2）充分考虑生产项目投资者的现金支付能力。

3）在预算的基础上对项目投资者贷款做进一步的分析，分析投资者需要贷款的种类、贷款的数量、贷款的优惠条件和贷款的偿还能力。

4）分析政府为鼓励投资者参加项目所采取的刺激手段和作用。

5）综合以上分析，财务分析要为项目编制一份“项目财务现金流量表”，分析计算生产项目的产出增量净效益、财务净现值和财务内部收益率。

（5）*经济方面* 对草类植物种子项目是否能给国民经济带来利益的分析，称为项目投资的国民经济分析（简称经济分析）。对草类植物种子投资项目进行经济分析，主要考虑以下几个方面的内容。

1）拟建的草类植物种子项目对国民财富的增加起什么作用，能给国家增加多少优质高效草类植物种子的有效供给量。

2）分析有限的资源是否得到了最有效的利用。

3）在以上分析的基础上，删除转移支付事项，调整评价失真，编制“国民经济效益费用流量表”，并分析计算草类植物种子项目的经济净现值和经济内部收益率，判断草类植物种子投资项目在经济方面是否可行。

2．投资项目可行性研究报告的编制 一份规范的可行性研究报告一般包括封面、目录、正文、附表、附图和附件几个部分。

（1）*封面* 列出项目执行单位、可行性研究承担单位、技术和经济负责人及可行性研究负责人资格审查单位，也要列出项目建议书的批准单位和批准文号。

（2）*目录* 一般列出章、节两级目录，如果报告规模较大，可以列出章、节、点三级目录。

（3）*正文*

1）项目概况：主要论述项目提出的背景和依据、项目的地理位置、主要负责人、注册资本、产品方案、生产规模，以及投资和效益规模概况，用一个综合的表格列出项目的基本技术经济指标。

2）市场研究与项目产品方案：分析项目在国内外市场的销售状况是否可行，详细分析项目产品方案的设计依据及项目产品的市场前景。

3）项目位置选择与项目规模：考察项目的选址、工程地质、水文地质、土壤气候、交通运输条件和水、电、气等配套条件，选择项目最佳的生产规模。

4）项目技术方案与技术评价：分析项目技术是否可行。

5）项目组织管理：分析项目组织管理方面是否可行，列出组织管理框架图。

6）项目实施进度安排：根据预定的建设工期和勘察、设计、设备选购、工程施工、安装、试生产所需时间与进度要求，确定整个工程项目的实施方案和总进度及项目实施费用，用网络图描述最佳实施方案的选择。

7）投资估算和资金筹集：根据项目建设内容分项估算固定资产投资和流动资金投资，明确资金来源渠道、筹措方式及贷款的偿付方式。

8）项目财务评价：根据损益表、现金流量表、资产负债表等基本财务报表，计算一系列技术经济指标，分析说明项目在财务方面的可行性。

9）项目国民经济评价：鉴别和度量项目的效益和费用，调整价格，确定各项投入物和产出物的影子价格，根据国民经济效益费用流量表，分析项目在经济方面的可行性。

10）项目生态效益及社会效益评价：分析项目在环境保护及社会方面是否可行。

11）结论及建议：综合以上分析，得出项目是否可行的结论性意见，并提出相关建议。

（4）附表　包括投资估算、资金筹措、财务基础数据、财务效益分析和国民经济效益分析等各种基本和辅助表格，具体有固定资产投资明细表、流动资金估算表、投资计划和资金筹措表、总成本费用估算表、主要投入物和产出物使用价格依据表、营业收入、营业税金、附加和增值税估算表、利润与利润分配表、借款还本付息计划表、现金流量表、资产负债表。

（5）附图　一般应有项目布局图、总平面布置图、技术工艺流程图、项目进度条形图、组织机构系统图等。

（6）附件　主要是专家评审意见及有关新品种和新技术鉴定书，主管单位审批意见，有关可行性研究工作依据的各种文件、来往函件、会议纪要、调查报告与项目的各种合同协议以及其他必要的附件，如土地管理部门有关项目用地的批准文件、环保部门所做的环境评价等。以上所述项目可行性研究报告的内容是比较规范和全面的，实际工作中应根据实际情况的要求有所调整，突出重点，照顾全面。但一般重大项目可行性研究报告的各项内容应全面具体，有些小型投资项目，则可视情况酌减。

三、投资项目评估

草类植物种子投资项目评估是在项目准备完成以后，组织有关方面专家对项目进行实地考察，并着重从国家宏观经济的角度全面系统地检查项目涉及的各个方面，对项目准备提出的可行性研究报告的可靠程度做出评价，它对于项目是否执行有至关重要的作用。

草类植物种子投资项目评估与项目可行性研究有着密切的关系。项目可行性研究是项目评估的基础，没有项目的可行性研究，就没有项目评估；而不经过项目评估，项目的可行性研究也不能最后成立，二者是紧密相连的。

投资项目评估是在可行性研究报告基础上进行的。因此，评估没有可行性研究那样详尽，而是根据项目的具体情况及评估部门的要求有重点地进行评估。

1．投资项目必要性评估　草类植物种子投资项目评估主要从宏观和微观角度论述项目建设的必要性，如草类植物种子投资项目的建设是否符合国家经济开发的总目标和草产业政策，是否有利于增强区域经济活力，促进草类植物种子业的可持续发展，是否有利于合理配置和有效利用草类植物种子资源，并改善生态环境。

2．投资项目建设条件评估　任何投资项目都是在特定的条件下进行的，它规定了项目实施是否可能。一个理论上分析研究认为很好的项目，如果不具备所要求的条件，项目仍然很难成功。草类植物种子投资项目建设条件评估的主要内容如下。

（1）资源条件评估　着重评价草类植物种子投资项目所需资源是否落实，是否适合项目要求，有无利用和开发价值。

（2）项目所需投入物供应条件评估　着重检查评价草类植物种子投资项目建设所需的良种、原材料、动力资源等能否有条件保质、保量按项目要求及时供应，供应渠道是否通畅，采购方案是否可行。

（3）种子销售条件评估　这是保证草类植物种子投资项目效益实现的重要内容，要重点评价草类植物种子生产基地的布局是否合理，种子的销路如何，销售条件如市场、交通、运输、贮藏等各方面的条件是否适应项目要求。

（4）科学技术条件评估　重点评价科技基础设施及科技人员力量的条件如何，生产者文化程度及接受新技术的能力能否适应项目所采用的新工艺、新技术、新设备使用方面的要求，有无培训条件及改善条件的措施。

（5）政策环境条件评估　要着重评价国家对草类植物种子投资项目内容有什么特殊优惠政策，项目开展有无良好的政策环境条件。

（6）组织管理条件评估　着重评估草类植物种子投资项目组织管理机构是否健全、是否合理高效，草类植物种子投资项目组织生产的方式是否合适，科技培训及推广措施是否落实，是否能为草类植物种子投资项目的顺利实施提供良好的组织管理条件。

3．投资项目开发方案评估　开发方案是一个开发投资项目设计中的主要内容，简单地说是指开发什么和如何开发的问题，详细地说它涉及投资项目的规模和布局、产业结构、技术方案、工程设计及时序安排。草类植物种子投资项目开发方案的评估主要包括以下内容。

（1）投资项目规模及布局评价　重点评价草类植物种子投资项目开发的格局及范围大小，布局的地域范围及合理性，项目规模与项目具备的资源条件、技术条件等各种条件是否适应。

（2）产业结构评价　重点评价草类植物种子投资项目的产业结构和生产结构是否合理，是否符合产业政策，是否有利于增强区域经济发展的综合生产能力。

（3）技术方案评价　科学技术是现代经济开发投资项目的重要内容，要实行资金、科学技术、物资、信息和人才的配套投入。因此，在评估过程中要重视科技采用的评估，重点评价草类植物种子投资项目技术方案所采用的农艺、工艺、技术、设备是否经济合理，是否符合国家的技术发展政策，是否能达到节约能源、节约消耗并取得好的效益，是否符合区域实际情况。

（4）时序评估　如何保证投资项目在规定起止时间内有条不紊地按计划执行，合理的时序安排是项目开发方案中又一重要内容。首先，应评估草类植物种子投资项目建设各阶段的时序安排是否合理。其次，应该注意草类植物种子投资项目的资金投入、物资设备采购及投放是否安排就绪。最后，考虑草类植物种子投资项目实施的进度是否科学合理。

4．投资效益评估　投资效益评估是投资项目评估的核心内容，以上的许多评估内容也都是为了保证投资项目有良好的效益，围绕着效益这一核心内容来进行。草种投资项目效益评估主要着重以下方面。

（1）基本经济数据的鉴定　这是效益评估的基本依据，一定要进行鉴定，确定其科学合理程度，如各项投入成本的估算，项目效益的估算，有无项目比较增量净效益的估算。

（2）财务效益评估　重点评价草类植物种子投资项目参与者收入提高的情况，草类植物种子投资项目单位投资利润率、贷款偿还期、投资回收期、财务净现值及财务内部报酬率等指标是否达到要求。

（3）国民经济效益评估　重点评价草类植物种子投资项目建设对整个国民经济带来的利益大小，如有限资源是否得到了合理有效的利用，经济净现值、经济内部报酬率是否达到要求。

（4）草类植物种子社会生态效益评估　草类植物种子投资项目投资尤其要注意各种资源，如土地、水、气候等的合理开发利用，要特别注意保护生态环境。因此，必须结合具体投资项目的目标和内容，选择适当的指标，如就业效果、地区开发程度、优质种子产出率指标进行分析评价。

（5）不确定性及风险分析评价　草类植物种子投资项目受自然和社会的制约，涉及不确定因素较多，风险也比较大，使得草类植物种子项目投资的效益不稳定。究竟一个项目可行与否，在评估中应注意项目的敏感性分析。各种不确定性因素变化后项目的企业财务效益与国民经济效益相应会发生变化，变化的程度有多大，项目参与者有无承受力，都应做出分析判断，尽量选择风险性小的投资项目。

5. 对有关政策和管理体制的建议　在完成以上分析评价的同时，会涉及有关的政策体制问题，如相应的扶持政策，如何利用这些政策，还应做什么修改和补充，以利投资项目的顺利进行，评估中应对此提出建议。例如，对物资供应政策、价格政策、利率政策、税收政策、资源开发政策、产业发展政策、管理体制等都应做出评价和建议。

6. 评估结论　在完成以上评估内容后，要综合各种主要问题做出投资项目总评估，并提出结论性意见。其主要内容如下。

1）投资项目是否必要。

2）投资项目所需条件是否具备。

3）投资项目开发方案是否科学合理。

4）投资项目估算是否科学合理，投资来源是否落实，效益是否良好，风险程度有多大。

5）投资项目开发应有什么政策措施。

6）投资项目评估结论性意见。明确表明同意立项或不同意立项，或可行性研究报告及项目方案需做修改或重新设计，或建议推迟立项，待条件成熟后再重新立项。表明以上结论性意见时说明理由，供决策者参考。

项目评估工作结束，应做出《投资项目评估报告》。报告的格式与内容同《可行性分析报告》。

讨论题

1. 草类植物种子企业在进行市场调查时应着重调查哪些内容？
2. 草类植物种子企业的管理者应具备哪些才能？在管理中应扮演什么角色？
3. 草类植物种子企业项目可行性分析的主要内容有哪些？
4. 企业发展中需要编制哪些计划？如何编制？
5. 企业经营中如何充分调动员工的积极性？
6. 如何提高企业资金利用效率？

案例Ⅰ　河西走廊绿洲灌区紫花苜蓿良种繁育田建设

——甘肃武威黄羊镇‘清水’紫花苜蓿良种繁育田建设案例

一、背景

甘肃省是我国西北内陆地区生态环境极为脆弱的省份，农业基础相当薄弱，水土流失和土壤沙化十分严重，很大程度上制约着甘肃的经济发展。党和政府历来十分关心西部地区的生态建设和经济发展，大力提倡种草植树，改善生态环境。早在1978年8月邓小平同志就指出："种草比种树容易，种草可以防止水土流失，也可以养牛养羊，比种粮富民快"，1980年5月他又强调："像西北的不少地方，应该下决心以种草为主，发展畜牧业"。1999年国务院提出"退耕还林（草）、封山绿化、以粮代赈、个体承包"。2002～2010年，党和国家领导人多次视察甘肃，十分关心甘肃省的生态建设与经济发展，并指出进一步落实好退耕还林（草）是生态环境建设的关键，必须加大退耕还林（草）的力度。2014年中央一号文件提出农业供给侧改革，进行农业转型、产品结构调整，发展"草牧业"。2016年实现粮食十二连增，因玉米库存积压，价格倒挂，进行农业种植结构调整，中央一号文件提出"粮改饲"，振兴"草地农业"。2017年中央一号文件推动粮草林畜禽农业综合发展，提出一、二、三产业融合发展"田园综合体"；提出山水林田湖草沙是生命共同体，统筹推进山水林田湖草系统治理，推动农业农村绿色发展，实施乡村绿化美化行动；践行"绿水青山就是金山银山"的发展理念，以可持续发展、人与自然和谐为目标，建设生产发展、生活富裕、生态良好的美丽乡村。习近平总书记在2020年中央农村工作会议上强调，全面建设社会主义现代化国家，实现中华民族伟大复兴，最艰巨最繁重的任务依然在农村，最广泛最深厚的基础依然在农村。2021年中央一号文件围绕推动农业农村现代化开好局、起好步，提出解决种子和耕地两个要害问题、强化现代农业科技和物质装备支撑、构建现代乡村产业体系、推进农业绿色发展、推进现代农业经营体系建设等重点举措。小草大事业，草在经济建设、生态环境建设和社会发展中的作用越来越重要。

发展草业，首先要有优良的草类植物品种和流程性的高效栽培技术，同时还要有草类植物品种种子繁育、生产、加工和销售一体的产业化，从而实现优良草类植物品种种子生产标准化、加工现代化和供种专业化，这样才能保证退耕种草和生态建设的效果，才能保证农牧民从草业发展中受益，提高从事草业的积极性。草食畜牧业的发展需要优质牧草作保障，提高我国畜产品品质和降低生产成本，提高国际竞争能力，其中很重要的一条措施就是开展高蛋白优质饲草的生产开发，紫花苜蓿就是理想的草种之一。结合甘肃省的草类植物资源优势与环境特点，依托甘肃草业相关高校和研究单位的紫花苜蓿种子生产技术，以紫花苜蓿良种繁育推广为手段，种子生产加工为目标，建设规模化、标准化的紫花苜蓿良种繁育基地，对西部特别是西北地区草产业发展和生态环境建设具有十分重要和深远的意义。

1．紫花苜蓿良种繁育是农业产业结构调整的需要　农业产业结构调整是确保我国农业可持续发展重要措施之一，只有根据当地的具体资源禀赋条件，根据市场需求不断地促进产业结构优化，合理利用自然资源，才能有效促进农业可持续发展、农业增产和农民增收。紫花苜蓿产业的发展可有效解决从"粮、经"二元结构到"粮、经、饲"三元结构的调整。

因此，紫花苜蓿良种的标准化、产业化繁育生产对草产业发展具有重要作用。

紫花苜蓿作为一种易栽培、适应性强、耐干旱、耐贫瘠、抗寒抗旱的优良饲草，广泛分布于世界各地，有“牧草之王”美誉。在美国紫花苜蓿的种植面积大约有 1000 万 hm^2，产值超过 150 亿美元。紫花苜蓿在我国已有 2000 多年的栽培历史，北方广泛种植，已成为农业可持续发展的重要组成部分。1949 年以来，我国紫花苜蓿面积增长了 14 倍，《全国苜蓿产业发展规划（2016 国苜蓿产业年）》的实施，有力促进了我国苜蓿产业的发展，2019 年留床面积约 600 万 hm^2，甘肃省留床面积达 90 万 hm^2，占全国留床面积的 15%，居全国首位。随着奶业振兴苜蓿发展行动的深入及草产业的迅速发展，紫花苜蓿还将在全国各地大规模种植，甘肃省已把紫花苜蓿产业作为一个支柱型产业来扶持发展。

在国外，紫花苜蓿良种繁育生产已完全市场化，生产与市场紧密结合。我国紫花苜蓿良种繁育工作滞后，与市场需要脱节，使紫花苜蓿良种繁育未能形成集团化、规模化和产业化的模式。目前，我国紫花苜蓿种子生产既有农户分散生产形式，也有种子公司专门化生产形式，由于目前草类种子生产没有落实认证制度，品种混杂严重，总体上所产种子产量和质量均较低。《全国生态示范区建设规划纲要（1996 设规划纲要年）》提出，2011～2030 年新增人工草地、改良草地 12 亿亩；其中，人工种草保留面积达到 4.5 亿亩，改良草原达到 9 亿亩，草种田面积稳定在 145 万亩；预测每年需要草种 70 万 t 以上。目前，全国草种年生产能力不足需求的 15%。其中，城市绿化草种 90%以上依赖进口，苜蓿、无芒雀麦、冰草等饲用和生态草种 50%以上依赖进口。在良种生产“四化”建设方面，与我国农作物种业相比，草种业尚处于起步阶段。草种的良种生产还未达到品种布局区域化、种子生产专业化、种子加工机械化和种子质量标准化的“四化”建设要求。在监管制度方面，《中华人民共和国草原法》和《中华人民共和国种子法》虽然强化了种子市场的监管和行政执法职能，但部门规章中只有《草种管理办法》，缺少草种业发展的支持政策，在土地、投资、税收、招投标等管理政策上难以惠及。此外，缺乏草种质量控制体系和市场监管，尚未建立草种生产认证制度，假冒伪劣种子在市场流通、品种混杂等现象依然存在。截至 2020 年，我国共审定登记草类植物新品种 604 个，平均每年审定通过 17 个。不仅新品种数量少，而且受限于种子扩繁体系不健全，无法实现由育种家种子到商品种子的专业化生产，新品种保存在育种家手中，难以转化。但从草产品市场需求看，紫花苜蓿草产品用于饲草饲料的需求量与日俱增，亚洲紫花苜蓿市场年需求量也不断增长，所以要打开国内外市场，我国必须解决紫花苜蓿种子的生产问题。

我国未来草产业快速发展的优势与机遇较多。一是政策机遇多。随着国家“粮改饲”、耕地轮作休耕试点、振兴奶业苜蓿发展行动、草原生态保护补助奖励、退耕还林还草等支持政策的实施，草业发展迎来了新的机遇。二是草产品市场需求总体旺盛。从国内草牧业发展趋势看，对优质饲草的总体需求十分旺盛，进口量逐年增长。2018 年进口紫花苜蓿 138.37 万 t，平均到岸价 273.05 美元/t，进口燕麦 29.4 万 t，平均到岸价 271.51 美元/t；2019 年，进口紫花苜蓿 135.6 万 t，平均到岸价 347.42 美元/t，进口燕麦 24.1 万 t，平均到岸价 358.52 美元/t，燕麦受供给短缺影响导致价格上涨；2020 年，进口紫花苜蓿 135.81 万 t，平均到岸价 361.3 美元/t，进口燕麦 33.5 万 t，平均到岸价 346.12 美元/t。2018～2020 年，我国优质紫花苜蓿青干草年均需求量 690 万 t，国产 550 万 t，缺口 140 万 t；优质燕麦青干草年均需求量 60 万 t，国产 30 万 t，缺口 30 万 t。三是对草业在农业系统中的作用认识不断提高。“种好草，养好牛，产好奶”的理念正在奶业生产中形成共识并已付诸生产实践。“肉来源于草”的理念正在肉用动物养殖中蓬勃发展，并应用于生产实践。

2．紫花苜蓿良种繁育是草牧业发展的需要 随着我国综合国力的增强和人民生活水平的提高，人们的饮食结构发生了巨大变化，对畜产品的需求日益增加，推动了我国草食畜牧业的迅速发展，国家在这方面已投入大量资金。要提高畜产品产量和质量，仅有优良的家畜品种还不够，还要在草食家畜日粮方面进行改进。优良的畜种加上优质的饲草饲料和饲养才能生产出量高质优的畜产品。奶牛日粮中，紫花苜蓿以其较高的蛋白质含量和良好的适口性而备受青睐，每100kg紫花苜蓿干草中含50～60个饲料单位和12～15kg可消化蛋白；每100kg紫花苜蓿青草中含有15个饲料单位和2.6kg可消化蛋白，是禾谷类作物的2～3倍。获得优质的紫花苜蓿饲草，必须要有优良的品种和优质的种子，所以在已培育的紫花苜蓿新品种基础上加速良种繁育及其产业化对草牧业发展具有重要作用。

3．紫花苜蓿种子市场分析及价格预测

（1）市场分析 紫花苜蓿种子市场与草产品市场变化息息相关。当前国内紫花苜蓿种子市场主要体现以下特征。

1）成长迅速、需求旺盛、供给不足。近年来，国家将草产业列为我国重点鼓励发展的产业，畜牧业尤其奶业的快速发展、西部大开发、退耕还林（草）、生态环境建设、粮改饲、振兴奶业苜蓿发展行动、绿水青山就是金山银山、山水林田湖草系统统筹，以及农业产业结构调整、黄河流域生态保护和高质量发展等战略的实施，使人工草地播种面积逐年增加，对草类植物品种的需求也不断增长。国内专业化草类植物良种（特别是紫花苜蓿良种）繁育和加工企业很少，紫花苜蓿良种市场需求成长迅速而供给不足。

2）生态环境建设对紫花苜蓿种子的需求。西部地区的生态环境建设，特别是西北各省（区）需要大量草类植物种子。落实好退耕还林还草、绿水青山就是金山银山、山水林田湖草系统统筹是生态环境建设的关键，西北地区生态建设和退耕还林还草面积在300万hm^2以上，退耕还林与还草面积比为5∶3，即还草面积占退耕面积的37.5%，按30%种植紫花苜蓿计算，仅此一项对紫花苜蓿种子的需求就达20 250t以上。

3）人工种草、耕地轮作倒茬对紫花苜蓿种子的需求。甘肃省2019年紫花苜蓿留床面积达到90万hm^2，按每年15%的面积进行更新，每年更新面积13.05万hm^2，紫花苜蓿良种种子需求量为2349～3915t及以上。

此外，由于甘肃省相当比例的耕地非常瘠薄，而轮作倒茬是目前土地培肥、农田增收的重要手段。据统计，甘肃省每年轮作倒茬农田面积为30万～40万hm^2，对紫花苜蓿种子的需求达500t以上。西北其他省（区）在此方面也需要大量紫花苜蓿种子。

（2）价格预测 由于紫花苜蓿种子市场处于不完全竞争状态，紫花苜蓿种子市场价格尚未形成稳定的价格体系。根据近年国内大宗紫花苜蓿种子交易范例，紫花苜蓿商品种价格在50～100元/kg，结合国内紫花苜蓿种子生产状况、发展速度、需求情况、政策因素及相关行业的拉动作用等，预测紫花苜蓿种子总体价格在近5年内还将维持上述水平。

二、紫花苜蓿良种繁育田建设条件

紫花苜蓿良种繁育田的建成：一方面可规范紫花苜蓿良种的推广应用，保证良种生产潜力的发挥；另一方面通过农业高技术成果转化、产业化经营，提高了劳动生产率，扩大了服务范围，具有良好的社会效益和生态效益。

1．建设地址及其基础、资源、环境条件 紫花苜蓿良种繁育田建设选址在甘肃武威凉州区黄羊镇甘肃农业大学牧草试验站，海拔1720m，距武威市35km，离省会兰州250km，距兰新铁路黄羊镇东站3km，国道312线从场区前东西贯穿，交通十分便利。现有土地面积58hm²，宿舍、厂房、仓库、机房等建筑面积8000m²，加工设备、农机具、水利设施等固定资产原值500多万元，土地地势平坦，热量丰富，日照充足，气候干燥，降水量少，蒸发量大，为典型的大陆性气候，是我国光热资源最丰富的地区之一。甘肃农业大学牧草试验站年平均降水量160mm，年平均气温7.7℃，1月平均气温−15.4℃，7月平均气温29℃，全年无霜期156d，土壤为绿洲灌漠土，pH7～8，太阳辐射总量6000MJ/m²左右，年日照时数3051h，日照百分率69%，地表水资源缺乏，地下水可供开发利用，灌溉用水由地下打井取水，站内有两眼机井，水利设施齐全，渠系配套完善，灌溉条件良好，土层深厚，土壤肥沃，具备紫花苜蓿良种繁育的生态环境和生产条件，具有草类植物种子生产与加工的能力。

2．紫花苜蓿良种繁育田使用良种与建设规模 紫花苜蓿良种繁育田繁育的苜蓿品种为甘肃农业大学育成的‘清水’紫花苜蓿（*Medicago sativa* L. ‘Qingshui’），2010年6月12日通过全国草品种审定委员会审定，登记号为412。该品种具有发达的根系，且根茎尖端不断产生大量新芽形成新株，可在我国海拔1100～2600m的西北旱区寒区生长，抗旱、抗寒性强，春季返青早，秋季枯黄晚，青绿期长。初花期干物质中含粗蛋白21.05%、无氮浸出物24.07%。既可用于放牧型紫花苜蓿草地建植，又可作为刈割草地或水土保持用草种。适宜我国西北旱区寒区半湿润、半干旱区种植。

‘清水’紫花苜蓿良种繁育田建设规模为58hm²。其中，良种田建设45hm²，采用‘清水’紫花苜蓿原种种子播种。田间道路5hm²，地埂水渠2hm²，防风林网5hm²，晒场0.4hm²，职工住宿办公、农机具库房、种子仓库、清选加工建设区0.6hm²。

‘清水’紫花苜蓿良种繁育田，采用分级繁育制的一级种子一级圃地制进行建设，种子田面积0.3hm²，生产田面积44.7hm²，种子田和生产田相邻不连片，间隔50m，玉米带隔离。种子田和生产田计划单位面积产量均为1050kg/hm²，0.3hm²种子田年生产种子315kg，完全满足44.7hm²生产田年播种量（6kg/hm²，268.2kg）的需要。年种子总产量47.25t。

三、紫花苜蓿良种繁育田配套工程建设

1．整地和培肥 平田整地工作就是打破原有的田埂界限，集中连片，最大可能地方便机械作业。实施有效的耕作技术，可以充分发挥‘清水’紫花苜蓿优良品种优质种子的内在优势，优化资源配置。耕作技术包括深耕、浅耕、灭茬、镇压和中耕等，目的在于疏松土壤，改善其通气、透水性能，消灭杂草和病虫害。

‘清水’紫花苜蓿种子小，种子田和生产田播种之前要精细整地，以彻底清除杂草，整地质量好坏直接影响出苗率和整齐度，这是‘清水’紫花苜蓿播种成功的首要条件。整地质量与耕层土壤水分有密切关系，所以还要适时掌握好耕地时的墒情，这样就能在耕后耙碎土块，整平地面，达到播种要求（黏壤土和砂壤土水分20%左右即可播种）。整地时间选在夏季，便于蓄水保墒，消灭杂草。耕地深度在30cm以上，有利于紫花苜蓿根系的生长、发育和扎根。

良繁建设基地主要为现有耕地，要进行培肥。种子田和生产田一次施足底肥和以后分期施肥效果基本一样。土地整理好后，分类施家畜厩肥发酵的有机肥，一般肥力土壤以30～45m³/hm²为宜。同时施用紫花苜蓿专用自控缓释肥0.45t/hm²，土壤结构调节剂0.015t/hm²。

2．道路配套建设 良种繁育田道路包括干道和机耕道。干道宽6m，路面为砂砾石路面，机耕道宽4m，为土路。

3．田块设置及林网建设 田块设置以长方形为主，田块面积大小接近，便于田间管理。条田宽 50m，为东西走向，林网建设配合田块进行，田块面积 $6hm^2$ 左右。林带为疏透型，树种为乔灌结合，在充分考虑防风效果的同时，充分利用灌木树种所具有的经济效益。灌木以枣类为主，向生态经济型防护林网发展。田块划定结合渠、路、林整体进行，按实际情况，充分利用原有林网和渠道，以利于机械化作业为原则，形成较为完善的渠、路、林配套体系。

4．灌溉工程 种子田和生产田均采用节水灌溉（微喷灌）方式进行灌溉。

现有机井 2 眼，井深 120m，水量 50～$60m^3/h$，现有机井可满足灌溉用水要求。

输水管网布置，根据灌区地形及紫花苜蓿种植方式（方向、行间距等）和渠道等主要配套设施的情况来看，微喷灌系统管网分三级，即干、支、配水管，末级为微喷头。干管与配水管平行与紫花苜蓿种植行一致，支管垂直于干管和配水管布置，既满足灌溉需要，又可避免因穿越配套设施而产生不必要的费用。

灌溉用水在首部设沉淀、过滤、加压和各种量测监控仪表等系统，满足灌溉系统运行安全可靠要求。系统采用人工手动控制。若采用土壤墒情自动监测、自动传输、大数据智能化自动控制，可改造为智能化控制灌溉系统。

干管和支管深埋于地面冻土层以下，依据田块地形坡降，干管和支管坡降取 1/1000～1/500。干管末端设排水井，以便排水和预防冬季冻胀破坏。管线中间设进排气阀。地面设配水管和毛管，最后接微喷头。

每套系统建 $8m^2$ 泵房一座，布置各类设备、仪表等。各灌溉系统首部都设阀门，支管末端设排水井，用于灌水后或冬季预防冻胀破坏排水。

5．切叶蜂放养辅助授粉 放养密度按箱间距 60m、每箱授粉面积约 $0.36hm^2$ 设置。田间蜂箱应注意防晒防雨，蜂巢一般用塑料、纸、毛竹桶等材料做成。

6．农机具配置 根据生产需要，购置拖拉机、播种机、圆盘机、填压器、犁、耙、收割机、种子收获机、种子清选设备、地磅等设备，形成配套作业机械。

7．隔离工程 隔离工程利用种植作物隔离，良种繁育田周边均为农户玉米作物制种和农垦公司藏红花等特殊药材生产田，无紫花苜蓿及其近缘植物种植，在选址时已考虑到具有玉米作物带隔离条件。

四、紫花苜蓿良种繁育田种植技术方案

1．播种技术方案 播种技术是确保清水紫花苜蓿种子产量的关键。首先需要认真做好种子质量检验及种子处理工作，掌握好最适宜的播种时间和适宜的播种方法。

种子田和生产田种子播种前进行发芽试验，要求发芽力和发芽势好，净度 95%以上，发芽率 85%以上。播种前还要进行根瘤菌接种，可用根瘤菌剂拌种或制成丸衣种子，以达到接种目的。

‘清水’紫花苜蓿的播种时期以春季为好，一般在地温稳定在 5℃以上时就可以播种，适宜‘清水’紫花苜蓿种子发芽和幼苗生长的土壤温度为 10～25℃。土壤中要有足够的水分，为田间持水量的 75%～85%。要求土壤疏松透气。

播种方法及技术参数：精量稀播、高倍繁殖是加速‘清水’紫花苜蓿良种生产的重要方法。它是用较少的播种量，用繁殖倍数高、质量好的种子，最大限度地提高繁殖系数。为了迅速繁殖‘清水’紫花苜蓿少量的优良品种种子，提高单位面积产量，种子田和生产田均采

用较大的营养面积，进行宽行稀植，充分促进单株多分枝，以提高繁殖系数，获得大量种子。

宽行条播稀植，种子田和生产田行距90cm，种子田用种量6.0kg/hm^2，播种深度为1～2cm。

2．田间管理技术方案 ‘清水’紫花苜蓿基地建成后的施肥、杂草防除、防治病虫害、灌溉、去杂去劣和人工选择提纯等，是保证良种种性和获得种子高产的重要措施。种子田去杂去劣和人工选择提纯、杂草防除等须辅以人工操作保障品种种性质量。种子田管理要求高于生产田。

1）灌水：采用微喷灌，灌水定额为3000m^3/hm^2。

2）施肥：主要措施有播前适量施入有机肥、化肥，并采用根瘤菌剂接种技术。紫花苜蓿对磷肥敏感，在施足基肥的基础上多施磷肥和钾肥。种子田和生产田每公顷有机肥用量为30m^{3}左右，磷肥150～300kg，钾肥75～150kg，氮肥150～300kg。

3）杂草防除：种子田和生产田在每次收割后要结合施肥进行中耕除草，以控制杂草。紫花苜蓿苗期生长缓慢，杂草易侵入，应在封垄前用化学方法进行田间杂草防除，如普施特、2,4-D、苯达松、拿捕净、稳得利、盖草能等除草剂对紫花苜蓿均安全有效。大面积使用除草剂前必须进行除草剂试验，以免发生药害。

4）防治病虫害：‘清水’紫花苜蓿的主要病害有紫花苜蓿锈病、紫花苜蓿霜霉病、紫花苜蓿白粉病、紫花苜蓿褐斑病、紫花苜蓿黑茎病和紫花苜蓿菟丝子，紫花苜蓿虫害有紫花苜蓿蚜、紫花苜蓿籽蜂、紫花苜蓿叶象甲、籽象甲类和金龟子类。当紫花苜蓿田出现这些病虫害时应及时防治。以防为主，主要措施为药剂拌种。

5）灌溉：虽然‘清水’紫花苜蓿抗旱性强，但它对水分的要求比较严格，水分充足能促进它生长发育，提高产量。花蕾-开花这段时间需要大量的水分，是紫花苜蓿灌溉的关键时期，降水量不足时进行灌溉方能保持高产。需要根据墒情补充水分。一般在刈割后应即时灌溉。

6）去杂去劣：良种繁育田去杂是去掉非本品种的植株和花序，去劣是去掉感染病虫害、发育不良、显著退化的植株和花序。去杂去劣是种子田和生产田提高良种纯度和性状整齐度不可缺少的有效措施。在植物生育的不同时期分次进行，特别要在良种性状表现明显的时期进行。对良种繁育田应进行田间调查并认真做好去杂去劣工作，消除病株和杂草。种子田面积小，易人工操作，必须认真进行。生产田收获时期遇有混杂较严重、难以去除的地段，可先行收获不作种用。生产田田间去杂分三次进行：第一次在幼苗期，可结合间苗根据幼苗的表现进行去杂；第二次在开花期，根据花色、叶形等鉴别；第三次在成熟期，根据成熟早晚、株高、株型、结荚习性、荚的形态和成熟色等性状鉴别。种子田去杂去劣可多次进行，以保证田间无杂株、劣株为原则。

7）加强人工选择：由于各种原因容易发生良种变异与混杂，特别是以异花授粉为主的‘清水’紫花苜蓿良种，由于天然异交率很高，变异更加迅速。所以在繁育过程中必须加强人工选择，留好淘劣。在选择时既要注意品种的典型性，也要考虑植株的生活力和产量。加强人工选择不仅可以起到去杂去劣的作用，并且有巩固和积累优良性状的效果，对良种提纯有显著的作用。在种子田人工选择上，经常采用的方法有单株（穗）选择。在生产田人工选择上，经常采用的方法有片选（块选）和单株（穗）选择。

8）种子收获：90%～95%的荚果变成褐色时刈割脱粒。‘清水’紫花苜蓿播种第一年不产籽或产籽量很低，第二年为高产期的80%，第三年至第五年为高产年，第六年为90%，第七年为70%。

种子田和生产田分别刈割收获，收获后的种子即可进行脱粒、晾晒，并按规程进行清选加工和包装、贮藏，必须确保种子田的收获种子不存在混杂现象。种子田收获的种子为种子生产田提供播种用种子，生产田收获的种子为饲草大田生产提供播种用种子。

9）后茬管理：种子田和生产田种子收获后，及时进行后茬管理。首先进行灌溉，促进留茬再生发育和田间散落种子发芽。经7～8d散落种子出苗和杂草发育之后，进行行间中耕，除去行间杂草和幼苗。中耕后，通过耙耱等措施平整地表，每隔一年按150kg/hm^{2}用量中耕时追施复合肥。种子收获后，可视情况收获半茬或一茬饲草，刈割留茬高度不低于10cm，饲草刈割应在生长季结束前30d左右，过早或过迟刈割不利于植株根部和根茎中储藏营养物质的积累。冬季严禁放牧。

案例Ⅱ　新疆天山北坡冲积平原区紫花苜蓿种子生产田建设

——新疆呼图壁‘新牧2号’紫花苜蓿种子生产田建设案例

一、背景

中国是草牧业大国，随着我国农业产业结构的调整、生态修复、退耕还林还草工程和草地畜牧业发展等战略的实施，对优质草类植物种子的需求量越来越大，草类植物种子产业在解决我国食物安全、生态安全和环境安全等方面发挥着重要作用。我国新疆天山北坡古老冲积平原，光热资源丰富，具有光照时间长、有效积温高、昼夜温差大、收获季节降雨稀少、空气干燥、农业生产具备灌溉条件等特点，适宜紫花苜蓿种子生产。发挥新疆地区自然资源优势，建立紫花苜蓿等优质草类植物种子基地，对推动我国草类植物种子产业高质量发展具有重要意义。

二、种子生产田建设条件

1．建设地点和自然资源条件　种子生产田选址在新疆乌鲁木齐市以西 80km 的呼图壁种牛场。

（1）土地资源条件　呼图壁种牛场现有土地 1500hm^2 可用于苜蓿种子田建设。农田远离居民区，周围人、畜稀少，有利于种子生产过程中的品种隔离、有害生物防御等，种植区域内无重大苜蓿病虫等害情发生。

（2）气候条件　种子田建设区位于天山北坡古老冲积平原，海拔 439～454m，地理位置 N44°15′，E86°55′。属于温带大陆性气候。年均温 5～6℃，年最高温度 43.1℃，最低温度－42.0℃，≥10℃年积温 2000～3600℃，无霜期 150～170d，日照时数 2900h，年降水量 140～170mm，年蒸发量 2300mm，冬季地表有积雪，气候条件有利于苜蓿种子生产。

（3）土壤条件　种子田建设区土壤已耕作多年，熟化程度高，盐分含量低，地下潜水位在 120cm 以下，适宜苜蓿种植。

（4）水资源条件　地表、地下水资源丰富，特别是地下水资源开发潜力很大，属于地下水富水区，一般埋藏深度在 100m 以上，水质好，矿化度低于 1g/L，pH6～8，适宜苜蓿种子田灌溉。

（5）农用物资供应条件　苜蓿种子生产属于农事生产活动范畴，在生产过程中，需要化肥、农药、农机具燃料的保证供应。基地距昌吉市 30km、距呼图壁县城 13km、距呼图壁种牛场总部 11km。市、县、场均设有农资、农机物资供应站、点，可保证各类农资物质的及时供应。

2．种子田建设规模与方案

（1）繁育品种、面积、单位面积产量和总产量　繁育紫花苜蓿品种为‘新牧 2 号’紫花苜蓿（*Medicago sativa* L.‘Xinmu No.2’），该品种由新疆农业大学育成，1988 年通过全国草品种审定委员会审定，品种登记号为 014。该品种株型直立，大叶，紫花，耐寒、耐旱、耐病、抗倒伏、生长快、早熟（生育期 108d），产草量高，在新疆呼图壁有灌溉条件地区青干草产量达 18t/hm^2 以上，适宜在我国西北、华北等地区种植。在天然降水量 350mm 以上的地区可进行旱作栽培。

建设面积及产量指标：'新牧 2 号'紫花苜蓿种子田建设面积 465hm^2，采用'新牧 2 号'紫花苜蓿原种种子播种，单位面积产量计划达到 450kg/hm^2，总产量计划达到 210t。

（2）种子田规划与种植方案　为了确保建设种子田能够尽快实现预期目标，保证建设完成前期能够产生一定的经济效益，使基地具有滚动发展与维持正常运行的能力，在种子田建设上，以租赁的形式租赁种牛场耕地 670hm^2 作为建设用地。其中 665hm^2 为种子田，5hm^2 作为晒场、农机具库、人员用房等建设用地。土地所有权属呼图壁种牛场所有，种子基地日常生产、用人、管理及投入等一切均由基地独立运行。

根据紫花苜蓿种子田生产特点和有利于预防病虫害的要求，种子田实行苜蓿与其他农作物轮作制，按 2∶1 的面积比例进行轮作（即苜蓿种子田 2，农作物田 1），每 5～6 年为一周期，即苜蓿种子田种植 5～6 年后翻耕种植其他农作物 2～3 年。每年苜蓿种子田的种植面积将保持在 465hm^2，种子生产要求苜蓿品种之间隔离距离≥500m，农作物种植面积保持在 200hm^2，轮作作物可选冬小麦、春小麦、棉花、玉米、甜菜、油葵、籽用西瓜和苏丹草等。

三、种子生产田设施、设备建设

1．农田设施　苜蓿种子生产田须具备以下基本农田设施：条田、主干路、田间机械作业道路、防护林系统。根据当地水资源条件，使用地表水灌溉需建设渠道灌溉系统，由于个别地块地下水位较高，还应配备排水渠；使用地下水灌溉需建设高压线路、机井和输水管道，地表水和地下水均可采用节水灌溉方式进行灌溉，如喷灌、滴灌等。为保证种子基地正常管理，可建设围栏。

2．生产设备　苜蓿种子生产田间作业需具备的设备：大型拖拉机、中型拖拉机、小型拖拉机、偏置重型耙、轻型圆盘耙、动力驱耙、悬挂式或牵引式喷药机、农用无人机、中耕机、施肥机、疏苗机、精量铺膜点播播种机、圆盘割草压扁机、小方捆捆草机、联合收割机等。

苜蓿种子清选加工需具备的设备：直线型振动筛、风筛清选机、比重清选机、刷种机、包衣机、烘干机、定量秤、封包机、叉车、运输车等。

四、种子生产田主要栽培技术措施

1．选地　紫花苜蓿为深根系多年生草类植物，土壤状况不仅决定根系的生长发育，而且影响根瘤的生长发育。因此，选择适宜的土壤是获得高产的基础。紫花苜蓿需水量较大，但长期淹水会导致根腐烂，生长受阻甚至死亡，所以低洼地和地下水位较高的地方一般不宜种植紫花苜蓿。苜蓿适宜生长在钙质或中性土壤中，生产时最好选择有一定肥力、土层深厚、持水力较强、通气性好的壤土，地下水位以低于 1.2m 为宜。

2．培植种子高产田

（1）轮作倒茬　不同作物对土壤营养物质的吸收范围不同，长期连作会导致土壤中某些营养元素的缺乏，从而影响产量。长期连作也容易造成土壤结构的破坏，加剧了病虫害和杂草的危害，因此必须进行合理的轮作倒茬。生产紫花苜蓿种子时，一次播种后利用年限达 5～6 年甚至更长，生产时必须严格控制田间杂草。因此，最好选用单子叶作物如小麦、玉米等作为前茬作物，在前茬作物生长期内用 2,4-D 丁酯或二甲四氯等选择性除草剂多次喷施，以清除田间的双子叶杂草，这样可以减少种子田控制杂草的成本。种植前也可用草甘膦（glyphosate）进行灭茬处理。

（2）种植绿肥作物　种植绿肥作物是改善土壤结构、增加土壤中有机质含量的有效方法，绿肥作物一般选用草木樨、油菜、油葵和紫云英等生长速度快、生物量大、抗逆性强的作物。具体做法是在绿肥作物生长到种子成熟前刈割并深翻，将植株埋入深层土壤，待腐烂后再平整土地，播种苜蓿。

3. 种子田的建植

（1）整地

1）耕地。采用铧犁翻耕。翻耕前先用24片偏置重耙或清茬机等消灭前作残茬，再根据土壤肥力状况和苜蓿生长需要，施用硫酸二胺或重过磷酸钙肥料作基肥，施肥量为225～375kg/hm^2，翻耕时一同混入土壤耕作层内，翻耕深度为30cm。翻耕时，犁垡翻转要均匀，不能出现犁沟和犁垄现象。

2）耙地。翻耕后，地面如果有较大的土块，需用缺口耙或驱动耙耙碎土块，在土壤墒情较好或者土壤不太黏重时，也可以用轻耙或钉齿耙耙地。耙地方式一般采用沿对角线方向对耙两遍，如图Ⅱ-1所示，耙地深度约10cm。耙地要求达到土地平整和没有大的土块。为预防田间杂草大量发生，耙地前可喷洒48%氟乐灵（trifluralin）乳油或33%施田补（pendimethalin）乳油，用量为每公顷3000mL 48%氟乐灵乳油＋450kg水或每公顷2250mL 33%施田补乳油＋450kg水。除草剂喷施要在阴天或傍晚等弱光条件下进行，并通过耙地及时混入土中。秋季，苜蓿完成当年生产后在进入休眠期前，用割草机、圆盘耙或轻型缺口耙对残存于地上的苜蓿茎叶进行清茬。春季，上一年末进行过清茬的苜蓿在第二年早春积雪融化后、农机具可以进入田间操作时，用拖拉机牵引圆盘耙或轻型缺口耙沿紫花苜蓿行垂直方向耙地，耙地深度控制在5cm左右。

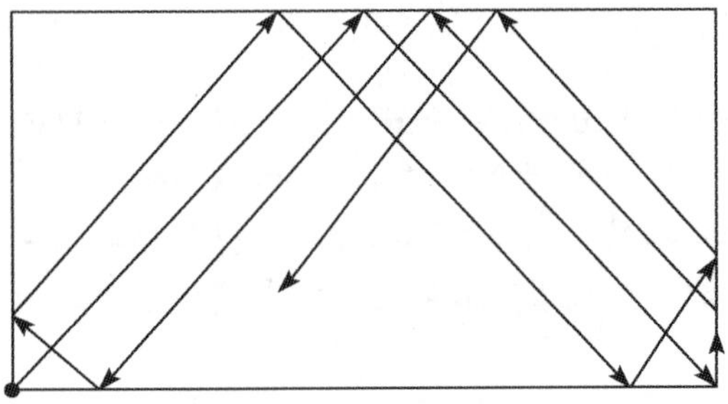

图Ⅱ-1　耙地方式示意

3）耱地。用铁板、木板、树枝等作为工具，在耙后拖耱。耙地和耱地可同时进行，也可以单独操作。耙地与耱地或镇压同时进行有利于保墒。配套动力为65hp以上拖拉机。

4）镇压。用环形或“V”形镇压器、铁磙、石磙等作工具，在耙地、耱地或播种后压碎、压平表层过于疏松的土壤。配套动力为90hp以上拖拉机。

（2）播种

1）种子处理。

A. 种子硬实破除处理：紫花苜蓿种子一般都有不同程度的硬实率，并且硬实率会随着储藏年限的增加而下降。如果播种的是当年或前一年生产的种子，播前可以把种子放在太阳下暴晒1～2d，这样可以提高苜蓿种子的发芽率。

B. 接种根瘤菌：在未种植过紫花苜蓿的土地上，由于土壤中缺乏苜蓿根瘤菌，因此在播种前最好进行根瘤菌拌种。选择固氮能力强的根瘤菌剂拌种，一般1g根瘤菌剂可接种1kg苜蓿种子。

C. 微肥拌种：在紫花苜蓿生长过程中许多微量元素对生长、开花和结实具有很重要的作用，用微肥拌种是经济有效的方法，一般1kg苜蓿种子需拌入钼酸铵1g和硼肥7.5g。具体蓿种子表面潮湿不滴水为止。

2）播种期。春、夏、秋季都可以播种，播种时间可以根据气候情况灵活掌握。春播原则上是当温度条件已满足紫花苜蓿萌发和生长时，越早越好。一般在土壤积雪消融后，以可进行田间作业的时间来确定。紫花苜蓿秋播不能太晚，要保证紫花苜蓿出苗后有 1 个月以上的生长时间为宜，新疆呼图壁紫花苜蓿秋播时间不能迟于 9 月中旬。

3）条播播种方法。紫花苜蓿种子生产田的植株密度要远小于饲草生产田的植株密度，播种量要相应减少。由于种子生产田的土壤状况存在差异，可根据土质、水肥条件和土壤盐碱状况进行适当调整（表Ⅱ-1）。采用普通条播机播种时，调整播种量时可掺入一些与苜蓿种子形态接近的介质（如炒熟的油菜籽、小米等）作填充物与苜蓿种子混合播种。紫花苜蓿种子细小，种子顶土能力弱，播种深度宜浅勿深，可根据土壤质地不同对苜蓿播种深度进行适当调整。砂性土壤中的播种深度为 1.5～2.0cm，黏性土壤中播种深度不能超过 1.0cm。

表Ⅱ-1　条播紫花苜蓿种子田的播种量和行距

苜蓿	熟化农田		新垦农田		适宜播种期
	播种量/（kg/hm^2）	行距/cm	播种量/（kg/hm^2）	行距/cm	
紫花苜蓿	2.4～3.0	80～90	4.5～6.0	60～70	4～9 月

4）覆膜穴播播种方法。播种前 7d 喷施 33%二甲戊灵乳油 $2250mL/hm^2$，并用动力驱动耙混入表土层中。覆膜穴播采用滴灌带铺带＋覆膜＋精量穴播一体机进行，地膜选用幅宽 700mm×厚度 0.01mm 规格的黑色塑料薄膜，地膜铺设间距为 70cm。每幅地膜播种两行苜蓿，行距 50.0cm，株距 9.0cm，每穴播种 1 或 2 粒种子，种子上覆土厚度≤2.0cm。选用内镶贴片式滴灌带，管径 16.0mm，壁厚 0.18mm，流量 1.38L/h，布置在两行苜蓿的中间部位，铺带、覆膜后覆小土堆压膜压带，小土堆高度 5～10cm，直径 15cm，间距 50cm。待苜蓿生长高度达到 15cm 左右时，采用地膜覆土机进行膜上覆土，覆土厚度为 2～3cm。紫花苜蓿种子田轮作倒茬时，采用专用地膜回收机和滴灌带回收机，回收地膜和滴灌带。

4. 田间管理

（1）杂草防除

1）农业机械防除。紫花苜蓿为多年生植物，在第二年返青时，采用耙地方法可防治一年生春性杂草。营养生长期，在种植行间中耕 1 或 2 遍，可有效防除杂草。

2）化学防除。为预防种子生产田杂草大量发生，控制杂草种子萌发，采用土壤处理方法防除杂草。2 龄以上的紫花苜蓿种子田，早春积雪融化后适宜进行机械作业时，在种子田地表喷洒除草剂氟乐灵或施田补，用药量为每公顷 3000mL 48%氟乐灵乳油＋450kg 水或每公顷 2250mL 33%施田补乳油＋450kg 水，随后及时混入土中。由于氟乐灵和施田补具有光解性，因此喷施除草剂时要在阴天或夜间等弱光条件下进行。苜蓿种子生产田中的一年生禾本科杂草在 2～4 叶期、双子叶杂草 2～7cm 株高时，用 5%金普施特（imazethapyr）水剂防治，用药量为每公顷 1200～1500mL 5%金普施特水剂＋150～210kg 水，使用连杆式喷药机喷雾。苜蓿种子生产田中的单子叶杂草在 3～6 叶期时，用 15%精稳杀得（fluazifop-p-butyl）乳油防治，用药量为每公顷 900～1200mL 15%精稳杀得乳油＋150～210kg 水，使用连杆式喷药机或背负式喷雾器喷洒。建植 1 年或苜蓿植株弱小不宜进行机械混土作业的苜蓿种子田，早春积雪消融期进行雪上喷洒除草剂氟乐灵或施田补，用药量为每公顷 2250～3000mL 48%氟乐灵乳油＋450kg 水或每公顷 2250mL 33%施田补乳油＋450kg 水。

＋450kg 水或每公顷 2250mL 33%施田补乳油＋450kg 水。

菟丝子是寄生性检疫性杂草，为紫花苜蓿种子生产田重点防除对象。由于菟丝子种子在大小、比重等物理特性上与紫花苜蓿种子十分相近，现有的清选机械无法把苜蓿种子中混入的菟丝子种子完全清选分离，因此必须在田间生长期间将菟丝子清除干净。实践证明，采用农业措施、化学防除、人工防除相结合的综合防治法效果较好。

A．选择没有被菟丝子污染的土壤建植紫花苜蓿种子生产田，这样可以防止土壤中的菟丝子种子在外界条件适宜时萌发，侵染苜蓿。播种前，待播的苜蓿种子应严格把关，不能混有菟丝子种子。

B．严禁在苜蓿种子生产田放牧，防止牛羊粪便携带菟丝子种子，污染种子田。

C．彻底清除田埂、地边和水渠旁边的菟丝子，以防菟丝子浸染田间苜蓿或菟丝子种子随灌水流入苜蓿种子生产田。

D．对于已经被菟丝子污染的紫花苜蓿种子田，可以采用化学除草剂处理土壤，结合人工割除的办法防治菟丝子。具体做法：早春积雪消融期进行雪上喷洒除草剂氟乐灵或施田补，或在早春菟丝子种子萌发前，用氟乐灵或地乐胺混土处理土壤，可以抑制绝大多数菟丝子种子的萌发，降低单位面积内菟丝子的数量。在苜蓿种子田第一次浇水后，除草剂的抑制效果降低，可能会有个别菟丝子萌发并侵染苜蓿植株，这时可以人工割除被侵染的苜蓿植株并移出种子田外进行烧毁。注意必须把菟丝子和被缠绕的苜蓿割除干净，防止残余的菟丝子再次侵染周围的苜蓿。一般情况下，通过土壤处理后只有极个别的菟丝子种子可以萌发并侵染苜蓿。因此，在生产中要注意经常巡查苜蓿种子生产田，及时清除田间菟丝子。

（2）*灌溉*　种子田浇水可以采用畦灌、沟灌、漫灌、喷灌和地下滴灌等方式进行。浇灌条件下，苜蓿种子田如果冬季有积雪覆盖和实施了秋冬灌的，第一次灌水宜在分枝期，灌水要足量，灌溉量为 150～250mm，冬季没有积雪覆盖和未实施冬灌的砂土地或肥力较差的土壤可以适当提前浇水，灌溉量也要相应加大。第二次灌水在现蕾期，灌溉量为 110～180mm。第三次灌水在紫花苜蓿结荚灌浆期，灌溉量为 110～120mm。第四次灌水在苜蓿种子收割和清茬后，灌溉量为 110～180mm。第五次灌水在苜蓿进入休眠期后，灌溉量为 110～180mm。对于“干播湿出”的种子田，播种后即可浇水。坡降较大的地块浇水时注意水流速度不能太快，否则容易把上游的种子冲往下游，造成缺苗。苜蓿耐涝能力较差，浇水时积水时间不能超过 48h，在地势较低的洼地注意及时排水。紫花苜蓿种子萌发速度较快，在温度较高时 3～5d 就可以出苗。一般情况下，漫灌 1 次就可以保证苜蓿出苗。如果采用喷灌和滴灌，则一般需要 2 或 3 次水，每次根据水分蒸散量来确定灌溉时间，一般每次水量不低于 90mm，在苜蓿开花盛期应避免使用喷灌，以防影响授粉。如果采用地下滴灌，每次灌水 60～70mm，灌溉时期分别为：返青期 1 水、分枝期 1 水、现蕾期 1 水、开花期 1 水、结荚灌浆期 1 水，收获后再生期 1 水，入冬前 2 水。

（3）*施肥*　紫花苜蓿种子生产田在播种时施足基肥的前提下，一般不需要再进行土壤施肥。否则，要采用测土施肥的方法。钼、硼、锌、铁等微量元素可促进紫花苜蓿的开花和结实，在生产上可以采用叶面喷施的方法来施肥，具体方法：在返青期，叶面喷施微量元素，钼酸铵 0.15kg、硼肥 7.5kg、兑水 600～750kg，充分搅拌溶解后，加入络合剂或螯合剂 15kg/hm^2，用连杆式喷药机均匀喷洒在紫花苜蓿叶面上。现蕾期、灌浆期，叶面喷施磷酸二氢钾 15.0kg/hm^2，每隔 15d 喷施一次，共喷 2 或 3 次，种子灌浆期可追施尿素 75kg/hm^2。有地下滴灌条件的，可通过灌溉施肥系统滴施水溶型肥和根瘤菌。

（4）疏苗　密度是影响紫花苜蓿种子产量的重要因素。生长一年以上的种子田从第二年开始进行疏苗，使群体密度保持在 45 000～75 000 株/hm^2。

疏苗方法：在早春积雪融化农机具可以操作时，用拖拉机牵引中耕机沿苜蓿行垂直方向中耕，中耕时通过调整中耕铲的间隔宽度来控制铲苗的数量，当中耕铲宽度为 20～30cm 时，其间隔宽度可调至 30cm。中耕的深度要达到苜蓿的根颈以下，一般为 8～10cm，确保被铲除的苜蓿植株地下部分无法再萌发新的枝条。疏苗时应随时检查疏苗效果，必要时可以取下中耕铲，用砂轮将中耕铲的两个底边打磨锋利，可以提高铲苗效果。中耕应在苜蓿封垄前完成。

（5）虫害的控制

1）地老虎类。地老虎俗称地蚕，种类较多，为害紫花苜蓿的主要有小地老虎、黄地老虎、白边地老虎、警纹地老虎等。这类害虫主要以第一代幼虫为害苜蓿的幼苗使整株死亡，常造成缺苗断垄，防治这类害虫一是发现有虫害发生，及时投放毒饵诱杀；二是在苜蓿叶片喷洒内吸传导型杀虫剂，防止这类害虫咬食地下幼根。防治效果较好的农药是菊酯类低毒高效药剂（具体用法和用量可参考使用说明书）。

2）苜蓿叶象甲。属鞘翅目象甲科害虫，成虫和幼虫均咬食苜蓿叶片，其中以幼虫危害为主，幼虫初孵化时成乳白色，背线两侧各有深绿色的纵行条纹。成虫体长 4～5mm，全身覆有淡黄褐色的鳞片，头部呈黑色。苜蓿叶象甲一般 1 年 1 代，有的地区 1 年可发生两代。防治方法：当叶象甲虫口密度较大时，必须采取措施防治，菊酯类药物对叶象甲都有较好的防治效果。

A．采用冬灌和耙地防治。越冬前冬灌、春季苜蓿萌发前耙地，可以破坏越冬成虫的土壤环境，减少越冬成虫的数量。

B．轮作。苜蓿和其他作物轮作倒茬或种子田收获牧草与收获种子交替进行，可以有效地减少籽象甲虫口密度。

C．烧茬。早春苜蓿返青前用火烧除前一年留下的残茬，可以消灭部分在留茬中越冬的成虫。

五、紫花苜蓿种子的收获与加工

1．种子收获

（1）收获时间　紫花苜蓿是无限花序，开花时间不一致，因此种子成熟时间也不一致，不能等所有种子成熟后再收割，在适当的时间收获可最大限度地减小种子损失。生产上一般在蜡熟后期或完熟初期，即 2/3 以上种荚由绿色变成褐色时收割，这时种子千粒重大，发芽势较高，种子综合质量好。此外，收获时间还应考虑当地气象条件，如遇雨季和大风天气，需调整收获时间。

（2）收获方式　小面积收获种子时可用人工收获方法，即将苜蓿割倒后运回晒场晾晒，待水分下降到 12%～18%时碾压脱粒。当收种面积较大时，则必须用联合收割机作业。在适宜收获期前 5～7d，进行苜蓿地上活体部分干燥处理，在紫花苜蓿表面喷洒敌草快等杀性除草剂。可选用喷杆式喷雾机或农用无人机进行，喷药时应选择在无风、无降水的天气进行。喷杆式喷雾机用量为每公顷 20%敌草快水剂 2250mL＋水 450kg。农用无人机用量为每公顷 20%敌草快水剂 2250mL＋水 15kg，农用无人机飞行高度控制在距地 4～6m，喷幅 7m，飞行速度为 8m/s，喷药重叠区 1m，紫花苜蓿密度过大或倒伏区域应增加水量重新补喷，防止出现漏喷现象。当叶片和荚果含水量降低至适宜收割时及时收获。收割时注意收割机行走速度不能太快，一般为 1.0～1.5km/h，要调整好筛孔的大小和风量，跟机检查脱荚和种子破损情况。收割后的苜蓿籽、荚要运回晒场及时晾晒。晾晒过程中要经常翻动，当水分下降到12%～18%时碾压脱粒。

2．种子清选 经过收获脱粒后，紫花苜蓿种子中还混有大量的荚壳及茎、叶、杂草种子和砂土等杂物。必须经过清选后才能获得合格的种子。清选苜蓿种子一般利用种子与杂物之间的物理特性差异，如大小、浮力、比重、形状等来进行。常用的方法有风筛清选和比重清选等。

（1）风筛清选 碾压脱粒后，苜蓿种子中还混有大量杂质，须进行籽、荚分离粗选。待杂质含量≤20%时才能进行风筛清选。风筛清选可将与紫花苜蓿种子的大小、浮力等有差异的茎、叶、杂草种子和砂土等杂质分离出来，并根据其分离情况，重复清选 2 或 3 遍。操作各种不同机型的风筛清选机时应参照说明书上的要求进行操作。注意事项：根据苜蓿种子与杂质状况选配筛片组合；风筛清选时喂料量不能过大。

（2）比重清选 比重清选是按紫花苜蓿种子与混杂物的密度和比重差异进行分离的，其中，砂石、虫蛀、破损、未成熟种子可与合格种子进行分离。为减少损失，可将比重台面上混合区域的种子重复清选 2 或 3 遍。注意事项：比重清选时喂料要均匀，随时调整喂料量、振动幅度、振动频率、比重台面倾角和吹风量等参数。

3．种子包装 清选分级后的种子即可包装，根据国际标准对草类植物种子包装的规定，清选后的紫花苜蓿种子必须达到不同种类和不同审定等级种子的最低质量标准（包括内含物、净种子、杂草种子、恶性或有害杂草种子、其他植物种子数、发芽率等含量）。包装要避免撒漏、受热返潮、品种混杂、种子污染等。选用正确的包装材料袋，贴签上注明品种名称、审定等级、种子批号、种子产地、种子发芽率和净度、其他植物种子含量和水分含量等。

包装好的紫花苜蓿种子即可运输、贮藏，进入销售系统。

案例Ⅲ　柱花草种子生产田建设

——海南三亚‘热研2号’柱花草种子生产田建设

一、背景

我国热区（热带、南亚热带）面积约54万km^2，包括海南、广东、广西、福建、云南、四川、贵州、湖南、江西9省（自治区）全境或部分地区。热区水热条件丰富，适宜草类植物生长，单位面积草地生产力高，草地畜牧业发展潜力巨大。发展草业还可以保持水土、涵养水源，降低天然草地的放牧压力，加速天然草地植被恢复，维护国家生态安全。发展草业和草地畜牧业，可以充分利用国土资源，拓宽食物生产系统范围，延长农业产业链，藏粮于地，藏粮于草，增加肉奶供应，维护国家食物安全。发展草业和草地畜牧业，可以解决用地、养地和畜牧业发展饲料不足之间的矛盾，减少化肥农药施入量，培肥地力，创造较高的直接经济效益，有利于增加农牧民收入。而优良牧草品种和优质种子是发展草业的基础保障。

柱花草（*Stylosanthes*）是世界热带、亚热带地区利用最为广泛的豆科牧草，是热区草业生产向“产业化、生态化、健康化、效益化”发展的物质基础。柱花草种子的产量不仅受自身生物学特性的影响，同时受生产区域光、温、水、热等因素的影响，以及土壤肥力、种子生产田管理水平和种子生产技术等因素的影响，其种子产量差异较大，同时种子收获方式也是决定种子生产成败的关键。例如，‘热研2号’柱花草的种子产量平均为288kg/hm^2，‘热研5号’开花期比‘热研2号’提前近1个月，属早花品种，其种子产量平均为315kg/hm^2，而‘热研18号’‘热研25号’等属晚花品种，其生育期长，开花晚，种子产量较低。在地域上，以‘热研2号’为例，在广西、广东大部分地区，仅开花而无种子，部分地区虽然可以形成种子，但结实率极低，几乎没有产量。在海南儋州种子产量为225kg/hm^2，昌江种子产量为300kg/hm^2，乐东种子产量为450kg/hm^2，三亚种子产量可达600kg/hm^2。因此，一定的草种要选择适宜的种子生产区域方可实现种子的高产优质。

二、柱花草种子田地块的选择依据及种子田基础条件

1．种子田地块的选择依据　草类植物种子是改良退化草原和培植人工草地所必需的物质基础。优良种子本身就具有较高的生产能力。草类植物良种应当是品种纯度高，清洁、饱满、生活力强、水分含量低、不带病虫及杂草的种子。由于种子田的优劣直接影响种子的质量，因此必须对种子田实行严格的质量检验和科学管理，使其达到草类植物良种生产的规范化和标准化。

柱花草良种种子生产对生产地点的生态适应性要求与饲草生产对种植地点的生态适应性要求截然不同，气候条件是决定种子生产成败的首要条件。有些地区饲草可生长良好但根本不能结籽，同一柱花草品种不同地点的种子产量差异也很大。因此种子生产地点的选择必须满足以下三点：①生长时间充足，水分、温度适宜；②适宜开花的光照条件；③成熟期有稳定、晴朗的天气。柱花草种子生产田一般要求地势开阔、通风良好、光照充足、土层深厚、土壤肥沃适中、pH和降水量适中、杂草少、排水良好、灌溉方便、病虫危害轻等。具体要求满足如下条件。

1）气候条件：柱花草适宜高温、多雨、潮湿的气候，但不耐霜冻。种子田应选在年平均气温 21.7～27.0℃、年降水量 1000mm 以上且无霜的地区。

2）土地条件：柱花草种子生产田适宜选择坡度≤15°，面积有规模（连片面积≥0.33hm^2），排水良好的地块，从砂土至黏土均可，但以土层深厚、质地疏松、pH5.5～7、有机质丰富的土壤最好。一般来说，柱花草对土壤要求不严，除防止积水影响之外，任何地块均可进行繁育，但种子生产繁育最好选用地势相对平坦、土质较好的砖红壤土或砂质壤土，也有利于土壤表面散落种子的收获，提高种子产量。作为种子生产的土壤最好为壤土，壤土较黏土和砂土持水力强，有利于耕作，适于柱花草根系的生长和吸收足够的养分。土壤肥力要求适中，土壤中除含有足够的氮、磷、钾外，还应有与柱花草生长有关的微量元素硼、钼、铜和锌等。

3）隔离条件：柱花草为自花授粉的植物，自然异交率为 0.01%～5%，因此在安排种子生产田时要考虑不同品种的地块相互间隔距离为 20～50m 及以上。在同一地块上生产不同品种的柱花草种子时，一般应间隔 2～3 年及以上，以防止品种间生物学混杂或适当调换茬口以防止种子混杂。

2．种子田配套基础条件建设

（1）田间配套设施

1）田间道路。海南三亚柱花草种子生产田 500 亩，根据种子田地块地势和当前种植收获方式，纵向布设有主干道 1350m（宽 3.0m），横向布设田间道路 2000m（宽 2.5m）。

2）灌溉系统。三亚地处海南西部，属干热气候。种子田无系统水网，建设深井一座，100m^3 水塔一座，保障种子田灌溉用水需求。

3）围栏。为保障种子田不受外部影响，建设围栏 7000m。

（2）田间配套工程设施

1）种子晾晒场：水泥晒场 1000m^2。

2）种子检验室：118m^2。

3）农机室：400m^2。

4）种子仓库：300m^2。

5）种子加工厂房：854.94m^2。

（3）种子田配套设备　配套拖拉机、装载叉车、牧草精量播种机、割草机、栅栏式搂草摊晒机、草种加工成套设备、种子吹风机、光照培养箱、种子加工设备机组（含 42 台小型设备）、往复式割草压扁机（用作种子田副产物饲草）、牧草打捆机（用作种子田副产物饲草）等。

三、柱花草种子田播种品种及生产管理

三亚柱花草种子生产田主要繁育‘热研 2 号’柱花草（*Stylosanthes guianensis* Sw. cv. ‘Reyan No.2’）。该品种于 1982 年从国际热带农业中心（CIAT）引进（CIAT184），1991 年 5 月 20 日通过全国草品种审定委员会审定登记（登记号：099）。‘热研 2 号’柱花草属中熟品种，在海南省种植，10 月初开始开花，10 月下旬盛花，11 月下旬至 12 月种子开始成熟。年草产量（干物质）约 22.5t/hm^2。

1．种子田的播前准备　采用‘热研 2 号’柱花草原种种子播种。柱花草种子细小，要求有良好的发芽条件。为此，播前整地要求是土壤疏松，耙平整细，保墒良好，利于出苗和苗期生长。

种子田的播前整地工作十分重要。由于柱花草种子小而轻，贮存营养物质不多，种子萌发及幼苗期的生长发育都较缓慢，对于播前的土壤耕作要求较为严格。故播种前的整地工作应尽可

能达到细、平、松、紧、深、净、墒的要求，以创造一个良好的播种条件，保证幼苗顺利出土。

2．播种技术　柱花草种子繁殖田适时播种，不仅能提高种子发芽率和发芽势，还能保证植株正常生长和丰产，减少病虫害。一般在生长季开始时播种，种子产量最高。适时早播有利于增加柱花草的种子产量。为了提高柱花草结实率和增加种子产量，柱花草种子田一般采用单播方式，不采用保护播种。种子田实行条播，不建议采用撒播方式。条播可以减少播种量，使有限的基础种子或亲本种子苗有较大的营养面积，提高单株产量。此外，条播有利于控制田间杂草，保证品种纯度，有利于保证水分和养分的均衡供应。

3．播种方法与播种量

（1）种子处理　柱花草种子硬实率较高，如在播种前不进行种子处理，其发芽率较低，中国热带农业科学院热带牧草研究中心经多年实践，研发的“牧草种子药液浸种消毒技术”对柱花草种子进行处理，即用多菌灵配制成800～1200倍的溶液，加热至80℃，然后将柱花草种子置于纱布上，在80℃热水中来回摇动，浸种2～3min后，滤干水，撒在阴凉的地方阴干即可播种。经药液处理过的柱花草种子发芽率达95%以上。培育的种苗采用保水剂浆根处理，使种苗成活率达90%以上。有条件的可进行种子接种根瘤菌或做根瘤菌丸衣化处理，能促进日后根系形成根瘤，促进生长。

（2）播种方法与播种量　柱花草的播种可采用两种方法进行，即直播和育苗移栽法。

1）直播：采用直播方法，包括条播、撒播、穴播、点播，一般播种量大于或等于7.5kg/hm^2。

2）育苗移栽：选择水源充足、便于灌溉、通风透光、肥沃的砂壤缓坡地或平地作为育苗地，备耕好育苗地，除净杂草杂物后开沟起畦，畦宽80～100cm，高15～20cm，施足基肥，耙平畦面。基肥以火烧土3000～4000kg/hm^2、过磷酸钙200～400kg/hm^{2}为宜。每200～260m^{2}苗床可播种子1kg，种苗可移栽0.67～1.33hm^2。在3～5月播种育苗，最适播种温度20～25℃。将处理过的种子晾干后均匀地撒入苗床，轻耙两遍，不覆土，但可以覆盖遮阴物。及时拔除杂草和间苗，在苗龄35～40d时，喷施一次0.25%～0.1%磷酸二氢钾或其他叶面肥，以后则停止水肥，锻炼幼苗。苗龄45～60d，苗高20～30cm时即可出圃，种苗采用保水剂浆根处理后开始移栽，按60cm×80cm或80cm×80cm规格定植。在坡度较大的地方种植时，采用“沿等高线建植行带”技术种植柱花草。

（3）田间管理　田间管理工作的目的在于消除影响柱花草生长的不利因素，为柱花草繁茂生长和获得高额、品质优良的种子创造良好的生存条件。柱花草良种繁育和生产过程中，田间管理是一项非常重要的工作内容，它关系所生产繁育的种子（苗）的质量。柱花草良种繁育田间管理的主要内容如下。

1）施肥。合理施肥是最大限度地增加种子生产量的有效手段，一般以获得近于极限种子产量的施肥量作为合理的施肥量。根据土壤养分情况制订施肥计划而不致使养分成为限制种子产量的因素，同时要注意均匀施肥的重要性。热带地区土壤普遍缺磷，增加磷肥的施用量会促进种子产量的提高。海南土壤多以砖红壤砂质壤土为主，土地贫瘠而缺磷，而柱花草对磷肥比较敏感，因此主要以施磷肥为主。尤其是在苗期施用磷肥可以壮苗，在营养生长期施用磷肥可保证柱花草生长健壮和良好发育，在开花期施用磷肥和喷施稀土等微量元素肥料，可有效提高柱花草种子产量和质量。一般应在第一次中耕除草时沟施或穴施有机肥15 000～22 500kg/hm^2。无机肥既可与有机肥同时施用，也可在接近封行时撒入种子生产田内，用量为过磷酸钙150～200kg/hm^2，氯化钾100～150kg/hm^2。从初花期开始喷施0.5%的磷酸二氢钾或其他壮果叶面肥，每月1或2次。

2）灌溉。有条件的情况下，柱花草种子生产田须进行灌溉。柱花草种子产量的高低取决于单位面积生殖枝、穗、花数及其结实率和种子的成熟度，而这些因素的变化则与水分和养分的供应量和供应时间有着密切关系。极度干旱会引起花芽分化减少、顶芽死亡甚至老叶脱落、植株枯死，因此灌溉的主要作用是使种子生产处于有利于高产的环境之中。而在营养生长后期或初花期适当缺水对柱花草大多数品种的种子产量增加有一定的好处。

3）除杂。柱花草幼苗期生长缓慢，如果不及时防除杂草可能会导致种子生产田产量严重降低甚至颗粒无收，因此及时清除杂草对种子生产十分有利。与刈割草地或放牧草地不同，柱花草种子生产田植株对杂草的容忍能力较低，有些杂草仅与柱花草产生生长竞争致使柱花草种子产量降低。有些杂草种子影响收获难以清选，尤其是从田间收种或收割后堆晒在田间然后脱粒的柱花草种子，易混入较多的杂草种子。

柱花草种子生产田很容易受杂草侵入，建植初期比建植后期防除杂草更重要、有利和容易。在种子生产田播种以前，即在整地时就可用萌前除草剂防除埋藏的杂草种子，或播种后至出苗前的间歇期内施用除草剂能较完全地除灭杂草。柱花草种子生产田播种前可施用 40%氟乐磷，一般 2.0～2.4L/hm^2 即可有效防除；出苗前可施用 50%杂草锁 1L/hm^2；出苗后可施用 50% 2,4-D 胺盐 1L/hm^2 或 40%二硝基丁酚胺盐 1L/hm^2 或 48%灭草松 3L/hm^2。定植后应及时中耕除草，一般出苗后 20d 开始第一次锄草，50d 左右进行第二次除草，以后视杂草情况，每月锄草 1 或 2 次。此外，要特别注意拔除生产品种之外的柱花草品种，在开花期要清除花期不一致的单株，以保证目标品种的纯度。

4）病虫害防治。柱花草种子生产田尽管少有病虫危害，但偶见病虫应及时防治，以免造成柱花草种子减产、质量下降。柱花草病害主要为炭疽病（anthracnose），柱花草炭疽病主要由胶胞炭疽病菌和豆灰疽菌引发，其防治方法是在炭疽病初发期，及早喷施 800～1200 倍的多菌灵。

危害柱花草种子的害虫主要有黏虫（*Mythimna separate*），主要发生在柱花草种子乳熟期，此期种子趋于成熟，蛋白质含量较高，易造成危害。黏虫为害柱花草的花序，气候干旱时危害较为严重，往往造成花序败育而减产，甚至种子绝收。防治方法：一般黏虫虫口密度为 5～10 头/m^2 时，需密切注意黏虫的发生动向，认真做好系统监测和大田普查，结合气候小生境特点进行防治，当黏虫的虫口密度达到 10～15 头/m^2 时，必须进行化学灭杀，在幼虫低龄阶段喷洒敌百虫、除虫脲及氯菊酯等杀虫剂即可。

5）中耕培土。柱花草种子生产田在中耕除草过程中要进行 1 或 2 次培土，且中耕培土的时间宜在未封行前进行。其目的是整平地表，以利于收获掉落在地面的种子。

6）田间检测。柱花草种子生产田要定期进行田间种子质量标准的检测，检测内容包括柱花草品种整齐度、长势、纯净度、病虫害及其他有关影响柱花草种子质量标准的内容。

四、种子收获与加工

1. 收获

（1）收获期　很多草类植物的开花期很长，种子的成熟期极不一致，因而收获时间是否合适对种子的产量和质量影响很大。柱花草种子成熟可分为乳熟期、蜡熟期和完熟期。种胚的形成完成于乳熟期，此时种子为绿色，含水多，质软，种子易于破裂。乳熟期的种子干燥后轻而不饱满，发芽率及种子产量均很低，绝大部分不具经济价值。蜡熟期的种子呈蜡质状，果实的上部呈紫色，但部分种子仍保存浅绿的斑点，种子容易用指甲切断。完熟期的种子均具有较好的品质，千粒重、发芽率和种子产量均较高，是种子收获的适宜期。当用机器收获时，可在蜡熟期收割。一般来说，柱花草种子有 60%～70%的种壳变成黄褐色或褐色时进行收割，而对于落粒较强的柱花草品种应多次收获。

柱花草开花期因品种和同一品种的不同地理状况而异，花期不同，种子成熟不一致，收获期也不一致。‘热研 2 号’柱花草在 10 月下旬开始开花，11 月下旬盛花，翌年 1 月开始成熟，待 85%左右的种子成熟时即可收种，收获时间为 1 月中下旬。

（2）*收获方法* 目前柱花草种子收获方法主要有以下几种：①拍打收种，即将簸箕等工具延伸至需要收种的柱花草草丛下面，用手或小木棍轻打柱花草草丛或柱花草花序，使种子落在簸箕内，然后清选。②将需收种的柱花草刈割后放在簸箕内或晒场上，待茎叶花序稍干后再行拍打，除去花序等杂物，清选收种。这种方法多用于小区或面积较少时使用。③待柱花草种子完全成熟并自然脱落后，再行扫地收种，这种方法虽用工较多，但收获量大，种子饱满，几乎所有柱花草种子均可收获。④采用机械化刈割收种，这种方法收种范围大，但种子产量低。

2．清选 柱花草种子的清选直接影响种子质量，种子清选主要依据种子大小、形状、密度和表面特征与混杂物的差异进行。中国热带农业科学院农牧研究所研发的水选法清选种子，可大大提高柱花草种子的纯净度和品质，也可节省大量用工，值得推广，但水选后种子必须在阳光下快速晒干，以免影响种子质量。

柱花草具有无限生长习性的特点，其开花后 28～35d 种子趋于成熟，但无限生长习性的柱花草开花期往往持续 2～3 个月，例如，圭亚那柱花草从每年的 10 月中旬开始开花至翌年 1 月中下旬，开花期持续 3 个月左右，花开后 28～35d 种子成熟掉落，虽然也有一个成熟高峰，但机械收获种子时仅能收获 30%～70%的种子产量，因此过去在柱花草种子生产时往往采用“扫地收种法”收种，即待种子完全成熟并开始脱落后才刈割收种，但这种方法费时费工，大大提高种子生产成本，在人工费较低时可采用扫地收种法，可收获 90%以上的柱花草种子。扫地收获的种子含有大量杂质混合物和土粒、砂石，在清选时首先利用风选法将杂质及混合物清选出来，然后将土粒与种子的混合物一齐装在水桶内（水桶 1/3 处），在水桶内加水至一半后摇动水桶，使杂质漂浮在水面并捞去杂质，然后摇动水桶并一边摇一边将水桶的水倒入细密的筛子上，使种子与土粒等砂石自然分离，此时将水选出来的种子立即晒干，以防水分太大引起发芽或发霉。此法清选的种子纯度、净度均很高，可达一级种子质量标准。

3．种子质量 我国草类植物种子的分级是以种子净度、发芽率、其他植物种子数和种子含水量作为分级依据。通过这 4 个指标将种子质量分为三级，三级以下的草类植物种子应不予收购、出售，不准作为种用。柱花草种子质量按照 NY/T 1194—2006《柱花草 种子》的规定执行。

4．包装 柱花草种子包装是生产和加工优质种子、方便用户使用的最后一个必需工作。一般用麻袋、棉布袋、纸袋、薄膜（塑料、金属箔）袋、金属板或纤维板箱、玻璃罐或各种材料制成的容器，采用手工或自动、半自动装填机进行分装。在热带地区，长期贮藏的柱花草种子，包装袋的选择应考虑防潮。常用的保湿材料有聚乙烯薄膜、聚酯薄膜、玻璃纸、铝箔、沥青等。

5．贮藏 种子生产一般要经过大田繁育和室内贮藏两个阶段。种子贮藏的任务就是保持种子品质不变劣，与大田繁育同等重要。柱花草种子贮藏中，主要是防水、防杂、防鼠、防虫、防菌、防火，延长贮藏时间，保持种子品质。清选干净的柱花草种子用标准的容器进行包装，在包装前最好对种子进行熏蒸消毒，并在低温下贮藏或超干处理后贮藏。

案例Ⅳ　西北冷凉地区饲用燕麦种子生产田建设

——甘肃省张掖市山丹县‘陇燕3号’燕麦种子田建设案例

一、背景

我国饲用燕麦生产的传统区域主要在青藏高原及其周边地区，该地区主要是牧区和半农半牧区，农业生产水平较为低下，生产技术相对落后，加之饲用燕麦主要作为饲草料种植，农牧民对其重视程度也不够，因此饲用燕麦种子生产总体而言比较落后。大量的饲用燕麦种子仍然以农户生产为主，混杂退化比较严重，产量低下。近年来随着畜产品价格的不断上涨和畜牧养殖业的迅猛发展，对优质饲草的需求急剧增加。饲用燕麦作为高寒冷凉地区最主要的一年生饲草，种植面积迅速扩大，种子需求量不断扩大，介入企业逐年增多，单靠农户生产种子已不能满足市场需求。因此必须建立饲用燕麦种子田，选用优良品种，采用专业化生产技术来提高饲用燕麦种子产量和质量，扩大良种繁育，加大良种在农牧业生产中的应用。‘陇燕3号’燕麦为国家审定登记的饲用燕麦新品种，在甘肃、青海、西藏等地广泛种植，种子需求量较大，本案例以甘肃省张掖市山丹县为生产区域，在适宜地点进行‘陇燕3号’燕麦的种子田建设，生产优质种子，为西北地区燕麦饲草生产提供良种。

二、选址

1. 山丹县地理气候概况　山丹县隶属甘肃省张掖市，地处河西走廊中部，东邻永昌县，南接青海、北靠内蒙古阿拉善右旗，位于东经100°41′至东经101°42′，北纬37°50′至北纬39°03′，南北长136km，东西宽89km，总面积5402km^2。海拔1550～4441m。境内祁连山耸立于南，焉支山雄踞于东，龙首山屏障于北，三面环山，东南高，西北低。东部为冲洪积平原，中部为槽形地带的冲积平原，高山区为褶皱低山丘陵，东北龙首山南麓为波状地丘陵，北部红寺湖地区为封闭型沟谷平原。经济以农业和畜牧业为主，耕地5.7万hm^2，为半农半牧业县。

山丹县全境属大陆性高原高寒半湿润气候，具有寒冷、四季不分明、雨量分布集中、有明显的垂直分带性的特点。冬季受西伯利亚冷气团影响，气候严寒干燥，降水稀少。夏季受太平洋副热带高压和印度洋暖湿气流影响，气候温凉，年平均气温1℃，昼夜温差大，海拔2500m左右的地区有效积温（≥0℃）约为1800℃，日照时数2800h左右。

马营河是山丹县境内最大的河流，马营河灌区位于山丹县中部，东靠永昌，西邻张掖，北过龙首山与内蒙古阿拉善右旗接壤，南依祁连山北麓，流域面积2136km^2。马营河从白石崖渠尾到李桥水库入口，全长36km，流域面积1164km^2，灌溉马营、李桥、陈户等乡镇1.2万hm^{2}农田。

2. 具体选址　根据山丹县的自然生态条件，包括海拔、无霜期、有效积温、年降水量和雨季分布、土壤情况、种子田建设的要求等，选定陈户镇刘伏村为建设基地，该地海拔1860m，无霜期170d，年均降水量约300mm，土质良好，地势平坦，阳光充足，排灌方便。

三、使用品种与建设规模

种子田所用品种为甘肃农业大学育成的‘陇燕3号’燕麦（*Avena sativa* L.‘Longyan No.3’），

2010年通过全国草品种审定委员会审定，登记号为400。春性、中晚熟，生育期110～130d；株型紧凑、茎秆粗壮，株高135～150cm；周散形穗紧凑，颖壳黑紫色，籽粒长卵圆形。千粒重30～34g，种子成熟后不落粒。种子含粗蛋白10.5%，粗脂肪7.1%，赖氨酸0.44%。灌浆期干草含粗蛋白12.65%，粗脂肪2.5%，粗纤维32.98%。种子产量和干草产量均较高，适宜我国气候冷凉地区种植。

根据周边近年燕麦播种面积、播种量和大田生产实际等情况，确定山丹县陈户镇刘伏村平整连片土地为燕麦种子生产田进行建设，面积为53.3hm^2，采用'陇燕3号'燕麦原种种子播种。

四、种子田配套工程建设

1．田块设置和地面处理 燕麦种子田和大田生产要求不同，不仅要求高产，更重要的是要确保获得品质优良的种子。因此种子田选择土质良好、地势平坦、阳光充足、排灌方便、不受畜禽为害的地段。为了给种子田创造良好的土地利用条件，必须进行合理的轮作。将燕麦与豆科作物相互轮换，既可保持与提高土壤肥力，又可防止种子混杂。

地面处理主要是进行平整土地，打破原有的田埂界限，集中连片，最大可能地方便机械作业。根据地形地貌、机械作业效率、灌排效率、土地深松程度等因素确定种子田的田块长度和宽度。田块均为长方形，宽48m，长80m。各地块面积大小接近，便于田间管理。前作收获后即进行深耕，耕翻深度25cm左右，耕后立即耙、耱和镇压。

2．施基肥 根据土壤肥力情况，施用磷酸二氢铵300kg/hm^2、氮磷钾复合肥225kg/hm^{2}作基肥。

3．道路建设 为了满足机械化作业和通行要求，在田间建设了机耕路，通达度100%，路宽4m，为土路。干道宽6m，路面为砂砾石路面。

4．灌溉 利用祁连山雪水和机井进行灌溉。现有机井2眼，井深120m，水量40～50m^3/h，可满足灌溉用水要求。根据地形和坡度进行渠系配套，灌溉采用漫灌方式。

5．农机具 根据生产需要，购置拖拉机、播种机、填压器、犁、耙、联合收割机、种子清选设备、地磅等设备。

五、播种

1．播前种子处理 播种前对‘陇燕3号’燕麦种子进行清选，并晒种2d以提高发芽率和发芽势。也可用燕麦种衣剂按照种子重量的2%进行包衣，以防治黑穗病、红叶病和蚜虫。

2．播种量 通过发芽试验确定种子用价，再确定播种量。在陈户镇刘伏村‘陇燕3号’燕麦的播种量一般为150kg/hm^2。

3．播期 适时播种能保证植株正常的生长和发育，除提高产量外，还可增加单株有效分蘖数，提高单株产量和繁殖系数，增加种子的千粒重。在陈户镇刘伏村3月下旬播种较好。

4．播种方式 机械条播，行距25cm，播深5cm。

六、田间管理

1．除草 由于陈户镇刘伏村一般前茬是油菜，燕麦田油菜自生苗较多，因此用40%立清乳油1200～1500mL/hm^{2}喷雾，进行防除。

2．灌水 由于陈户镇刘伏村降雨稀少且主要集中在夏秋季，因此，在燕麦苗期、分蘖期、拔节期和开花期分别进行灌水。

3．追肥 抽穗期是营养生长和生殖生长并进期，茎叶生长旺盛，各种生理过程活跃，对养分需求旺盛，是吸收水肥的高峰阶段。可结合降雨或浇水，追施氮肥或磷钾肥。进入生殖生长阶段，可根据情况进行叶面喷施补肥，用磷酸二氢钾 2.2kg/hm^2 进行叶面喷施，可有效提高叶片寿命并保持根系活力，提高穗粒重和千粒重，进而提高单产。

4．病害防治 燕麦拔节后若发现有白粉病，在病叶率达 10%以上时，可喷 20%三唑酮乳油进行防治，2 周后再喷一次。

5．去杂去劣 去杂是去掉非本品种的植株，去劣是去掉感染病虫害、发育不良、显著退化的植株。去杂去劣是种子田保持和提高品种纯度不可或缺的有效措施，在品种性状表现明显的灌浆至乳熟期多次进行，人工剪除杂株和劣株。

七、收获

1．收获时期 燕麦穗子较长，种子成熟不一致，在穗下部籽粒进入蜡熟期、穗中上部籽粒进入完熟期时收获。此时籽粒干物质积累达到了最大值，茎秆尚有韧性，收割时穗子不易断落。另外，在收割、运输、脱粒、晾晒过程中，最容易发生机械混杂，要特别注意。

2．收获方法

（1）分段收获 在燕麦蜡熟期，先用人工或割晒机割倒，经过晾晒后再进行脱粒。这种收获方法的优点是燕麦完成后熟并降低水分，使籽粒饱满、坚实，容重和发芽率均得到提高；由于割晒在蜡熟期进行，一般不会出现落粒掉穗现象，从而减少收获损失；经过晾晒后的燕麦籽粒含水量较低，减少了晾晒时间和用工，减轻了晒场的压力，加快了种子处理的速度。缺点是用工较多，收获如遇连续阴雨天气会引起燕麦籽粒在穗上发芽或霉变。

（2）联合收获 在完熟期用联合收割机一次完成收获、脱粒、分离作业。其优点是可大幅度提高劳动生产率。缺点是燕麦收获损失较大，籽粒含水量较高，晾晒时间长。用联合收割机收获时，刈割高度可增加至 20～30cm，这样可以减少绿色茎叶和杂草，降低种子湿度并减少杂草混入。联合收割机收获应在无雾、无露水、晴朗、干燥的天气进行，这样种子易于脱粒，还可减少收获损失。

八、晒场晾晒

在距离种子田 800m 的地方建有水泥晒场，面积 1500m^2。收获的燕麦种子在晒场晾晒至含水量 15%以下。

九、清选包装

用清选机对干燥后的种子进行清选，以保证纯度和种子质量。然后用种子袋进行包装，规格为 35kg/袋。

十、入库贮藏

包装好的种子运至种子库，整齐码垛贮藏，每隔 15d 检查一次。

主要参考文献

阿地力哈孜•阿地力汗．2007．牧草种子繁殖田的生产技术．新疆畜牧业，(4)：41-43．

白昌军，刘国道，何华玄，等．2003．海南半干旱地区芒果园间作柱花草及作物效益初探．草地学报，11（4)：350-357．

白昌军，刘国道，王东劲，等．2004a．高产抗病圭亚那柱花草综合性状评价．热带作物学报，25（2)：87-94．

白昌军，刘国道，王东劲，等．2004b．高产抗病柱花草新品种选育Ⅱ高产抗病柱花草品种比较．草业科学，21（5)：10-16．

白昌军，刘国道，王东劲，等．2004c．高产抗病柱花草新品种选育Ⅰ灰色关联分析法评价柱花草新种质．草业科学，21（4)：21-27．

白昌军，刘国道，王东劲，等．2004d．西卡柱花草选育及其利用评价．草地学报，12（3)：170-175．

毕新华．1986．种子检验．北京：农业出版社．

曹勤虎，王成连．2004．谈谈种子生产的法制要求．种子科技，22（3)：146，147．

曹致中．2003．牧草种子生产技术．北京：金盾出版社．

曹致中，聂朝相，贾笃敬，等．1993．豆科牧草种子生产技术要点．草业科学，11（5)：55，56．

陈宝书．1992．红豆草．兰州：甘肃科学技术出版社．

陈宝书．2001．牧草饲料作物栽培学．北京：中国农业出版社．

陈宝书，解压林，辛国荣．1999．草坪植物种子．北京：中国林业出版社．

陈积山，张月学，唐凤兰．2009．我国草类植物空间诱变育种研究．草业科学，26（9)：173-177．

陈金炜．2011．制种苜蓿地下滴灌灌溉制度的研究．乌鲁木齐：新疆农业大学硕士学位论文．

陈钧林．1994．肉花矛卫种子休眠及其解除的研究．林业科学研究，7（2)：227-229．

陈玲玲，任伟，毛培胜，等．2017．氮素对紫花苜蓿种子产量与氮累积动态变化的影响．草业学报，26（6)：98-104．

陈强，柳卫东，李卫军．2007．不同磷肥处理对苜蓿种子产量的影响．新疆农业科学，44（2)：231-234．

陈述明，李卫军，李雪峰．2005．密度对苜蓿生长发育及种子产量的影响．新疆农业科学，42（3)：189-191．

陈伟，马绍宾，陈宏伟．2009．种子休眠类型及其破除方法概述．安徽农业科学，37（33)：16237-16239．

陈学森．2004．植物育种学实验．北京：高等教育出版社．

迟峰．2006．根瘤菌在植物内的迁移运动及其与植物相互作用的蛋白质组学研究．北京：中国科学院植物研究所博士学位论文．

崔聪淑，卢新雄，陈辉，等．2001．野生苋种子休眠特性及发芽方法研究．种子，(2)：55，56，75．

崔国文．2008．中国牧草育种工作的发展，现状与任务．草业科学，25（1)：38-42．

崔乃然．1980．植物分类学．北京：农业出版社．

邓墨渊，王伯初，杨再昌，等．2006．分子生物学技术在植物内生菌分类鉴定中的应用．氨基酸和生物资源，28（3)：9-14．

杜鸣銮．1991．种子生产原理和方法．北京：中国农业出版社．

杜文婷，扆铁梅．2009．不同处理对瑞香狼毒种子发芽影响．现代农业科学，16（4)：39-41．

房丽宁，李青丰，李淑君，等．1998．打破苔草种子休眠方法的研究．草业科学，15（5)：39-43，48．

房业英．1996．实施种子产业化，提高良种繁供能力．种子科技，(1)：21，22．

耿以礼．1959．中国主要植物图说（禾本科）．北京：科学出版社．

方天堃，陈仙林．2004．农业经济管理．北京：中国农业大学出版社．

方天堃．2009．畜牧业经济管理．北京：中国农业出版社．

冯慧敏．1994．遗传工程在牧草育种方面的研究现状及展望．国外畜牧学-草原与牧草，(2)：8，9．

冯毓琴，曹致中．2003．天蓝苜蓿种子休眠特性的研究．草业科学，20（1)：20-23．

付婷婷，程红焱，宋松泉．2009．种子休眠的研究进展．植物学报，44（5)：629-641．

付宗华．2003．农作物种子学．贵阳：贵州科技出版社．

傅家瑞．1985．种子生理．北京：科学出版社．

傅强，杨期和，叶万辉．2003．种子休眠的解除方法．广西农业生物科学，22（3)：230-234．

高荣岐，张春庆．2009．种子生物学．北京：中国农业出版社．

葛启福，徐小荣．2009．品种混杂退化的原因及对策．上海农业科技，(3)：24-32．

龚跃．1997．浅谈冬小麦种子混杂退化的原因及对策．农村科技，(12)：8．

贵州省草业研究所．2006．贵州主要地方优良草种的选育及种子产业化．贵州农业科学，34（4）：64-66．
郭海林，刘建秀．2003．结缕草种子的休眠机理及其打破休眠的方法．种子，（3）：46-48．
韩建国．1994a．美国的牧草种子生产．世界农业，（4）：43-45．
韩建国．1994b．新西兰的牧草种子生产．世界农业，（11）：18-20．
韩建国．1997a．加拿大的牧草种子生产．世界农业，（10）：37-39．
韩建国．1997b．实用牧草种子学．北京：中国农业大学出版社．
韩建国．2000．牧草种子学．北京：中国农业大学出版社．
韩建国，李敏，李枫．1996．牧草种子生产中的潜在种子产量与实际种子产量．国外畜牧学-草原与牧草，（1）：7-11．
韩建国，毛培胜．2001a．略谈牧草种子生产的地域性．农村养殖技术，（1）：22．
韩建国，毛培胜．2001b．牧草种子生产的地域性//洪绂曾，任继周．草业与西部大开发学术研讨会暨中国草原学会2000年学术年会．北京：中国农业出版社．
韩俊文，丁森林．2007．畜牧业经济管理．北京：中国农业出版社．
韩清芳，李崇巍，贾志宽．2003．不同苜蓿品种种子萌发期耐盐性的研究．西北植物学报，23（4）：597-602．
韩云华．2014．密度调控、施氮肥等措施对6种多年生冷季型禾草种子生产的影响．杨凌：西北农林科技大学博士学位论文．
贺兰．2010．如何搞好农作物杂交种子的生产．种子科技，（1）：37，38．
胡晋．2006．种子生物学．北京：高等教育出版社．
胡晋，李永平，胡伟民，等．2009．种子生活力测定原理和方法．北京：中国农业出版社．
华晓雨．2019．黑麦草种子萌发与幼苗生长响应土壤盐逆境的生理机制．哈尔滨：东北林业大学硕士学位论文．
黄季焜，胡瑞法，罗斯高．1999．迈向二十一世纪的中国种子产业．农业技术经济，（2）：14-21．
纪瑛，胡虹文．2009．种子生物学．北京：化学工业出版社．
间宏刚．2004．牧草种子生产的技术措施．四川草原，（1）：55，56．
江生泉，韩建国，王赟文，等．2008．冬季放牧和春季火烧对新麦草生长与种子产量的影响．草地学报，16（4）：341-346．
蒋昌顺，何华玄．1994．海南省热带牧草种子生产技术总结．热带农业科学，（1）：48-52．
蒋昌顺，刘国道，何华玄．2003．热研7号柱花草选育．热带作物学报，24（2）：51-54．
蒋昌顺，马欣荣，邹冬梅，等，2004．应用微卫星标记分析柱花草的遗传多样性．高技术通讯，14（4）：25-30．
蒋昌顺，邹冬梅，张义正，等．2003．柱花草种质对炭疽病原菌的反应．草地学报，11（3）：197-204．
蒋候明．1992．热带优良豆科牧草：热研2号柱花草的选育及推广．热带作物研究，9（1）：62-66．
蒋留青．1997．浅谈良种繁育中的问题及对策．种子，（6）：50，51．
康文娟．2019．紫花苜蓿根瘤菌生物型划分及其转录组学分析．兰州：甘肃农业大学博士学位论文．
康文娟，姜哲浩，师尚礼．2018．紫花苜蓿内生和非内生细菌遗传多样性及其分泌IAA和溶磷能力．草原与草坪，38（6）：34-47．
孔葆青．1999．对西部沙漠草类植物的分析．中华纸业，（6）：45，46．
李聪．2004．生物技术在牧草育种中的应用．华南农业大学学报，25（S2）：73-76．
李聪，王赟文．2008．牧草良种繁育与种子生产技术．北京：化学工业出版社．
李德颖．1995．野牛草种子休眠机理初探．园艺学报，22（4）：377-380．
李海燕，丁学梅，周禅，等．2004．盐胁迫对三种盐生禾草种子萌发及其胚生长的影响．草地学报，12（1）：45-50．
李科，朱进忠．2006a．多效唑对苜蓿种子增产效果的研究．新疆农业科学，43（3）：205-208．
李科，朱进忠．2006b．喷施稀土对苜蓿种子增产效果的研究．新疆农业科学，43（4）：286-288．
李科，朱进忠．2009．硼、钼元素对苜蓿种子的增产效果．草业科学，26（1）：61-63．
李青丰，王芳．2001．北方牧草种子生产的气候条件分析．干旱区资源与环境，15（5）：93-96．
李青丰，肖彩虹．2001．论我国牧草种子业生产体系中的一些问题．干旱区资源与环境，15（S1）：71-74．
李青丰，易津，房丽宁，等．1996．我国牧草种子质量堪忧．中国草地，（3）：71-73．
李世忠，谢应忠，徐坤．2005．国内外禾本科牧草种子生产的研究进展．中国种业，（7）：17-19．
李稳香，赵菊英．1994．种子学中几组易混淆的概念解析．种子，（2）：29，30．
李雪锋，李卫军．2006．灌溉对苜蓿种子产量及其构成因子的影响．新疆农业科学，43（1）：21-24．

李雪峰，李卫军，陈述民，等. 2005. 灌溉对产种苜蓿生长及种子产量的影响. 新疆农业科学，42（5）：338-341.

李志昆. 2008. 影响牧草种子生产的环境因素. 养殖与饲料，（3）：78，79.

廖兴其. 1996. 荷兰的草地及牧草繁育. 中国草地，（5）：76.

刘国道，白昌军，王东劲，等. 2001. 热研5号柱花草选育研究. 草地学报，9（1）：1-7.

刘丽莎，姬可平. 2002. 秦艽种子发芽特性的研究. 中草药，33（3）：269-271.

刘天明. 1996. 立足现在，面向未来：中国草原学会牧草育种委员会第五次学术讨论会综述. 中国草地，（5）：78，79.

刘伟，畅宝花，许庆方，等. 2021. SA，ETH和IAA处理对破除赖草种子休眠的影响. 草地学报，29（1）：195-201.

刘昭明，闰文平. 2005. 苜蓿切叶蜂及其对紫花苜蓿种子生产的影响. 黑龙江畜牧兽医，（1）：49-51.

卢世红. 2003. 浅析农作物品种混杂退化原因及其保纯对策. 种子，（6）：85-87.

吕林有，魏臻武，赵艳，等. 2009. 苜蓿自交亲和性，授粉方式及后代性状分离的研究. 草业科学，26（4）：33-36.

罗丽娟，刘国道. 1999. 西卡柱花草受精过程花朵形态变化的研究. 草地学报，7（2）：136-140.

罗弦，潘远智，杨学军，等. 2010. 低温层积处理对4种苔草种子休眠与萌发的影响. 草业学报，19（3）：117-123.

罗旭辉，詹杰，陈义萍，等. 2010. 浸种处理对闽引羽叶决明种子萌发的影响. 草原与草坪，30（2）：47-49，55.

马强. 2003. 牧草种子生产：畜牧业的新亮点. 农村养殖技术，（7）：28.

毛培胜，韩建国. 2003. 牧草种子生产技术. 北京：中国农业科学技术出版社.

毛培胜，韩建国，王培，等. 2000. 施肥对无芒雀麦和老芒麦种子产量的影响. 草地学报，8（4）：273-278.

毛培胜，韩建国，吴喜才. 2003. 收获时间对老芒麦种子产量的影响. 草地学报，11（1）：33-37.

苗阳阳. 2017. 外源物质对苜蓿内生根瘤菌运移定殖的影响研究. 兰州：甘肃农业大学博士学位论文.

牟新待，龙瑞军，任云宇，等. 1987. 几种牧草苗期耐盐性的研究. 中国草业科学，4（1）：31-35.

内蒙古农牧学院. 1987. 牧草及饲料作物栽培学. 北京：农业出版社.

农业部全国农作物种子质量监督检验测试中心. 2006. 农作物种子检验员考核学习读本. 北京：中国工商出版社.

农业部畜牧业司全国畜牧总站. 2009. 草种检验员培训教程. 北京：中国农业出版社.

欧行奇，赵俊杰，王春虎. 2009. 对作物授粉方式概念与内涵的分析. 种子，28（5）：86-88.

欧阳喜光. 2006. 牧草种子田防止品种退化的方法. 新疆畜牧业，（5）：55，56.

欧阳延生. 2006. 美国草种业的特点与启示. 江西畜牧兽医杂志，（6）：9-11.

潘家驹. 1996. 作物育种学总论. 北京：中国农业出版社.

祁娟. 2006. 苜蓿种子内生根瘤菌筛选及其促生能力研究. 兰州：甘肃农业大学硕士学位论文.

乔娟，潘春玲. 2018. 畜牧业经济管理. 北京：中国农业大学出版社.

钱永强，孙振元，李云，等. 2004. 中华结缕草种子解除休眠方法的研究. 林业科学研究，17（1）：54-59.

全国农作物种子标准化技术委员会，全国农业技术推广服务中心. 2000. 农作物种子检验规程实施指南. 北京：中国标准出版社.

任继周. 1998. 草业科学研究方法. 北京：中国农业出版社.

任继周. 2000. 牧草种子生产与质量管理技术. 兰州：甘肃人民出版社.

任继周. 2003. 草类植物. 草业科学，20（5）：30，31.

闰敏，张英俊，铁云华，等. 2007. 生长调节剂对白三叶种子产量及产量构成要素的影响. 草业科学，24（4）：58-62.

师尚礼. 2005a. 草坪草种子生产技术. 北京：化学工业出版社.

师尚礼. 2005b. 甘肃寒旱区苜蓿根瘤菌促生能力影响因子分析及高效促生菌株筛选研究. 兰州：甘肃农业大学博士学位论文.

施和平，陶少飚. 2001. 三裂叶野葛种子的休眠及萌发(简报). 植物生理学通讯，37（1）：29，30.

石生岳，常宏. 2005. 农作物种子加工技术. 兰州：甘肃科学技术出版社.

斯琴巴特尔，满良. 2002. 蒙古扁桃种子萌发生理研究. 广西植物，22（4）：564-566.

宋松泉，程红焱，姜孝成. 2008. 种子生物学. 北京：科学出版社.

宋松泉，刘军，徐恒恒，等. 2019. 乙烯的生物合成与信号及其对种子萌发和休眠的调控. 作物学报，（7）：969-981.

隋若羽. 2009. 牧草种子田的建植方法. 饲料与种植，（7）：46.

孙致良，杨国枝. 1993. 实用种子检验技术. 北京：中国农业出版社.

唐湘梧. 1996. 热带北缘早熟抗病柱花草选育研究. 热带作物学报, 16（2）: 103-109.

特木尔布和, 王金花, 德格希. 2008. 不同授粉方式对苜蓿生长发育的影响. 内蒙古草业, 20（1）: 29-32.

田新会, 杜文华. 2008. 氮、磷、钾肥对紫花苜蓿种子产量及产量构成因素的影响. 中国草地学报, 30（4）: 16-20.

王春林, 郭金平. 1995. 新西兰牧草种子业. 世界农业, （2）: 31-33.

王得贤. 2004. 几种药剂对线叶嵩草种子萌发的影响. 草原与饲草, （5）: 52, 53.

王德霞, 张玉民, 赵永富, 等. 2003. 苜蓿种子田垄作增产效果显著. 内蒙古林业科技, （S1）: 79-87.

王宏洋, 李陈建, 陈述明, 等. 2015. 不同灌水量对苜蓿花部性状、结荚率和种子产量的影响. 中国草地学报, 37（5）: 52-56.

王继朋, 王贺, 张福锁, 等. 2004. 打破结缕草种子休眠的方法研究. 草业科学, 21（2）: 25-29.

王敬东, 郝林峰. 2001. 关于发展牧草种子生产的几点建议. 中国草地, 23（2）: 71-73.

王立群, 杨静, 石凤翎. 1996. 多年生禾本科牧草种子脱落机制及适宜采收期的研究. 中国草地, （3）: 7-16.

王萍, 周天, 刘建国, 等. 1998. 提高羊草种子发芽能力的研究. 东北师大学报（自然科学版）, （1）: 54-57.

王世花. 2000. 绿豆品种提纯复壮及建设一级种子田技术. 现代农业, （6）: 15.

王显国. 2004. 进口草种仍唱主角. 河北畜牧兽医, 20（4）: 13, 14.

王显国, 韩建国. 2004. 我国草种进口状况分析与展望. 中国种业, （5）: 12-14.

王显国, 韩建国, 刘富渊, 等. 2006. 疏枝对紫花苜蓿倒伏状况、种子产量和产量构成因子的影响. 草业科学, 23（2）: 27-30.

王晓云, 毕玉芬. 2004. 牧草育种是草产业可持续发展的技术保障. 种子, 23（6）: 58-60.

王彦荣, 曾彦军. 1997. 浸种对提高兰引Ⅲ号结缕草种子发芽的影响. 草业学报, 6（2）: 41-46.

王赟文, 韩建国, 姜丽. 2004. 紫花苜蓿种子高产灌溉技术研究进展. 种子, 23（11）: 36-40.

王赟文, 韩建国, 秦歌菊, 等. 2004. 行内疏枝和生长延缓剂对紫花苜蓿种子产量与发芽率的影响. 草地学报, 12（1）: 40-44.

王征宏, 赵威, 李青丰. 2005. 4种禾本科牧草种子生产特性的研究. 黑龙江畜牧兽医, （5）: 9-11.

王宗礼. 2005. 中国草原生态保护战略思考. 中国草地, 27（4）: 1-9.

韦家少, 白昌军, 蔡碧云. 2001. 热研5号柱花草产量与质量动态变化研究. 草地学报, 9（3）: 228-231.

魏学, 王彦荣, 胡小文, 等. 2009. 无芒隐子草不同节间部位的种子休眠对高温处理的响应. 草业学报, 18（6）: 169-173.

吴金霞, 陈彦龙, 何近刚, 等. 2007. 生物技术在牧草品质改良中的应用. 草业学报, 16（1）: 1-9.

吴素琴. 2003. 紫花苜蓿种子丰产关键因子及产量构成因素的研究. 兰州: 甘肃农业大学博士学位论文.

吴素琴, 张自和. 2004. 影响苜蓿种子丰产的主要因子研究. 草业科学, 21（1）: 10-14.

伍晨曦, 孙羽, 冯固. 2009. 小车前（*Plantago minuta* Pall.）种子表面粘液物质的吸水特性及其对种子在干旱环境中萌发的影响. 生态学报, 29（4）: 1849-1858.

武之新, 纪剑勇, 陈志德. 1989. 几种牧草耐盐性的研究初报. 草业科学, 6（5）: 43-47.

解继红, 于靖怡, 徐柱, 等. 2009. 浸种和光照处理对中间鹅观草种子萌发的影响. 中国种业, 3（5）: 43, 44.

谢秋云. 2008. 种子产业化问题与对策研究. 长沙: 湖南农业大学硕士学位论文.

谢太理, 李体琛. 2005. 广西玉米杂交种子生产现状, 问题及对策. 广西农业科学, 36（5）: 487, 488.

星学军. 2009. 青海省牧草种子生产现状及产业发展对策. 草业与畜牧, （8）: 58, 59.

徐立新. 2005. 农作物种子田田间检验方法. 中国种业, （9）: 63, 64.

徐秀梅, 张新华, 王汉杰. 2003. ^{60}Co-γ 射线辐照对马蔺种子萌发的影响. 南京林业大学学报, 27（1）: 55-58.

闫敏, 张英俊, 韩建国, 等. 2005. 水分对白三叶种子产量及产量构成要素的影响. 草地学报, 13（3）: 209-214.

阎顺国, 沈禹颖. 1996. 生态因子对碱茅种子萌发期耐盐性影响的数量分析. 植物生态学报, 20（5）: 414-422.

阎顺国, 沈禹颖, 任继周, 等. 1994. 盐分对碱茅种子发芽影响的机制. 草地学报, 2（2）: 12-19.

颜启传. 2000. 种子学. 北京: 中国农业出版社.

颜启传. 2001. 种子检验原理和技术. 杭州: 浙江大学出版社.

杨玲. 2008. 花楸种子生物学研究. 哈尔滨: 东北林业大学出版社.

杨生, 那日, 杨体强. 2004. 电场处理对柠条种子萌发生长及酶活性的影响. 中国草地, 26（3）: 78-81.

杨志忠，徐永琪，丁敏．2010．苜蓿种子田传粉技术．草食家畜，(1)：65，66．

姚拓，蒲小鹏，张德罡，等．2004．高寒地区燕麦根际联合固氮菌研究Ⅲ固氮菌对燕麦生长的影响及其固氮量测定．草业学报，13（5）：101-105．

易克贤，何华玄．1997．柱花草盆播苗抗炭疽病接种鉴定．热带农业科学，(3)：33-36．

易克贤，黄俊生，刘国道，等．2003．柱花草炭疽病原菌的RAPD多态性分析．微生物学报，43（3）：379-397．

尹黎燕，王彩云，叶要妹，等．2002．观赏树木种子休眠研究方法综述．种子，(1)：45-47．

于林清，云锦凤．2005．中国牧草育种研究进展．中国草地，27（3）：61-64．

于振田．1994．牧草种子生产及加工．新疆畜牧业，(6)：27-29．

于卓，王林和．1998．三种沙拐枣种子休眠原因初报．西北林学院学报，13（3）：9-13．

余玲．1999．虎尾草种子萌发特性的研究．草业科学，16（3）：51-54．

鱼小军，师尚礼，龙瑞军，等．2006．生态条件对种子萌发影响研究进展．草业科学，23（10）：44-49．

鱼小军，王芳，龙瑞军．2005．破除种子休眠方法研究进展．种子，24（7）：46-49．

鱼小军，王芳，张婧，等．2015．室温干燥贮藏和天然高寒草甸层积对草玉梅种子萌发的影响．草业学报，24（7）：106-115．

鱼小军，王彦荣，孙建华，等．2004a．无芒隐子草和条叶车前种子萌发特性研究．草原与草坪，(4)：51-55．

鱼小军，王彦荣，曾彦军，等．2004b．温度和水分对无芒隐子草和条叶车前种子萌发的影响．生态学报，24（5）：883-887．

鱼小军，徐长林，王芳，等．2014．草玉梅种子休眠原因及解除休眠方法．生态学杂志，33（1）：65-70．

于晓娜，朱萍，毛培胜．2011．氮磷处理对老芒麦根系及种子产量的影响．草地学报，19（4）：637-643．

袁加坤，王淑荣．1997．合理轮作是提高蔬菜制种产量的有效措施．种子世界，(7)：33．

云锦凤．2001．牧草及饲料作物育种学．北京：中国农业出版社．

云锦凤，米福贵，杨青川，等．2004．牧草育种技术．北京：化学工业出版社．

曾蕾，吕凤英，白桂，等．2008．牧草饲料品种混杂退化原因及防治措施．畜牧兽医科技信息，(7)：116．

曾彦军，王彦荣，张宝林，等．2000．红砂和猫头刺种子萌发生态适应性的研究．草业学报，9（3）：36-42．

张春庆，王建华．2006．种子检验学．北京：高等教育出版社．

张存信．2003．我国良种繁育技术的特点，应用，改革与创新．种子世界，(8)：52，53．

张定红．2003．牧草种子生产的田间管理．贵州畜牧兽医，27（6）：41-43．

张凤娟，徐兴友，孟宪东，等．2004．皂荚种子休眠解除及促进萌发．福建林学院学报，24（2）：175-178．

张建东，陈怡平，王勋陵．2004．CO_2激光处理对大豆种子萌发及生理的影响．西北植物学报，24（2）：221-225．

张雷鸣，任伟超，刘秀波，等．2014．药用植物人参内生菌研究．西部中医药，27（5）：129-131．

张铁军．2009．施磷肥、喷施生长调节剂、播种密度等措施对紫花苜蓿种子产量的影响．北京：中国农业大学博士学位论文．

张铁军，耿志广，王赟文，等．2009．施用杀虫剂防治害虫对紫花苜蓿种子产量的影响．草业科学，26（11）：143-147．

张铁军，韩建国，王赟文，等．2008．刈割残茬对新麦草种子产量和产量构成的影响．草业科学，25（10）：84-87．

张希山，霍友学，代连义，等．2000．优良野生牧草驯化及良种繁育．新疆畜牧业，(4)：34-36．

张湘琴．2000．国外种子科技发展历程述略．古今农业，(4)：43-48．

张学勇，杨允菲，亓娜，等．2007．草食动物对结缕草种子散布及发芽力的影响．生态学杂志，26（9）：1491-1494．

张洋，王德成，王光辉，等．2007．我国牧草种子机械化加工的现状及发展．农机化研究，(1)：1-8．

张州良．1996．作物育种知识讲座（六）：作物良种繁育．生物学通报，31（2）：22-24．

章晓波，倪安丽，张文明．2001．小芸木种子生理特性及萌发影响因素的初步研究．广西农业生物科学，20（2）：108-112．

赵威．2003．5种禾本科牧草种子产量构成因子和种子生产性能的研究．呼和浩特：内蒙古农业大学硕士学位论文．

赵增．1986．常用农业科学实验法．北京：农业出版社．

郑健，张彦广，李惠卓，等．2004．野生花卉歪头菜种子萌发特性研究．河北农业大学学报，27（4）：55-58．

郑有坤，刘凯，熊子君，等．2014．药用植物内生放线菌多样性及天然活性物质研究进展．中草药，45（14）：2089-2099．

中华人民共和国国家质量监督检验检疫总局，中国国家标准化管理委员会．2008．豆科草种子质量分级：GB 6141—

2008．北京：中国标准出版社．

中华人民共和国国家质量监督检验检疫总局，中国国家标准化管理委员会．2008．禾本科草种子质量分级：GB 6142—2008．北京：中国标准出版社．

钟敬丰．2001．饲草种子的采集与处理．北京农业，（11）：33．

周祥胜，赵新立，颜启传．2003．幼苗鉴定实用手册．北京：中国农业出版社．

周宗濂，孟昭旭，蔡世华．1996．玉米杂交种子生产技术要点．天津农林科技，（1）：16-18．

朱进忠．2009．草业科学实践教学指导．北京：中国农业出版社．

朱柳梅，周自玮．2008．施肥对白三叶生长发育和种子生产的影响．草业与畜牧，（4）：20-22

朱旺生，陈双梅．2004．我国饲草种子工程建设面临的问题及发展对策．畜禽业，（5）：28，29．

朱文祥．1993．作物育种及良种繁育学．成都：成都科技大学出版社．

朱洲．2005．中国种子产业发展研究．武汉：华中农业大学博士学位论文．

祝臣．2009．种子生产田的质量要求．现代农业，（3）：46．

邹学校，戴雄泽，马艳青，等．2001．我国辣椒杂交育种与杂交种子生产．园艺学报，28（S1）：683-688．

聂静，眭晓蕾．2021. Transcriptional control of local auxin distribution by the CsDFB1-CsPHB module regulates floral organogenesis in cucumber. https://doi.org/ 10.1073/pnas.2023942118.

Holubowicz R, Chen L B, Bralewski T W. 2003. 波兰的牧草育种与种子生产．中国草地，25 (5): 75-77.

Arteca R. 1996. Plant Growth Substances: Principles and Applications. New York: Chapman & Hall.

Baskin C C, Baskin J M. 1998. Seeds-ecology, Biogeography, and Evolution of Dormancy and Germination. San Diego: Academic Press .

Baskin J M, Baskin C C. 2004. A classification system for seed dormancy. Seed Science Research, 14: 1-16.

Bewley J D. 1997. Seed germination and dormancy. Plant Cell, 9 (7): 1055-1066.

Cameron D F, Irwin J A G. 1986. Use of natural outcrossing to improve the anthracnose resistance of *Stylosanthes guianensis*. Agronomy Society of New Zealand, (5): 224-227.

Cardwell V B. 1984. Physiological basis of crop growth and development. Amer Soci AgronCrop Sci Amer, (2): 53-92.

Chakraborty S. 1971. Expression of quantitative resistance to *Colletotrichum gloeosporioides* in *Stylosanthes scabra* at different inoculum concentrations and day-night temperatures. Australian Journal of Agricultural Research, 41 (1): 89-100.

Chi F, Shen S H, Cheng H P, et al. 2005. Ascending migration of endophytic rhizobia, from roots toleaves, inside rice plants and assessment of benefits to rice growth physiology. Applied and Environmental Microbiology, 71 (11): 7271-7278.

Corbineau F, Xia Q, Bailly C, et al. 2014. Ethylene, a key factor in the regulation of seed dormancy. Frontiers Plant Science, 5 (539): 539.

Debeaujon I, Koornneef M. 2000. Gibberellin requirement for *Arabidopsis* seed germination is determined both by testa and characteristics and embryonic abscisic acid. Plant Physiology, 122 (2): 415-424.

Edye L A. 1997. Commercial development of *Stylosanthes pastures* in northern Australia. I: Cultivar development within *Stylosanthes* in Australia. Tropical Grasslands, 31 (5): 503-508.

El-Maarouf-Bouteau H, Sajjad Y, Bazin J, et al. 2015. Reactive oxygen species, abscisic acid and ethylene interact to regulate sunflower seed germination. Plant Cell Environ, 38 (2): 364-374.

Foley M E, Fennimore S A. 1998. Genetic basis for seed dormancy. Seed Science and Technology, 8 (2): 173-182.

Garello G, Barthe P, Bonelli M, et al. 2000. Abscisic acid-regulated responses of dormant and non-dormancy embryos of *Helianthus annuus*: role of ABA-inducible proteins. Plant Physiology and Biochemistry, 38 (6): 473-482.

Gubler F, Millar A A, Jacobsen J V. 2005. Dormancy release, ABA and pre-harvest spouting. Current Opinion in Plant Biology, 8 (2): 183-187.

Gunn, C R. 1981. Seeds of Leguminosae. *In*: Polhill R M, Raven P H. Advances in Legume Systematics. London: Royal Botanic: 915-925.

Hallmann J, Quadt-Hallmann A, Mahaffee W F, et a1. 1997. Bacteril endophytes in agricultural crops. Canadian Journal of Microbiology, 43 (10): 895-914.

Hampton J G, Hebblethwaite P G. 1985. A comparison of the effects of growth retardants paclobutrazol (PP333) and flurprimidol (EL500) on growth, development and yield of *Lolium perenne* grown for seed. J Appl Seed Prod, 3: 19-23.

Hampton J G, Tairey D T. 1997. Components of seed yield in grasses and legumes. *In:* Fairey D T, Hampton J G. Forage Seed

Production Ⅰ. CAB International.

Hare M D, Lucas R J. 1984. Grasslands *Maku lotus* seed production. J Appl Seed Prod, 2: 58-64.

Heide O H. 1994. Control of flowering and reproduction in temperate grasses. New Phytol, 128 (2): 347-362.

Hilhorst R T. 1995. A critical update on seed dormancy. I. Primary dormancy. Seed Science Research, 5 (2): 61-73.

ISTA. 2003a. Handbook for Seeding Evaluation. Zurich: The International Seed Testing Association.

ISTA. 2003b. ISTA Working Sheets on Tetrazolium Testing (Volume Ⅰ). Zurich: The International Seed Testing Association.

ISTA. 2004. ISTA Handbook on Seed Sampling. 2nd ed. Zurich: The International Seed Testing Association.

ISTA. 2009. International Rules for Seed Testing. Zurich: The International Seed Testing Association.

Jones M B, Bailey L F. 1956. Light effects on the germination of seeds of henbit (*Lamium amplexicaule* L.). Plant Physiology, 31(5): 347-349.

Kang W J, Jiang Z H, Chen Y G, et al. 2020. Plant transcriptome analysis reveals specific molecular interactions between alfalfa and its rhizobial symbionts below the species level. BMC Plant Biology, 20(1): 293.

Kermode A R, Bewley J D. 1985. The role of maturation drying in the transition from seed development to germination. Ⅱ. Post-germinative enzyme production and soluble protein synthetic pattern changes within the endosperm of *Ricinus communis* L. seeds. Journal of Experimental Botany, 36 (173): 1916-1927.

Khan A A. 1977. The Physiology and Biochemistry of Seed Dormancy and Germination. Amsterdam: Elsevier/ North-Holland.

Koornneef M, Bentsink L, Hilorst H. 2002. Seed dormancy and germination. Current Opinion in Plant Biology, 5 (1):33-36.

Kumar D S, Hyde K D. 2014. Biodiversity and tissue-specificity of endophytic fungi in Tripterygium wilfordii. Fungal Diversity, 17: 69-90.

Liu G D, Phaikaew C, Stur W W. 1997. Status of *Stylosanthes* development in other countries: Ⅱ *Stylosanthes* development and utilization in China and southeast Asia. Tropical Grasslands, 31 (5): 460-466.

Matilla A J. 2000. Ethylene in seed formation and germination. Seed Science and Technology, 10 (2): 111-126.

Meijer W J M. 1984. Influence production in plants and seed crops of *Poa pratensis* L. and *Festuca rubra* L. as affected by juvenility of roller density. Netherl J Agric Sci, 32 (2): 119-136.

Miao Y Y, Shi S L, Zhang J G, et al. 2018. Migration, colonization and seedling growth of rhizobia with matrine treatment in alfalfa (*Medicago sativa* L.). Acta Agr Scand B-S P, 68 (1): 26-38.

Naidu C V, Rajendrudu G, Swamy P M. 2000. Effects of plant growth regulators on seed germination of *Sapindus trifoliatus* Vahl. Seed Science and Technology, 28 (2): 249-252.

Nikolaeva M G. 2001. Ecological and physiological aspects of seed dormancy and germination (review of investigations for the last century). Botaniceskij Zurnal, 86: 1-14.

Ogawa K, Iwabuchi M. 2001. A mechanism for promoting the germination of *Zinnia elegans* seeds by hydrogen peroxide. Plant Cell Physiology, 42 (3): 286-291.

Petruzzelli L, Coraggio I, Leubner-Metzger G. 2000. Ethylene promotes ethylene biosynthesis during pea seed germination by positive feedback regulation of 1-aminocyclo-propane-1-carboxylic acid oxidase. Planta, 211 (1): 144-149.

Rinaldi L M. 2000. Germination of seeds of olive (*Olea europea* L.) and ethylene production: effects of harvesting time and thidiazuron treatment. Journal of the American Society for Horticultural Science, 75 (6): 727-732.

Rogis C, Gibson L R, Knapp A D, et al. 2004. Enhancing germination of eastern gamagrass seed with stratification and gibberellic acid. Crop Science, 44 (2): 549-552.

Ryle G J A. 1961. Effects of light intensity on reproduction in S48 timothy (*Phleum pratense* L.). Nature, 191 (4784): 176-197.

Ryle G J A. 1996. Physiological aspects of seed yield in grasses. *In*: Milthorpt F L, Ivins J D. The Growth of Cereals and Grasses. London: Butterworths: 106-120.

Tateoka T. 1962. Starch grains of endosperm in grass systematics. Botanical Magazine of Tokyo, 75: 377-383.

Zapata P J, Serrano M, Pretel M T, et al. 2003. Changes in ethylene evolution and polyamine profiles of seedling of nine cultivars of *Lactuca sativa* L. in response to salt stress during germination. Plant Science, 164 (4): 557-563.